mathématiques

pour l'étudiant de 1re année

2. analyse

E. Lehman

Professeur à l'Université de Caen

Figures : C. Foucrier

BELIN 8, rue Férou
75278 PARIS CEDEX 06

DIA UNIVERSITÉ

ISBN 2-7011-0852-7

INTRODUCTION AU VOLUME 2

Voici le second volume d'un cours de mathématiques pour l'étudiant de première année à l'Université, consacré à l'analyse. Il est conçu comme un outil de travail complet permettant à l'étudiant d'organiser son apprentissage. Les chapitres sont aussi indépendants que possible les uns des autres et chacun peut être abordé directement (sauf les chapitres 2 et 3 du thème 8). Chaque chapitre comporte un texte principal en grands caractères autour duquel, imprimés en petits caractères, s'articulent,
– des rappels mêmes élémentaires;
– des développements;
– des commentaires;
– des énoncés secondaires dont les démonstrations sont soit très faciles, soit très techniques. Ces énoncés sont précédés de la lettre **C** et d'un numéro qui renvoie à des indications de démonstration données en fin de chapitre;
– des exercices pour lesquels sont fournies, en fin de chapitre, la réponse et/ou des indications de solution. La plupart des exercices sont assez simples; ceux qui sont difficiles sont signalés par *, ** ou ***;
– des encadrés hors-texte qui présentent des schémas résumant une situation ou une structure, des résultats explicites, des rappels ou des développements possibles.

Les chapitres sont groupés en quatre thèmes :
– Thème 5 : Calcul différentiel.
– Thème 6 : Construction de courbes.
– Thème 7 : Intégration.
– Thème 8 : Fondements de l'analyse.
Le cours se termine par deux annexes et une conclusion. L'annexe 1 présente les notations ensemblistes et son contenu est supposé connu dans l'ensemble du cours (volumes 1 et 2).
L'annexe 2 consacrée aux notions d'infini dénombrable et d'infini non dénombrable n'est incluse que pour le plaisir du lecteur.
Le plan de ce second volume résulte du même choix pédagogique que le premier : partir de ce que l'étudiant sait faire et n'introduire la démarche axiomatique qu'une fois acquises suffisamment de connaissances pour que cette structuration clarifie quelque chose.

L'analyse est l'étude des propriétés mathématiques liées aux nombres réels. Or, la définition d'un nombre réel suppose, en général, la réalisation d'une infinité d'opérations élémentaires : il est donc difficile de les « voir ». La physique, la géométrie et le calcul numérique permettent cependant de se forger peu à peu une image intuitive des nombres réels :

• L'usage des nombres réels s'est développé essentiellement grâce à l'essor de la physique et de la mécanique, en particulier, dans le cadre du calcul différentiel et intégral. Ce n'est qu'à la fin du siècle dernier et au début de ce siècle qu'ont été élaborées des théories mathématiques autonomes rendant compte de la structure de $\mathbb{R}$. Même si l'étude de l'analyse peut logiquement être dégagée de toute référence à la physique, cette négligence viderait la théorie d'une part essentielle de son contenu.

• Un dessin permet de faire apparaître d'un seul coup d'œil un grand nombre de relations simultanées. Or,un point sur une droite, munie d'un repère, peut être considéré comme l'image d'un nombre réel. Cela explique l'importance de la géométrie pour visualiser les propriétés des nombres réels.

• Jusqu'à ces dernières années, la difficulté pratique des calculs numériques était telle que tout ce qui pouvait permettre l'économie d'un calcul, fût-il peu de chose, était très important. L'analyse apparaissait comme un ensemble de recettes permettant d'éviter ou de repousser le plus tard possible tout calcul numérique. La situation s'est radicalement modifiée avec l'apparition des calculettes et des micro-ordinateurs : il est devenu facile de faire des calculs dont jusqu'à présent on ne faisait que parler. Il faut adapter l'enseignement de l'analyse à cette nouvelle situation en introduisant, dès la première année, des rudiments d'analyse numérique, quitte à employer des méthodes simples (tout en mentionnant certaines des méthodes plus subtiles et plus efficaces qui servent dans les cas pratiques).

L'efficacité de l'analyse ne provient pas de remarques astucieuses, même si elles permettent parfois des raccourcis saisissants, mais d'idées simples permettant d'obtenir des résultats numériques précis. L'objectif de tout étudiant de première année en analyse doit être de saisir ces idées fondamentales dans leur simplicité et de savoir les utiliser efficacement. Celui qui désire poursuivre l'étude des mathématiques au-delà de l'apprentissage d'algorithmes pratiques devra, de plus, comprendre comment une démarche axiomatique permet d'épurer l'image intuitive trop riche de $\mathbb{R}$. Ce n'est que sur ces bases claires et explicites qu'il lui sera possible de poursuivre l'étude de l'analyse.

Paris, le 10 octobre 1984.

Éric Lehman
Département de mathématiques
Université de Caen

TABLE DES MATIÈRES

THÈME VII : INTÉGRATION

THÈME VIII : FONDEMENTS DE L'ANALYSE

1. Dérivées d'une fonction réelle de variable réelle

L'analyse *est l'étude des fonctions réelles de une ou plusieurs variables réelles. Or un nombre réel est en gros un nombre qui peut être approché d'aussi près que l'on veut par des nombres rationnels. C'est pourquoi le concept fondamental de l'analyse est le concept d'approximation : soit* ε *un nombre réel strictement positif, on dit que le réel* x *approxime le réel* x_0 *à* ε *près si*

$$x_0 - \varepsilon < x < x_0 + \varepsilon,$$

ce qui s'écrit plus simplement $|x - x_0| < \varepsilon$. *On choisit* ε *plus ou moins grand selon la précision souhaitée. Nous emploierons la notation* $x \simeq x_0$ *(lire : « x peu différent de* x_0 *» ou « x voisin de* x_0 *») pour dire que x est voisin de* x_0*, en prenant garde au fait que cette écriture* n'exprime pas *une relation mathématiquement complète. Elle suggère une idée, permet de survoler une théorie et de se poser des problèmes. Pour obtenir des énoncés mathématiques, il faut toujours indiquer à quelle précision un nombre est voisin d'un autre. Le succès de l'analyse repose sur la possibilité d'obtenir des énoncés valables pour des précisions* ε *aussi petites que l'on veut, ou plus simplement* POUR TOUTE PRÉCISION.

Considérons une fonction réelle de variable réelle $f : D \to \mathbb{R}$, *où D est un sous-ensemble de* $\mathbb{R}$ *(en général D sera un intervalle ou une réunion finie d'intervalles). Soit* $x_0 \in D$. *Peut-on approcher le nombre* $f(x)$ *pour x pris dans D et voisin de* x_0*? La première idée est de dire que si* $x \simeq x_0$ *alors* $f(x) \simeq f(x_0)$. *Cette idée s'exprime de façon précise en disant que f est continue en* x_0*, soit :*

$$\forall \varepsilon > 0 \quad \exists \eta > 0 \quad \forall x \in D \quad (|x - x_0| < \eta \implies |f(x) - f(x_0)| < \varepsilon).$$

Cela revient à approcher la fonction f par une fonction constante. On peut chercher à améliorer l'approximation en approchant la fonction f par une fonction affine

$$x \longmapsto ax + b \quad \text{telle que} \quad ax_0 + b = f(x_0),$$

c'est-à-dire une fonction affine de la forme

$$x \longmapsto f(x_0) = a(x - x_0).$$

Le meilleur choix de a, s'il existe, s'appelle la dérivée de f en x_0 *et se note* $f'(x_0)$. *Les trois premiers paragraphes ont pour but de donner un sens précis à l'énoncé : si* $x \simeq x_0$*, alors :*

$$\boxed{f(x) \simeq f(x_0) + f'(x_0)(x - x_0)}$$

La notion de dérivée d'ordre n permet d'améliorer encore l'approximation en approchant f par une fonction polynôme de degré inférieur ou égal à n. Cette idée d'approximation par un polynôme sera reprise de façon systématique dans le chapitre suivant.

§ 1. RAPPELS

1.1. Dérivée en un point

Définition. Soit $D \subset \mathbb{R}$, $f : D \longrightarrow \mathbb{R}$ et $x_0 \in D$. On dit que f est *dérivable* en x_0 ssi la limite quand x tend vers x_0 en restant dans $D - \{x_0\}$ de $\dfrac{f(x) - f(x_0)}{x - x_0}$ existe. Cette limite s'appelle alors la *dérivée* de f en x_0 et se note $f'(x_0)$.

$$\boxed{f'(x_0) = \lim_{\substack{x \to x_0 \\ x \in D - \{x_0\}}} \frac{f(x) - f(x_0)}{x - x_0}}$$

Remarque. Nous supposerons connue du lecteur la notion de limite. Les diverses définitions données dans l'enseignement secondaire seront tout à fait suffisantes pour nous. Le lecteur qui souhaiterait lire un exposé précis à ce sujet est prié de se reporter au chapitre 3 du thème 8.

Interprétation géométrique. Soit C la courbe représentative de la fonction f, le plan étant rapporté à un repère orthonormé $(O, \vec{i}, \vec{j})$. Soit M_0 et M les points de C de coordonnées $(x_0, f(x_0))$ et $(x, f(x))$. Si $x \neq x_0$, les points M_0 et M sont distincts et la droite M_0M a pour pente $\dfrac{f(x) - f(x_0)}{x - x_0}$. Si f est dérivable en x_0, alors la droite M_0M tend vers une droite appelée *tangente* en M_0 à C quand M tend vers M_0, et $f'(x_0)$ est la pente de la tangente en M_0 à C.

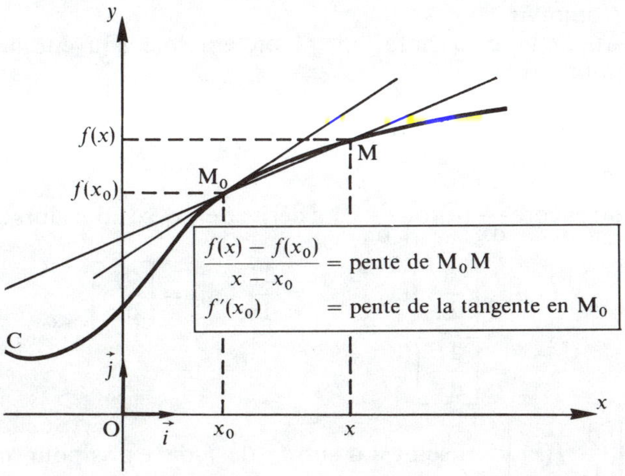

Remarque. Si $f'(x_0)$ existe, la courbe admet une tangente en M_0, mais la courbe peut avoir une tangente en M_0 sans que f ne soit dérivable en x_0 : c'est le cas lorsque cette tangente est parallèle à Oy, on dit alors que cette tangente est *verticale*. Par exemple la fonction réciproque de la fonction $\mathbb{R} \longrightarrow \mathbb{R}$, $x \longmapsto x^3$ admet Oy comme tangente en O mais n'est pas dérivable en $x_0 = 0$.

f dérivable en $x_0 \iff \begin{cases} \text{C admet une tangente} \\ \textbf{non verticale} \text{ en } (x_0, f(x_0)) \end{cases}$

Définition équivalente. En explicitant la notion de limite, on obtient la définition suivante.

Définition. Soit $D \subset \mathbb{R}$, $f : D \longrightarrow \mathbb{R}$, $x_0 \in D$. On dit que f est *dérivable* en x_0 et a pour dérivée $f'(x_0)$ *en* x_0 ssi :

$$\forall \varepsilon > 0 \quad \exists \eta > 0 \quad \forall x \in D \quad 0 \neq |x - x_0| < \eta \implies \left| \frac{f(x) - f(x_0)}{x - x_0} - f'(x_0) \right| < \varepsilon$$

ou encore

$$\forall \varepsilon > 0 \quad \exists \eta > 0 \quad \forall x \in D \quad |x - x_0| < \eta \implies |f(x) - f(x_0) - f'(x_0)(x - x_0)| \leqslant \varepsilon |x - x_0|$$

ou encore

$$\forall \varepsilon > 0 \quad \exists \eta > 0 \quad \forall x \in D \quad (|x - x_0| < \eta \implies f(x_0) + f'(x_0)(x - x_0) - \varepsilon |x - x_0| \leqslant f(x) \leqslant f(x_0) + f'(x_0)(x - x_0) + \varepsilon |x - x_0|)$$

ou encore

$$\forall \varepsilon > 0 \quad \exists \eta > 0 \quad \forall x \in D \cap]x_0 - \eta, x_0 + \eta[\quad f(x) \in]f(x_0) + f'(x_0)(x - x_0) - \varepsilon |x - x_0|, f(x_0) + f'(x_0)(x - x_0) + \varepsilon |x - x_0|[$$

Interprétation géométrique

Pour ε arbitraire (aussi petit que l'on veut) on peut trouver $\eta > 0$, tel que la partie de la courbe dans la bande $x_0 - \eta < x < x_0 + \eta$ soit dans la partie hachurée.

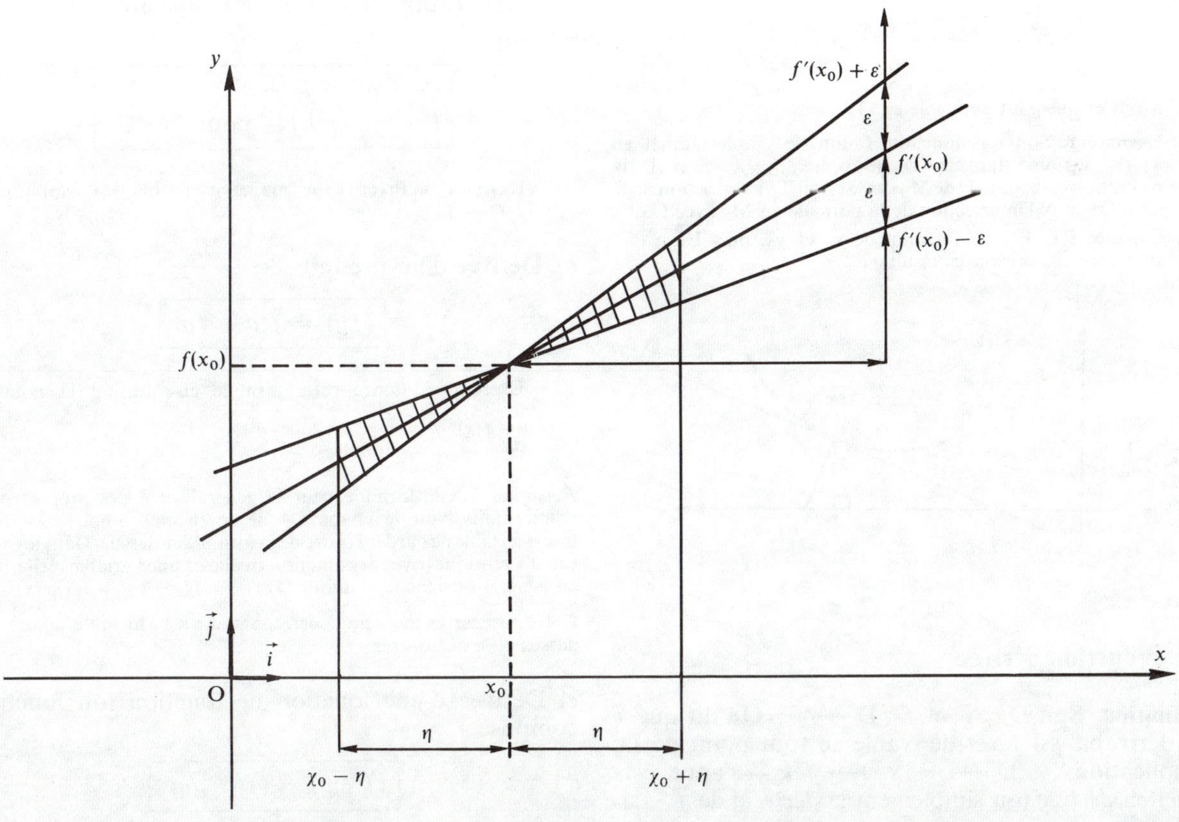

C 1. On dit que f est continue en x_0 ssi

$$\forall \varepsilon > 0 \quad \exists \eta > 0 \quad \forall x \in D \quad (|x - x_0| < \eta \Longrightarrow |f(x) - f(x_0)| < \varepsilon).$$

Dessiner un schéma semblable à celui ci-dessus donnant une interprétation géométrique de cette relation.

C 2. Montrer que si f est dérivable en x_0, alors f est continue en x_0. Donner un exemple de fonction continue en x_0 et non dérivable en x_0.

* **Exercice 1.** On suppose donnés $D \subset \mathbb{R}$, $f : D \longrightarrow \mathbb{R}$, x_0 et $\varepsilon > 0$. Déterminer $\eta > 0$ tel que :

$$\forall x \in D \quad |x - x_0| < \eta \Longrightarrow |f(x) - f(x_0) - f'(x_0)(x - x_0)| < \varepsilon |x - x_0|$$

dans les cas suivants :

	D	$f(x)$	x_0	ε	$f'(x_0)$
a	$\mathbb{R}$	x^2	1	10^{-1}	2
b	$\mathbb{R}$	x^2	1	10^{-5}	2
c	$\mathbb{R}$	x^3	1	10^{-2}	3
d	$\mathbb{R}$	x^4	2	10^{-3}	32
e	$\mathbb{R}$	$ax + b$	x_0	ε	a
f	$\mathbb{R}^*$	x^{-1}	x_0	10^{-n}	$-(x_0)^{-2}$
g	$\mathbb{R}_+^*$	Log x	1	10	1
h	$\mathbb{R}_+^*$	Log x	1	1	1
i	$\mathbb{R}_+^*$	Log x	1	10^{-1}	1

* **Exercice 2.** 1) Soit $f(x) = \begin{cases} x \sin \frac{1}{x} & \text{si } x \neq 0 \\ 0 & \text{si } x = 0. \end{cases}$

Montrer que f est continue mais non dérivable en O.

2) Soit $g(x) = \begin{cases} x^2 \sin \frac{1}{x} & \text{si } x \neq 0 \\ 0 & \text{si } x = 0. \end{cases}$

Montrer que g est dérivable en O.

Exercice 3. Soit une fonction f dont le graphe admet en $M_0(x_0, y_0)$ une tangente D de pente $y'_0 \neq 0$. Soit P la projection orthogonale de M_0 sur Ox, soit T l'intersection de D avec Ox et N l'intersection de la normale en M_0 avec Ox. Calculer $\overline{PT}$, $\overline{PN}$ en fonction de y_0 et y'_0, puis $\overline{PT} \cdot \overline{PN}$. Pouviez-vous prévoir ce résultat?

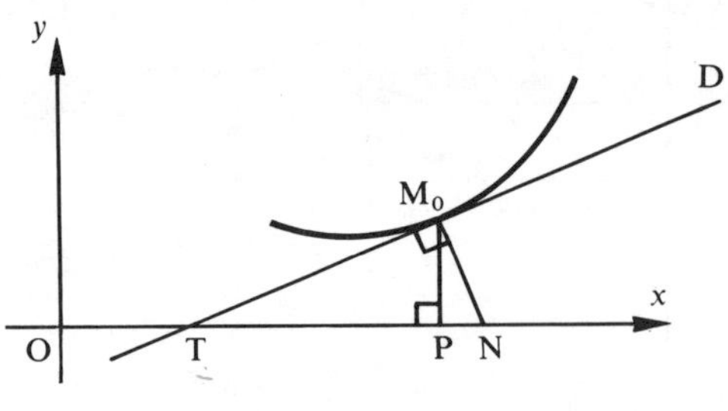

1.2. Fonction dérivée

Définition. Soit $D \subset \mathbb{R}$ et $f : D \longrightarrow \mathbb{R}$. On dit que f est dérivable ssi f est dérivable en tout point de D; l'application $f' : D \longrightarrow \mathbb{R}$, $x_0 \longmapsto f'(x_0)$ s'appelle la *fonction dérivée* (ou simplement la *dérivée*) de f.

Notations

Au lieu de la notation f' on emploie souvent la notation :

$$D \longrightarrow \mathbb{R}, \quad x \longmapsto \frac{d}{dx} f(x)$$

ou encore $\frac{df}{dx}(x)$ ou $\frac{df}{dx}$. La dérivée en x_0 se note alors :

$$f'(x_0) = \left[\frac{d}{dx} f(x)\right]_{x = x_0} = \frac{df}{dx}(x_0) = \left[\frac{df}{dx}\right]_{x = x_0} = \left[\frac{df}{dx}\right]_{x_0}$$

$\left[\frac{d}{dx} f(x)\right]_{x = x_0}$ se lit « d sur dx de f de x pris pour x égale x_0 ».

Définition. Soit $A \subset D \subset \mathbb{R}$ et $f : D \longrightarrow \mathbb{R}$. Si la restriction de f à A, notée $f|_A$, est dérivable, on dit que f est *dérivable sur* A.

C 3. Montrer que si f est dérivable en tout point de A alors f est dérivable sur A. Donner un exemple où la restriction de f à A est dérivable alors que f n'est pas dérivable en tout point de A.

1.3. Opérations et dérivées

a) L'application $f \longmapsto f'$ est linéaire, c'est-à-dire que :

$$(f + g)' = f' + g'$$
$$(kf)' = kf' \quad \text{pour} \quad k \in \mathbb{R}.$$

Exercice 4. Préciser la source et le but de l'application $f \longmapsto f'$.

b) Dérivée d'un produit :

$$(fg)' = f'g + fg'$$

Exercice 5. Écrire cette formule en utilisant la notation $\frac{d}{dx} f(x)$.

Remarque. Cette formule peut se généraliser à des produits non commutatifs (voir le chapitre 4 de ce thème), auquel cas il est indispensable de garder l'ordre de la formule ci-dessus. Dans le cas de calculs pratiques avec des fonctions réelles d'une variable réelle, il est en général plus facile d'utiliser $(fg)'(x) = g(x)f'(x) + f(x)g'(x)$.

C 4. Énoncer le théorème correspondant à la formule donnée ci-dessus et le démontrer.

c) Dérivée d'une fonction de fonction (ou fonction composée) :

$$(f \circ g)' = (f' \circ g)g'$$

Cette formule peut aussi se noter

$$\frac{d}{dx} f(g(x)) = f'(g(x))g'(x), \quad \text{ou} \quad \frac{df}{dx} = \frac{df}{dg}\frac{dg}{dx}.$$

C 5. Énoncer le théorème correspondant et le démontrer.

d) Dérivée d'un quotient ($v \neq 0$) :

$$\boxed{\left(\frac{u}{v}\right)' = \frac{1}{v^2}(vu' - uv')}$$

C 6. Montrer que $\frac{d}{dx}\frac{1}{x} = -\frac{1}{x^2}$; en déduire

$$\frac{d}{dx}\frac{1}{v(x)} = -\frac{1}{[v(x)]^2}v'(x)$$

et enfin la formule ci-dessus.

e) Une fonction de la forme $x \longmapsto u(x)^{v(x)}$ se dérive en se souvenant de ce que :

$$\boxed{u^v = e^{v \operatorname{Log} u}}$$

C 7. En admettant les résultats classiques

$$\frac{d}{dx}e^x = e^x \quad \text{et} \quad \frac{d}{dx}\operatorname{Log}|x| = \frac{1}{x},$$

montrer que $(u^v)' = u^v\left[\frac{v}{u}u' + (\operatorname{Log} u)v'\right]$.

C 8. Montrer que pour $\alpha \in \mathbb{R}$, $\frac{d}{dx}x^\alpha = \alpha x^{\alpha-1}$.

$$\frac{d}{dx}x^\alpha = \alpha x^{\alpha-1}$$

α	x^α	$\alpha x^{\alpha-1}$
0	1	0
1	x	1
2	x^2	$2x$
$n\ (\in \mathbb{N})$	x^n	nx^{n-1}
-1	$\frac{1}{x}$	$-x^{-2} = -\frac{1}{x^2}$
-2	$\frac{1}{x^2}$	$-2x^{-3} = -\frac{2}{x^3}$
$-n\ (\in -\mathbb{N}^*)$	$\frac{1}{x^n}$	$-nx^{-n-1} = -\frac{n}{x^{n+1}}$
$\frac{1}{2}$	$\sqrt{x}$	$\frac{1}{2}x^{-\frac{1}{2}} = \frac{1}{2\sqrt{x}}$
$-\frac{1}{2}$	$\frac{1}{\sqrt{x}}$	$-\frac{1}{2}x^{-\frac{3}{2}} = \frac{-1}{2x\sqrt{x}}$
etc.		

1. Dérivées de x^α pour diverses valeurs de α.

1.4. Calcul des dérivées

Grâce aux formules du paragraphe ci-dessus et au tableau 2 ci-dessous, le calcul des dérivées se ramène pour un grand nombre de fonctions à un calcul purement algébrique. Pour être complet figurent aussi dans ce tableau des fonctions qui seront définies au chapitre 3.

Exercice 6. Calculer les dérivées des fonctions suivantes (où la variable est notée x) :

a) $\frac{1}{(a+x)^m(b+x)^n}$ *b*) $\sqrt{\frac{1+x+x^2}{1-x+x^2}}$

c) $\operatorname{Log}\frac{a+b\operatorname{tg}x}{a-b\operatorname{tg}x}$ *d*) $\operatorname{Log}[\operatorname{Log}(\operatorname{Log}x)]$

e) $\frac{a\cos bx + b\sin bx}{a^2+b^2}e^{ax}$.

À connaître PAR CŒUR

$f(x)$	$f'(x)$
x^α	$\alpha x^{\alpha-1}$
e^x	e^x
$e^{\lambda x}$	$\lambda e^{\lambda x}$
$\operatorname{Log}\lvert x-a\rvert$	$\frac{1}{x-a}$
$\sin x$	$\cos x$
$\cos x$	$-\sin x$
$\operatorname{tg} x$	$1 + \operatorname{tg}^2 x = \frac{1}{\cos^2 x}$
$\operatorname{Arctg} x$	$\frac{1}{1+x^2}$
$\operatorname{Arctg}\frac{x}{a}$	$\frac{a}{x^2+a^2}$
$\operatorname{Arcsin} x$	$\frac{1}{\sqrt{1-x^2}}$
$\operatorname{Arccos} x$	$-\frac{1}{\sqrt{1-x^2}}$
$\operatorname{sh} x$	$\operatorname{ch} x$
$\operatorname{ch} x$	$\operatorname{sh} x$
$\operatorname{th} x$	$1 - \operatorname{th}^2 x = \frac{1}{\operatorname{ch}^2 x}$
$\operatorname{Argth} x$	$\frac{1}{1-x^2}$
$\operatorname{Argsh} x$	$\frac{1}{\sqrt{1+x^2}}$
$\operatorname{Argch} x$	$\frac{1}{\sqrt{x^2-1}}$

2. Tableau des dérivées usuelles.

1.5. Dérivées à gauche et à droite

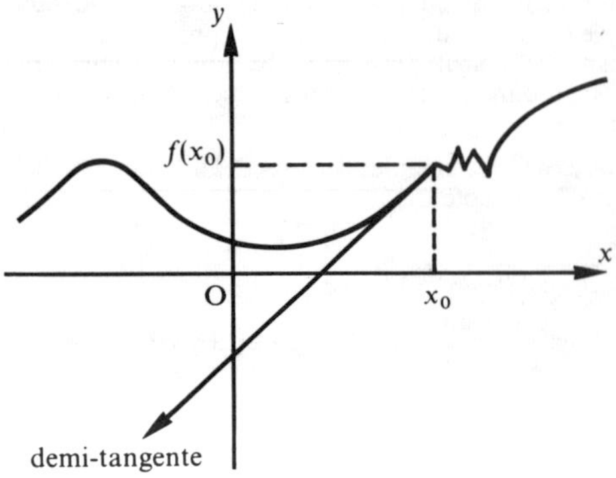

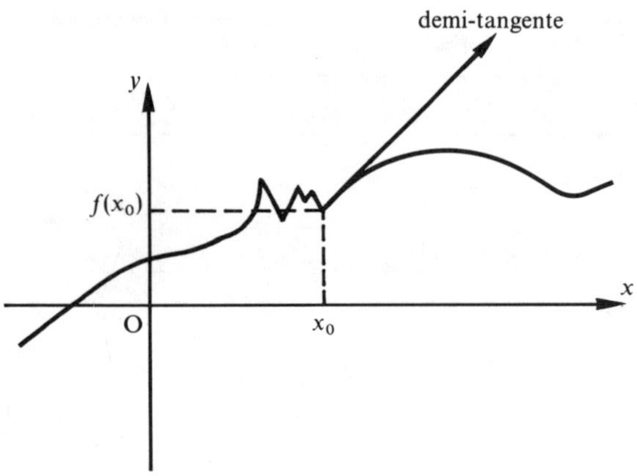

Définition. Soit $D \subset \mathbb{R}$, $f : D \longrightarrow \mathbb{R}$ et $x_0 \in D$. On dit que f est *dérivable à gauche* en x_0 si

$$\lim_{\substack{x \to x_0 \\ x \in D \cap]-\infty, x_0[}} \frac{f(x) - f(x_0)}{x - x_0}$$

existe. Cette limite s'appelle alors la *dérivée à gauche* de f en x_0 et se note $f'_g(x_0)$, soit

$$f'_g(x_0) = \lim_{\substack{x \to x_0 \\ x \in D \cap]-\infty, x_0[}} \frac{f(x) - f(x_0)}{x - x_0}.$$

Interprétation. La courbe représentative de f admet une demi-tangente non parallèle à Oy au point $(x_0, f(x_0))$ dans le demi-plan $x < x_0$.

Mutatis mutandis (en changeant ce qui doit être changé) : dérivée à droite.

Remarque 1. Si f est dérivable en x_0 et s'il existe $\eta > 0$ tel que $]x_0 - \eta, x_0[\subset D$, alors f est dérivable à gauche en x_0 et

$$f'_g(x_0) = f'(x_0).$$

Remarque 2. Si f est dérivable à gauche en x_0 et dérivable à droite en x_0, deux cas sont possibles :

1. $f'_g(x_0) \neq f'_d(x_0)$. f n'est pas dérivable. La courbe présente un *point anguleux*.

2. $f'_g(x_0) = f'_d(x_0)$. f est dérivable en x_0 et

$$f'(x_0) = f'_g(x_0) = f'_d(x_0).$$

Exemples :

1. $f : x \longmapsto |\text{Arctg}\, x|$

$f'_g(0) = -1 : f'_d(0) = 1.$

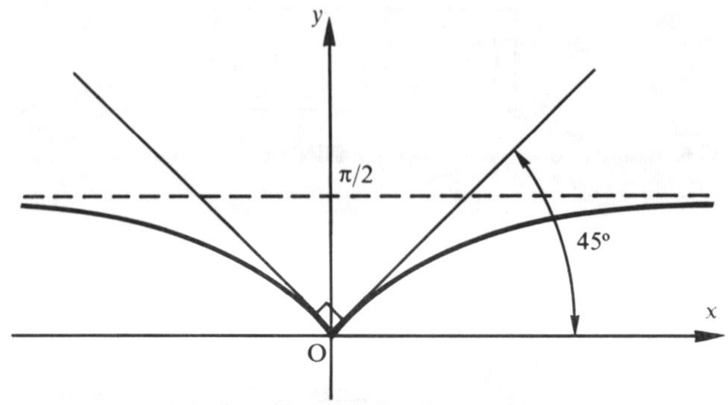

2. $f : x \longrightarrow \begin{cases} -x^2 + 2 & \text{si } x \leqslant 1 \\ x^2 - 4x + 4 & \text{si } x \geqslant 1. \end{cases}$

On a $f(1) = 1$ qui est bien défini et

$$f'_g(1) = -2 \quad \text{et} \quad f'_d(1) = -2.$$

f est donc dérivable et $f'(1) = -2$.

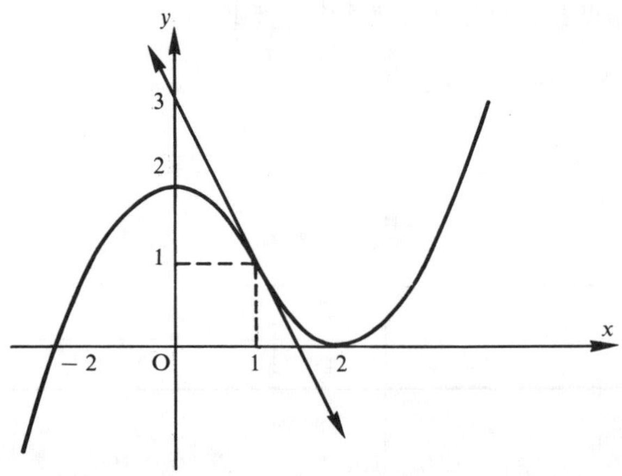

3. $f : x \longmapsto \sin x \cdot (\cos x + |x|)^{3/2}$.

Les deux demi-tangentes au point O existent. f est impair : $f(-x) = -f(x)$. La courbe est donc symétrique par rapport à O. Les deux demi-tangentes sont donc opposées et f est donc dérivable.

Remarque 3. Soit $[a, b] \subset D \subset \mathbb{R}$ et $f : D \longrightarrow \mathbb{R}$. Dire que f est dérivable sur $[a, b]$ c'est dire que f est dérivable en tout point de $]a, b[$, dérivable à droite en a et dérivable à gauche en b.

C 9. Le démontrer.

Exercice 7. Étudier la dérivabilité, la dérivabilité à gauche et la dérivabilité à droite des fonctions suivantes :

a) $\mathbb{R} \longrightarrow \mathbb{R}$, $x \longmapsto |x^2 - 9|$

b) $\mathbb{R} \longrightarrow \mathbb{R}$, $x \longmapsto g(x) = \begin{cases} x & \text{si } x \neq 0 \\ 1 & \text{si } x = 0 \end{cases}$

c) $\mathbb{R} \longrightarrow \mathbb{R}$, $x \longmapsto h(x) = \begin{cases} x^2 - 3x + 2 & \text{si } x \in \mathbb{Q} \\ |x^2 - 3x + 2| & \text{si } x \in \mathbb{R} - \mathbb{Q} \end{cases}$

* **Exercice 8.** Soit $f : [0, 1] \longrightarrow \mathbb{R}$, dérivable et telle que $f(1) = f(0)$. Soit $g : [0, 1] \longrightarrow \mathbb{R}$ définie par :

$$g(x) = \begin{cases} f(2x) & \text{si } 0 \leqslant x \leqslant \frac{1}{2} \\ f(2x-1) & \text{si } \frac{1}{2} \leqslant x \leqslant 1. \end{cases}$$

Montrer que g est continue. A quelle condition g est-elle dérivable?

§ 2. POINT DE VUE NUMÉRIQUE

Le point de vue numérique repose sur la formule

$$f(x) \simeq f(x_0) + f'(x_0)(x - x_0)$$

qui s'écrit en posant $h = x - x_0$:

$$f'(x_0) \simeq \frac{f(x_0 + h) - f(x_0)}{h}.$$

Rappelons que nous employons ici le symbole $\simeq$ *pour* ***suggérer*** *des relations. Dans le cas du paragraphe 2.1 quelques hypothèses simples suffiront pour obtenir des inégalités. Par contre donner un sens précis au paragraphe 2.2 c'est élaborer toute une théorie, celle de l'intégration qui sera exposé dans le thème 7.*

2.1. Estimation numérique d'une dérivée d'une fonction tabulée. Un exemple

Considérons la fonction réelle de variable réelle $f = \text{Arcsin}$. Elle est définie sur $[-1, +1]$. Nous admettrons qu'elle est continue et dérivable. Les valeurs de cette fonction sont données par une table de valeurs numériques dont nous extrayons la partie suivante :

x	0,60	0,61	0,62	0,63
$f(x)$	0,643 50	0,656 06	0,668 74	0,681 55
x	0,64	0,65	0,66	
$f(x)$	0,694 49	0,707 58	0,720 82	

Nous nous proposons d'estimer $f'(0{,}63)$, uniquement à partir de ces données (et en faisant la supposition extra-mathématique que ceux qui ont dressé cette table l'ont fait avec une précision suffisante pour que nos estimations soient valables). Rappelons que :

$$f'(0{,}63) = \lim_{\substack{h \to 0 \\ h \neq 0}} \frac{f(0{,}63 + h) - f(0{,}63)}{h}.$$

Nous devons donc étudier la fonction de h qui apparaît dans le second membre. Désignons cette fonction par g :

$$g(h) = \frac{1}{h}\,[f(0{,}63 + h) - f(0{,}63)].$$

Elle n'est pas définie pour $h = 0$, mais nous pouvons estimer $g(h)$ pour 6 valeurs de h, soit explicitement :

h	$-0{,}03$	$-0{,}02$	$-0{,}01$	0
$g(h)$	1,268	1,274	1,281	non défini
h	0,01	0,02	0,03	
$g(h)$	1,294	1,301	1,309	

Portons sur un graphique les divers points obtenus.

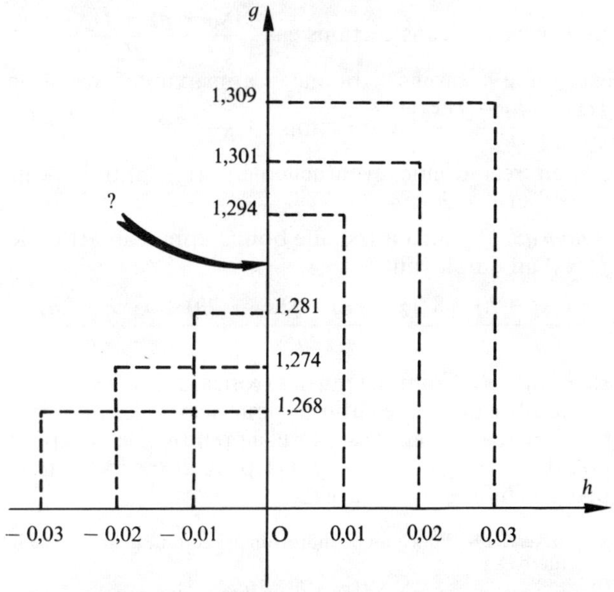

Le graphique ci-dessus permet de supposer raisonnablement que $\lim_{h \to 0} g(h)$ est compris entre 1,287 et 1,288.

Remarquons que nous pouvons estimer $f'(0{,}63)$ sans la construction explicite de $g(h)$. Imaginons que nous ayons construit la courbe $y = f(x)$, et portons les points $M_1 = (0{,}62, f(0{,}62))$, $M_0 = (0{,}63, f(0{,}63))$ et $M_2 = (0{,}64, f(0{,}64))$. Nous avons le schéma suivant :

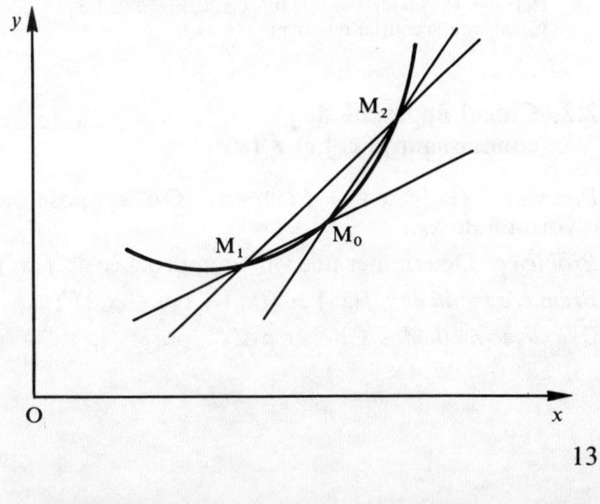

Le calcul nous donne :

pente de $M_1M_0 = 1{,}281$
pente de $M_0M_2 = 1{,}294$
pente de $M_1M_2 = 1{,}287\,5$.

On voit que dans notre exemple, comme dans la plupart des cas, la pente de M_1M_2 est la meilleure approximation de la pente de la tangente, soit pour $h = 0{,}01$:

$$f'(0{,}63) \approx \frac{f(0{,}63 + h) - f(0{,}63 - h)}{2h}.$$

Remarque 1. Dans certains cas $\dfrac{f(x_0 + h) - f(x_0 - h)}{2h}$ est une moins bonne approximation que $\dfrac{f(x_0 + h) - f(x_0)}{h}$, par exemple $x \longmapsto x^3 - (ax)^4$, où a est un réel donné éventuellement très grand, pour $x_0 = 0$ et $0 < h < a^{-4}$.

Remarque 2. On a aussi une bonne approximation de $f'(x_0)$ en employant :

$$\frac{8f(x_0 + h) - 8f(x_0 - h) - f(x_0 + 2h) + f(x_0 - 2h)}{12h}.$$

Remarque 3. Compte tenu des troncatures (c'est-à-dire du nombre de chiffres utilisés pour décrire les nombres réels) on n'a souvent pas intérêt à prendre h le plus petit possible car $f(x_0 + h) - f(x_0)$ peut alors avoir trop peu de chiffres significatifs.

Exercice 9. Pourquoi ne choisit-on pas comme définition de la dérivée :

$$\lim_{h\to 0} \frac{f(x_0 + h) - f(x_0 - h)}{2h}?$$

Exercice 10. Vérifier que l'expression de la remarque 2 est bien une approximation de $f'(x_0)$.

Exercice 11. On considère la fonction :

$$f : \mathbb{R}^+ \longrightarrow \mathbb{R}, \quad x \longmapsto \begin{cases} x^{[x^{(x^x)}]} & \text{si} \quad x > 0 \\ 1 & \text{si} \quad x = 0. \end{cases}$$

Calculer $f(x)$ pour $x = 10^{-3}; 10^{-2}; 10^{-1}; 0{,}2; 0{,}3; 0{,}4; 0{,}5; 0{,}6; 0{,}7; 0{,}8; 0{,}9; 1; 1{,}1; 1{,}2; 1{,}3; 1{,}4; 1{,}5; 1{,}6; 1{,}7; 1{,}8; 1{,}9; 2$.
Calculer $f'(x)$ pour $x = 0{,}1; 0{,}3; 0{,}5; 0{,}8; 1; 1{,}2; 1{,}5$.
Construire la courbe représentative de f.

2.2. Calcul approché de $f(x_1)$ connaissant $f(x_0)$ et $f'(x)$

Données : $f(x_0)$, $x \longmapsto f'(x)$, x_1. (On suppose x_1 « voisin » de x_0.)

Problème. Déterminer une valeur approchée de $f(x_1)$.

Première méthode : $f(x_1) \simeq f(x_0) + (x_1 - x_0)f'(x_0)$.

Deuxième méthode : Choisir $n \in \mathbb{N}^*$, poser

$$h = \frac{1}{n}(x_1 - x_0)$$

et appliquer n fois de suite la méthode précédente :

$$\begin{aligned} f(x_0 + h) &\simeq f(x_0) + hf'(x_0) \\ f(x_0 + 2h) &\simeq f(x_0 + h) + hf'(x_0 + h) \\ f(x_0 + 3h) &\simeq f(x_0 + 2h) + hf'(x_0 + 2h) \\ &\dots\dots\dots\dots \\ f(x_1) &\simeq f(x_0 + (n-1)h) + hf'(x_0 + (n-1)h) \end{aligned}$$

ou ce qui revient au même :

$$f(x_1) \simeq h[f'(x_0) + f'(x_0 + h) + \dots + f'(x_0 + (n-1)h)]$$

$$\boxed{f(x_1) \simeq f(x_0) + h \sum_{k=0}^{n-1} f'(x_0 + kh)}$$

Exercice 12. Comparer les deux méthodes pour

$x_0 = 0$, $f(x_0) = 0$, $x_1 = \pi/6 \simeq 0{,}523\,598\,8$, $f'(x) = \cos x$.

(On sait que la solution existe et que $f(x_1) = \sin \pi/6 = 0{,}5$.)

Exercice 13. On suppose que

$$x_0 = 0, \quad f(0) = \frac{1}{2\pi}, \quad f'(x) = \frac{1}{\sqrt{2\pi}} e^{-x^2/2}.$$

Déterminer $f(x_1)$ de façon approchée pour $x_1 = 0{,}1$, pour $x_1 = 1$ et pour $x_1 = 2$.

§ 3. POINT DE VUE THÉORIQUE : THÉORÈME DES ACCROISSEMENTS FINIS

Le théorème des accroissements finis permet de remplacer l'égalité approchée $f(x) \simeq f(x_0) + (x - x_0)f'(x_0)$ par une égalité, mais au prix du remplacement de $f'(x_0)$ par $f'(x_1)$ où on ne sait rien sur x_1 sauf que $x_0 < x_1 < x$. La démonstration repose sur le théorème de Rolle que nous démontrerons dans la dernière partie de ce cours (voir le chapitre 3 du thème 8).

3.1. Énoncé du théorème de Rolle

Théorème. Soit a et b deux nombres réels tels que $a < b$. Soit $f : [a, b] \longrightarrow \mathbb{R}$, une fonction réelle définie sur l'intervalle fermé $[a, b]$, continue sur l'intervalle fermé $[a, b]$, dérivable sur l'intervalle ouvert $]a, b[$ et telle que $f(a) = f(b) = 0$. Il existe un nombre réel c tel que :

1. $a < c < b$.
2. $f'(c) = 0$.

Commentaire. Le théorème de Rolle est un théorème d'existence utile le plus souvent quand on ne peut pas faire les calculs effectifs. Il est inutile et maladroit d'utiliser ce théorème pour montrer que la dérivée de $x \longmapsto x^2 - x$ s'annule dans $]0, 1[$. On ferait en effet appel à des notions beaucoup plus complexes pour obtenir un résultat beaucoup plus faible qu'en dérivant et en résolvant $2x - 1 = 0$. On obtiendrait l'existence de c, mais pas sa valeur $1/2$.

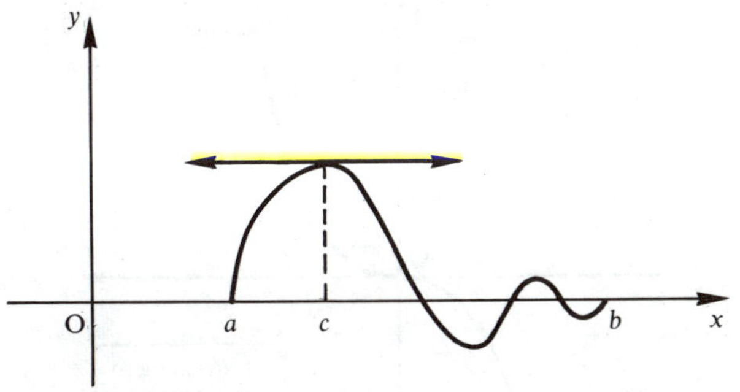

3.2. Théorème des accroissements finis

Théorème. Soit a et b deux nombres réels tels que $a < b$. Soit $f : [a, b] \longrightarrow \mathbb{R}$ une fonction définie et continue sur $[a, b]$ et dérivable sur $]a, b[$. Il existe un nombre réel c tel que :

1. $a < c < b$
2. $\dfrac{f(b) - f(a)}{b - a} = f'(c)$.

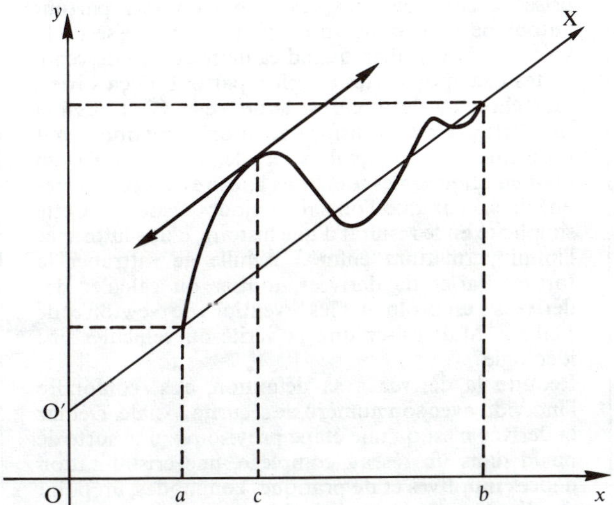

Interprétation. Le théorème affirme l'existence d'un point de la courbe dont l'abscisse c est strictement comprise entre a et b et où la tangente (de pente $f'(c)$) est parallèle à la droite passant par les extrémités de la courbe $(a, f(a))$ et $(b, f(b))$ (et dont la pente est $\dfrac{f(b) - f(a)}{b - a}$). Soit O' l'intersection de cette droite avec Oy, notons O'X cette droite et O'Y la droite Oy. On voit que l'énoncé du théorème des accroissements finis est le même que le théorème de Rolle relativement au repère O'XY. C'est d'ailleurs le principe de la démonstration ci-dessous.

Démonstration. Désignons par φ la fonction

$$\varphi : [a, b] \longrightarrow \mathbb{R},$$
$$x \longmapsto \varphi(x) = f(x) - \frac{f(b) - f(a)}{b - a}(x - a) - f(a).$$

La fonction φ est définie et continue sur $[a, b]$, dérivable sur $]a, b[$ et

$$\varphi(a) = f(a) - \frac{f(b) - f(a)}{b - a} \cdot 0 - f(a) = 0$$

$$\varphi(b) = f(b) - \frac{f(b) - f(a)}{b - a}(b - a) - f(a) = 0.$$

On peut donc appliquer le théorème de Rolle à φ. Donc il existe c tel que : $a < c < b$ et $\varphi'(c) = 0$. Or

$$\varphi'(c) = f'(c) - \frac{f(b) - f(a)}{b - a}$$

d'où la conclusion. □

Commentaire. On dit que $\Delta f = f(b) - f(a)$ est l'*accroissement* de la fonction f correspondant à l'accroissement $\Delta x = b - a$ de la variable. Le théorème énonce l'existence d'un nombre c de l'intervalle ouvert $]a, b[$ tel que

$$\Delta f / \Delta x = f'(c).$$

Autrefois on considérait que la dérivée était le rapport $\mathrm{d}f/\mathrm{d}x$ d'accroissements *infiniment petits* $\mathrm{d}f$ et $\mathrm{d}x$. On disait alors que les accroissements Δf et Δx étaient *finis* par opposition à $\mathrm{d}f$ et $\mathrm{d}x$ qui étaient *infiniment petits* (ce point de vue est encore habituel en physique). Le théorème énonce alors une propriété du rapport $\Delta f / \Delta x$ des accroissements *finis*. C'est ce qui explique le nom de ce théorème.

3.3. Autres énoncés du théorème des accroissements finis

Théorème. Soit $\mathrm{D} \subset \mathbb{R}$ et $f : \mathrm{D} \longrightarrow \mathbb{R}$, $x_0 \in \mathbb{R}$ et $x \in \mathbb{R}$. Si $[x_0, x] \subset \mathrm{D}$, si f est continue sur $[x_0, x]$ et dérivable sur $]x_0, x[$ (respectivement si $[x, x_0] \subset \mathrm{D}$, f continue sur $[x, x_0]$ et dérivable sur $]x, x_0[$) alors il existe un nombre réel θ tel que :

$$\begin{cases} 0 < \theta < 1 \\ f(x) = f(x_0) + (x - x_0) f'(x_0 + \theta(x - x_0)). \end{cases}$$

Théorème. Soit I un intervalle de $\mathbb{R}$, $f : \mathrm{I} \longrightarrow \mathbb{R}$, $x \in \mathbb{R}$ et $h \in \mathbb{R}$. Si f est continue et dérivable, si $x \in \mathrm{I}$ et $x + h \in \mathrm{I}$, alors il existe un nombre θ tel que :

$$\begin{cases} \theta \in]0, 1[\\ f(x + h) = f(x) + h f'(x + \theta h). \end{cases}$$

Corollaire. Une fonction définie sur un intervalle et dérivable, dont la dérivée est la fonction nulle, est une fonction constante.

Démonstration. Soit I un intervalle de $\mathbb{R}$ et $f : \mathrm{I} \longrightarrow \mathbb{R}$, dérivable et tel que pour tout x de I, $f'(x) = 0$. Soit x_0

un élément de I. Posons $f(x_0) = k$. Du théorème précédent il résulte que pour tout x de I, on a :

$$f(x) = k + (x - x_0)f'(x_1)$$

où $x_1 \in]x_0, x[$ ou $]x, x_0[$, d'où $f(x) = k$. □

C 10. Soit $D \subset \mathbb{R}$, $f : D \longrightarrow \mathbb{R}$, $x \in D$ et $x_0 \in D$, tels que $x_0 < x$ et $[x_0, x] \subset D$. Si f est continue sur $[x_0, x]$ et dérivable sur $]x_0, x[$, alors :

$$f(x_0) + (x - x_0) \inf \{ f'(\xi); \xi \in]x_0, x[\} \leqslant f(x)$$
$$\text{et} \quad f(x) \leqslant f(x_0) + (x - x_0) \sup \{ f'(\xi); \xi \in]x_0, x[\}$$

3.4. Application : sens de variation d'une fonction

Définition : Soit $I \subset D \subset \mathbb{R}$, $f : D \longrightarrow \mathbb{R}$ et I un intervalle. On dit que f est *croissante* (respectivement *strictement croissante, décroissante, strictement décroissante*) *sur* I ssi :

$$\forall x_1 \in I \quad \forall x_2 \in I \quad (x_1 < x_2 \Longrightarrow f(x_1) \leqslant f(x_2))$$

(respectivement $f(x_1) < f(x_2)$, $f(x_1) \geqslant f(x_2)$, $f(x_1) > f(x_2)$).

• f est dite *monotone* sur un intervalle I ssi f est croissante sur I ou décroissante sur I; f est dite strictement monotone sur I ssi f est strictement croissante sur I ou f strictement décroissante sur I.

• Soit $f : D \longrightarrow \mathbb{R}$, étudier le sens de variation de f consiste à trouver des intervalles $I_1, I_2, ..., I_n$ disjoints tels que

$$\bigcup_{i=1}^{n} I_i = D$$

et tels que f soit monotone sur chacun de ces intervalles (en précisant à chaque fois si f y est croissante ou décroissante).

Théorème 1. Pour qu'une fonction f dérivable sur un intervalle I soit croissante sur I (respectivement décroissante sur I) il faut et il suffit que :

$$\forall x \in I \quad f'(x) \geqslant 0 \quad \text{(respectivement} \leqslant 0).$$

Théorème 2. Soit f une fonction dérivable sur un intervalle I. Si

$$\forall x \in I \quad f'(x) > 0 \quad \text{(respectivement} < 0)$$

alors f est strictement croissante (respectivement strictement décroissante) sur I.

Démonstration des théorèmes. La fonction f étant dérivable sur I est continue sur I. Soit x_1 et x_2 deux nombres appartenant à I, tels que $x_1 < x_2$. Comme I est un intervalle, $[x_1, x_2] \subset I$. D'après le théorème des accroissements finis, il existe un nombre réel x tel que

$$x_1 < x < x_2 \quad \text{et} \quad f(x_2) - f(x_1) = (x_2 - x_1)f'(x).$$

Si pour tout x de I, $f'(x) \geqslant 0$ (respectivement > 0) on en déduit $f(x_2) - f(x_1) \geqslant 0$ (respectivement > 0); f est alors croissante (respectivement : strictement croissante). Réciproquement si f est croissante, on a pour tout $x_0 \in I$ et tout $x \in I$,

$$(f(x) - f(x_0))(x - x_0)^{-1} \geqslant 0,$$

d'où $f'(x_0) = \lim\limits_{x \to x_0, x \in I - \{x_0\}} (f(x) - f(x_0))(x - x_0)^{-1} \geqslant 0$. □

Attention : La réciproque du théorème 2 est fausse. Par exemple $f : \mathbb{R} \longrightarrow \mathbb{R}$, $x \longmapsto x^3$ est strictement croissante sur $\mathbb{R}$, mais f' s'annule pour $x = 0$.

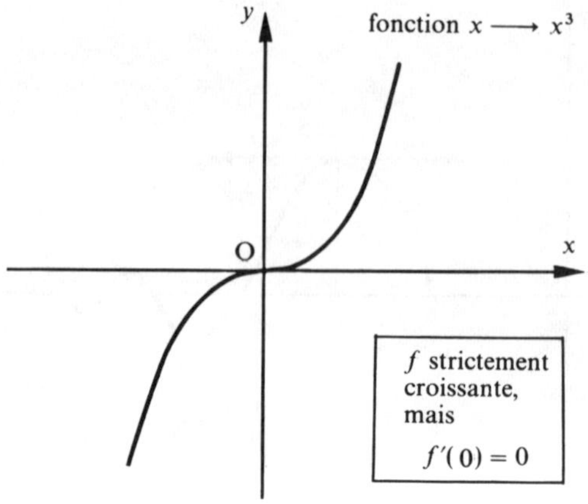

La dérivée

La dérivée c'est peut-être banal : une définition parmi tant d'autres. C'est dans le cours, en rappel, du vu et déjà revu : une sorte de formule incantatoire sans grand rapport avec la pratique qu'on en a. Y'a qu'à attendre que ça se passe...

Et pourtant c'est merveilleux, la notion de dérivée. Intérioriser le concept de dérivée, c'est une véritable prise de conscience : après vous en verrez partout autour de vous dans votre quotidien : vitesse de la voiture ou du voilier, quand ça monte ou ça descend, cartes météo ou cartes en relief, partout où ça varie... sans choc. La dérivée c'est la douceur. C'est aussi la simplicité, c'est transformer toute fonction, tout problème en ce qu'il y a de plus simple en mathématiques : les fonctions linéaires, les problèmes linéaires, ceux que l'on sait toujours résoudre. Cette simplicité est le résultat d'une histoire, d'une lutte avec l'infini permettant enfin à Achille de rattraper la tortue. Parler de dérivées, utiliser ou calculer des dérivées c'est prolonger les inventions de Newton et de Leibniz. Mais est-ce dire la vérité ou véhiculer une idéologie?

Réduire la dérivée à sa définition, c'est confondre l'individu avec son numéro de sécurité sociale. Définir la dérivée n'est qu'une étape provisoire : une sorte de nœud dans un réseau complexe, une cristallisation d'idées intuitives et de pratiques commodes, un point de départ vers des généralisations plus ou moins divergentes, permettant une évolution du concept en réaction aux divers contextes, dans un va-et-vient permanent du quotidien au spéculatif, passant par l'ésotérisme, le ras-le-bol ou le plaisir.

3. Un peu de lyrisme.

Exercice 14. Soit I un intervalle de $\mathbb{R}$ et $f : I \longrightarrow \mathbb{R}$, dérivable. Si f s'annule en n points distincts $x_1, x_2, ..., x_n$, alors f' s'annule au moins $(n - 1)$ fois.

Exercice 15. Soit P le polynôme réel $P(x) = x^n + px + q$, où $p \in \mathbb{R}$, $q \in \mathbb{R}$ et $n \in \mathbb{N}^*$. Montrer que P admet au plus deux racines réelles si n est pair et au plus trois racines réelles si n est impair.

Exercice 16. Soit $f : \mathbb{R} \longrightarrow \mathbb{R}$, $x \longmapsto Ax^2 + Bx + C$, où $A \in \mathbb{R}^*$, $B \in \mathbb{R}$ et $C \in \mathbb{R}$; soit a et b deux réels tels que $a < b$. Vérifier qu'on peut appliquer le théorème des accroissements finis à f sur $[a, b]$. Exprimer c en fonction de a et de b.

Exercice 17. Soit $f : [0, 1] \longrightarrow \mathbb{R}$, $x \longmapsto 1 - |2x - 1|$. Pour quelles valeurs de a et de b peut-on appliquer le théorème des accroissements finis à f sur $[a, b]$?

Exercice 18. Étudier l'existence et l'unicité de c tel que

$$f(b) - f(a) = (b - a)f'(c)$$

dans les cas suivants :
1. $a = -2$, $b = 1$, $f(x) = (x + 2)(x - 1)$;
2. $a = -1$, $b = 1$, $f(x) = \sqrt[3]{x^2}$;
3. $a = 0$, $b = 2\pi$, $f(x) = \sin x + 2x$;
4. $a = -1$, $b = 1$, $f(x) = \sqrt[3]{x}$.

Exercice 19. Étudier les variations des fonctions suivantes :

$$f(x) = x^4 + 4x + 6, \quad g(x) = (4x + 5)(2x - 3)^{-1},$$
$$h(x) = (1 - 2x^2)^{-1/2}, \quad k(x) = (x - 1)^3(x + 1)^{-2}.$$

Exercice 20. Dans la formule des accroissements finis

$$f(x + h) = f(x) + hf'(x + \theta h),$$

calculer θ pour $f(x) = x^3$, puis $\lim_{h \to 0} \theta$. **Déterminer $\lim_{h \to 0} \theta$ pour $f(x) = x^n$, $n \in \mathbb{N}$, $n \geqslant 2$.

Exercice 22. Calculer pour $|x| < 1$:

$$\sqrt{1 - x^2}\,\frac{d}{dx}\sqrt{1 - x^2};$$
$$\sqrt{1 - x^2}\,\frac{d^2}{dx^2}\sqrt{1 - x^2};$$
$$\sqrt{1 - x^2}\,\frac{d^3}{dx^3}\sqrt{1 - x^2}.$$

Exercice 23. Soit $f : \mathbb{R} \longrightarrow \mathbb{R}$, $x \longmapsto |x|^3$. Pour quels n est-ce que $f^{(n)}$ existe?

* **Exercice 24.** On considère la fonction $f : \mathbb{R} \longrightarrow \mathbb{R}$ telle que :

$$f(x) = \begin{cases} e^{-(x^2-1)^{-1}} & \text{si } |x| < 1 \\ 0 & \text{si } |x| \geqslant 1. \end{cases}$$

Montrer que f est indéfiniment dérivable.

* **Exercice 25.** On définit les *polynômes d'Hermite* H_n pour $n \in \mathbb{N}$ par : $H_n(x) = (-1)^n e^{x^2}\left(\frac{d^n}{dx^n} e^{-x^2}\right)$.

1. Calculer $H_n(x)$ pour $n = 0, 1, 2, 3, 4$ et 5.
2. Montrer que $H_n''(x) - 2xH_n'(x) + 2nH_n(x) = 0$.
3. Montrer que $\left(2x - \frac{d}{dx}\right)H_n(x) = H_{n-1}(x)$ et que
$$2xH_n(x) = H_{n+1}(x) + 2nH_{n-1}(x).$$

§ 4. DÉRIVÉES n^e

4.1. Fonction dérivée n^e

Définition. Soit $D \subset \mathbb{R}$ et $f : D \longrightarrow \mathbb{R}$.

• Si f est dérivable sur D et si f' est dérivable sur D, on dit que f est *deux fois dérivable* sur D et la dérivée $(f')'$ de f' se note f'' ou $f^{(2)}$ et s'appelle la *dérivée seconde* de f.

• Par récurrence, on définit pour tout n appartenant à $\mathbb{N}$ la dérivée n^e de f, notée $f^{(n)}$, par

$$\begin{cases} & f^{(0)} = f \\ \forall n \in \mathbb{N} & f^{(n+1)} = (f^{(n)})'. \end{cases}$$

Si $f^{(n)}$ est défini on dit que f est *n fois dérivable*.

• Si $f^{(n)}$ est défini pour tout n, on dit que f est *indéfiniment dérivable*.

Autres notations

$$f^{(n)}(x) = \frac{d^n}{dx^n} f(x) = \left(\frac{d}{dx}\right)^n f(x) = \frac{d^n f}{dx^n}(x).$$

Linéarité. Soit $\alpha \in \mathbb{R}$, $\beta \in \mathbb{R}$, $D \subset \mathbb{R}$, $f : D \longrightarrow \mathbb{R}$ et $g : D \longrightarrow \mathbb{R}$. Si f et g sont n fois dérivables, alors $\alpha f + \beta g$ est n fois dérivable et

$$(\alpha f + \beta g)^{(n)} = \alpha f^{(n)} + \beta g^{(n)}.$$

Exercice 21. Calculer $f^{(n)}(x)$:
1. pour $n = 0, 1, 2, 3$ et 4 et $f(x) = \cos x$;
2. pour $f(x) = e^{-x}$ et $n \in \mathbb{N}$.

4.2. Dérivée n^e en un point x_0

Définition. Soit $D \subset \mathbb{R}$ et $f : D \longrightarrow \mathbb{R}$. La dérivée n^e de f en x_0 est la dérivée en x_0 de la fonction $f^{(n-1)}$ définie sur D (ou sur un intervalle ouvert

$$]x_0 - \eta, x_0 + \eta[$$

inclus dans D).

ATTENTION. Pour pouvoir calculer $f^{(n)}(x_0)$, il faut que $f^{(n-1)}$ soit défini non seulement en x_0 mais aussi pour tout x voisin de x_0 et que cette fonction soit dérivable en x_0.

Exemple. La fonction $f : \mathbb{R} \longrightarrow \mathbb{R}$, $x \longmapsto$ (x^3 si $x \in \mathbb{Q}$ et 0 si $x \in \mathbb{R} - \mathbb{Q}$) est dérivable en O et $f'(0) = 0$, mais en aucun autre point de $\mathbb{R}$. On ne peut donc pas définir $f''(0)$.

4.3. Formule de Leibniz

Théorème. Soit $D \subset \mathbb{R}$, $f : D \longrightarrow \mathbb{R}$ et $g : D \longrightarrow \mathbb{R}$. Si f et g sont n fois dérivables sur D, alors fg est n fois dérivable et :

$$(fg)^{(n)} = \sum_{k=0}^{n} C_n^k f^{(n-k)} g^{(k)}$$

Démonstration. Par récurrence sur n. La formule est vraie pour $n = 0$ ($(fg)^{(0)} = f^{(0)}g^{(0)}$) et pour $n = 1$:

$$(fg)^{(1)} = (fg)' = f'g + fg'$$
$$= C_1^0 f^{(1)} g^{(0)} + C_1^1 f^{(0)} g^{(1)}.$$

Supposons qu'elle soit vraie pour n et montrons qu'elle est vraie pour $(n+1)$:

$$(fg)^{(n+1)} = [(fg)^{(n)}]' = \sum_{k=0}^{n} C_n^k (f^{(n-k)} g^{(k)})'$$
$$= \sum_{k=0}^{n} C_n^k f^{(n+1-k)} g^{(k)} + \sum_{k=0}^{n} C_n^k f^{(n-k)} g^{(k+1)}$$
$$(fg)^{(n+1)} = C_n^0 f^{(n+1)} g^{(0)} + \sum_{k=1}^{n} C_n^k f^{(n+1-k)} g^{(k)} + \sum_{j=1}^{n+1} C_n^{j-1} f^{(n+1-j)} g^{(j)}$$
$$= C_n^0 f^{(n+1)} g^{(0)} + \sum_{k=1}^{n} (C_n^k + C_n^{k-1}) f^{(n+1-k)} g^{(k)} + C_n^n f^{(0)} g^{(n+1)}$$
$$= C_{n+1}^0 f^{(n+1)} g^{(0)} + \sum_{k=1}^{n} C_{n+1}^k f^{(n+1-k)} g^{(k)} + C_{n+1}^{n+1} f^{(0)} g^{(n+1)}$$
$$= \sum_{k=0}^{n+1} C_{n+1}^k f^{(n+1-k)} g^{(k)}. \ \square$$

Exercice 26. Soit a et b deux nombres réels. En dérivant n fois la relation $e^{(a+b)x} = e^{ax} e^{bx}$, retrouver la formule du binôme de Newton.

Exercice 27. Calculer la dérivée n^e de $P(x)\, e^x$, où P est une fonction polynôme réel de degré inférieur ou égal à p.

Exercice 28. Calculer les dérivées n^e des fonctions suivantes : $4 \sin^2 x \cos x$; $\cos^2 x$; $x \cos x$; $x^3 \operatorname{sh} x$.

** **Exercice 29.** Soit $n \in \mathbb{N}$, on pose

$$f_n : \mathbb{R}^* \longrightarrow \mathbb{R}, \quad x \longmapsto x^{n-1} e^{1/x} \quad \text{et} \quad g_n = (f_n)^{(n)}.$$

Exprimer g_{n+2} en fonction de g_{n+1} et g_n'. En déduire que $(f_n)^{(n)}(x) = (-1)^n x^{-n-1} e^{1/x}$.

4.4. Formule de Taylor

Théorème. Soit $a < b$ et $f : [a, b] \longrightarrow \mathbb{R}$. On suppose que :

1. f admet des dérivées jusqu'à l'ordre n sur $[a, b]$
2. $f^{(n)}$ est continue sur $[a, b]$
3. f est $(n+1)$ fois dérivable sur $]a, b[$.

Alors il existe un nombre réel c strictement compris entre a et b ($c \in]a, b[$) tel que

$$f(b) = \sum_{k=0}^{n} \frac{(b-a)^k}{k!} f^{(k)}(a) + \frac{(b-a)^{n+1}}{(n+1)!} f^{(n+1)}(c).$$

Remarque 1. Cette formule s'appelle la formule de *Taylor-Lagrange*.

Remarque 2. Pour $n = 0$, la formule est celle des accroissements finis :

$$f(b) = f(a) + (b-a) f'(c).$$

Pour $n = 1$, la formule s'écrit :

$$f(b) = f(a) + (b-a) f'(a) + \frac{(b-a)^2}{2} f''(c).$$

Pour $n = 2$, la formule s'écrit :

$$f(b) = f(a) + (b-a) f'(a) + \frac{(b-a)^2}{2} f''(a) + \frac{(b-a)^3}{6} f^{(3)}(c).$$

Remarque 3. Si f est un polynôme de degré inférieur ou égal à n, on a $f^{(n+1)} = 0$. On retrouve la formule de Taylor pour les fonctions polynômes (voir Volume 1, thème I, chapitre 4).

Démonstration. Soit A le nombre réel tel que :

$$f(b) = \sum_{k=0}^{n} \frac{(b-a)^k}{k!} f^{(k)}(a) + \frac{(b-a)^{n+1}}{(n+1)!} A.$$

Considérons

$$\varphi(x) = f(b) - \sum_{k=0}^{n} \frac{(b-x)^k}{k!} f^{(k)}(x) - \frac{(b-x)^{n+1}}{(n+1)!} A.$$

On a $\varphi(a) = \varphi(b) = 0$. Les conditions du théorème de Rolle étant vérifiées, il existe un $c \in]a, b[$ tel que $\varphi'(c) = 0$. Le calcul donne :

$$\varphi'(x) = -f'(x) - \sum_{k=1}^{n} \left[-\frac{(b-x)^{k-1}}{(k-1)!} f^{(k)}(x) + \frac{(b-x)^k}{k!} f^{(k+1)}(x) \right] + \frac{(b-x)^n}{n!} A$$
$$= -f'(x) + \sum_{k=0}^{n-1} \frac{(b-x)^k}{k!} f^{(k+1)}(x) - \sum_{k=1}^{n} \frac{(b-x)^k}{k!} f^{(k+1)}(x) + \frac{(b-x)^n}{n!} A$$
$$= \frac{(b-x)^n}{n!} (-f^{(n+1)}(x) + A).$$

Il existe donc un $c \in]a, b[$ tel que $A = f^{(n+1)}(c)$. $\square$

Corollaire. Soit I un intervalle contenant x_0 et $f : I \longmapsto \mathbb{R}$ une fonction $(n+1)$ fois dérivable. Alors :

$$\forall x \in I \quad \exists \theta \in]0, 1[\quad f(x) = f(x_0) + (x - x_0) f'(x_0) + \dots + \frac{(x-x_0)^n}{n!} f^{(n)}(x_0) + \frac{(x-x_0)^{n+1}}{(n+1)!} f^{(n+1)}(\theta x + (1-\theta) x_0)$$

ATTENTION. La formule ci-dessus signifie que pour tout x de I il existe un θ strictement compris entre 0 et 1 tel que ... : θ **dépend** donc de x.

Démonstration. Dans le cas $x > x_0$, poser

$$x = b \quad \text{et} \quad x_0 = a.$$

Dans le cas $x < x_0$ refaire la démonstration précédente. $\square$

Théorème. Soit I un intervalle contenant 0 et $f : \mathrm{I} \longmapsto \mathbb{R}$. Si f est $(n+1)$ fois dérivable sur I, alors :

$$\forall x \in \mathrm{I} \quad \exists \theta \in]0, 1[$$
$$f(x) = f(0) + x f'(0) + \frac{x^2}{2!} f''(0) + \ldots + \frac{x^n}{n!} f^{(n)}(0) + \frac{x^{n+1}}{(n+1)!} f^{(n+1)}(\theta x)$$

ou

$$\forall x \in \mathrm{I} \quad \exists \theta \in]0, 1[$$
$$f(x) = \sum_{k=0}^{n} \frac{x^k}{k!} f^{(k)}(0) + \frac{x^{n+1}}{(n+1)!} f^{(n+1)}(\theta x)$$

Ce théorème, qui est un cas particulier du théorème de Taylor où on a choisi $x_0 = 0$, s'appelle le théorème de Mac Laurin.

Exercice 30. Montrer

a) $\operatorname{Arcsin} x < \dfrac{1}{\sqrt{1-x^2}}$ si $0 < x < 1$

b) $\operatorname{Arctg} x > \dfrac{x}{1+x^2}$ si $x > 0$

c) $x - \dfrac{x^2}{2} < \operatorname{Log}(1+x) < x - \dfrac{x^2}{2} + \dfrac{x^3}{3}$ pour $x > 0$.

* **Exercice 31.** Calculer (à la main, sans machine). *a*) cos (60,1°) à 3 décimales près. *b*) Arctg (1,001) à 4 décimales près. *c*) Log 1,002 à 10^{-5} près. *d*) $\sqrt{5}$ à 10^{-3} près.

4.5. Interprétation de la dérivée seconde : Étude de la concavité d'une courbe représentative de $y = f(x)$

Point de vue géométrique. Soit $\mathrm{D} \subset \mathbb{R}$, $f : \mathrm{D} \longrightarrow \mathbb{R}$, I intervalle, $\mathrm{I} \subset \mathrm{D}$, C_f la courbe représentative de f. On dira que f est *convexe sur* I ou que la courbe C_f *tourne sa concavité vers le haut sur* I ssi *pour tout choix d'un couple de points* M_1 *et* M_2 *de la courbe*, d'abscisses appartenant à I, *l'arc de courbe est en-dessous de la corde.* C'est ce qu'exprime la définition suivante.

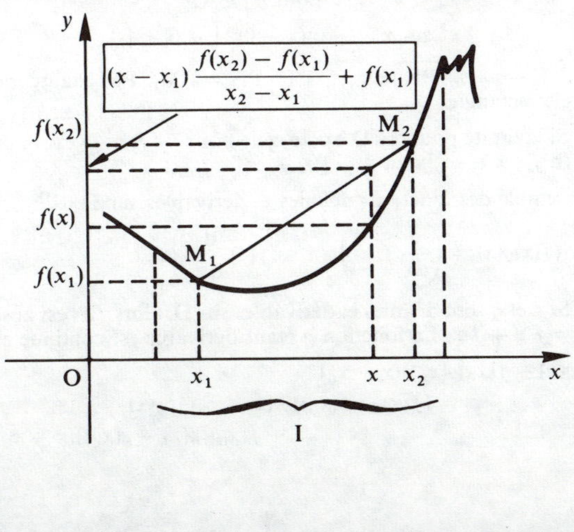

Définition. f est dite *convexe* (respectivement : *strictement convexe*) sur I ssi :

$$\forall x_1 \in \mathrm{I} \quad \forall x_2 \in \mathrm{I} \quad \forall x \in \mathrm{I}$$
$$x_1 < x < x_2 \Longrightarrow f(x) - \left[f(x_1) + \frac{f(x_2) - f(x_1)}{x_2 - x_1}(x - x_1) \right] \leqslant 0$$

(respectivement : < 0).

f est dite *concave* (respectivement : *strictement concave*) sur I ssi :

$$\forall x_1 \in \mathrm{I} \quad \forall x_2 \in \mathrm{I} \quad \forall x \in \mathrm{I}$$
$$x_1 < x < x_2 \Longrightarrow f(x) - \left[f(x_1) + \frac{f(x_2) - f(x_1)}{x_2 - x_1}(x - x_1) \right] \geqslant 0$$

(respectivement : > 0).

C 11. Montrer que f est concave si et seulement si $-f$ est convexe. Quelle est l'interprétation géométrique de l'énoncé « f est concave »?

Théorème 1. Soit $f : \mathrm{I} \longrightarrow \mathbb{R}$, deux fois dérivable. Pour que f soit convexe sur I il faut et il suffit que :

$$\forall x \in \mathrm{I} \quad f''(x) \geqslant 0.$$

Théorème 2. Soit $f : \mathrm{I} \longrightarrow \mathbb{R}$, deux fois dérivable. Si pour tout $x \in \mathrm{I}$ $f''(x) > 0$, alors f est strictement convexe sur I.

Démonstration. 1. Supposons f convexe. Soit

$$x_1 < x < x_2$$

trois points de I, on a :

$$\frac{f(x) - f(x_1)}{x - x_1} - \frac{f(x_2) - f(x_1)}{x_2 - x_1} \leqslant 0.$$

Faisons tendre x vers x_1, il vient :

$$f'(x_1) \leqslant \frac{f(x_2) - f(x_1)}{x_2 - x_1}.$$

La relation traduisant la convexité peut aussi s'écrire :

$$f(x) - \left[f(x_2) + \frac{f(x_2) - f(x_1)}{x_2 - x_1} \cdot (x - x_2) \right] \leqslant 0$$

d'où
$$\frac{f(x) - f(x_2)}{x - x_2} - \frac{f(x_2) - f(x_1)}{x_2 - x_1} \geqslant 0$$

d'où
$$\frac{f(x_2) - f(x_1)}{x_2 - x_1} \leqslant f'(x_2).$$

On a donc :

$$\forall x_1 \in \mathrm{I} \quad \forall x_2 \in \mathrm{I} \quad x_1 < x_2 \Longrightarrow f'(x_1) \leqslant f'(x_2)$$

f' est donc une fonction croissante et donc $\forall x \in \mathrm{I}$ $f''(x) \geqslant 0$.

2. Supposons que : $\forall x \in \mathrm{I}$, $f''(x) > 0$.
Soit x_1 et x_2 deux points quelconques de I. Désignons par $d : [x_1, x_2] \longrightarrow \mathbb{R}$, la fonction définie par :

$$d(x) = f(x) - \left[f(x_1) + \frac{f(x_2) - f(x_1)}{x_2 - x_1}(x - x_1) \right].$$

On a $d(x_1) = d(x_2) = 0$. d est dérivable et :

$$d'(x) = f'(x) - \frac{f(x_2) - f(x_1)}{x_2 - x_1}.$$

Résolvons l'équation $d'(x) = 0$. D'après le théorème des accroissements finis il existe un nombre x_0 de $]x_1, x_2[$ tel que :

$$\frac{f(x_2) - f(x_1)}{x_2 - x_1} = f'(x_0).$$

Ayant $f'' > 0$ sur I, f' est strictement croissante et l'équation $d'(x) = 0$ admet l'unique solution $x = x_0$. De plus :

$$\forall x \in [x_1, x_0[\quad d'(x) < 0$$
$$\forall x \in]x_0, x_2] \quad d'(x) > 0.$$

Nous avons donc le tableau de variation pour d :

x	x_1		x_0		x_2
$d(x)$	0	↘	$d(x_0)$	↗	0

On a donc $\forall x \in]x_1, x_2[\ d(x) < 0$.

3. Supposons que $\forall x \in \mathrm{I}, f''(x) \geqslant 0$. On a alors

$$\forall x \in]x_1, x_2[\quad d(x) \leqslant 0. \ \square$$

Théorème. Soit $f : \mathrm{I} \longrightarrow \mathbb{R}$, deux fois dérivable. Pour que f soit convexe sur I il faut et il suffit que

$$\forall x_0 \in \mathrm{I} \quad \forall x \in \mathrm{I} \quad f(x) - [f(x_0) + (x - x_0)f'(x_0)] \geqslant 0.$$

(C'est-à-dire que la courbe soit au-dessus de toutes ses tangentes.)

Démonstration. 1. Supposons f convexe sur I, d'où $f'' \geqslant 0$. Appliquons alors le corollaire du théorème de Taylor, il vient :

$$f(x) - [f(x_0) + (x - x_0)f'(x_0)] = \frac{(x - x_0)^2}{2} f''(\theta x_0 + (1 - \theta)x) \geqslant 0.$$

2. Si la relation ci-dessus est vérifiée, il vient

si $x > x_0$ $\qquad \dfrac{f(x) - f(x_0)}{x - x_0} \geqslant f'(x_0)$

et si $x < x_0$ $\qquad \dfrac{f(x) - f(x_0)}{x - x_0} \leqslant f'(x_0)$.

Pour deux points quelconques, on a donc :

$$x_1 < x_2 \Longrightarrow f'(x_1) \leqslant \frac{f(x_2) - f(x_1)}{x_2 - x_1} \leqslant f'(x_2)$$

f' est donc croissante et donc $f'' \geqslant 0$. $\square$

C 12. Soit $f : \mathrm{I} \longrightarrow \mathbb{R}$, où I est un intervalle de $\mathbb{R}$. Les conditions suivantes sont équivalentes :

1. f est convexe

2. $\forall (x, x_1, x_2) \in \mathrm{I}^3 \quad x_1 < x_2 \Longrightarrow \dfrac{f(x_1) - f(x)}{x_1 - x} \leqslant \dfrac{f(x_2) - f(x)}{x_2 - x}$.

3. $m : \mathrm{I} - \{c\} \longrightarrow \mathbb{R}, x \longmapsto m(x) = \dfrac{f(x) - f(c)}{x - c}$ est croissante.

4. Si $\alpha_1 + \alpha_2 = 1$, $\alpha_1 \geqslant 0$ et $\alpha_2 \geqslant 0$ alors

$$f(\alpha_1 x_1 + \alpha_2 x_2) \leqslant \alpha_1 f(x_1) + \alpha_2 f(x_2).$$

5. Si $\alpha_1 + \alpha_2 + ... + \alpha_n = 1$ et $\forall i \in \{1, 2, ..., n\}$ $\alpha_i \geqslant 0$, alors :

$$f(\alpha_1 x_1 + ... + \alpha_n x_n) \leqslant \alpha_1 f(x_1) + ... + \alpha_n f(x_n).$$

C 13. Soit I un intervalle ouvert de $\mathbb{R}$ et $f : \mathrm{I} \longrightarrow \mathbb{R}$. Si f est convexe, alors f est continue.

Exercice 32. Donner un exemple de fonction définie sur un intervalle, convexe et non continue.

Exercice 33. 1. Soit $f(x) = x^3 + ax^2 + bx + c$, a, b, $c \in \mathbb{R}$. Déterminer a, b, c pour que f soit convexe pour $x \geqslant 0$ et concave pour $x < 0$.

2. Soit $f(x) = ax^3 + bx$, $a, b \in \mathbb{R}$, $a \neq 0$. Étudier la convexité de f suivant les valeurs de a et b.

Exercice 34. Soit $\alpha_i \in \mathbb{R}$, $\alpha_1 + \alpha_2 + ... + \alpha_n = 1$. Montrer que :

1. $(\alpha_1 x_1 + ... + \alpha_n x_n)^2 \leqslant \alpha_1 x_1^2 + ... + \alpha_n x_n^2 \quad (x_i \in \mathbb{R})$.

2. $\mathrm{Log}\,(\alpha_1 x_1 + ... + \alpha_n x_n) \geqslant \alpha_1 \,\mathrm{Log}\, x_1 + ... + \alpha_n \,\mathrm{Log}\, x_n$ $(\alpha_i > 0, x_i > 0)$.

3. $\dfrac{1}{\alpha_1 x_1 + ... + \alpha_n x_n} \leqslant \dfrac{\alpha_1}{x_1} + ... + \dfrac{\alpha_n}{x_n}, \quad (\alpha_i \geqslant 0, x_i > 0)$.

4. Soit $\alpha > 1$ et $x_1, ..., x_n \in (\mathbb{R}_+^*)^n$. Montrer que

$$(x_1 + ... + x_n)^\alpha \leqslant n^{\alpha - 1}(x_1^\alpha + ... + x_n^\alpha).$$

*** **Exercice 35.** Soit p et q deux nombres réels tels que $p \geqslant 1, q \geqslant 1$ et

$$\frac{1}{p} + \frac{1}{q} = 1.$$

1. Soit a et b deux réels strictement positifs, on définit α et β par $a = e^{\alpha/p}$ et $b = e^{\beta/q}$. En utilisant la convexité de $x \longmapsto e^x$, montrer que $ab \leqslant \dfrac{1}{p} a^p + \dfrac{1}{q} b^q$.

2. Soit $x_1, x_2, ..., x_n, y_1, y_2, ..., y_n$ $2n$ nombres positifs. On pose $u = \left\{ \sum_{i=1}^n x_i^p \right\}^{1/p}$ et $v = \left\{ \sum_{i=1}^n y_i^q \right\}^{1/q}$; montrer que pour tout i :

$$\frac{x_i y_i}{uv} \leqslant \frac{1}{p} \frac{(x_i)^p}{u^p} + \frac{1}{q} \frac{(y_i)^q}{v^q}.$$

3. Montrer l'*inégalité de Hölder* :

$$x_1 y_1 + ... + x_n y_n \leqslant (x_1^p + ... + x_n^p)^{1/p} (y_1^q + ... + y_n^q)^{1/q}.$$

4. Écrire cette inégalité dans le cas $p = q = 2$ et $n = 3$ et l'interpréter.

§ 5. RÉPONSES OU INDICATIONS

C 1. Hachurer un rectangle centré en $(x_0, f(x_0))$ de côtés parallèles à Ox de longueur 2η et de côtés parallèles à Oy de longueur 2ε.

C 2. Choisissons $\varepsilon' > 0$, il existe $\eta' > 0$ tel que si

$$x \in \mathrm{D} \cap]x_0 - \eta', x_0 + \eta'[$$

alors $|f(x) - f(x_0) - (x - x_0)f'(x_0)| < \varepsilon' |x - x_0|$.

Soit $\varepsilon > 0$, $\eta = \inf \{ \eta', \varepsilon(\varepsilon' + |f'(x_0)|)^{-1} \}$ convient.

$x \longmapsto |x - x_0|$.

1. *a)* $\eta \leqslant 10^{-1}$. *b)* $\eta \leqslant 10^{-5}$. *c)* $\eta \leqslant (-3 + \sqrt{9{,}04})/2$.
d) $\eta^3 + 8\eta^2 + 24\eta < 10^{-3}$, $\eta = 4 \cdot 10^{-5}$ par exemple. *e)* $\eta > 0$.
f) $\eta(|x_0 + \eta| x_0^2)^{-1} < \varepsilon$; si $x_0 > 0$,

$$\eta = \inf \left\{ \frac{1}{2} x_0, \frac{3}{2} x_0^3 \varepsilon \right\}$$

par exemple. *g) h) i)* $\eta^{-1} \,\mathrm{Log}\,(1 - \eta) > -1 - \varepsilon$ et $\eta < 1$, par exemple $\eta < 2\varepsilon(1 + 2\varepsilon)^{-1}$.

2. 1. $|x \sin x^{-1} - 0| < |x|$; $\sin x^{-1}$ n'a pas de limite.

2. $|x^2 \sin x^{-1} - 0| < x^2 \leqslant |x|$ pour $|x| \leqslant 1$;

$$|(x^2 \sin x^{-1} - 0)(x - 0)^{-1} - 0| < |x|.$$

3. $\overline{\mathrm{PT}} = -y_0/y_0'$; $\overline{\mathrm{PN}} = y_0 y_0'$; $\mathrm{PT} \cdot \mathrm{PN} = \mathrm{PM}_0^2$, PM_0 hauteur d'un triangle rectangle.

C 3. Si la limite pour $x \in \mathrm{D}$ existe celle pour $x \in \mathrm{A} \subset \mathrm{D}$ existe aussi. $\mathrm{D} = \mathbb{R}$, $f : x \longmapsto |x|$ et $\mathrm{A} = [0, +\infty[$.

4. Ensemble des fonctions définies et dérivables sur D; $\mathbb{R}^{\mathrm{D}}$.

5. $\dfrac{d}{dx}(f(x)g(x)) = \left(\dfrac{d}{dx} f(x)\right) g(x) + f(x) \dfrac{d}{dx} g(x)$.

C 4. Si f et g sont définies et dérivables sur D, alors fg l'est aussi et $(fg)' = f'g + fg'$. La fonction g étant dérivable est continue et

$$(f(x)g(x) - f(x_0)g(x_0))(x - x_0)^{-1} = (f(x) - f(x_0)) \cdot (x - x_0)^{-1} g(x) + f(x_0)(g(x) - g(x_0))(x - x_0)^{-1}.$$

C 5. Considérer la fonction $\tilde{g} : x \longmapsto \tilde{g}(x) = g(x)$ si $g(x) \neq g(x_0)$ et $= g(x_0) + 1$ si $g(x) = g(x_0)$; utiliser g continue et

$$\frac{f(g(x)) - f(g(x_0))}{x - x_0} = \frac{f(g(x)) - f(g(x_0))}{\tilde{g}(x) - g(x_0)} \cdot \frac{g(x) - g(x_0)}{x - x_0}.$$

C 6. $(x^{-1} - x_0^{-1})(x - x_0)^{-1} = -x_0^{-1}x^{-1} \longrightarrow -(x_0)^{-2}$.
Soit $i : x \longmapsto x^{-1}$, $[v(x)]^{-1} = i \circ v(x)$ et

$$(i \circ v)' = (i' \circ v)v'. \ (uv^{-1})' = u'v^{-1} + u(v^{-1})'.$$

C 8. $x^\alpha = e^{\alpha \operatorname{Log} x}$, dérivée : $\alpha x^{-1} e^{\alpha \operatorname{Log} x} = \alpha x^{\alpha - 1}$.

6. *a*) $-[m(b + x) + n(a + x)][(a + x)^{m+1}(b + x)^{n+1}]^{-1}$.
b) $(1 - x^2)(1 + x + x^2)^{1/2}(1 - x + x^2)^{3/2}$.
c) $2ab(a^2 \cos^2 x - b^2 \sin^2 x)^{-1}$.
d) $[x \operatorname{Log} x \cdot \operatorname{Log}(\operatorname{Log} x)]^{-1}$.
e) $e^{ax} \cos(bx)$.

7. *a*) Dérivable à g. et à d. sur $\mathbb{R}$, non dérivable en 3 et en -3. *b*) Non dérivable à d., à g. en O. *c*) Dérivable sur $]-\infty, 1[\cup]2, +\infty[$, dérivable à g. sur $]-\infty, 1] \cup]2, +\infty[$, à d. sur $]-\infty, 1[\cup [2, +\infty[$.

8. f continue et $\lim_{x \to 1/2} g(x) = f(1) = f(0)$. Si et seulement si $f'(0) = f'(1)$.

9. $f'_s(x_0) = \lim_{h \to 0} [f(x + h) - f(x - h)]/2h$ s'appelle la *dérivée symétrique*. Si $f'(x_0)$ existe alors $f'_s(x_0) = f'(x_0)$. L'existence de $f'_s(x_0)$ n'entraîne pas la continuité; exemple : $x \longmapsto \cos \frac{1}{x}$ si $x \neq 0$ et $0 \longmapsto 0$. L'existence de $f'_s(x_0)$ ne traduit pas l'existence d'une tangente.

11. Calculer $f(x_0)$ et $f'(x_0)$ à la machine.

x_0	0,1	0,2	0,275	0,3	0,5
$f(x_0)$	0,690	0,605	0,593	0,594	0,654
$f'(x_0)$	$-1{,}52$	$-0{,}372$	0,001	0,085	0,450

x_0	0,7	1	1,2	1,4	1,6	2
$f(x_0)$	0,763	1	1,257	1,780	3,57	65 536
$f'(x_0)$	0,633	1	1,68	4,09	18,5	5 377 190

12.

n	1	8	21
$f(x_1)$	0,523 6	0,504 3	0,484 6

13. 0,171 835; 0,286 146; 1,411 844.

C 10. D'après les accroissements finis, il existe $x_1 \in]x_0, x[$ tel que $f(x) = f(x_0) + (x - x_0)f'(x_1)$ et

$$\inf\{f'(\xi); \xi \in]x_0, x[\} \leqslant f'(x_1) \leqslant \sup\{f'(\xi); \xi \in]x_0, x[\}.$$

14. D'après Rolle f' s'annule en $c_1, c_2, ..., c_{n-1}$ tels que

$$x_1 < c_1 < x_2 < c_2 < ... < x_{n-1} < c_{n-1} < x_n,$$

donc tous distincts.

15. Si n pair P′ est strictement croissant sur $\mathbb{R}$ et admet au plus une racine. Si n impair P′ est strictement croissant sur $[0, +\infty[$ et strictement décroissant sur $]-\infty, 0]$, donc P′ admet au plus deux racines. Conclure avec l'exercice 14.

16. $c = (a + b)/2$.

17. $0 \leqslant a < b \leqslant 1/2$ ou $1/2 \leqslant a < b \leqslant 1$.

18. Les hypothèses du théorème des accroissements finis sont vérifiées dans les cas 1. et 3.; 1. $c = -1/2$; 2. aucun; 3. $c_1 = \pi/2$ et $c_2 = 3\pi/2$; 4. $c_1 = -1/\sqrt{27}$, $c_2 = 1/\sqrt{27}$.

19. $f'(x) = 4(x + 1)(x^2 - x + 1)$; $g'(x) = -22(2x - 3)^{-2} < 0$;
$h'(x) = 2x(1 - 2x^2)^{-3/2}$ du signe de x;
$k'(x) = (x + 5)(x - 1)^2(x + 1)^{-3}$: $k \nearrow$ sur $]-\infty, -5]$ et $[-1, +\infty[$ et $k \searrow$ sur $[-5, -1]$.

20. $3h\theta^2 + 6x\theta - 3x - h = 0$. Si $x = 0$, $\theta = 3^{-1/2}$; si $x \neq 0$ quand $h \longrightarrow 0$, $\theta \longrightarrow \theta_0$ tel que $6x\theta_0 - 3x = 0$ ou $\theta \longrightarrow 1/2$. Si $x = 0$, $\theta = n^{-1(n-1)}$ et si $x \neq 0$, $\theta \longrightarrow 1/2$.

21. *1.* $2f^{(n)}(x) = [i^n + (-i)^n] \cos x + [i^{n+1} - (-i)^{n+1}] \sin x$.
2. $(-1)^n e^{-x}$.

22. Poser $u = \sqrt{1 - x^2}$ d'où $u' = -x/u$; $u'' = -u^{-3}$; $u''' = -3xu^{-5}$. Réponses : $-x$; $-(1 - x^2)^{-1}$; $-3x(1 - x^2)^{-2}$.

23. Si $x \neq 0$ $f^{(n)}(x)$ existe pour tout n. $f^{(0)}(0)$, $f^{(1)}(0)$, $f^{(2)}(0)$ existent, $f^{(3)}(0)$ n'existe pas et donc $f^{(n)}(0)$ pour $n \geqslant 3$ n'existe pas; mais $f^{(n)}(x)$ peut être prolongé par continuité en $x = 0$ pour $n \geqslant 4$.

24. Pour $|x| < 1$, $f^{(n)}(x) = Q(x)\, e^{-(x^2 - 1)^{-1}}$ où Q est une fraction rationnelle; quand $x \longrightarrow 1$ ou $x \longrightarrow -1$, $f^{(n)}(x) \longrightarrow 0$.

25. 1; $2x$; $4x^2 - 2$; $8x^3 - 12x$; $16x^4 - 48x^2 + 12$; $32x^5 - 160x^3 + 120x$.

$$H'_n(x) = (-1)^n 2x\, e^{x^2} \frac{d^n}{dx^n}(e^{-x^2}) + (-1)^n e^{x^2} \frac{d^n}{dx^n}(-2x\, e^{-x^2}) = 2nH_{n-1}(x).$$

$$H''_n(x) = -2nH_n(x) + 4nxH_{n-1}(x).$$

27. $e^x \sum_{k=0}^{\inf(n,p)} C_n^k P^{(k)}(x)$.

28. Il ne faut pas utiliser la formule de Leibniz dans les deux premiers cas : $4 \sin^2 x \cos x = 2 \sin x \sin 2x = \cos x - \cos 3x$ d'où $f^{(n)}(x) = \cos(x + n\pi/2) - 3^n \cos(3x + n\pi/2)$;
$\cos x = (1 + \cos 2x)/2$, $f^{(n)}(x) = 2^{n-1} \cos(2x + n\pi/2)$;
à l'aide de la formule de Leibniz pour les deux dernières fonctions : $x \cos(x + n\pi/2) + n \sin(x + n\pi/2)$; si n pair

$$[x^3 + 3n(n - 1)x] \operatorname{sh} x + [3nx^2 + n(n - 1)(n - 2)] \operatorname{ch} x$$

si n impair

$$[x^3 + 3n(n - 1)x] \operatorname{ch} x + [3nx^2 + n(n - 1)(n - 2)] \operatorname{sh} x.$$

29.
$$g_{n+2}(x) = \frac{d^{n+2}}{dx^{n+2}}[x^{n+1} e^{x^{-1}}] = \frac{d^{n+1}}{dx^{n+1}}[(n + 1)x^n e^{x^{-1}} - x^{n-1} e^{x^{-1}}] = (n + 1)g_{n+1}(x) - g'_n(x).$$

30. *a*) Appliquer le théorème des accroissements finis sur $[0, x]$ et remarquer que si $0 < c < x$, alors

$$(1 - c^2)^{-1/2} < (1 - x^2)^{-1/2}.$$

b) $\operatorname{Arctg} x - \operatorname{Arctg} 0 = (x - 0)(1 + c^2)^{-1} > x(1 + x^2)^{-1}$ pour $x > 0$.
c) $\operatorname{Log}(1 + x) = \operatorname{Log} 1 + x - x^2/2 + (x^3/3)(1 + \theta x)^{-3}$, $0 < \theta < 1$.

31. *a*) $\cos(60{,}1^\circ) = \cos 60^\circ - \frac{\pi}{1\,800} \sin 60^\circ - \frac{1}{2}\left(\frac{\pi}{1\,800}\right)^2 \cos a$

où $60^\circ < a < 60{,}1^\circ$; $\cos 60{,}1^\circ \simeq 0{,}498\,5$.
b) 0,785 8.
c) $0{,}001\,998 < \operatorname{Log}(1{,}002) < 0{,}001\,998 + 3 \cdot 10^{-9}$.
d) $\sqrt{5} = \sqrt{4 + 1} = 2\sqrt{1 + 0{,}25} = 2\{1 + 0{,}25/2 - (0{,}25)^2/4 + (3/8)(0{,}25)^3 - (3 \cdot 5/16)(1 + \theta \cdot 0{,}25)^{-7/2}\} = 2{,}235$.

C 12. Notons $f_1 = f(x_1)$, $f_2 = f(x_2)$ et $f = f(x)$.
(2) $\Longrightarrow$ (1). Si $x_1 < x < x_2$, $(x_1 - x)(x_2 - x) < 0$ et

$$(x_2 - x)(f_1 - f) \geqslant (f_2 - f)(x_1 - x)$$

ou

$$(x_2 - x_1)(f_1 - f) + (x_1 - x)(f_1 - f) \geqslant (f_2 - f_1)(x_1 - x) + (f_1 - f)(x_1 - x)$$

ou $(f - f_1)(x_2 - x_1) - (f_2 - f_1)(x - x_1) \leqslant 0$

ou $$f - \left\{ f_1 + \frac{f_2 - f_1}{x_2 - x_1}(x - x_1) \right\} \leqslant 0.$$

(1) $\Longrightarrow$ (2). *Si* $x_1 < x < x_2$ remarquer que dans les calculs précédents on a procédé par équivalences. Si $x_1 < x_2 < x$ on a

$$(f_2 - f_1)(x - x_1) - (f - f_1)(x_2 - x_1) \leqslant 0,$$

d'où

$$(f_2 - f)(x - x_1) + (f - f_1)(x - x_1) - (f - f_1)(x_2 - x) - (f - f_1)(x - x_1) \leqslant 0.$$

Enfin si $x < x_1 < x_2$ on a $(f_1 - f)(x_2 - x) - (f_2 - f)(x_1 - x) \leqslant 0$.

(2) $\Longleftrightarrow$ (3) par définition. (1) $\Longleftrightarrow$ (4) car $x \in]x_1, x_2[$ est équivalent à

$$\exists (\alpha_1, \alpha_2) \in [0, 1]^2 : \ \alpha_1 + \alpha_2 = 1 \ \text{ et } \ x = \alpha_1 x_1 + \alpha_2 x_2.$$

(5) $\Longrightarrow$ (4) pour $n = 2$ et (4) $\Longrightarrow$ (5) par récurrence en n car :

$$\alpha_1 x_1 + \dots + \alpha_n x_n = (1 - \alpha_n)\{\alpha_1(1 - \alpha_n)^{-1} x_1 + \dots + \alpha_{n-1}(1 - \alpha_n)^{-1} x_{n-1}\} + \alpha_n x_n.$$

C 13. Soit $c \in \mathrm{I}$. Comme I est ouvert, il existe $\alpha > 0$ tel que $]c - \alpha, c + \alpha[\subset \mathrm{I}$. Soit $m(x) = [f(x) - f(c)](x - c)^{-1}$, comme m est croissante $m(c - \alpha) \leqslant m(x) \leqslant m(c + \alpha)$ et il existe $k > 0$ tel que : $\forall x \in \mathrm{I} \quad |x - c| < \alpha \Longrightarrow |m(x)| \leqslant k$ (par exemple $k = \sup\{|m(c + \alpha)|, |m(c - \alpha)|\}$), et $|f(x) - f(c)| \leqslant k|x - c|$.

32. Supposons que la source de f soit de la forme $]-\infty, b]$, $]a, b]$ ou $[a, b]$. Soit f convexe (continue) sur $(a, b[$ et tel que $\lim\limits_{x \to b, x < b} f(x) = \ell < +\infty$. Choisissons $f(b) > \ell$. De même pour les sources de la forme $[a, +\infty[$, $[a, b[$ ou $[a, b[$: discontinuité possible en a.

33. 1. $f''(x) = 6x + 2a$; $a = 0$. 2. $f''(x) = 6ax$. Si $a > 0$, convexe sur $[0, +\infty[$ et concave sur $]-\infty, 0]$. Si $a < 0$, ...

34. 1. $x \longmapsto x^2$ est convexe sur $\mathbb{R}$. 2. $x \longmapsto -\operatorname{Log} x$, convexe sur $]0, +\infty[$. 3. $x \longmapsto x^{-1}$ convexe sur $]0, +\infty[$. 4. $x \longmapsto x^\alpha$ est convexe sur $]0, +\infty[$. Choisir $\alpha_1 = \alpha_2 = \dots = \alpha_n = n^{-1}$.

35. 1. Comme $p^{-1} + q^{-1} = 1$ on a $e^{(p^{-1}\alpha + q^{-1}\beta)} \leqslant p^{-1} e^\alpha + q^{-1} e^\beta$.
2. Poser $a = x_i u^{-1}$ et $b = y_i v^{-1}$. 3. Sommer en i l'inégalité précédente.
4. $$x_1 y_1 + x_2 y_2 + x_3 y_3 \leqslant \sqrt{(x_1)^2 + (x_2)^2 + (x_3)^2}\,\sqrt{(y_1)^2 + (y_2)^2 + (y_3)^2}$$
ou $\vec{\mathrm{V}} \cdot \vec{\mathrm{V}}' \leqslant \|\vec{\mathrm{V}}\| \, \|\vec{\mathrm{V}}'\|$.

2. Développements limités Comparaison locale de fonctions

§ 1. DÉVELOPPEMENTS LIMITÉS AU VOISINAGE DE 0

Toutes les fonctions considérées dans ce paragraphe sont des fonctions réelles de variable réelle dont les domaines de définition contiennent au moins un intervalle de la forme $]\alpha, \beta[$ *où* $\alpha < 0 < \beta$.

1.1. Définition

On dit qu'une fonction f admet un *développement limité d'ordre n au voisinage de* 0 ssi il existe $(n+1)$ nombres réels $a_0, a_1, ..., a_n$ et une fonction ε tels que :

1. $$\boxed{f(x) = a_0 + a_1 x + a_2 x^2 + ... + a_n x^n + \varepsilon(x) x^n}$$

2. $\lim_{x \to 0} \varepsilon(x) = 0$.

La fonction polynôme $x \longmapsto a_0 + a_1 x + ... + a_n x^n$ s'appelle la *partie polynomiale* ou *régulière* et $x^n \varepsilon(x)$ le *reste* ou *terme complémentaire*. Au lieu de $\varepsilon(x) x^n$ on écrit souvent $o(x^n)$, qui se lit « petit-O-de-x^n ». On utilisera l'abréviation d.l. pour désigner « développement limité ».

Exemples

1. $$\boxed{\frac{1}{1-x} = 1 + x + x^2 + ... + x^n + o(x^n)}$$

Démonstration. On a vu que :

$$\frac{1}{1-x} = 1 + x + x^2 + ... + x^n + \frac{x}{1-x} \cdot x^n$$

et on a $\lim_{x \to 0} \frac{x}{1-x} = 0$. □

Exercice 1. Quels sont les développements limités d'ordre n au voisinage de 0 de $\frac{1}{1+x}, \frac{1}{1-x^2}, \frac{1}{1+x^2}$?

2. Si f est dérivable en 0, alors

$$f(x) = f(0) + f'(0)x + x\varepsilon(x)$$

où $\lim_{x \to 0} \varepsilon(x) = 0$.

Unicité du d.l. d'ordre *n* d'une fonction. Si f admet un d.l. d'ordre n au voisinage de 0, alors ce d.l. est unique.

Démonstration. Supposons que f admette deux d.l., on a :

$$a_0 + a_1 x + ... + a_n x^n + \varepsilon_1(x) x^n = f(x) = b_0 + b_1 x + ... + b_n x^n + \varepsilon_2(x) x^n$$

d'où

$$(a_0 - b_0) + (a_1 - b_1)x + ... + (a_n - b_n)x^n + [\varepsilon_1(x) - \varepsilon_2(x)]x^n = 0.$$

En considérant la limite pour $x \longrightarrow 0$, il vient $a_0 - b_0 = 0$. On en déduit pour $x \neq 0$:

$$(a_1 - b_1) + (a_2 - b_2)x + ... + (a_n - b_n)x^{n-1} + [\varepsilon_1(x) - \varepsilon_2(x)]x^{n-1} = 0.$$

En considérant la limite pour $x \longrightarrow 0$, il vient $a_1 - b_1 = 0$, etc. De proche en proche, on obtient $a_2 = b_2, ..., a_n = b_n$ et donc aussi $\varepsilon_1(x)x^n = \varepsilon_2(x)x^n$. □

Proposition. Si $a_0 + a_1 x + ... + a_n x^n + o(x^n)$ est un d.l. de f d'ordre n au voisinage de 0 et si $p \leqslant n$, alors f admet au voisinage de 0 le d.l. d'ordre p :

$$f(x) = a_0 + a_1 x + ... + a_p x^p + o(x^p).$$

Démonstration.

$$f(x) = a_0 + ... + a_p x^p + x^p \varepsilon_2(x)$$

où

$$\varepsilon_2(x) = a_{p+1} x + ... + a_n x^{n-p} + \varepsilon_1(x) x^{n-p}. \ \square$$

Corollaire. Une fonction polynôme P admet un d.l. à tout ordre n. Soit d le degré de P. Si $n \geqslant d$, le terme complémentaire du d.l. de P(x) au voisinage de 0 est nul et P(x) est sa propre partie polynomiale. Si $n < d$, et $P(x) = \sum_{i=0}^{d} a_i x^i$, alors $P(x) = \sum_{i=0}^{n} a_i x^i + o(x^n)$.

Commentaire. Soit a et b des réels non nuls et n un entier naturel. On a $\lim_{x \to 0} (ax^{n+1}/bx^n) = 0$. On exprime cela en disant que ax^{n+1} est infiniment petit par rapport à bx^n au voisinage de 0 (voir § 5.3 ci-dessous). La suite de fonctions $1, x, x^2, ..., x^n, ...$ peut donc être considérée comme une échelle dont chaque terme est infiniment petit par rapport aux précédents. Un d.l. d'ordre n d'une fonction f au voisinage de 0 est alors une décomposition de $f(x)$ sur cette échelle, chaque terme du d.l. pouvant être négligé par rapport aux précédents (pour x suffisamment petit). L'ordre d'un d.l. peut donc s'interpréter comme le degré de précision choisi pour représenter f au voisinage de 0.

1.2. Dérivées et d.l.

C 1. Montrer que si f admet un d.l. d'ordre $\geqslant 1$ au voisinage de 0 alors f est continue et dérivable en 0 et que $a_0 = f(0)$ et $a_1 = f'(0)$.

C 2. Soit $1_{\mathbb{Q}} : \mathbb{R} \longrightarrow \mathbb{R}$ la fonction telle que $1_{\mathbb{Q}}(x) = 1$ si $x \in \mathbb{Q}$ et $1_{\mathbb{Q}}(x) = 0$ si $x \in \mathbb{R} - \mathbb{Q}$. On considère la fonction f définie par :

$$f(x) = 1 + x + x^2 + x^3 1_{\mathbb{Q}}(x).$$

Montrer que $f(0) = 1$, $f'(0) = 1$ et que $f''(0)$ n'existe pas.

Théorème de Taylor-Young. Si $f^{(n)}(0)$ existe, alors f admet un d.l. d'ordre n au voisinage de 0 donné par :

$$f(x) = f(0) + f'(0)x + \frac{f''(0)}{2!}x^2 + ... + \frac{f^{(n)}(0)}{n!}x^n + o(x^n).$$

Remarque. L'exemple donné en **C 2** ci-dessus montre que la condition n'est pas nécessaire.

Démonstration. Puisque $f^{(n)}(0)$ existe, il existe un intervalle $]\alpha, \beta[$ où $\alpha < 0 < \beta$ tel que f soit défini et $(n-1)$ fois dérivable sur $]\alpha, \beta[$. On peut donc choisir x_0 tel que f soit défini et $(n-1)$ fois dérivable sur $[0, x_0]$ (ou sur $[x_0, 0]$).

Désignons par P la fonction polynôme de degré $(n-1)$ définie par :

$$P(x) = f(0) + f'(0)x + ... + \frac{f^{(n-1)}(0)}{(n-1)!}x^{n-1}$$

et désignons par g la fonction définie par :

$$g(x) = \frac{1}{x^n}[f(x) - P(x)].$$

On a :

$$f(x) = P(x) + g(x) \cdot x^n.$$

Nous allons montrer que : $g(x) = \dfrac{f^{(n)}(0)}{n!} + \varepsilon(x)$ où $\lim_{x \to 0} \varepsilon(x) = 0$.

Considérons la fonction φ définie sur $[0, x_0]$ par :

$$\varphi(x) = f(x) - P(x) - g(x_0)x^n.$$

On a $\varphi(0) = \varphi(x_0) = 0$; φ est continue et dérivable sur $[0, x_0]$, on peut donc appliquer le théorème de Rolle : il existe donc un nombre réel x_1 tel que $0 < x_1 < x_0$ et $\varphi'(x_1) = 0$. Comme $\varphi'(0) = 0$ et comme φ' est continue et dérivable sur $[0, x_1]$, on peut à nouveau appliquer le théorème de Rolle : il existe donc un nombre réel x_2 tel que $0 < x_2 < x_1 < x_0$ et $\varphi''(x_2) = 0$. En recommençant $(n-1)$ fois, on montre qu'il existe un nombre réel x_{n-1} tel que :

$$\begin{cases} 0 < x_{n-1} < x_{n-2} < ... < x_1 < x_0 \\ \varphi^{(n-1)}(x_{n-1}) = 0. \end{cases}$$

De la définition de φ on déduit donc que :

$$f^{(n-1)}(x_{n-1}) - P^{(n-1)}(x_{n-1}) - n!\, g(x_0)x_{n-1} = 0.$$

Or $P^{(n-1)}(x_{n-1}) = f^{(n-1)}(0)$, donc :

$$n!\, g(x_0) = \frac{f^{(n-1)}(x_{n-1}) - f^{(n-1)}(0)}{x_{n-1}}.$$

Faisons tendre x_0 vers 0; comme $0 < x_{n-1} < x_0$, x_{n-1} tend alors aussi vers 0, et donc :

$$n! \lim_{x_0 \to 0} g(x_0) = \lim_{x_{n-1} \to 0} \frac{f^{(n-1)}(x_{n-1}) - f^{(n-1)}(0)}{x_{n-1}} = f^{(n)}(0).$$

Ceci peut aussi bien s'écrire :

$$g(x_0) = \frac{f^{(n)}(0)}{n!} + \varepsilon(x_0) \quad \text{où} \quad \lim_{x_0 \to 0} \varepsilon(x_0) = 0. \quad \square$$

Commentaire. Le théorème de Taylor-Lagrange, ainsi que le théorème de Mac-Laurin, démontrés au chapitre précédent, concernent des accroissements *finis* (par opposition aux accroissements *infiniment petits*); ce sont des théorèmes d'existence. Par contre le théorème de Taylor-Young concerne des accroissements infiniment petits : il n'énonce qu'une propriété de limite pour x tendant vers 0 (à savoir $\lim_{x \to 0} x^{-n}[f(x) - a_0 - ... - a_n x^n] = 0$). En revanche les hypothèses du théorème de Taylor-Young sont moins fortes que celles du théorème de Taylor-Lagrange.

C 3. Appliquer le théorème précédent pour obtenir les d.l. d'ordre n des fonctions usuelles suivantes : $(1+x)^\alpha$, e^x, $\cos x$, $\sin x$, ch x, sh x (les fonctions ch et sh vérifient : ch' = sh, sh' = ch, ch 0 = 1 et sh 0 = 0).

C 4. Calculer les d.l. à l'ordre 8 de tg x et de th x au voisinage de 0 :

$$\text{tg } x = x + \frac{x^3}{3} + \frac{2}{15}x^5 + \frac{17}{315}x^7 + o(x^8)$$

$$\text{th } x = x - \frac{x^3}{3} + \frac{2}{15}x^5 - \frac{17}{315}x^7 + o(x^8).$$

* **Exercice 2.** Calculer le d.l. au voisinage de 0 d'ordre n des fonctions f et g définies par :

$$f(x) = \begin{cases} 0 & \text{si } x \leqslant 0 \\ e^{-\frac{1}{x}} & \text{si } x > 0 \end{cases} \qquad g(x) = \begin{cases} 0 & \text{si } x = 0 \\ e^{-\frac{1}{x^2}} & \text{si } x \neq 0 \end{cases}.$$

$$\frac{1}{1-x} = 1 + x + x^2 + x^3 + \dots + x^n + o(x^n)$$

$$(1+x)^\alpha = 1 + \alpha x + \frac{\alpha(\alpha-1)}{2!} x^2 + \dots + \frac{\alpha(\alpha-1)\dots(\alpha-n+1)}{n!} x^n + o(x^n)$$

$$\sqrt{1+x} = 1 + \frac{1}{2} x - \frac{1}{2 \cdot 4} x^2 + \dots + (-1)^{n-1} \frac{1 \cdot 3 \cdot 5 \dots (2n-3)}{2 \cdot 4 \cdot 6 \dots 2n} x^n + o(x^n)$$

$$\frac{1}{\sqrt{1+x}} = 1 - \frac{1}{2} x + \frac{1 \cdot 3}{2 \cdot 4} x^2 + \dots + (-1)^n \frac{1 \cdot 3 \cdot 5 \dots (2n-1)}{2 \cdot 4 \cdot 6 \dots 2n} x^n + o(x^n)$$

$$\text{Log}\,(1+x) = x - \frac{x^2}{2} + \frac{x^3}{3} - \frac{x^4}{4} + \dots + (-1)^{n+1} \frac{x^n}{n} + o(x^n)$$

$$e^x = 1 + x + \frac{x^2}{2!} + \frac{x^3}{3!} + \dots + \frac{x^n}{n!} + o(x^n)$$

$$\cos x = 1 - \frac{x^2}{2!} + \frac{x^4}{4!} - \frac{x^6}{6!} + \dots + (-1)^n \frac{x^{2n}}{(2n)!} + o(x^{2n+1})$$

$$\text{ch}\, x = 1 + \frac{x^2}{2!} + \frac{x^4}{4!} + \frac{x^6}{6!} + \dots + \frac{x^{2n}}{(2n)!} + o(x^{2n+1})$$

$$\sin x = x - \frac{x^3}{3!} + \frac{x^5}{5!} - \frac{x^7}{7!} + \dots + (-1)^n \frac{x^{2n+1}}{(2n+1)!} + o(x^{2n+2})$$

$$\text{sh}\, x = x + \frac{x^3}{3!} + \frac{x^5}{5!} + \frac{x^7}{7!} + \dots + \frac{x^{2n+1}}{(2n+1)!} + o(x^{2n+2})$$

$$\text{tg}\, x = x + \frac{x^3}{3} + \frac{2}{15} x^5 + o(x^6)$$

$$\text{th}\, x = x - \frac{x^3}{3} + \frac{2}{15} x^5 + o(x^6)$$

$$\text{Arccos}\, x = \frac{\pi}{2} - x - \frac{1}{2}\frac{x^3}{3} - \dots - \frac{1 \cdot 3 \cdot 5 \dots (2n-1)}{2 \cdot 4 \cdot 6 \dots 2n} \frac{x^{2n+1}}{2n+1} + o(x^{2n+2})$$

$$\text{Arcsin}\, x = x + \frac{1}{2}\frac{x^3}{3} + \dots + \frac{1 \cdot 3 \cdot 5 \dots (2n-1)}{2 \cdot 4 \cdot 6 \dots 2n} \frac{x^{2n+1}}{2n+1} + o(x^{2n+2})$$

$$\text{Arctg}\, x = x - \frac{x^3}{3} + \frac{x^5}{5} + \dots + (-1)^n \frac{x^{2n+1}}{2n+1} + o(x^{2n+2})$$

Argch x n'est pas défini au voisinage de 0 et n'admet pas de d.l. au voisinage de 1 (tangente verticale)

$$\text{Argsh}\, x = x - \frac{1}{2}\frac{x^3}{3} + \frac{1 \cdot 3}{2 \cdot 4}\frac{x^5}{5} + \dots + (-1)^n \frac{1 \cdot 3 \cdot 5 \dots (2n-1)}{2 \cdot 4 \cdot 6 \dots 2n} \frac{x^{2n+1}}{2n+1} + o(x^{2n+2})$$

$$\text{Argth}\, x = x + \frac{x^3}{3} + \frac{x^5}{5} + \dots + \frac{x^{2n+1}}{2n+1} + o(x^{2n+2})$$

1. Tableau des d.l. à connaître PAR CŒUR. Remarquons que les formules donnant les d.l. de cos x et de sin x sont faciles à retenir si l'on admet que l'on peut remplacer x par ix dans le d.l. de e^x (voir thème 8, chapitre 5) :

$$\cos x + i \sin x = e^{ix} = 1 + ix - \frac{x^2}{2!} - i\frac{x^3}{3!} + \frac{x^4}{4!} + i\frac{x^5}{5!} - \frac{x^6}{6!} - i\frac{x^7}{7!} + \frac{x^8}{8!} + o(x^8).$$

Les dernières formules, à partir de Arccos x, seront démontrées dans le chapitre suivant.

§ 2. OPÉRATIONS SUR LES D.L. AU VOISINAGE DE 0

2.1. Combinaisons linéaires

Soit :

$$f(x) = a_0 + a_1 x + \dots + a_n x^n + o(x^n)$$
$$g(x) = b_0 + b_1 x + \dots + b_m x^m + o(x^m)$$
$$\lambda \in \mathbb{R}, \quad \mu \in \mathbb{R} \quad \text{et} \quad p = \inf(n, m).$$

On a alors :

$$\lambda f(x) + \mu g(x) = (\lambda a_0 + \mu b_0) + (\lambda a_1 + \mu b_1)x + \dots + (\lambda a_p + \mu b_p)x^p + o(x^p).$$

Attention. $p = \inf(n, m)$ signifie qu'on ne peut pas espérer une meilleure précision que la plus mauvaise des deux qui sont données.

Exercice 3. Écrire les d.l. de e^x et de e^{-x}. Retrouver les d.l. de $\operatorname{ch} x = \frac{1}{2}(e^x + e^{-x})$ et de $\operatorname{sh} x = \frac{1}{2}(e^x - e^{-x})$. Vérifier que la somme des d.l. de ch x et de sh x est égale au d.l. de e^x.

Exercice 4. Écrire les d.l. de $\frac{1}{1-x}$ et de $\frac{1}{1+x}$, en déduire le d.l. de $\frac{1}{1-x^2} = \frac{1}{2}\left[\frac{1}{1-x} + \frac{1}{1+x}\right]$.

2.2. Produits

Exemple. Si $f(x) = x + 3x^2 + 7x^3 + o(x^3)$

et $\quad g(x) = 2x^{10} + 5x^{11} + o(x^{11})$

alors :

$$\begin{aligned} f(x)g(x) &= 2x^{11} + 6x^{12} + 14x^{13} + o(x^{13}) \\ &\quad + 5x^{12} + 15x^{13} + 35x^{14} + o(x^{14}) \\ &\quad + o(x^{12}) + o(x^{13}) + o(x^{14}) + o(x^{14}) \\ &= 2x^{11} + 11x^{12} + o(x^{12}). \end{aligned}$$

En fait il est inutile de calculer les termes de degrés $\geqslant 13$ puisqu'ils « entrent » dans le terme complémentaire $o(x^{12})$.

C 5. Soit

$$f(x) = a_p x^p + a_{p+1}x^{p+1} + \dots + a_n x^n + o(x^n) \quad \text{où} \quad a_p \neq 0$$
$$g(x) = b_q x^q + b_{q+1}x^{q+1} + \dots + b_m x^m + o(x^m) \quad \text{où} \quad b_q \neq 0$$

alors

$$f(x)g(x) = a_p b_q x^{p+q} + (a_{p+1}b_q + a_p b_{q+1})x^{p+q+1} + \dots + c_k x^k + o(x^k).$$

Déterminer le plus grand entier k tel qu'on puisse déterminer un d.l. de fg à l'ordre k.

Exercice 5. Soit

$$f(x) = x^2 + 5x^3 + o(x^5) \quad \text{et} \quad g(x) = x^{10} + 2x^{11} + o(x^{11}),$$

calculer le d.l. de fg à l'ordre le plus grand possible.

Exercice 6. Quel est le d.l. au voisinage de 0 à l'ordre 5 de $f(x) = \sin x \operatorname{ch} x$ et de $g(x) = e^{3x} \sin 2x$?

Exercice 7. Soit

$$f(x) = x - \frac{1}{6}x^3 + \frac{1}{120}x^5 - \frac{1}{5\,040}x^7 + o(x^7)$$

et $$g(x) = 1 - \frac{1}{2}x^2 + \frac{1}{24}x^4 - \frac{1}{720}x^6 + o(x^7).$$

Calculer les d.l. des fonctions suivantes : $2f(x/2)g(x/2)$, $[f(x)]^2$, $[g(x)]^2$ et $[f(x)]^2 + [g(x)]^2$. Pouviez-vous prévoir ces résultats?

2.3. Quotients

Division de deux polynômes SELON LES PUISSANCES CROISSANTES.

Exemple 1.

$$\begin{array}{l|l} 4 - x + \frac{1}{2}x^2 + 2x^3 & 2 + x - x^3 \\ \hline -4 - 2x \qquad + 2x^3 & 2 - \frac{3}{2}x + x^2 + \frac{3}{2}x^3 - \frac{3}{2}x^4 \\ \hline -3x + \frac{1}{2}x^2 + 4x^3 & \\ 3x + \frac{3}{2}x^2 \qquad - \frac{3}{2}x^4 & \\ \hline 2x^2 + 4x^3 - \frac{3}{2}x^4 & \\ -2x^2 - x^3 \qquad + x^5 & \\ \hline 3x^3 - \frac{3}{2}x^4 + x^5 & \\ -3x^3 - \frac{3}{2}x^4 \qquad + \frac{3}{2}x^6 & \\ \hline -3x^4 + x^5 + \frac{3}{2}x^6 & \\ 3x^4 + \frac{3}{2}x^5 \qquad - \frac{3}{2}x^7 & \\ \hline \frac{5}{2}x^5 + \frac{3}{2}x^6 - \frac{3}{2}x^7 & \end{array}$$

d'où

$$\begin{aligned} 4 - x + \frac{1}{2}x^2 + 2x^3 &= (2 + x - x^3)\left(2 - \frac{3}{2}x + x^2 + \frac{3}{2}x^3 - \frac{3}{2}x^4\right) \\ &\quad + x^5\left(\frac{5}{2} + \frac{3}{2}x - \frac{3}{2}x^2\right). \end{aligned}$$

ou

$$\begin{aligned} 4 - x + \frac{1}{2}x^2 + 2x^3 &= (2 + x - x^3)2 + x\left(-3 + \frac{1}{2}x + 4x^2\right) \\ &= (2 + x - x^3)\left(2 - \frac{3}{2}x\right) + x^2\left(2 + 4x - \frac{3}{2}x^2\right) \\ &= (2 + x - x^3)\left(2 - \frac{3}{2}x + x^2\right) + x^3\left(3 - \frac{3}{2}x + x^2\right) \\ &= (2 + x - x^3)\left(2 - \frac{3}{2}x + x^2 + \frac{3}{2}x^3\right) + x^4\left(-3 + x + \frac{3}{2}x^2\right). \end{aligned}$$

Exemple 2. $A(x) = x^3 + 2x^4 + x^6$, $B(x) = 1 + x^2$.

$$\begin{array}{l|l} x^3 + 2x^4 \qquad + x^6 & 1 + x^2 \\ \hline -x^3 \qquad - x^5 & x^3 + 2x^4 - x^5 - x^6 \\ \hline 2x^4 - x^5 + x^6 & \\ -2x^4 \qquad - 2x^6 & \\ \hline -x^5 - x^6 & \\ x^5 \qquad + x^7 & \\ \hline -x^6 + x^7 & \\ x^6 \qquad + x^8 & \\ \hline x^7 + x^8 & \end{array}$$

d'où $\quad x^3 + 2x^4 + x^6 = (1 + x^2)(x^3 + 2x^4 - x^5 - x^6) + x^7(1 + x).$

Théorème. Étant donné deux fonctions polynômes A(x) et B(x) et un entier naturel n, si $\boxed{B(0) \neq 0}$ alors il existe un couple unique de polynômes (Q, R) tels que

$$\boxed{\begin{cases} \deg Q \leqslant n \\ \forall x \in \mathbb{R} \quad A(x) = B(x)Q(x) + x^{n+1}R(x). \end{cases}}$$

Démonstration. Soit

$$A(x) = a_0 + a_1 x + \ldots + a_\ell x^\ell$$

et

$$B(x) = b_0 + b_1 x + \ldots + b_m x^m,$$

cherchons Q sous la forme

$$Q(x) = q_0 + q_1 x + \ldots + q_n x^n.$$

$(q_0, q_1, \ldots, q_n)$ doit être solution du système :

$$\begin{aligned} &b_0 q_0 &&= a_0 \\ &b_1 q_0 + b_0 q_1 &&= a_1 \\ &b_2 q_0 + b_1 q_1 + b_0 q_2 &&= a_2. \\ &\ldots\ldots\ldots\ldots\ldots\ldots && \\ &b_n q_0 + b_{n-1} q_1 + \ldots + b_0 q_n &&= a_n \end{aligned}$$

Ce système admet une solution unique. D'où l'existence et l'unicité de Q et donc de

$$R(x) = \frac{1}{x^{n+1}}(A(x) - B(x)Q(x)). \quad \square$$

C 6. Effectuer les divisions de polynômes suivant les puissances croissantes :

$$1 + x = (1 - x^2)Q(x) + x^{n+1}R_1(x)$$
$$1 \quad = (1 - x)Q(x) + x^{n+1}R_2(x).$$

Application aux d.l.

Théorème. Soit $f(x) = A(x) + \varepsilon_1(x)x^n$ et :

$$g(x) = B(x) + \varepsilon_2(x)x^n,$$

deux d.l. au même ordre n. On suppose que :

$$\boxed{b_0 = g(0) = B(0) \neq 0}.$$

Si on désigne par Q et R le quotient et le reste de la division de A par B suivant les puissances croissantes à l'ordre n :

$$A(x) = B(x)Q(x) + x^{n+1}R(x).$$

Alors :

$$\boxed{\frac{f(x)}{g(x)} = Q(x) + o(x^n)}.$$

c'est-à-dire que f/g admet un d.l. à l'ordre n de partie régulière Q(x).

Démonstration

$$\frac{f(x)}{g(x)} = \frac{B(x)Q(x) + x^{n+1}R(x) + \varepsilon_1(x)x^n}{B(x) + \varepsilon_2(x)x^n}$$
$$= Q(x) + \underbrace{\frac{xR(x) + \varepsilon_1(x) - \varepsilon_2(x)Q(x)}{B(x) + \varepsilon_2(x)x^n}}_{\varepsilon_3(x)} \cdot x^n \quad \square$$

Attention. Diviser jusqu'à l'ordre n, ordre **commun** des d.l. de f et de g.

C 7. Calculer les d.l. au voisinage de 0 de tg x et de th x à l'ordre 8 connaissant les d.l. de sin x, cos x, sh x et ch x.

Exercice 8. Donner le d.l. à l'ordre 4 au voisinage de 0 des fonctions $\dfrac{e^x}{\sqrt{1+x}}$, $\dfrac{\cos x}{\operatorname{ch} x}$, $\dfrac{\operatorname{Log}(1+x)}{1 - e^x \sin x}$.

2.4. Fonctions de fonction

Il est essentiel de supposer dans ce paragraphe que :

$$\boxed{b_0 = u(0) = 0}.$$

Théorème. Soit

$$f(x) = a_0 + a_1 x + a_2 x^2 + \ldots + a_n x^n + o(x^n)$$
$$u(x) = b_1 x + b_2 x^2 + \ldots + b_n x^n + o(x^n).$$

On a alors :

$$\begin{aligned} f(u(x)) = f \circ u(x) &= a_0 + a_1(b_1 x + b_2 x^2 + \ldots + b_n x^n) \\ &\quad + a_2(b_1 x + b_2 x^2 + \ldots + b_n x^n)^2 \\ &\quad \ldots\ldots\ldots\ldots \\ &\quad + a_n(b_1 x + b_2 x^2 + \ldots + b_n x^n)^n + o(x^n) \\ &= a_0 + a_1 b_1 x + (a_1 b_2 + a_2(b_1)^2)x^2 \\ &\quad + (a_1 b_3 + 2a_2 b_1 b_2 + a_3(b_1)^3)x^3 + \ldots \\ &\quad + (a_1 b_n + \ldots + a_n(b_1)^n)x^n + o(x^n). \end{aligned}$$

Démonstration. Il suffit de faire le calcul.

Remarque. L'hypothèse $u(0) = 0$ et l'existence du d.l. de u ont pour conséquence que $u \longrightarrow 0$ quand $x \longrightarrow 0$, condition indispensable pour pouvoir déduire quelque chose de l'existence du d.l. de f au voisinage de 0.

C 8. On suppose que :

$$f(x) = a_0 + a_p x^p + a_{p+1} x^{p+1} + \ldots + a_n x^n + o(x^n) \quad \text{avec} \quad a_p \neq 0$$
$$u(x) = b_q x^q + b_{q+1} x^{q+1} + \ldots + b_m x^m + o(x^m) \quad \text{avec} \quad b_q \neq 0 \quad \text{et} \quad q \geqslant 1.$$

Montrer que $f(u(x))$ admet un d.l. à l'ordre

$$\inf\{nq, m + (p-1)q\} = \ell$$

de la forme :

$$f(u)(x)) = a_0 + a_p(b_q)^p x^{pq} + \ldots + A_\ell x^\ell + o(x^\ell).$$

Exercice 9. Calculer les d.l. au voisinage de 0 à l'ordre 5 des fonctions suivantes : $e^{\sin x}$, $e^{\cos x}$, $\text{Log}\,\dfrac{\sin x}{x}$, $\text{sh}\,[\text{Log}\,(1+x)]$.

Exercice 10. Compte tenu du d.l. à l'ordre 5 de $\sin x$ au voisinage de 0 et de $\text{Arcsin}\,(\sin x) = x$, déterminer le d.l. à l'ordre 5 au voisinage de 0 de $\text{Arcsin}\,x$ (en admettant qu'il existe).

*** **Exercice 11.** Supposons que

$$f(x) = \sum_{k=0}^{n} a_k x^k + o(x^n), \quad u(x) = \sum_{i=1}^{n} b_i x^i + o(x^n).$$

On pose $f(u(x)) = \sum_{\ell=0}^{n} \mathrm{A}_\ell x^\ell + o(x^n)$. Montrer que pour $\ell \geqslant 1$:

$$\mathrm{A}_\ell = \sum_{k=1}^{\ell} a_k \sum_{\substack{((i_1,\alpha_1),\dots,(i_h,\alpha_h)) \in (\mathbb{N}^{*2})^h \\ \alpha_1 i_1 + \dots + \alpha_h i_h = \ell \\ \alpha_1 + \dots + \alpha_h = k}} \frac{k!}{\alpha_1! \dots \alpha_h!} (b_{i_1})^{\alpha_1} \dots (b_{i_h})^{\alpha_h}.$$

Vérifier dans le cas $n = 8$ sur le tableau 2.

$f(u(x))$

$$f(x) = a_0 + a_1 x + a_2 x^2 + a_3 x^3 + a_4 x^4 + a_5 x^5 + a_6 x^6 + a_7 x^7 + a_8 x^8 + o(x^3)$$

$$u(x) = b_1 x + b_2 x^2 + b_3 x^3 + b_4 x^4 + b_5 x^5 + b_6 x^6 + b_7 x^7 + b_8 x^8 + o(x^8)$$

$$f(u(x)) = \mathrm{A}_0 + \mathrm{A}_1 x + \mathrm{A}_2 x^2 + \mathrm{A}_3 x^3 + \mathrm{A}_4 x^4 + \mathrm{A}_5 x^5 + \mathrm{A}_6 x^6 + \mathrm{A}_7 x^7 + \mathrm{A}_8 x^8 + o(x^8)$$

où :

$$\mathrm{A}_0 = a_0$$
$$\mathrm{A}_1 = a_1 b_1$$
$$\mathrm{A}_2 = a_1 b_2 + a_2 b_1^2$$
$$\mathrm{A}_3 = a_1 b_3 + a_2(2b_1 b_2) + a_3 b_1^3$$
$$\mathrm{A}_4 = a_1 b_4 + a_2(2b_1 b_3 + b_2^2) + a_3(3b_1^2 b_2) + a_4 b_1^4$$
$$\mathrm{A}_5 = a_1 b_5 + a_2(2b_1 b_4 + 2b_2 b_3) + a_3(3b_1^2 b_3 + 3b_1 b_2^2) + a_4(4b_1^3 b_2) + a_5 b_1^5$$
$$\mathrm{A}_6 = a_1 b_6 + a_2(2b_1 b_5 + 2b_2 b_4 + b_3^2) + a_3(3b_1^2 b_4 + 6b_1 b_2 b_3 + b_2^3) + a_4(4b_1^3 b_3 + 6b_1^2 b_2^2) + a_5(5b_1^4 b_2) + a_6 b_1^6$$
$$\mathrm{A}_7 = a_1 b_7 + a_2(2b_1 b_6 + 2b_2 b_5 + 2b_3 b_4) + a_3(3b_1^2 b_5 + 6b_1 b_2 b_4 + 3b_1 b_3^2 + 3b_2^2 b_3) + a_4(4b_1^3 b_4 + 12b_1^2 b_2 b_3 + 4b_1 b_2^3) + a_5(5b_1^4 b_3 + 10b_1^3 b_2^2) + a_6(6b_1^5 b_2) + a_7 b_1^7$$
$$\mathrm{A}_8 = a_1 b_8 + a_2(2b_1 b_7 + 2b_2 b_6 + 2b_3 b_5 + b_4^2) + a_3(3b_1^2 b_6 + 6b_1 b_2 b_5 + 6b_1 b_3 b_4 + 3b_2 b_3^2 + 3b_2^2 b_4) + a_4(4b_1^3 b_5 + 12b_1^2 b_2 b_4 + 6b_1^2 b_3^2 + 12b_1 b_2^2 b_3 + b_2^4) + a_5(5b_1^4 b_4 + 20b_1^3 b_2 b_3 + 10b_1^2 b_2^3) + a_6(6b_1^5 b_3 + 15b_1^4 b_2^2) + a_7(7b_1^6 b_2) + a_8 b_1^8.$$

2. Calculs explicites du d.l. de $f(u(x))$ à l'ordre 8.

2.5. Intégration et dérivation des d.l.

Théorème. Si f est dérivable (sur un intervalle ouvert contenant 0) et si la fonction dérivée f' admet un d.l. à l'ordre n au voisinage de 0 :

$$f'(x) = b_0 + b_1 x + b_2 x^2 + \dots + b_n x^n + o(x^n)$$

alors f admet un d.l. à l'ordre $(n+1)$ au voisinage de 0 obtenu par intégration terme à terme :

$$f(x) = f(0) + b_0 x + \frac{1}{2} b_1 x^2 + \frac{1}{3} b_2 x^3 + \dots + \frac{1}{n+1} b_n x^{n+1} + o(x^{n+1}).$$

Démonstration. Considérons

$$\varphi(x) = f(x) - f(0) - b_0 x - \dots - \frac{1}{n+1} b_n x^{n+1}.$$

On a
$$\varphi'(x) = f'(x) - b_0 - b_1 x - \dots - b_n x^n = o(x^n) = x^n \varepsilon_1(x)$$

où $\lim_{x \to 0} \varepsilon_1(x) = 0$. D'après le théorème des accroissements finis, $\varphi(x) = \varphi(0) + x\varphi'(\theta x)$ où $0 < \theta < 1$, soit $\varphi(x) = \theta^n \varepsilon_1(\theta x) x^{n+1}$. Posons $\varepsilon_2(x) = \theta^n \varepsilon_1(\theta x)$, on a :

$$|\varepsilon_2(x)| \leqslant |\varepsilon_1(\theta x)| \quad \text{et donc} \quad \lim_{x \to 0} \varepsilon_2(x) = 0.$$

D'où

$$f(x) = f(0) + b_0 x + \dots + \frac{1}{n+1} b_n x^{n+1} + x^{n+1} \varepsilon_2(x)$$

où $\lim_{x \to 0} \varepsilon_2(x) = 0$. □

C 9. Compte tenu de

$$\frac{\mathrm{d}}{\mathrm{d}x} \text{Log}\,(1+x) = \frac{1}{1+x}, \quad \frac{\mathrm{d}}{\mathrm{d}x} \text{Arccos}\,x = \frac{-1}{\sqrt{1-x^2}},$$
$$\frac{\mathrm{d}}{\mathrm{d}x} \text{Arcsin}\,x = \frac{1}{\sqrt{1-x^2}}, \quad \frac{\mathrm{d}}{\mathrm{d}x} \text{Arctg}\,x = \frac{1}{1+x^2},$$

calculer les d.l. à l'ordre n de $\text{Log}\,(1+x)$, $\text{Arccos}\,x$, $\text{Arcsin}\,x$ et $\text{Arctg}\,x$ au voisinage de 0.

C 10. On suppose que

$$e^x = a_0 + a_1 x + a_2 x^2 + \dots + a_n x^n + o(x^n).$$

En utilisant $\dfrac{\mathrm{d}}{\mathrm{d}x} e^x = e^x$, montrer que $a_1 = a_0$, $2a_2 = a_1$, $3a_3 = a_2$, $4a_4 = a_3$, ..., $na_n = a_{n-1}$. En déduire que $a_n = \dfrac{1}{n!}$.

Exercice 12. Calculer le d.l. au voisinage de 0 à l'ordre 6 de $\text{Log}^2\,(1+x)$. Calculer le d.l. à l'ordre 5 de

$$(1+x)^{-1}\,\text{Log}\,(1+x)$$

comme quotient de d.l. connus, puis retrouver le résultat précédent.

Exercice 13. Dériver la fonction $x \longmapsto \text{Arctg}\,\dfrac{x+a}{1-ax}$ puis calculer le d.l. de cette fonction à l'ordre 5 au voisinage de 0.

Exercice 14. Calculer les d.l. à l'ordre n de $\frac{1}{(1-x)^2}$ et $\frac{2}{(1-x)^3}$.

* **Exercice 15.** Calculer le d.l. à l'ordre n au voisinage de zéro de $(p-1)!(1-x)^{-p}$ où $p \in \mathbb{N}$.

Corollaire. Si f admet un d.l. à l'ordre n au voisinage de zéro

$$f(x) = a_0 + a_1 x + a_2 x^2 + ... + a_n x^n + o(x^n)$$

et si f' admet un d.l. à l'ordre $(n-1)$, alors ce d.l. est obtenu en « dérivant le d.l. de f terme à terme », soit :

$$f'(x) = a_1 + 2a_2 x + 3a_3 x^2 + ... + na_n x^{n-1} + o(x^{n-1}).$$

Démonstration. Par hypothèse $f'(x)$ peut s'écrire

$$f'(x) = \sum_{i=0}^{n-1} b_i x^i + o(x^{n-1})$$

et donc d'après le théorème

$$f(x) = f(0) + \sum_{i=1}^{n} i^{-1} b_{i-1} x^i + o(x^n).$$

De l'unicité du d.l. de f on déduit donc que $b_0 = a_1$, $b_1 = 2a_2$, ..., $b_{n-1} = na_n$. □

Commentaire. Même si f admet un d.l. au voisinage de zéro, il se peut que f' n'admette pas de d.l. du tout. Le corollaire énonce que si il en admet un, alors c'est celui obtenu par dérivation terme à terme. Remarquons enfin que si $f^{(n)}(0)$ existe, alors les hypothèses du corollaire sont vérifiées, ce qui nous permet d'énoncer le théorème suivant, moins fort que le corollaire mais souvent commode.

Théorème. Si $f^{(n)}(0)$ existe et si le d.l. de f à l'ordre n au voisinage de 0 s'écrit

$$f(x) = a_0 + a_1 x + a_2 x^2 + ... + a_n x^n + o(x^n)$$

alors f' admet un d.l. à l'ordre $n-1$ obtenu en dérivant terme à terme le d.l. de f, soit

$$f'(x) = a_1 + 2a_2 x + ... + na_n x^{n-1} + o(x^{n-1}).$$

§ 3. APPLICATION DES d.l. À L'ÉTUDE LOCALE DE $y = f(x)$

3.1. Au voisinage d'un point d'abscisse x_0

• **D.l. de f au voisinage de x_0**

Soit Ω le point de coordonnées $(x_0, 0)$ dans le repère $(O, \vec{i}, \vec{j})$. Le repère $(\Omega, \vec{i}, \vec{j})$ est l'image du repère $(O, \vec{i}, \vec{j})$ dans la translation $x_0\vec{i}$.

Nous noterons X l'abscisse dans le repère $(\Omega, \vec{i}, \vec{j})$ d'un point d'abscisse x dans le repère initial $(O, \vec{i}, \vec{j})$. On a :

$$X = x - x_0 \quad \text{ou} \quad x = X + x_0.$$

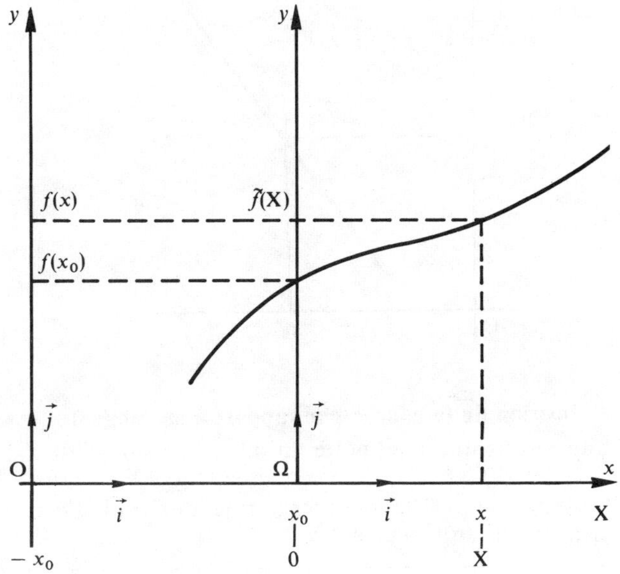

Soit C la courbe représentative de f dans le repère $(O, \vec{i}, \vec{j})$: soit $\tilde{f}$ la fonction telle que C soit la courbe représentative de $\tilde{f}$ dans le repère $(\Omega, \vec{i}, \vec{j})$. On a :

$$\tilde{f}(X) = f(x) = f(X + x_0).$$

On dit que f admet un *d.l. à l'ordre n au voisinage de* x_0 si et seulement si $\tilde{f}$ admet un d.l. à l'ordre n au voisinage de 0 :

$$\tilde{f}(X) = a_0 + a_1 X + a_2 X^2 + ... + a_n X^n + o(X^n)$$

$$f(x) = a_0 + a_1(x - x_0) + a_2(x - x_0)^2 + ... + a_n(x - x_0)^n + o((x - x_0)^n)$$

En particulier, si $f^{(n)}(x_0)$ existe, on a :

$$f(x) = f(x_0) + f'(x_0) \cdot (x - x_0) + ... + \frac{f^{(n)}(x_0)}{n!}(x - x_0)^n + o((x - x_0)^n)).$$

Interprétation de a_0 et de a_1

$a_0 = \lim\limits_{x \to x_0} f(x)$

a_1 = pente de la tangente en $(x_0, f(x_0))$ à la courbe $= f'(x_0)$.

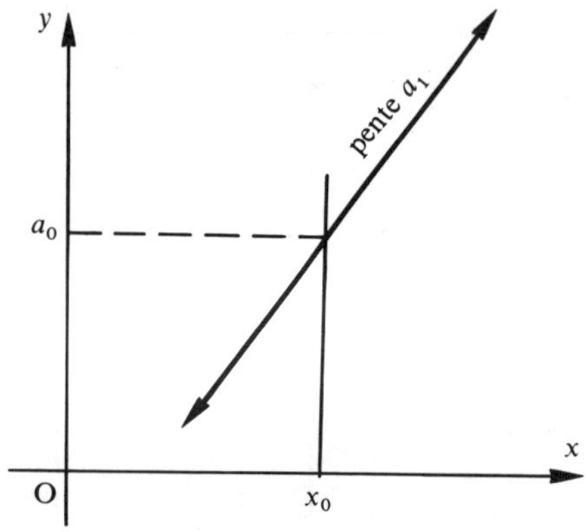

• **Position de la courbe par rapport à sa tangente**

Supposons que f admette un d.l. au voisinage de x_0.

Soit $a_n(x - x_0)^n$ le premier terme non nul d'ordre strictement supérieur à 1 :

$$f(x) = a_0 + a_1(x - x_0) + a_n(x - x_0)^n + o((x - x_0)^n)$$

1er cas : n pair

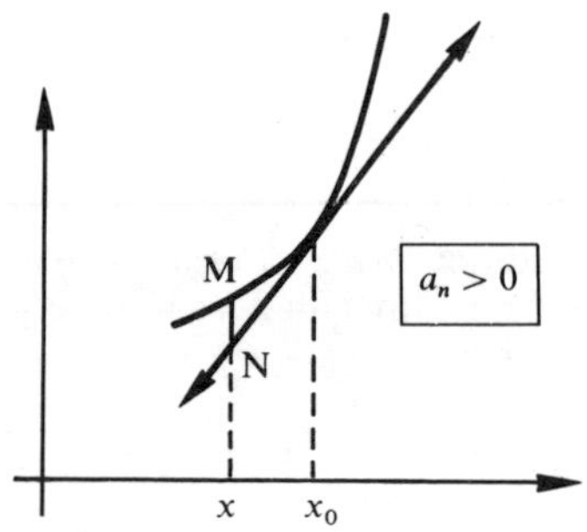

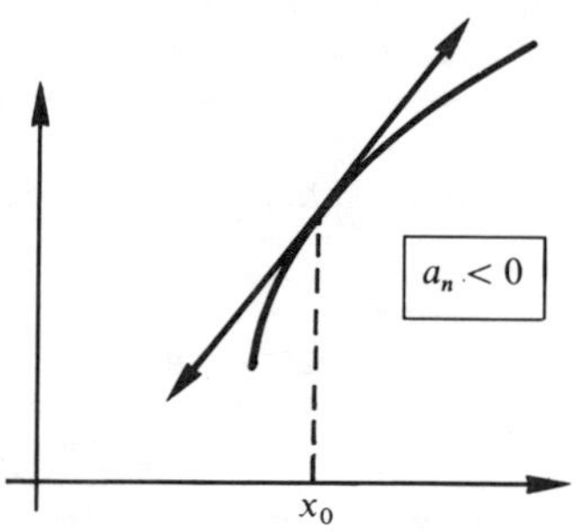

2^e^ cas : n impair

La courbe traverse sa tangente. On dit qu'il y a un *point d'inflexion.*

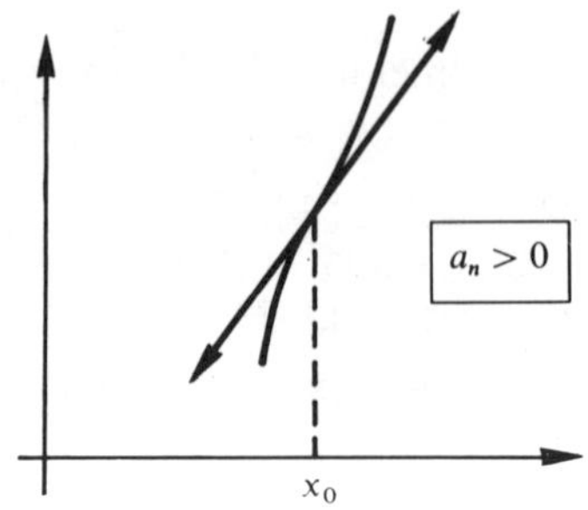

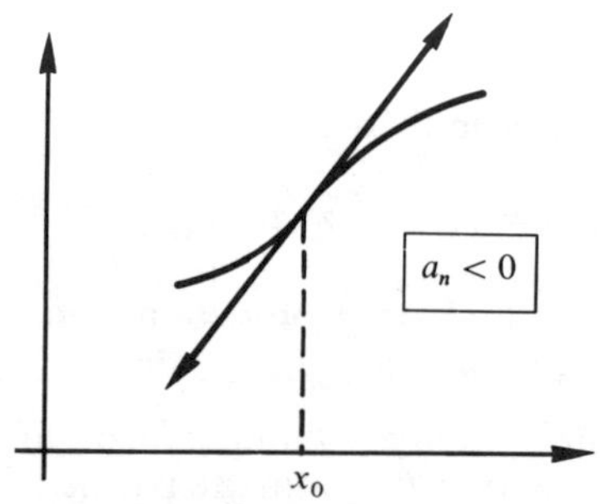

Remarque 1. Ces schémas se comprennent aisément si on tient compte de ce que pour x suffisamment voisin de x_0 le terme complémentaire $o((x - x_0)^n)$ est négligeable devant $a_n(x - x_0)^n$. Soit N le point de la tangente en $M_0(x_0, f(x_0))$ à la courbe représentative de f d'abscisse x, l'ordonnée y_N de N est $y_N = a_0 + a_1(x - x_0)$. Soit M le point de la courbe d'abscisse x, on a donc :

$$\overline{NM} = a_n(x - x_0)^n + \text{négligeable.}$$

Si n est pair, pour $x \neq x_0$ on a $\overline{NM}$ du signe de a_n : 1. Si $a_n > 0$, $\overline{NM} > 0$ et la courbe est au-dessus de sa tangente. 2. Si $a_n < 0$, $\overline{NM} < 0$ et la courbe est au-dessous de sa tangente.

Si n est impair, $(x - x_0)^n$ est du signe de $(x - x_0)$: 1. Si $a_n > 0$, $\overline{NM} < 0$ pour $x < x_0$ et $\overline{NM} > 0$ pour $x > x_0$. 2. Si $a_n < 0$, $\overline{NM} > 0$ pour $x < x_0$ et $\overline{NM} < 0$ pour $x > x_0$. Dans ces deux cas la courbe traverse sa tangente.

Remarque 2. Si n est pair et $n > 2$, on dit que la courbe présente un *méplat*.

Remarque 3. Si f est deux fois dérivable, une condition nécessaire pour que la courbe présente un point d'inflexion au point d'abscisse x_0 est que $f''(x_0) = 0$. Mais cette condition n'est pas suffisante. D'où la démarche pour la recherche des points d'inflexions : **1re étape :** résoudre l'équation $f''(x) = 0$. **2e étape :** tester une à une les racines de cette équation pour distinguer les méplats des points d'inflexion. Selon les cas il est préférable de calculer les dérivées successives $f'''(x)$, ... ou de faire un d.l. de f au voisinage de chaque racine. **3e étape :** étudier directement la fonction au voisinage des valeurs x de la variable telles que $f''(x)$ ne soit pas défini.

Exercice 16. Étudier l'allure de la courbe représentative de la fonction $f(x) = \dfrac{2x}{1 + x^2}$ au voisinage des points 0, 1, $\sqrt{3}$, 2.

$$f(x) \underset{x \to \infty}{\longrightarrow} \infty$$

Première étape :

Étudier $\lim_{x \to \infty} \frac{f(x)}{x}$

1. Il n'existe pas de limite ni finie, ni infinie. Il n'y a pas de direction asymptotique . . . .

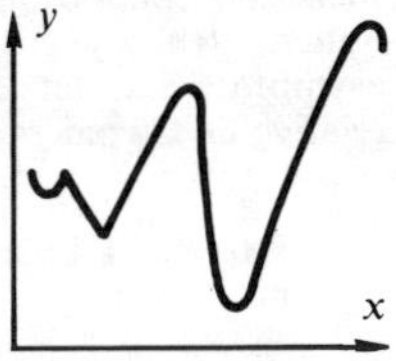

2. $\lim_{x \to +\infty} \frac{f(x)}{x} = +\infty$. Il y a une branche parabolique de direction asymptotique Oy . . .

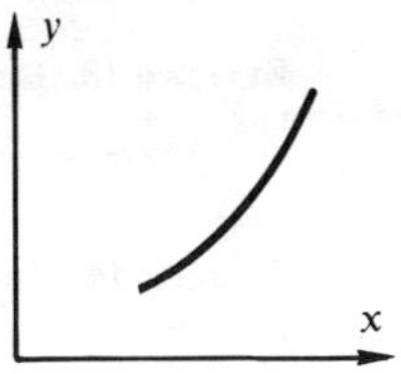

3. $\lim_{x \to +\infty} \frac{f(x)}{x} = -\infty$. Branche parabolique de direction asymptotique Oy . . . .

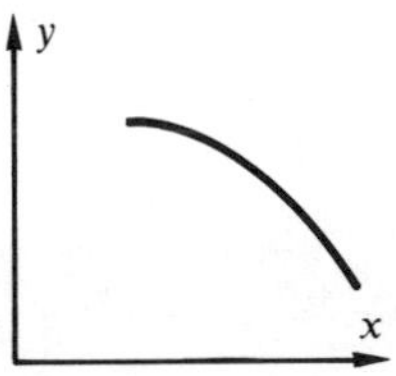

4. $\lim_{x \to +\infty} \frac{f(x)}{x} = a$. DIRECTION ASYMPTOTIQUE DE PENTE a . . . .

Deuxième étape :

Étudier $\lim_{x \to \infty} (f(x) - ax)$

4.1. Il n'existe pas de limite finie ou infinie. Il n'y a pas d'asymptote et pas de branches paraboliques . .

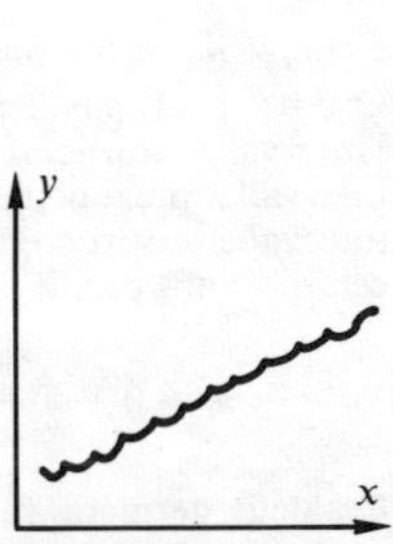

4.2. $\lim_{x \to +\infty} (f(x) - ax) = +\infty$.

Branche parabolique . . .

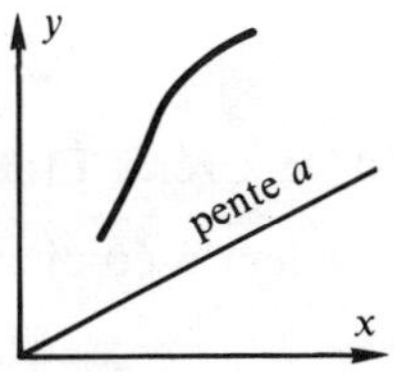

4.3. $\lim_{x \to +\infty} (f(x) - ax) = -\infty$.

Branche parabolique . . .

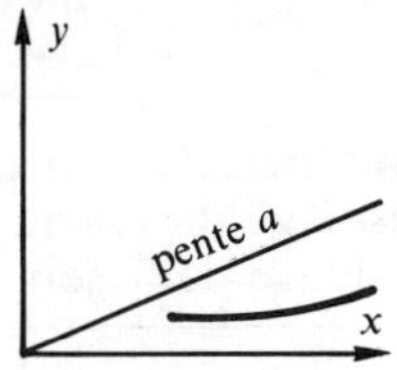

4.4. $\lim_{x \to +\infty} (f(x) - ax) = b$. Il y a alors une asymptote.

$y = ax + b$ ASYMPTOTE

Troisième étape :

Étudier le signe de $f(x) - ax - b$

4.4.1. Le signe n'est pas constant . . . .

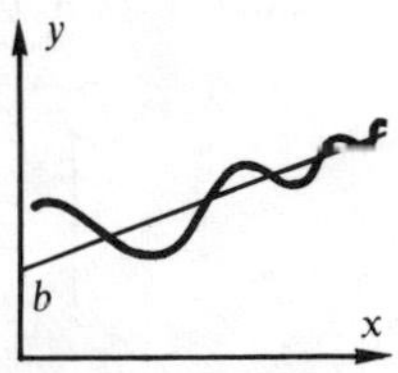

4.4.2. $f(x) - ax - b > 0$. La courbe est au-dessus de l'asymptote . . . . . .

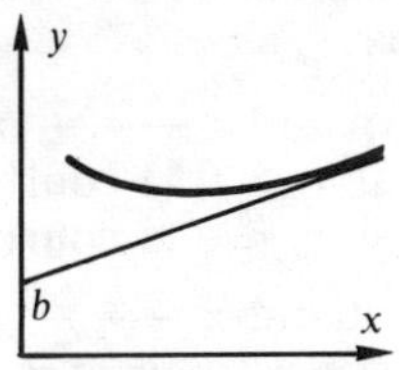

4.4.3. $f(x) - ax - b < 0$. La courbe est au-dessous de l'asymptote . . . . . .

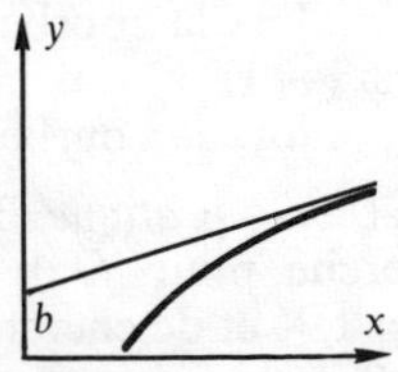

3. Plan d'étude classique de la branche infinie de la courbe représentative de la fonction $x \longmapsto f(x)$, lorsque $\lim_{x \to \infty} f(x) = \infty$. L'usage des d.l. simplifie l'étude dans le cas 4.4 (voir page suivante).

3.2. Au voisinage de l'infini

• **D.l. de f au voisinage de l'infini**

On suppose qu'il existe un nombre A tel que $]A, +\infty[$ soit inclus dans le domaine de définition de f. Quand x tend vers l'infini,

$$X = \frac{1}{x}$$

tend vers zéro. Étudier f au voisinage de l'infini est équivalent à étudier $\tilde{f}(X) = f\left(\frac{1}{X}\right)$ au voisinage de 0.

$$\boxed{\tilde{f}(X) = f(x) = f\left(\frac{1}{X}\right)}.$$

Définition. On dit que f admet un d.l. d'ordre n au voisinage de l'infini ssi $\tilde{f}$ admet un d.l. d'ordre n au voisinage de 0, soit :

$$\boxed{f(x) = a_0 + a_1\frac{1}{x} + a_2\frac{1}{x^2} + \ldots + a_n\frac{1}{x^n} + o\left(\frac{1}{x^n}\right)}.$$

• **Application à l'étude des branches infinies pour $x \longrightarrow +\infty$ (ou $-\infty$)**

Nous avons résumé dans le tableau 3 l'étude des branches infinies de la courbe représentative C d'une fonction f pour $x \longrightarrow +\infty$ (ou $-\infty$). L'usage des d.l. permet une étude bien plus rapide dans les cas 4.4 : on cherche à écrire f sous la forme :

$$f(x) = \underbrace{ax + b}_{\text{asymptote}} + \underbrace{\alpha_p\frac{1}{x^p}}_{\text{position de la courbe par rapport à l'asymptote}} + \underbrace{o\left(\frac{1}{x^p}\right)}_{\text{négligeable}}$$

Il existe alors une asymptote d'équation $y = ax + b$; de plus

1. quand $x \longrightarrow +\infty$,
   si $\alpha_p > 0$ la courbe est au-dessus de l'asymptote
   si $\alpha_p < 0$ la courbe est au-dessous de l'asymptote
2. quand $x \longrightarrow -\infty$,
   si p est pair et $\alpha_p > 0$ ou si p est impair et $\alpha_p < 0$
   alors la courbe est au-dessus de l'asymptote
   si $(-1)^p\alpha_p < 0$
   alors la courbe est au-dessous de l'asymptote.

Méthode pratique. Pour obtenir le développement cherché pour f, il est souvent commode de poser $x = 1/X$ et de chercher le d.l. de $Xf(1/X)$ au voisinage de 0 de la forme :

$$Xf\left(\frac{1}{X}\right) = a + bX + \alpha_p X^{p+1} + o(X^{p+1})$$

où α_p est le premier coefficient d'ordre supérieur ou égal à 2 qui ne soit pas nul.

Exemple. Soit

$$f(x) = (2x^4 + 3x^3 + x^2 - 2x - e^{-3/x})(x^3 + x^2 - 1)^{-1}$$

à étudier pour $x \longrightarrow +\infty$. On a alors :

$$Xf(1/X) = (2 + 3X + X^2 - 2X^3 - X^4e^{-3X})(1 + X - X^3)^{-1}$$
$$= 2 + X + 3X^5 + o(X^5).$$

D'où $f(x) = 2x + 1 + \frac{3}{x^4} + o(x^4)$. Asymptote $y = 2x + 1$, la courbe est au-dessus de l'asymptote car $3x^{-4} > 0$.

Remarque. Supposons la courbe représentative C_g de g connue; si on obtient $f(x) = g(x) + \alpha_p x^{-p} + o(x^{-p})$, alors C_g est une courbe asymptote à C_f et le terme $\alpha_p x^{-p}$ permet de décrire la position relative de C_f par rapport à C_g.

Exercice 17. Déterminer les asymptotes de la courbe définie par

$$f(x) = \left(2x + 1 - \frac{1}{x}\right)e^{1/x}.$$

Exercice 18. Déterminer les asymptotes de la courbe définie par

$$f(x) = \sqrt[3]{x^3 - 2x^2 + x}.$$

Exercice 19. Étudier les branches infinies de la fonction définie par

$$f(x) = \sqrt{x^2 - 1} - \operatorname{Arcsin}\frac{1}{x}.$$

§ 4. ÉQUIVALENCE

4.1. Définition de l'équivalence au voisinage de 0

Première définition. Deux fonctions f et g sont dites *équivalentes au voisinage de* 0 ssi :

$$\lim_{x\to 0}\frac{f(x)}{g(x)} = 1.$$

On note cela $f \sim g$ ou $f(x) \sim g(x)$.

Critique de cette définition

On ne peut pas employer cette définition si g s'annule dans l'intervalle considéré. On pourrait imaginer de considérer un intervalle plus petit. Mais si la fonction g s'annule dans tout intervalle ouvert contenant 0, comme $x \longmapsto \sin x^{-1}$ par exemple, cela ne suffit pas. Notre définition de $f \sim g$ s'écrit explicitement :

$$\forall\varepsilon > 0\ \exists\eta > 0\ \forall x \in \mathbb{R} \quad -\eta < x < \eta \Longrightarrow 1 - \varepsilon < \frac{f(x)}{g(x)} < 1 + \varepsilon.$$

Les deux dernières inégalités sont équivalentes lorsque $g(x) \neq 0$ à :

$$\left|\frac{f(x)}{g(x)} - 1\right| < \varepsilon \quad \text{ou encore} \quad |f(x) - g(x)| < \varepsilon\,|g(x)|.$$

Si $g(x) = 0$, on aura $|f(x) - g(x)| \leqslant \varepsilon\,|g(x)|$ si et seulement si $f(x) = 0$.

Cela suggère la définition suivante :

Deuxième définition. Deux fonctions f et g sont équivalentes au voisinage de 0 ssi :

$$\forall \varepsilon > 0 \quad \exists \eta > 0 \quad \forall x \in \mathbb{R}$$
$$|x| < \eta \Longrightarrow |f(x) - g(x)| \leqslant \varepsilon |g(x)|.$$

On notera alors $f \sim g$ ou s'il n'y a pas de risque d'ambiguïté $f(x) \sim g(x)$.

Commentaire. Nous utiliserons la première définition pour nos démonstrations tout en sachant qu'il est possible de les modifier pour les adapter à la deuxième définition (voir le paragraphe suivant (§ 5)) de façon à étendre la validité de nos résultats même aux fonctions s'annulant une infinité de fois dans tout intervalle ouvert contenant 0.

Proposition. La relation $\sim$ est une relation d'équivalence.

Démonstration. $\lim \frac{f}{f} = 1$; si $\lim \frac{f}{g} = 1$ alors $\lim \frac{g}{f} = 1$; si $\lim \frac{f}{g} = 1$ et si $\lim \frac{g}{h} = 1$, alors $\lim \frac{f}{h} = \lim \frac{f}{g} \cdot \frac{g}{h} = 1$. □

Proposition. Si

$$f(x) = a_p x^p + a_{p+1} x^{p+1} + \dots + a_n x^n + o(x^n)$$

où $a_p \neq 0$, alors $f(x) \sim a_p x^p$.

Définition. $a_p x^p$, premier terme non nul du d.l. de $f(x)$, s'appelle la *partie principale* du d.l. de $f(x)$.

C 11. Montrer les équivalences suivantes :

$$\frac{1}{1-x} \sim 1; \quad \frac{1}{1-x} - 1 \sim x; \quad \sin x \sim x;$$
$$\cos x \sim 1; \quad 1 - \cos x \sim \frac{1}{2} x^2; \quad \operatorname{tg} x \sim x;$$
$$\operatorname{Log}(1+x) \sim x; \quad e^x \sim 1; \quad e^x - 1 \sim x.$$

4.2. Équivalence et opérations

Proposition 1. Si $f_1 \sim g_1$ et $f_2 \sim g_2$, alors $f_1 f_2 \sim g_1 g_2$.

Démonstration. Si $\frac{f_1}{g_1} \longrightarrow 1$ et $\frac{f_2}{g_2} \longrightarrow 1$, alors $\frac{f_1 f_2}{g_1 g_2} \longrightarrow 1 \cdot 1 = 1$. □

Proposition 2. Si $f_1 \sim g_1$ et $f_2 \sim g_2$, alors $\frac{f_1}{f_2} \sim \frac{g_1}{g_2}$.

Démonstration.

$$\frac{f_1}{f_2} : \frac{g_1}{g_2} = \frac{f_1}{g_1} \cdot \left(\frac{f_2}{g_2}\right)^{-1} \longrightarrow 1 \cdot 1^{-1} = 1. \ \square$$

ATTENTION : les sommes, et plus généralement les combinaisons linéaires, NE CONSERVENT PAS LES ÉQUIVALENCES.

$$\left.\begin{matrix} f_1 \sim g_1 \\ f_2 \sim g_2 \end{matrix}\right\} \not\Rightarrow f_1 + f_2 \sim g_1 + g_2.$$

Exemple.

$$f_1(x) = x + x^2, \quad g_1(x) = x; \quad f_2(x) = g_2(x) = -x.$$
$$x + x^2 \sim x \quad \text{et} \quad x^2 = (x + x^2) - x \not\sim x - x = 0.$$

Conséquence. $f \sim g \not\Rightarrow e^f \sim e^g$.

C 12. Donner un contre-exemple justifiant l'énoncé précédent.

C 13. On suppose que $f > 0$, $g > 0$ et que $\lim_{x \to 0} g(x) > 0$. Montrer que $f \sim g \Longrightarrow \operatorname{Log} f \sim \operatorname{Log} g$.

Exercice 20. Soit $f(x) = \dfrac{a_3 x^3 + a_2 x^2 + a_1 x + a_0}{b_3 x^3 + b_2 x^2 + b_1 x + b_0}$, $a_i, b_i \in \mathbb{R}$. Choisir les a_i, b_i de façon que $f(x) = o(x^2)$ au voisinage de 0.

4.3. Application au calcul des limites quand $x \longrightarrow 0$

Proposition. Si $f \sim g$ et si $\lim_{x \to 0} g(x) = \ell$, alors $\lim_{x \to 0} f(x) = \ell$ (la proposition est vraie même pour $\ell = +\infty$ et $\ell = -\infty$).

Démonstration. $f = g \cdot \frac{f}{g} \longrightarrow \ell \cdot 1 = \ell$. □

Exercice 21. Montrer que si

$$\lim_{x \to 0} f(x) = \lim_{x \to 0} g(x) = \ell,$$

où ℓ est fini non nul, alors $f \sim g$ au voisinage de 0.

Exercice 22. Calculer les limites quand $x \longrightarrow 0$ des fonctions suivantes :

$$\frac{\sin x}{x}, \quad \frac{1 - \cos x}{\sin^2 x}, \quad \frac{\sin px}{\sin qx} \quad (p \in \mathbb{N}^*, q \in \mathbb{N}^*),$$
$$\frac{1 - \cos px}{1 - \cos qx} \quad (p \in \mathbb{N}^*, q \in \mathbb{N}^*), \quad \frac{1 - \cos^2 x}{x \sin 2x},$$
$$\frac{2 \sin x(1 - \cos x) - x^3(1 - x^2)^{1/4}}{x^5 - \sin^5 x},$$
$$\frac{x+1}{2\sqrt{|x|}} \operatorname{Log} \frac{1 + \sqrt{|x|}}{1 - \sqrt{|x|}}.$$

Exercice 23. Calculer les limites quand $x \longrightarrow 0$, $x > 0$ ou $x < 0$ ou quand $x \longrightarrow +\infty$ ou $-\infty$ des fonctions suivantes :

$$\frac{2x^{100} - x^{153}}{x^{50} + x^{107}}, \quad \frac{x + x^3}{x^3 - x^5},$$
$$\frac{3x^{47} - 4x^{53} + 3x^{62} - 2x^{45}}{x^{46} - 7x^{48} + 9x^{50}}, \quad \frac{ax^8 + bx^{10}}{cx^9 + dx^{11}} \quad (abcd \neq 0).$$

$$f(x) = \frac{\mathrm{P}(x)}{\mathrm{Q}(x)} = \frac{a_p x^p + a_{p+1} x^{p+1} + \dots + a_n x^n}{b_q x^q + b_{q+1} x^{q+1} + \dots + b_m x^m} \qquad a_p \neq 0, \quad a_n \neq 0, \quad b_q \neq 0, \quad b_m \neq 0$$

AU VOISINAGE DE 0

$$\mathrm{P}(x) \sim a_p x^p \qquad f(x) = \frac{\mathrm{P}(x)}{\mathrm{Q}(x)} \sim \frac{a_p}{b_q} x^{p-q}$$
$$\mathrm{Q}(x) \sim b_q x^q$$

d'où : Si $p > q$	$\lim_{x \to 0} f(x) = 0$
Si $p = q$	$\lim_{x \to 0} f(x) = \frac{a_p}{b_q}$
Si $p < q$, $q - p$ pair, si $a_p b_q > 0$	$\lim_{x \to 0} f(x) = +\infty$
si $a_p b_q < 0$	$\lim_{x \to 0} f(x) = -\infty$
$q - p$ impair, si $a_p b_q > 0$	$\lim_{x \to +0} f(x) = +\infty$
	$\lim_{x \to -0} f(x) = -\infty$
si $a_p b_q < 0$	$\lim_{x \to +0} f(x) = -\infty$
	$\lim_{x \to -0} f(x) = +\infty$

AU VOISINAGE DE L'INFINI

$$\mathrm{P}(x) \sim a_n x^n \qquad f(x) = \frac{\mathrm{P}(x)}{\mathrm{Q}(x)} \sim \frac{a_n}{b_m} x^{n-m}$$
$$\mathrm{Q}(x) \sim b_m x^m$$

d'où : Si $n < m$	$\lim_{x \to \infty} f(x) = 0$
Si $n = m$	$\lim_{x \to \infty} f(x) = \frac{a_n}{b_m}$
Si $n > m$, $n - m$ pair, si $a_n b_m > 0$	$\lim_{x \to \pm\infty} f(x) = +\infty$
si $a_n b_m < 0$	$\lim_{x \to \pm\infty} f(x) = -\infty$
$n - m$ impair, si $a_n b_m > 0$	$\lim_{x \to +\infty} f(x) = +\infty$
	$\lim_{x \to -\infty} f(x) = -\infty$
si $a_n b_m < 0$	$\lim_{x \to +\infty} f(x) = -\infty$
	$\lim_{x \to -\infty} f(x) = +\infty$

4. Monôme équivalent à une fraction rationnelle. Application au calcul des limites d'une fraction rationnelle.

4.4. Équivalence au voisinage de x_0

Règle. On se ramène à une étude au voisinage de 0 en posant $h = x - x_0$. Pour étudier $f(x)$ au voisinage de x_0, on étudie $\bar{f}(h)$ au voisinage de 0, où on a posé :

$$\boxed{\bar{f}(h) = f(x_0 + h)}$$

Exemple. **Définition.** On dit que $f \sim g$ au voisinage de x_0 ssi $\lim_{h \to 0} \frac{f(x_0 + h)}{g(x_0 + h)} = \lim_{x \to x_0} \frac{f(x)}{g(x)} = 1$.

Exercice 24. Soit f une fonction dérivable en x_0 telle que $f'(x_0) \neq 0$; soit $g(x) = f(x) - f(x_0)$ et $h(x) = f'(x_0)(x - x_0)$. Montrer que $g \sim h$ au voisinage de x_0.

Exercice 25. Calculer les limites quand $x \longrightarrow 1$ des fonctions suivantes : $\frac{x-1}{x^2-1}$, $\frac{e^x - e}{x^3 + x^2 - x - 1}$, $\frac{x^2 - 1}{x^2 - 2x + 1}$, $\frac{\operatorname{Log} x}{x^3 - 1}$.

4.5. Équivalence au voisinage de l'infini (de $+\infty$ ou de $-\infty$)

Règle. On se ramène à une étude au voisinage de 0 (ou de $+0$ ou -0 parfois) en posant $\mathrm{X} = \frac{1}{x}$. Pour étudier $f(x)$ au voisinage de l'infini on étudie $\bar{f}(\mathrm{X})$ au voisinage de 0, où on a posé :

$$\bar{f}(\mathrm{X}) = f\left(\frac{1}{\mathrm{X}}\right) = f(x).$$

Exemple. **Définition.** On dira que $f \sim g$ au voisinage de $+\infty$ ssi :

$$\lim_{x \to +\infty} \frac{f(x)}{g(x)} = 1 \quad \text{c.à.d.} \lim_{X \to 0} \frac{f\left(\frac{1}{X}\right)}{g\left(\frac{1}{X}\right)} = 1 .$$

Exercice 26. Calculer les limites quand $x \longrightarrow +\infty$ et quand $x \longrightarrow -\infty$ des fonctions suivantes :

$$\frac{x^3 + 2x^4}{x^2 - x^4}, \quad \frac{x^2 + x^5}{(x^2 - 2)(x^2 + 3)}, \quad \frac{(x-1)(x-2)(x-3)}{(x^2+1)(x^2+2)},$$

$$\frac{\sqrt{1 + x + x^3 - 4x^5 + 9x^6}}{(2x+1)^3}, \quad \frac{x + \sin x}{x - \cos x}.$$

§ 5. COMPARAISON LOCALE DE FONCTIONS

Considérons une fonction f définie sur un intervalle $]a, b[$ *où* $a < 0 < b$. *Une propriété de la fonction, être positive par exemple, peut être vraie pour tout x de* $]a, b[$:

$$\forall x \in]a, b[\quad f(x) \geqslant 0.$$

On dit que cette propriété est globale. *Par contre la propriété peut être vraie en* 0 : $f(0) \geqslant 0$. *La propriété est alors* ponctuelle. *Il y a une troisième possibilité : la propriété peut être* locale *au voisinage de* 0, *ce qui s'énonce :*

$$\exists \alpha \in]a, 0[\quad \exists \beta \in]0, b[\quad \forall x \in]\alpha, \beta[\quad f(x) \geqslant 0.$$

Par exemple si on sait que f est continue et que $f(0) > 0$, *alors* $f(x) > 0$ *au voisinage de* 0.
Nous nous restreindrons à l'étude de notions locales au voisinage de 0, *car l'étude locale au voisinage de* x_0 *ou de* $+\infty$ *ou de* $-\infty$ *s'en déduit aisément.*

5.1. Propriétés locales au voisinage de 0

Définition. Soit P(x) un énoncé qui dépende d'un nombre réel x. On dit que P(x) est vrai au voisinage de 0 ssi il existe un intervalle ouvert I contenant 0 tel que P(x) a un sens et est vrai pour tout choix de x dans I. La propriété P est alors dite *locale* (au voisinage de 0).

Exemple. Soit $P_1(x)$ l'énoncé $\sqrt{1-x} \geqslant \sqrt{1+x}$
$P_2(x)$ l'énoncé $\sqrt{1-x} + 10^{-3} \geqslant \sqrt{1+x}$
$P_3(x)$ l'énoncé $\sqrt{1-x} = \sqrt{1+x}$
$P_4(x)$ l'énoncé $\sqrt{1-x} \geqslant 0$.

$P_1(x)$ est vrai en 0, mais pas au voisinage de 0; $P_2(x)$ est vrai au voisinage de 0; $P_3(x)$ est vrai en 0 mais pas au voisinage de 0. $P_4(x)$ est vrai en 0, au voisinage de 0 et sur $[-\infty, +1]$.

Proposition. Si $P_1(x)$ et $P_2(x)$ sont vrais au voisinage de 0, alors « $P_1(x)$ **et** $P_2(x)$ » est vrai au voisinage de 0.

Démonstration. Cela résulte de ce que l'intersection de deux intervalles ouverts contenant 0 est un intervalle ouvert contenant 0.

Commentaire. Cette proposition permet de raisonner et de calculer sur des égalités et des inégalités vraies au voisinage de 0 comme sur des égalités et inégalités ordinaires; par exemple : si $f(x) \geqslant 0$ et $g(x) \geqslant 0$ au voisinage de 0, alors $f(x) + g(x) \geqslant 0$ et $f(x)g(x) \geqslant 0$ au voisinage de 0.

C 14. Expliciter la démonstration de l'exemple ci-dessus.

5.2. Fonctions définies au voisinage de 0

Définition. Soit $D \subset \mathbb{R}$ et $f : D \longrightarrow \mathbb{R}$. On dit que f est définie au voisinage de 0 ssi il existe un intervalle ouvert I contenant 0 ($I =]\alpha, \beta[$ où $\alpha < 0 < \beta$) tel que

$$I \subset D.$$

Exemple. $\sqrt{\cos x}$ est défini au voisinage de 0, $\sqrt{\sin x}$ n'est pas défini au voisinage de 0.

Proposition. Si f et g sont deux fonctions définies au voisinage de 0, alors il en est de même de $\lambda f + \mu g$ (où $\lambda \in \mathbb{R}$ et $\mu \in \mathbb{R}$), fg, $\sup \{f, g\}$, $\inf \{f, g\}$, $|f|$, e^f, etc... Si de plus $g(x) \neq 0$ au voisinage de 0, alors $\frac{f}{g}$ est définie au voisinage de 0.

C 15. Soit f une fonction définie et dérivable au voisinage de x_0 et telle que au voisinage de x_0 on ait $(x - x_0)f'(x) \leqslant 0$. Montrer que au voisinage de x_0 on a : $f(x) \leqslant f(x_0)$. On dit alors que $f(x_0)$ est un *maximum local.*

5.3. Infiniments petits au voisinage de 0

Définition. Soit f et g deux fonctions définies au voisinage de 0; on dit que f est infiniment petite par rapport à g, ou que g est infiniment grande par rapport à f, et on note $f = o(g)$ ou $f(x) = o(g(x))$ ssi :

$$\forall \varepsilon > 0 \quad (|f(x)| \leqslant \varepsilon |g(x)| \quad \text{au voisinage de 0}).$$

Remarque. La notation $f \in o(g)$ serait plus claire que $f = o(g)$ mais moins commode.

Exemples. $x^3 = o(x^2)$
$x^n = o(x^p)$ si et seulement si $n > p$.
$\frac{1}{100} x^2$ n'est pas infiniment petite par rapport à x^2.
$e^{-\frac{1}{|x|}} = o(x^n)$ pour tout entier relatif n.
$x \operatorname{Log} |x| = o(1)$.
$x (\operatorname{Log} |x|)^m = o(1)$.
$x^n(\operatorname{Log} |x|)^m = o(x^{n-1})$.

C 16. Montrer les propriétés suivantes :

1. Si $f = o(f)$ alors $f = 0$ au voisinage de 0.
2. Si $f = o(g)$ et $g = o(h)$ alors $f = o(h)$.
3. Si $f_1 = o(g)$ et $f_2 = o(g)$ alors $\lambda_1 f_1 + \lambda_2 f_2 = o(g)$.
4. Pour tout $(m, n, p) \in \mathbb{N}^3$, si $m < n$:
$$a_n x^n + a_{n+1} x^{n+1} + \ldots + a_{n+p} x^{n+p} = o(x^m).$$
5. Si $m < n$, $o(x^n) + o(x^m) = o(x^m)$.
6. Si $f = o(g)$, $\lambda \in \mathbb{R}^*$ et $\mu \in \mathbb{R}$, alors $o(\lambda g + \mu f) = o(g)$.
7. Si $n > m$ et $b_m \neq 0$
$$a_n x^n + \ldots + a_{n+p} x^{n+p} = o(b_m x^m + \ldots + b_{m+q} x^{m+q}).$$
8. Si $f = o(g)$, alors $hf = o(hg)$.
9. $x^m o(x^n) = o(x^{m+n})$; $\frac{o(x^n)}{x^m} = o(x^{n-m})$.
10. Si $f_1 = o(g_1)$ et $f_2 = o(g_2)$ alors $f_1 f_2 = o(g_1 g_2)$.

11. Si $b \neq 0$, $\dfrac{o(f)}{b + o(1)} = o(f)$.

C 17. Retrouver à partir de ces propositions, les résultats concernant les opérations sur les d.l.

5.4. Notion de voisinage

Considérons un énoncé P(x) vrai au voisinage de 0. Il semble naturel d'appeler voisinage de 0 l'ensemble des x tels que P(x) soit vrai. On est ainsi amener à poser la définition suivante :

Définition. Un *voisinage de* 0 est un sous-ensemble V de $\mathbb{R}$ tel qu'il existe un intervalle ouvert I contenant 0 et contenu dans V :

$$0 \in \mathrm{I} \subset \mathrm{V}.$$

Dans cette définition un voisinage n'est pas nécessairement « petit » : $\mathbb{R}$ tout entier est un voisinage de 0. Cela n'est pas gênant, l'important c'est que l'on ait une définition simple de « P(x) est vrai pour tout x appartenant à un voisinage de 0 ».
La notion de voisinage sert de fondement à la théorie mathématique appelée *topologie*.

§ 6. EXERCICES COMPLÉMENTAIRES

Exercice 27. *Forme* $\frac{0}{0}$. Calculer les limites quand $x \longrightarrow 0$ des fonctions suivantes : $(a^x - b^x)x^{-1}$, $(x - \text{Arcsin } x)(\sin x)^{-3}$, $[\text{Log}(1 + \text{tg } x) - \sin x](\text{tg } x - \sin x)^{-1}$.

Exercice 28. *Forme* $\frac{\infty}{\infty}$. Calculer $\lim\limits_{x \to +\infty} (\text{Log } x)^2 x^{1/2}$ et $\lim\limits_{x \to 0} (\text{Log} \cos ax)(\text{Log} \cos bx)^{-1}$.

Exercice 29. *Forme* $\infty - \infty$. Calculer $\lim\limits_{x \to +\infty} (x^2 + 1 - x)$ et $\lim\limits_{x \to 0} (\sin x)^{-2} - x^{-2}$.

Exercice 30. *Forme* $\infty \cdot 0$. Calculer les limites quand $x \longrightarrow +\infty$ des fonctions $\text{Log}(e^x + 1) \cdot \text{Log} \dfrac{x+1}{x-1}$, $x\left[\left(1 + \dfrac{1}{x}\right)^x - e\right]$.

Exercice 31. *Forme* 0^0. Calculer $\lim\limits_{x \to +0} x^x$ et $\lim\limits_{x \to +0} \dfrac{(\sin x)^x - 1}{x^x - 1}$.

Exercice 32. *Forme* ∞^0. Calculer $\lim\limits_{x \to +\infty} x^{1/x}$, $\lim\limits_{x \to \pi/2} |\text{tg } x|^{\text{Log} \sin x}$.

Exercice 33. *Forme* 1^∞. Calculer $\lim\limits_{x \to +\infty} (1 + a/x)^x$, $\lim\limits_{x \to \pi/2} (\sin x)^{(x - \pi/2)^{-1}}$.

Exercice 34. Pour quelles valeurs de a, b et c a-t-on

$$\lim_{x \to 0} \frac{x(a + b \cos x) - c \sin x}{x^5} = 2 \quad ?$$

Exercice 35. Déterminer a et b tels que au voisinage de 0 on ait

$$(1 + ax^2)(1 + bx^2)^{-1} - \text{ch } x = o(x^5).$$

Exercice 36. Calculer le d.l. à l'ordre 3 au voisinage de e de $(x \text{ Log } x)(x^2 - 1)^{-1}$.

Exercice 37. Soit f et g deux fonctions ayant des d.l. à l'ordre 4 au voisinage de 0 de la forme :

$$f(u) = u + au^2 + bu^3 + cu^4 + o(u^4)$$
$$g(v) = v + \alpha v^2 + \beta v^3 + \gamma v^4 + o(v^4).$$

Quel est le d.l. à l'ordre 4 au voisinage de 0 de $f(g(x)) - g(f(x))$? En déduire le d.l. à l'ordre 4 au voisinage de 0 de :

$$\frac{\sin x}{1 - \sin x} - \sin\left(\frac{x}{1 - x}\right).$$

Exercice 38. Soit f une fonction deux fois dérivable, calculer

$$\lim_{h \to 0} [2f(x + 3h) - 3f(x + 2h) + f(x)]/3h^2.$$

**** Exercice 39.** Soit $\mathcal{F}_0$ l'ensemble des fonctions définies au voisinage de 0. Montrer que $\mathcal{F}_0$ est un espace vectoriel sur $\mathbb{R}$. Soit $f \in \mathcal{F}_0$ et $g \in \mathcal{F}_0$, on notera $f \equiv g$ ssi $f(0) = g(0)$. Montrer que $\equiv$ est une relation d'équivalence sur $\mathcal{F}_0$ et que $\mathcal{F}_0/\equiv \,\approx \mathbb{R}$. Montrer que par contre $\mathcal{F}_0/\sim$ est de dimension infinie. *** (On considère $\mathrm{F} = \bigcup\limits_{x \in \mathbb{R}} \mathcal{F}_x$. Définir une relation d'ordre sur F et une injection canonique $\mathbb{R} \longrightarrow \mathrm{F}$. Vérifier l'existence dans F d'éléments f tels que $0 < f$ et $\forall \varepsilon \in \mathbb{R}_+^*$ $f < \varepsilon$.)

§ 7. RÉPONSES OU INDICATIONS

1. $\sum\limits_{i=0}^{n} (-1)^i x^i + o(x^n)$; $\sum\limits_{i=0}^{[n/2]} x^{2i} + o(x^n)$; $\sum\limits_{i=0}^{[n/2]} (-1)^i x^{2i} + o(x^n)$.

Méthode : changer x en $-x$, puis en x^2 puis en $-x^2$.

C 1. $f(x) = a_0 + a_1 x + x\varepsilon(x)$;
$f(0) = a_0$, $[f(x) - f(0)]x^{-1} = a_1 + \varepsilon(x)$.

C 2. Pour tout x différent de 0, f n'est pas continue en x, donc non dérivable et f' n'est donc pas définie au voisinage de 0.

C 4. Soit $t = \text{tg } x$, $t' = 1 + t^2$, ...,
$t^{(7)} = 16(315t^8 + 840t^6 + 756t^4 + 248t^2 + 17)$.

Pour $t = \text{th } x$, mêmes calculs avec $t' = 1 - t^2$.

2. $f(x) = o(x^n)$ et $g(x) = o(x^n)$.

C 5. $k = \inf\{p + m, q + n\}$.

5. $x^{12} + 7x^{13} + o(x^{13})$.

6. $x + x^3/3 - x^5/30 + o(x^5)$;
$2x + 6x^2 + (23/3)x^3 + 5x^4 + (161/60)x^5 + o(x^5)$.

7. $f(x) + o(x^7)$, $(1 - g(2x) + o(x^7))/2$,
$[g(x)]^2 = 1 - [f(x)]^2 + o(x^7)$, $o(x^7)$.
Remarquer que
$f(x) = \sin x + o(x^7)$ et $g(x) = \cos x + o(x^7)$.

C 6. Multiplier $\dfrac{1}{1-x} = 1 + x + x^2 + ... + x^n + \dfrac{x^{n+1}}{1-x}$
par $(1 - x)(1 + x)$ ou $(1 - x)$.
$Q(x) = 1 + x + ... x^n$, $R_1(x) = -1 - x$, $R_2(x) = -1$.

8. $1 + x/2 + 3x^2/8 - x^3/48 + 41x^4/384 + o(x^4)$;
$1 - x^2 + x^4/2 + o(x^4)$; $x + x^2/2 + 11x^3/6 + 29x^4/12$.

9. $1 + x + x^2/2 - x^4/8 - x^5/15 + o(x^5)$;
$e^{\cos x} = e\, e^{-x^2/2 + x^4/24 + o(x^5)} = e(1 - x^2/2 + x^4/6 + o(x^5))$;
$-x^2/6 - x^4/180 + o(x^5)$;
$x - x^2/2 + x^3/2 - x^4/2 + 29x^5/60 + o(x^5)$.

10. Égalité de polynômes : $x = a_0 + a_1 x + a_2 x^2$
$+ [a_3 - a_1/6]x^3 + [a_4 - a_2/3]x^4 + [a_5 - a_3/2 + a_1/120]x^5$.

C 10. $a_0 + a_1 x + ... + a_{n-1}x^{n-1} = a_1 + 2a_2 x + ... + na_n x^{n-1}$
(pour tout $x \in \mathbb{R}$). $e^0 = 1$ d'où $a_0 = 1$.

12. $x^2 - x^3 + 11x^4/12 - 5x^5/6 + 137x^6/180$;
$x - 3x^2/2 + 11x^3/6 - 25x^4/12 + 137x^5/60$.

13. $f'(x) = (1 + x^2)^{-1} = 1 - x^2 + x^4 + o(x^4)$;
$f(x) = \text{Arctg}\, a + x - x^3/3 + x^5/5 + o(x^5)$

14. $1 + 2x + ... + (n+1)x^n + o(x^n)$;
$2 + 6x + 12x^2 + 20x^3 + ... + (n+2)(n+1)x^n + o(x^n)$.

15. $(p-1)! + p!\,x + (p+1)!\,x^2/2! + ... + (n+p)!\,x^n/n! + o(x^n)$.

16. Inflexion et courbe au-dessus de la tangente pour $x < 0$; ordinaire en dessous; inflexion au-dessus pour $x > \sqrt{3}$; ordinaire au-dessus.

17. $y = 2x + 3$, courbe au-dessus pour $x \longrightarrow +\infty$ et au-dessous pour $x \longrightarrow -\infty$, car $f(x) = 2x + 3 + x^{-1} + o(x^{-1})$ et $x = 0\ (x > 0)$.

18. $f(x) = x - 2/3 - x^{-1}/9 + o(x^{-1})$ au-dessus pour $-\infty$, en dessous pour $+\infty$.

19. $f(x) = x - 3x^{-1}/2 + o(x^{-1})$ au-dessus pour $-\infty$, en dessous pour $+\infty$.

C 12. $f(x) = x^{-1} + 1$ et $g(x) = x^{-1}$.

C 13. De $f(x) = g(x)[1 + \varepsilon(x)]$ on déduit

$$\frac{\text{Log}\, f(x)}{\text{Log}\, g(x)} = 1 + \frac{\text{Log}\,(1 + \varepsilon(x))}{\text{Log}\, g(x)} \longrightarrow 1.$$

20. $b_0 \neq 0$ et $a_0 = a_1 = a_2 = 0$ ou un des $b_i \neq 0$ et $a_0 = a_1 = a_2 = a_3 = 0$.

22. 1. 1/2. p/q. p^2/q^2. 1/4. 13/100. 0.

23. $x \longrightarrow 0$, $x > 0 : 0$, $+\infty$, $-\infty$, signe $(ac) \cdot \infty$; $x \longrightarrow 0$, $x < 0 : 0$, $+\infty$, $+\infty$, $-$ signe $(ac)\,\infty$; $x \longrightarrow \pm\infty : -\infty, 0, +\infty, 0$.

25. 1/2. $e/4$. Si $x > 1$, $+\infty$, si $x < 1$, $-\infty$. 1/3.

26. -2. $+\infty$ ou $-\infty$. 0. 3/8. 1.

C 14. Soit $\alpha < 0 < \beta$ tels que $\forall x \in]\alpha, \beta[\ f(x) \geqslant 0$ et $\alpha' < 0 < \beta'$ tels que $\forall x \in]\alpha', \beta'[\ g(x) \geqslant 0$; posons $\alpha_1 = \sup\{\alpha, \alpha'\}$ et $\beta_1 = \inf\{\beta, \beta'\}$, on a $\alpha_1 < 0 < \beta_1$ et $\forall x \in]\alpha_1, \beta_1[\ f(x) + g(x) \geqslant 0$ et $f(x)g(x) \geqslant 0$.

C 15. $f(x) - f(x_0) \leqslant (x - x_0) f'(x_1)$ où $(x - x_0)(x_1 - x_0) > 0$.

C 16. 1. Choisir $\varepsilon = \dfrac{1}{2}$, d'où $\dfrac{1}{2}|f| \leqslant 0$.

2. $|f| \leqslant \varepsilon_1 |g| \leqslant \varepsilon_1 \varepsilon_2 |h|$.
3. Si $\lambda_1 \lambda_2 \neq 0$, choisir $\varepsilon_1 = \varepsilon/2\lambda_1$ et $\varepsilon_2 = \varepsilon/2\lambda_2$.
4. $x^m[a_n x^{n-m} + ... + a_{n+p} x^{n+p-m}]$.
5. $x^n \varepsilon_1(x) + x^m \varepsilon_2(x) = x^m[\varepsilon_2(x) + x^{n-m}\varepsilon_1(x)]$.
6. $\lambda g + \mu f = \lambda g(1 + \mu\lambda^{-1}\varepsilon)$.
7. Résulte de 3, 5 et 6.
8. $|hf| \leqslant \varepsilon |hg|$.
9. Résulte de 8.
10. $|f_1 f_2| \leqslant \varepsilon_1 \varepsilon_2 |g_1 g_2|$.
11. $|f(x)(b + \varepsilon(x))| \leqslant |f(x) b/2|$.

27. $\text{Log}\, ab^{-1}$; $-1/6$; ∞ (signe de $-x$).

28. 0. a^2/b^2.

29. $x^2 + 1 - x \sim x^2 \longrightarrow +\infty$;
$[x - x^3/6 + o(x^3)]^{-2} - x^{-2}$
$= x^{-2}[1 - x^2/6 + o(x^2)]^{-2} - x^{-2} = 1/3 + o(1) \longrightarrow 1/3$.

30. $\text{Log}\,(e^x + 1) = \text{Log}\, e^x(1 + e^{-x}) = x + \text{Log}\,(1 + e^{-x}) \sim x$;

$$\text{Log}\,\frac{x+1}{x-1} = \text{Log}\left(1 + \frac{2}{x-1}\right) \sim \frac{2}{x-1} \text{ d'où}$$

$$f(x) \sim \frac{2x}{x-1} \sim 2 \longrightarrow 2 \cdot$$

$$\left(1 + \frac{1}{x}\right)^x = e^{x \,\text{Log}\,\left(1 + \frac{1}{x}\right)} = e^{1 - 1/2x + o(x^{-1})}$$

$$= e(1 - 1/2x + o(x^{-1})); \quad -e/2.$$

31. 1. 1.

32. 1. $\exp\{\text{Log}\sin(\pi/2 + h)\,\text{Log}\,|\text{tg}\,(\pi/2 + h)|\}$
$= \exp\{-h^2\,\text{Log}\, h/2 + o/h^3)\} \longrightarrow 1$.

33. e^a. 1.

34. $(a, b, c) = (2, 1, 3)$.

35. $(a, b) = (7/12, -1/12)$.

36. $e/(e^2 - 1) - 2(e^2 - 1)^{-2} h$
$+ (-e^4 + 8e^2 + 1)[2e(e^2 - 1)^3]^{-1} h^2$
$+ [5e^6 - 33e^4 - 21e^2 + 1][6e^2(e^2 - 1)^4]^{-1} h^3 + o(h^3)$
où $h = x - e$.

37. $f(g(x)) = x + (a + \alpha)x^2 + (b + 2a\alpha + \beta)x^3$
$+ (c + \gamma + 2a\beta + 3b\alpha + a\alpha^2)x^4 + o(x^4)$;
$f(g(x)) - g(f(x)) = [b\alpha - a\beta + a\alpha(\alpha - a)]x^4 + o(x^4)$.
$a = b = 1$, $\alpha = 0$, $\beta = -1/6$.

38. $f(x + 3h) = f(x) + 3f'(x)h + (9/2)f''(x + 3\theta_3 h^2$,
$f(x + 2h) = f(x) + 2f'(x)h + 2f''(x + 2\theta_2 h)h^2$;
$\lim\limits_{h \to 0} 3f''(x + 3\theta_3 h) - 2f''(x + 2\theta_2 h) = f''(x)$.

3. Propriétés des courbes représentatives des fonctions usuelles de l'Analyse

La forme des courbes résume de façon synthétique un grand nombre de propriétés des fonctions représentées. Aussi est-il essentiel de garder en mémoire la forme exacte des courbes représentatives des fonctions usuelles de l'analyse : fonctions puissance, exponentielles et logarithmes, fonctions circulaires et hyperboliques et leurs fonctions réciproques. Le paragraphe 7 montre le lien étroit entre ces fonctions toutes liées à la fonction exponentielle complexe.

§ 1. FONCTIONS PUISSANCE $x \longmapsto x^\alpha$, $\alpha \in \mathbb{R}$

1.1 Courbes

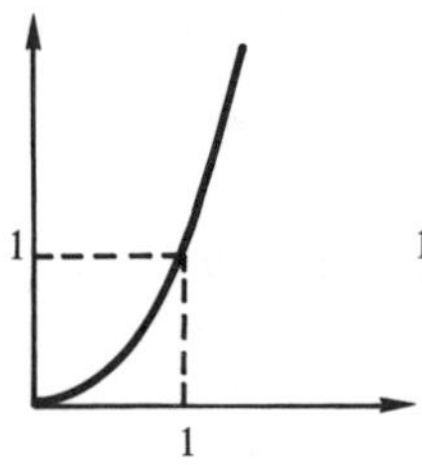

$\alpha > 1$

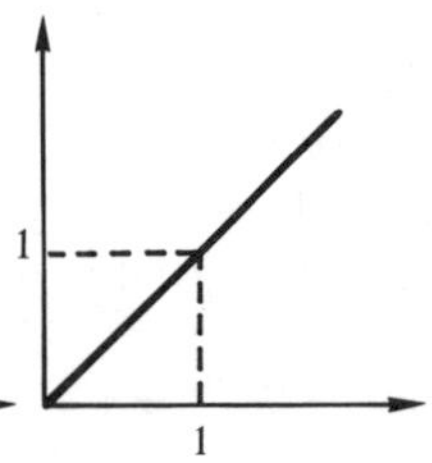

$\alpha = 1$

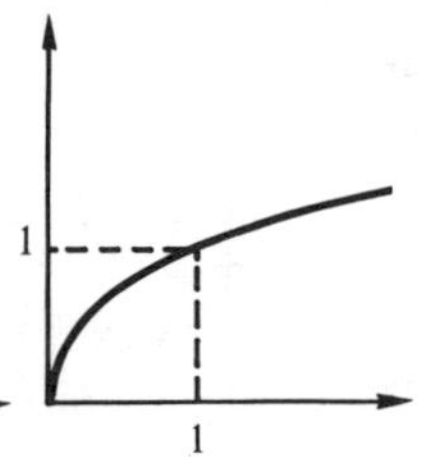

$0 < \alpha < 1$

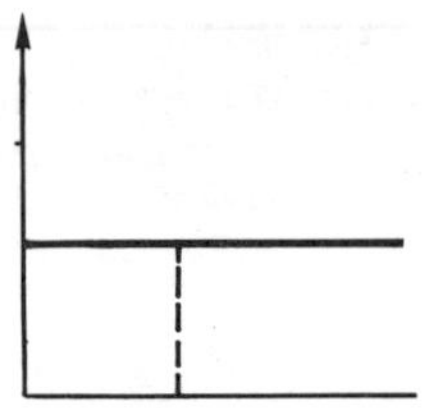

$\alpha = 0$

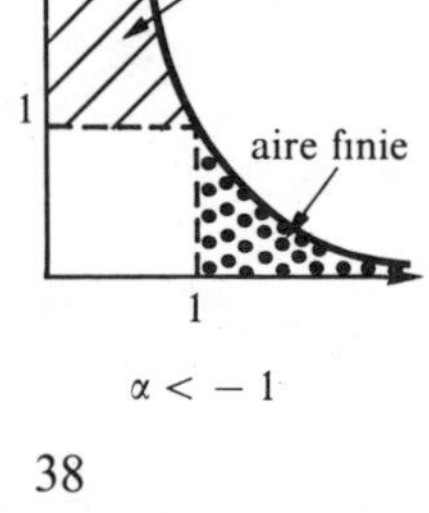

$\alpha < -1$

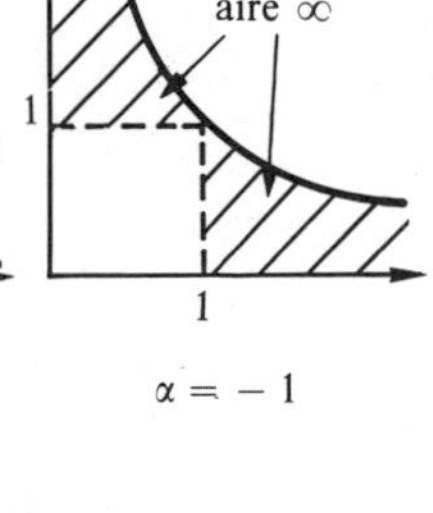

$\alpha = -1$

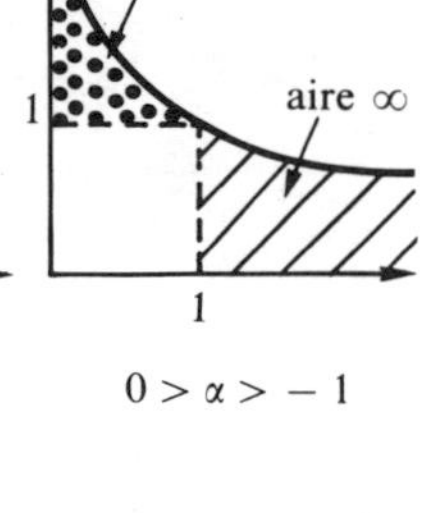

$0 > \alpha > -1$

1.2. Bijection

Si $\alpha > 0$, $[0, +\infty[\longrightarrow [0, +\infty[$, $x \longmapsto x^\alpha$ est une bijection.
Si $\alpha < 0$, $]0, +\infty[\longrightarrow]0, +\infty[$, $x \longmapsto x^\alpha$ est une bijection.
La fonction $x \longmapsto x^\alpha$ est continue.

Remarque. Si $\alpha \in \mathbb{N}$, $x \longmapsto x^\alpha$ est défini sur $\mathbb{R}$ tout entier et si $\alpha \in \mathbb{Z} - \mathbb{N}$, $x \longmapsto x^\alpha$ est défini sur $\mathbb{R}^*$.

1.3. Dérivées : $\dfrac{d}{dx} x^\alpha = \alpha x^{\alpha - 1}$

Conséquences

1. Sens de variation : $x \longmapsto x^\alpha$ est croissante si $\alpha > 0$ et décroissante si $\alpha < 0$.
2. Demi-tangente à l'origine : horizontale si $\alpha > 1$, verticale si $0 < \alpha < 1$.
3. Toutes les courbes passent par le point (1, 1); la tangente y a pour pente α et admet donc l'équation $y = 1 + \alpha(x - 1)$, ce qui correspond au développement limité

$$(1 + h)^\alpha = 1 + \alpha h + o(h).$$

4. $\dfrac{d^n}{dx^n} x^\alpha = \alpha(\alpha - 1)(\alpha - 2) \dots (\alpha - n + 1) x^{\alpha - n}$

d'où
$$(1 + h)^\alpha = 1 + \alpha h + \frac{\alpha(\alpha - 1)}{2} h^2 + o(h^2).$$

La courbe au point (1, 1) est **au-dessus** de sa tangente si et seulement si $\alpha(\alpha - 1) > 0$, soit $\alpha > 1$ ou $\alpha < 0$ (elle est en dessous ssi $0 < \alpha < 1$).

5. Primitives : les primitives de $f(x) = x^\alpha$ sont

$F(x) = \dfrac{1}{\alpha + 1} x^{\alpha + 1} + C^{te}$, si $\alpha \neq -1$ et $\text{Log}\,|x| + C^{te}$ si $\alpha = -1$.

Comme
$$\int_1^\infty x^\alpha \, dx = \lim_{x \to \infty} \int_1^x t^\alpha \, dt = \lim_{x \to \infty} [F(x) - F(1)],$$

on a :

Si $\alpha \geqslant -1$, $\quad \int_1^{\infty} x^\alpha \, dx = +\infty$.

Si $\alpha < -1$, $\quad \int_1^{\infty} x^\alpha \, dx = -\dfrac{1}{1+\alpha} < +\infty$.

La courbe représentative de $x \longmapsto x^{1/\alpha}$ étant la symétrique de celle de $x \longmapsto x^\alpha$ par rapport à la première diagonale, on déduit que :

Si $\alpha \leqslant -1$, $\quad \int_0^1 x^\alpha \, dx = +\infty$.

Si $\alpha > -1$, $\quad \int_0^1 x^\alpha \, dx = 1 - \dfrac{1}{1+1/\alpha} = \dfrac{1}{\alpha+1} < +\infty$.

Exercice 1. Soit $x \in \mathbb{R}_+^*$, $y \in \mathbb{R}_+^*$, $\alpha \in \mathbb{R}$ et $\beta \in \mathbb{R}$. A quelle condition a-t-on $x^\alpha > y^\alpha$? A quelle condition a-t-on $x^\alpha > x^\beta$?

Exercice 2. Soit $f_\alpha : x \longmapsto x^\alpha$; retrouver la dérivée de $f_{1/\alpha}$ en utilisant $f_{1/\alpha} = (f_\alpha)^{-1}$.

Exercice 3. Tracer sur un même graphique les courbes représentatives D, C_2 et C_3 de $x \longmapsto x$, $x \longmapsto x^2$ et $x \longmapsto x^3$. Soit $m \in Ox$, M_2 l'intersection de C_2 avec la parallèle à Oy passant par m, M_3 l'intersection de C_3 avec la parallèle à Ox passant par M_2, M_1 l'intersection de D avec la parallèle à Oy passant par M_3 et M l'intersection de mM_2 avec la parallèle à Ox passant par M_1. On pose $Om = x$, calculer mM. Donner des procédés de construction point par point des courbes représentatives de $x \longmapsto x^{1/2}$, $x \longmapsto x^{2/3}$, $x \longmapsto x^{3/2}$.

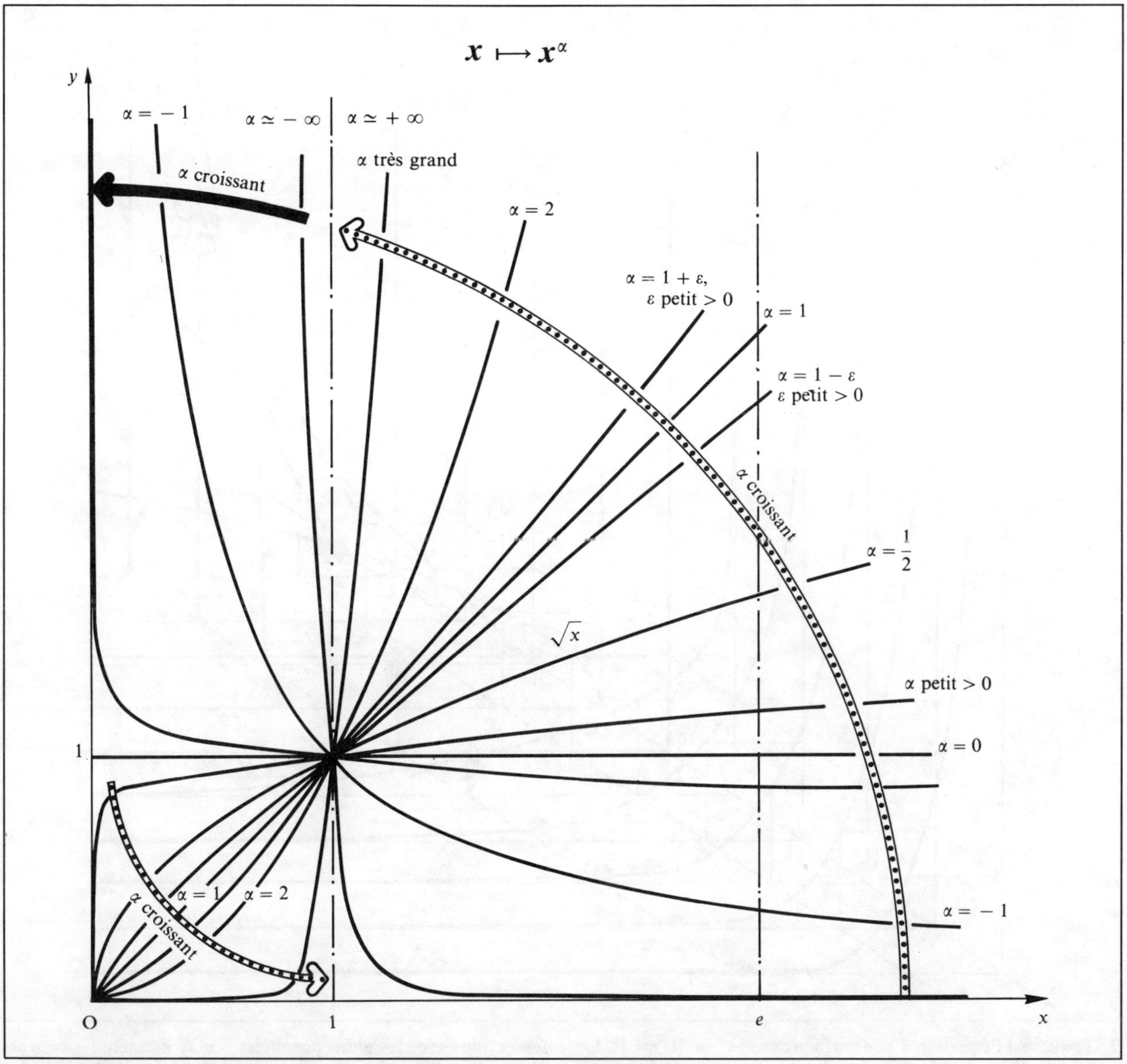

1. Position relative des courbes représentatives des fonctions puissance $x \longmapsto x^\alpha$.

Exercice 4. Soit $m \in Ox$, M_1 le point d'intersection de la première diagonale ($y = x$) avec la parallèle à Oy passant par m, M_2 le point d'intersection de la parallèle à Ox passant par M_1 et de la droite d'équation $x = 1$ et M l'intersection de OM_2 avec mM_1. Quelle est la courbe décrite par M quand m décrit Ox?

1.4. Comment définir x^α?

1. Si on suppose connues les fonctions exponentielles et logarithmes, on peut poser $x^\alpha = e^{\alpha \operatorname{Log} x}$.

2. Sans utiliser la fonction exponentielle. On procède par étapes, en vérifiant à chaque étape que :

$$\left.\begin{aligned} x^\alpha x^\beta = x^{\alpha+\beta}; \quad (x^\alpha)^\beta = x^{\alpha\beta}; \quad x^\alpha y^\alpha = (xy)^\alpha \\ \frac{\mathrm{d}}{\mathrm{d}x} x^\alpha = \alpha x^{\alpha-1} \end{aligned}\right\} \text{(I)}$$

Première étape. Définir x^n pour $x \in \mathbb{R}$ et $n \in \mathbb{N}$ par récurrence :

$$\begin{cases} x^0 = 1 \\ \forall n \in \mathbb{N} \quad x^{n+1} = x \cdot x^n. \end{cases}$$

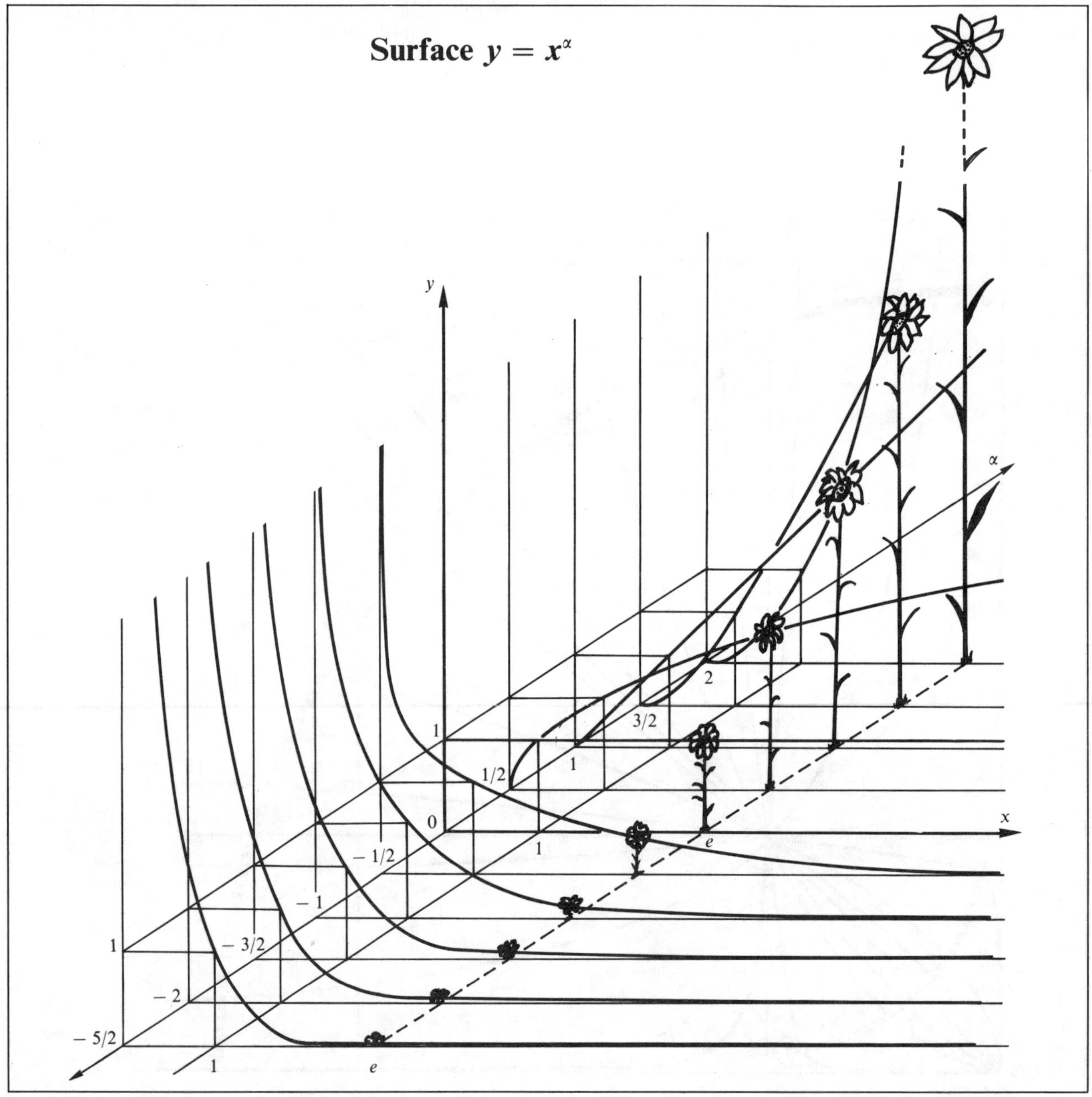

2. $y = x^\alpha$ est l'équation d'une surface dans $\mathbb{R}^+ \times \mathbb{R}^+ \times \mathbb{R}$. Les intersections avec les plans parallèles à xOy donnent les courbes représentatives des fonctions puissance $x \longmapsto x^\alpha$. Les intersections avec les plans parallèles à αOy donnent les courbes représentatives des fonctions exponentielles.

C 1. Vérifier (I). Montrer que si $n \in \mathbb{N}^*$, alors $[0, +\infty[\longrightarrow [0, +\infty[$, $x \longmapsto x^n$ est bijective.

Deuxième étape. Si $x \geqslant 0$ et $q \in \mathbb{N}^*$, on définit $x^{1/q}$ par $x \longmapsto x^{1/q}$ est la fonction réciproque de $x \longmapsto x^q$.

C 2. Montrer que $(x^{1/q})^p = (x^p)^{1/q} = (x^{kp})^{1/kq}$.

Troisième étape. Si $x \geqslant 0$ et $r = p/q \in \mathbb{Q}^+$, on définit x^r par $x^r = x^{p/q} = (x^p)^{1/q}$.

C 3. Justifier cette définition et vérifier (I).

Quatrième étape. Si $x \geqslant 0$ et $r \in \mathbb{Q}$ et $r < 0$, on pose $x^r = 1/x^{(-r)}$.

C 4. Vérifier (I).

Cinquième étape. Si $x = 1$ et $\alpha \in \mathbb{R}$, on pose $1^\alpha = 1$;
si $x > 1$ et $\alpha \in \mathbb{R}$ on pose $x^\alpha = \sup\{x^r;\, r \in \mathbb{Q} \text{ et } r \leqslant \alpha\}$;
si $x < 1$ et $\alpha \in \mathbb{R}$ on pose $x^\alpha = \sup\{x^r;\, r \in \mathbb{Q} \text{ et } r \geqslant \alpha\}$.

C 5. Vérifier (I).

** **Exercice 5.** Montrer que si $x < 0$, on peut définir $x^{5/3}$. Calculer alors $x^{10/6}$ en fonction de $x^{5/3}$. Pourquoi ne définit-on pas x^r pour $x \in \mathbb{R}$ et $r \in \mathbb{Q}$? Que dire de x^α pour $x < 0$ et $\alpha \in \mathbb{R} - \mathbb{Q}$?

§ 2. EXPONENTIELLES ET LOGARITHMES

L'encadré 2 représente la surface de $\mathbb{R}^3$ d'équation $y = x^\alpha$, obtenue comme réunion des courbes d'équations $x \longmapsto x^\alpha$ pour chaque valeur de α, donc dans chaque plan parallèle à xOy. Coupons cette surface par le plan $x = a$ (plan parallèle à αOy) : pour $a > 0$, nous obtenons la courbe représentative de la fonction $\alpha \longmapsto a^\alpha$, appelée fonction exponentielle. *Projetons parallèlement à Ox toutes ces courbes sur le plan αOy, nous obtenons la figure suivante :*

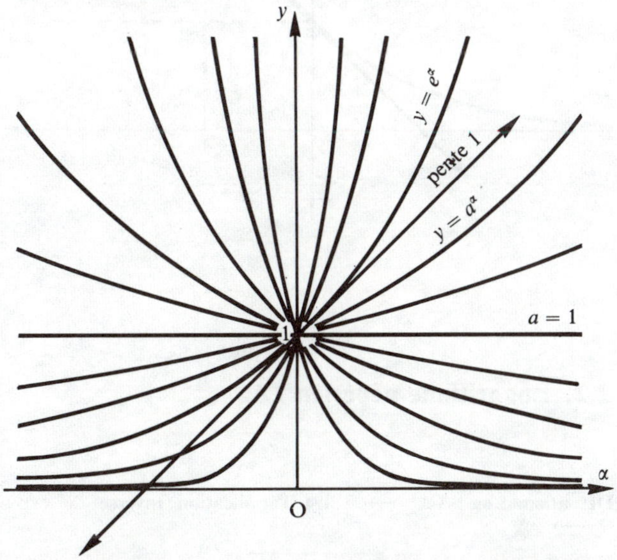

Parmi toutes les valeurs possibles pour a, y en a-t-il une qui soit particulièrement intéressante? Il se trouve que oui : on appelle e le nombre réel tel que la pente de la tangente en (0, 1) à $\alpha \longmapsto e^\alpha$ soit égale à 1 (voir définition 1 ci-dessous).

2.1. exp : $x \longmapsto e^x$

• *Nombre réel e*

Théorème (admis) et définition. Il existe un nombre réel e unique tel que :

$$\boxed{\lim_{h \to 0} \frac{e^h - 1}{h} = 1} \qquad (1)$$

Ce nombre s'appelle la *base des logarithmes népériens.* Ce nombre e peut aussi s'exprimer par :

$$e = \lim_{h \to 0} (1 + h)^{1/h}$$

$$e = \lim_{\substack{n \to \infty \\ n \in \mathbb{N}^*}} (1 + 1/n)^n$$

$$e = \lim_{\substack{n \to \infty \\ n \in \mathbb{N}}} \sum_{k=0}^{n} \frac{1}{k!} = \sum_{k=0}^{\infty} \frac{1}{k!}.$$

Exercice 6. Calculer $\sum_{k=0}^{n} 1/k!$ pour $n = 0, 1, 2, ..., 12$.

Exercice 7. Comment faire apparaître (une valeur approchée de) e sur votre calculette?

*** **Exercice 8.** Montrer que e est irrationnel (utiliser la dernière des expressions de e ci-dessus).

• *L'application exponentielle*

Première définition

$$\boxed{\exp : x \longmapsto e^x}.$$

On suppose que pour tout réel strictement positif a et tout réel α on sait calculer a^α; comme $e > 0$, on sait alors calculer e^x pour tout x réel. Remarquons que :

$$e^0 = 1 \qquad (2)$$

$$\forall x \in \mathbb{R} \qquad e^x > 0 \qquad (3)$$

$$\forall x_1 \in \mathbb{R} \quad \forall x_2 \in \mathbb{R} \quad e^{x_1 + x_2} = e^{x_1} e^{x_2}. \qquad (4)$$

• *Dérivée*

Proposition. $\exp' = \exp$ ou $\boxed{\dfrac{\mathrm{d}}{\mathrm{d}x} e^x = e^x}$. (5)

Démonstration.

$$(e^{x+h} - e^x)/h = e^x[(e^h - 1)/h] \longrightarrow e^x,$$

quand $h \longrightarrow 0$ d'après (3), (2) et (1). □

Il résulte de (5) et (3) que exp est strictement croissante. Du théorème d'existence et d'unicité des solutions d'équations différentielles (voir thème 7 chapitre 2), il résulte que (2) et (5) caractérisent la fonction exponentielle, c'est-à-dire que l'on peut choisir la définition suivante de la fonction exponentielle.

Deuxième définition. La fonction exp est l'unique solution de l'équation différentielle $f' = f$, définie sur $\mathbb{R}$ et telle que $f(0) = 1$.

Exercice 9. Écrire l'équation de la tangente à la courbe représentative de exp au point d'abscisse x_0.

Exercice 10. Déterminer l'ensemble des fonctions f définies et dérivables sur $\mathbb{R}$ telles que $f' = f$.

• *Dérivée seconde*

De (5) il résulte que $\exp'' = \exp$; de (2) on déduit que exp admet le d.l. au voisinage de 0 :

$$\exp x = 1 + x + \frac{x^2}{2} + o(x).$$

La courbe représentative de exp admet donc la tangente d'équation $y = 1 + x$ au point (0, 1) et elle est au-dessus de cette tangente au voisinage de 0. En fait, on a le résultat plus fort :

$$\forall x \in \mathbb{R} \quad e^x \geqslant 1 + x.$$

En effet $\exp'' = \exp > 0$ et la fonction exp est donc convexe, donc « au-dessus de ses tangentes ».

Exercice 11. En étudiant la fonction $y = e^x - 1 - x$, retrouver que $1 + x \leqslant e^x$. Soit $x_0, x_1, ..., x_n$ des nombres réels appartenant à $[-1, +\infty[$; montrer que $\prod_{k=0}^{n} (1 + x_k) \leqslant \exp\left(\sum_{k=0}^{n} x_k\right)$. ** On suppose que $0 < x < 1$; peut-on donner un sens à $\prod_{k=0}^{\infty} (1 + x^k)$ (on rappelle que toute suite majorée croissante de nombres réels admet une limite)?

Il résulte de l'inégalité ci-dessus que $\lim_{x \to +\infty} \exp x = +\infty$, et comme $\exp(-x) = (\exp x)^{-1}$ on a $\lim_{x \to -\infty} \exp x = 0$. Comme exp est strictement croissante, l'application $\exp : \mathbb{R} \longrightarrow]0, +\infty[$ est une bijection. Nous admettrons l'énoncé plus général suivant.

Troisième définition. L'application exp est l'unique isomorphisme du groupe $(\mathbb{R}, 0, +)$ sur le groupe $(\mathbb{R}_+^*, 1, \cdot)$ conservant l'ordre et tel que $\lim_{\substack{x \to 0 \\ x \neq 0}} (e^x - 1)/x = 1$.

• *Dérivée n^e*

De (5) il résulte que pour tout entier naturel n, $\exp^{(n)} = \exp$ ou

$$\boxed{\frac{d^n}{dx^n} e^x = e^x}. \tag{6}$$

De (2) et (6), il suit que pour tout réel x et tout entier naturel n, il existe un nombre θ appartenant à $]0, 1[$ tel que :

$$e^x = 1 + x + \frac{x^2}{2!} + \frac{x^3}{3!} + ... + \frac{x^n}{n!} + \frac{x^{n+1}}{(n+1)!} e^{\theta x}. \tag{7}$$

Il en résulte que pour $x > 0$ et $n \in \mathbb{N}$, on a

$$e^x > \frac{x^n}{n!}$$

d'où pour tout réel α :

$$\boxed{\lim_{x \to +\infty} x^\alpha e^x = +\infty}$$

et :

$$\boxed{\lim_{x \to -\infty} x^\alpha e^x = 0}.$$

On résume ces deux derniers énoncés en disant :

L'exponentielle l'emporte sur les fonctions puissances

C 6. Démontrer ce résultat et démontrer que l'exponentielle l'emporte sur les fonctions polynômes et les fonctions rationnelles.

Calculer $\lim_{x \to 0} x^5 e^x$. Il faut donc faire attention à l'**ambiguïté** du slogan ci-dessus : l'exponentielle ne l'emporte que dans de bonnes conditions de compétition.

** **Exercice 12.** Montrer qu'il existe des fonctions indéfiniment dérivables et dont les courbes représentatives ont les allures suivantes :

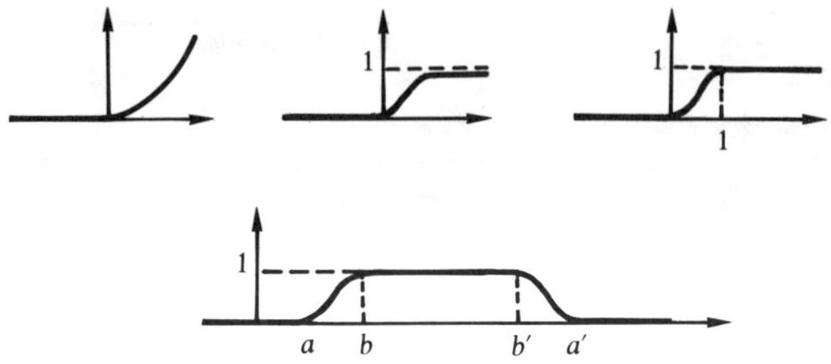

*** **Exercice 13.** Montrer qu'il existe une famille (f_n), pour $n \in \mathbb{Z}$, de fonctions indéfiniment dérivables à supports compacts (c.à.d. qu'il existe a_n et a'_n tels que $\forall x \in]-\infty, a_n[\cup]a'_n, +\infty[$ $f_n(x) = 0$) telle que $1 = \sum_{n \in \mathbb{Z}} f_n$.

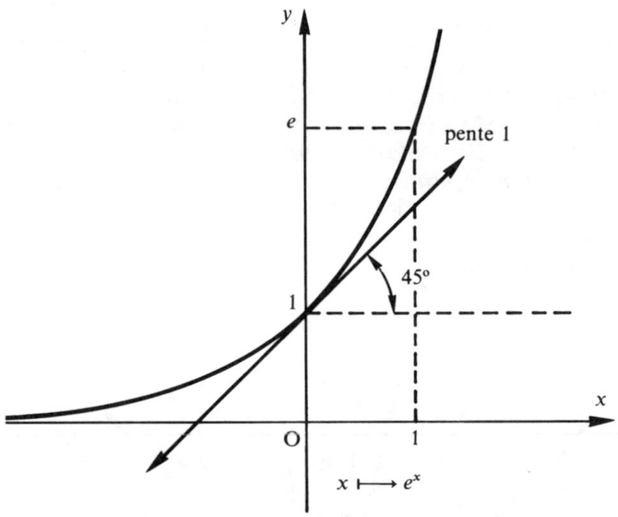

2.2. Logarithme népérien Log

Définition. $\text{Log} : \mathbb{R}_+^* \longrightarrow \mathbb{R}$ est l'application inverse de exp : $\mathbb{R} \longrightarrow \mathbb{R}_+^*$:

$$\boxed{\text{Log} = \exp^{-1}}.$$

ou encore

$$\forall x \in \mathbb{R}_+^* \quad \forall y \in \mathbb{R} \quad y = \text{Log}\, x \iff x = e^y.$$

La courbe représentative de Log est donc la symétrique de la courbe représentative de exp par rapport à la première diagonale ($y = x$).

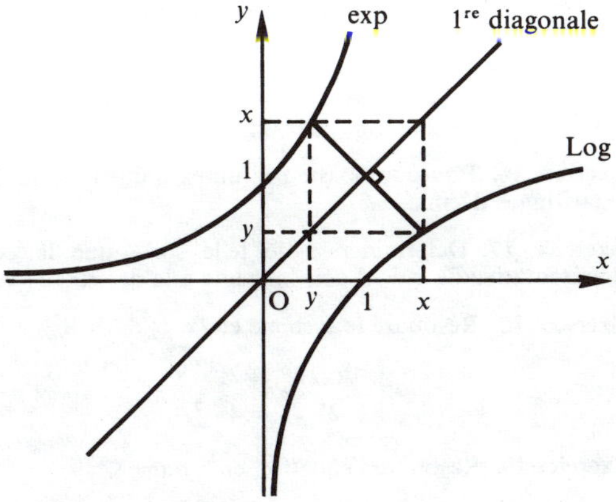

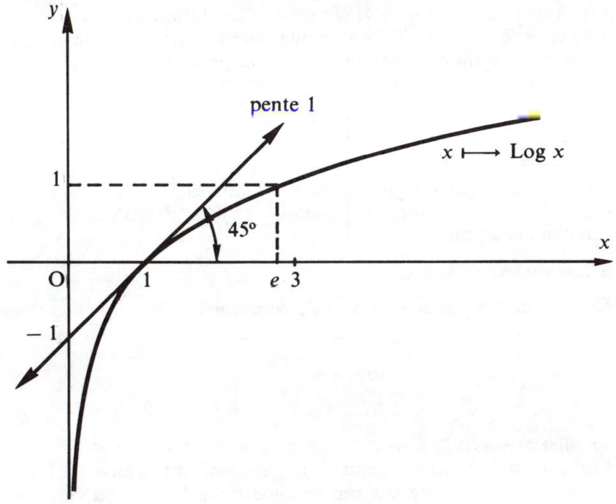

- *Isomorphisme de groupes* $(\mathbb{R}_+^*, \cdot, 1)$ *et* $(\mathbb{R}, +, 0)$

$$\text{Log}\,(ab) = \text{Log}\, a + \text{Log}\, b$$
$$\text{Log}\, 1 = 0$$
$$\text{Log}\,(a^{-1}) = -\,\text{Log}\, a$$
$$\text{Log}\,(a^{\alpha}) = \alpha\, \text{Log}\, a.$$

- *Dérivées*

$$\text{Log}'\, x = \frac{1}{x}$$

$$\frac{d^n}{dx^n} \text{Log}\, x = (-1)^{n+1} \frac{(n-1)!}{x^n}.$$

C 8. Démontrer ces résultats en admettant l'existence de Log′.

- *Inégalités*

C 9. Montrer :

$$\forall \alpha > 0 \quad \forall \beta > 0 \quad \forall x > 0 \quad -x^{-\beta}/e\beta \leqslant \text{Log}\, x \leqslant x^{\alpha}/e\alpha.$$

- *Limites* $(\alpha \in \mathbb{R})$

$$\lim_{x \to \infty} x^{\alpha}\, \text{Log}\, x = \begin{cases} +\infty & \text{si } \alpha \geqslant 0 \\ 0 & \text{si } \alpha < 0 \end{cases}$$

$$\lim_{\substack{x \to 0 \\ x > 0}} x^{\alpha}\, \text{Log}\, x = \begin{cases} 0 & \text{si } \alpha > 0 \\ -\infty & \text{si } \alpha \leqslant 0. \end{cases}$$

C 10. Démontrer ces résultats.

- *D.l. au voisinage de* 1

$$\text{Log}\, x = x - 1 - \frac{(x-1)^2}{2} + o((x-1)^2)$$

La courbe est sous la tangente en (0, 1) d'équation $y = x - 1$. IL N'Y A PAS DE D.L. DE Log AU VOISINAGE DE ZÉRO.

*** **Exercice 14.** Montrer qu'il existe un nombre réel C tel que

$$C = \lim_{n \to \infty} \left(1 + \frac{1}{2} + \frac{1}{3} + \dots + \frac{1}{n} - \text{Log}\, n\right).$$

Ce nombre s'appelle la *constante d'Euler*. Calculer C à 10^{-10} près.

2.3. a^x et $\log_a x$ $(a > 0)$

- u^v

$$\boxed{u^v = e^{v\, \text{Log}\, u}}.$$

En effet $u^v = \exp(\text{Log}\, u^v) = \exp(v\, \text{Log}\, u)$.
En particulier

$$\boxed{a^x = e^{(\text{Log}\, a)x}}.$$

- *Courbes de croissance et de décroissance exponentielle*

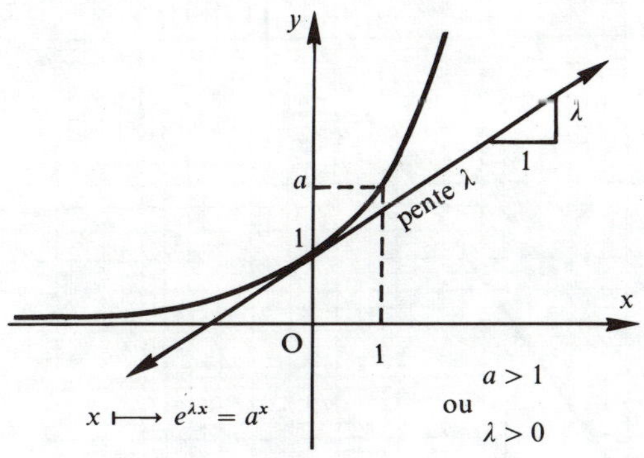

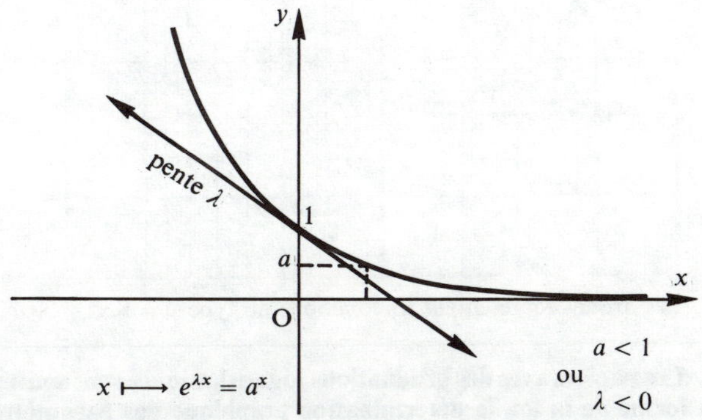

Les fonctions $f : x \longmapsto K\,e^{\lambda x}$ sont les solutions de l'équation différentielle $f' = \lambda f$, c'est-à-dire que f représente une quantité qui s'accroît d'autant plus vite qu'elle est plus grande (si $\lambda > 0$), le taux d'accroissement étant proportionnel à la quantité.

Exemple 1 : démographie. Si les taux de natalité et de mortalité sont constants, la population varie exponentiellement au cours du temps.

Exemple 2 : radioactivité. La proportion de la quantité d'un produit radioactif qui se désintègre par unité de temps est constante au cours du temps; la quantité de produit radioactif restant décroît exponentiellement.

• *Logarithme de base a*

Définition. $y = \log_a x \iff x = a^y$, ou encore

$$\boxed{\log_a x = \frac{\text{Log } x}{\text{Log } a}}.$$

En effet $a^y = \exp(y \text{ Log } a) = \exp(\text{Log } x) = x$.
Les tables de logarithmes en usage autrefois étaient en base 10; $\log_{10}$ se note simplement log et s'appelle logarithme décimal ou vulgaire.

$$\log x = \text{M Log } x \qquad \text{Log } x = \frac{1}{\text{M}} \log x$$

où $\quad \text{M} = \log e = \dfrac{1}{\text{Log } 10} \simeq 0{,}434\,29;$

$$\frac{1}{\text{M}} = \frac{1}{\log e} = \text{Log } 10 \simeq 2{,}302\,59.$$

Exercice 15. Calculer $\log_2 8$; $\log_3 81$; $\log_2 (16\sqrt{2})$; $\log_4 2$; $\log_{64} 2$; $\log_{10} 1\,000$; $\log_{10} 0{,}000\,1$.

Exercice 16. Pourquoi existe-t-il (ou existait-il) des tables de logarithmes décimaux?

Exercice 17. Déterminer a de telle sorte que la courbe représentative de $y = a^x$ soit tangente à la droite $y = x$.

Exercice 18. Résoudre le système en (x, y) dans $\mathbb{R}^2$:

$$\begin{cases} 4^x(\sqrt{2})^y = 2^{2x+1} \\ 8^y 2^x = 4^{y-1}. \end{cases}$$

* **Exercice 19.** Résoudre l'équation en x dans $\mathbb{R}_+^*$

$$x^a = a^x.$$

(Discuter selon les valeurs de $a \in \mathbb{R}_+^*$.) Calculer à 10^{-5} près les racines de l'équation $x^\pi = \pi^x$.

Papier

Log-Log

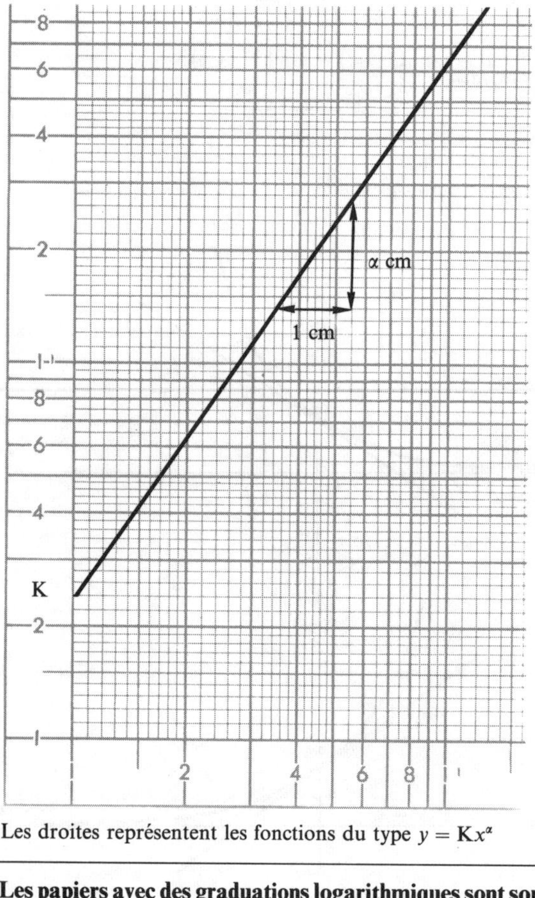

Les droites représentent les fonctions du type $y = \text{K}x^\alpha$

Semi-Log

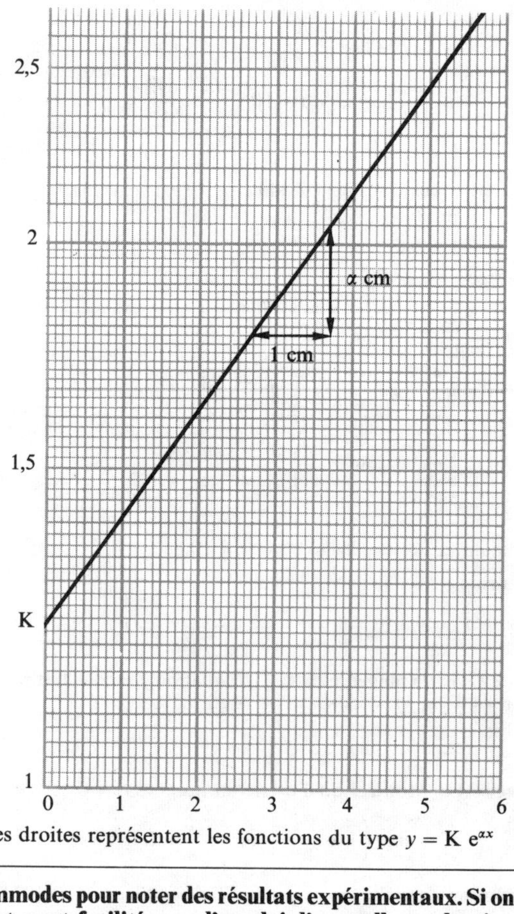

Les droites représentent les fonctions du type $y = \text{K e}^{\alpha x}$

3. Les papiers avec des graduations logarithmiques sont souvent commodes pour noter des résultats expérimentaux. Si on connaît la forme de la loi, la détermination graphique des paramètres K et α est facilitée par l'emploi d'une telle graduation.

§ 3. FONCTIONS CIRCULAIRES

3.1. $x \longmapsto \cos x$

Définition

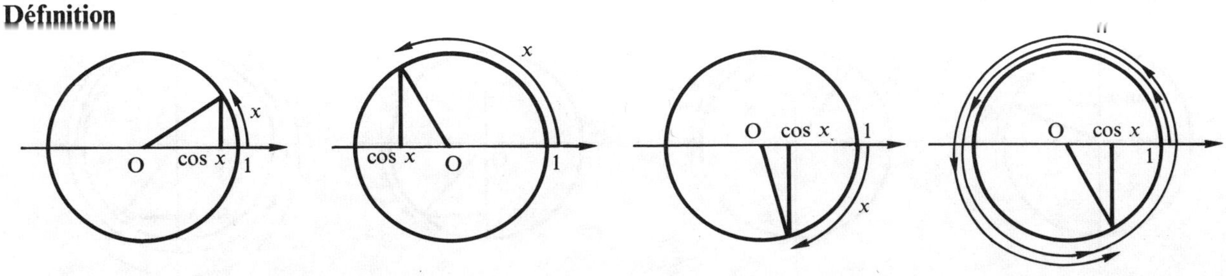

Remarque. Le tracé de l'axe vertical a été omis pour rappeler que l'orientation du plan n'est pas nécessaire pour définir le cosinus.

Courbe

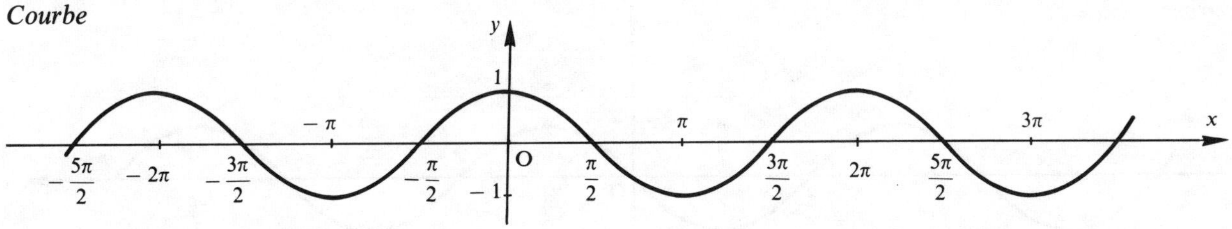

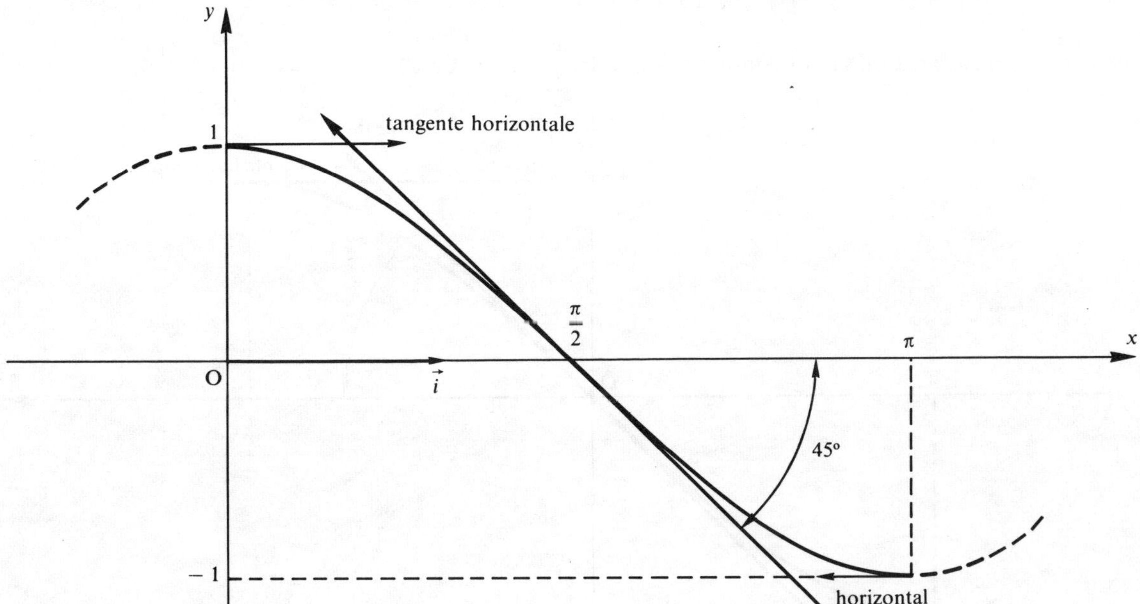

Propriétés. • Période : 2π; invariance de la courbe par translation de vecteur $2\pi\vec{i}$.

• Axes de symétries : Oy et les droites $x = k\pi$ ($k \in \mathbb{Z}$).

• Centres de symétries : les points de Ox d'abscisses $x = \dfrac{\pi}{2} + k\pi$ ($k \in \mathbb{Z}$).

• $[0, \pi] \longrightarrow [-1, +1]$, $x \longmapsto \cos x$ est une bijection.

• $\dfrac{d}{dx} \cos x = -\sin x$.

3.2. $x \longmapsto \sin x$

Définition

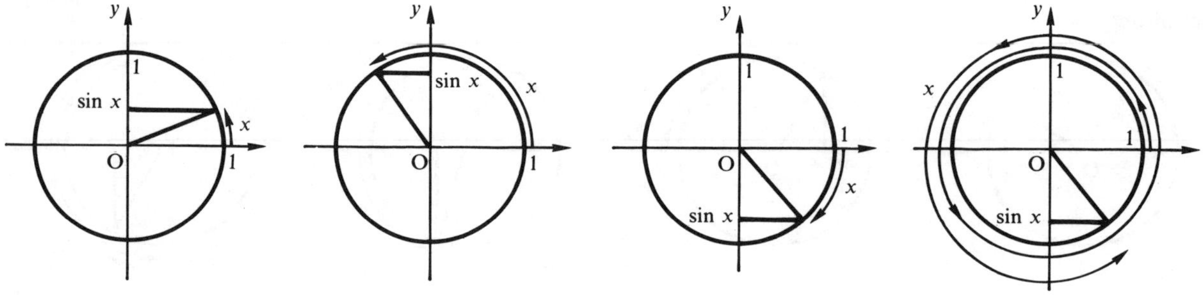

Remarque. L'orientation du plan est nécessaire pour définir le sinus.

Courbe

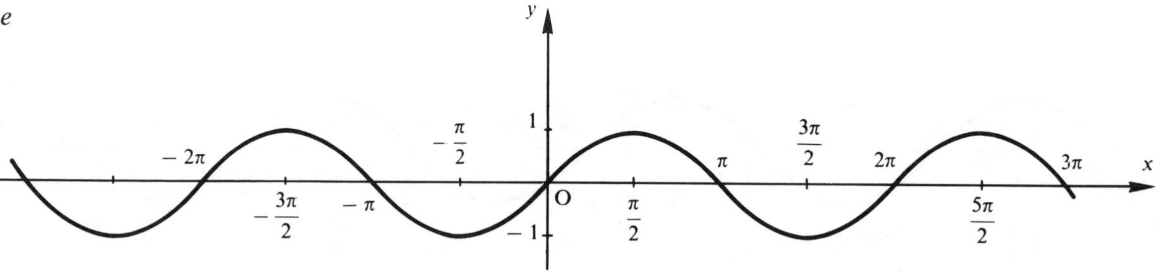

La courbe est la translatée de la courbe précédente de $\frac{\pi}{2} + 2k\pi$ $(k \in \mathbb{Z})$: $\sin x = \cos\left(x - \frac{\pi}{2}\right)$.

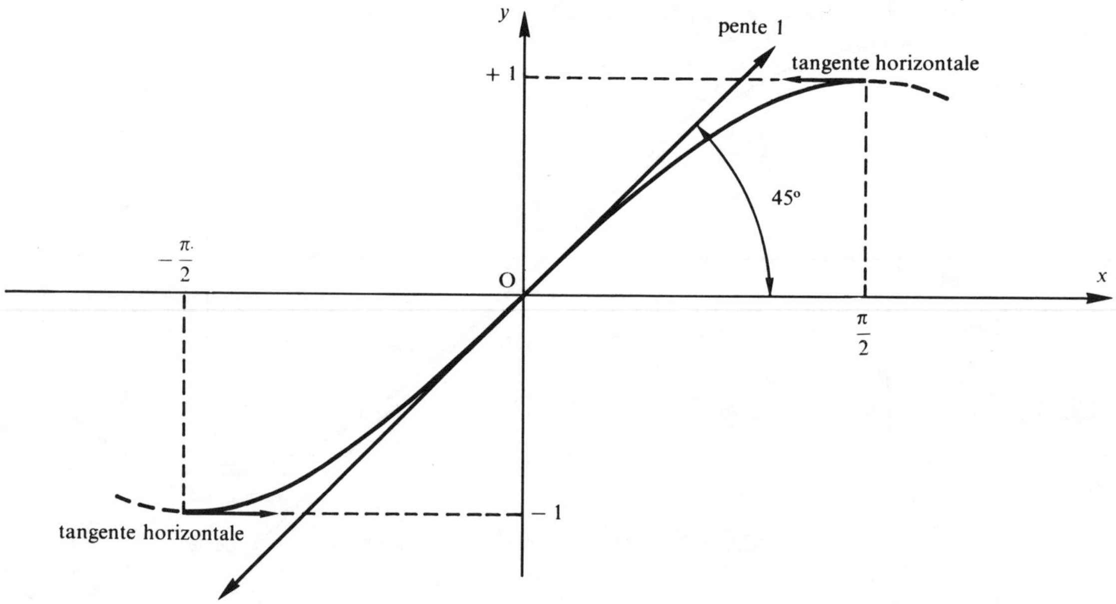

Propriétés. • $\left[-\frac{\pi}{2}, +\frac{\pi}{2}\right] \longrightarrow [-1, +1]$, $x \longmapsto \sin x$ est une bijection. • $\frac{\mathrm{d}}{\mathrm{d}x} \sin x = \cos x$.

* **Exercice 20.** Résoudre le système en (x, y) dans $\mathbb{R}^2$: $\begin{cases} \sin x + \sin y = \sin a \\ \cos x + \cos y = \cos a. \end{cases}$

Exercice 21. Trouver une transformation géométrique telle que l'image de la courbe $y = \sin x$ soit la courbe $y = a \cos x + b \sin x$
1. dans le cas où $a^2 + b^2 = 1$, *2. dans le cas général avec $(a, b) \neq (0, 0)$.

3.3. $x \longmapsto \operatorname{tg} x$

Définition. Pour $x \neq \frac{\pi}{2} + k\pi \; (k \in \mathbb{Z})$: $\quad \operatorname{tg} x = \dfrac{\sin x}{\cos x}$

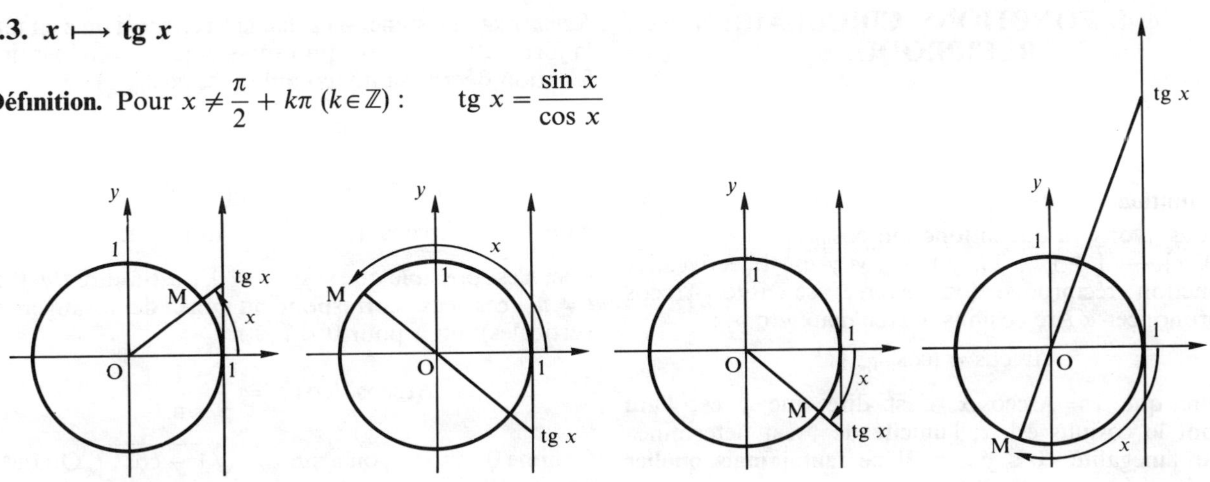

où tg x = pente de la droite OM.

Remarque. L'orientation du plan est nécessaire pour définir la tangente.

Courbe

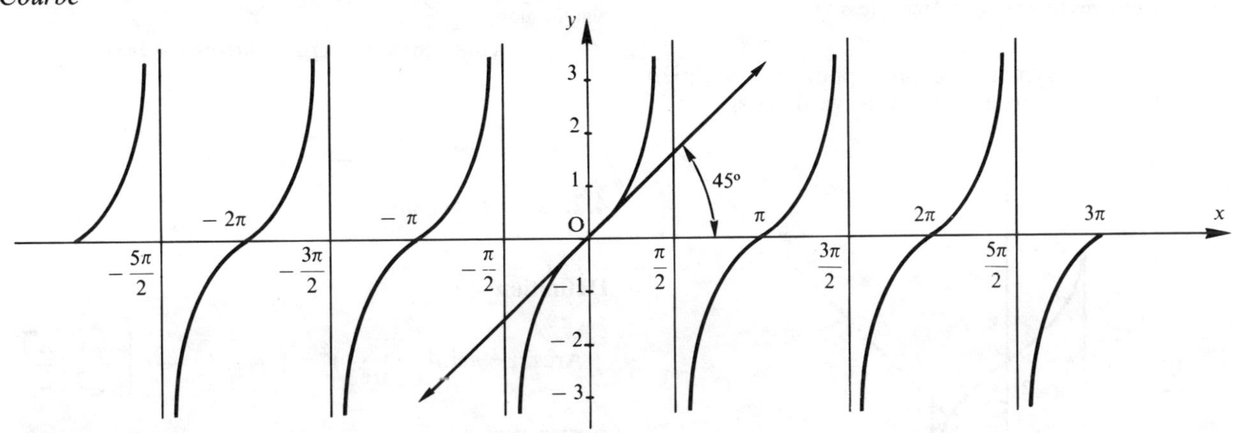

Propriétés

- Période : π; invariance par translation de vecteur $\pi\vec{i}$.
- Pas d'axes de symétrie.
- Centres de symétrie : points de Ox d'abscisse $k\pi/2$ $(k \in \mathbb{Z})$. Les points d'abscisses $k\pi$ sont aussi des points d'inflexion.
- Pente de la tangente en 0 : 1.
- $\left]-\frac{\pi}{2}, \frac{\pi}{2}\right[\longrightarrow \mathbb{R}, \; x \longmapsto \operatorname{tg} x$ est une bijection.
- $\dfrac{d}{dx} \operatorname{tg} x = 1 + \operatorname{tg}^2 x.$

** **Exercice 22.** Soit I un intervalle ouvert de $\mathbb{R}$, montrer qu'il existe une application f bijective, continue et telle que f^{-1} soit continue de I sur $\mathbb{R}$.

Exercice 23. Résoudre l'équation en x dans $\mathbb{R}$: $x = \operatorname{tg} x$.

Exercice 24. Calculer $\dfrac{d^6}{dx^6} \operatorname{tg} x$.

§ 4. FONCTIONS CIRCULAIRES RÉCIPROQUES

4.1. $x \longmapsto$ Arccos x

Définition

Nous avons vu que la fonction $\cos|_{[0,\pi]}$: $[0, \pi] \longrightarrow [-1, +1]$, $y \longmapsto \cos y$ est bijective. La fonction réciproque (ou inverse) se note Arccos (prononcer « Arc cosinus » avec deux « c ») :

$$\text{Arccos} = (\cos|_{[0,\pi]})^{-1}.$$

Dire que $y = \text{Arccos}\, x$, c'est dire que y est l'arc dont le cosinus est x; l'unicité de y est déterminée par l'inégalité : $0 \leqslant y \leqslant \pi$. **Il ne faut jamais oublier l'inégalité :**

$$y = \text{Arccos}\, x \iff \begin{cases} x = \cos y \\ 0 \leqslant y \leqslant \pi. \end{cases}$$

C 11. Calculer cos (Arccos x) et Arccos (cos x).

Courbe. C'est la symétrique par rapport à la première diagonale de la courbe représentative de $\cos|_{[0,\pi]}$:

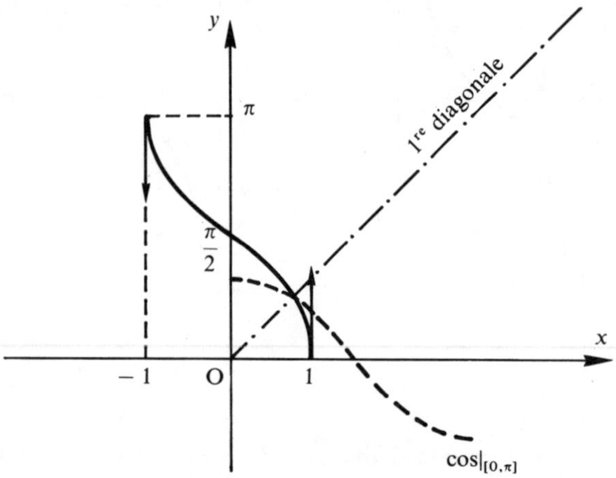

Attention :

La demi-tangente en (1, 0) est verticale.
La demi-tangente en (− 1, π) est verticale.

D'où : Arccos n'est dérivable que sur $]-1, +1[$.

Dérivée.

$$\frac{d}{dx}\text{Arccos}\, x = -\frac{1}{\sqrt{1-x^2}}.$$

Remarque. Le signe − est facile à retenir si on a en tête la forme de la courbe qui rappelle que Arccos est une fonction décroissante (comme l'est $\cos|_{[0,\pi]}$).

Démonstration. En admettant que Arccos est dérivable, on peut dériver la relation de définition de Arccos :

$$\forall t \in [0, \pi] \quad \text{Arccos}(\cos t) = t$$

d'où $\quad \text{Arccos}'(\cos t) \cdot (-\sin t) = 1.$

Ceci n'est possible que si $\sin t \neq 0$, c'est-à-dire $t \neq 0$ et $t \neq \pi$ (ces cas correspondent aux demi-tangentes verticales); on a pour $0 < t < \pi$:

$$\text{Arccos}'(\cos t) = -\frac{1}{\sin t}.$$

Comme $0 < t < \pi$, on a $\sin t = \sqrt{1 - \cos^2 t}$. Quand t décrit $]0, \pi[$, $x = \cos t$ décrit $]-1, 1[$, d'où la formule demandée pour $x \in]-1, 1[$.

C 12. Retrouver la formule en dérivant cos (Arccos x) = x.

Remarque. Parfois on utilise la notation arccos x pour désigner un nombre y quelconque tel que $x = \cos y$. L'écriture $y = \text{arccos}\, x$ signifie alors

$$y \in (\text{Arccos}\, x + 2\pi\mathbb{Z}) \cup (-\text{Arccos}\, x + 2\pi\mathbb{Z}).$$

4.2. $x \longmapsto$ Arcsin x

Définition.

$$\text{Arcsin} = (\sin|_{[-\frac{\pi}{2},\frac{\pi}{2}]})^{-1} : [-1, 1] \longrightarrow \left[-\frac{\pi}{2}, \frac{\pi}{2}\right]$$

c'est-à-dire

$$y = \text{Arcsin}\, x \iff \begin{cases} x = \sin y \\ -\dfrac{\pi}{2} \leqslant y \leqslant \dfrac{\pi}{2} \end{cases}.$$

Attention : l'intervalle $\left[-\frac{\pi}{2}, \frac{\pi}{2}\right]$ n'est pas le même que tout à l'heure, $[0, \pi]$. Dans les deux cas on a choisi le (respectivement : un) plus grand intervalle contenant 0 où la fonction $x \longmapsto \sin x$ (respectivement : $x \longmapsto \cos x$) est injective.

C 13. Calculer sin (Arcsin x) et Arcsin (sin x).

Courbe. C'est la symétrique par rapport à la 1re diagonale de la courbe représentative de $\sin|_{[-\frac{\pi}{2},\frac{\pi}{2}]}$:

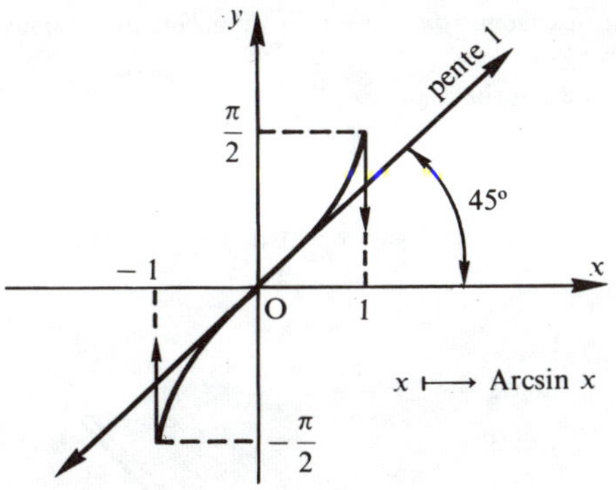

Tangente en O : pente 1.

Dérivée. Par un calcul semblable au précédent on obtient :

$$\boxed{\frac{\mathrm{d}}{\mathrm{d}x}\operatorname{Arcsin} x = \frac{1}{\sqrt{1-x^2}} \quad \text{pour} \quad -1 < x < 1}.$$

C 14. Vérifier cette formule.

Remarque 1. La courbe représentative de $x \longmapsto (\operatorname{Arccos} x) - \frac{\pi}{2}$, obtenue par une translation de $-\frac{\pi}{2}\vec{j}$ à partir de la courbe représentative de $x \longmapsto \operatorname{Arccos} x$, est symétrique de la courbe $x \longmapsto \operatorname{Arcsin} x$ par rapport à la droite Ox, d'où :

$$\boxed{\operatorname{Arccos} x + \operatorname{Arcsin} x = \frac{\pi}{2} \quad \text{pour} \quad -1 \leqslant x \leqslant 1}.$$

Elle est aussi symétrique par rapport à Oy, d'où :

$$\operatorname{Arccos}(-x) - \frac{\pi}{2} = \operatorname{Arcsin} x.$$

Remarque 2. On note parfois $y = \arcsin x$ pour exprimer que

$$y \in (\operatorname{Arcsin} x + 2\pi\mathbb{Z}) \cup (\pi - \operatorname{Arcsin} x + 2\pi\mathbb{Z}).$$

4.3. $x \longmapsto \operatorname{Arctg} x$

Définition.

$$\operatorname{Arctg} = \left(\operatorname{tg}|_{\left]-\frac{\pi}{2}, \frac{\pi}{2}\right[}\right)^{-1} : \mathbb{R} \longrightarrow \left]-\frac{\pi}{2}, \frac{\pi}{2}\right[$$

c'est-à-dire :

$$\boxed{y = \operatorname{Arctg} x \iff \begin{cases} x = \operatorname{tg} y \\ -\dfrac{\pi}{2} < y < \dfrac{\pi}{2} \end{cases}}.$$

Courbe. C'est la courbe symétrique par rapport à la 1re diagonale de la courbe représentative de $\operatorname{tg}|_{\left]-\frac{\pi}{2}, \frac{\pi}{2}\right[}$:

Dérivée. De la définition de Arctg, il suit :

$$\forall t \in \left]-\frac{\pi}{2}, \frac{\pi}{2}\right[\quad \operatorname{Arctg}(\operatorname{tg} t) = t.$$

Dérivons, il vient :

$$\forall t \in \left]-\frac{\pi}{2}, \frac{\pi}{2}\right[\quad \operatorname{Arctg}'(\operatorname{tg} t) \cdot (1 + \operatorname{tg}^2 t) = 1$$

d'où $\qquad \forall x \in \mathbb{R} \quad \operatorname{Arctg}' x = \dfrac{1}{1+x^2}.$

$$\boxed{\frac{\mathrm{d}}{\mathrm{d}x}\operatorname{Arctg} x = \frac{1}{1+x^2}}.$$

Cette formule joue un rôle fondamental dans le calcul des primitives sous la forme :

$$\int \frac{1}{1+x^2}\,\mathrm{d}x = \operatorname{Arctg} x + C^{te}.$$

Remarque. On écrit parfois $y = \operatorname{arctg} x$, pour exprimer que $y \in (\operatorname{Arctg} x + \pi\mathbb{Z})$.

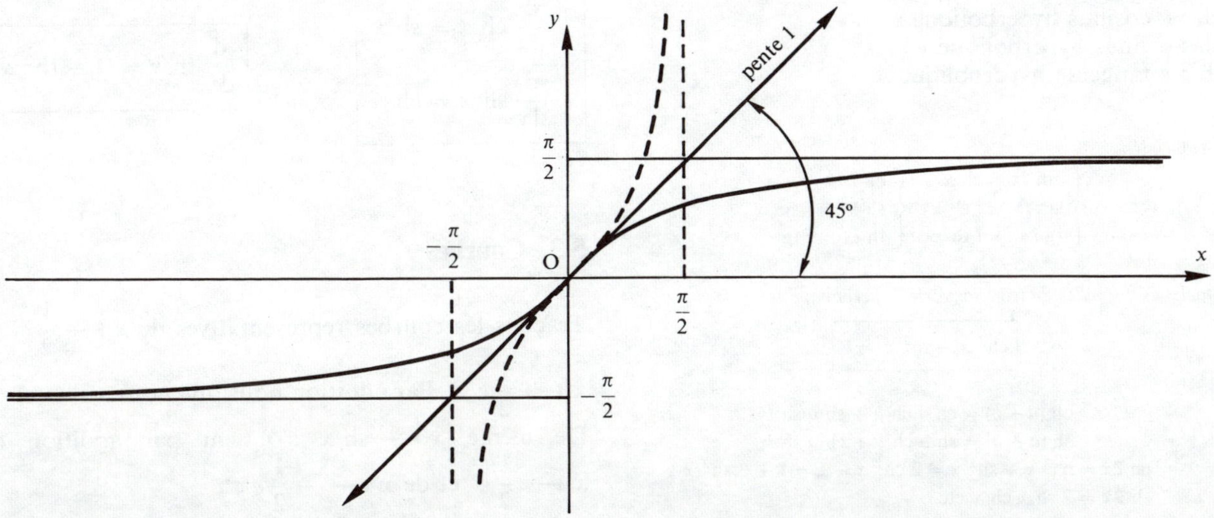

4.4. Exercices

Exercice 25. Calculer $\text{Arctg}\, x + \text{Arctg}\,(1/x)$ pour $x \neq 0$, $\cos(\text{Arccos}\, x) - \sin(\text{Arcsin}\, x)$ et $\cos(\text{Arcsin}\, x) - \sin(\text{Arccos}\, x)$ pour $|x| \leqslant 1$.

Exercice 26. Simplifier Arccos $(\cos x)$, Arccos $(\sin x)$, Arcsin $(\cos x)$ et Arcsin $(\sin x)$ dans chacun des cas suivants :

a) $-\pi \leqslant x \leqslant -\frac{\pi}{2}$; *b*) $-\frac{\pi}{2} \leqslant x \leqslant 0$; *c*) $0 \leqslant x \leqslant \frac{\pi}{2}$;

d) $\frac{\pi}{2} \leqslant x \leqslant \pi$.

Exercice 27. Simplifier $\text{Arctg}\, \frac{\sqrt{1+x^2}-1}{x}$ et $\text{Arctg} \sqrt{\frac{1-x}{1+x}}$.

Exercice 28. Résoudre l'équation en x dans $[-1, 1]$:

$$\text{Arcsin}\, x = 2\, \text{Arctg}\, x.$$

Exercice 29. Dessiner les courbes représentatives des fonctions suivantes

$y = \text{Arcsin}\, \frac{2x}{1+x^2}$; $y = \text{Arctg}\, 1/x$;

$y = \text{Arccos}\,(\sin x)$; $y = \cos\,(\text{Arcsin}\, x)$;

$y = \text{Arcsin}\, \frac{x^2\sqrt{2}}{2\sqrt{x^4 - 2x^2 + 2}}$; $y = \text{Arctg}\, \frac{x - \sqrt{1-x^2}}{x + \sqrt{1-x^2}}$.

§ 5. FONCTIONS HYPERBOLIQUES

5.1. Définitions

$$\text{ch}\, x = \frac{e^x + e^{-x}}{2} \qquad \text{sh}\, x = \frac{e^x - e^{-x}}{2} \qquad \text{th}\, x = \frac{\text{sh}\, x}{\text{ch}\, x}$$

ch : « cosinus hyperbolique »
sh : « sinus hyperbolique »
th : « tangente hyperbolique ».

Remarque.

$$\begin{cases} \cos ix = \text{ch}\, x \\ \sin ix = i\, \text{sh}\, x \\ \text{tg}\, ix = i\, \text{th}\, x \end{cases} \qquad \begin{cases} \text{ch}\, ix = \cos x \\ \text{sh}\, ix = i \sin x \\ \text{th}\, ix = i\, \text{tg}\, x. \end{cases}$$

Quelques formules de trigonométrie hyperbolique :

$$\text{ch}^2 x - \text{sh}^2 x = 1$$

$$\text{ch}\,(a+b) = \text{ch}\, a\, \text{ch}\, b + \text{sh}\, a\, \text{sh}\, b$$
$$\text{sh}\,(a+b) = \text{sh}\, a\, \text{ch}\, b + \text{ch}\, a\, \text{sh}\, b$$
$$\text{ch}\, 2x = \text{ch}^2 x + \text{sh}^2 x = 2\, \text{ch}^2 x - 1 = 1 + 2\, \text{sh}^2 x$$
$$\text{sh}\, 2x = 2\, \text{sh}\, x\, \text{ch}\, x \text{ etc.}$$

Pourquoi les noms de cosinus « hyperbolique », sinus « hyperbolique », etc...?

Réponse. La courbe :

$$\begin{cases} x = \text{ch}\, t \\ y = \text{sh}\, t \end{cases}$$

est la branche du demi-plan $x > 0$, de l'hyperbole équilatère :

$$x^2 - y^2 = 1$$

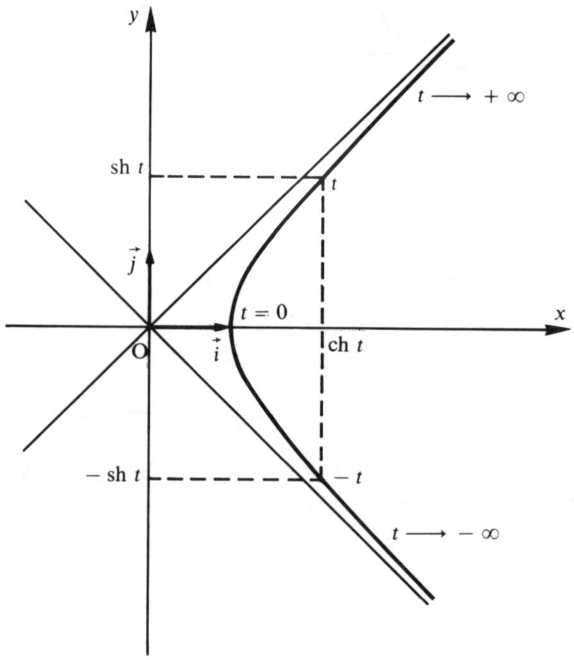

5.2. Dérivées

$$\frac{d}{dx}\, \text{ch}\, x = \text{sh}\, x \qquad \frac{d}{dx}\, \text{sh}\, x = \text{ch}\, x$$

$$\frac{d}{dx}\, \text{th}\, x = (1 - \text{th}^2\, x)$$

5.3. Courbes

Traçons les courbes représentatives de $x \longmapsto \frac{1}{2} e^x$ et $x \longmapsto \frac{1}{2} e^{-x}$. Par addition nous obtenons $x \longmapsto \text{ch}\, x$. De même $x \longmapsto \text{sh}\, x$ s'obtient par addition de $x \longmapsto \frac{1}{2} e^x$ et de $x \longmapsto -\frac{1}{2} e^{-x}$.

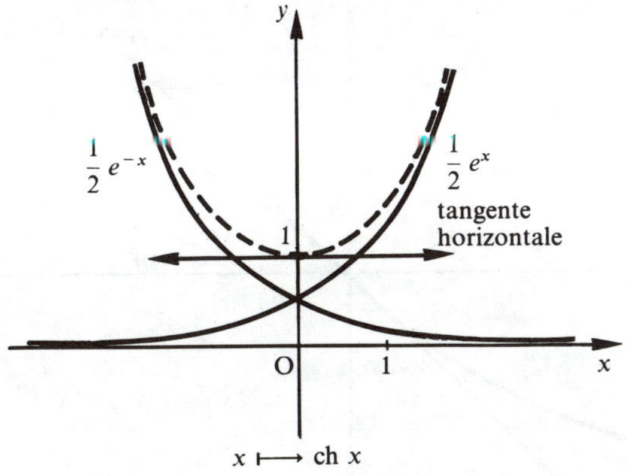

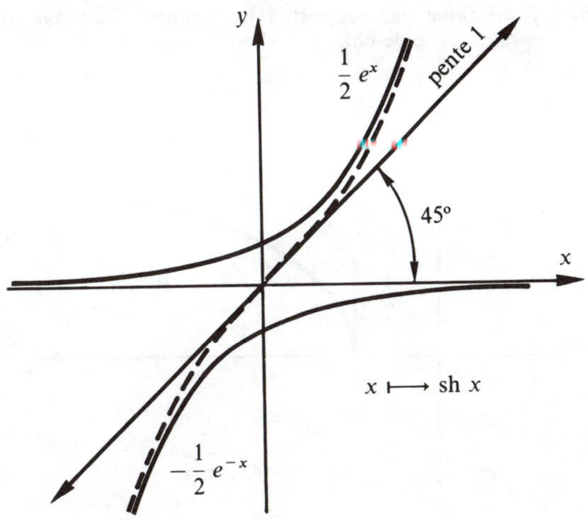

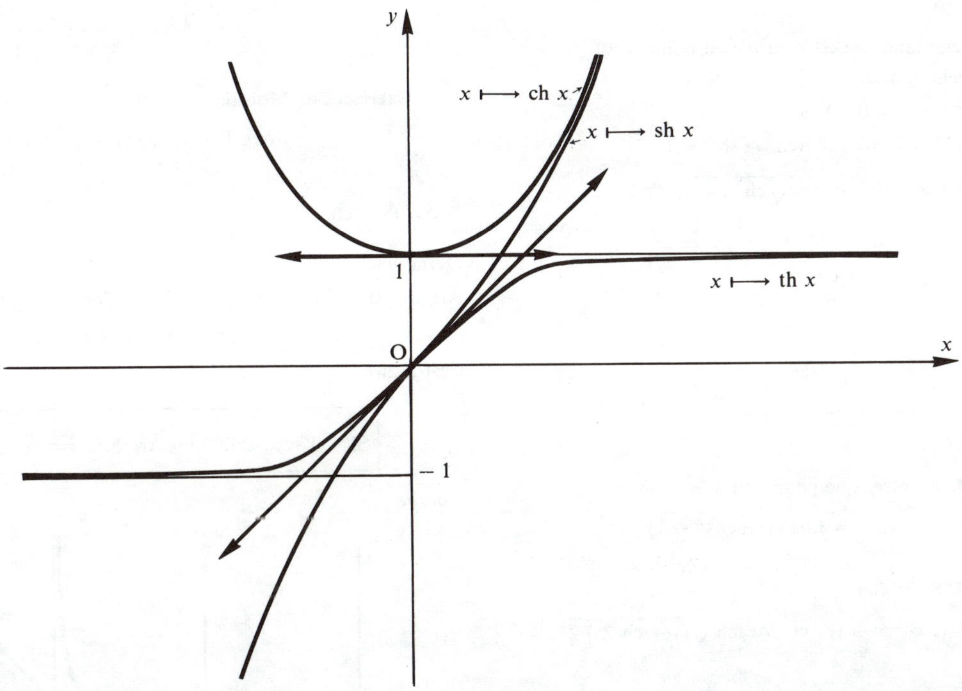

5.4. Exercices

Exercice 30. Toute fonction f définie sur $\mathbb{R}$ se décompose de façon unique en la somme d'une fonction paire, appelée *partie paire* de f, et d'une fonction impaire, appelée *partie impaire* de f. Quelles sont les parties paire et impaire de $x \longmapsto \exp x$?

Exercice 31. On pose $C_n = \sum_{k=0}^{n} \text{ch } kx$ et $S_n = \sum_{k=0}^{n} \text{sh } kx$. Calculer C_n et S_n pour tout n.

Exercice 32. Écrire sous forme de produits de fonctions hyperboliques les expressions $\text{ch } p + \text{ch } q$, $\text{ch } p - \text{ch } q$, $\text{sh } p + \text{sh } q$, $\text{sh } p - \text{sh } q$.

Exercice 33. Étudier les fonctions

$$y = \frac{\text{ch } x}{\text{th}^2 x}, \; y = \frac{2}{\pi} \text{Arctg } x - \text{th } x.$$

§ 6. FONCTIONS HYPERBOLIQUES RÉCIPROQUES

6.1. Argch

Définition.

$$\text{Argch} = (\text{ch}|_{[0, +\infty[})^{-1} : [1, +\infty[\longrightarrow [0, +\infty[$$

c'est-à-dire :

$$y = \text{Argch } x \overset{\text{déf}}{\Longleftrightarrow} \begin{cases} x = \text{ch } y \\ y \geqslant 0 \end{cases}$$

« Argch x » se lit : « Argument ch x ».

Courbe. Symétrique par rapport à la première diagonale de la courbe représentative de $\text{ch}|_{[0,+\infty[}$, d'où :

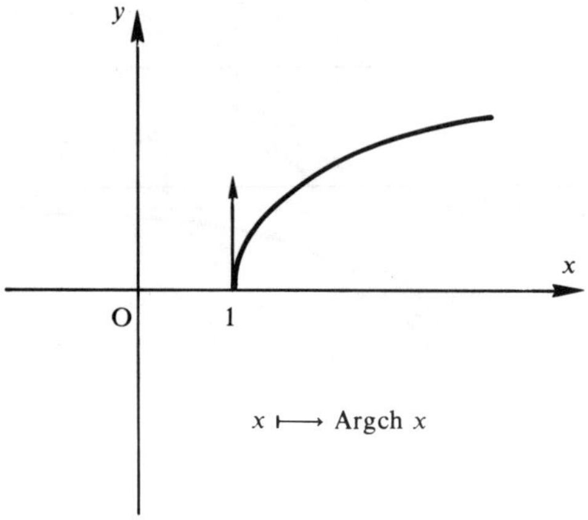

Attention : La demi-tangente est *verticale* au point (1, 0).

Dérivée. De la définition de Argch, il résulte :

$$\forall t \geqslant 0 \quad \text{Argch}(\text{ch}\, t) = t$$

d'où $$\forall t > 0 \quad \text{Argch}'(\text{ch}\, t) \cdot \text{sh}\, t = 1$$

t étant positif, $\text{sh}\, t > 0$ d'où $\text{sh}\, t = \sqrt{\text{ch}^2\, t - 1}$, d'où

$$\forall t > 0 \quad \text{Argch}'(\text{ch}\, t) = \frac{1}{\sqrt{\text{ch}^2\, t - 1}}$$

ou encore :

$$\boxed{\forall x > 1 \qquad \frac{\mathrm{d}}{\mathrm{d}x}\,\text{Argch}\, x = \frac{1}{\sqrt{x^2 - 1}}}$$

Exercice 34. Montrer que pour tout $x \geqslant 1$, on a :

$$\text{Argch}\, x = \text{Log}\,(x + \sqrt{x^2 - 1}).$$

Exercice 35. Simplifier

$$\text{Argch}\,(2\,\text{ch}^2\, x - 1) \quad \text{et} \quad \text{Argch}\,\sqrt{(1 + \text{ch}\, 2x)/2}.$$

6.2. Argsh

Définition.

$$\text{Argsh} = \text{sh}^{-1} : \mathbb{R} \longrightarrow \mathbb{R},$$

c'est-à-dire :

$$\boxed{y = \text{Argsh}\, x \overset{\text{déf}}{\Longleftrightarrow} x = \text{sh}\, y}$$

« Argsh » se lit : « Argument sh ».

Courbe. Symétrique par rapport à la droite $y = x$ de la courbe $y = \text{sh}\, x$.

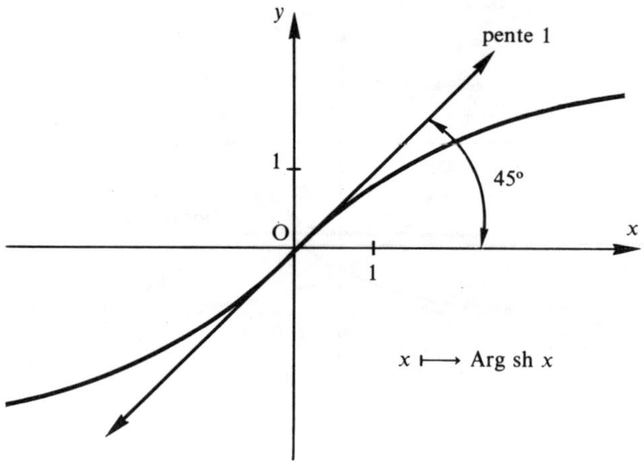

Dérivée. Par un calcul analogue au précédent il vient

$$\forall x \in \mathbb{R} \qquad \frac{\mathrm{d}}{\mathrm{d}x}\,\text{Argsh}\, x = \frac{1}{\sqrt{x^2 + 1}}.$$

Exercice 36. Montrer que pour tout réel x, on a

$$\text{Argsh}\, x = \text{Log}\,(x + \sqrt{x^2 + 1}).$$

6.3. Argth

Définition.

$\text{Argth} = (\text{th})^{-1} :]-1, 1[\longrightarrow \mathbb{R}$, où l'on entend par th :

$$\mathbb{R} \longrightarrow]-1, +1[, \quad t \longmapsto \text{th}\, t$$

c'est-à-dire

$$\boxed{\text{Si } -1 < x < 1, \quad y = \text{Argth}\, x \overset{\text{déf}}{\Longleftrightarrow} x = \text{th}\, y}$$

Courbe.

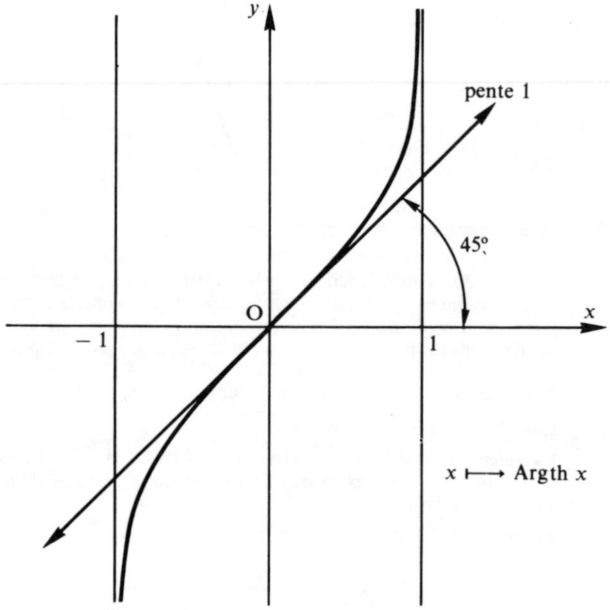

Dérivée. De la définition de Argth, on déduit :

$$\forall t \in \mathbb{R} \quad \text{Argth}\,(\text{th}\, t) = t$$

d'où $\quad \forall t \in \mathbb{R} \quad \text{Argth}'\,(\text{th}\, t) \cdot (1 - \text{th}^2\, t) = 1.$

$$\forall x \in \,]-1,\, 1[\quad \frac{d}{dx}\,\text{Argth}\, x = \frac{1}{1-x^2}$$

Remarque. Cette formule est beaucoup moins intéressante que la formule correspondante $\frac{d}{dx}\,\text{Arctg}\, x = \frac{1}{1+x^2}$, pour deux raisons :

1. Elle n'est valable que si $-1 < x < 1$.

2. On peut trouver une autre expression de la primitive de $\frac{1}{1+x^2}$ par :

$$\frac{1}{1-x^2} = \frac{1}{2}\frac{1}{1+x} + \frac{1}{2}\frac{1}{1-x}$$
$$= \frac{1}{2}\frac{d}{dx}(\text{Log}\,|1+x| - \text{Log}\,|1-x|)$$

d'où :

$$\int \frac{1}{1-x^2}\,dx = \frac{1}{2}\,\text{Log}\left|\frac{1+x}{1-x}\right| + C^{te}.$$

Notre calcul montre que (compte tenu de $\text{Argth}\, 0 = 0 = \frac{1}{2}\,\text{Log}\left|\frac{1+0}{1-0}\right|$) :

$$\boxed{\text{Si } -1 < x < 1, \quad \text{alors} \quad \text{Argth}\, x = \text{Log}\sqrt{\frac{1+x}{1-x}}}$$

Exercice 37. Simplifier Argth $[(x^2-1)/(x^2+1)]$.

§ 7. X + *i*Y = exp (*x* + *iy*), SURFACE DE $\mathbb{R}^4$

L'importance de la fonction exponentielle réelle $\exp : \mathbb{R} \longrightarrow \mathbb{R}_+^*,\ x \longmapsto e^x$ *s'explique essentiellement par le fait que, outre ses propriétés de régularité,* exp *est un isomorphisme du groupe* $(\mathbb{R}, 0, +)$ *sur le groupe* $(\mathbb{R}_+^*, 1, \cdot)$*, c'est-à-dire entre les deux structures fondamentales des nombres réels : l'addition et la multiplication. La fonction puissance est ainsi transformée en fonction linéaire par* $a^x = \exp\,[(\text{Log}\, a)x]$. *Les fonctions* ch *et* sh*, partie paire et partie impaire de* exp *sont directement liées à cette fonction, ainsi que* th *et les fonctions réciproques* Log, Argch, Argsh, Argth.

Les fonctions circulaires sont elles aussi liées à l'exponentielle, mais cette fois à l'exponentielle complexe puisque $e^{iy} = \cos y + i \sin y$. *Il apparaît donc que toutes les fonctions étudiées dans ce chapitre sont des aspects partiels de l'exponentielle complexe*

$$\exp : \mathbb{C} \longrightarrow \mathbb{C},$$
$$z \longmapsto e^z = e^{\text{Re}\, z}(\cos(\text{Im}\, z) + i \sin(\text{Im}\, z)).$$

Dans ce paragraphe nous allons étudier succinctement cette application considérée comme application de $\mathbb{R}^2$ dans $\mathbb{R}^2$: $(x, y) \longmapsto (X, Y)$ tels que :

$$\boxed{X + iY = e^{x+iy}}$$

Cette relation peut être considérée comme la conjonction de deux relations réelles entre quatre nombres réels x, y, X et Y :

$$\begin{cases} X = e^x \cos y \\ Y = e^x \sin y. \end{cases}$$

Ces deux relations sont les équations cartésiennes d'une surface S de $\mathbb{R}^4$. Il est difficile de visualiser une telle surface. Pour nous faire une idée nous allons couper cette surface par des hyperplans de $\mathbb{R}^4$ parallèles aux axes.

1. Intersection de S *avec un hyperplan parallèle à* (O*x*XY).

Si on coupe S par $y = 0$, il vient

$$\begin{cases} X = e^x \\ Y = 0. \end{cases}$$

Cette courbe est une exponentielle dans le plan (O*x*X) :

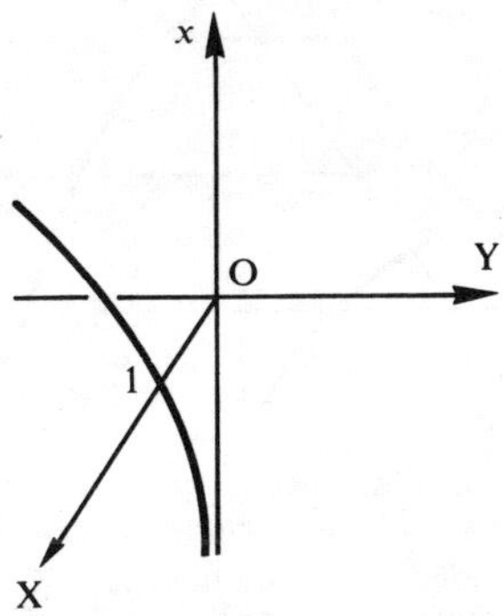

Si on coupe S par $y = y_0$, il vient

$$\begin{cases} X = (\cos y_0)\, e^x \\ Y = (\sin y_0)\, e^x. \end{cases}$$

Cette courbe est une exponentielle dans le plan (O*x*U) où OU est dans le plan (OXY) et tel que $(\text{OX}, \text{OU}) = y_0\ (2\pi)$.

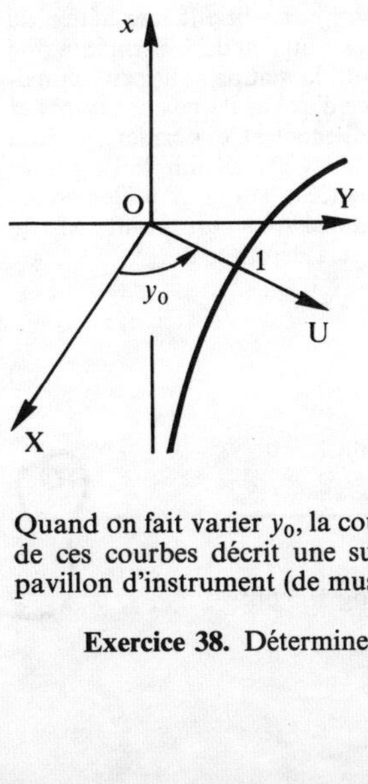

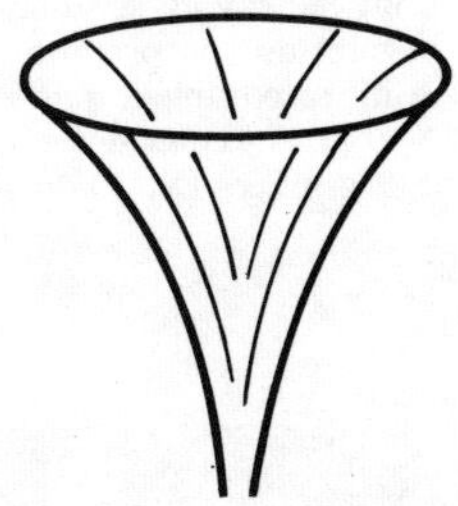

Quand on fait varier y_0, la courbe tourne autour de O*x*; l'ensemble de ces courbes décrit une surface S_y de révolution, en forme de pavillon d'instrument (de musique) à vent.

Exercice 38. Déterminer une équation cartésienne de S_y.

Exercice 39. Dessiner les projections sur les plans OXY, OxX et OxY de la courbe intersection de S avec $y = y_0$.

Remarque. S_y peut s'interpréter comme la projection de S sur l'hyperplan (OxXY).

2. Intersection de S *avec un hyperplan parallèle à* (OxyY).

Si on coupe S par $X = 0$, alors $\cos y = 0$ et $y \in \pi/2 + \pi\mathbb{Z}$: l'intersection obtenue est la réunion des courbes planes d'équations :

$$\begin{cases} Y = e^x \\ y = \pi/2 + 2k\pi \end{cases} \quad \text{et} \quad \begin{cases} Y = -e^x \\ y = -\pi/2 + 2k\pi \end{cases}$$

pour $k \in \mathbb{Z}$.

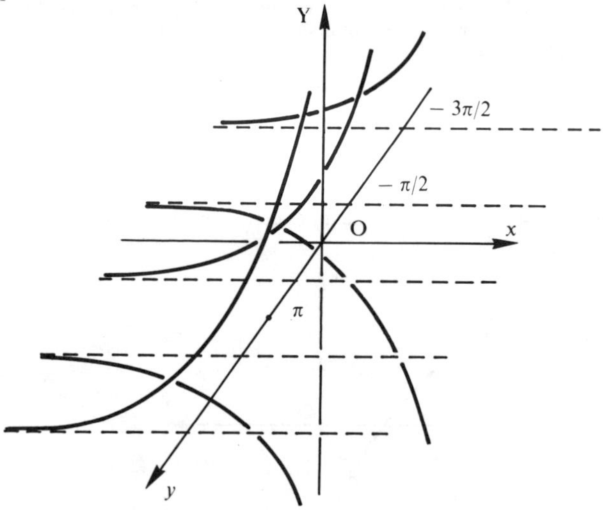

Exercice 40. Dessiner des projections sur les plans (Oxy), (OyY) et (OxY) de l'intersection de S avec $X = 0$.

Exercice 41. Même question pour $X = X_0$ au lieu de $X = 0$. Représenter l'intersection de S avec $X = X_0$.

Exercice 42. Étudier l'intersection de S avec les hyperplans $Y = Y_0$.

3. Intersection de S *avec un hyperplan parallèle à* (OyXY).

L'intersection de S avec $x = 0$ est l'hélice d'axe Oy, de pas 2π et se projetant sur (OXY) en le cercle de centre O et de rayon 1.

Les projections de cette hélice sur (OXY) est le cercle de rayon 1, sur (OyY) la sinusoïde et sur (OyX) la « cosinusoïde ».

Si on coupe S par l'hyperplan $x = x_0$ on obtient une hélice de même axe, de même pas mais de rayon e^{x_0} au lieu de 1. Si on imagine la quatrième dimension comme étant le temps, on peut considérer que la surface S de $\mathbb{R}^4$ est l'hélice d'axe et de pas constants et dont le rayon se dilate exponentiellement. Ce dernier schéma permet de comprendre la difficulté qu'il y a à définir le Log d'un nombre complexe par « $x + iy = \text{Log}(X + iY)$ si et seulement si $X + iY = \exp(x + iy)$ ». En effet choisissons un point M de coordonnées (X, Y) du plan (OXY) : cela définit x par

$$e^x = \sqrt{X^2 + Y^2},$$

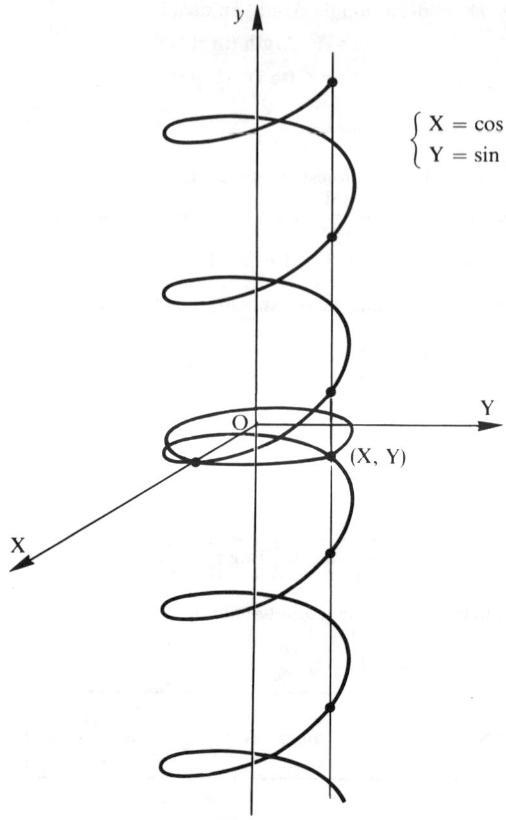

c'est-à-dire que cela détermine sur quelle hélice chercher le point $\mathcal{M}$ de $\mathbb{R}^4$ se projetant en M. On voit alors sur la figure qu'une fois x fixé, nous avons une infinité de solutions pour y : y n'est défini qu'à $2k\pi$ près, donc $\text{Log}(X + iY)$ ne pourra être défini qu'à $2ik\pi$ près. On dit que le logarithme d'un nombre complexe a une infinité de *déterminations*. Si (X, Y) se déplace sur une courbe continue, on peut choisir une détermination du logarithme en un point (X_0, Y_0) et ensuite suivre cette détermination par continuité. Par exemple si (X, Y) décrit un cercle de centre O et de rayon 1, choisissons $\text{Log}\,1 = 0$; quand on aura fait un tour complet (dans le sens positif) on aura $\text{Log}(1 + i0) = 2i\pi$.

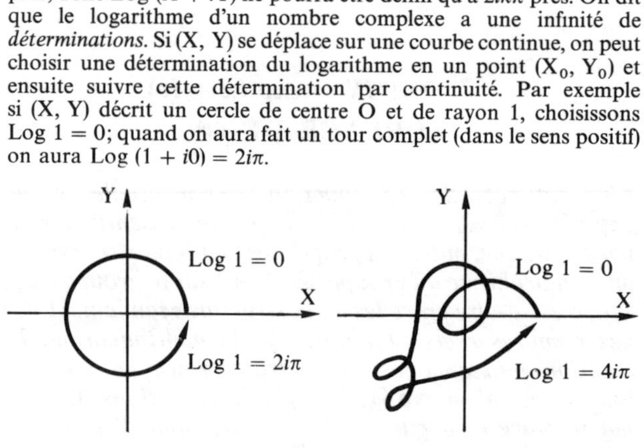

Remarquer que la courbe ne doit pas passer par l'origine!

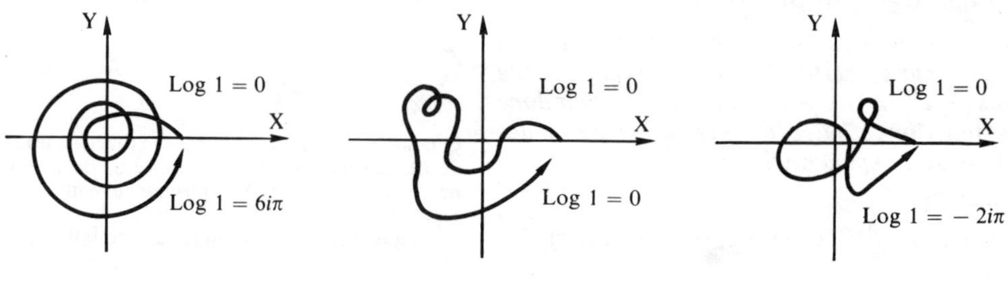

§ 8. RÉPONSES OU INDICATIONS

1. ($\alpha > 0$ **et** $x > y$) **ou** ($\alpha < 0$ **et** $x < y$). ($x > 1$ **et** $\alpha > \beta$) **ou** ($x < 1$ et $\alpha < \beta$).

2. $[f_{1/\alpha}(x)]^\alpha = x$, d'où $\alpha[f_{1/\alpha}(x)]^{\alpha-1} \cdot f'_{1/\alpha}(x) = 1$.

3. $x^{2/3}$.

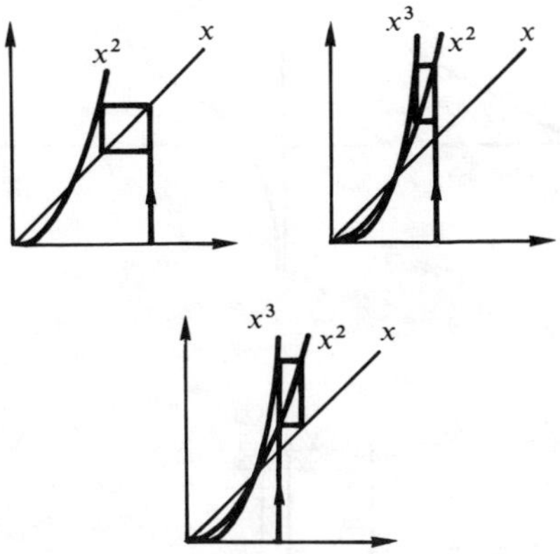

4. Parabole ($\overline{mM} = x^2$).

C 1. Par récurrence; par exemple

$$x^{n+1}x^m = xx^nx^m = xx^{n+m} = x^{n+m+1} = x^{n+1+m}.$$

$x \longmapsto x^m$ est croissante. Continuité :

$$|(x+\varepsilon)^n - x^n| < \varepsilon 2^n \mathrm{M}^{n-1}.$$

Dérivée : utiliser le binôme de Newton.

C 2. $[(x^{1/q})^p]^q = (x^{1/q})^{pq} = [(x^{1/q})^q]^p = x^p$.

$$[(x^{kp})^{1/kq}]^q = [(x^{1/kq})^{kp}]^q = (x^{1/kq})^{kpq} = [(x^{1/kq})^{kq}]^p = x^p.$$

C 3. Résulte de C 2.

C 4 et C 5. Fastidieux mais pas difficile.

5. Comme $\mathbb{R} \longrightarrow \mathbb{R}$, $x \longmapsto x^3$ est bijective on peut définir $\sqrt[3]{x}$ même pour $x < 0$. On peut alors poser $x^{5/3} = (\sqrt[3]{x})^5 < 0$. Mais $x^{10/6} = (x^{10})^{1/6} > 0$. Si on définit x^r pour $r \in \mathbb{Q}$ et $x < 0$, x^r aurait un signe dépendant du couple (p, q) choisi tel que $r = p/q$. x^α (pour $\alpha \in \mathbb{R}$) serait approché par des nombres de signes variables!

6. 1. 2. 2,5. 2,666... 2,708 333. 2,716 666.
2,718 055 555. 2,718 253 965. 2,718 278 766.
2,718 281 521. 2,718 281 796. 2,718 281 821.
2,718 281 823.

7. $(\mathrm{Log})^{-1}(1)$.

8. $p/q = 1 + 1 + 1/2! + \dots + 1/q! + \varepsilon/(q+1)!$ où $1 < \varepsilon < 1{,}8$ ($\varepsilon \notin \mathbb{N}$) d'où $\varepsilon \in \mathbb{N}$.

9. $y = (x - x_0 + 1) \exp x_0$.

10. $\mathrm{K} \exp x$.

11. $0 \leqslant 1 + x_k \leqslant \exp x_k$ d'où

$$\Pi(1 + x_k) \leqslant \Pi \exp x_k = \exp \Sigma x_k.$$

Oui $\lim\limits_{n\to\infty} \sum\limits_{k=0}^{n} (1 + x^k)$ existe puisque $\sum\limits^{\infty} x^k = \dfrac{1}{1-x}$ existe.

C 6. Si $\alpha < 0$ choisir $n = \mathrm{E}(-\alpha) + 1$, $x^\alpha e^x > \dfrac{1}{n!} x^\beta$ où $\beta > 0$.

Par $\sim$.

12. $f_1(x) = 0$ si $x \leqslant 0$ et $f_1(x) = \exp(x - 1/x)$ si $x > 0$; $f_2(x) = 0$ si $x \leqslant 0$ et $f_2(x) = \exp(-1/x)$ si $x > 0$; poser

$$g(x) = f_2(x) \cdot f_2(1-x) \quad \text{et} \quad f_3(x) = \mathrm{K}\int_{-\infty}^{x} g(t)\,\mathrm{d}t$$

ou

$$\mathrm{K}^{-1} = \int_0^1 g(t)\,\mathrm{d}t;$$

$$f_4(x) = f_3((x-a)/(b-a)) f_3((x-a')/(b'-a')).$$

13. Utiliser f_4 de l'exercice 12

$$a_n < b_n < b'_n < a'_n \quad \text{et} \quad a_{n+1} = b'_n, \quad b_n = a'_n.$$

C 7. Soit $x = \mathrm{Log}\, a$ et $y = \mathrm{Log}\, b$; $ab = e^x e^y = e^{x+y}$; $\mathrm{Log}\,(ab) = x + y$.

C 8. De $\exp(\mathrm{Log}\, x) = x$, il suit que :

$$\exp(\mathrm{Log}\, x) \cdot \mathrm{Log}'\, x = 1.$$

C 9. Étudier les variations des fonctions $\mathrm{Log}\, x - x^\alpha/e\alpha$ et $\mathrm{Log}\, x + x^{-\beta}/e\beta$.

C 10. Appliquer C 9 ou $\mathrm{Log} = \exp^{-1}$.

14. Poser

$$u_n = 1 + \dots + n^{-1} - \mathrm{Log}\, n;$$
$$0 \leqslant u_n - u_{n-1} \leqslant 2^{-1} n^{-2}; \quad u_n \nearrow$$

et

$$0 \leqslant u_n \leqslant 2^{-1}\left(1 + \int_1^n x^{-2}\,\mathrm{d}x\right) \leqslant 1.$$

0,577 215 664 9.

15. 3; 4; 4,5; 0,5; 1/6; 3; − 4.

16. Les logarithmes remplacent les multiplications par des additions, les puissances par des multiplications, c'est-à-dire permettent des calculs numériques beaucoup plus simples.

17. $\exp e^{-1}$ (a est tel que le minimum de $a^x - x$ est nul).

18. $(-4, 2)$.

19. Étudier $y = x^{-1} \mathrm{Log}\, x$. Si $0 \leqslant a \leqslant 1$, une solution unique $x = a$; si $1 < a$, deux solutions $x = a$ et $x = x_1$ (vérifiant $a \leqslant e \leqslant x_1$ ou $x_1 \leqslant e \leqslant a$)). Méthode de Newton, appliquée à $f(x) = x^{-1} \mathrm{Log}\, x - \pi^{-1} \mathrm{Log}\, \pi$ d'où $x = 2{,}382\,179\,1$.

20. Le système est équivalent à $e^{ix} + e^{iy} = e^{ia}$, $(a - \pi/3, a + \pi/3)$ ou $(a + \pi/3, a - \pi/3)$.

21. Translation de $\mathrm{Arctg}\,(-b/a)\vec{i}$; même translation suivie de l'affinité $(x, y) \longmapsto (x, \sqrt{a^2 + b^2}y)$.

22. $x \longmapsto \mathrm{tg}\,[\pi(x-a)/(b-a) - \pi/2]$.

23. Une solution dans chaque intervalle $]\pi/2 + k\pi, 3\pi/2 + k\pi[$ pour $k \in \mathbb{Z}$.

24. $272t + 1\,232t^3 + 1\,680t^5 + 720t^7$ où $t = \mathrm{tg}\, x$.

C 11. x. $|x - 2\pi\mathrm{E}((x+\pi)/2\pi)|$ où $\mathrm{E}(u)$ désigne la partie entière de u.

C 12. $-\sin(\mathrm{Arccos}\, x)$. $\mathrm{Arccos}'\, x = 1$ et

$$\sin(\mathrm{Arccos}\, x) = \sqrt{1 - x^2}.$$

C 14. $\sin(\mathrm{Arcsin}\, x) = x$ d'où

$$\cos(\mathrm{Arcsin}\, x)\, \mathrm{Arcsin}'\, x = 1.$$

25. $\pi/2$ si $x > 0$ et $-\pi/2$ si $x < 0$. 0. 0.

26. *a*) $-x$, $x + 3\pi/2$, $x + \pi/2$, $-\pi - x$.
b) $-x$, $x + \pi/2$, $x + \pi/2$, x.
c) x, $\pi/2 - x$, $\pi/2 - x$, x.
d) x, $x - \pi/2$, $\pi/2 - x$, $\pi - x$.

27. (Arctg x)/2; (Arccos x)/2 (Appliquer les définitions ou calculer les dérivées.)

28. 0, 1 et − 1.

29.

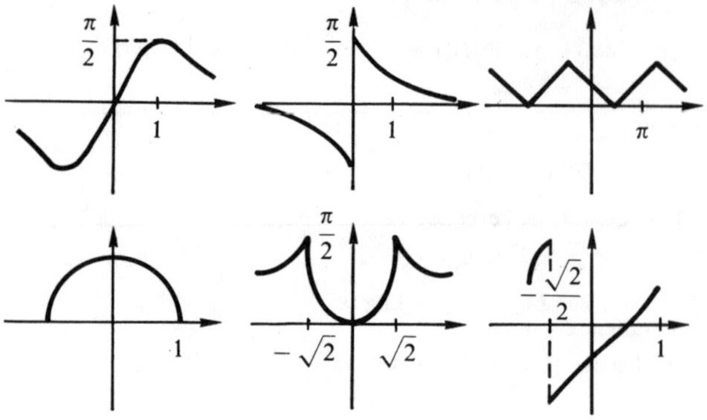

30. ch et sh.

31. $C_n + S_n = 1 + e^x + e^{2x} + ... + (e^x)^n$
$= [e^{(n+1)x} - 1]/[e^x - 1]$;
$C_n = [1 + \text{ch } nx - \text{ch } x - \text{ch } (n+1)x]/2(1 - \text{ch } x)$;
$S_n = [\text{sh } nx + \text{sh } x - \text{sh } (n+1)x]/2(1 - \text{ch } x)$.

32. $2 \text{ ch } ((p+q)/2) \text{ ch } ((p-q)/2)$;
$2 \text{ sh } ((p+q)/2) \text{ sh } ((p-q)/2)$;
$2 \text{ sh } ((p+q)/2) \text{ ch } ((p-q)/2)$;
$2 \text{ ch } ((p+q)/2) \text{ sh } ((p-q)/2)$.

33.

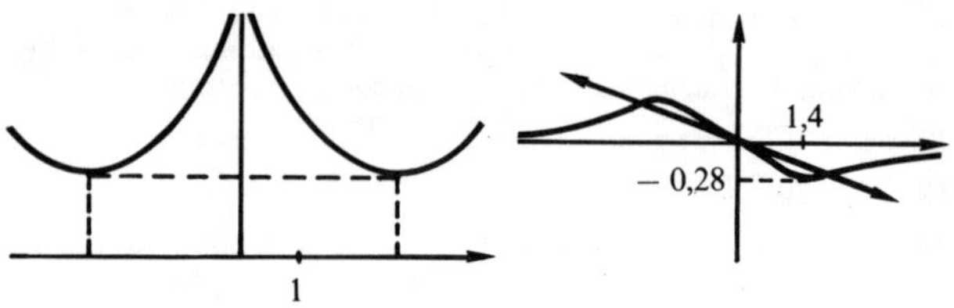

34. $f(x) = \text{Log } (x + \sqrt{x^2 - 1})$; f est défini sur $[1, +\infty[$ et
$\text{ch } f(x) = (1/2)[\exp \text{Log } (x + \sqrt{x^2 - 1}) + \exp \text{Log } (x + \sqrt{x^2 - 1})^{-1}] = x.$
On peut aussi calculer f' et vérifier $f(1) = 0$.

35. $2|x|.\ |x|$.

36. $\text{sh Log } (x + \sqrt{x^2 + 1}) = x$.

37. $\text{Log } |x|$.

38. $X^2 + Y^2 = e^{2x}$.

39.

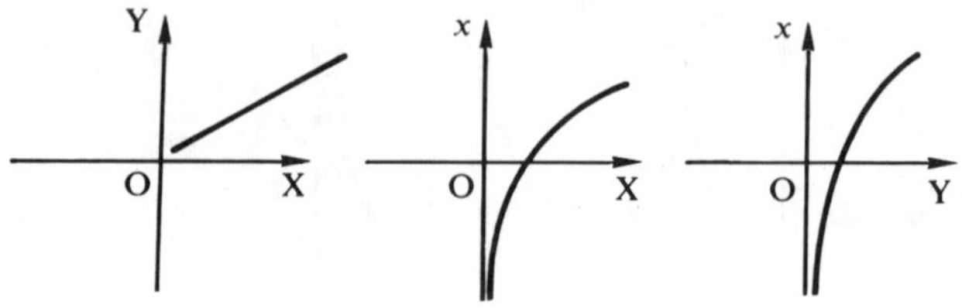

40.

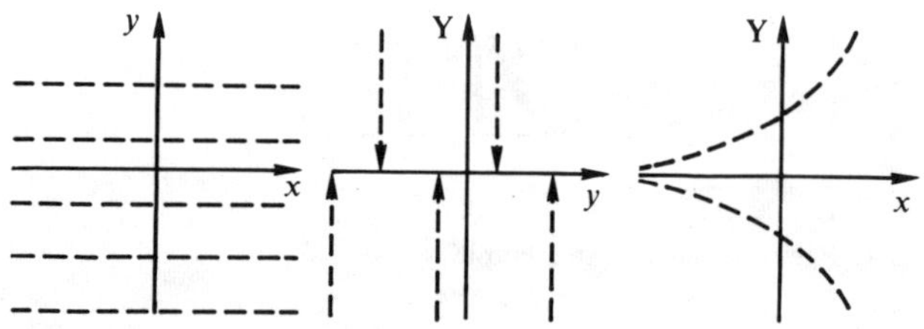

41. $x = \text{Log } (X_0/\cos y)$; $Y = X_0 \text{ tg } y$
et $-\pi/2 < y < \pi/2 \quad (2\pi)$; $Y = \sqrt{e^{2x} - X_0^2}$.

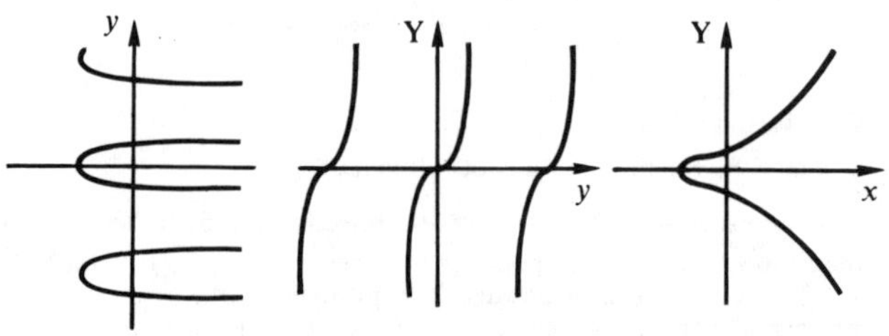

1. Généralisations de la notion de dérivée

§ 1. $f : \mathbb{R} \longrightarrow \mathbb{R}^m$, dérivées vectorielles.
§ 2. $f : \mathbb{R}^n \longrightarrow \mathbb{R}$, dérivées partielles.
§ 3. $f : \mathbb{R}^n \longrightarrow \mathbb{R}^m$, application linéaire tangente.
§ 4. Généralisation algébrique.

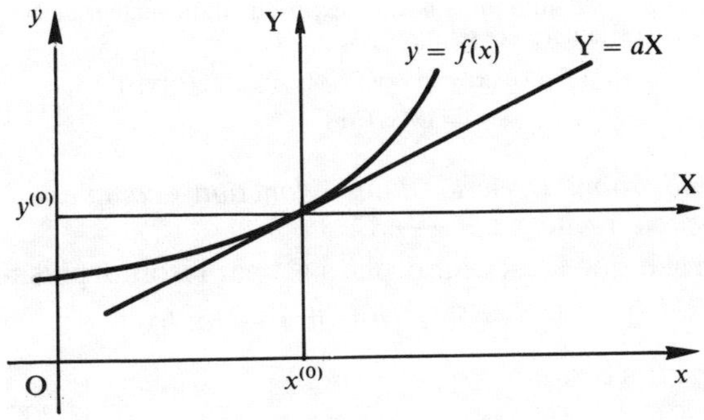

Soit $f : \mathbb{R}^n \longrightarrow \mathbb{R}^m$, $x^{(0)} \in \mathbb{R}^n$ et $y^{(0)} = f(x^{(0)})$. Si $n = m = 1$ la dérivée de f en $x^{(0)}$ est la pente a de la tangente en $(x^{(0)}, y^{(0)})$ à la courbe représentative de f. Ce nombre caractérise l'application linéaire $X \longmapsto Y = aX$, qui approche le mieux la fonction exprimant $f(x) - y^{(0)}$ en fonction de $x - x^{(0)}$ (voir fig. ci-contre).
*Pour n et m quelconques, l'application linéaire de $\mathbb{R}^n$ dans $\mathbb{R}^m$ qui approche le mieux la fonction $x - x^{(0)} \longmapsto f(x) - y^{(0)}$ s'appelle l'*application linéaire tangente*. L'étude des cas $n = 1$ puis $m = 1$ précèdent l'étude du cas général. Des compléments concernant les dérivations des champs scalaires et vectoriels sont présentés en hors-texte. Enfin le § 4 esquisse l'idée d'une généralisation purement algébrique de la notion de dérivée.*

§ 1. $f : \mathbb{R} \longrightarrow \mathbb{R}^m$, DÉRIVÉES VECTORIELLES

Soit $M(t)$ un point mobile (de l'espace ordinaire). La vitesse moyenne entre les instants t_1 et t_2 est le quotient : $\dfrac{M(t_1)M(t_2)}{t_2 - t_1}$.
La vitesse scalaire instantanée du point à l'instant t est le nombre (s'il existe) $v(t) = \lim\limits_{\tau \to 0} \dfrac{1}{\tau} M(t)M(t+\tau)$. Choisissons un repère orthonormé de l'espace $(O, \vec{i}, \vec{j}, \vec{k})$. Soit $(f(t), g(t), h(t))$ les coordonnées de $M(t)$; on a

$$v(t) = \lim_{\tau \to 0} \frac{1}{\tau} \sqrt{[f(t+\tau) - f(t)]^2 + [g(t+\tau) - g(t)]^2 + [h(t+\tau) - h(t)]^2}$$
$$= \lim_{\tau \to 0} \sqrt{\left(\frac{f(t+\tau) - f(t)}{\tau}\right)^2 + \left(\frac{g(t+\tau) - g(t)}{\tau}\right)^2 + \left(\frac{h(t+\tau) - h(t)}{\tau}\right)^2}$$
$$= \sqrt{f'(t)^2 + g'(t)^2 + h'(t)^2}.$$

On voit alors que

$$v(t) = \|\overrightarrow{V(t)}\|$$

où l'on a posé

$$\overrightarrow{V(t)} = f'(t)\vec{i} + g'(t)\vec{j} + h'(t)\vec{k}.$$

Le vecteur $\overrightarrow{V(t)}$ s'appelle le vecteur vitesse du point mobile M à l'instant t.

Les dernières lignes de l'exposé ci-dessus camouflent quelques problèmes : en particulier le vecteur $\overrightarrow{V(t)}$ est-il défini indépendemment du choix du repère $(O, \vec{i}, \vec{j}, \vec{k})$? Pour tenter de clarifier les choses nous allons définir ***successivement*** *les dérivées d'une application de $\mathbb{R}$ dans $\mathbb{R}^m$, de $\mathbb{R}$ dans un espace vectoriel, de $\mathbb{R}$ dans l'espace $\overrightarrow{E}_3$ des vecteurs de l'espace ordinaire muni du produit scalaire, de $\mathbb{R}$ dans l'espace E_3 des points ordinaires de l'espace.*

1.1. $f : \mathbb{R} \longrightarrow \mathbb{R}^m$

La donnée d'une fonction $f : \mathbb{R} \longrightarrow \mathbb{R}^m$ est équivalente à la donnée de m fonctions réelles de variable réelle $f_1, f_2, ..., f_m$ telles que :

$$\forall x \in \mathbb{R} \quad f(x) = (f_1(x), f_2(x), ..., f_m(x)).$$

Définitions. On dit que f est *dérivable* en x_0 ssi $f_1, f_2, ...$ et f_m le sont. On appelle alors *dérivée* de f l'élément de $\mathbb{R}^m$, noté $f'(x_0)$:

$$f'(x_0) = (f'_1(x_0), f'_2(x_0), ..., f'_m(x_0)).$$

On dit que f est dérivable sur $\mathbb{R}$ (ou sur un sous-ensemble A) ssi $f_1, f_2, ...$ et f_m le sont et on pose :

$$f'(x) = (f'_1(x), f'_2(x), ..., f'_m(x)).$$

On dit que f est k fois dérivable (respectivement indéfiniment dérivable) ssi f_1 et f_2 et ... et f_m le sont, on pose :

$$f^{(k)}(x) = (f_1^{(k)}(x), f_2^{(k)}(x), ..., f_m^{(k)}(x)).$$

Proposition (linéarité). Si f et g sont dérivables, alors pour tout choix de λ et μ dans $\mathbb{R}$, $\lambda f + \mu g$ est dérivable et $(\lambda f + \mu g)' = \lambda f' + \mu g'$.

Proposition. Si $f : \mathbb{R} \longrightarrow \mathbb{R}^m$ et $\varphi : \mathbb{R} \longrightarrow \mathbb{R}$ sont dérivables alors $f \circ \varphi : \mathbb{R} \longrightarrow \mathbb{R}^m$ est dérivable et :

$$(f \circ \varphi)'(x) = (f'_1(\varphi(x))\varphi'(x), ..., f'_m(\varphi(x))\varphi'(x)).$$

Remarque. En utilisant la notion de produit d'un vecteur de $\mathbb{R}^m$ par un réel, cette dernière relation peut encore s'écrire :

$$(f \circ \varphi)'(x) = \varphi'(x)(f'_1(\varphi(x)), ..., f'_m(\varphi(x))) = \varphi'(x)f'(\varphi(x)).$$

Application. Dérivée d'une fonction complexe de variable réelle $f : \mathbb{R} \longrightarrow \mathbb{C}$.

On sait que $\mathbb{C}$ est isomorphe à $\mathbb{R}^2$ par l'isomorphisme :

$$\mathbb{C} \longrightarrow \mathbb{R}^2, \quad a + ib \longmapsto (a, b).$$

f peut s'écrire :

$$\forall x \in \mathbb{R} \quad f(x) = f_1(x) + if_2(x).$$

On a alors : $f'(x) = f'_1(x) + if'_2(x)$.

C 1. Soit $f : \mathbb{R} \longrightarrow \mathbb{C}$ et $g : \mathbb{R} \longrightarrow \mathbb{C}$, montrer que si f et g sont dérivables, alors fg est dérivable et :

$$(fg)' = f'g + fg'.$$

C 2. Soit $f : \mathbb{R} \longrightarrow \mathbb{C}$. Si f est dérivable alors $\overline{f}$ est dérivable et $(\overline{f})' = \overline{f'}$.

C 3. En supposant connu que

$$\frac{d}{dx}\cos x = -\sin x \text{ et } \frac{d}{dx}\sin x = \cos x \text{ et } \frac{d}{dx}e^x = e^x,$$

montrer que $\dfrac{d}{dx}e^{ix} = i\,e^{ix}$ et que : $\forall \lambda \in \mathbb{C} \quad \dfrac{d}{dx}e^{\lambda x} = \lambda\,e^{\lambda x}$.

1.2. $f : \mathbb{R} \longrightarrow E$, où E est un $\mathbb{R}$-espace vectoriel de dimension m

Soit $f : \mathbb{R} \longrightarrow E$. On dit que f est une *fonction vectorielle* (de variable réelle).

Choisissons une base $(e_1, e_2, ..., e_m)$ de E; il existe m fonctions $f_1, ..., f_m$ telles que :

$$\forall x \in \mathbb{R} \quad f(x) = f_1(x)\,e_1 + ... + f_m(x)\,e_m = \sum_{i=1}^{m} f_i(x)\,e_i.$$

Choisissons une nouvelle base $(\tilde{e}_1, \tilde{e}_2, ..., \tilde{e}_m)$ de E; il existe m fonctions $\tilde{f}_1, \tilde{f}_2, ..., \tilde{f}_m$ telles que :

$$\forall x \in \mathbb{R} \quad f(x) = \tilde{f}_1(x)\tilde{e}_1 + ... + \tilde{f}_m(x)\tilde{e}_m = \sum_{i=1}^{m} \tilde{f}_i(x)\tilde{e}_i.$$

On peut alors énoncer la proposition suivante.

Proposition. Si $f_1, f_2, ..., f_m$ sont dérivables alors $\tilde{f}_1, \tilde{f}_2, ..., \tilde{f}_m$ le sont et on a :

$$\sum_{i=1}^{m} f'_i(x)e_i = \sum_{i=1}^{m} \tilde{f}'_i(x)\tilde{e}_i.$$

Démonstration. Supposons que les formules de changement de base s'écrivent :

$$e_i = \sum_{j=1}^{m} A_{ji}\tilde{e}_j.$$

On a alors :

$$\forall x \in \mathbb{R} \quad \tilde{f}_j(x) = \sum_{i=1}^{m} A_{ji}f_i(x).$$

Comme les A_{ji} sont des nombres réels, si les f_i sont dérivables les $\tilde{f}_j$ le sont et :

$$\tilde{f}'_j(x) = \sum_{i=1}^{m} A_{ji}f'_i(x).$$

On a alors :

$$\sum_{j=1}^{m} \tilde{f}'_j(x)\tilde{e}_j = \sum_{j=1}^{m}\sum_{i=1}^{m} A_{ji}f'_i(x)\tilde{e}_j = \sum_{i=1}^{m} f'_i(x)\sum_{j=1}^{m} A_{ji}\tilde{e}_j = \sum_{i=1}^{m} f'_i(x)e_i.$$

Commentaire. La proposition précédente montre que l'existence et la valeur de $f'(x) = \sum_{i=1}^{m} f'_i(x)e_i$ est indépendante de la base $(e_1, e_2 ... e_m)$ choisie. On peut donc poser la définition suivante.

Définition. Soit $f : \mathbb{R} \longrightarrow E$, où E est un $\mathbb{R}$-espace vectoriel de dimension finie m. Soit $(e_1, e_2, ..., e_m)$ une base quelconque de E; on définit $f_1, f_2, ..., f_m$ par :

$$\forall x \in \mathbb{R} \quad f(x) = \sum_{i=1}^{m} f_i(x)e_i.$$

On dit que f est dérivable ssi f_1 et f_2 et ... et f_m le sont. On appelle dérivée de f le vecteur :

$$f'(x) = \sum_{i=1}^{m} f'_i(x)e_i.$$

Cette dérivée est **indépendante de la base choisie.**

Proposition. Soit $f : \mathbb{R} \longrightarrow E$ et $g : \mathbb{R} \longrightarrow E$, $\lambda \in \mathbb{R}$, $\mu \in \mathbb{R}$. Si f et g sont dérivables, $\lambda f + \mu g$ l'est et on a : $(\lambda f + \mu g)' = \lambda f' + \mu g'$.

Proposition. Soit $f : \mathbb{R} \longrightarrow E$, où E est un espace vectoriel sur $\mathbb{R}$ de dimension finie et soit $\varphi : \mathbb{R} \longrightarrow \mathbb{R}$. Si f et φ sont dérivables, alors $f \circ \varphi$ est dérivable et :

$$(f \circ \varphi)' = \varphi' \cdot f' \circ \varphi.$$

* **Exercice 1.** *a)* Soit $f : \mathbb{R} \longrightarrow E$ tel que $f'(x) = 0$. Montrer que f est constante. *b)* On suppose que $f : \mathbb{R} \longrightarrow E$ est tel que $f'(x)$ est colinéaire à un même vecteur v pour tout x. Montrer que toutes les images $f(x)$ appartiennent à une même droite. *c)* Soit H un sous-espace vectoriel de E, on suppose que : $\forall x \in \mathbb{R}\ f'(x) \in H$; montrer que $f(\mathbb{R})$ est inclus dans une sous-variété affine de E parallèle à H, c'est-à-dire un sous-ensemble de E de la forme $v_0 + H$.

1.3. $f : \mathbb{R} \longrightarrow \vec{E}_3$, où $\vec{E}_3$ est « l'espace des vecteurs de l'espace », c'est-à-dire un espace vectoriel de dimension 3 orienté et muni d'un produit scalaire

On notera en général t la variable (au lieu de x) et $\vec{v}$ l'application de $\mathbb{R}$ dans $\vec{E}_3$ (au lieu de f).

Proposition. Soit $\vec{u}$ et $\vec{v}$ deux fonctions vectorielles : $\mathbb{R} \longrightarrow E_3$. Si $\vec{u}$ et $\vec{v}$ sont dérivables, alors $\vec{u} \cdot \vec{v} : \mathbb{R} \longrightarrow \mathbb{R}$, et $\vec{u} \wedge \vec{v} : \mathbb{R} \longrightarrow \vec{E}_3$, le sont et :

$$(\vec{u} \cdot \vec{v})' = \vec{u}' \cdot \vec{v} + \vec{u} \cdot \vec{v}'.$$
$$(\vec{u} \wedge \vec{v})' = \vec{u}' \wedge \vec{v} + \vec{u} \wedge \vec{v}'.$$

Démonstration. Il suffit de faire le calcul dans une base orthonormée directe.

C 4. Montrer que si les fonctions vectorielles $\vec{V}_1$, $\vec{V}_2$ et $\vec{V}_3$ sont dérivables alors l'application Det $(\vec{V}_1, \vec{V}_2, \vec{V}_3)$:
$\mathbb{R} \longrightarrow \mathbb{R}$, $t \longmapsto \text{Det}\,(\overrightarrow{V_1(t)}, \overrightarrow{V_2(t)}, \overrightarrow{V_3(t)})$

est dérivable et :

$$\frac{d}{dt} \text{Det}\,(\overrightarrow{V_1(t)}, \overrightarrow{V_2(t)}, \overrightarrow{V_3(t)}) = \text{Det}\,(\vec{V}'_1, \vec{V}_2, \vec{V}_3) + \text{Det}\,(\vec{V}_1, \vec{V}'_2, \vec{V}_3) + \text{Det}\,(\vec{V}_1, \vec{V}_2, \vec{V}'_3).$$

Exercice 2. Soit $\vec{v}$ une fonction vectorielle telle que :

$$\forall t \in \mathbb{R} \quad \|\vec{v}(t)\| = K$$

où $K \in \mathbb{R}$. Montrer que $\vec{v}'(t)$ est orthogonal à $\vec{v}(t)$ pour tout réel t.

1.4. $f : \mathbb{R} \longrightarrow E_3$, où E_3 est l'espace affine réel de dimension 3

Soit $\vec{E}_3$ l'espace vectoriel associé. Notons t la variable et $M : \mathbb{R} \longrightarrow E_3$, $t \longmapsto M(t)$ l'application (au lieu de f).

Proposition. Soit O_1 et O_2 deux points de E_3. Si $t \longmapsto \overrightarrow{O_1M(t)}$ est dérivable alors $t \longmapsto \overrightarrow{O_2M(t)}$ est dérivable et $\frac{d}{dt}\overrightarrow{O_1M(t)} = \frac{d}{dt}\overrightarrow{O_2M(t)}$.

Démonstration. En effet $\overrightarrow{O_2M(t)} = \overrightarrow{O_2O_1} + \overrightarrow{O_1M(t)}$. □

Commentaire. Cela va nous permettre de définir la dérivée de $t \longmapsto M(t)$ comme indépendante du choix d'une origine d'un repère. Remarquons de plus que si M est à valeur dans E_3, $\frac{dM}{dt}$ est à valeur dans $\vec{E}_3$.

Définition. Soit $M : \mathbb{R} \longrightarrow E_3$ une fonction ponctuelle (un point mobile); on dit que M est dérivable si pour un point O de E_3, $t \longmapsto \overrightarrow{OM(t)}$ est une fonction vectorielle dérivable. La dérivée de $M : t \longmapsto M(t)$ est alors, par définition :

$$\frac{d}{dt} M(t) = \frac{d}{dt} \overrightarrow{OM(t)}.$$

Point mobile

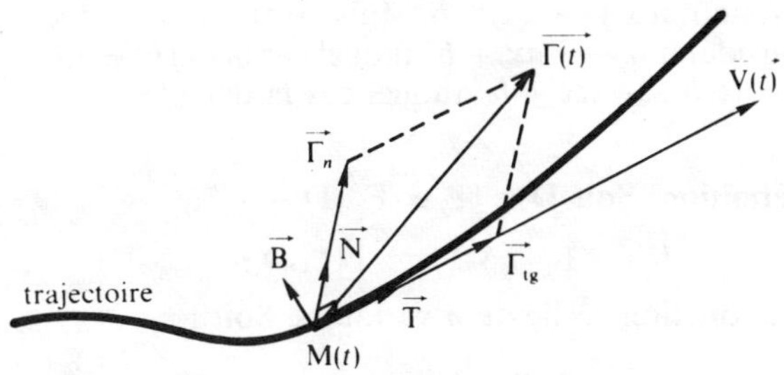

$M : \mathbb{R} \longrightarrow E_3$, $\quad t \longmapsto M(t)$.
Trajectoire : $M(\mathbb{R})$.

Vitesse : $\overrightarrow{V(t)} = \frac{d}{dt} M(t)$.

Accélération :

$$\overrightarrow{\Gamma(t)} = \frac{d}{dt}\overrightarrow{V(t)} = \vec{\Gamma}_{tg} + \vec{\Gamma}_n \begin{cases} \vec{\Gamma}_{tg} \,//\, \overrightarrow{V(t)} \\ \vec{\Gamma}_n \perp \overrightarrow{V(t)}. \end{cases}$$

Mouvement rectiligne uniforme :

$$\Gamma_{tg} = 0 \quad \Gamma_n = 0$$

— rectiligne : $\quad \Gamma_n = 0$

— circulaire uniforme :

$$\Gamma_{tg} = 0 \quad \Gamma_n = \frac{v^2}{R} = \omega^2 R$$

— uniforme : $\quad \Gamma_{tg} = 0.$

C 5. On pose $\vec{T} = \vec{V}/\|\vec{V}\|$ et $\vec{\Gamma}_{tg} = \Gamma_{tg}\vec{T}$. Vérifier que :

$$\Gamma_{tg} = \vec{\Gamma} \cdot \vec{V}/\|\vec{V}\| = \frac{d}{dt}\|\vec{V}\|.$$

C 6. On pose $\vec{N} = \vec{\Gamma}_n/\|\vec{\Gamma}_n\|$ et $\vec{B} = \vec{T} \wedge \vec{N}$. Montrer que $(\vec{T}, \vec{N}, \vec{B})$ est orthonormé direct et ne dépend que de la trajectoire et du sens de parcours. $(\vec{T}, \vec{N}, \vec{B})$ s'appelle le *trièdre de Frénet en* $M(t)$.

C 7. Pourquoi $R = \vec{V}^2/\|\vec{\Gamma}_n\|$ s'appelle-t-il le rayon de courbure de la trajectoire en $M(t)$?

C 8. Un mouvement M d'un point mobile $M(t)$ est dit à accélération centrale de centre O ssi M est deux fois dérivable et pour tout t le vecteur $\overrightarrow{\Gamma(t)}$ est colinéaire à $\overrightarrow{OM(t)}$. Montrer que la trajectoire d'un mouvement à accélération centrale est plane.

Exercice 3. Montrer que dans un mouvement à accélération centrale $\overset{\frown}{\Omega} = \overrightarrow{OM} \wedge \vec{V} = C^{te}$.

1. Cinématique du point (la cinématique est l'étude du mouvement). Les relations décrites ci-dessus sont valides sous réserve que les grandeurs introduites soient définies.

§ 2. $f : \mathbb{R}^n \longrightarrow \mathbb{R}$, DÉRIVÉES PARTIELLES

2.1. Définition et notations

Exemple. Quand on dit que la dérivée de $ax + b$ est a on suppose que a et b sont donnés et que l'on considère la fonction $x \longmapsto ax + b$. Mais on aurait aussi bien pu considérer $a \longmapsto ax + b$, auquel cas la dérivée est x ou encore $b \longmapsto ax + b$, auquel cas la dérivée est 1.

Définition. Soit $D \subset \mathbb{R}^n$ et $F : D \longrightarrow \mathbb{R}$,

$$(x_1, x_2, ..., x_n) \longmapsto F(x_1, x_2, ..., x_n)$$

une fonction réelle de n variables. Soit :

$$x^0 = (x_1^0, x_2^0, ..., x_n^0)$$

un point de D. On dit que F admet une *dérivée partielle* en x^0 par rapport à x_1 ssi

$$\{x_1 ; (x_1, x_2^0, x_3^0, ..., x_n^0) \in D\} \longrightarrow \mathbb{R},$$
$$x_1 \longmapsto F(x_1, x_2^0, ..., x_n^0)$$

est dérivable en x_1^0. La dérivée s'appelle la *dérivée partielle* de F par rapport à x_1 en $(x_1^0, x_2^0, ..., x_n^0)$ et se note :

$$\frac{\partial F}{\partial x_1}(x_1^0, ..., x_n^0).$$

La fonction dérivée partielle (de n variables) se note $\frac{\partial F}{\partial x_1}(x_1, x_2, ..., x_n)$ ou $\frac{\partial F}{\partial x_1}$ ou encore $\frac{\partial}{\partial x_1} F(x_1, ..., x_n)$.

On définit de même $\frac{\partial}{\partial x_2} F, \frac{\partial}{\partial x_3} F, ..., \frac{\partial}{\partial x_n} F$.

Exemples.

1. $$\begin{cases} \frac{\partial}{\partial x} \sin xy = y \cos xy \\ \frac{\partial}{\partial y} \sin xy = x \cos xy \end{cases}$$

2. $$\begin{cases} \frac{\partial}{\partial a} a^b = b a^{b-1} \\ \frac{\partial}{\partial b} a^b = a^b \operatorname{Log} a. \end{cases}$$

3. $$\begin{cases} \frac{\partial}{\partial x}(Ax^2 + By^2 + 2Cxy + 2Dx + 2Ey + F) \\ \qquad = 2Ax + 2Cy + 2D \\ \frac{\partial}{\partial y}(Ax^2 + By^2 + 2Cxy + 2Dx + 2Ey + F) \\ \qquad = 2By + 2Cx + 2E. \end{cases}$$

2.2. Dérivées partielles secondes

Considérons une fonction de deux variables $(x, y) \longmapsto F(x, y)$; nous pouvons calculer $\frac{\partial}{\partial x} F$ et $\frac{\partial}{\partial y} F$ (si elles existent). Nous avons alors deux fonctions de deux variables et nous pouvons calculer :

$$\frac{\partial}{\partial x}\left(\frac{\partial}{\partial x} F\right); \quad \frac{\partial}{\partial y}\left(\frac{\partial}{\partial x} F\right);$$
$$\frac{\partial}{\partial x}\left(\frac{\partial}{\partial y} F\right) \quad \text{et} \quad \frac{\partial}{\partial y}\left(\frac{\partial}{\partial y} F\right).$$

Ces fonctions s'appellent les *dérivées partielles secondes* de F.

Il se trouve qu'en général $\frac{\partial}{\partial y}\left(\frac{\partial}{\partial x} F\right) = \frac{\partial}{\partial x}\left(\frac{\partial}{\partial y} F\right)$; de façon précise, nous admettrons la proposition suivante.

Proposition. Si les dérivées partielles secondes sont continues, les dérivations partielles commutent, soit :

$$\frac{\partial}{\partial y}\left(\frac{\partial}{\partial x} F(x, y)\right) = \frac{\partial}{\partial x}\left(\frac{\partial}{\partial y} F(x, y)\right).$$

Notations

$$\frac{\partial^2}{\partial x^2} F = \frac{\partial^2 F}{\partial x^2} = \frac{\partial}{\partial x}\left(\frac{\partial}{\partial x} F\right)$$
$$\frac{\partial^2}{\partial x\, \partial y} F = \frac{\partial^2 F}{\partial x\, \partial y} = \frac{\partial}{\partial x}\left(\frac{\partial}{\partial y} F\right) = \frac{\partial}{\partial y}\left(\frac{\partial}{\partial x} F\right).$$

Remarque. Une fonction F de deux variables est *continue* sur D ssi

$$\forall (x_0, y_0) \in D \quad \forall \varepsilon > 0 \quad \exists \eta > 0 \quad \forall (x, y) \in D$$
$$\sqrt{(x - x_0)^2 + (y - y_0)^2} < \eta \implies |F(x, y) - F(x_0, y_0)| < \varepsilon.$$

C 9. Si $(x, y) \longmapsto F(x, y)$ est continue, les fonctions $x \longmapsto F(x, y)$ pour y fixé et les fonctions $y \longmapsto F(x, y)$ pour x fixé sont des fonctions continues. ATTENTION : la réciproque est fausse. Contre-exemple : $F : \mathbb{R}^2 \longrightarrow \mathbb{R}$, tel que $F(0, 0) = 0$ et $F(x, y) = xy/(x^2 + y^2)$ si $(x, y) \neq 0$. On pose $G(r, \theta) = F(r \cos \theta, r \sin \theta)$, calculer $G(r, \theta)$. Sur quels sous-ensembles de $\mathbb{R}^2$ est-ce que F est constant? Vérifier que $\forall x \in \mathbb{R} \quad y \longmapsto F(x, y)$ est continue, $\forall y \in \mathbb{R} \quad x \longmapsto F(x, y)$ est continue et

$$\exists (x_0, y_0) \quad \exists \varepsilon > 0 \quad \forall \eta > 0 \quad \exists (x, y) \in \mathbb{R}^2$$
$$(x - x_0)^2 + (y - y_0)^2 < \eta^2 \quad \text{et} \quad |F(x, y) - F(x_0, y_0)| \geqslant \varepsilon.$$

Exercice 4. Calculer les dérivées partielles jusqu'à l'ordre 2 des fonctions de deux variables x et y suivantes : $xy - x$; $\operatorname{Arctg}(y/x)$; $(x^2 + y^4)^{1/3}$; $\operatorname{Log}(1/\sqrt{x^2 + y^2})$.

** **Exercice 5.** Soit F une fonction de m variables admettant toutes ses dérivées à tous les ordres (celles-ci étant continues). Combien F admet-elle de dérivées d'ordre n?

2.3. Fonctions de fonctions

Soit $(x, y) \longmapsto F(x, y)$ une fonction de deux variables à dérivées partielles continues, soit $t \longmapsto x(t)$ et

$t \longmapsto y(t)$ deux fonctions dérivables. Alors la fonction composée $t \longmapsto F(x(t), y(t))$ est dérivable et

$$\frac{d}{dt} F(x(t), y(t)) = \frac{\partial F}{\partial x}(x(t), y(t)) \cdot \frac{dx}{dt}(t) + \frac{\partial F}{\partial y}(x(t), y(t)) \cdot \frac{dy}{dt}(t).$$

Ce que l'on note simplement :

$$\boxed{\frac{dF}{dt} = \frac{\partial F}{\partial x}\frac{dx}{dt} + \frac{\partial F}{\partial y}\frac{dy}{dt}}.$$

Soit $(x, y) \longmapsto F(x, y)$, $(u, v) \longmapsto x(u, v)$ et $(u, v) \longmapsto y(u, v)$ trois fonctions de deux variables à dérivées partielles continues; on a alors :

$$\frac{\partial}{\partial u} F(x(u, v), y(u, v)) = \frac{\partial F}{\partial x}(x(u, v), y(u, v)) \cdot \frac{\partial x}{\partial u}(u, v) + \frac{\partial F}{\partial y}(x(u, v), y(u, v)) \cdot \frac{\partial y}{\partial u}(u, v),$$

ou en notation abrégée et ambiguë :

$$\begin{cases} \dfrac{\partial F}{\partial u} = \dfrac{\partial F}{\partial x}\dfrac{\partial x}{\partial u} + \dfrac{\partial F}{\partial y}\dfrac{\partial y}{\partial u} \\ \dfrac{\partial F}{\partial v} = \dfrac{\partial F}{\partial x}\dfrac{\partial x}{\partial v} + \dfrac{\partial F}{\partial y}\dfrac{\partial y}{\partial v}. \end{cases}$$

D'une façon générale soit :

$$\begin{array}{ll} (X_1, X_2 \dots X_n) & \longmapsto F(X_1, \dots, X_n), \\ (x_1, \dots, x_p) & \longmapsto X_1(x_1, \dots, x_p), \\ (x_1, \dots, x_p) & \longmapsto X_2(x_1, \dots, x_p), \\ \dots\dots\dots\dots & \dots\dots\dots\dots \\ (x_1, \dots, x_p) & \longmapsto X_n(x_1, \dots, x_p). \end{array}$$

On a pour tout i de $\{1, \dots, p\}$:

$$\boxed{\frac{\partial F}{\partial x_i} = \sum_{k=1}^{n} \frac{\partial F}{\partial X_k} \cdot \frac{\partial X_k}{\partial x_i}}$$

(sous réserve que les dérivées existent et que les dérivées partielles de F soient continues).

Exercice 6. Soit $f : \mathbb{R}_+^* \longrightarrow \mathbb{R}$, deux fois dérivable. On pose $F(x, y) = f(r)$ où $r = \sqrt{x^2 + y^2}$. Montrer que

$$\frac{\partial r}{\partial x} = \frac{x}{r} \quad \text{et} \quad \frac{\partial r}{\partial y} = \frac{y}{r}.$$

Calculer les dérivées secondes de F. Dans le cas où $f = \text{Log}$, calculer $\dfrac{\partial^2 F}{\partial x^2} + \dfrac{\partial^2 F}{\partial y^2}$.

** **Exercice 7.** Soit $f : \mathbb{R}_+^* \longrightarrow \mathbb{R}$, deux fois dérivable. On pose $F(x, y, z) = f(r)$ où $r = \sqrt{x^2 + y^2 + z^2}$. On pose

$$\Delta = \frac{\partial^2}{\partial x^2} + \frac{\partial^2}{\partial y^2} + \frac{\partial^2}{\partial z^2}$$

Montrer que $\Delta F = 0$ si et seulement si f est de la forme $f(r) = \dfrac{K}{r} + C$ où $K \in \mathbb{R}$ et $C \in \mathbb{R}$. *Remarque.* En physique on utilise en général la même lettre pour désigner f et F.

** **Exercice 8.** Traduire en coordonnées polaires l'équation en f :

$$x\frac{\partial f}{\partial x} + y\frac{\partial f}{\partial y} = 0.$$

Résoudre l'équation.

Exercice 9. Montrer que pour tout choix de g et h deux fois dérivables, la fonction

$$f(x, t) = g(x + vt) + h(x - vt)$$

est solution de l'équation en f :

$$\left(\frac{\partial^2}{\partial x^2} - \frac{1}{v^2}\frac{\partial^2}{\partial t^2}\right) f = 0.$$

2.4. Interprétation numérique

Si les dérivées partielles de F sont continues :

$$F(x, y) - F(x_0, y_0) \approx \frac{\partial F}{\partial x}(x_0, y_0) \cdot (x - x_0) + \frac{\partial F}{\partial y}(x_0, y_0) \cdot (y - y_0)$$

ou dans le cas de n variables :

$$F(x_1, \dots, x_n) - F(x_1^0, \dots, x_n^0) \approx \sum_{i=1}^{n} (x_i - x_i^0) \cdot \frac{\partial F}{\partial x_i}(x_1^0, \dots, x_n^0).$$

2.5. Interprétation géométrique

Soit $z = f(x, y)$ l'équation d'une surface S de $\mathbb{R}^3$, où f admet des dérivées partielles continues. La surface S admet un plan tangent au point $(x_0, y_0, f(x_0, y_0))$ d'équation :

$$\boxed{z - f(x_0, y_0) = \frac{\partial f}{\partial x}(x_0, y_0).(x - x_0) + \frac{\partial f}{\partial y}(x_0, y_0).(y - y_0).}$$

Un point $(x_0, y_0, f(x_0, y_0))$ de S admet un plan tangent horizontal (c'est-à-dire parallèle à Oxy) si et seulement si :

$$\frac{\partial f}{\partial x}(x_0, y_0) = \frac{\partial f}{\partial y}(x_0, y_0) = 0.$$

Un tel point est dit *critique* ou *singulier* ou *stationnaire*.

Trois cas sont alors possibles :

Premier cas : $f(x_0, y_0)$ est un minimum :

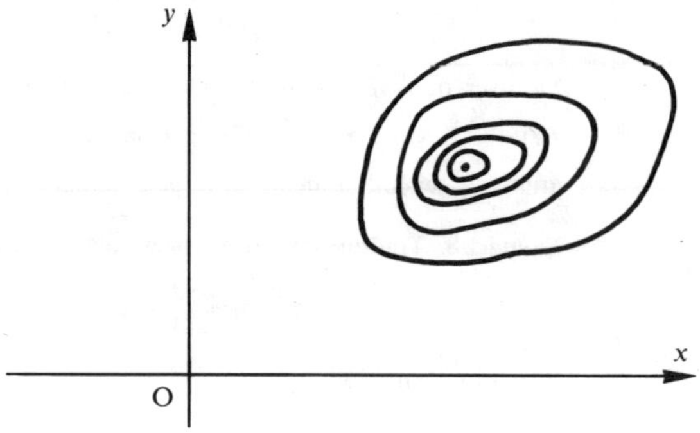

« Courbes de niveau », c'est-à-dire courbes :

$f(x, y) = C^{te.}$

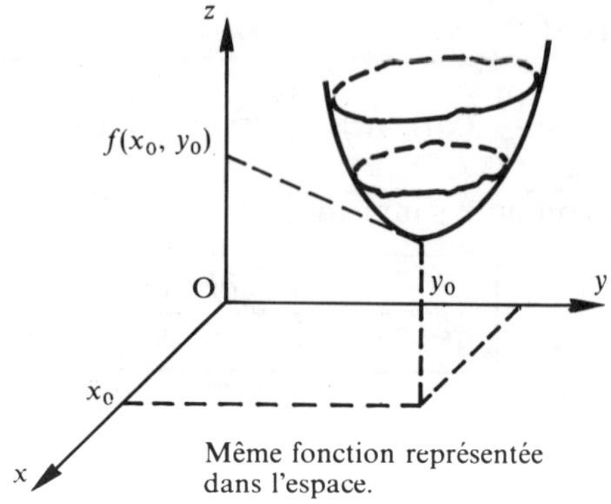

Même fonction représentée dans l'espace.

Deuxième cas : $f(x_0, y_0)$ est un maximum :

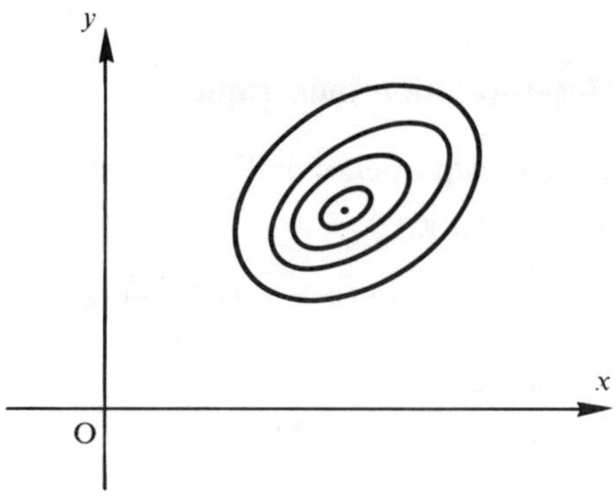

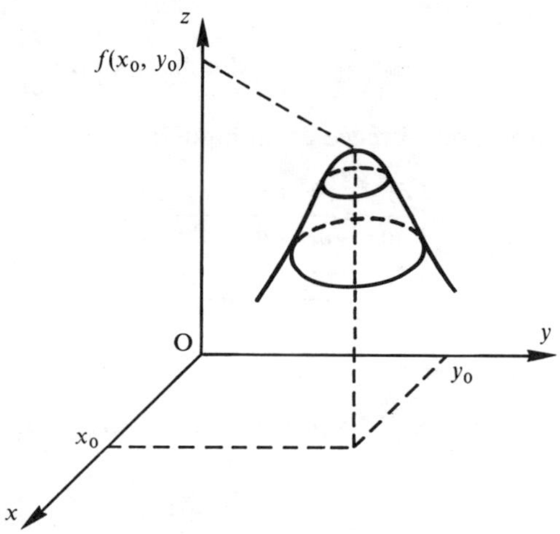

Troisième cas : $f(x_0, y_0)$ est un col :

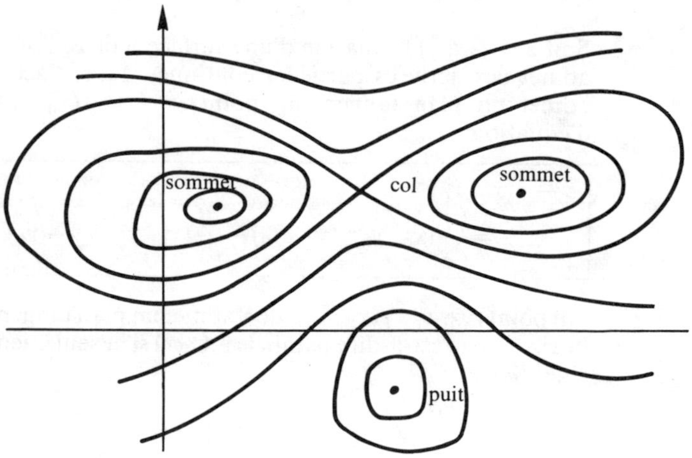

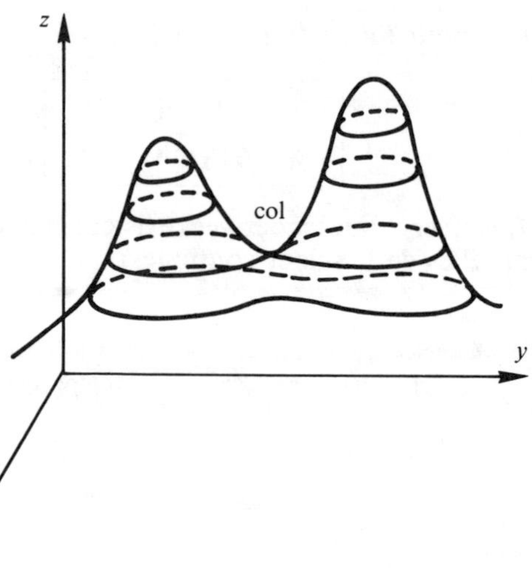

Remarque. Si f admet des dérivées partielles secondes, on a au voisinage d'un point critique (x_0, y_0) :

$$f(x, y) - f(x_0, y_0) \# a(x - x_0)^2 + 2b(x - x_0)(y - y_0) + c(y - y_0)^2$$

où

$$a = \frac{\partial^2 f}{\partial x}(x_0, y_0), b = \frac{\partial^2 f}{\partial x \partial y}(x_0, y_0) \text{ et } c = \frac{\partial^2 f}{\partial y^2}(x_0, y_0).$$

On pose $\Delta' = b^2 - ac$. Si $\Delta' > 0$, le point singulier est un col; si $\Delta' < 0$ et $a > 0$ un minimum; si $\Delta' < 0$ et $a < 0$ un maximum.

Exercice 10. Soit $f : \mathbb{R}^2 \longrightarrow \mathbb{R}$, $(x, y) \longmapsto 3x^2y + 2xy^2$ et soit S la surface de $\mathbb{R}^3$ d'équation $z = f(x, y)$. Déterminer l'équation du plan tangent et de la normale à S en $(1, -2, 2)$. Quelle est la position de S par rapport à son plan tangent en ce point?

Exercice 11. Déterminer les extrema des fonctions

$$(x, y) \longmapsto x^3 + 3xy^2 - 15x - 12y$$

et

$$(x, y) \longmapsto (x^2 + y^2)^2 - 2(x^2 - y^2).$$

§ 3. $f : \mathbb{R}^n \longrightarrow \mathbb{R}^m$, APPLICATION LINÉAIRE TANGENTE

3.1. Définitions

Soit $f : \mathbb{R}^n \longrightarrow \mathbb{R}^m$. La relation $y = f(x)$ où $y = (y_1, y_2, ..., y_m)$ et $x = (x_1, x_2, ..., x_n)$ s'écrit explicitement :

$$\begin{cases} y_1 = f_1(x_1, x_2, ..., x_n) \\ y_2 = f_2(x_1, x_2, ..., x_n) \\ \dots\dots\dots \\ y_m = f_m(x_1, x_2, ..., x_n). \end{cases}$$

Si $x = (x_1, x_2, ..., x_n)$ est voisin de

$$x^{(0)} = (x_1^{(0)}, x_2^{(0)}, ..., x_n^{(0)})$$

on a, sous réserve d'existence :

$$\text{(I)} \begin{cases} y_1 - f_1(x^{(0)}) \simeq \dfrac{\partial f_1}{\partial x_1}(x^{(0)}) \cdot (x_1 - x_1^{(0)}) + ... \\ \qquad + \dfrac{\partial f_1}{\partial x_n}(x^{(0)}) \cdot (x_n - x_n^{(0)}) \\ y_2 - f_2(x^{(0)}) \simeq \dfrac{\partial f_2}{\partial x_1}(x^{(0)}) \cdot (x_1 - x_1^{(0)}) + ... \\ \qquad + \dfrac{\partial f_2}{\partial x_n}(x^{(0)}) \cdot (x_n - x_n^{(0)}) \\ \dots\dots\dots \\ y_m - f_m(x^{(0)}) \simeq \dfrac{\partial f_m}{\partial x_1}(x^{(0)}) \cdot (x_1 - x_1^{(0)}) + ... \\ \qquad + \dfrac{\partial f_m}{\partial x_n}(x^{(0)}) \cdot (x_n - x_n^{(0)}). \end{cases}$$

Posons

$$\Delta y_1 = y_1 - f_1(x^{(0)}), ..., \Delta y_m = y_m - f_m(x^{(0)})$$

et

$$\Delta x_1 = x_1 - x_1^{(0)}, ..., \Delta x_n = x_n - x_n^{(0)}.$$

La relation (I) peut aussi s'écrire

$$\forall \alpha \in \{1, ..., m\} \quad \Delta y_\alpha \simeq \sum_{i=1}^{n} \frac{\partial f_\alpha}{\partial x_i}(x^{(0)}) \cdot \Delta x_i$$

ou encore sous forme matricielle

$$\begin{bmatrix} \Delta y_1 \\ \Delta y_2 \\ \vdots \\ \Delta y_m \end{bmatrix} \simeq \mathrm{J}_{f,x^{(0)}} \begin{bmatrix} \Delta x_1 \\ \vdots \\ \Delta x_n \end{bmatrix}$$

où $\mathrm{J}_{f,x^{(0)}}$ est la matrice d'éléments $\dfrac{\partial f_\alpha}{\partial x_i}(x^{(0)})$. Cette matrice s'appelle la *matrice jacobienne de f en $x^{(0)}$*. L'application linéaire dont la matrice associée dans les bases canoniques de $\mathbb{R}^n$ et $\mathbb{R}^m$ est la matrice jacobienne $\mathrm{J}_{f,x^{(0)}}$ s'appelle *l'application linéaire tangente* de f en $x^{(0)}$ et se note $(\mathrm{d}f)_{x^{(0)}}$ ou $\mathrm{d}f$.

$$\boxed{(h_1, ..., h_m) = \mathrm{d}f(k_1, ..., k_n) \overset{\text{déf}}{\Longleftrightarrow} h_\alpha = \sum_{i=1}^{n} \frac{\partial f_\alpha}{\partial x_i} k_i}.$$

L'application linéaire tangente $(\mathrm{d}f)_x$ s'appelle aussi la *différentielle* de f en x.

C 10. Soit $f : \mathbb{R}^n \longrightarrow \mathbb{R}^m$ et $g : \mathbb{R}^m \longrightarrow \mathbb{R}^\ell$ et $x \in \mathbb{R}^n$. Montrer que si $(\mathrm{d}f)_x$ et $(\mathrm{d}g)_{f(x)}$ existent alors $(\mathrm{d}(g \circ f))_x$ existe et

$$(\mathrm{d}(g \circ f))_x = (\mathrm{d}g)_{f(x)} \circ (\mathrm{d}f)_x.$$

Exercice 12. On considère

$f :]0, +\infty[\times]-\pi/2, \pi/2[\longrightarrow]0, +\infty[\times \mathbb{R}$,
$(r, \theta) \longmapsto (x(r, \theta), y(r, \theta)) = (r\cos\theta, r\sin\theta)$.
Calculer $\mathrm{J}_{f,(r,\theta)}$ puis $\mathrm{Det}\,\mathrm{J}_{f,(r,\theta)}$ et $(\mathrm{J}_{f,(r,\theta)})^{-1}$. Montrer que f est bijective. Calculer f^{-1} explicitement, puis $\mathrm{J}_{f^{-1},(x,y)}$ et $\mathrm{J}_{f^{-1},f(r,\theta)}$. Expliquer le résultat.

3.2. La différentielle en mathématiques et en physique

La notion de différentielle est à l'origine de nombreux malentendus entre mathématiciens et physiciens. La raison en est, comme dans bien d'autres cas, la distinction explicite faite par les mathématiciens entre une fonction et la valeur de la fonction pour une valeur donnée de la variable. Plus précisément soit $\varphi : \mathrm{A} \longrightarrow \mathrm{B}$, $\xi \longmapsto \varphi(\xi)$ une fonction. En mathématiques il est essentiel de bien distinguer la fonction φ qui appartient à l'ensemble B^A et l'élément $\varphi(\xi)$ de l'ensemble B. Par contre, en physique où l'aspect calcul est primordial et où les fonctions sont en général connues explicitement, cette distinction ne fait qu'alourdir les notations.

Point de vue du physicien. L'approximation

$$\Delta y_\alpha \simeq \sum_{i=1}^{n} \frac{\partial f_\alpha}{\partial x_i} \Delta x_i$$

est d'autant meilleure que les Δx_i sont plus petits. Pour des Δx_i

suffisament petits pour que les erreurs soient négligeables on écrit $\mathrm{d}x_i$ au lieu de Δx_i et $\mathrm{d}f_\alpha$ au lieu de Δy_α. On dit que $\mathrm{d}x_i$ et $\mathrm{d}f_\alpha$ sont des différentielles et on a :

$$\mathrm{d}f_\alpha = \sum_{i=1}^{n} \frac{\partial f_\alpha}{\partial x_i}\,\mathrm{d}x_i.$$

Point de vue du mathématicien. Considérons les projections canoniques $\pi_i : \mathbb{R}^n \longrightarrow \mathbb{R}$, $(x_1, x_2, \ldots, x_n) \longmapsto x_i$ et $\sigma_\alpha : \mathbb{R}^m \longrightarrow \mathbb{R}$, $(y_1, \ldots, y_m) \longmapsto y_\alpha$.

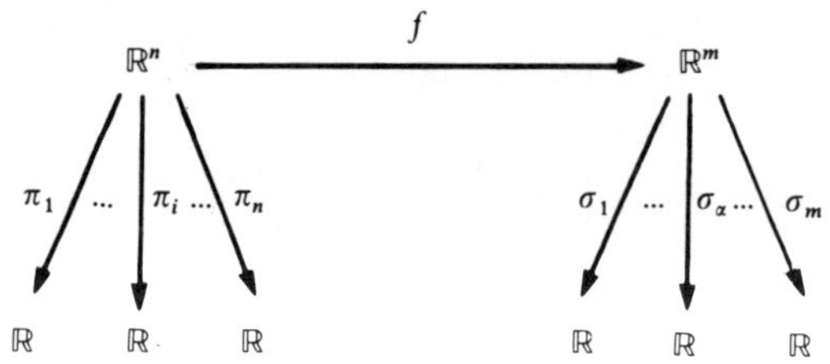

On pose $f_\alpha = \sigma_\alpha \circ f$. Les applications π_i et f_α sont des applications de $\mathbb{R}^n$ dans $\mathbb{R}$, ainsi que $(\mathrm{d}\pi_i)_{x^{(0)}}$ et $(\mathrm{d}f_\alpha)_{x^{(0)}}$.

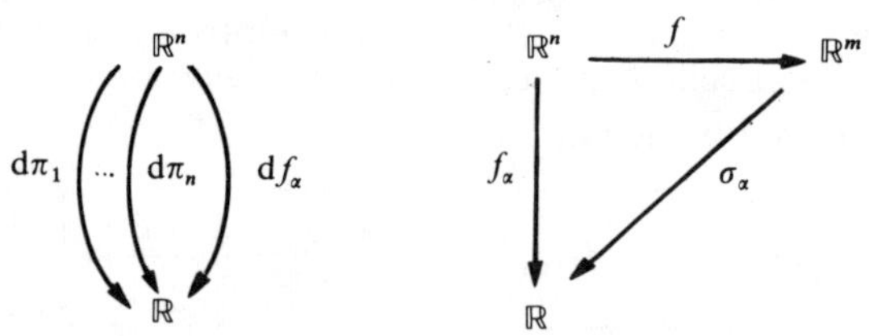

Par définition $\mathrm{d}f_\alpha : \mathbb{R}^n \longrightarrow \mathbb{R}$, $(k_1, \ldots, k_n) \longmapsto \sum_{i=1}^{n} \frac{\partial f_\alpha}{\partial x_i} k_i$ et $\mathrm{d}\pi_i : \mathbb{R}^n \longrightarrow \mathbb{R}$, $(k_1, \ldots, k_n) \longmapsto k_i$ (remarquer que $(\mathrm{d}\pi_i)_{x^{(0)}} = \pi_i$). On a donc pour tout choix de $k = (k_1, \ldots, k_n) \in \mathbb{R}^n$ les égalités

$$\mathrm{d}f_\alpha(k) = \sum_{i=1}^{n} \frac{\partial f_\alpha}{\partial x_i} k_i = \sum_{i=1}^{n} \frac{\partial f_\alpha}{\partial x_i}\,\mathrm{d}\pi_i(k).$$

On a donc l'égalité entre applications linéaires : $\mathrm{d}f_\alpha = \sum_{i=1}^{n} \frac{\partial f_\alpha}{\partial x_i}\,\mathrm{d}\pi_i$.

On convient en général de noter $\mathrm{d}x_i$ l'application $\mathrm{d}\pi_i = \pi_i$ et on a alors

$$\boxed{\mathrm{d}f_\alpha = \sum_{i=1}^{n} \frac{\partial f_\alpha}{\partial x_i}\,\mathrm{d}x_i}\,.$$

La formule obtenue est la même que celle obtenue en adoptant le point de vue du physicien; les calculs se font de la même manière, mais l'interprétation de cette formule est tout à fait différente.

Remarquons que l'on retrouve la « formule des physiciens » en appliquant les deux membres de l'égalité au n-uplet de nombres réels $(\Delta x_1, \Delta x_2, \ldots, \Delta x_n)$, les Δx_i pouvant s'interpréter comme des petits accroissements. On obtient :

$$\mathrm{d}f_\alpha(\Delta x_1, \ldots, \Delta x_n) = \sum_{i=1}^{n} \frac{\partial f_\alpha}{\partial x_i}\,\Delta x_i,$$

car $\mathrm{d}x_i(\Delta x_1, \ldots, \Delta x_n) = \Delta x_i$, et d'autre part l'accroissement

$$\Delta f = f(x_1 + \Delta x_1, \ldots, x_n + \Delta x_n) - f(x_1, \ldots, x_n)$$

est équivalent à $\mathrm{d}f_\alpha(\Delta x_1, \ldots, \Delta x_n)$; d'où l'égalité « au premier ordre » :

$$\Delta f = \sum_{i=1}^{n} \frac{\partial f_\alpha}{\partial x_i}\,\Delta x_i.$$

Le point de vue du physicien peut être très utile en mathématiques pour deviner un résultat mais jamais pour le démontrer.

> **Exercice 13.** Dans le cas $m = n = 1$, soit $f : \mathbb{R} \longrightarrow \mathbb{R}$, dérivable en x_0. Expliciter les applications $\mathrm{d}x$ et $(\mathrm{d}f)_{x_0}$ et exprimer $(\mathrm{d}f)_{x_0}$ en fonction de $\mathrm{d}x$.
>
> **Exercice 14.** Soit $f : \mathbb{R}^n \longrightarrow \mathbb{R}^m$ et $g : \mathbb{R}^m \longrightarrow \mathbb{R}^\ell$; on suppose que f et g sont différentiables. On désigne par
>
> $\mathrm{D}f$ l'application :
>
> $$\mathbb{R}^n \times \mathbb{R}^n \longrightarrow \mathbb{R}^n \times \mathbb{R}^m,$$
> $$(x_1^0, \ldots, x_n^0, k_1, \ldots, k_n) \longmapsto (y_1^0, \ldots, y_m^0, h_1, \ldots, h_m)$$
>
> ou $(y_1^0, y_2^0, \ldots, y_m^0) = f(x_1^0, \ldots, x_n^0)$ et on pose pour tout $\alpha \in \{1, \ldots, m\}$
>
> $$h_\alpha = \sum_{i=1}^{n} \left(\frac{\partial f_\alpha}{\partial x_i}\right)_{(x_1^0, \ldots, x_n^0)} k_i.$$
>
> Montrer que $\mathrm{D}(g \circ f) = \mathrm{D}g \circ \mathrm{D}f$. Que devient la formule de Leibniz avec ce formalisme?

§ 4. GÉNÉRALISATION ALGÉBRIQUE

On dit que A est une *algèbre* ssi A est un espace vectoriel muni d'un produit, c'est-à-dire d'une application $A \times A \longrightarrow A$, $(a, b) \longmapsto a \cdot b$ qui est bilinéaire (pour b fixé, $(a, b) \longmapsto a$ est linéaire et pour a fixé, $(a, b) \longmapsto b$ est linéaire). Une application

$$\delta : A \longrightarrow A$$

est une *dérivation* ssi

1. δ est linéaire
2. $\forall a \in A \quad \forall b \in A \quad \delta(a \cdot b) = \delta a \cdot b + a \cdot \delta b$.

Exemple 1. On considère l'espace vectoriel $\mathbb{R}^{\mathbb{N}}$ des séries formelles

$$(a_0, a_1, \ldots, a_n, \ldots) = (a_n)_{n \in \mathbb{N}} \left(= \sum_{n=0}^{\infty} a_n X^n \right),$$

muni du produit :

$$(a_n)_{n \in \mathbb{N}} \cdot (b_m)_{m \in \mathbb{N}} = \left(\sum_{i=0}^{\ell} a_i b_{\ell - i} \right)_{\ell \in \mathbb{N}}.$$

On appelle *dérivée formelle* l'application $\mathbb{R}^{\mathbb{N}} \longrightarrow \mathbb{R}^{\mathbb{N}}$,

$$(a_0, a_1, a_2, \ldots, a_n, \ldots) \longmapsto (a_1, 2a_2, 3a_3, \ldots, (n+1)a_{n+1}, \ldots).$$

C 11. Vérifier que la dérivée formelle est une dérivation.

Exemple 2. On considère l'espace vectoriel sur $\mathbb{C}$ des matrices carrées à coefficients complexes d'ordre n, $M_n(\mathbb{C})$. On définit le produit, noté $[A, B]$ et appelé *opération crochet* par

$$[A, B] = AB - BA$$

où AB désigne le produit de matrices usuel. Soit $M \in M_n(\mathbb{C})$, on pose

$$\delta_M : M_n(\mathbb{C}) \longrightarrow M_n(\mathbb{C}),$$
$$A \longmapsto [A, M].$$

C 12. Vérifier que δ_M est une dérivation sur $M_n(\mathbb{C})$ muni de l'opération crochet.

Coordonnées cartésiennes

$$\vec{\nabla} = \vec{i}\,\frac{\partial}{\partial x} + \vec{j}\,\frac{\partial}{\partial y} + \vec{k}\,\frac{\partial}{\partial z}.$$

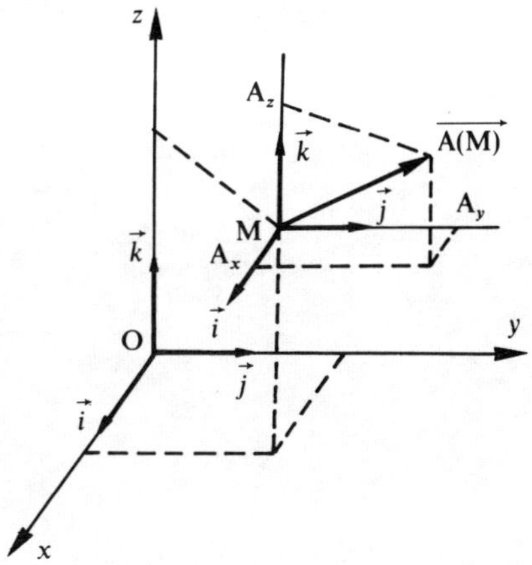

- On convient que $\vec{A}\lambda = \lambda\vec{A}$.
- $(O, \vec{i}, \vec{j}, \vec{k})$ repère orthonormé direct

$$\overrightarrow{OM} = x\vec{i} + y\vec{j} + z\vec{k}.$$

- Champ scalaire : U

$$U(M) = U_1(x, y, z).$$

- Champ vectoriel : $\vec{A}$

$$\overrightarrow{A(M)} = A_x(x, y, z)\vec{i} + A_y(x, y, z)\vec{j} + A_z(x, y, z)\vec{k}.$$

GRADIENT

$$\overrightarrow{\text{grad}}\ U = \vec{\nabla}U = \frac{\partial U_1}{\partial x}\vec{i} + \frac{\partial U_1}{\partial y}\vec{j} + \frac{\partial U_1}{\partial z}\vec{k}.$$

ROTATIONNEL

$$\overrightarrow{\text{rot}}\ U = \vec{\nabla} \wedge \vec{A} = \left(\frac{\partial A_z}{\partial y} - \frac{\partial A_y}{\partial z}\right)\vec{i} + \left(\frac{\partial A_x}{\partial z} - \frac{\partial A_z}{\partial x}\right)\vec{j} + \left(\frac{\partial A_y}{\partial x} - \frac{\partial A_x}{\partial y}\right)\vec{k}$$

DIVERGENCE

$$\text{div}\ \vec{A} = \vec{\nabla} \cdot \vec{A} = \frac{\partial A_x}{\partial x} + \frac{\partial A_y}{\partial y} + \frac{\partial A_z}{\partial z}.$$

LAPLACIEN

$$\Delta = \vec{\nabla} \cdot \vec{\nabla} = \frac{\partial^2}{\partial x^2} + \frac{\partial^2}{\partial y^2} + \frac{\partial^2}{\partial z^2}$$

$$\Delta U = \frac{\partial^2 U_1}{\partial x^2} + \frac{\partial^2 U_1}{\partial y^2} + \frac{\partial^2 U_1}{\partial z^2}.$$

LAPLACIEN VECTORIEL

$$\begin{aligned}\vec{\Delta}\,\vec{A} &= \vec{\nabla}(\vec{\nabla} \cdot \vec{A}) - \vec{\nabla} \wedge (\vec{\nabla} \wedge \vec{A}) \\ &= \overrightarrow{\text{grad}}\ (\text{div}\ \vec{A}) - \overrightarrow{\text{rot}}\ (\overrightarrow{\text{rot}}\ \vec{A}) \\ &= (\Delta A_x)\vec{i} + (\Delta A_y)\vec{j} + (\Delta A_z)\vec{k}.\end{aligned}$$

2. L'opération nabla en coordonnées cartésiennes. En toute rigueur l'égalité $\vec{\nabla} = \vec{i}\,\frac{\partial}{\partial x} + \vec{j}\,\frac{\partial}{\partial y} + \vec{k}\,\frac{\partial}{\partial z}$ est incorrecte, les relations rigoureuses sont $\vec{\nabla}U = \left(\vec{i}\,\frac{\partial}{\partial x} + \vec{j}\,\frac{\partial}{\partial y} + \vec{k}\,\frac{\partial}{\partial z}\right)U_1$, $\vec{\nabla} \wedge \vec{A} = (...) \wedge (A_x\vec{i} + A_y\vec{j} + A_z\vec{k})$ etc.

Coordonnées cylindriques

$$\vec{\nabla} = \vec{e}_r \frac{\partial}{\partial r} + \vec{e}_\theta \frac{1}{r} \frac{\partial}{\partial \theta} + \vec{e}_z \frac{\partial}{\partial z}$$

$$\begin{cases} x = r\cos\theta \\ y = r\sin\theta \\ z = z \end{cases} \qquad \begin{cases} \vec{e}_r = \vec{i}\cos\theta + \vec{j}\sin\theta \\ \vec{e}_\theta = -\vec{i}\sin\theta + \vec{j}\cos\theta \\ \vec{e}_z = \vec{k}. \end{cases}$$

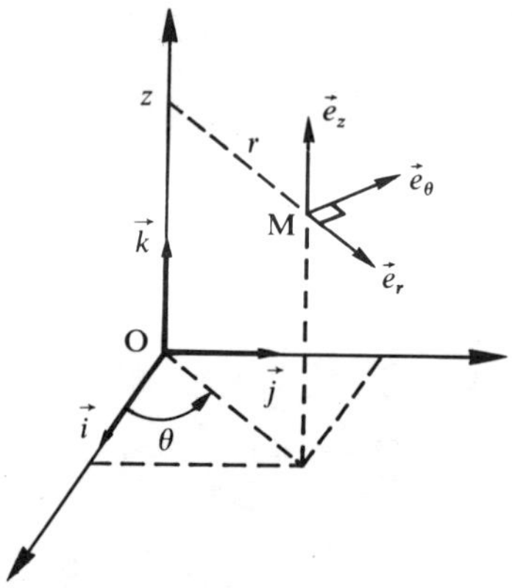

Champ scalaire

$$U(M) = U_1(x, y, z) = U_2(r, \theta, z)$$

$$\boxed{U_2(r, \theta, z) = U_1(r\cos\theta, r\sin\theta, z)}.$$

D'où en dérivant :

$$\begin{cases} \dfrac{\partial U_2}{\partial r}(r, \theta, z) = \cos\theta \dfrac{\partial U_1}{\partial x}(r\cos\theta, r\sin\theta, z) + \sin\theta \dfrac{\partial U_1}{\partial y}(r\cos\theta, r\sin\theta, z) \\ \dfrac{\partial U_2}{\partial \theta}(r, \theta, z) = -r\sin\theta \dfrac{\partial U_1}{\partial x}(r\cos\theta, r\sin\theta, z) + r\cos\theta \dfrac{\partial U_1}{\partial y}(r\cos\theta, r\sin\theta, z) \\ \dfrac{\partial U_2}{\partial z}(r, \theta, z) = \dfrac{\partial U_1}{\partial z}(r\cos\theta, r\sin\theta, z). \end{cases}$$

En résolvant ce système linéaire en $\dfrac{\partial U_1}{\partial x}, \dfrac{\partial U_1}{\partial y}$ et $\dfrac{\partial U_1}{\partial z}$, il vient

$$\begin{cases} \dfrac{\partial U_1}{\partial x}(x, y, z) = \cos\theta \dfrac{\partial U_2}{\partial r}(r, \theta, z) - \dfrac{1}{r}\sin\theta \dfrac{\partial U_2}{\partial \theta}(r, \theta, z) \\ \dfrac{\partial U_1}{\partial y}(x, y, z) = \sin\theta \dfrac{\partial U_2}{\partial r}(r, \theta, z) + \dfrac{1}{r}\cos\theta \dfrac{\partial U_2}{\partial \theta}(r, \theta, z) \\ \dfrac{\partial U_1}{\partial z}(x, y, z) = \dfrac{\partial U_2}{\partial z}(r, \theta, z) \end{cases} \qquad \begin{vmatrix} \vec{i} \\ \vec{j} \\ \vec{k} \end{vmatrix}$$

GRADIENT

Multiplions la première ligne par $\vec{i}$, la deuxième par $\vec{j}$, la troisième par $\vec{k}$ et sommons :

$$\vec{\nabla} U = \vec{e}_r \frac{\partial U_2}{\partial r} + \frac{1}{r}\vec{e}_\theta \frac{\partial U_2}{\partial \theta} + \vec{e}_z \frac{\partial U_2}{\partial z},$$

soit

$$\boxed{(\vec{\nabla} U)(M) = \left(\vec{e}_r \frac{\partial}{\partial r} + \vec{e}_\theta \frac{1}{r}\frac{\partial}{\partial \theta} + \vec{e}_z \frac{\partial}{\partial z}\right) U_2(r, \theta, z)}.$$

LAPLACIEN

Pour calculer l'expression explicite du laplacien remarquons que $(\vec{e}_r, \vec{e}_\theta, \vec{e}_z)$ est orthonormé et que

$$\frac{\partial}{\partial r}(\vec{e}_r, \vec{e}_\theta, \vec{e}_z) = (\vec{0}, \vec{0}, \vec{0}), \quad \frac{\partial}{\partial \theta}(\vec{e}_r, \vec{e}_\theta, \vec{e}_z) = (\vec{e}_\theta, -\vec{e}_r, \vec{0}), \quad \frac{\partial}{\partial z}(\vec{e}_r, \vec{e}_\theta, \vec{e}_z) = (\vec{0}, \vec{0}, \vec{0}).$$

D'où

$$\Delta \mathrm{U} = \left(\vec{e}_r \frac{\partial}{\partial r} + \vec{e}_\theta \frac{1}{r}\frac{\partial}{\partial \theta} + \vec{e}_z \frac{\partial}{\partial z}\right) \cdot \left(\vec{e}_r \frac{\partial}{\partial r} + \vec{e}_\theta \frac{1}{r}\frac{\partial}{\partial \theta} + \vec{e}_z \frac{\partial}{\partial z}\right) \mathrm{U}_2(r, \theta, z)$$

$$\boxed{\Delta \mathrm{U} = \left(\frac{\partial^2}{\partial r^2} + \frac{1}{r}\frac{\partial}{\partial r} + \frac{1}{r^2}\frac{\partial^2}{\partial \theta^2} + \frac{\partial^2}{\partial z^2}\right)\mathrm{U}_2(r, \theta, z)}.$$

Champ vectoriel $\overrightarrow{\mathrm{A(M)}}$

$$\boxed{\overrightarrow{\mathrm{A(M)}} \begin{cases} = \mathrm{A}_x(x, y, z)\vec{i} + \mathrm{A}_y(x, y, z)\vec{j} + \mathrm{A}_{1,z}(x, y, z)\vec{k} \\ = \mathrm{A}_r(r, \theta, z)\vec{e}_r + \mathrm{A}_\theta(r, \theta, z)\vec{e}_\theta + \mathrm{A}_{2,z}(r, \theta, z)\vec{e}_z \end{cases}}$$

donc

$$\begin{cases} \mathrm{A}_x(r\cos\theta, r\sin\theta, z) = \cos\theta \mathrm{A}_r(r, \theta, z) - \sin\theta \mathrm{A}_\theta(r, \theta, z) \\ \mathrm{A}_y(r\cos\theta, r\sin\theta, z) = \sin\theta \mathrm{A}_r(r, \theta, z) + \cos\theta \mathrm{A}_\theta(r, \theta, z) \\ \mathrm{A}_{1,z}(r\cos\theta, r\sin\theta, z) = \mathrm{A}_{2,z}(r, \theta, z). \end{cases}$$

ROTATIONNEL

$$\vec{\nabla} \wedge \vec{\mathrm{A}} = \left(\vec{e}_r \frac{\partial}{\partial r} + \vec{e}_\theta \frac{1}{r}\frac{\partial}{\partial \theta} + \vec{e}_z \frac{\partial}{\partial z}\right) \wedge (\mathrm{A}_r\vec{e}_r + \mathrm{A}_\theta\vec{e}_\theta + \mathrm{A}_{2,z}\vec{e}_z)$$

$$= \vec{e}_r \wedge \left(\frac{\partial \mathrm{A}_r}{\partial r}\vec{e}_r + \frac{\partial \mathrm{A}_\theta}{\partial r}\vec{e}_\theta + \frac{\partial \mathrm{A}_{2,z}}{\partial r}\vec{e}_z\right) + \vec{e}_\theta \wedge \left(\frac{\partial \mathrm{A}_r}{\partial \theta}\vec{e}_r + \mathrm{A}_r\vec{e}_\theta + \frac{\partial \mathrm{A}_\theta}{\partial \theta}\vec{e}_\theta - \mathrm{A}_\theta\vec{e}_r + \frac{\partial \mathrm{A}_{2,z}}{\partial \theta}\vec{e}_z\right) + \vec{e}_z \wedge \left(\frac{\partial \mathrm{A}_r}{\partial z}\vec{e}_r + \frac{\partial \mathrm{A}_\theta}{\partial z}\vec{e}_\theta + \frac{\partial \mathrm{A}_{2,z}}{\partial z}\vec{e}_z\right)$$

soit

$$\boxed{\vec{\nabla} \wedge \vec{\mathrm{A}} = \left(\frac{1}{r}\frac{\partial \mathrm{A}_{2,z}}{\partial \theta} - \frac{\partial \mathrm{A}_\theta}{\partial z}\right)\vec{e}_r + \left(\frac{\partial \mathrm{A}_r}{\partial z} - \frac{\partial \mathrm{A}_z}{\partial r}\right)\vec{e}_\theta + \frac{1}{r}\left(\frac{\partial}{\partial r}(r\mathrm{A}_\theta) - \frac{\partial \mathrm{A}_{2,z}}{\partial \theta}\right)\vec{e}_z}$$

DIVERGENCE

Remplacer $\wedge$ par $\cdot$ dans le calcul précédent, d'où

$$\boxed{\vec{\nabla} \cdot \vec{\mathrm{A}} = \frac{1}{r}\frac{\partial}{\partial r}(r\mathrm{A}_r) + \frac{1}{r}\frac{\partial \mathrm{A}_\theta}{\partial \theta} + \frac{\partial \mathrm{A}_{2,z}}{\partial z}}.$$

Exercice 15. Calculer les neuf dérivées partielles

$$\frac{\partial \mathrm{A}_x}{\partial x}(x, y, z), \frac{\partial \mathrm{A}_x}{\partial y}(x, y, z), \frac{\partial \mathrm{A}_x}{\partial y}(x, y, z), \ldots, \frac{\partial \mathrm{A}_{1,z}}{\partial z}(x, y, z)$$

en fonction de r, θ, z et de

$$\frac{\partial \mathrm{A}_r}{\partial r}(r, \theta, z) \ldots \frac{\partial \mathrm{A}_{2,z}}{\partial \theta}(r, \theta, z), \frac{\partial \mathrm{A}_{2,z}}{\partial z}(r, \theta, z).$$

Retrouver ainsi l'expression du rotationnel, de la divergence et du laplacien.

3. Expressions du gradient, du laplacien, du rotationnel et de la divergence en coordonnées cylindriques. L'exercice montre l'efficacité de l'opérateur « nabla » $\vec{\nabla}$ pour faire les calculs explicites. Mais il faut faire attention au fait que le repère $(\vec{e}_r, \vec{e}_\theta, \vec{e}_z)$ est mobile, c'est-à-dire qu'il dépend du point M.

Coordonnées sphériques

$$\vec{\nabla} = \vec{e}_r \frac{\partial}{\partial r} + \vec{e}_\theta \frac{1}{r}\frac{\partial}{\partial \theta} + \vec{e}_\varphi \frac{1}{r \sin\theta}\frac{\partial}{\partial \varphi}.$$

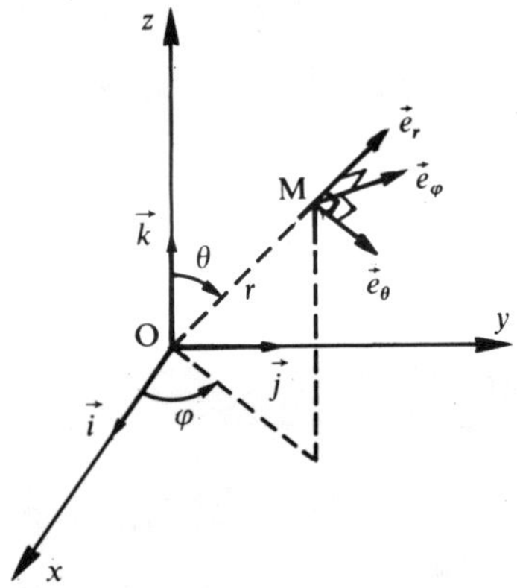

$$\begin{cases} x = r\sin\theta\cos\varphi \\ y = r\sin\theta\sin\varphi \\ z = r\cos\theta \end{cases}$$

$$\begin{cases} \vec{e}_r = \vec{i}\sin\theta\cos\varphi + \vec{j}\sin\theta\sin\varphi + \vec{k}\cos\theta \\ e_\theta = \vec{i}\cos\theta\cos\varphi + \vec{j}\cos\theta\sin\varphi - \vec{k}\sin\theta \\ \vec{e}_\varphi = -\vec{i}\sin\varphi + \vec{j}\cos\varphi. \end{cases}$$

Champ scalaire

$$\begin{aligned} U(M) &= U_1(r\sin\theta\cos\varphi, r\sin\theta\sin\varphi, r\cos\theta) \\ &= U_3(r, \theta, \varphi). \end{aligned}$$

GRADIENT

$$\vec{\nabla}U = \vec{e}_r \frac{\partial U_3}{\partial r} + \vec{e}_\theta \frac{1}{r}\frac{\partial U_3}{\partial \theta} + \vec{e}_\varphi \frac{1}{r\sin\theta}\frac{\partial U_3}{\partial \varphi}.$$

LAPLACIEN

$$\Delta U = \frac{1}{r}\frac{\partial^2}{\partial r^2}(rU_3) + \frac{1}{r^2\sin\theta}\frac{\partial}{\partial\theta}\left(\sin\theta\frac{\partial U_3}{\partial\theta}\right) + \frac{1}{r^2\sin^2\theta}\frac{\partial^2 U_3}{\partial\varphi^2}.$$

Champ vectoriel

$$\begin{aligned} \overrightarrow{A(M)} &= A_x(x,y,z)\vec{i} + A_y(x,y,z)\vec{j} + A_z(x,y,z)\vec{k} \\ &= A_r(r,\theta,\varphi)\vec{e}_r + A_\theta(r,\theta,\varphi)\vec{e}_\theta + A_\varphi(r,\theta,\varphi)\vec{e}_\varphi. \end{aligned}$$

ROTATIONNEL

$$\vec{\nabla}\wedge\vec{A} = \frac{1}{r\sin\theta}\left[\frac{\partial}{\partial\theta}(\sin\theta A_\varphi) - \frac{\partial A_\theta}{\partial\varphi}\right]\vec{e}_r + \frac{1}{r}\left[\frac{1}{\sin\theta}\frac{\partial A_r}{\partial\varphi} - \frac{\partial}{\partial r}(rA_\varphi)\right]\vec{e}_\theta + \frac{1}{r\sin\theta}\left[\frac{\partial}{\partial r}(rA_r) - \frac{\partial A_r}{\partial\theta}\right]\vec{e}_\varphi.$$

DIVERGENCE

$$\vec{\nabla}\cdot\vec{A} = \frac{1}{r^2}\frac{\partial}{\partial r}(r^2A_r) + \frac{1}{r\sin\theta}\left[\frac{\partial}{\partial\theta}(\sin\theta A_\theta) + \frac{\partial A_\varphi}{\partial\varphi}\right].$$

C 10. Retrouver ces résultats en procédant comme dans le cas des coordonnées cylindriques : 1. Exprimer $\partial U_3/\partial r$, $\partial U_3/\partial\theta$ et $\partial U_3/\partial\varphi$ en fonction de $\partial U_1/\partial x$, $\partial U_1/\partial y$ et $\partial U_1/\partial z$. 2. Résoudre le système linéaire en $\partial U_1/\partial x$, $\partial U_1/\partial y$, $\partial U_1/\partial z$ ainsi obtenu. 3. Vérifier que $(\vec{e}_r, \vec{e}_\theta, \vec{e}_\varphi)$ est orthonormé et calculer toutes les dérivées partielles. 4. En déduire l'expression du gradient de U. 5. Utiliser l'expression de $\vec{\nabla}$ pour calculer le laplacien, le rotationnel et la divergence. 6. Calculer $\partial A_r/\partial x$, $\partial A_x/\partial y$, ... en fonction de $\partial A_r/\partial r$, $\partial A_r/\partial\theta$, ... et retrouver les résultats précédents.

4. Expressions du gradient, du laplacien, du rotationnel et de la divergence en coordonnées sphériques. Ces résultats s'obtiennent de la même manière que dans le cas des coordonnées cylindriques.

$$\overrightarrow{\nabla}$$

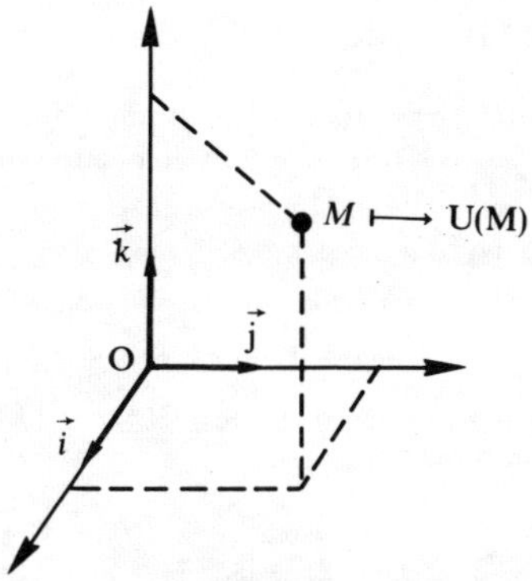

E_3 : espace affine

$\overrightarrow{E_3}$: espace vectoriel

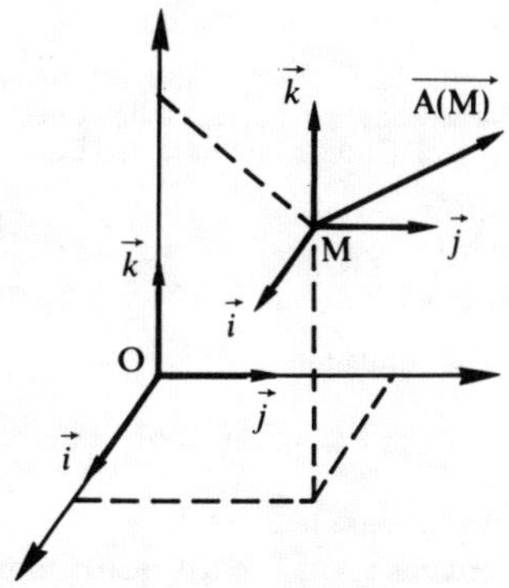

Champ scalaire U

$U : E_3 \longrightarrow \mathbb{R}$

$M \longmapsto U(M)$

Champ vectoriel $\overrightarrow{A}$

$\overrightarrow{A} : E_3 \longrightarrow \overrightarrow{E_3}$

$M \longmapsto \overrightarrow{A(M)}$

GRADIENT

$$\overrightarrow{\text{grad}}\, U = \overrightarrow{\nabla} U$$

$$U(B) - U(A) = \int_{\text{Courbe } \widehat{AB}} (\overrightarrow{\nabla} U)\cdot \overrightarrow{d\ell}$$

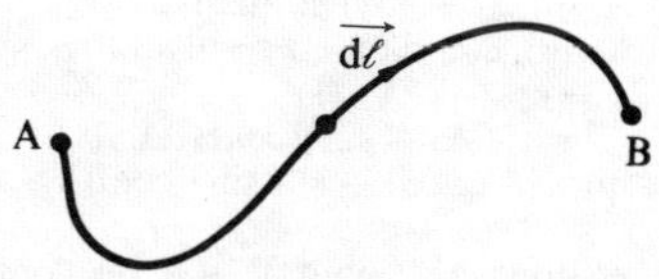

A et B = extrémités de la courbe

ROTATIONNEL

$$\overrightarrow{\text{rot}}\, \overrightarrow{A} = \overrightarrow{\nabla} \wedge \overrightarrow{A}$$

$$\int_{\partial(\text{Surface})} \overrightarrow{A}\cdot\overrightarrow{d\ell} = \iint_{\text{Surface}} (\overrightarrow{\nabla} \wedge \overrightarrow{A})\cdot\overrightarrow{dS}$$

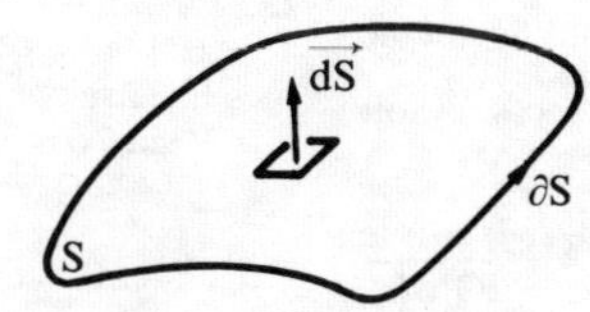

∂S = bord de S

DIVERGENCE

$$\text{div}\, \overrightarrow{A} = \overrightarrow{\nabla}\cdot\overrightarrow{A}$$

$$\int_{\partial(\text{Volume})} \overrightarrow{A}\cdot\overrightarrow{dS} = \iiint_{\text{Volume}} (\overrightarrow{\nabla}\cdot\overrightarrow{A})\cdot dv$$

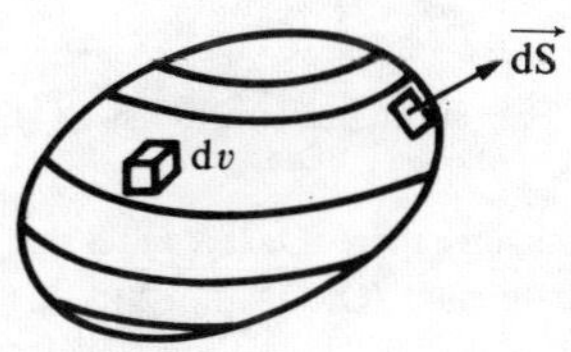

∂V = bord du volume V

Propriétés de $\overrightarrow{\nabla}$

$\overrightarrow{\nabla} \wedge (\overrightarrow{\nabla} U) = 0$

$\overrightarrow{\nabla}\cdot(\overrightarrow{\nabla} \wedge \overrightarrow{A}) = 0$

$\overrightarrow{\nabla}(UV) = U\overrightarrow{\nabla}V + V\overrightarrow{\nabla}U$

$\overrightarrow{\nabla}\cdot(U\overrightarrow{A}) = U\overrightarrow{\nabla}\cdot\overrightarrow{A} + \overrightarrow{\nabla}U\cdot\overrightarrow{A}$

$\overrightarrow{\nabla}\cdot(\overrightarrow{A} \wedge \overrightarrow{B}) = -\overrightarrow{A}\cdot(\overrightarrow{\nabla} \wedge \overrightarrow{B}) + (\overrightarrow{\nabla} \wedge \overrightarrow{A})\cdot\overrightarrow{B}$

$\overrightarrow{\nabla} \wedge (U\overrightarrow{A}) = U\overrightarrow{\nabla} \wedge \overrightarrow{A} + (\overrightarrow{\nabla} U) \wedge \overrightarrow{A}$

Traduction

$\overrightarrow{\text{rot}}\, \overrightarrow{\text{grad}}\, U = 0$

$\text{div}\, \overrightarrow{\text{rot}}\, \overrightarrow{A} = 0$

$\overrightarrow{\text{grad}}\,(UV) = U\,\overrightarrow{\text{grad}}\,V + V\,\overrightarrow{\text{grad}}\,U$

$\text{div}\,(U\overrightarrow{A}) = U\,\text{div}\,\overrightarrow{A} + \overrightarrow{\text{grad}}\,U\cdot\overrightarrow{A}$

$\text{div}\,(\overrightarrow{A} \wedge \overrightarrow{B}) = -\overrightarrow{A}\cdot\overrightarrow{\text{rot}}\,\overrightarrow{B} + (\overrightarrow{\text{rot}}\,\overrightarrow{A})\cdot\overrightarrow{B}$

$\overrightarrow{\text{rot}}\,(U\overrightarrow{A}) = U\,\overrightarrow{\text{rot}}\,\overrightarrow{A} + \overrightarrow{\text{grad}}\,U \wedge \overrightarrow{A}$

5. L'opérateur « nabla » : $\overrightarrow{\nabla}$. Formules intrinsèques, c'est-à-dire indépendantes des coordonnées. Pour une définition de $\overrightarrow{\nabla}$ on pourra choisir son expression en coordonnées cartésiennes ou en un autre système de coordonnées (voir encadrés 2, 3 et 4).

§ 5. RÉPONSES OU INDICATIONS

C 1. $(f_1 g_1 - f_2 g_2)' + i(f_1 g_2 + f_2 g_1)'$

$$= (f'_1 g_1 - f'_2 g_2) + i(f'_1 g_2 + f'_2 g_1) + (f_1 g'_1 - f_2 g'_2) + i(f_1 g'_2 + f_2 g'_1).$$

C 2. $(\overline{f})' = (f_1 - if_2)' = (f_1 + i(-f_2))'$

$$= f'_1 + i(-f_2)' = f'_1 - if'_2 = \overline{f'}.$$

C 3. $\dfrac{\mathrm{d}}{\mathrm{d}x}(\cos x + i \sin x) = -\sin x + i \cos x = i(\cos x + i \sin x).$

Poser $\lambda = a + ib$.

1. *a*) $f'(x) = (0, 0, ..., 0)$. *b*) Si $v = 0$, $f(\mathbb{R})$ est un vecteur de E. Si $v \neq 0$, choisir une base $e_1, ..., e_n$ telle que $e_1 = v$; alors $f'(x) = (f'_1(x), 0, ..., 0)$. *c*) Choisir une base de H et compléter cette base.

C 4. Det $(v_1, v_2, v_3) = v_1 \cdot (v_2 \wedge v_3)$.

2. De $\vec{v} \cdot \vec{v} = \mathrm{K}^2 =$ Constante, il suit $\vec{v} \cdot \vec{v}' + \vec{v}' \cdot \vec{v} = 0$ ou $\vec{v} \cdot \vec{v}' = 0$.

C 5. De $\|\vec{\mathrm{V}}\|^2 = \vec{\mathrm{V}} \cdot \vec{\mathrm{V}}$, on déduit

$$2\|\vec{\mathrm{V}}\| \frac{\mathrm{d}}{\mathrm{d}t}\|\vec{\mathrm{V}}\| = 2\vec{\Gamma} \cdot \vec{\mathrm{V}} = 2\Gamma_{tg}\|\vec{\mathrm{V}}\|.$$

C 6. Soit M_1 un autre paramétrage et $\varphi : \mathbb{R} \longrightarrow \mathbb{R}$ tel que $\mathrm{M}(t) = \mathrm{M}_1(\varphi(t))$. Dérivons : $\overrightarrow{\mathrm{V}(t)} = \varphi'(t)\overrightarrow{\mathrm{V}_1(\varphi(t))}$, donc $\vec{\mathrm{T}}_1 = \vec{\mathrm{T}}$ si $\varphi'(t) > 0$; dérivons encore : $\vec{\Gamma} = \varphi'^2\vec{\Gamma}_1 + \varphi''\vec{\mathrm{V}}_1$; donc $(\vec{\mathrm{V}}, \vec{\Gamma})$ et $(\vec{\mathrm{V}}_1, \vec{\Gamma}_1)$ engendrent le même plan et comme Det $(\vec{\mathrm{V}}_1, \vec{\Gamma}_1)$ a le même signe que Det $(\vec{\mathrm{V}}, \vec{\Gamma})$, $\vec{\mathrm{N}}_1 = \vec{\mathrm{N}}$.

C 7. Parmi les cercles du plan $(\mathrm{M}(t), \vec{\mathrm{T}}, \vec{\mathrm{N}})$ tangents à la courbe, c'est-à-dire centrés sur la droite $(\mathrm{M}(t), \vec{\mathrm{N}})$, le cercle de centre C défini par $\overrightarrow{\mathrm{M}(t)\mathrm{C}} = \mathrm{R}\vec{\mathrm{N}}$ est celui qui approxime le mieux la courbe. En effet

$$\mathrm{M}(t+h) = \mathrm{M}(t) + h\vec{\mathrm{V}} + \frac{1}{2}h^2\vec{\Gamma} + o(h^2)$$

$$= \mathrm{M}(t) + (h\|\vec{\mathrm{V}}\| + \frac{1}{2}h^2\Gamma_{\mathrm{tg}})\vec{\mathrm{T}} + \frac{1}{2}h^2\Gamma_n\vec{\mathrm{N}} + o(h^2)$$

et la partie du cercle voisine de $\mathrm{M}(t)$ a pour équation dans le repère $(\mathrm{M}(t), \vec{\mathrm{T}}, \vec{\mathrm{N}})$

$$\mathrm{Y} = \mathrm{R} - \sqrt{\mathrm{R}^2 - \mathrm{X}^2} = \frac{1}{2\mathrm{R}}\mathrm{X}^2 + o(\mathrm{X}^2).$$

Posons $\mathrm{X} = h\|\vec{\mathrm{V}}\| + \frac{1}{2}h^2\Gamma_{\mathrm{tg}}$; les deux courbes auront le même terme en h^2 si et seulement si $\mathrm{X}^2/2\mathrm{R} = h^2\Gamma_n/2 + o(h^2)$ soit $\mathrm{V}^2/\mathrm{R} = \Gamma_n$.

C 8. Choisir un repère $(\mathrm{O}, \vec{i}, \vec{j}, \vec{k})$ tel que le plan de $(\mathrm{O}, \vec{i}, \vec{j})$ soit le même que le plan $(\mathrm{O}, \overrightarrow{\mathrm{OM}(t_0)}, \overrightarrow{\mathrm{V}(t_0)})$, l'équation $\vec{\Gamma}(t) = \lambda\overrightarrow{\mathrm{OM}(t)}$, devient $x''(t) = \lambda(t)x(t)$, $y''(t) = \lambda(t)y(t)$ et $z''(t) = \lambda(t)z(t)$, avec $z(t_0) = z'(t_0) = 0$ d'où $z(t) = 0$ pour tout t.

3. $\mathrm{d}\Omega/\mathrm{d}t = \vec{\mathrm{V}} \wedge \vec{\mathrm{V}} + \overrightarrow{\mathrm{OM}} \wedge \vec{\Gamma} = 0 + 0 = 0.$

C 9. $|x - x_0| < \eta$ entraîne $\sqrt{(x - x_0)^2 + (y_0 - y_0)^2} < \eta$ d'où

$$|\mathrm{F}(x, y_0) - \mathrm{F}(x_0, y_0)| < \varepsilon.$$

$\mathrm{G}(0, \theta) = 0$ et si $r \neq 0$, $\mathrm{G}(r, \theta) = (1/2) \sin 2\theta$. F est constant sur des couples de droites passant par O, le point O *exclu*. Pour $(x_0, y_0) = (0, 0)$, $\varepsilon = 1/2$ (ou $\varepsilon = \varepsilon_0 \in]0,1/2]$), $x = y = \eta/2$.

4. $y - 1$, x, 0, 1, 0; (on pose $\alpha = 1/(x^2 + y^2)$) $- y\alpha$, $x\alpha$, $2xy\alpha^2$, $(y^2 - x^2)\alpha^2$, $-2xy\alpha^2$; (on pose $\beta = (x^2 + y^4)^{-2/3}$ et $\gamma = (x^2 + y^4)^{-5/3}$) $2\beta x/3$, $4\beta y^3/3$, $2\gamma(3y^4 - x^2)/9$, $-16\gamma xy^3/9$, $4\gamma(y^4/9 + x^2)y^2$; ($\alpha = (x^2 + y^2)^{-1}$) $- x\alpha$, $- y\alpha$, $(x^2 - y^2)\alpha^2$, $2xy\alpha^2$, $(y^2 - x^2)\alpha^2$.

5. C^n_{n+m-1} symboles $\partial^n/(\partial x_1)^{k_1} \ldots (\partial x_m)^{k_m}$ avec $k_1 + \ldots + k_m = x$.

6. $\mathrm{F}''_{x_2} = \dfrac{\partial}{\partial x}\left[f'(r)\dfrac{x}{r}\right] = f''(r)\left(\dfrac{x}{r}\right)^2 + f'(r)\dfrac{r - x \cdot (x/r)}{r^2}$

$$= (x^2 r f'' + y^2 f')r^{-3}. \quad \mathrm{F}''_{xy} = xy(rf'' - f')r^{-3};$$

$\Gamma''_{x_2} + \Gamma''_{y_2} = f'' + f'r^{-1}$, donc $= 0$ si $f = \mathrm{Log}$.

7. $(\partial r/\partial x) = x/r$, etc... d'où $\Delta\mathrm{F} = f'' + 2f'r^{-1}$. $\Delta\mathrm{F} = 0$ si et seulement si

$(\mathrm{d}/\mathrm{d}r)(\mathrm{Log}\, f') = f''/f' = -2r^{-1} = (\mathrm{d}/\mathrm{d}r)(\mathrm{Log}\, r^{-2})$

ou $f' = \mathrm{H}r^{-2}$ où $\mathrm{H} = -\mathrm{K}$.

8. Soit $g(r, \theta) = f(x, y) = f(r \cos \theta, r \sin \theta)$.
$rg'_r = xf'_x + yf'_y = 0$; $f(xy) = h(y/x)$, h fonction quelconque.

10. $z = f(x, y) = f(1 + k, -2 + h)$

$$= 3k^2h + 2kh^2 - 2kh - 6k^2 + 2h^2 - 4k - 5k + 2.$$

Plan tangent : $z_{\mathrm{plan}} = -4(x - 1) - 5(y + 2) + 2$,

d'où $z - z_{\mathrm{plan}} = -6k^2 < 0$ si $h = 0$ et $= 2h^2 > 0$ si $k = 0$. La surface traverse son plan tangent.

11. $f'_x = 3(x^2 + y^2 - 5)$, $f'_y = 6(xy - 2)$; $f'_x = f'_y = 0$ en A(1, 2), B(2, 1), C(− 1, − 2) et D(− 2, − 1), $f''_{x_2} = 6x$, $f''_{xy} = 6y$, $f''_{y_2} = 6x$, $\Delta' = 36(y^2 - x^2)$, Cols A et C, minimum local − 28 en B, maximum local 28 en D. Col en (0, 0), minimum − 1 en (1, 0) et (− 1, 0).

12. $\mathrm{J}_{f,(r,\theta)} = \begin{bmatrix} \cos\theta & -r\sin\theta \\ \sin\theta & r\cos\theta \end{bmatrix}$, Det $= r$,

$$(\mathrm{J}_{f,(r,\theta)})^{-1} = \begin{bmatrix} \cos\theta & \sin\theta \\ -\dfrac{1}{r}\sin\theta & \dfrac{1}{r}\cos\theta \end{bmatrix}$$

$r = \sqrt{x^2 + y^2}$, $\theta = \mathrm{Arctg}\, y/x$.

De $f \circ f^{-1} = \mathrm{id}$ suit $\mathrm{J}_{f,(r,\theta)} \circ \mathrm{J}_{f^{-1},f(r,\theta)} = \mathrm{I}$.

13. $\mathrm{d}x : \mathbb{R} \longrightarrow \mathbb{R}$, $k \longmapsto k$, $(\mathrm{d}f)_{x_0} : \mathbb{R} \longrightarrow \mathbb{R}$, $k \longmapsto f'(x_0)k$; $(\mathrm{d}f)_{x_0} = f'(x_0)\,\mathrm{d}x$.

14. $\mathrm{D}^k(g \circ f) = \mathrm{D}^k g \circ \mathrm{D}^k f : (\mathbb{R}^n)^{2^k} \longrightarrow (\mathbb{R}^n)^{2^k}$.

15. $\partial\mathrm{A}_x/\partial r = \cos\theta(\partial\mathrm{A}_x/\partial x) + \sin\theta(\partial\mathrm{A}_x/\partial y)$ et aussi $= \cos\theta(\partial\mathrm{A}_r/\partial r) - \sin\theta(\partial\mathrm{A}_\theta/\partial r)$, etc. d'où en résolvant les systèmes linéaires obtenus $\partial\mathrm{A}_x/\partial x = \cos^2\theta(\partial\mathrm{A}_r/\partial r) - r^{-1}\sin\theta\cos\theta(\partial\mathrm{A}_r/\partial\theta) + r^{-1}\sin^2\theta\mathrm{A}_r - \sin\theta\cos\theta(\partial\mathrm{A}_\theta/\partial r) + r^{-1}\sin^2\theta(\partial\mathrm{A}_\theta/\partial\theta) + r^{-1}\sin\theta\cos\theta\mathrm{A}_\theta$, etc.

On obtient facilement $\vec{\nabla}\vec{\mathrm{A}}$ et donc $\Delta\mathrm{U}$; pour $\vec{\nabla} \wedge \vec{\mathrm{A}}$ on l'obtient dans la base $(\vec{i}, \vec{j}, \vec{k})$, pour l'obtenir dans la base $(\vec{e}_r, \vec{e}_\theta, \vec{e}_z)$, il faut inverser la matrice de changement de base : comme il s'agit de changement de bases orthonormées il suffit de transposer la matrice.

C 11. $\delta a \cdot b + a \cdot \delta b$

$$= \left(\sum_{i=0}^{\ell}(i+1)a_{i+1}b_{\ell-i} + \sum_{i=0}^{\ell}(\ell - i + 1)a_i b_{\ell-i+1}\right)_{\ell\in\mathbb{N}}$$

$$= \left(\sum_{j=0}^{\ell+1} ja_j b_{\ell+1-j} + \sum_{j=0}^{\ell+1}(\ell + 1 - j)a_j b_{\ell+1-j}\right)_{\ell\in\mathbb{N}}$$

$$= \left((\ell+1)\sum_{j=0}^{\ell+1} a_j b_{\ell+1-j}\right)_{\ell\in\mathbb{N}} = \delta(a \cdot b).$$

C 12. $[[\mathrm{A}, \mathrm{B}], \mathrm{M}] = (\mathrm{AB} - \mathrm{BA})\mathrm{M} - \mathrm{M}(\mathrm{AB} - \mathrm{BA}) = \mathrm{AMB} - \mathrm{MAB} - \mathrm{BAM} + \mathrm{BMA} + \mathrm{ABM} - \mathrm{AMB} - \mathrm{BMA} + \mathrm{MBA} = [\mathrm{A}, \mathrm{M}]\mathrm{B} - \mathrm{B}[\mathrm{A}, \mathrm{M}] + \mathrm{A}[\mathrm{B}, \mathrm{M}] - [\mathrm{B}, \mathrm{M}]\mathrm{A} = [[\mathrm{A}, \mathrm{M}], \mathrm{B}] + [\mathrm{A}, [\mathrm{B}, \mathrm{M}]]$.

1. Courbes représentatives de $y = f(x)$

§ 1. Plan général d'étude d'une fonction réelle de variable réelle.
§ 2. Construction point par point.
§ 3. Propriétés globales.
§ 4. Propriétés locales.
§ 5. Exemples.

L'étude des variations d'une fonction réelle de variable réelle f et la construction de la courbe représentative C_f correspondante font partie du savoir-faire de presque tous les étudiants à l'entrée de l'Université. Ce chapitre sert donc de rappel et de mise au point.

Une fonction réelle de variable réelle est une ***application*** *f : $D \longrightarrow E$ où D et E sont des sous-ensembles de $\mathbb{R}$. (D s'appelle le domaine de définition de f.) On choisit en général $E = \mathbb{R}$, sauf si on s'intéresse au fait que f est ou non surjective.*
La donnée d'une application comporte la donnée de D et de E. Si on ne donne que la règle de calcul $x \longmapsto f(x)$, l'application, c'est-à-dire dans notre cas la fonction, n'est pas définie. Par exemple si on donne : $x \longmapsto 1/x$, on peut être sûr que $0 \notin D$, mais rien ne nous permet d'affirmer que $D = \mathbb{R} - \{0\}$.

Si on étudie une fonction c'est pour une raison précise, un problème que l'on souhaite résoudre. Dans de nombreux cas on est ramené à l'étude de « bonnes fonctions » où $f(x)$ s'exprime en fonction de x à l'aide d'une seule expression algébrique construite à l'aide des fonctions élémentaires usuelles (celles du calcul des primitives). A partir de là s'est développé un exercice purement scolaire appelé « étude des fonctions » qui comporte un certain nombre de rites. Il faut connaître ces rites car ils simplifient parfois bien des choses, mais il faut aussi savoir qu'il s'agit de rites adaptés à des fonctions très particulières, disons de « très bonnes fonctions ».

Insistons enfin sur le fait que la dérivée d'une fonction est en général beaucoup plus compliquée que la fonction elle-même. Dériver la fonction étudiée peut de ce fait être sans utilité pour cette étude.

§ 1. PLAN GÉNÉRAL D'ÉTUDE

1.1. Cas de fonctions très simples

Méthode. Utiliser la connaissance des courbes élémentaires pour construire la courbe représentative de f directement.

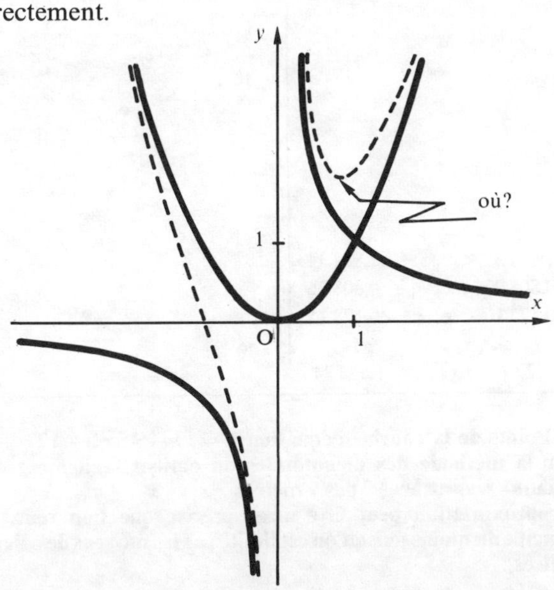

Exemple 1. $y = x^2 + \dfrac{1}{x}$.

On connaît les courbes représentatives de $y = x^2$ (parabole) et de $y = 1/x$ (hyperbole équilatère).
Une fois dessinées ces courbes, on voit immédiatement l'allure de la courbe représentative de $y = x^2 + 1/x$, avec cependant une légère inquiétude à propos du minimum. La dérivée $y' = 2x - x^{-2}$ permet de déterminer l'abscisse $x_0 = 2^{-1/3} \simeq 0{,}79$ de ce minimum égal à $3 \cdot 2^{-2/3} \simeq 1{,}89$. C'est tout.

Exemple 2. $y = |\sin x|$.
On connaît la courbe C_1 représentative de $y = \sin x$. La courbe C représentative de $y = |\sin x|$ s'obtient en conservant les arcs de C_1 situés au dessus de Ox et en remplaçant les arcs de C_1 situés au dessous par leurs symétriques par rapport à Ox.

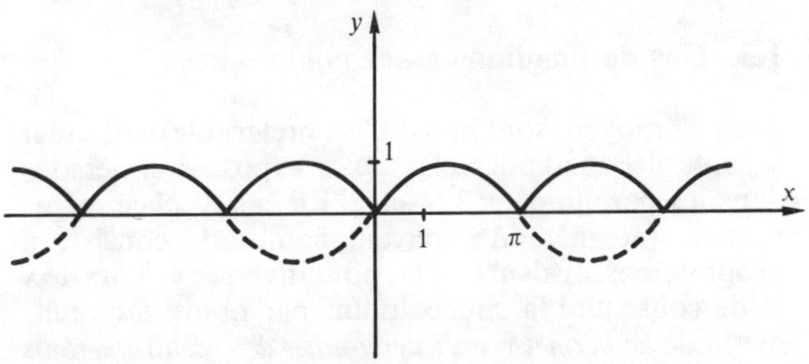

Exemple 3. $y = e^{-|x|} \sin 2\pi x$.
De la connaissance de la courbe représentative de $y = \sin x$ on déduit celle de $y = \sin 2\pi x$ (la transformation correspond à un changement d'unité sur l'axe Ox). On a

$$-\exp(-|x|) \leqslant y \leqslant \exp(-|x|),$$

c'est-à-dire que la courbe cherchée C oscille entre les courbes C_1 et C_2 symétriques par rapport à Ox. Pour x négatif l'équation de C_1 est $y = \exp x$; comme C_1 est symétrique par rapport à Oy, on connaît C_1 et donc C_2. Les points de contacts de C avec C_1 ou C_2 sont les points d'abscisses $x_k = 1/4 + k/2$ où $k \in \mathbb{Z}$.

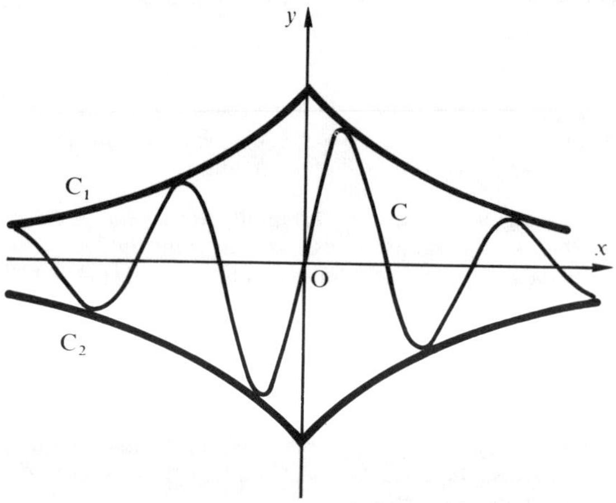

Exercice 1. Dessiner les courbes représentatives d'équations $y = x - x^{-2}$, $y = \dfrac{x^5 + 1}{x^3}$, $y = \text{Log}\,(x + 2)$, $y = \text{Log}\,(x - 1)^2$, $y = 3 + 2\cos \pi x$.

1.2. Cas de « bonnes fonctions » assez simples

1. Déterminer les intervalles d'étude utiles, compte tenu de la périodicité et/ou des symétries.
2. Étude aux bornes (employer les d.l.).
3. Sens de variation (si possible sans employer la dérivée).
4. Études particulières : points d'inflexion et autres points remarquables, concavité, etc.

Construire la courbe au fur et à mesure : les divers résultats doivent être cohérents et se compléter peu à peu.

1.3. Cas de fonctions assez compliquées

Tous les moyens sont bons! Il est préférable d'attaquer à l'aide des méthodes classiques exposées ci-dessous dans les paragraphes 3, 4 et 5. En cas d'échec même partiel, une méthode souvent commode consiste à programmer le calcul de $f(x)$ pour diverses valeurs de x et de construire la courbe point par point. Une telle méthode *ne permet pas de démontrer des résultats*, mais d'une part elle est souvent suffisante pour des applications extra-mathématiques et d'autre part en mathématiques elle permet de se faire une idée des propriétés qui sont vraies et donc susceptibles d'être démontrées. On peut penser qu'une telle méthode évite de réfléchir. Il n'en est rien, ne serait-ce que pour choisir les unités, pour organiser les calculs et pour mettre en évidence les propriétés intéressantes de la courbe.

Remarque. Souvent le dessin de la courbe n'est qu'un schéma destiné à faire apparaître certaines propriétés de la fonction. Dans ce cas l'exactitude du tracé de la courbe n'est pas nécessaire et peut même être tout à fait gênant. Par contre si on souhaite un tracé exact (à l'épaisseur du trait près) il est nécessaire de construire des points de la courbe.

§ 2. CONSTRUCTION POINT PAR POINT

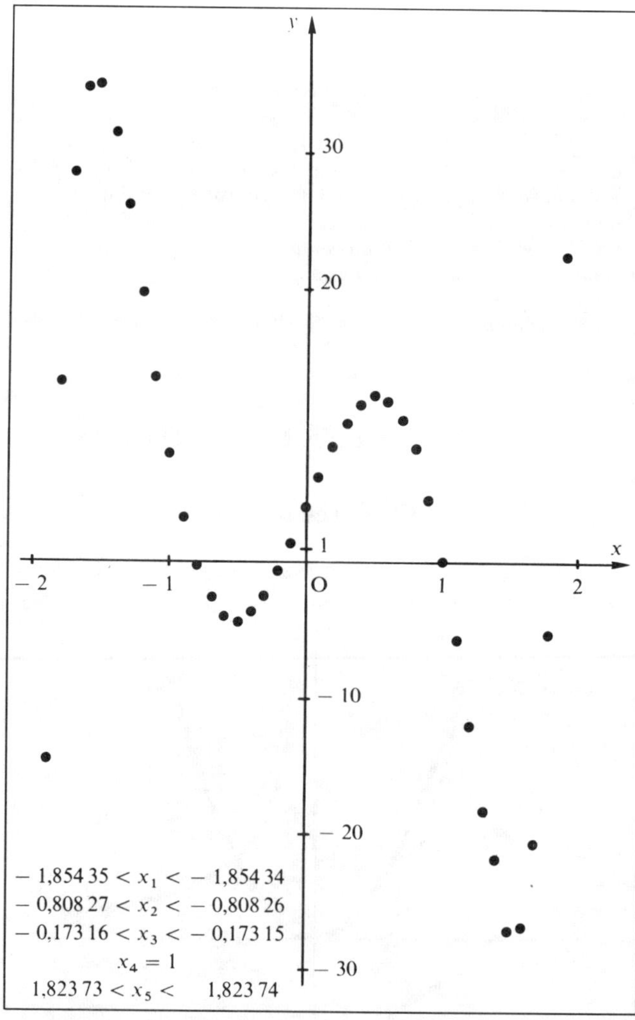

1. Points de la courbe d'équation $y = x^7 - 15x^3 + 12x + 2$. Par la méthode des dichotomies on obtient facilement des valeurs approchées des racines x_1, x_2, x_3, x_4, x_5 (l'approximation peut être aussi précise que l'on veut, en principe du moins puisqu'on est limité par les moyens de calculs utilisés).

2.1 Exemple 1. $y = x^7 - 15x^3 + 12x + 2$

Calculons $f(x) = x^7 - 15x^3 + 12x + 2$ par la méthode du schéma de Horner (voir volume 1, thème 1, chapitre 4)

$$f(x) = ((x^4 - 15)x^2 + 12)x + 2.$$

Pour des valeurs entières de x on obtient

x	-4	-3	-2	-1	0	1	2	3	4
$f(x)$	-15470	-1816	-30	4	2	0	34	1 820	15 474

Pour $|x| > 4$, $f(x) \simeq x^7$ (remarquer que $4^7 = 16\,384$). La partie intéressante de la courbe se situe donc entre -2 et 2. Calculons $f(x)$ pour $x = k \cdot 0{,}1$, $k \in \{-20, -19, ..., 20\}$. Voir encadré 1.

Exercice 2. Construire point par point la courbe d'équation

$$y = (x^3 + 2x^2 - 2x - 1)/\sqrt{x^7 - 15x^3 + 12x + 2}$$

2.2. Exemple 2. $y = \sin^{500} x$

Étant donné les symétries évidentes, il suffit de construire la courbe sur $[0, \pi/2]$.

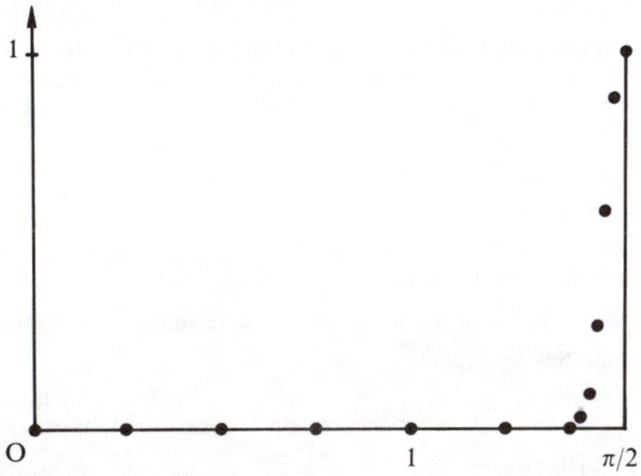

Exercice 3. On veut construire 10 courbes d'équations $y = \sin^{\alpha} x$ pour $\alpha > 0$. Quelles valeurs choisir pour α pour mettre en évidence comment les courbes de la famille se modifient en fonction de α?

§ 3. PROPRIÉTÉS GLOBALES

On suppose donnés $D \subset \mathbb{R}$, $f : D \longrightarrow \mathbb{R}$ et C_f la courbe représentative de f dans un plan muni d'un repère $(O, \vec{i}, \vec{j})$.

3.1. Périodicité

Définition. Soit $T \in \mathbb{R}^*$; f est dite *périodique* de *période* T ssi :

1. $\forall x \in D \qquad x + T \in D \quad \text{et} \quad x - T \in D$
2. $\forall x \in D \qquad f(x + T) = f(x)$.

Proposition. Pour que f soit périodique de période T il faut et il suffit que la courbe C_f soit invariante par rapport à la translation de vecteur $T\vec{i}$.

Démonstration. Notons $\mathcal{T}$ la translation de vecteur $T\vec{i}$.

1. Supposons f périodique de période T. Soit $M \in C_f$; les coordonnées (x, y) de M vérifient $y = f(x)$; $\mathcal{T}(M)$ a pour coordonnées $(x + T, y)$; comme $x + T \in D$, on peut calculer $f(x + T)$ et on a $f(x + T) = f(x) = y$, soit $\mathcal{T}(M) \in C_f$. D'où $\mathcal{T}(C_f) \subset C_f$. $\mathcal{T}^{-1}(M)$ a pour coordonnées $(x - T, y)$ et $f(x - T) = f(x - T + T) = f(x) = y$, soit $\mathcal{T}^{-1}(M) \in C_f$. D'où $\mathcal{T}^{-1}(C_f) \subset C_f$ ou $C_f \subset \mathcal{T}(C_f)$. Donc finalement $\mathcal{T}(C_f) = C_f$.
2. Supposons C_f invariant par la translation $\mathcal{T}$. Soit $x \in D$ et $y = f(x)$; (x, y) sont les coordonnées d'un point M de C_f; $\mathcal{T}(M)$ a pour coordonnées $(x + T, y)$. De $\mathcal{T}(M) \in C_f$ on déduit $x + T \in D$ et $f(x + T) = y$ d'où $f(x + T) = f(x)$. Enfin M est l'image de $\mathcal{T}^{-1}(M)$ donc $\mathcal{T}^{-1}(M) \in C_f$ et $x - T \in D$. □

C 1. Si f est périodique de période T, alors f est périodique de période kT pour $k \in \mathbb{Z}^*$.

Exercice 4. On suppose f périodique de période T et $T' = pT/q$ où $p \in \mathbb{Z}^*$, $q \in \mathbb{Z}^*$. Montrer que si p et q sont premiers entre eux, alors f est périodique de période T/q.

*** **Exercice 5.** On suppose que $f : \mathbb{R} \longrightarrow \mathbb{R}$, est périodique de période T et périodique de période T' où $T'/T \in \mathbb{R} - \mathbb{Q}$.
Montrer que si f est continue, alors f est constante.
Donner un exemple de fonction non constante admettant les périodes 1 et $\sqrt{2}$.

Exercice 6. Dessiner la courbe représentative de la fonction $f : \mathbb{R} \longrightarrow \mathbb{R}$, périodique de période 2 et telle que pour tout x réel tel que $|x| \leqslant 1$, on ait

$$f(x) = (1/2)(|x + 1/2| + |x - 1/2| - 1).$$

Exercice 7. Définir la fonction f admettant la courbe C_f ci-dessous :

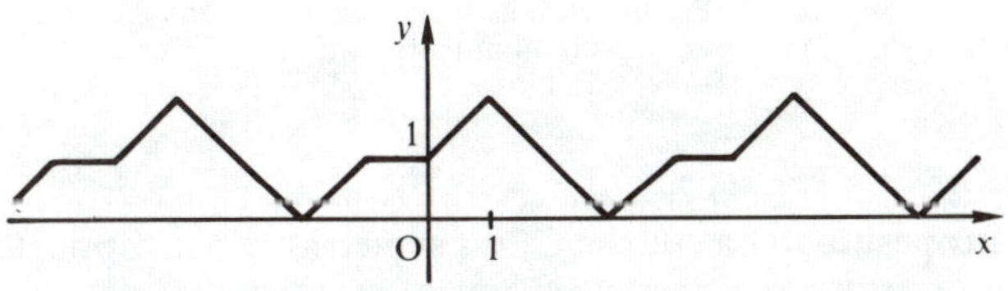

Exercice 8. On suppose que C_f est invariante par translation de vecteur $a\vec{i} + b\vec{j}$ (où $a^2 + b^2 \neq 0$). Montrer que $a \neq 0$. Quelle est la relation vérifiée par f? Montrer que f peut s'écrire $f(x) = \varphi(x) + bx/a$ où φ est périodique de période a.

Exercice 9. Construire la courbe d'équation $y = x + \sin x$. (On construira d'abord les droites $y = x - 1$, $y = x$ et $y = x + 1$.)

3.2. Symétries

Fonctions paires et impaires

Définition. $f : D \longrightarrow \mathbb{R}$, est dite *paire* ssi

$$\forall x \in D \qquad -x \in D \quad \text{et} \quad f(-x) = f(x).$$

Elle est dite *impaire* ssi

$$\forall x \in D \qquad -x \in D \quad \text{et} \quad f(-x) = -f(x).$$

Proposition. La fonction f est paire si et seulement si C_f est symétrique par rapport à Oy. La fonction f est impaire si et seulement si C_f est symétrique par rapport au point O.

C 2. Une fonction polynôme P est paire si et seulement si elle peut s'écrire :

$$P(x) = a_0 + a_2x^2 + a_4x^4 + ... + a_{2p}x^{2p} = \sum_{k=0}^{p} a_{2k}x^{2k}.$$

Une fonction polynôme P est impaire si et seulement si elle peut s'écrire

$$P(x) = a_1x + a_3x^3 + a_5x^5 + ... + a_{2p+1}x^{2p+1} = \sum_{k=0}^{p} a_{2k+1}x^{2k+1}.$$

Ces propriétés expliquent le choix des mots « pair » et « impair » pour des fonctions quelconques.

Exercice 10. Soit $f(x) = P(x) + o(x^n)$ le d.l. à l'ordre n de f au voisinage de 0. Si f est paire (respectivement impaire), alors P est pair (respectivement impair).

C 3. Si f est paire, $g \circ f$ est paire.

C 4. Si $f_1, f_2, ..., f_k$ sont toutes paires ou impaires alors $f = f_1 \circ f_2 \circ ... \circ f_k$ est paire si et seulement si l'une des fonctions $f_1, f_2, ..., f_k$ est paire et impaire si et seulement si toutes les fonctions $f_1, f_2, ..., f_k$ sont impaires.

C 5. Soit f dérivable. Si f est paire, alors f' est impaire. Si f est impaire, alors f' est paire.

C 6. Si f est impaire et si $0 \in D$, alors $f(0) = 0$ et $O \in C_f$.

Exercice 11. Soit $f : D \longmapsto \mathbb{R}$. A quelle condition existe-t-il une fonction g paire et une fonction h impaire telles que $f = g + h$? Montrer que si g et h existent, elles sont uniques.

Exercice 12. Existe-t-il une fonction à la fois paire et impaire?

Exercice 13. Parmi les fonctions suivantes lesquelles sont paires, impaires, ni paire ni impaire : $\sin x$, $\cos x$, $\text{ch } x$, $\text{sh } x$, $\exp x$, $|x-1| + |x+1|$, $\text{tg}^{25} x$, $(x-a)^{-1} + (x+a)^{-1}$.

Symétrie par rapport à $x = a$

Proposition. La courbe C_f est symétrique par rapport à la droite $x = a$, si et seulement si

$$\forall x \in D \qquad (2a - x) \in D \quad \text{et} \quad f(2a - x) = f(x).$$

C 7. Le démontrer.

Exercice 14. Trouver les axes de symétries des courbes représentatives des fonctions suivantes : $|x| + |x+1|$, $\sin x + \cos x$, $x^6 - 18x^5 + 131x^4 - 492x^3 + 1\,001x^2 - 1\,038x + 426$, $\text{tg } x + \text{tg } (x_0 - x)$.

Exercice 15. Si C_f est symétrique par rapport à $x = a$ et par rapport à $x = a'$ (où $a' \neq a$), alors f est périodique. De quelle période?

Symétrie par rapport à un point $(x = a, y = b)$

Proposition. La courbe est symétrique par rapport au point (a, b) si et seulement si

$$\forall x \in D \qquad (2a - x) \in D \quad \text{et} \quad f(2a - x) = 2b - f(x).$$

C 8. Le démontrer.

Exercice 16. Si C_f est symétrique par rapport à (a, b) et à (a', b') où $a' \neq a$, alors f s'écrit sous la forme $g(x) + \alpha(x)$, où g est périodique de période $2|a' - a|$ et α est affine.

Exercice 17. Soit C_f la courbe représentative de $y = f(x)$. Soit $f_0(x) = \text{Log}(1 + e^x)$. Dessiner C_{f_0}. Déterminer $f_1, f_2, f_3, f_4, f_5, f_6$ et f_7 telles que C_{f_1} est la symétrique de C_{f_0} par rapport à Ox, C_{f_2} la symétrique de C_{f_0} par rapport à Oy, C_{f_3} la symétrique de C_{f_0} par rapport au point O, C_{f_4} la symétrique de C_{f_0} par rapport à la droite $y = x$, C_{f_5} l'image de C_{f_0} dans la rotation d'angle $-\pi/2$, C_{f_6} dans celle d'angle $\pi/2$, C_{f_7} la symétrique de C_{f_0} par rapport à la droite $y = -x$.

3.3. Autres propriétés globales

Monotonie (voir thème 5, chapitre 1 et thème 4, chapitre 2).

Définitions. Soit I un intervalle de $\mathbb{R}$, tel que $I \subset D$; f est

- *croissante* sur I ssi

$$\forall x_1 \in I \quad \forall x_2 \in I \qquad x_1 \leqslant x_2 \Longrightarrow f(x_1) \leqslant f(x_2)$$

- *décroissante* sur I ssi

$$\forall x_1 \in I \quad \forall x_2 \in I \qquad x_1 \leqslant x_2 \Longrightarrow f(x_1) \geqslant f(x_2).$$

- *monotone* sur I ssi f est croissante sur I ou décroissante sur I.

Étudier les variations de f consiste à écrire D sous forme d'une réunion disjointe d'intervalles $I_1, ..., I_k$ tels que f soit monotone sur chaque intervalle I_p, $1 \leqslant p \leqslant k$.

Exercice 18. Supposons que $[a, b] \subset D$ et que f est croissante sur $[a, b]$. Montrer que si f est paire, alors f est décroissante sur $[-b, -a]$ et si f est impaire, alors f est croissante sur $[-b, -a]$.

Pour démontrer la monotonie d'une fonction f explicitement donnée on peut :

- utiliser les propriétés connues des fonctions usuelles (c'est la meilleure méthode lorsqu'elle est possible),
- utiliser les théorèmes faisant intervenir le signe de la dérivée,
- faire une étude directe.

Exercice 19. Étudier les variations des fonctions suivantes :

$f_1 : [0, \pi] \longrightarrow \mathbb{R}, \quad x \longmapsto \sin^{500} x;$

$f_2 : \mathbb{R} \longrightarrow \mathbb{R}, \quad x \longmapsto \sqrt[3]{1 - x^3};$

$f_3 : \mathbb{R} - \{-1, 0, 1\} \longrightarrow \mathbb{R}, \quad x \longmapsto \text{Log}\,|\text{Log}\,|x||;$

$f_4 : [0, 2[\longrightarrow \mathbb{R}, \quad x \longmapsto (9 - x^2)^{-1/2} + (4 - x^2)^{-1/2};$

$f_5 : [0, +\infty[\longrightarrow \mathbb{R}, \quad x \longmapsto [\text{sh}(\text{ch } x)]^{\text{th } x} - 1/\text{ch}(\text{sh } x).$

Convexité : voir thème 5, chapitre 1.

Continuité : voir thème 8, chapitre 3. La continuité en x_0 est une propriété locale; la continuité sur un intervalle est une propriété globale ayant les propriétés suivantes :

- l'image d'un intervalle par une application continue est un intervalle;
- l'image d'un intervalle fermé borné par une application continue est un intervalle fermé borné.
- « théorème des valeurs intermédiaires » : si $a < b$, $[a, b] \subset D$, $f : D \longrightarrow \mathbb{R}$ continue et $f(a) < y < f(b)$ (ou $f(a) > y > f(b)$), alors il existe x tel que $a < x < b$ et $f(x) = y$.

Remarque. Pour démontrer la continuité il suffit en général de savoir que : 1. les fonctions usuelles sont continues; 2. si u et v sont des fonctions continues, alors $u + v$, uv, u^v et $\frac{u}{v}$ sont continues lorsqu'elles sont définies.

§ 4. PROPRIÉTÉS LOCALES

4.1. Étude au voisinage d'un point x_0

En général on pourra faire un d.l. au voisinage de x_0. Il faut le calculer à l'ordre p, ordre du premier terme non nul d'ordre supérieur ou égal à 2.

$$f(x) = a_0 + a_1(x - x_0) + a_p(x - x_0)^p + o((x - x_0)^p).$$

La droite $y = a_0 + a_1(x - x_0)$ est tangente à C_f en (x_0, a_0). Quatre cas sont possibles :

- p pair. Le point (x_0, u_0) est dit *ordinaire :*

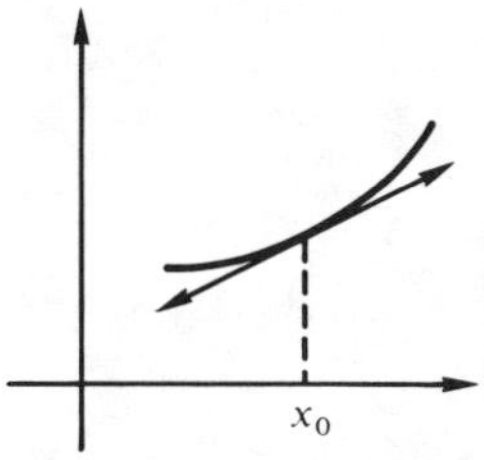

$a_p > 0$: la courbe est au-dessus de sa tangente

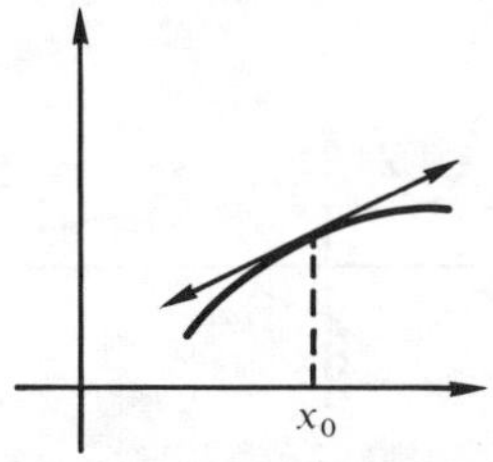

$a_p < 0$: la courbe est au dessous de sa tangente

Remarque : si $p \geqslant 4$, on dit que la courbe présente un *méplat*.

- p impair. Le point (x_0, a_0) est dit *point d'inflexion* de C_f :

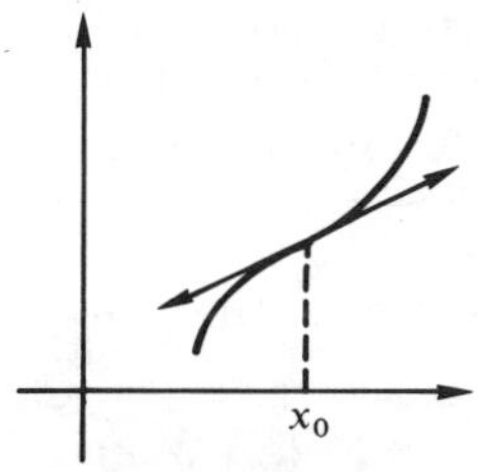

$a_p > 0$

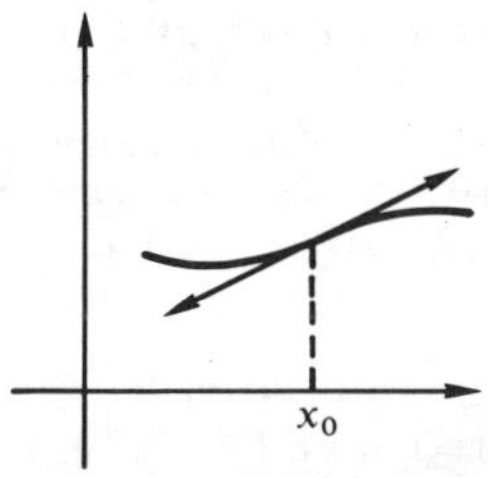

$a_p < 0$

Exercice 20. Déterminer les points d'inflexion des courbes d'équations : $y = x(x-1)^4$, $y = x + 4/x$, $y = (x+2)$ Arctg x, $y = 8 \sin x + \sin 2x$.

Extrema

Définition. On dit que « *f présente un maximum local au sens large en x_0* » ou que $f(x_0)$ est un *maximum* ssi

$$\exists \alpha > 0 \quad \forall x \in D \qquad |x - x_0| < \alpha \Rightarrow f(x) \leqslant f(x_0).$$

Le maximum est dit *au sens strict* ssi

$$\exists \alpha > 0 \quad \forall x \in D \qquad 0 \neq |x - x_0| < \alpha \Rightarrow f(x) < f(x_0).$$

Le maximum est dit *absolu* ssi $\forall x \in D \quad f(x) \leqslant f(x_0)$.

C 9. Définir les expressions $f(x_0)$ est un *minimum* au sens large, au sens strict, absolu.

Définition. On dit que $f(x_0)$ est un *extremum* ssi $f(x_0)$ est un maximum ou un minimum.

Remarque. Extremum, maximum et minimum sont des mots latins dont les pluriels sont extrema, maxima et minima. Extremum ne prend pas d'accent.

Proposition. Si f est défini au voisinage de x_0, dérivable en x_0 et si $f(x_0)$ est un extremum, alors $f'(x_0) = 0$.

Démonstration. En effet ou alors

$$f'(x_0) = \lim_{\substack{h \to 0 \\ h > 0}} \frac{f(x_0 + h) - f(x_0)}{h} = \lim_{\substack{h \to 0 \\ h < 0}} \frac{f(x_0 + h) - f(x_0)}{h}$$

d'où $f'(x_0) \leqslant 0$ et $f'(x_0) \geqslant 0$. □

Règle pratique

1. Les extrema sont à chercher pour les abscisses x telles que $f'(x)$ est égal à zéro ou n'est pas défini.

2. Si $f'(x_0)$ existe et est nul et f admet un d.l. au voisinage de x_0 de la forme :

$$f(x_0 + \varepsilon) = a_0 + a_p\varepsilon^p + o(\varepsilon^p),$$

alors :

- si p est pair et $a_p > 0$, $f(x_0)$ est un minimum,
- si p est pair et $a_p < 0$, $f(x_0)$ est un maximum,
- si p est impair, $f(x_0)$ n'est pas un extrémum.

Exercice 21. Déterminer les maxima et minima des fonctions $x \longmapsto x^3 + 3a^4x^{-1}$ (où $a > 0$), $x \longmapsto \sin^2 x + \sin 2x$, $x \longmapsto |x|^{1/2}$, $x \longmapsto (1 - x^{2/3})^{3/2}$, $x \longmapsto \sqrt[3]{x}$.

Asymptotes verticales

Dans chacun des quatre cas

$$\lim_{\substack{x \to x_0 \\ x < x_0}} f(x) = +\infty, \quad \lim_{\substack{x \to x_0 \\ x < x_0}} f(x) = -\infty,$$

$$\lim_{\substack{x \to x_0 \\ x > x_0}} f(x) = +\infty, \quad \lim_{\substack{x \to x_0 \\ x > x_0}} f(x) = -\infty,$$

la droite $x = x_0$ est une asymptote verticale à la courbe C_f. Souvent il est commode de trouver un équivalent de f au voisinage de x_0 de la forme :

$$f(x_0 + \varepsilon) \sim \frac{a}{\varepsilon^k}$$

où $a \neq 0$, $k \in \mathbb{N}^*$, pour ε voisin de 0. On peut alors avoir quatre cas :

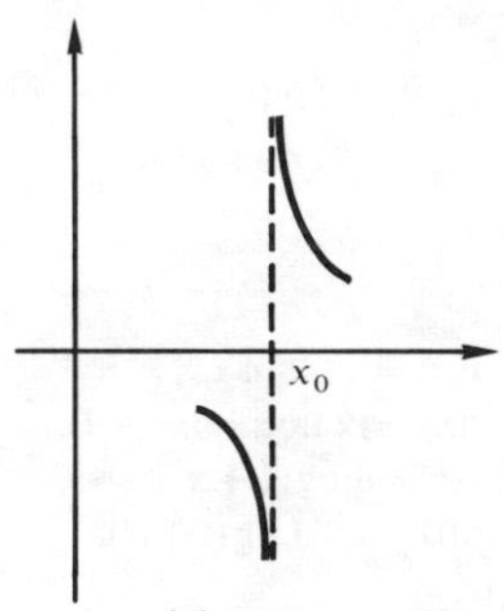

k impair, $a > 0$

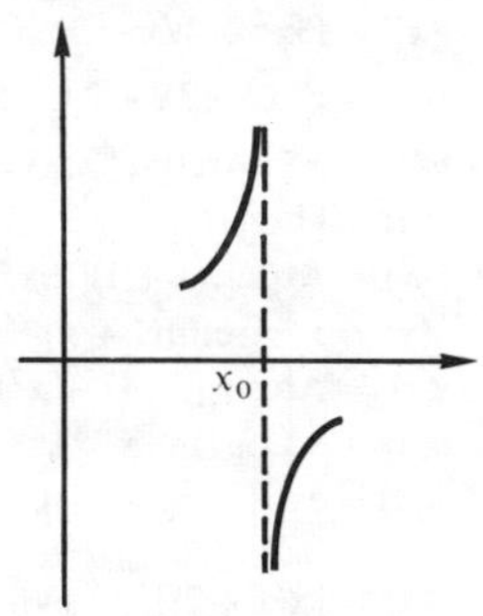

k impair, $a < 0$

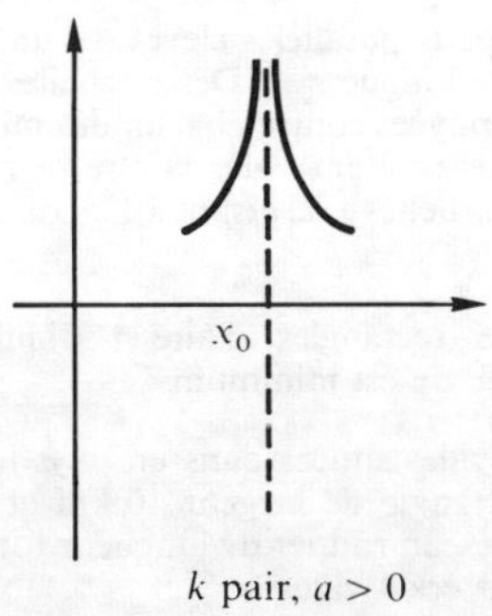

k pair, $a > 0$

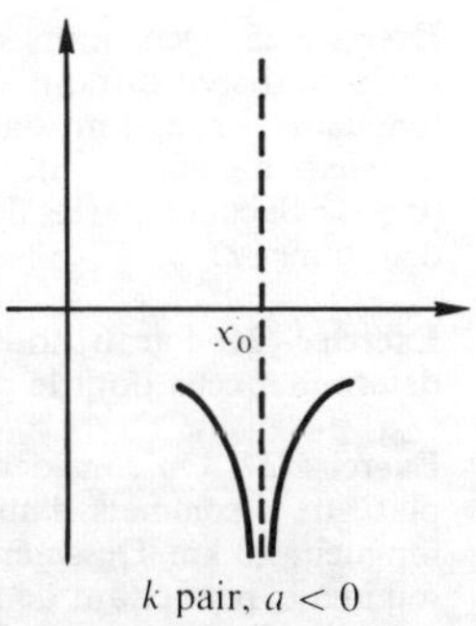

k pair, $a < 0$

Exercice 22. Étudier les fonctions suivantes au voisinage de $x_0 = 2$:

$$y = (x^2 - 3x + 2)/(x^2 - 4x + 4),$$
$$y = (x^2 + 4)/(x^2 - 4)^2,$$
$$y = [e^x + (1 - x)\, e^2]^{-1},$$
$$y = \text{Log}\, |\text{Log}\, (x - 1)|,$$
$$y = [\sin(\pi x/4) \sin(\pi x/2) \sin \pi x]^{-1}.$$

4.2. Étude pour $x \longrightarrow +\infty$ ou $x \longrightarrow -\infty$

Voir thème 5, chapitre 2.

Exercice 23. Déterminer toutes les asymptotes de chacune des trois courbes d'équations : $y = x^3(x^2 + x - 2)^{-1}$, $y = (x + 1)^3 x^{-2}$, $y = (2x + 1 - x^{-1}) \exp(x^{-1})$.

§ 5. EXEMPLES

Exercice 24. Étudier les fonctions :

$a(x) = \cos^3 x + \sin^3 x$, $\quad b(x) = \exp((x - 1)x^{-2})$,
$c(x) = \text{Log}\,|\text{Log}\,|x||$, $\quad d(x) = \sqrt[3]{1 - x^3}$,
sur $[0\,\pi[$ $\quad x \longmapsto e(x) = \sin \lambda x/\sin x$ où $0 < \lambda < 1$,
$f(x) = (x - 1)\exp(x(x - 1)^{-1})$,
$g(x) = 2^x + 2^{-x}$, $\quad h(x) = x + \sqrt{x^2 + x + 2}$,
$i(x) = [(x^3 - 2x + 1)/(x + 1)]^{1/2}$,
$j(x) = (3x^2 - 4)(x - 2)^{-2}(x + 1)^{-1}$,
$k(x) = \sqrt[3]{x^3 - 3x + 2}$, $\quad \ell(x) = x\,\text{Arctg}\, x$,
$m(x) = x^{-1}\,\text{Arctg}\, x$, $\quad n(x) = x\,\text{Arctg}\, x - 7\sqrt{1 + x^2}/4$,
$o(x) = [\text{Log}(1 + x)]^{-1} - x^{-1}$,
$p(x) = \text{Arcsin}\,(x + 1)[2(x^2 + 1)]^{-1/2}$,
$q(x) = x^2\,\text{Arctg}((1 + x)^{-1})$,
$s(x) = \text{Arcsin}\,[2x/(1 + x^2)]$, $\quad r(x) = x^{-3} \sin x$,
$u(x) = x\,\text{Log}(1 + x^{-1})$, $\quad t(x) = (x\,\text{Log}\, x)/(x^2 - 1)$,
$w(x) = \exp(x^{-2}(x - 1))$, $\quad v(x) = \text{Log}(1 + x^2) - x^2$,
$\quad x(t) = e^{-t}\,\text{Log}(1 + e^t)$,
$y(x) = [x(x + 2)]^{-1/2} \exp(x^{-1})$,
$z(x) = x \exp(-2x^2)$.

Exercice 25. Deux murs verticaux parallèles élevés sur un sol horizontal sont distants d'une longueur ℓ. Deux échelles de longueurs 3 m et 2 m sont appuyées contre chacun des murs, les pieds de chacune des échelles étant calés contre le mur opposé. Sachant que les deux échelles se croisant à 1 m du sol, déterminer ℓ.

Exercice 26. Parmi tous les rectangles d'aire A donnée, déterminer ceux dont le périmètre est minimum.

Exercice 27. On considère 4 villes situées dans un pays tout plat aux 4 sommets d'un rectangle de largeur 10 km et de longueur 20 km. Dessiner le réseau routier de longueur totale minimale, permettant de relier ces 4 villes.

§ 6. RÉPONSES OU INDICATIONS

1.

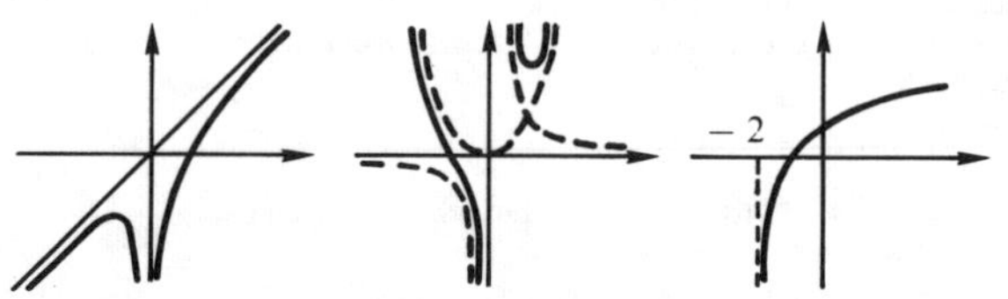

$y = 2\,\text{Log}(x - 1)$; sinusoïde translatée.

2.

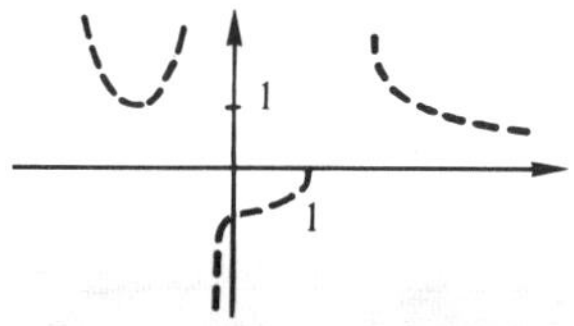

3. Choisir par exemple celles qui coupent $y = 1/2$ en des points régulièrement espacés, soit $\alpha_k = -\,\text{Log}\, 2/\text{Log}\,(\sin(k\pi/22))$, $\alpha_1 = 0{,}36 \ldots \alpha_{10} = 67{,}8$.

C 1. $f(x - T) = f(x - T + T) = f(x)$, $kT = T + \ldots + T$ ou $(-T) + \ldots + (-T)$.

4. Pour $(s, t) \in \mathbb{Z}^2$, $sT + tT'$ est période. D'après Bezout on peut choisir s et t tels que $sq + tp = 1$ et alors $sT + tT' = T/q$.

5. Montrer d'abord que pour tout $\eta > 0$, il existe une période T_η telle que $0 < T_\eta < \eta$. La continuité en x entraîne alors que

$$\forall \varepsilon > 0 \quad \exists \eta > 0 \quad \exists x_\eta \in\,]x - \eta, x + \eta[$$
$$f(x_\eta) = f(0) \quad \text{et} \quad |f(x) - f(x_\eta)| < \varepsilon.$$

De : $\forall \varepsilon > 0 \quad |f(x) - f(0)| < \varepsilon$, on déduit $f(x) = f(0)$. Choisir $f(x) = 0$ si $x \in \mathbb{Z} + \sqrt{2}\mathbb{Z}$ et $f(x) = 1$ si $x \in \mathbb{R} - (\mathbb{Z} + \sqrt{2}\mathbb{Z})$.

6.

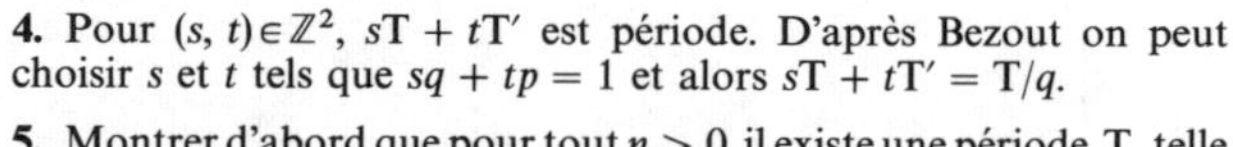

7. f de période 5, $f(x) = x + 1$ si $0 \leqslant x \leqslant 1$, $f(x) = 1$ si $-1 \leqslant x \leqslant 0$, $f(x) = |x - 3|$ si $1 \leqslant x \leqslant 4$.

8. Si $a = 0$, il y aurait plusieurs y distincts tels que

$$y = f(x) = y + b \quad \text{avec} \quad b \neq 0; \quad f(x + a) = b + f(x);$$

vérifier que $f(x) - bx/a$ est a-périodique.

9. Le centre de symétrie O est en général $(k\pi, k\pi)$; points d'inflexion à tangente horizontale $(\pi + 2k\pi, \pi + 2k\pi)$.

C 2. Utiliser l'unicité de l'écriture d'un polynôme.

10. Utiliser l'unicité du d.l. à l'ordre n.

C 3. $(g \circ f)(-x) = g(f(-x)) = g(f(x)) = (g \circ f)(x)$.

C 5. $f'(-x) = \lim\limits_{h \to 0} h^{-1}[f(-x + h) - f(-x)]$

$= \lim\limits_{h \to 0} -(-h)^{-1}[f(x - h) - f(x)] = -f'(x)$; de même.

C 6. $f(0) = f(-0) = -f(0)$.

11. $\forall x \in D \quad (-x) \in D$;

$$g(x) = (1/2)(f(x) + f(-x)), \quad h(x) = (1/2)(f(x) - f(-x)).$$

12. Oui : 0 sur D symétrique par rapport à O.

13. $i, p, p, i, -, p, i, i$.

14. $x = -1/2, \pi/4 + k\pi$ où $k \in \mathbb{Z}$, 3, $x_0/2$.

15. $2|a' - a|$.

16. Voir exercice 8.

17. $f_1(x) = -\operatorname{Log}(1 + e^x)$, $f_2(x) = \operatorname{Log}(1 + e^{-x})$,
$f_3(x) = x - f_0(x)$, $f_4(x) = \operatorname{Log}(e^x - 1)$, $f_5(x) = \operatorname{Log}(e^{-x} - 1)$,
$f_6(x) = -\operatorname{Log}(e^x - 1)$, $f_7(x) = -\operatorname{Log}(e^{-x} - 1)$.

19. $t \longmapsto t^{500}$ est ↗, donc mêmes variations que $\sin x$; ↘; ↗ sur $]1, +\infty[$ donc ↘ $]0, 1[$ par $f(1/x) = f(x)$; ↗ + ↗ = ↗; si u ↗ et v ↗, alors u^v ↗.

20. $y'' = 4(5x - 2)(x - 1)^2$, $f\left(\dfrac{2}{5} + h\right) = \text{affine} + 0h^2 + (6/5)h^3 + \ldots$ donc $(2/5, 162/3\,125)$ point d'inflexion, $f(1 + h) = h^4 + h^5$ méplat en $(0, 1)$. $y'' = 8x^{-3}$, changement de concavité en O.

$y'' = 2(1 - 2x)(1 + x^2)^2$, $y'''(0) = -4 \neq 0$, inflexion en $(1/2, (5/2)\operatorname{Arctg}(1/2))$. $y'' = -8 \sin x(1 + \cos x)$, $(2k\pi, 0)$ inflexion; $(\pi + 2k\pi, 0)$ inflexion $y'' = y^{(3)} = y^{(4)} = 0 \neq y^{(5)}$.

C 9. $f(x_0)$ est un *minimum au sens large* ssi $\exists \alpha > 0\ \forall x \in D$ $|x - x_0| < \alpha \Longrightarrow f(x) \geqslant f(x_0)$, *au sens strict* ssi $\exists \alpha > 0\ \forall x \in D$ $0 \neq |x - x_0| < \alpha \Longrightarrow f(x) > f(x_0)$, *absolu* ssi $\forall x \in D\ f(x) \geqslant f(x_0)$.

21. Min strict $4a^3$, Max strict $-4a^3$. Min stricts $(1 - \sqrt{5})/2$ en $(1/2)\operatorname{Arctg}(-2) + k\pi$ $(k \in \mathbb{Z})$, Max stricts $(1 + \sqrt{5})/2$ en $((\pi + 1)/2)\operatorname{Arctg}(-2) + k\pi$. Min absolu strict 0 pour $x = 0$. Max absolu strict 1 pour $x = 0$. Pas d'extremum.

22. $\sim 1/\varepsilon$. $\sim (1/2)/\varepsilon^2$. $\sim 2\,e^{-2}/\varepsilon^2$. $\sim \operatorname{Log}|\varepsilon|$. $\sim -2\pi^{-2}/\varepsilon^2$.

23. $x = 1$, $x = -2$ et $y = x - 1$. $x = 0$ et $y = x + 3$. $x = 0$ et $y = 2x + 3$.

24. *a*) Symétries par rapport à la droite $x = \pi/4$ et par rapport au point $(3\pi/4, 0)$.

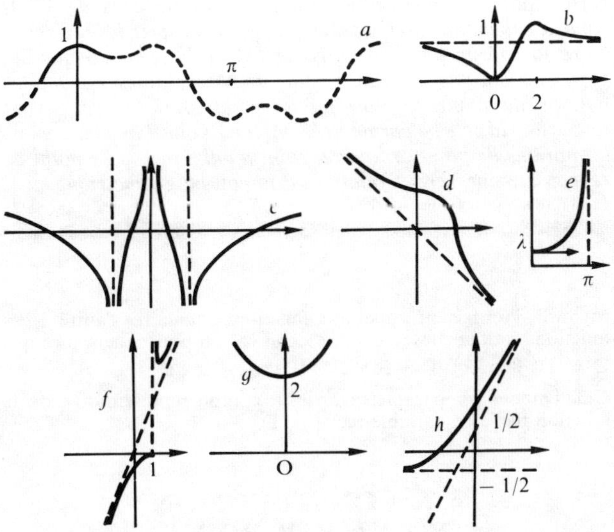

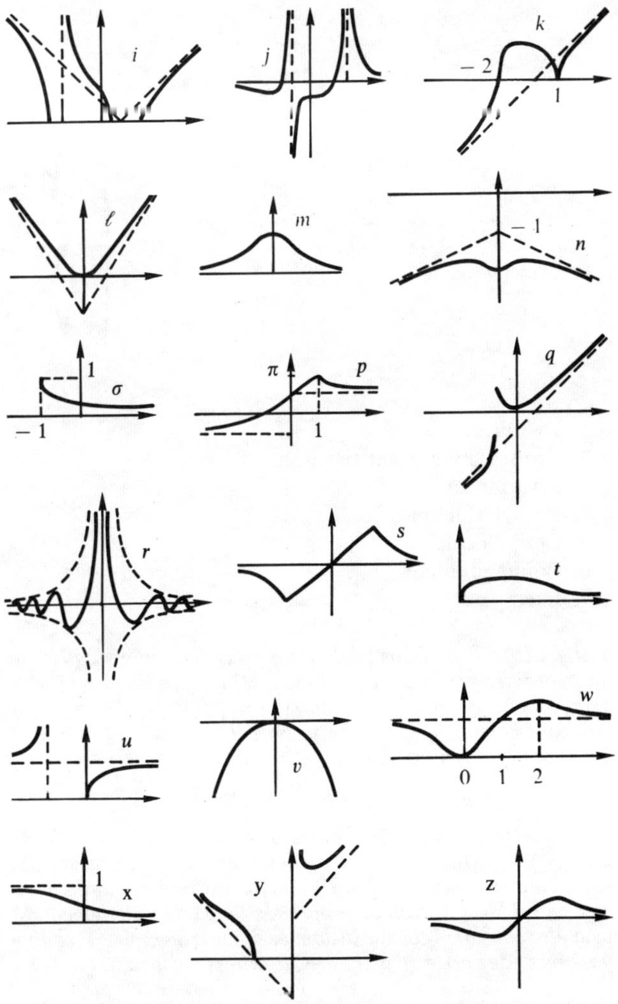

25. Se ramène à l'étude de

$$f : [0, 2[\longrightarrow \mathbb{R},\ \ell \longmapsto (9 - \ell^2)^{-1/2} + (4 - \ell^2)^{-1/2},$$

monotone croissante et à la résolution de $f(\ell) = 1$. $1{,}2 < \ell < 1{,}25$.

26. Carrés.

27. Déterminer le minimum de $L = 2x + 4\sqrt{(10 - x)^2 + 5^2}$.

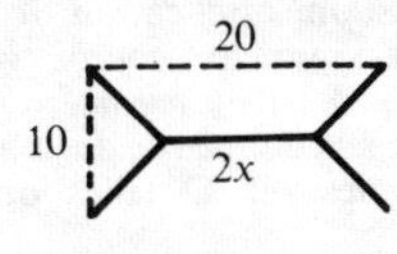

$x = 5$.

2. Courbes paramétrées planes

$$\begin{cases} x = f(t) \\ y = g(t) \\ t \in D \end{cases}$$

Soit $f : \mathbb{R} \longrightarrow \mathbb{R}$. Dans le chapitre précédent on a vu que l'on peut caractériser f par la courbe $C_f = \{(x, y) \in \mathbb{R}^2 \mid y = f(x)\}$. En revanche la connaissance de $f(\mathbb{R}) = \{f(x);\ x \in \mathbb{R}\}$ ne suffit pas pour connaître f. Que se passe-t-il pour $M : \mathbb{R} \longrightarrow \mathbb{R}^2$? On peut caractériser M par

$$C_M = \{(x, y, t) \in \mathbb{R}^3 \mid (x, y) = M(t)\};$$

C_M est une courbe de $\mathbb{R}^3$ difficile à représenter. La courbe $\Gamma = M(\mathbb{R}) = \{M(t);\ t \in \mathbb{R}\}$ ne caractérise pas l'application M; mais, contrairement à $f(\mathbb{R})$, $\Gamma = M(\mathbb{R})$ est intéressante : 1. Γ met en évidence certaines propriétés de M (intuitivement M peut être considéré comme la donnée d'une trajectoire Γ et d'un parcours de cette trajectoire à vitesse variable). 2. De nombreux sous-ensembles de $\mathbb{R}^2$, qu'on appellera des courbes, peuvent être paramétrés, c'est-à-dire être considérés comme l'image Γ d'une application M. La notion intuitive de courbe donne ainsi lieu à deux définitions mathématiques distinctes (parmi bien d'autres définitions possibles) : l'application $M : \mathbb{R} \longrightarrow \mathbb{R}^2$ est appelée courbe paramétrée, *l'image $M(\mathbb{R})$ est appelée* courbe géométrique *(§ 1 — de façon plus précise on considère $M : D \longrightarrow P$, où $D \subset \mathbb{R}$ et P est un plan).*
L'objectif principal de ce chapitre est le dessin de Γ connaissant M. La construction point par point semble être la méthode la plus simple (§ 2). Cependant, outre les difficultés dans le choix des unités, cette méthode présente l'inconvénient majeur de ne pas nous donner des moyens de démontrer des énoncés relatifs à la courbe. Les paragraphes 3 à 7 exposent diverses techniques permettant d'expliciter les propriétés essentielles de Γ. Il faudra cependant bien garder présent à l'esprit la différence entre la courbe paramétrée M et la courbe géométrique Γ : parmi les notions définies à l'aide de M certaines, comme les notions de point régulier ou de point stationnaire, seront relatives à la courbe paramétrée M, tandis que d'autres, comme les notions de point ordinaire, point d'inflexion ou de point de rebroussement, seront relatives à la courbe géométrique.

§ 1. DÉFINITIONS (RAPPELS)

Nous supposons le plan P rapporté à un repère $(O, \vec{i}, \vec{j})$. Ce repère est supposé orthonormé sauf si le contraire est explicitement mentionné. Une *courbe plane paramétrée* est une application $M : D \longrightarrow P$, où $D \subset \mathbb{R}$. L'image $\Gamma = M(D)$ est appelée *courbe géométrique* ou simplement *courbe.* On dit que M est un *paramétrage* de Γ.
La donnée de M est équivalente à la donnée de deux fonctions réelles de variable réelle f et g définies sur D telles que pour tout t appartenant à D on ait

$$\overrightarrow{OM(t)} = f(t)\vec{i} + g(t)\vec{j}.$$

On dit alors que Γ est *décrite par les équations* :

$$\begin{cases} x = f(t) \\ y = g(t) \\ t \in D, \end{cases}$$

t s'appelle le *paramètre.*

C 1. Donner un paramétrage de la droite passant par $M_0(x_0, y_0)$ et parallèle à $\vec{V} = a\vec{i} + b\vec{j}$. Donner deux paramétrages de la droite passant par $M_1(x_1, y_1)$ et $M_2(x_2, y_2)$.

C 2. Donner deux paramétrages du cercle de centre $M_0(x_0, y_0)$ et de rayon R, l'un faisant appel aux fonctions circulaires l'autre à des fonctions rationnelles (dans ce second cas on pourra supposer que $D = \mathbb{R} \cup \{\infty\}$ ou $D = \overline{\mathbb{R}} = \mathbb{R} \cup \{-\infty, +\infty\}$).

C 3. Donner un paramétrage de la courbe représentative de la fonction réelle de variable réelle $f : D \longrightarrow \mathbb{R}$.

§ 2. CONSTRUCTION POINT PAR POINT

Exemple. Construire point par point la courbe d'équations :

$$x = 100 \cdot [(t - 0,1)^{t/10} - 1]$$
$$y = 10\sqrt{t^4 - 1,9t^3 + 0,78t^2 + 0,14t - 0,02}$$
$$t \in [0,1;\ +\infty[.$$

Après quelques tâtonnements, on voit qu'il faut choisir plusieurs échelles pour faire apparaître les divers aspects de la courbe (voir encadré 1).

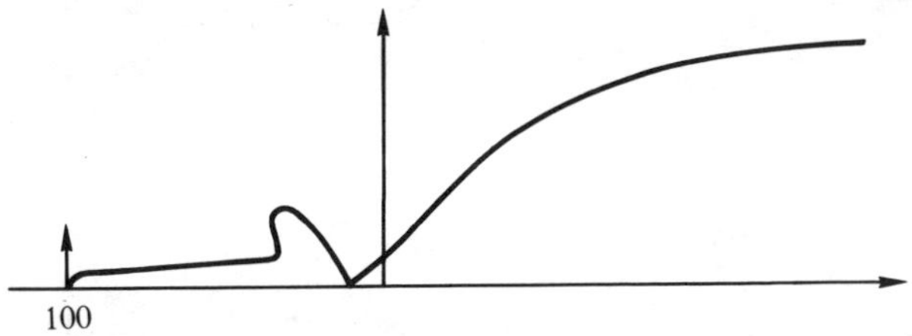

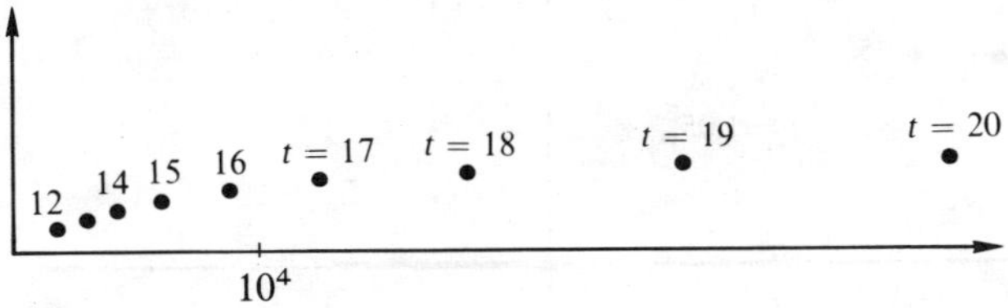

t	x	y
12	1 853	1 325
13	2 678	1 566
14	3 883	1 826
15	5 651	2 107
16	8 260	2 408
17	12 129	2 728
18	17 894	3 068
19	26 524	3 429
20	39 501	3 809

t	x	y
0,1	− 100	0
2	13,7	20,4
3	37,5	60,9
4	72,3	121
5	121	202
6	190	302
7	286	423
8	423	563
9	615	723
10	890	904
11	1 284	1 105
12	1 853	1 325

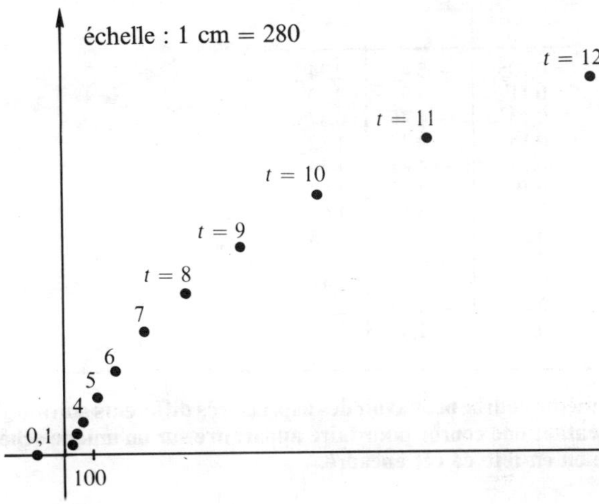

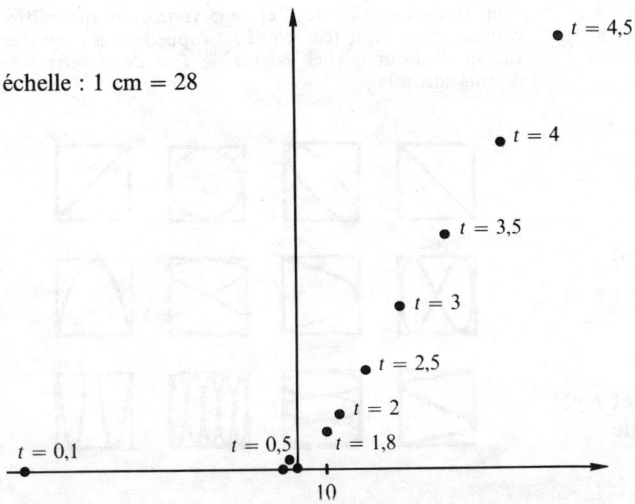

t	x	y
0,1	− 100	0
0,11	− 4,9	0,5
0,5	− 4,5	2,6
1,1	0	1,1
1,8	10	14,8
2	13,7	20,4
2,5	24,5	38,2
3	37,5	60,9
3,5	53,5	88,7
4	72,3	121,4
4,5	94,8	159,2

La suite de l'encadré, au verso, détaille la partie de la courbe pour x entre − 5 et 1.

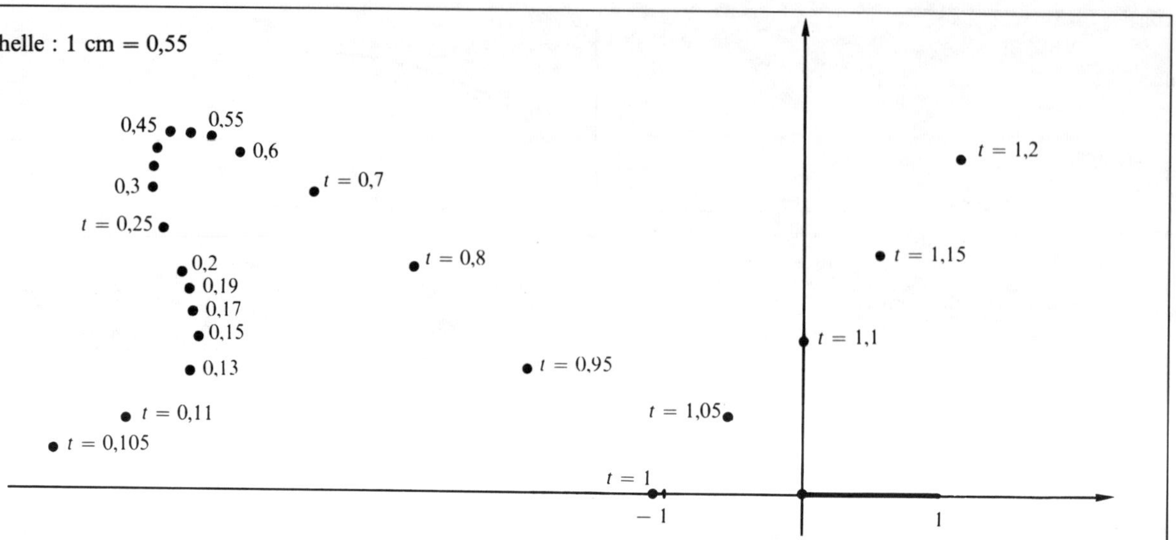

t	x	y
0,105	− 5,4	0,34
0,11	− 4,93	0,50
0,13	− 4,46	0,87
0,15	− 4,39	1,12
0,17	− 4,42	1,34
0,19	− 4,47	1,52
0,2	− 4,5	1,6
0,25	− 4,63	1,95
0,3	− 4,71	2,21
0,35	− 4,74	2,41
0,4	− 4,70	2,54
0,45	− 4,61	2,62

t	x	y
0,5	− 4,48	2,65
0,55	− 4,29	2,61
0,6	− 4,07	2,53
0,7	− 3,51	2,20
0,8	− 2,81	1,67
0,95	− 1,53	0,49
1	− 1,04	0
1,05	− 0,54	0,54
1,1	0	1,14
1,15	0,56	1,79
1,2	1,15	2,48

1. La même courbe peut avoir des aspects très différents suivant l'échelle choisie. C'est pourquoi on triche souvent dans les dessins représentant une courbe pour faire apparaître sur un unique schéma toutes les propriétés que l'on souhaite visualiser, comme la courbe en en-tête de cet encadré.

Exercice 1. Construire, point par point, la courbe d'équations : $x = t^2 + (t+1)^{-1}$, $y = t + (t^2 - 1)^{-1}$, $t \in]-\infty, -1[\cup]-1, 1[\cup]1, +\infty[$.

§ 3. INVARIANCES

3.1. Périodicité

Définition. On dit que la courbe $M : D \longrightarrow P$ est *périodique* de *période* T ssi :

1. $\forall t \in D \quad t + T \in D$ et $t - T \in D$
2. $\forall t \in D \quad M(t+T) = M(t)$.

Remarquons que M est périodique de période T si et seulement si f et g sont périodiques de même période T.

** **Exercice 2.** On suppose que l'on fait apparaître sur un oscilloscope la courbe d'équations : $x = \sin(2\pi t)$, $y = \sin(2\pi t/T + \varphi)$, $t \in \mathbb{R}$.

Pour quelles valeurs de T et de φ verra-t-on apparaître une courbe sur l'écran (ces courbes s'appellent les courbes de Lissajou)? Pour quelles valeurs de T et de φ verra-t-on les dessins suivants :

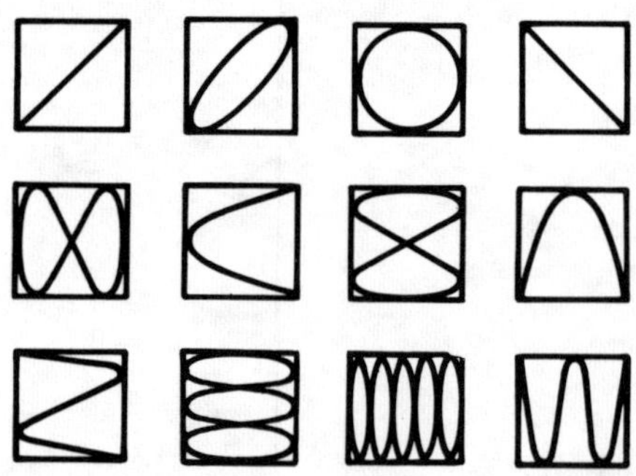

Quelle est l'équation de la forme $y = f(x)$ de la dernière de ces courbes? Que voit-on sur l'écran si $T = 1 + \varepsilon$ où ε est très petit?

Dans la pratique, si la courbe paramétrée M est périodique de période T, il suffit de faire l'étude de la courbe pour $t \in [t_0, t_0 + T] \cap D$ pour n'importe quel t_0. La périodicité de M se traduit simplement par le fait que la courbe $\Gamma = M(D)$ est décrite une infinité de fois.

Exercice 3. Construire la courbe d'équations $x = t - \pi E(t/\pi + 1/2)$, $y = \operatorname{tg} t$, $t \in \mathbb{R} - (\pi/2 + \mathbb{Z}\pi)$; où E désigne la partie entière, soit $E(\tau) = \sup\{n \in \mathbb{Z} \mid n \leqslant \tau\}$.

Exercice 4. Construire la courbe $x = \cos t^2$, $y = \sin t^2$, $t \in \mathbb{R}$. Est-ce que la courbe paramétrée M est périodique? Montrer que $\Gamma = M(\mathbb{R})$ admet (au moins) un paramétrage périodique $\tilde{M}$.

3.2. Invariance par translation

La courbe Γ sera invariante par la translation $\mathcal{T}$ si et seulement si $\mathcal{T}(\Gamma) = \Gamma$. Soit M un paramétrage de Γ et soit $\vec{V}$ le vecteur de la translation $\mathcal{T}$. La condition $\mathcal{T}(\Gamma) = \Gamma$ (c'est-à-dire : $\forall M \in \Gamma\ \mathcal{T}(M) \in \Gamma$ **et** $\forall M \in \Gamma$ $\exists M_2 \in \Gamma\ \mathcal{T}(M_2) = M$) devient :

$$\forall t \in D \quad \exists t_1 \in D \quad \overrightarrow{M(t)M(t_1)} = \vec{V}$$
$$\textbf{et} \quad \exists t_2 \in D \quad \overrightarrow{M(t_2)M(t)} = \vec{V}.$$

Cette condition sera remplie en particulier dans le cas où f et g vérifient

$$\forall t \in D \quad t + T \in D \quad \textbf{et} \quad t - T \in D$$
$$\textbf{et} \quad f(t+T) = f(t) + a \quad \textbf{et} \quad g(t+T) = g(t) + b.$$

On aura alors $\vec{V} = a\vec{i} + b\vec{j}$.

Exercice 5 (préparatoire à l'écriture). Inventer des équations paramétriques pour les courbes suivantes.

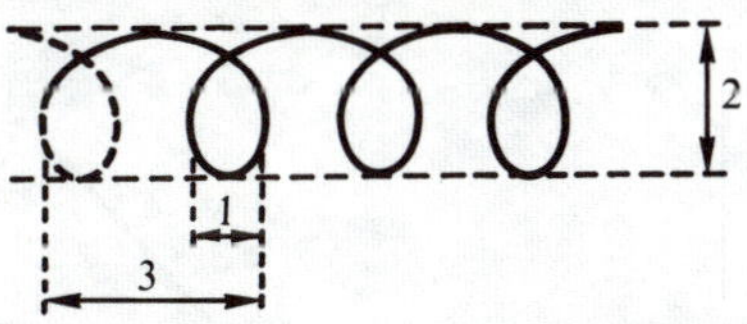

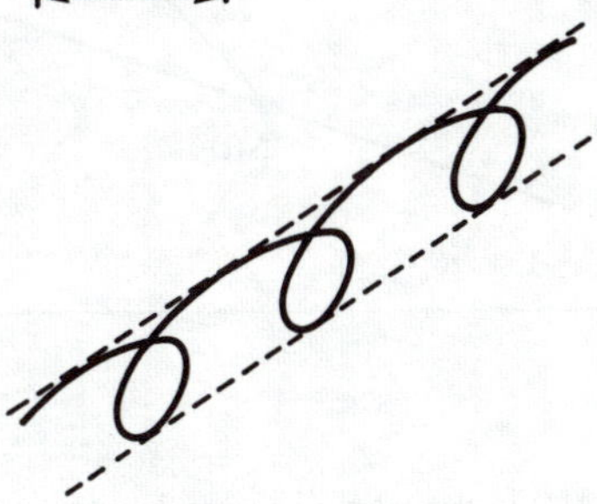

3.3. Symétries

Symétrie centrale

Soit $\mathcal{S}$ la symétrie par rapport à un point; Γ est invariante par rapport à $\mathcal{S}$ si et seulement si $\mathcal{S}(\Gamma) = \Gamma$. Comme $\mathcal{S}^2 = \mathrm{id}_P$, il suffit de vérifier que $\mathcal{S}(\Gamma) \subset \Gamma$. Soit (a, b) les coordonnées du centre de la symétrie $\mathcal{S}$, la condition s'écrit :

$$\forall t \in D \quad \exists t_1 \in D$$
$$f(t_1) = 2a - f(t) \quad \textbf{et} \quad g(t_1) = 2b - g(t).$$

En particulier si f et g sont impaires, alors Γ est symétrique par rapport à l'origine O.

* **Exercice 6.** Trouver le centre de symétrie de la courbe d'équations $x = t^3 - 3t^2 + 2t$, $y = 2t^3 - 6t^2 + 13t + 11$, $t \in \mathbb{R}$.

* **Exercice 7.** Montrer que la courbe d'équations

$$x = (t^2 - a^2)/at,\ y = (\operatorname{Log} t - \operatorname{Log} a)^3,\ t \in]0, +\infty[$$

est symétrique par rapport à l'origine.

Symétrie par rapport à une droite parallèle à un des axes

Γ est invariante par rapport à la symétrie d'axe $x = a$ si et seulement si :

$$\forall t \in D \quad \exists t_1 \in D \quad f(t_1) = 2a - f(t) \quad \textbf{et} \quad g(t_1) = g(t).$$

Γ est invariante par rapport à la symétrie d'axe $y = b$ si et seulement si :

$$\forall t \in D \quad \exists t_1 \in D \quad f(t_1) = f(t) \quad \textbf{et} \quad g(t_1) = 2b - g(t).$$

Exercice 8. Écrire la condition que doit vérifier le paramétrage de la courbe Γ pour que Γ soit invariante par la rotation de centre $\Omega(a, b)$ et d'angle θ.

§ 4. BRANCHES INFINIES

On peut avoir des branches infinies quand $t \longrightarrow +\infty$, $t \longrightarrow -\infty$, $t \longrightarrow t_0 - 0$ ou $t \longrightarrow t_0 + 0$. L'étude est la même. Pour fixer les idées nous supposerons que $t \longrightarrow t_0 - 0$ (c'est-à-dire que les limites sont du type $\lim\limits_{\substack{t \to t_0 \\ t \in D \cap]-\infty, t_0[}}$).

4.1. Cas général

Définition. On dit que la courbe paramétrée M admet une *branche infinie* pour $t \longrightarrow t_0 - 0$ ssi

$$\lim_{t \to t_0 - 0} OM(t) = +\infty.$$

Proposition. Pour que M présente une branche infinie pour $t \longrightarrow t_0 - 0$ il faut et il suffit que

$$|f(t)| + |g(t)| \longrightarrow +\infty.$$

Démonstration

$$|f(t)| + |g(t)| \geqslant \sup(|f(t)|, |g(t)|) \geqslant \frac{\sqrt{2}}{2} OM(t)$$

donc si $OM(t) \longrightarrow +\infty$, alors $|f(t)| + |g(t)| \longrightarrow \infty$. La réciproque se déduit de $OM(t) \leqslant |f(t)| + |g(t)|$. □

Exercice 9. Montrer que la courbe suivante admet une branche infinie pour $t \longrightarrow +\infty$, mais que ni $\lim_{t\to+\infty} |f(t)|$ ni $\lim_{t\to+\infty} |g(t)|$ n'existent : $x = t\cos t$, $y = t\sin t$, $t \in \mathbb{R}$.

Définition. On dit que la branche infinie admet la *direction asymptotique* $\vec{u}_0$ ssi

$$\lim_{t\to t_0-0} \overrightarrow{\mathrm{OM}(t)}/\|\overrightarrow{\mathrm{OM}(t)}\| = \vec{u}_0.$$

Remarque 1. Si $\vec{u}_0$ existe, $\vec{u}_0$ est unitaire : $\|\vec{u}_0\| = 1$.

Remarque 2. Si on pose $\theta(t) = (\vec{i}, \overrightarrow{\mathrm{OM}(t)})$, la condition s'écrit $\lim_{t\to t_0-0} \theta(t) = \theta_0$ où $\theta_0 = (\vec{i}, \vec{u}_0)$.

Remarque 3. Si on pose $\alpha(t) = \operatorname{tg}\theta(t) = g(t)/f(t)$, la condition s'écrit $\lim_{t\to t_0-0} \alpha(t) = \alpha_0$ (limite finie ou infinie), où $\alpha_0 = \operatorname{tg}\theta_0$.

Définition. Soit M une courbe paramétrée admettant une branche infinie pour $t \longrightarrow t_0 - 0$. On dit que la droite Δ est une *asymptote* de la courbe ssi la distance de $\mathrm{M}(t)$ à Δ tend vers 0 quand $t \longrightarrow t_0 - 0$.

Recherche des asymptotes

1. Déterminer les valeurs de t pour lesquelles il y a branche infinie.
2. Trois cas peuvent se présenter :

   1er cas : $x(t) \longrightarrow x_0$ et $y(t) \longrightarrow +\infty$ (ou $-\infty$) : la droite $x = x_0$ est asymptote

   2e cas : $x(t) \longrightarrow +\infty$ (ou $-\infty$) et $y(t) \longrightarrow y_0$: la droite $y = y_0$ est asymptote

   3e cas : $x(t) \longrightarrow +\infty$ (ou $-\infty$) et $y(t) \longrightarrow +\infty$ (ou $-\infty$). Il faut alors poursuivre l'étude :

3. Calculer, si la limite existe :

$$\alpha_0 = \lim \alpha(t) = \lim g(t)/f(t).$$

4. Calculer, si la limite existe :

$$\beta_0 = \lim\,(g(t) - \alpha_0 f(t)).$$

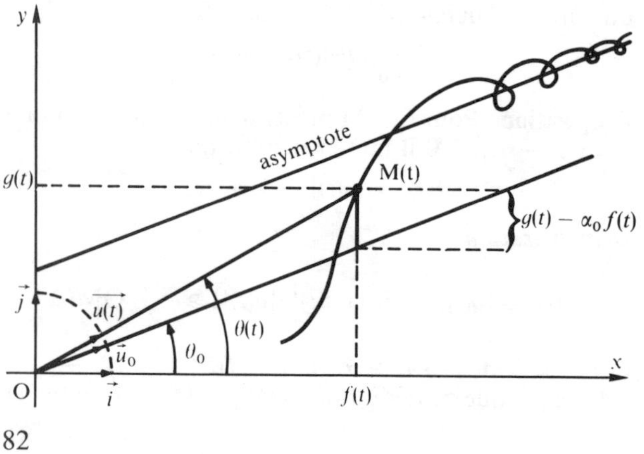

L'asymptote existe alors et a pour équation

$$y = \alpha_0 x + \beta_0.$$

5. Si $g(t) - \alpha_0 f(t) - \beta_0 > 0$, la courbe est au-dessus de l'asymptote.

   Si $g(t) - \alpha_0 f(t) - \beta_0 < 0$, la courbe est en dessous de son asymptote.

Remarque. Si α_0 existe et si $\beta_0 = +\infty$ (ou $-\infty$) on dit que la courbe admet une *branche parabolique.*

4.2. Cas où les fonctions admettent des développements limités

L'étude est beaucoup plus simple si on a des d.l. du type :

$$\begin{cases} (t-t_0)f(t) = a + b(t-t_0) + o((t-t_0)) \\ (t-t_0)g(t) = a' + b'(t-t_0) + o((t-t_0)) \end{cases}$$

ou

$$\begin{cases} f(t) = a\,\dfrac{1}{t-t_0} + b + o(1) \\ g(t) = a'\,\dfrac{1}{t-t_0} + b' + o(1) \end{cases}$$

Il y a alors direction asymptotique et asymptote. L'asymptote est la droite Δ d'équations paramétriques :

$$\begin{cases} x = a\lambda + b \\ y = a'\lambda + b' \\ \lambda \in \mathbb{R}. \end{cases}$$

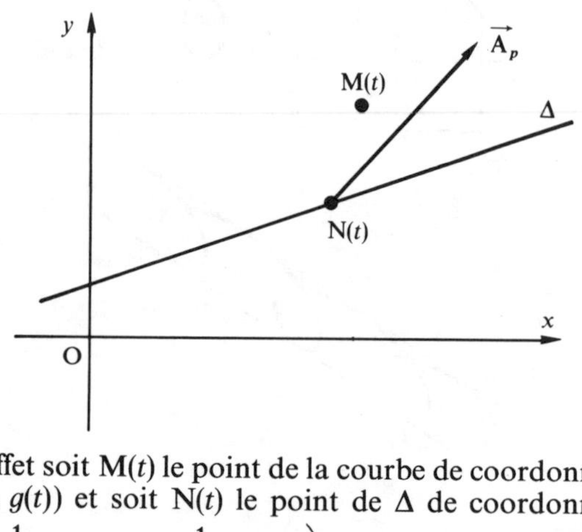

En effet soit $\mathrm{M}(t)$ le point de la courbe de coordonnées $(f(t), g(t))$ et soit $\mathrm{N}(t)$ le point de Δ de coordonnées $\left(a\,\dfrac{1}{t-t_0} + b,\ a'\,\dfrac{1}{t-t_0} + b'\right)$, on a :

$$\|\overrightarrow{\mathrm{M}(t)\mathrm{N}(t)}\| = \sqrt{o(1)^2 + o(1)^2} = o(1)$$

donc la distance de $\mathrm{M}(t)$ à Δ, qui est inférieure à $\mathrm{M}(t)\mathrm{N}(t)$, tend vers 0.

La position de la courbe par rapport à l'asymptote se détermine à l'aide du d.l. :

$$\overrightarrow{\mathrm{OM}(t)} = \left(\frac{a}{t-t_0}\vec{i} + \frac{a'}{t-t_0}\vec{j}\right)$$
$$+ (b\vec{i} + b'\vec{j}) + ... + \overrightarrow{\mathrm{A}}_p(t-t_0)^p + o((t-t_0)^p)$$

où $\overrightarrow{\mathrm{A}}_p$ est le premier vecteur du d.l. avec $p \geqslant 1$, non parallèle à $a\vec{i} + a'\vec{j}$.

ATTENTION à la parité de p si $(t-t_0) < 0$ pour déterminer la position de la courbe par rapport à son asymptote.

Exercice 10. 1. Étudier les branches infinies de la courbe paramétrée $x = t^2 + (1+t)^{-1}$, $y = t + (t^2-1)^{-1}$, $t \in \mathbb{R} - \{1, -1\}$.

2. Étudiez les branches infinies de la courbe d'équations :

$$x = \mathrm{Log}\,|t^2 - 2t|, \quad y = \mathrm{Log}\, t + t^{-1}\,\mathrm{Log}\,(1+t),$$
$t \in]0, 2[\cup]2, +\infty[$.

§ 5. ÉTUDE LOCALE

5.1. Points réguliers, stationnaires et biréguliers de la courbe paramétrée M

Définition. Un point t_0 de D tel que f et g soient dérivables en t_0 est dit *régulier* ssi $\overrightarrow{\mathrm{M}'(t_0)}$ est non nul. Il est dit *stationnaire* (ou *singulier*) ssi $\overrightarrow{\mathrm{M}'(t_0)} = \vec{0}$.

Remarque. t_0 est stationnaire ssi $f'(t_0) = g'(t_0) = 0$ et t_0 est régulier ssi $f'(t_0) \neq 0$ **ou** $g'(t_0) \neq 0$.

Définition. Un point t_0 de D tel que f et g admettent des dérivées secondes en t_0 est dit *birégulier* ssi les vecteurs $\overrightarrow{\mathrm{M}'(t_0)}$ et $\overrightarrow{\mathrm{M}''(t_0)}$ sont linéairement indépendants.

Remarque. t_0 est birégulier ssi

$$f'(t_0)g''(t_0) - f''(t_0)g'(t_0) \neq 0,$$

dans ce cas t_0 est aussi régulier.

Interprétation cinématique. Si t représente le temps et M un point mobile, alors $\overrightarrow{\mathrm{M}'(t_0)} = \overrightarrow{\mathrm{V}}(t_0)$ est le vecteur vitesse à l'instant t_0 et $\overrightarrow{\mathrm{M}''(t_0)} = \overrightarrow{\mathrm{A}}(t_0)$ le vecteur accélération. On comprend alors le choix du mot *stationnaire* pour désigner un instant t_0 tel que

$$\overrightarrow{\mathrm{V}}(t_0) = \vec{0}.$$

La courbe Γ *au voisinage de* $\mathrm{M}(t_0)$

Si t_0 est régulier, Γ admet en $\mathrm{M}(t_0)$ une tangente parallèle à $\overrightarrow{\mathrm{M}'(t_0)}$. Si t_0 est birégulier, la courbe Γ tourne sa concavité en $\mathrm{M}(t_0)$ du côté du vecteur accélération $\overrightarrow{\mathrm{M}''(t_0)}$.

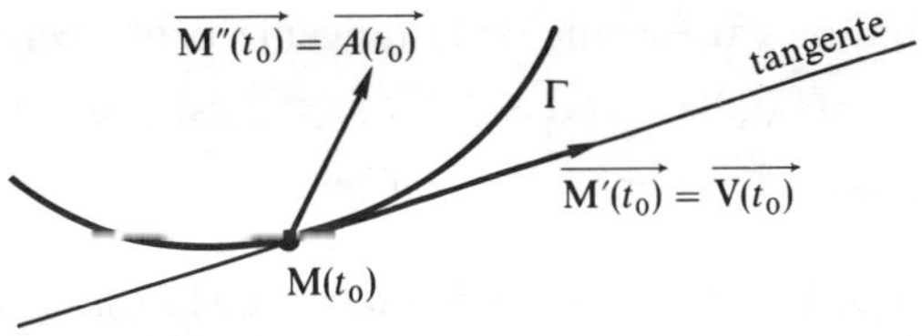

Un point de Γ tel que le point $\mathrm{M}(t_0)$ de la courbe ci-dessus est dit ordinaire. Mais d'autres cas sont possibles. La suite de ce paragraphe a pour but l'étude de la courbe au voisinage de tout point $\mathrm{M}(t_0)$, que t_0 soit régulier ou non.

5.2. Méthode des développements limités

Soit $t_0 \in \mathrm{D}$. Nous supposerons f et g indéfiniment dérivables en t_0.
Nous souhaitons étudier la courbe Γ au voisinage de $\mathrm{M}(t_0) = x_0\vec{i} + y_0\vec{j}$.
Posons $h = t - t_0$. De l'existence des d.l. de Taylor à un ordre n quelconque des fonctions f et g, on déduit que

$$\overrightarrow{\mathrm{OM}(t)} = \overrightarrow{\mathrm{OM}(t_0)} + h\overrightarrow{\mathrm{M}'(t_0)} + ... + \frac{h^n}{n!}\overrightarrow{\mathrm{M}^{(n)}(t_0)} + h^n\overrightarrow{\varepsilon(t)}$$

où $\overrightarrow{\varepsilon(t)} = \varepsilon_1(t)\vec{i} + \varepsilon_2(t)\vec{j}$ est tel que

$$\varepsilon_1(t) \longrightarrow 0 \text{ et } \varepsilon_2(t) \longrightarrow 0 \text{ quand } t \longrightarrow t_0.$$

(Rappelons que $\overrightarrow{\mathrm{M}^{(n)}(t_0)} = f^{(n)}(t_0)\vec{i} + g^{(n)}(t_0)\vec{j}$.)

Définition. On appelle *premier invariant* de la courbe paramétrée M en t_0 le plus petit entier strictement positif p tel que $\overrightarrow{\mathrm{M}^{(p)}(t_0)} \neq 0$ (*si il existe*).
De la définition de p il résulte que :

$$\begin{cases} \overrightarrow{\mathrm{M}(t_0)\mathrm{M}(t_0+h)} = \dfrac{h^p}{p!}\overrightarrow{\mathrm{M}^{(p)}(t_0)} + h^p\overrightarrow{\varepsilon(t)} \\ \overrightarrow{\mathrm{M}^{(p)}(t_0)} \neq 0, \quad \lim\limits_{t\to t_0} \overrightarrow{\varepsilon(t)} = \vec{0}. \end{cases}$$

On voit donc que $\overrightarrow{\mathrm{M}(t_0)\mathrm{M}(t_0+h)}$ est colinéaire à $\overrightarrow{\mathrm{M}^{(p)}(t_0)} + p!\,\overrightarrow{\varepsilon(t)}$, vecteur qui tend vers $\overrightarrow{\mathrm{M}^{(p)}(t_0)}$ quand $t \longrightarrow t_0$. On traduit ce résultat en disant que la tangente à Γ en $\mathrm{M}(t_0)$ a la direction du vecteur $\mathrm{M}^{(p)}(t_0)$. Nous verrons au § 5.4. ci-dessous comment formaliser ces notions.

Règle pratique. Calculer les dérivées successives de f et de g en t_0.
Déterminer p tel que :

$$f'(t_0) = g'(t_0) = ... = f^{(p-1)}(t_0) = g^{(p-1)}(t_0) = 0$$
$$\textbf{et} \quad [f^{(p)}(t_0) \neq 0 \quad \textbf{ou} \quad g^{(p)}(t_0) \neq 0].$$

(Le plus souvent t_0 est régulier, c'est-à-dire $p = 1$). La tangente a pour équations paramétriques :

$$\begin{cases} x = x_0 + \lambda f^{(p)}(t_0) \\ y = y_0 + \lambda g^{(p)}(t_0) \\ \lambda \in \mathbb{R} \end{cases}$$

L'équation cartésienne de la tangente peut s'écrire :

$$g^{(p)}(t_0)(x - x_0) - f^{(p)}(t_0)(y - y_0) = 0.$$

Définition. On appelle *second invariant* de la courbe paramétrique M en t_0 le plus petit entier q (supérieur à p) tel que $\overrightarrow{M^{(q)}(t_0)}$ n'est pas colinéaire à $\overrightarrow{M^{(p)}(t_0)}$ (*si un tel entier q existe*).

Remarque. Si t_0 est birégulier $p = 1$ et $q = 2$.
La condition peut aussi s'énoncer

$$\text{Det}\,(\overrightarrow{M^{(p)}(t_0)}, \overrightarrow{M^{(q)}(t_0)}) \neq 0$$

ou en disant que $(M(t_0), \overrightarrow{M^{(p)}(t_0)}, \overrightarrow{M^{(q)}(t_0)})$ est un repère de P. Dire qu'un point M a les coordonnées (α, β) dans ce repère c'est dire que

$$\overrightarrow{M(t_0)M} = \alpha\overrightarrow{M^{(p)}(t_0)} + \beta\overrightarrow{M^{(q)}(t_0)}.$$

Le repère ci-dessus permet de définir quatre régions (sous-ensembles) disjointes de P.

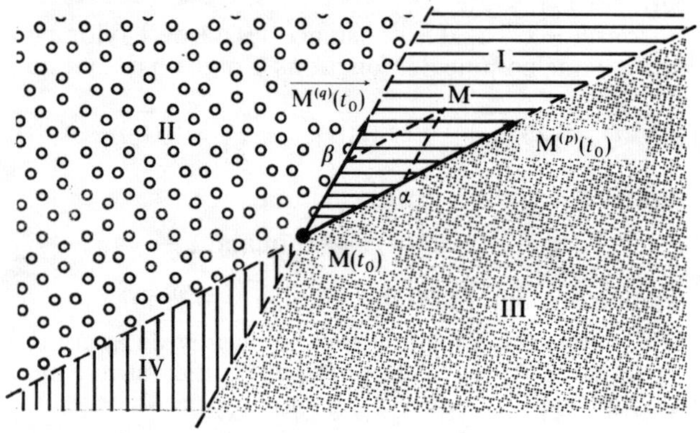

$M \in I$	si et seulement si	$\alpha > 0$	et	$\beta > 0$
$M \in II$		$\alpha < 0$	et	$\beta > 0$
$M \in III$		$\alpha > 0$	et	$\beta < 0$
$M \in IV$		$\alpha < 0$	et	$\beta < 0.$

Dans ce repère les équations de Γ s'écrivent

$$\begin{cases} \alpha = \dfrac{(t - t_0)^p}{p!}\,[1 + \varepsilon_1(t)] \\ \beta = \dfrac{(t - t_0)^q}{q!}\,[1 + \varepsilon_2(t)] \end{cases}$$

où $\lim\limits_{t \to t_0} \varepsilon_1(t) = \lim\limits_{t \to t_0} \varepsilon_2(t) = 0$. Pour t voisin de t_0 le signe de α est donc celui de $(t - t_0)^p$ et le signe de β celui de $(t - t_0)^q$. Le point $M(t)$ pour t voisin de t_0 et $t > t_0$ est donc dans la région I et la demi-courbe $t > 0$ a l'allure suivante :

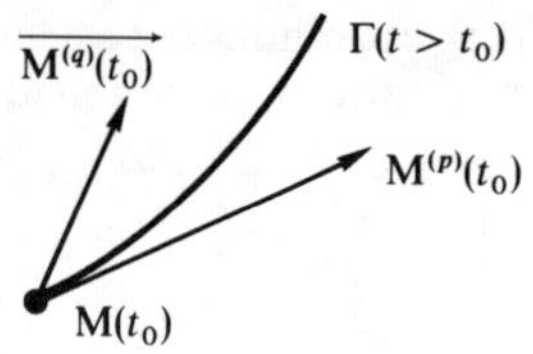

La détermination de la région où se trouve la courbe pour $t < t_0$ permet de déterminer la nature du point $M(t_0)$ de la courbe.

Nature du point $M(t_0)$.

• *Premier cas.* p impair et q pair (l'exemple le plus courant est t_0 birégulier, soit $p = 1$ et $q = 2$).
Si t est voisin de t_0 et $t < t_0$, alors $M(t) \in II$, car $\alpha < 0$ et $\beta > 0$.

Définition. Un point tel que p impair et q pair s'appelle un *point ordinaire*.

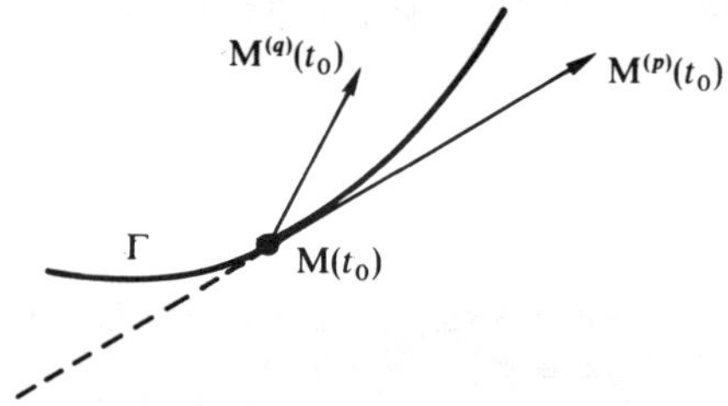

• *Deuxième cas :* p impair et q impair.
Si t est voisin de t_0 et $t < t_0$, alors $M(t) \in IV$, car $\alpha < 0$ et $\beta < 0$.

Définition. Un point tel que p impair et q impair s'appelle un *point d'inflexion* de Γ.

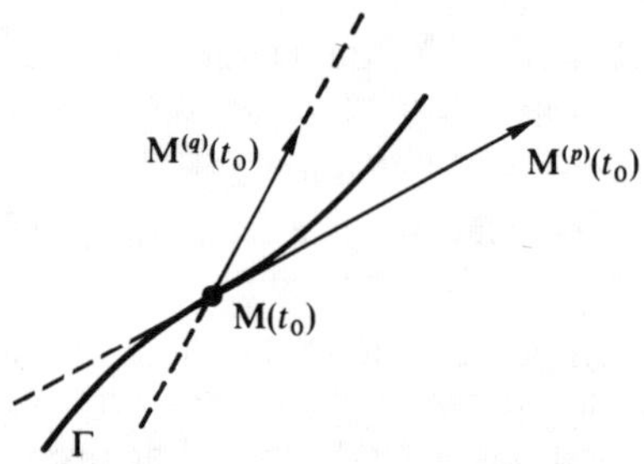

• *Troisième cas :* p pair et q impair.
Si t est voisin de t_0 et $t < t_0$, alors $M(t) \in III$, car $\alpha > 0$ et $\beta < 0$.

Définition. Un point tel que p pair et q impair s'appelle un *point de rebroussement de première espèce*.

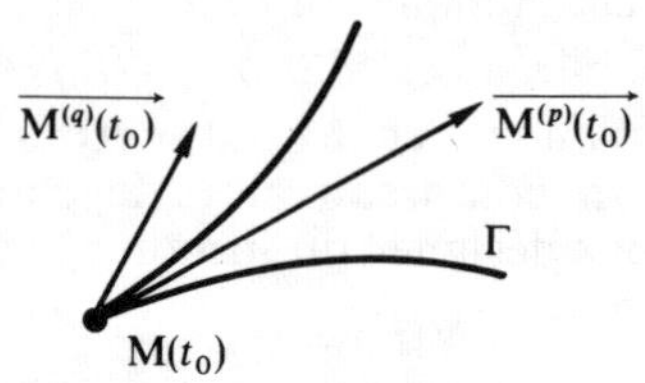

• *Quatrième cas :* p pair et q pair.
Si t est voisin de t_0 et $t < t_0$, alors $M(t) \in I$, car $\alpha > 0$ et $\beta > 0$.

Définition. Un point tel que p pair et q pair s'appelle un *point de rebroussement de seconde espèce*.

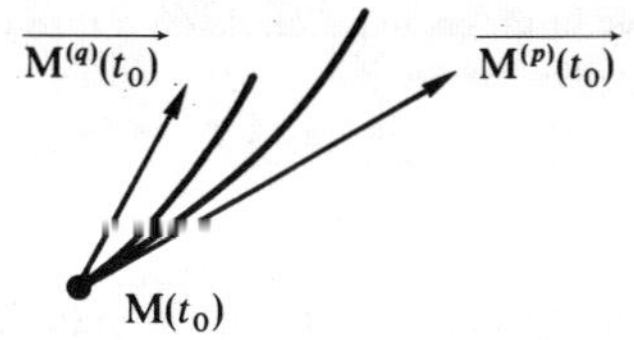

Règle pratique. Une fois p déterminé, calculer $f^{(p+1)}(t_0)$, $g^{(p+1)}(t_0)$ puis

$$f^{(p)}(t_0)g^{(p+1)}(t_0) - f^{(p+1)}(t_0)g^{(p)}(t_0).$$

Si ce nombre est non nul, $q = p + 1$; sinon recommencer jusqu'à ce que l'on trouve q tel que

$$f^{(p)}(t_0)g^{(q)}(t_0) - f^{(q)}(t_0)g^{(p)}(t_0) \neq 0.$$

La connaissance de p et de q et donc de leur parité permet de connaître la nature du point $M(t_0)$. Pour la précision du tracé de la courbe Γ il est souvent utile de dessiner $\overrightarrow{M^{(p)}(t_0)}$; mais le dessin de $\overrightarrow{M^{(q)}(t_0)}$ ne sert en général qu'à corroborer des résultats antérieurs.

Exercice 11. Déterminer la nature du point $M(t_0)$ dans les cas suivants : 1. $x = t$, $y = t^2$, $t_0 = 0$. 2. $x = t$, $y = t^3 + 3t^2 + 3t$, $t_0 = -1$. 3. $x = t^2 + 2t$, $y = t^{-2} - 2t$, $t_0 = -1$. 4. $x = t^2 - t^5$, $y = t^4$, $t_0 = 0$. 5. $x = \sin^2 t$, $y = 1 - \cos t$, $t = 0$. 6. $x = (t^2 - 2t + \operatorname{Log} t)^2$, $y = t^4 - 4t^3 + 9t^2 - 10t$, $t_0 = 1$.

$$m(t_0) = \frac{g'(t_0)}{f'(t_0)} \left(\text{ou} = \lim_{t\to t_0} \frac{g'(t)}{f'(t)}\right)$$

$m(t_0) = 0$ 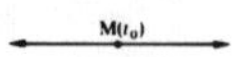 Tangente **horizontale**	$f'(t)$: **ne** change **pas** de signe en t_0	$f'(t)$: change de signe en t_0
$g'(t)$: **ne** change **pas** de signe en t_0	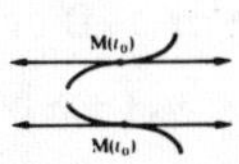 **inflexion**	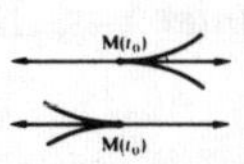 **rebroussement de 1re espèce**
$g'(t)$: change de signe en t_0	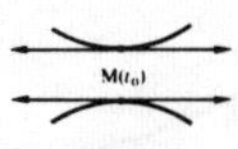 **ordinaire**	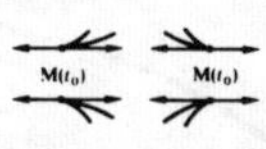 **rebroussement de 2e espèce**

Si $f'(t)$ change de signe en t_0 alors l'abscisse de $M(t)$ est extrémale en t_0.
Si $g'(t)$ change de signe en t_0 alors l'ordonnée de $M(t)$ est extrémale en t_0.

** **Exercice 12.** Donner un exemple de couple de fonctions (f, g) indéfiniment dérivables en t_0, non constantes au voisinage de t_0 et telles que le premier invariant p n'existe pas.

*** **Exercice 13.** Soit Γ une courbe de paramétrage $M : D \longrightarrow P$ et soit $t_0 \in D$, $\varepsilon > 0$ tels que $I =]t_0 - \varepsilon, t_0 + \varepsilon[\subset D$. On suppose M indéfiniment dérivable sur I. Montrer que si M(I) est inclus dans une droite de P, alors q n'est pas défini en t_0.

5.3. Emploi de $m = \dfrac{y'}{x'}$

La pente de la tangente à Γ en un point $M(t_0)$, où le premier invariant p existe, est donnée par :

$$m(t_0) = \frac{g^{(p)}(t_0)}{f^{(p)}(t_0)}$$

avec la convention $m(t_0) = \infty$ si $f^{(p)}(t_0) = 0$.

$m(t_0) = \infty$ 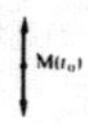 Tangente **verticale**	$f'(t)$: **ne** change **pas** de signe en t_0	$f'(t)$: change de signe en t_0
$g'(t)$: **ne** change **pas** de signe en t_0	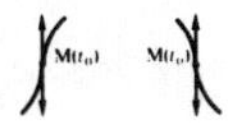 **inflexion**	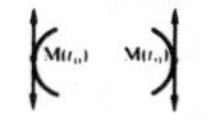 **ordinaire**
$g'(t)$: change de signe en t_0	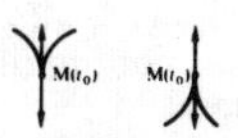 **rebroussement de 1re espèce**	 **rebroussement de 2e espèce**

Si $m'(t)$ change de signe en t, alors la pente de la tangente est extrémale en t_0.

$m(t_0) \in \mathbb{R}^*$  Tangente **oblique**	Simultanément $f'(t)$ et $g'(t)$: **ne** changent **pas** de signe en t_0	Simultanément $f'(t)$ et $g'(t)$: changent de signe en t_0
$m'(t)$: **ne** change **pas** de signe en t_0	 **ordinaire**	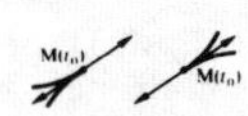 **rebroussement de 1re espèce**
$m'(t)$: change de signe en t_0	 **inflexion**	 **rebroussement de 2e espèce**

2. Nature de la courbe Γ d'équations paramétriques $x = f(t)$, $y = g(t)$, $t \in D$ au voisinage du point $M(t_0)$ pour t_0 régulier, discutée à partir de l'étude des variations de la pente de la tangente $m(t)$.

Un point de $M(t_0)$ de la courbe paramétrée M est dit *stationnaire* ssi $p > 1$. Si $M(t_0)$ n'est pas stationnaire

$$m(t_0) = \frac{g'(t_0)}{f'(t_0)}.$$

Si $M(t_0)$ est stationnaire, alors

$$g'(t) = ((p-1)!)^{-1}(t-t_0)^{p-1}[g^{(p)}(t_0) + \varepsilon_2(t)]$$
$$f'(t) = ((p-1)!)^{-1}(t-t_0)^{p-1}[f^{(p)}(t_0) + \varepsilon_1(t)]$$

où $\varepsilon_1(t) \longrightarrow 0$ et $\varepsilon_2(t) \longrightarrow 0$ quand $t \longrightarrow t_0$, d'où

$$m(t_0) = \lim_{t \to t_0} \frac{g'(t)}{f'(t)}.$$

La fonction m est donc continue pour tout t_0 tel que $m(t_0) \neq \infty$. L'encadré 2 résume l'étude de la courbe Γ au voisinage de $M(t_0)$ à l'aide des variations de m, f et g au voisinage de t_0. Remarquons que la continuité de m montre que si $m(t_0) \neq 0$ et $m(t_0) \neq \infty$, alors ou bien f' et g' changent tous les deux de signes en t_0 ou bien ni f' ni g' ne changent de signe en t_0, les autres cas étant impossibles.

Exercice 14. Retrouver les résultats de l'exercice 2, à l'aide de la méthode $m = y'/x'$.

5.4. Tangentes

Tangente à une courbe géométrique

Soit Γ une courbe géométrique et $M_0 \in \Gamma$. La définition qui suit sert à énoncer de façon précise la notion intuitive de la tangente comme limite de la droite M_0M quand M tend vers M_0 en restant sur Γ.

Remarque. Nous utiliserons la même notation M_0M pour désigner la droite qui passe par M_0 et par M et pour désigner la longueur du segment d'extrémités M_0 et M, car cela permet d'alléger les notations sans entraîner de risques de confusion.

Définition. On dit que la droite D est la *tangente* en M_0 à Γ ssi :

1. $M_0 \in D$
2. $\forall \varepsilon > 0 \ \exists \eta > 0 \ \forall M \in \Gamma - \{M_0\} \quad M_0M < \eta \Rightarrow (M_0M, D) < \varepsilon$

où (M_0M, D) désigne la mesure de l'angle non orienté de droites. Remarquons que la condition 2. peut être remplacée par

2 *bis.* $\forall \varepsilon > 0 \quad \exists \eta > 0 \quad \forall M \in \Gamma - \{M_0\}$

$$M_0M < \eta \Rightarrow |\cos(M_0M, D)| > 1 - \varepsilon$$

L'angle (M_0M, D) pouvant être considéré comme angle de droites ou de demi-droites, orienté ou non-orienté.

Inconvénient de cette définition. En cas de point double (courbe en forme de chiffre huit par exemple) on n'a pas de tangente du tout, alors qu'on en « voit » deux!

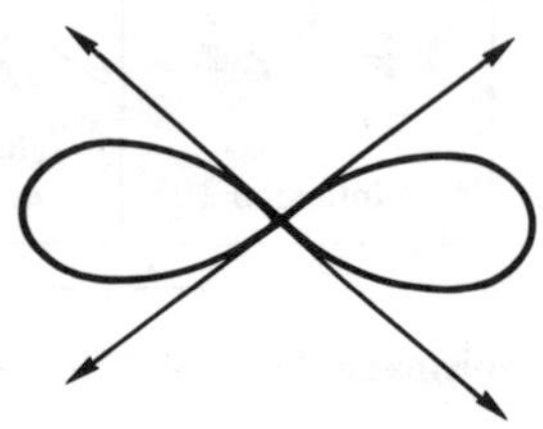

C 4. Montrer que la tangente au cercle de centre O et passant par M_0 est la perpendiculaire en M_0 à OM_0.

Tangente à une courbe paramétrée

Définition. Soit $M : D \longrightarrow P$ une courbe paramétrée continue et soit $t_0 \in D$. Si quand $t \longrightarrow t_0$ le vecteur unitaire $\overrightarrow{M(t_0)M(t)}/\|\overrightarrow{M(t_0)M(t)}\|$ tend vers un vecteur unitaire $\vec{T}$, alors on dit que la droite parallèle à $\vec{T}$ et passant par $M(t_0)$ est la *tangente* en $M(t_0)$ à la courbe $\Gamma = M(D)$.

Proposition. Si $(t - t_0)^{-1}\overrightarrow{M(t_0)M(t)} \longrightarrow \vec{V}$ quand $t \longrightarrow t_0$, alors la droite $(M_0, \vec{V})$ est tangente en M_0 à la courbe.

Démonstration. En effet $\overrightarrow{M(t_0)M(t)}/\|\overrightarrow{M(t_0)M(t)}\| \longrightarrow \vec{V}/\|\vec{V}\|$. □

§ 6. POINTS MULTIPLES

Définition. On dit que A est un *point multiple* de la courbe paramétrée M ssi il existe au moins deux nombres t_1 et t_2 distincts tels que $M(t_1) = M(t_2) = A$.

C 5. Définir l'ordre de multiplicité d'un point A relativement à une courbe paramétrée M.

Pour trouver les points multiples, il faut donc d'abord résoudre le système :

$$\begin{cases} M(t_1) = M(t_2) \\ t_1 \neq t_2 \end{cases} \quad \text{ou} \quad \begin{cases} f(t_1) = f(t_2) \\ g(t_1) = g(t_2) \\ t_1 \neq t_2 \end{cases}$$

Soit (t_1, t_2) une solution de ce système et soit

$$A = M(t_1) = M(t_2).$$

Plusieurs cas peuvent se présenter :

- *Premier cas.* Il existe $\eta_1 > 0$ et $\eta_2 > 0$ tels que : $\{A\} = M(]t_1 - \eta_1, \ t_1 + \eta_1[) \cap M(]t_2 - \eta_2, \ t_2 + \eta_2[)$

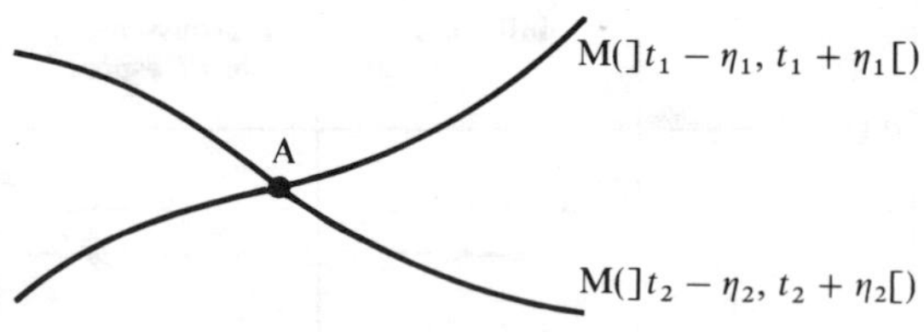

On dit alors que A est un *point multiple géométrique* ou encore que A est un point multiple de la courbe géométrique Γ.

C 6. Définir l'ordre de multiplicité d'un point relativement à une courbe géométrique Γ.

- *Deuxième cas.* Il existe $\eta_1 > 0$ et $\eta_2 > 0$ tels que $M(]t_1 - \eta_1, t_1 - \eta_1[) = M(]t_2 - \eta_2, t_2 + \eta_2)$.

Dans ce cas on décrit la courbe géométrique deux fois au voisinage de A. Cela est en général sans intérêt et provient d'un mauvais choix de l'intervalle d'étude (ou des intervalles d'étude).

• *Autres cas.* Beaucoup d'autres cas sont possibles, mais ils n'apparaissent pas, en général, dans la pratique. Si un tel cas se présente il faut l'étudier directement.

Remarque. L'équation $M(t_1) = M(t_2)$ admet la solution évidente $t_1 = t_2$. C'est pourquoi elle conduit souvent à la mise en facteur de $(t_1 - t_2)$. Comme on cherche les solutions telles que $t_1 \neq t_2$, on peut alors simplifier.

Exercice 15. Déterminer les points multiples des courbes définies par :

$$\begin{cases} x = t^2 - 2t \\ y = t^2 + t^{-2} \\ t \in \mathbb{R}^* \end{cases} \quad {}^*\begin{cases} x = (1 - 3t^2)(1 - t)^{-1} \\ y = (t^3 - 3t)(1 - t)^{-1} \\ t \in \mathbb{R} - \{1\} \end{cases} \quad {}^{**}\begin{cases} x = \sin 3t \\ y = \sin 2t \\ t \in \mathbb{R} \end{cases}$$

Plan d'étude
d'une courbe paramétrée

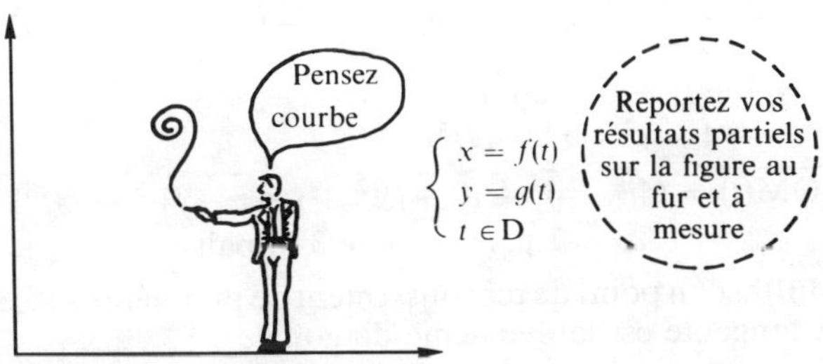

1. Si D n'est pas explicitement donné, choisir pour D le plus grand sous-ensemble de $\mathbb{R}$ possible.
2. Étudier les *invariances* de la courbe : périodicités, invariance par translation, parités et symétries.
3. Étude aux bornes, étude des branches infinies.
4. Sens de variation de f et de g. (On étudie souvent mais pas toujours les signes de f' et de g' et éventuellement les variations de m.)
5. Tableau de variations.
6. Étude des points remarquables : points doubles, points d'inflexion ou de rebroussement, points d'intersection avec les axes.

3. Il peut être commode de suivre ce plan quand les fonctions f et g ne sont ni trop simples ni trop compliquées.

§ 7. EXEMPLES

Nous suivrons le plan de l'encadré 3.

7.1. Exemple 1

$$\begin{cases} x = \dfrac{(t+2)^2}{t+1} \\ y = \dfrac{(t-2)^2}{t-1} \end{cases}$$

1. $D =]-\infty, -1[\cup]-1, 1[\cup]1, +\infty[$.

2. Si on change t en $-t$, $x \longmapsto -y$ et $y \longmapsto -x$: la courbe est symétrique par rapport à la deuxième diagonale. Étude sur $[0, 1[\cup]1, +\infty[$.

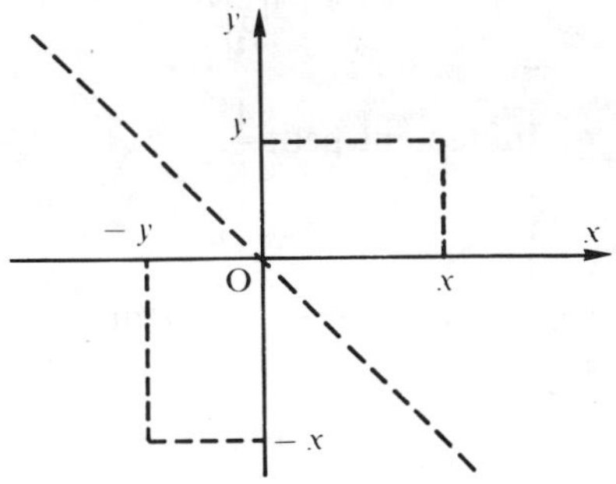

3. *Étude aux bornes*

$\underline{t = 0}$; $\quad x = \dfrac{2^2}{1} = 4$; $y = \dfrac{2^2}{-1} = -4$. $M(0) = (4, -4)$

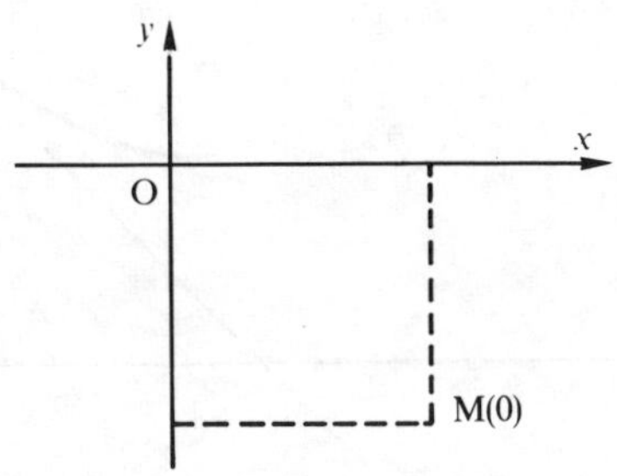

$\underline{t \longrightarrow 1}$, $t = 1 + \varepsilon$

$$x = \frac{(3+\varepsilon)^2}{2+\varepsilon} = (9 + 6\varepsilon + o(\varepsilon)) \cdot \frac{1}{2} \frac{1}{1 + \dfrac{\varepsilon}{2}}$$

$$= \frac{1}{2}(9 + 6\varepsilon + o(\varepsilon)) \cdot \left(1 - \frac{\varepsilon}{2} + o(\varepsilon)\right)$$

$$= \frac{9}{2} + \frac{3}{4}\varepsilon + o(\varepsilon)$$

$$y = \frac{(1-\varepsilon)^2}{\varepsilon} = \frac{1}{\varepsilon} - 2 + \varepsilon.$$

Si $t \longrightarrow 1 - 0$, $x \longrightarrow \dfrac{9}{2} - 0$ et $y \longrightarrow -\infty$

Si $t \longrightarrow 1 + 0$, $x \longrightarrow \dfrac{9}{2} + 0$ et $y \longrightarrow +\infty$

asymptote $x = \dfrac{9}{2}$.

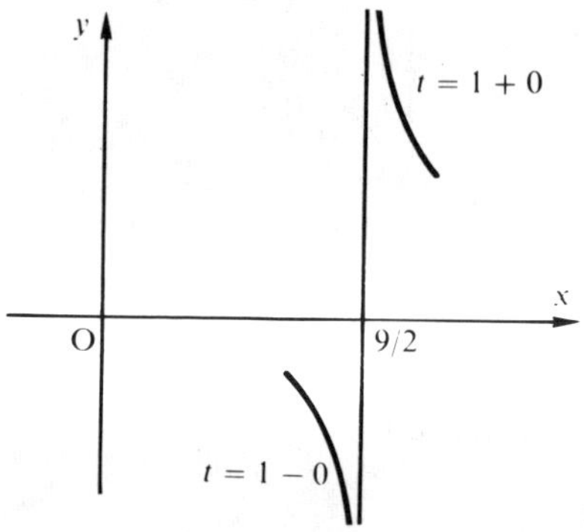

$\underline{t \longrightarrow +\infty}$. Infiniment petit $\dfrac{1}{t}$.

$$x = t\,\frac{\left(1 + \dfrac{2}{t}\right)^2}{1 + \dfrac{1}{t}} = t + 3 + \frac{1}{t} - \frac{1}{t^2} + o\left(\frac{1}{t^2}\right)$$

$$y = t\,\frac{\left(1 - \dfrac{2}{t}\right)^2}{1 - \dfrac{1}{t}} = t - 3 + \frac{1}{t} + \frac{1}{t^2} + o\left(\frac{1}{t^2}\right).$$

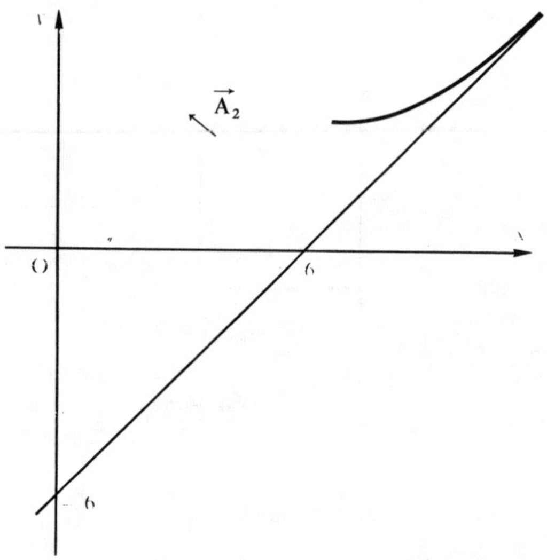

L'asymptote est

$$\begin{cases} x = t + 3 \\ y = t - 3 \end{cases}$$

ou $y = x - 5$. Le vecteur $\overrightarrow{A_1} = \vec{i} + \vec{j}$ est parallèle à l'asymptote, par contre $\overrightarrow{A_2} = -\vec{i} + \vec{j}$ montre que la courbe est « au-dessus » de l'asymptote.

4. et 5. *Tableau de variations*

$$x' = \frac{1}{(t+1)^2}\left((t+1)2(t+2) - (t+2)^2\right)$$

$$= \frac{t(t+2)}{(t+1)^2} > 0 \ (= 0 \text{ si } t = 0)$$

$$y' = x'(-t) = \frac{t(t-2)}{(t-1)^2}$$

(y change de signe pour $t = 0$ et $t = 2$).

t	0		1		2		$+\infty$
x'	0	+		+		+	
y'	0	−	‖	−	0	+	
x	4	↗	$\frac{9}{2}$	↗	$\frac{16}{3}$	↗	$+\infty$
y	− 4	↘	$-\infty$ ‖ $+\infty$	↘	0	↗	$+\infty$

6. *Point remarquable* : M(0). Au voisinage de $t = 0$, on a :

$$x = \frac{4 + 4t + t^2}{1 + t} = (4 + 4t + t^2)(1 - t + t^2 - t^3 + o(t^3))$$

$$= 4 + t^2 - t^3 + o(t^3)$$

$$\underline{y = -4 - t^2 - t^3 + o(t^3)}$$

$$\overrightarrow{OM(t)} = (4\vec{i} - 4\vec{j}) + (\vec{i} - \vec{j})t^2 + (-\vec{i} - \vec{j})t^3 + \vec{o}(t^3).$$

$p = 2$ pair $\qquad q = 3$ impair

M(0) est un point de rebroussement de première espèce, la tangente est la deuxième diagonale.

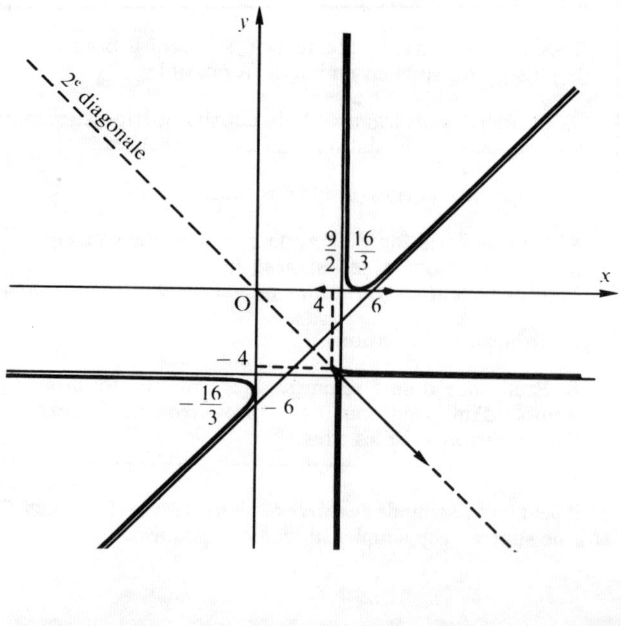

7.2. Exemple 2

$$\begin{cases} x = 4\cos^3\theta - \cos\theta \\ y = 4\cos^2\theta\sin\theta - \sin\theta \end{cases}$$

1. $D = \mathbb{R}$.

2. 2π est période. La courbe est décrite une infinité de fois. Étude sur $]-\pi, \pi]$.
Si $\theta \longmapsto -\theta$, alors $x \longmapsto x$ et $y \longmapsto -y$. La courbe est donc symétrique par rapport à la droite Ox et l'intervalle d'étude peut être réduit à $[0, \pi]$.
Si $\theta \longmapsto \pi - \theta$, alors $x \longmapsto -x$ et $y \longmapsto y$ d'où symétrie par rapport à Oy; étude sur $[0, \pi/2]$.

3. Si $\theta = 0$, alors $x = 3 \quad y = 0$
Si $\theta = \dfrac{\pi}{2}$, alors $x = 0 \quad y = -1$.

4. $x' = 12\cos^2\theta(-\sin\theta) + \sin\theta = \sin\theta(1 - 12\cos^2\theta)$
$y' = 8\cos\theta\sin\theta(-\sin\theta) + 4\cos^2\theta\cos\theta - \cos\theta$
$= \cos\theta(4\cos^2\theta - 8\sin^2\theta - 1)$
$= \cos\theta(12\cos^2\theta - 9) = 3\cos\theta(4\cos^2\theta - 3)$.

$$x' = 0 \text{ ssi } \theta = 0 \quad \text{ou} \quad \theta = \theta_1 = \text{Arccos}\,\frac{1}{2\sqrt{3}}$$

$$y' = 0 \text{ ssi } \theta = \frac{\pi}{2} \quad \text{ou} \quad \theta = \theta_2 = \text{Arccos}\,\frac{\sqrt{3}}{2}.$$

$$\frac{\sqrt{3}}{2} \simeq \frac{1{,}732}{2} = 0{,}866 \qquad \frac{1}{2\sqrt{3}} \simeq 0{,}18.$$

Remarque : $\sin\theta_1 = \sqrt{1 - \dfrac{1}{12}} = \dfrac{\sqrt{11}}{2\sqrt{3}}$

$\sin\theta_2 = \sqrt{\dfrac{1}{4}} = \dfrac{1}{2}$, $\theta_2 = \pi/6$.

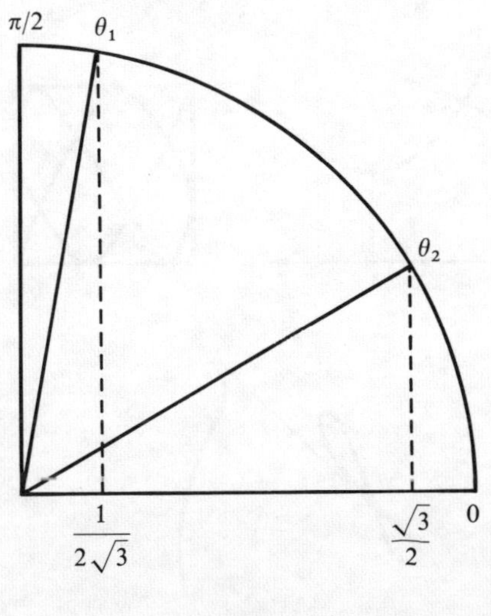

5.

θ	0		θ_2		θ_1		$\pi/2$
x'	0	$-$		$-$	0	$+$	1
y'	3	$+$	0	$-$		$-$	0
x	3	↘	$\sqrt{3}$	↘	$-\dfrac{\sqrt{3}}{9} \simeq -0{,}19$	↗	0
y	0	↗	1	↘	$-\dfrac{\sqrt{33}}{9} \simeq -0{,}65$	↘	-1

6. *Intersection avec* Ox :

$$y = 0 \text{ ou } (4\cos^2\theta - 1)\sin\theta = 0.$$

1re solution : $\sin\theta = 0$, $\theta = 0$ et $x = 3$

2e solution : $4\cos^2\theta - 1 = 0$, $\cos\theta = \dfrac{1}{2}$, $\theta = \dfrac{\pi}{3}$ et $x = 0$.

La courbe passe par l'origine $(0,0)$ pour $\theta = \pi/3$.

Tangente à l'origine de pente :

$$\frac{y'(\pi/3)}{x'(\pi/3)} = \frac{3\cos\pi/3(4\cos^2\pi/3 - 3)}{\sin\pi/3(1 - 12\cos^2\pi/3)}$$

$$= \frac{3\dfrac{1}{2}\left(4\cdot\dfrac{1}{4} - 3\right)}{\dfrac{\sqrt{3}}{2}\left(1 - 12\dfrac{1}{4}\right)} = \sqrt{3}$$

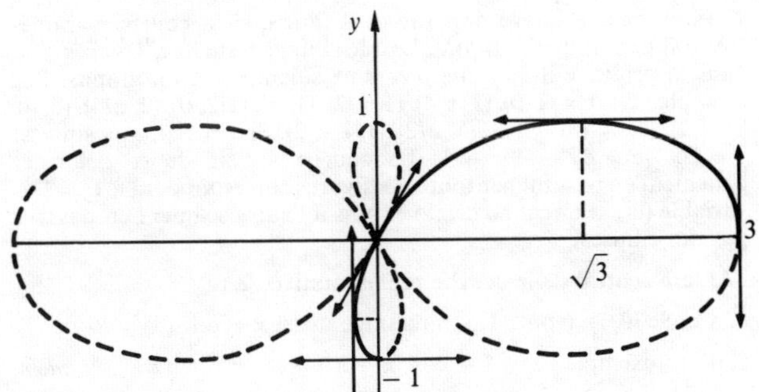

7.3. Exercices

Exercice 16. Construire les courbes paramétrées suivantes :

1. $\begin{cases} x = t^2 + (t+1)^{-1} \\ y = t + (t^2 - 1)^{-1} \end{cases}$
2. $\begin{cases} x = t^2 - 2t \\ y = t^2 + t^{-2} \end{cases}$
3. $\begin{cases} x = \sin(t/5) \\ y = \sin(t/3) \end{cases}$
4. $\begin{cases} x = (1 - 3t^2)(1 - t)^{-1} \\ y = (t^3 - 3t)(1 - t)^{-1} \end{cases}$

Exercice 17. Construire la courbe paramétrée $x = (t^2 + 1)t^{-1}$, $y = (4t - 2)t^{-2}$. Préciser la courbe asymptote (qui n'est pas une droite).

Exercice 18. Construire la courbe d'équations

$$x = t^3 - 2t + t^{-1},\ y = 2t^3 - 7t^2/2 + 3t + 2t^{-1}.$$

Donner à 10^{-3} près les coordonnées du point admettant une tangente horizontale.

Exercice 19. Construire la courbe d'équations :

$$x = t^2 \operatorname{Log} |t|, \quad y = t[\operatorname{Log} |t|]^2.$$

Déterminer les symétries et les points multiples. Déterminer les points où la tangente est parallèle à un des axes.

Exercice 20. Construire l'*astroïde* d'équations $x = \cos^3 t$, $y = \sin^3 t$. Préciser les symétries et les points de rebroussements.

Exercice 21. Les extrémités A et B d'un segment mobile AB de longueur constante a décrivent deux axes orthogonaux Ox et Oy. On pose $\theta = (\mathrm{O}x, \mathrm{AB})$ et l'on définit un point M sur l'axe AB orienté de A vers B par $\overline{\mathrm{AM}} = \overline{\mathrm{OA}}$. Exprimer les coordonnées de M en fonction de θ. Construire la courbe décrite par le point M. Dessiner l'œil, la bouche et une ouïe pour obtenir un poisson d'avril.

§ 8. RÉPONSES OU INDICATIONS

C 1. $x = at + x_0$, $y = bt + y_0$, $t \in \mathbb{R}$. $x = x_1 + (x_2 - x_1)t$, $y = y_1 + (y_2 - y_1)t$, $t \in \mathbb{R}$. Échanger x_1 et x_2 revient à changer t en $1 - t$.

C 2. $x = x_0 + \mathrm{R} \cos t$, $y = y_0 + \mathrm{R} \sin t$, $t \in \mathbb{R}$,

$$x = x_0 + \mathrm{R}(1 - t^2)(1 + t^2)^{-1},\ y = y_0 + 2\mathrm{R}t(1 + t^2)^{-1}.$$

C 3. $x = t$, $y = f(t)$, $t \in \mathrm{D}$.

1. 1 cm = 1. 3 arcs de courbes, 6 branches infinies, 2 asymptotes, 2 branches paraboliques ($x = y^2$). Si $f'(t_1) = 0$ et $g'(t_2) = g'(t_3) = 0$, alors $t_2 < t_1 < 1 < t_3$. 2 points d'inflexion.

2. Pour qu'une image apparaisse, il faut que la courbe paramétrée soit périodique de façon à ce que l'image reste fixe, $\mathrm{T} = p/q \in \mathbb{Q}$; dans la pratique il faut que p et q ne soient pas trop grands. Par exemple $(\mathrm{T}, \varphi) = (1, 0), (1, \pi/4), (1, \pi/2), (1, \pi), (1/2, 0), (2, \pi/4), (2, 0), (2, \pi/2), (3, 0), (3, \pi/2), (1/5, \pi/2), (1/4, \pi/2)$. Si $\alpha = 2\pi t$, $x = \sin \alpha$ et $y = \cos 4\alpha = 8x^4 - 8x^2 + 1$. La courbe a l'air de se déformer lentement en passant par toutes les figures correspondant à $\mathrm{T} = 1$, φ variable (du segment au cercle et puis à l'autre segment en passant par des ellipses).

3. L'arc central de la courbe représentative de tg.

4. Cercle (0, 1). Non. $\tilde{\mathrm{M}}$ paramétrage usuel $x = \cos t$, $y = \sin t$.

5. Par exemple $x = 1 + \cos(\pi - \pi t) + t$, $y = \sin \pi t$. x *idem*, $y = \sin \pi t + t$.

6. Si on change t en $1 - t$, x change en $-x$ et y en $-y + 40$. Centre de symétrie (0,20).

7. Changer t en a^2/t.

8. $\forall t \in \mathrm{D}$ $[\exists t_1 \in \mathrm{D}$ $x(t_1) = a + x(t) \cos \theta + y(t) \sin \theta$

et $y(t_1) = b - x(t) \sin \theta + y(t) \cos \theta]$

et $[\exists t_2 \in \mathrm{D}$ $x(t_2) = a + x(t) \cos \theta - y(t) \sin \theta$

et $y(t_2) = b + x(t) \sin \theta + y(t) \cos \theta]$.

(Les deux conditions sont équivalentes si $\theta\mathbb{Z} \cap 2\pi\mathbb{Z} \neq \varnothing$.)

10.1 $t \longrightarrow \pm\infty$ branches paraboliques. $t \longrightarrow -1$, asymptote $y = -2x$, pour $t < -1$, $x \longrightarrow -\infty$ et $y \longrightarrow +\infty$ la courbe est au-dessus, pour $t > -1$ la courbe est au-dessous. $t \longrightarrow 1$, asymptote $x = \dfrac{3}{2}$, pour $t < 1$, $y \longrightarrow -\infty$ et la courbe est à gauche de l'asymptote, pour $t > 1$, $y \longrightarrow +\infty$ et la courbe est à droite de l'asymptote (voir exercice 1).

2. $t \longrightarrow 0 + 0$, asymptote $y = x + \operatorname{Log}(e/2)$. La courbe au-dessus. $t \longrightarrow 2$, asymptote $y = \operatorname{Log} 2\sqrt{3}$, pour $t < 2$ courbe au-dessus, pour $t > 2$ courbe au-dessous. $t \longrightarrow +\infty$, asymptote $y - x/2$ la courbe au-dessus.

11. 1. Ordinaire. 2. Infl. 3. Rebr. 1re esp. 4. Rebr. 2e esp. 5. Rebr. 2e esp. 6. Ordinaire.

12. $t_0 = 0$, $f(t) = \exp t^{-2}$ si $t \neq 0$, $f(0) = 0$, $g(t) = \exp t^{-4}$, $g(0) = 0$.

13. On pose $h = t - t_0$. Des hypothèses il suit qu'il existe un vecteur $\vec{\mathrm{V}}$ et une fonction φ telle que $\overrightarrow{\mathrm{M}(t_0)\mathrm{M}(t_0 + h)} = \varphi(h)\vec{\mathrm{V}}$.
Du développement de Taylor

$$\overrightarrow{\mathrm{M}(t_0)\mathrm{M}(t_0 + h)} = h\overrightarrow{\mathrm{M}'(t_0)} + \ldots + (h^n/n!)\overrightarrow{\mathrm{M}^{(n)}(t_0)} + h^n\overrightarrow{\varepsilon(h)},$$

on déduit que $\overrightarrow{\mathrm{M}'(t_0)} = \lim\limits_{h \to 0} (h^{-1}\varphi(h)\vec{\mathrm{V}}) = [\lim\limits_{h \to 0} (h^{-1}\varphi(h))]\vec{\mathrm{V}}$

et donc que $\overrightarrow{\mathrm{M}'(t_0)}$ est colinéaire à $\vec{\mathrm{V}}$. Par récurrence, on montre de même que pour tout n, $\overrightarrow{\mathrm{M}^{(n)}(t_0)}$ est colinéaire à $\vec{\mathrm{V}}$.

C 4. Soit N_0 le point diamétralement opposé à M_0, on a $\mathrm{N}_0\mathrm{M} \leqslant \mathrm{N}_0\mathrm{O} + \mathrm{OM} = 2\mathrm{R}$ (R : rayon du cercle). Soit H la projection orthogonale de M sur $\mathrm{N}_0\mathrm{M}_0$, on a $\mathrm{M}_0\mathrm{H} < \mathrm{M}_0\mathrm{M}$ et donc $\mathrm{N}_0\mathrm{H} > 2\mathrm{R} - \mathrm{M}_0\mathrm{M}$. Enfin $\mathrm{N}_0\mathrm{M}$ est orthogonal à $\mathrm{M}_0\mathrm{M}$, donc

$$\cos(\mathrm{M}_0\mathrm{M}, \text{perpendiculaire au diamètre}) = \cos(\mathrm{N}_0\mathrm{M}_0, \mathrm{N}_0\mathrm{M}) = \mathrm{N}_0\mathrm{H}/\mathrm{N}_0\mathrm{M}.$$

C 5. Card $\mathrm{M}^{-1}(\mathrm{A})$.

C 6. Card $(\mathrm{M}^{-1}(\mathrm{A})/\mathcal{R})$ où $\mathcal{R}$ est la relation d'équivalence dans $\mathrm{M}^{-1}(\mathrm{A})$ défini par $t_1 \mathcal{R} t_2$ ssi

$$\exists \eta_1 > 0 \quad \exists \eta_2 > 0 \quad \mathrm{M}(]t_1 - \eta_1, t_1 + \eta_1[) = \mathrm{M}(]t_2 - \eta_2, t_2 + \eta_2[).$$

15. (1, 6) pour $\{t_1, t_2\} = \{1 + \sqrt{2}, 1 - \sqrt{2}\}$.
$(-12, -52/3)$ pour $\{t_1, t_2\} = \{-2 + 5\sqrt{3/3}, -2 - 5\sqrt{3/3}\}$ par résolution d'un système en $s = t_1 + t_2$ et $p = t_1 t_2$.
6 points doubles géométriques : $\mathrm{M}(\pi/12) = \mathrm{M}(17\pi/12) = (\sqrt{2}/2, 1/2)$, $\mathrm{M}(5\pi/12) = \mathrm{M}(13\pi/12) = (-\sqrt{2}/2, 1/2)$, $\mathrm{M}(7\pi/12) = \mathrm{M}(23\pi/12) = (-\sqrt{2}/2, -1/2)$, $\mathrm{M}(11\pi/12) = \mathrm{M}(19\pi/12) = (\sqrt{2}/2, -1/2)$, $\mathrm{M}(\pi/3) = \mathrm{M}(4\pi/3) = (0, \sqrt{3}/2)$, $\mathrm{M}(2\pi/3) = \mathrm{M}(5\pi/3) = (0, -\sqrt{3}/2)$.

16. 1. Voir exercice 1.

2.

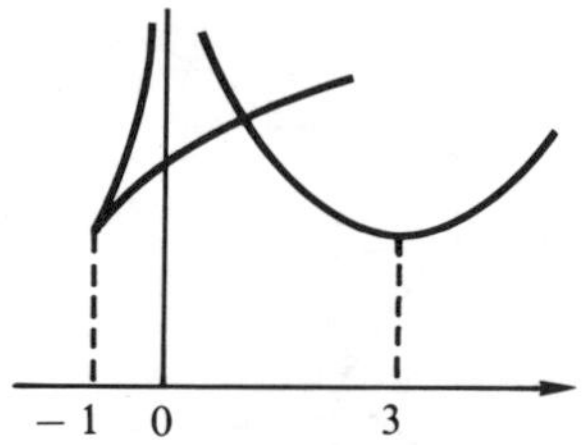

3.

4.

17. $y = -4x^2 + 4x + 2$

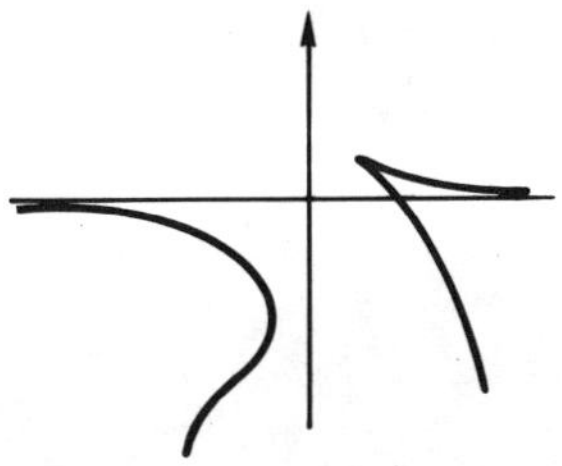

18.

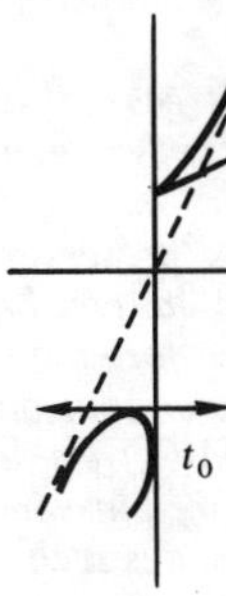

19.

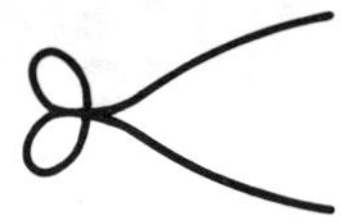

20.

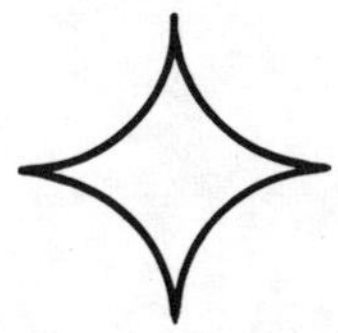

21.

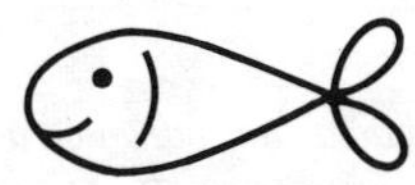

3. Courbes en polaires

$$\begin{cases} \rho = \varphi(\theta) \\ \theta \in \mathbf{D} \end{cases}$$

Si une courbe Γ admet un paramétrage M de la forme $x = \varphi(\theta)\cos\theta$, $y = \varphi(\theta)\sin\theta$, $\theta \in D$, alors $(\vec{i}, \overrightarrow{OM(\theta)}) = \theta$ modulo π et le paramètre θ peut être interprété géométriquement comme étant une mesure de l'angle orienté de droites (Ox, OM). On dit alors que $\rho = \varphi(\theta)$, $\theta \in D$ est l'équation polaire de Γ. Les courbes en polaires sont donc un cas particulier des courbes paramétrées et il serait donc possible de les étudier grâce aux méthodes générales du chapitre précédent.

Mais les courbes en polaires présentent des particularités remarquables. Tout point de la courbe distinct de O est régulier, par exemple, d'où la formule tg V = ρ/ρ' permettant de déterminer la tangente en tout point distinct de O. Si $M(\theta_0) = O$, la tangente en $M(\theta_0)$ est la droite qui fait un angle θ_0 avec Ox, etc. Il est donc plus simple d'employer, pour l'étude des courbes en polaires, des techniques spécifiques qui reposent sur les particularités de ces courbes. Naturellement le plan général d'étude de ces courbes (et donc le plan du chapitre) est sensiblement le même que dans le cas des courbes paramétrées quelconques.

§ 1. DÉFINITIONS

Soit P un plan métrique euclidien orienté muni d'un repère orthonormé direct $(O, \vec{i}, \vec{j})$. Soit $D \subset \mathbb{R}$ et $\varphi : D \longrightarrow \mathbb{R}$ une fonction réelle de variable réelle. On dit qu'une courbe Γ admet l'*équation polaire*

$$\begin{cases} \rho = \varphi(\theta) \\ \theta \in D \end{cases}$$

ssi Γ est l'ensemble des points M de P tels que

$$\boxed{\overrightarrow{OM} = \varphi(\theta)\vec{u}(\theta)}$$

où $\theta \in D$ et où $\overrightarrow{u(\theta)}$ est le vecteur unitaire défini par :

$$\begin{cases} \|\overrightarrow{u(\theta)}\| = 1 \\ (\vec{i}, \vec{u}(\theta)) = \theta \quad (2\pi) \end{cases}$$

ou ce qui revient au même par :

$$\vec{u}(\theta) = \cos\theta\vec{i} + \sin\theta\vec{j}.$$

Remarque 1. Γ admet le paramétrage (au sens du chapitre précédent) $M : D \longrightarrow P$, $\theta \longmapsto M(\theta)$ tel que $\overrightarrow{OM(\theta)} = \varphi(\theta)[\vec{i}\cos\theta + \vec{j}\sin\theta]$, ou encore Γ admet les équations paramétriques :

$$\begin{cases} x = \varphi(\theta)\cos\theta \\ y = \varphi(\theta)\sin\theta \\ \theta \in D. \end{cases}$$

Dans ces équations, le paramètre θ a une interprétation géométrique partielle, puisque $\theta \in (Ox, OM)$ ou $(\vec{i}, \overrightarrow{OM}) = \theta\ (\pi)$. Remarquer qu'il s'agit d'une égalité modulo π et non pas modulo 2π (voir encadré 1).

Remarque 2. Si D n'est pas précisé, il faut prendre le plus grand sous-ensemble de ℝ sur lequel on sache calculer $\varphi(\theta)$.

Calculons la dérivée de la fonction vectorielle $\theta \longmapsto \vec{u}(\theta)$:

$$\overrightarrow{u'(\theta)} = -\sin\theta\vec{i} + \cos\theta\vec{j}$$

$$\boxed{\vec{u}'(\theta) = \vec{u}\left(\theta + \frac{\pi}{2}\right)}$$

Équation polaire et coordonnées polaires

$\varphi(\theta) > 0$

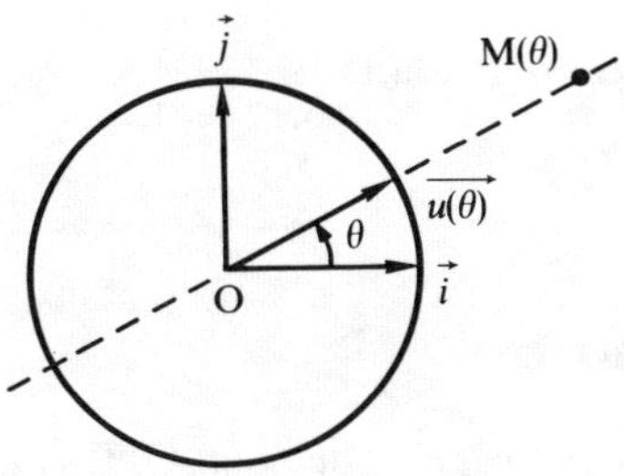

coordonnées polaires de $M(\theta)$:

$(\varphi(\theta), \theta)$

$\varphi(\theta) < 0$

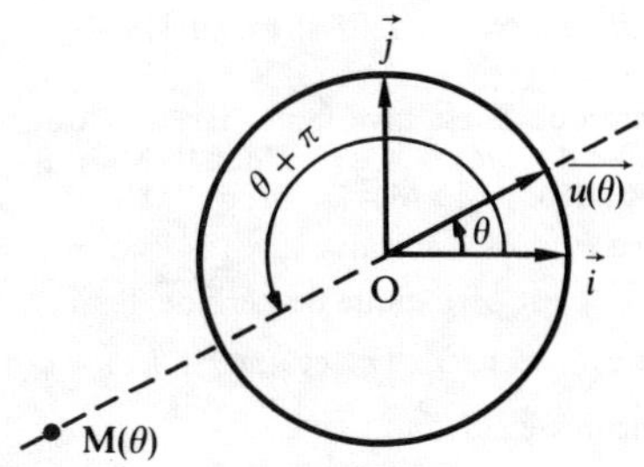

coordonnées polaires de $M(\theta)$:

$(-\varphi(\theta), \theta + \pi)$

1. Quand on parle des coordonnées polaires (r, α) d'un point de coordonnées cartésiennes (x, y) on choisit toujours $r \geqslant 0$. Dans le cas de l'équation polaire $\rho = \varphi(\theta)$, on peut très bien avoir $\rho < 0$. Les coordonnées polaires du point $M(\theta)$ de paramètre θ sont $(r, \alpha) = (\varphi(\theta), \theta)$ si $\rho \geqslant 0$ et $(r, \alpha) = (-\varphi(\theta), \theta + \pi)$ si $\rho < 0$.

Si la fonction φ est dérivable, on obtient :

$$\boxed{\frac{\overrightarrow{dM}}{d\theta}(\theta_0) = \varphi'(\theta_0)\vec{u}(\theta_0) + \varphi(\theta_0)\vec{u}\left(\theta + \frac{\pi}{2}\right)}.$$

Cette dernière formule est la base de l'étude locale pour les courbes en coordonnées polaires.

Exercice 1. Quelles sont les courbes d'équations polaires :

$$\rho = 1/\cos\theta, \quad \rho = 1/\sin\theta, \quad \rho = 1/|\cos\theta|,$$
$$\rho = 1/\sup(|\cos\theta|, |\sin\theta|) \quad ?$$

Exercice 2. Quelles sont les courbes d'équations polaires $\rho = \cos\theta$, $\rho = \sin\theta$, $\rho = |\cos\theta|$, $\rho = 1$, $\rho = E(\theta/2\pi)$, $\rho = E(\theta/\pi)$, $\theta \geqslant 0$, $\rho = E(\theta)$, $\theta \geqslant 0$, (où E désigne la partie entière $E(x) = \sup\{n \in \mathbb{Z} / n \leqslant x\}$)?

Exercice 3. Soit $\varphi : \mathbb{R} \longrightarrow \mathbb{R}$, continue croissante telle que $\varphi(\mathbb{R}) =]a, b[$. Quelle est l'allure de la courbe d'équation polaire $\rho = \varphi(\theta)$, $\theta \in \mathbb{R}$? Construire point par point les courbes d'équations $\rho = \pi + \text{Arctg}\,\theta$ et $\rho = \text{Arctg}\,\theta$.

Exercice 4. Construire point par point les courbes d'équations polaires :

$$\rho = [1 - (6\theta/\pi)^2]^{-1}, \quad \theta \in]-\pi/6, \pi/6[;$$
$$\rho = [1 - \theta^2/2]^{-1}, \quad \theta \in]-\sqrt{2}, \sqrt{2}[;$$
$$\rho = [1 - (2\theta/\pi)^2]^{-1}, \quad \theta \in]-\pi/2, \pi/2[;$$
$$\rho = [1 - (\theta/\pi)^2]^{-1}, \quad \theta \in]-\pi, \pi[.$$

Exercice 5. Construire point par point par une méthode purement géométrique (reports de longueurs) la courbe d'équation polaire $\rho = \text{tg}\,\theta$.

§ 2. INVARIANCES PAR ROTATIONS ET SYMÉTRIES

2.1. Invariance par rotation

Définition. La courbe Γ est dite *invariante* par la rotation $R_{O,\alpha}$ de centre O et d'angle α ssi $R_{O,\alpha}(\Gamma) = \Gamma$.

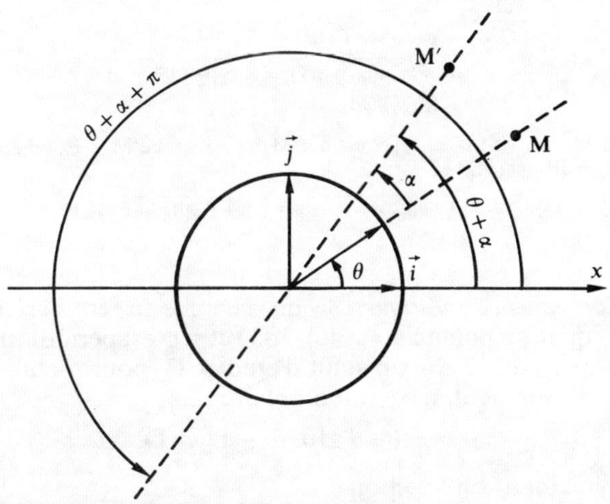

Proposition. Si la courbe Γ admet l'équation polaire $\rho = \varphi(\theta)$, $\theta \in D$, alors Γ est invariante par la rotation $R_{O,\alpha}$ si et seulement si :

1. $\forall\theta\in D \quad \exists\theta'\in D$
$$\{[\theta' - \theta = \alpha\ (2\pi) \text{ et } \varphi(\theta') = \varphi(\theta)]$$
$$\text{ou } [\theta' - \theta - \pi = \alpha\ (2\pi) \text{ et } \varphi(\theta') = -\varphi(\theta)]\}$$

et

2. $\forall\theta\in D \quad \exists\theta_1\in D$
$$\{[\theta_1 - \theta = -\alpha\ (2\pi) \text{ et } \varphi(\theta_1) = \varphi(\theta)]$$
$$\text{ou } [\theta_1 - \theta - \pi = -\alpha\ (2\pi) \text{ et } \varphi(\theta_1) = -\varphi(\theta)]\}.$$

Démonstration. Dire que Γ est invariante par $R_{O,\alpha}$ c'est dire que d'une part $R_{O,\alpha}(\Gamma)\subset\Gamma$, ou : $\forall M\in\Gamma\ \exists M'\in\Gamma\ M' = R_{O,\alpha}(M)$; et d'autre part $\Gamma\subset R_{O,\alpha}(\Gamma)$, ou : $\forall M\in\Gamma\ \exists M_1\in\Gamma\ M = R_{O,\alpha}(M_1)$. □

Remarque. Si $\alpha/2\pi\in\mathbb{Q}$, alors 1 entraîne 2.

Rappel. $\varphi : D \longrightarrow \mathbb{R}$, est périodique de période T ssi :
$$\forall\theta\in D \quad \forall k\in\mathbb{Z} \quad \theta + kT\in D \quad \text{et} \quad \varphi(\theta + kT) = \varphi(\theta).$$

On en déduit le théorème suivant.

Théorème. Soit Γ une courbe d'équation polaire $\rho = \varphi(\theta)$, $\theta\in D$. Si φ est périodique de période T, alors Γ est invariante par la rotation $R_{O,T}$. Soit $a\in\mathbb{R}$. Désignons par Γ_0 la courbe d'équation polaire $\rho = \varphi(\theta)$, $\theta\in[a, a+T[\,\cap D$ et posons pour $n\in\mathbb{Z}$, $\Gamma_n = (R_{O,T})^n(\Gamma_0)$. On a
$$\Gamma = \bigcup_{n\in\mathbb{Z}} \Gamma_n;$$
(les courbes Γ_n sont des *arcs* de la courbe Γ et la courbe Γ est la réunion des arcs Γ_n).

Démonstration. Posons $\Gamma'_n = M([a + nT, a + (n+1)T[\,\cap D)$. D'une part
$$\Gamma = M(D) = M(\mathbb{R}\cap D)$$
$$= M(\bigcup_{n\in\mathbb{Z}} [a + nT, a + (n+1)T[\,\cap D)$$
$$= \bigcup_{n\in\mathbb{Z}} \Gamma'_n.$$

D'autre part pour tout $n\in\mathbb{Z}$, on a $\Gamma_n = \Gamma'_n$. En effet si $M'_n\in\Gamma'_n$, il existe $\theta_0\in[a, a+T[$ tel que
$$\overrightarrow{OM'_n} = \varphi(\theta_0 + nT)\overrightarrow{u(\theta_0 + nT)}$$
$$= \varphi(\theta_0)\overrightarrow{u(\theta_0 + nT)} = R_{O,nT}(\varphi(\theta_0)\overrightarrow{u(\theta_0)})$$
$$= (R_{O,T})^n(M_0)$$
où $M_0\in\Gamma_0$ soit $\Gamma'_n\subset\Gamma_n$; et enfin si $M_n\in\Gamma_n$, il existe $M_0\in\Gamma_0$ tel que $M_n = (R_{O,T})^n(M_0)$ et
$$\overrightarrow{OM_n} = \varphi(\theta_0)\overrightarrow{u(\theta_0 + nT)} = \varphi(\theta_0 + nT)\overrightarrow{u(\theta_0 + nT)}\in\Gamma'_n,$$
d'où $\Gamma_n\subset\Gamma'_n$. □

Conséquence pratique. Si on cherche à étudier Γ d'équation polaire $\rho = \varphi(\theta)$, $\theta\in D$ et si φ est périodique de période T, alors il suffit d'étudier Γ_0 pour a choisi arbitrairement, d'équation polaire
$$\rho = \varphi(\theta),\ \theta\in[a, a+T[\,\cap D.$$

Remarque. La fonction
$$\vec{u} : \mathbb{R} \longrightarrow \vec{P},\ \theta \longmapsto \overrightarrow{u(\theta)}$$
est périodique de période 2π. Il en résulte que, pour φ périodique de période T :

1. Si $T = 2k\pi$ où $k\in\mathbb{N}^*$, alors $\Gamma = \Gamma_0$ ($\forall n\in\mathbb{Z}\ \Gamma_n = \Gamma_0$).
2. Si $T/2\pi$ est rationnel : $T = (p/q)2\pi$ (où p et q sont premiers entre eux), alors pour m et n entiers $\Gamma_{m+nq} = \Gamma_m$ et $\Gamma = \bigcup_{n=0}^{q-1} \Gamma_n$.
3. Si $T/2\pi$ est irrationnel (et si φ n'est pas constante), alors il y a une infinité d'arcs Γ_n distincts et $\Gamma = \bigcup_{n\in\mathbb{Z}} \Gamma_n$.

Exercice 6. Dessiner les courbes d'équations polaires $\rho = \alpha\theta/2\pi - E(\alpha\theta/2\pi)$ pour $\alpha = 1$, $\alpha = 2$, $\alpha = 3/2$, $\alpha = 10$, $\alpha = \sqrt{3}$.

2.2. Symétries

• *Symétrie par rapport au point* O. Il s'agit en fait d'une rotation de centre O et d'angle π. On est ramené au cas précédent.

C 1. Écrire explicitement les conditions pour qu'une courbe Γ d'équation polaire $\rho = \varphi(\theta)$, $\theta\in D$ soit invariante par une symétrie de centre O.

• *Symétrie (orthogonale) par rapport à l'axe* Ox

Théorème. Pour que Γ d'équation polaire $\rho = \varphi(\theta)$, $\theta\in D$ soit symétrique par rapport à Ox il faut et il suffit que :
$$\forall\theta\in D \quad \{[\exists\theta'\in D\ \theta + \theta' = 0\ (2\pi) \text{ et } \varphi(\theta') = \varphi(\theta)]$$
$$\text{ou } [\exists\theta'\in D\ \theta + \theta' = \pi\ (2\pi) \text{ et } \varphi(\theta') = -\varphi(\theta)]\}.$$

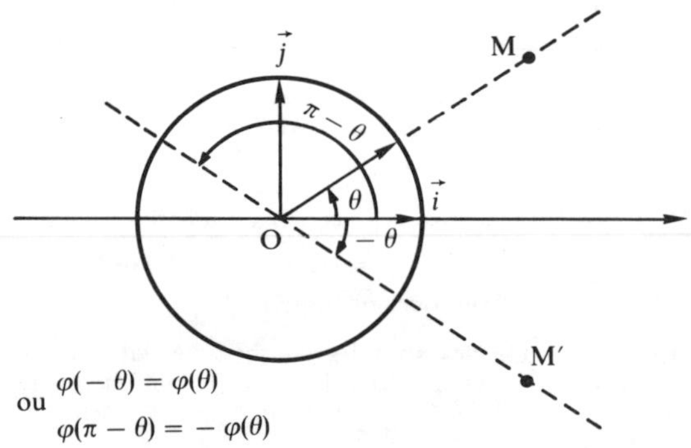

C 2. Soit Γ une courbe d'équation paramétrique $\rho = \varphi(\theta)$, $\theta\in D$. Si φ est pair alors Γ est symétrique par rapport à Ox. Désignons par Γ^+ la courbe d'équation paramétrique $\rho = \varphi(\theta)$, $\theta\in D\cap\mathbb{R}^+$ et posons $\Gamma^- = S_{Ox}(\Gamma^+)$, on a $\Gamma = \Gamma^+\cup\Gamma^-$.

• *Symétrie (orthogonale) par rapport à une droite* Δ *telle que* $(Ox, \Delta) = \alpha \quad (\pi)$.

Remarques préliminaires :

1. α est la mesure d'un angle orienté de droites donc α est défini modulo π (ou encore $\alpha\in\mathbb{R}/\pi\mathbb{Z}$). Donc 2α est une mesure d'angle orienté de vecteurs (ou $2\alpha\in\mathbb{R}/2\pi\mathbb{Z}$).
2. La figure est la même que la précédente tournée de α ou $\alpha + \pi$.

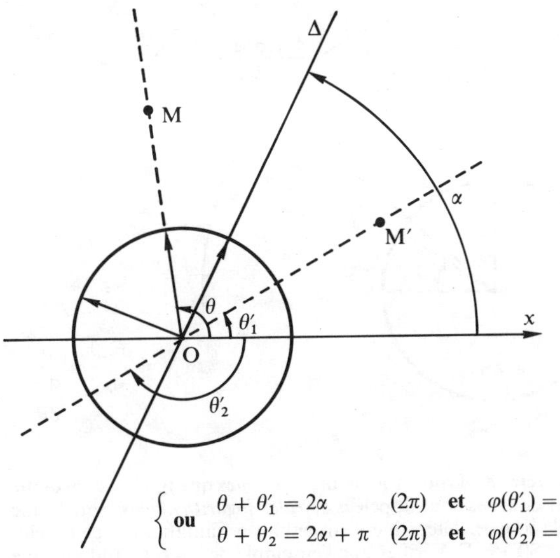

$$\left\{\begin{array}{l} \theta + \theta'_1 = 2\alpha \quad (2\pi) \quad \textbf{et} \quad \varphi(\theta'_1) = \varphi(\theta) \\ \textbf{ou} \\ \theta + \theta'_2 = 2\alpha + \pi \quad (2\pi) \quad \textbf{et} \quad \varphi(\theta'_2) = -\varphi(\theta) \end{array}\right.$$

Théorème. Soit Γ une courbe d'équation polaire $\rho = \varphi(\theta)$, $\theta \in D$ et soit $\beta \in \mathbb{R}$. Si pour tout θ appartenant à D, on a $\beta - \theta \in D$ et $\varphi(\beta - \theta) = \varphi(\theta)$, alors Γ est symétrique par rapport à la droite Δ passant par O et telle que $(Ox, \Delta) = \beta/2$ modulo π. Si Γ^+ désigne la courbe $\rho = \varphi(\theta)$, $\theta \in D \cap [\beta, +\infty[$, et si $\Gamma^{-1} = S_\Delta(\Gamma^+)$, alors $\Gamma = \Gamma^+ \cup \Gamma^-$.

Exercice 7. Étudier les courbes d'équations polaires :

$$\rho = 2[|\cos\theta| + |\sin\theta| + ||\cos\theta| - |\sin\theta||]^{-1},$$
$$\rho = [\sup\{|\cos(\theta - \theta_0)|, |\sin(\theta - \theta_0)|\}]^{-1},$$
$$\rho = \operatorname{tg}\theta, \qquad \rho = 3 + 2\cos(\theta/5),$$
$$\rho = \cos 3\theta, \quad \rho = \cos(5\theta/7), \quad \rho = \cos(\theta\sqrt{2}).$$

§ 3. $\operatorname{tg} V = \dfrac{\varphi}{\varphi'}$

3.1. L'angle V

Définition. Soit Γ une courbe, M un point de Γ distinct de O. Si Γ admet une droite tangente Mt en M, alors on désigne par V la mesure (appartenant à $\mathbb{R}/\pi\mathbb{Z}$) de l'angle orienté de droite (OM, Mt).

$$\boxed{V = (OM, Mt) \quad (\pi)}$$

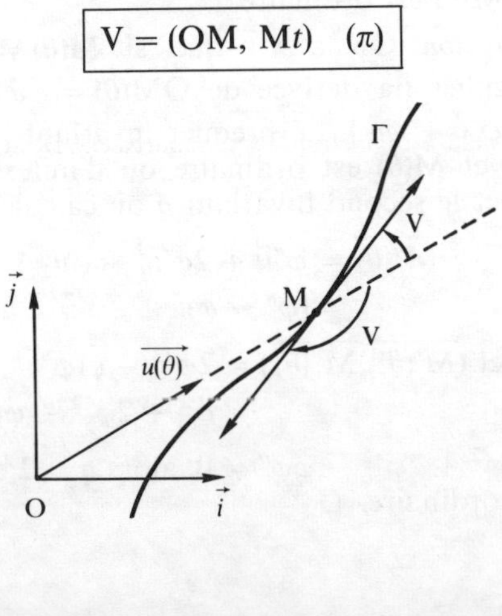

Théorème. Soit Γ une courbe d'équation polaire $\rho = \varphi(\theta)$, $\theta \in D$ et soit $\theta_0 \in D$. Si $\varphi(\theta_0) \neq 0$ et si $\varphi'(\theta_0)$ existe, alors Γ admet une tangente en $M(\theta_0)$. Si de plus $\varphi'(\theta_0) \neq 0$, alors l'angle V en $M(\theta_0)$ est caractérisé par :

$$\operatorname{tg} V = \frac{\varphi(\theta_0)}{\varphi'(\theta_0)}.$$

Remarque. Si $\varphi'(\theta_0) = 0$, alors $V = \pi/2$ modulo π. On peut étendre la formule ci-dessus en donnant un sens à l'écriture $\operatorname{tg}(\pi/2) = \infty = \varphi(\theta_2)/0$.

Nous allons donner trois démonstrations de ce théorème. La première est simple et rigoureuse, elle fait bien apparaître les structures sous-jacentes mais exige la compréhension d'un nouveau concept : la notion de repère mobile. La deuxième méthode est conceptuellement plus simple, mais exige des calculs plus longs. Enfin la méthode « dite des physiciens » est la plus facile à retenir et la plus rapide, mais pour être rendue rigoureuse aux yeux d'un puriste elle exigerait de longues et fastidieuses justifications.

3.2. Méthode du repère mobile

- *Dérivées de* $\theta \longmapsto \overrightarrow{u(\theta)}$. Rappelons que

$$\overrightarrow{u(\theta)} = \cos\theta\vec{i} + \sin\theta\vec{j}.$$

Comme cos et sin sont des fonctions indéfiniment dérivables, $\vec{u}$ est aussi indéfiniment dérivable. De $\cos'\theta = \cos(\theta + \pi/2)$ et $\sin'\theta = \sin(\theta + \pi/2)$, on déduit

$$\boxed{\overrightarrow{u'(\theta)} = \cos\left(\theta + \frac{\pi}{2}\right)\vec{i} + \sin\left(\theta + \frac{\pi}{2}\right)\vec{j}}$$

et d'une façon générale :

$$\overrightarrow{u^{(n)}(\theta)} = \cos\left(\theta + n\frac{\pi}{2}\right)\vec{i} + \sin\left(\theta + n\frac{\pi}{2}\right)\vec{j}.$$

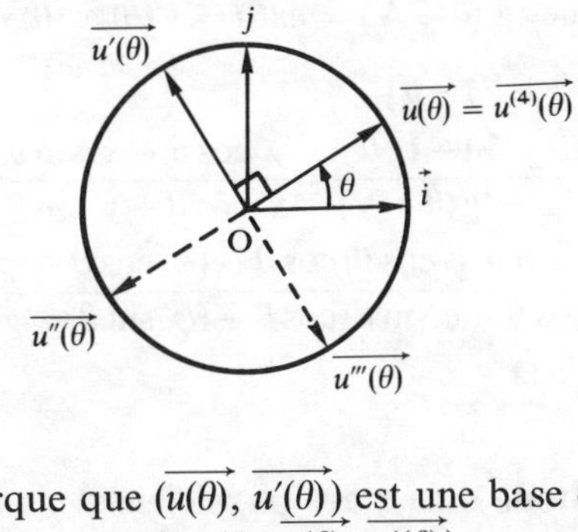

On remarque que $(\overrightarrow{u(\theta)}, \overrightarrow{u'(\theta)})$ est une base orthonormée directe. Le repère $(O, \overrightarrow{u(\theta)}, \overrightarrow{u'(\theta)})$ est appelé *repère mobile.*

- **Théorème.** Tout point distinct de l'origine d'une courbe en polaires est régulier (sous réserve de dérivabilité).

Démonstration. $\overrightarrow{OM(\theta)} = \varphi(\theta)\overrightarrow{u(\theta)}$; si φ est dérivable, on a :

$$\overrightarrow{M'(\theta_0)} = \frac{\overrightarrow{dM}}{d\theta}(\theta_0) = \varphi'(\theta_0)\overrightarrow{u(\theta_0)} + \varphi(\theta_0)\overrightarrow{u'(\theta_0)}.$$

Si $\varphi(\theta_0) \neq 0$, on a $\overrightarrow{M'(\theta_0)} \neq \vec{0}$ et θ_0 est régulier.

• *Démonstration du théorème du § 3.1.* De l'expression de $\overrightarrow{M'(\theta_0)}$ dans le repère mobile, on déduit que la pente de la tangente dans ce repère est $\varphi(\theta_0)/\varphi'(\theta_0)$. Or cette pente est par définition de V égale à tg V. D'où

$$\text{tg V} = \frac{\varphi(\theta_0)}{\varphi'(\theta_0)}. \ \square$$

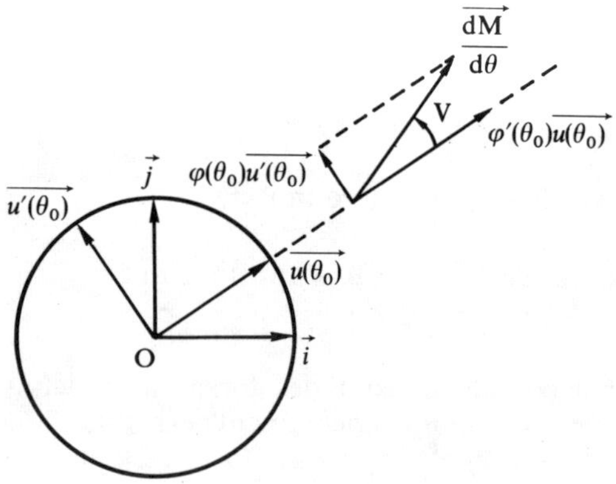

3.3. Méthode générale des courbes paramétrées

Γ est la courbe d'équations paramétriques

$$\begin{cases} x = \varphi(\theta) \cos \theta \\ y = \varphi(\theta) \sin \theta \\ \theta \in D. \end{cases}$$

On sait que $\text{tg}(\theta + V) = m(\theta) = y'(\theta)/x'(\theta)$, d'où

$$\begin{aligned} \text{tg V} &= \text{tg}[(\theta + V) - \theta] \\ &= \frac{\text{tg}(\theta + V) - \text{tg}\,\theta}{1 + \text{tg}\,\theta \cdot \text{tg}(\theta + V)} = \frac{y' \cos\theta - x' \sin\theta}{x' \cos\theta + y' \sin\theta} \\ &= \frac{(\varphi' \sin\theta + \varphi\cos\theta)\cos\theta - (\varphi'\cos\theta - \varphi\sin\theta)\sin\theta}{(\varphi'\cos\theta - \varphi\sin\theta)\cos\theta + (\varphi'\sin\theta + \varphi\cos\theta)\sin\theta} \\ &= \varphi/\varphi'. \ \square \end{aligned}$$

3.4. Méthode dite « des physiciens »

Soit $M' = M + \overrightarrow{dM}$ et H la projection orthogonale de M' sur OM; $\text{tg V} = \frac{\overline{HM'}}{\overline{MH}} = \frac{\rho\, d\theta}{d\rho} = \frac{\rho}{\frac{d\rho}{d\theta}} = \frac{\rho}{\rho'}$. $\square$

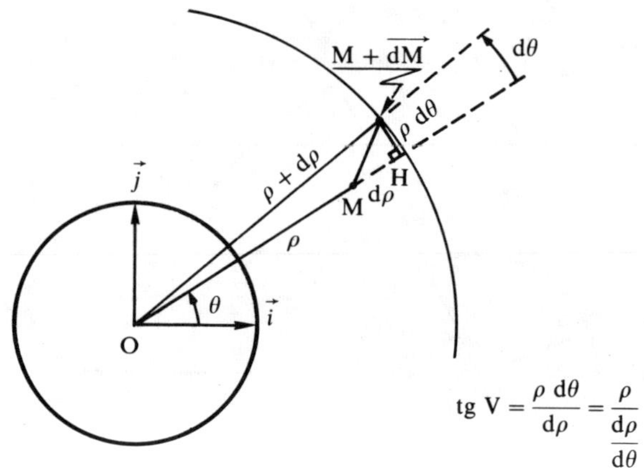

** **Exercice 8.** Trouver les courbes Γ telles que tg V = constante. Ces courbes sont appelées *spirales logarithmiques*. Soit Γ une telle courbe, déterminer l'ensemble des similitudes S de P telles que S(Γ) = Γ. Vérifier que l'ensemble de ces similitudes forme un groupe.

Exercice 9. Calculer tg V pour les spirales d'équations polaires : $\rho = a\theta + b$. Dessiner la courbe d'équation polaire $\rho = \theta + 2$.

§ 4. ÉTUDES LOCALES

Nous considérons dans ce paragraphe une courbe Γ d'équation polaire $\rho = \varphi(\theta)$, $\theta \in D$, où φ est supposé dérivable autant de fois qu'il est nécessaire. On pose $\overrightarrow{OM(\theta)} = \varphi(\theta)\overrightarrow{u(\theta)}$.

4.1. Étude de Γ au voisinage d'un point différent de O

Théorème. Le point $M(\theta) \neq O$ est soit un point ordinaire de Γ, soit un point d'inflexion. Si

$$\varphi^2 + 2\varphi'^2 - \varphi\varphi'' \neq 0,$$

le point M(θ) est ordinaire.

Démonstration. On a vu que si $M(\theta) \neq O$, alors θ est régulier (la dérivée de $\overrightarrow{OM(\theta)} = \varphi\vec{u}$ s'écrivant $\overrightarrow{M'(\theta)} = \varphi'\vec{u} + \varphi\vec{u}'$). Le premier invariant p est donc égal à 1 et M(θ) est ordinaire ou d'inflexion. Pour déterminer le second invariant q on calcule :

$$\begin{aligned} \overrightarrow{M''(\theta)} &= \varphi''\vec{u} + 2\varphi'\vec{u}' + \varphi\vec{u}'' \\ &= (\varphi'' - \varphi)\vec{u} + 2\varphi'\vec{u}' \end{aligned}$$

et

$$\begin{aligned} \text{Det}(\overrightarrow{M'(\theta)}, \overrightarrow{M''(\theta)}) &= 2\varphi'^2 - \varphi(\varphi'' - \varphi) \\ &= \varphi^2 + 2\varphi'^2 - \varphi\varphi''. \end{aligned}$$

Donc si $\varphi^2 + 2\varphi'^2 - \varphi\varphi'' \neq 0$, alors $q = 2$ et le point M(θ) est ordinaire. $\square$

Remarque 1. Si $q = 2$, deux cas sont possibles :

1. Si $\varphi^2 + 2\varphi'^2 - \varphi\varphi'' > 0$, alors

$$\operatorname{Det}\,(\overrightarrow{M'(\theta)}, \overrightarrow{M''(\theta)}) > 0$$

et la base $(\overrightarrow{M'(\theta)}, \overrightarrow{M''(\theta)})$ est directe. On dit alors que la courbe *tourne sa concavité vers* O.

2. Si $\varphi^2 + 2\varphi'^2 - \varphi\varphi'' < 0$, la courbe ne tourne pas sa concavité vers O.

Remarque 2. Si $\varphi^2 + 2\varphi'^2 - \varphi\varphi'' = 0$, alors il faut calculer les dérivées suivantes pour déterminer q.

Exercice 10. Écrire les conditions pour que $q = 3$, les conditions pour que $q = 4$, pour que $q = 5$, pour que $q = 6$.

** **Exercice 11.** Deviner quelles sont les courbes Γ d'équations polaires $\rho = \varphi(\theta)$, $\varphi \in D$, où φ est telle que pour tout θ appartenant à D :

$$[\varphi(\theta)]^2 + 2[\varphi'(\theta)]^2 - \varphi(\theta)\varphi''(\theta) = 0.$$

Démontrer votre conjecture.

* **Exercice 12.** Déterminer les points d'inflexion de la courbe d'équation polaire $\rho = [1 - (\theta/\pi)^2]^{-1}$, $\theta \in \mathbb{R}$.

4.2. Étude de Γ au voisinage de l'origine O

Soit θ_0 tel que $\varphi(\theta_0) = 0$: on a $M(\theta_0) = O$. Étudions l'arc de la courbe Γ passant par O, image d'un intervalle ouvert contenant θ_0.

Nombre k. Soit k le plus petit entier tel que $\varphi^{(k)}(\theta_0) \neq 0$. La formule de Leibniz appliquée à $\overrightarrow{OM(\theta)} = \varphi(\theta)\overrightarrow{u(\theta)}$, donne

$$\frac{\overrightarrow{d^nM}}{d\theta^n} = \varphi^{(n)}(\theta)\overrightarrow{u(\theta)} + C_n^1\varphi^{(n-1)}(\theta)\overrightarrow{u'(\theta)} + \dots + C_n^j\varphi^{(n-j)}(\theta)\overrightarrow{u^{(j)}(\theta)} + \dots + \varphi(\theta)\overrightarrow{u^{(n)}(\theta)}$$

d'où

$$\frac{\overrightarrow{dM}}{d\theta}(\theta_0) = \dots = \frac{\overrightarrow{d^{k-1}M}}{d\theta^{k-1}}(\theta_0) = 0$$

$$\frac{\overrightarrow{d^kM}}{d\theta}(\theta_0) = \varphi^{(k)}(\theta_0)\overrightarrow{u(\theta_0)}$$

$$\frac{\overrightarrow{d^{k+1}M}}{d\theta}(\theta_0) = \varphi^{(k+1)}(\theta_0)\overrightarrow{u(\theta_0)} + (k+1)\varphi^{(k)}(\theta_0)\overrightarrow{u'(\theta_0)}$$

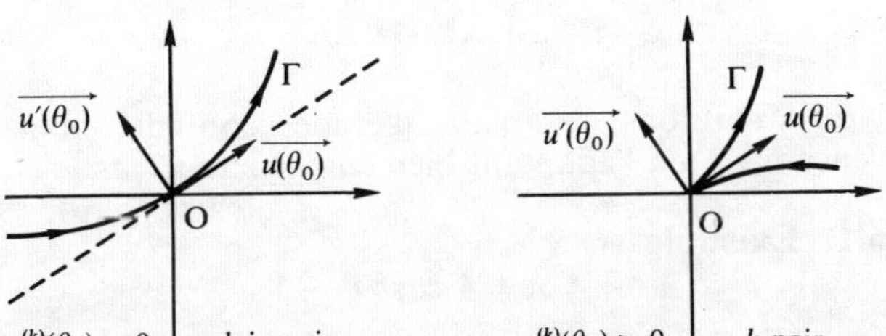

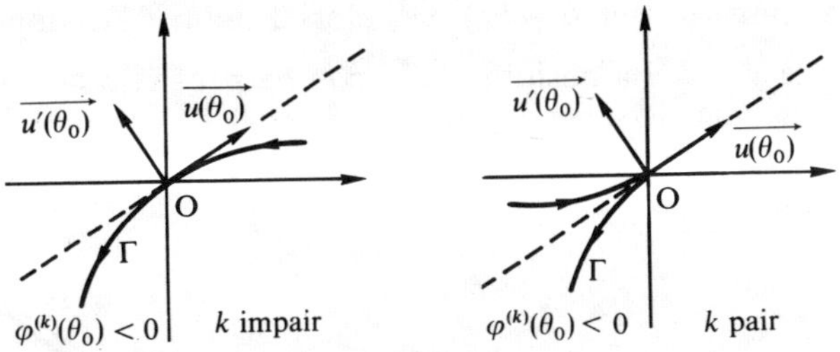

Exercice 13. Représenter sur les schémas précédents les vecteurs $\overrightarrow{M^{(k)}(\theta_0)}$ et $\overrightarrow{M^{(k+1)}(\theta_0)}$. (Sur quelle demi-droite se trouve $\overrightarrow{M^{(k)}(\theta_0)}$? Dans quel demi-plan se trouve $\overrightarrow{M^{(k+1)}(\theta)}$?) Interpréter le sens des flèches dessinées sur Γ dans les schémas ci-dessus.

Nombres p et q. Comme $\overrightarrow{M^{(k)}(\theta_0)} = \varphi^{(k)}(\theta_0)\overrightarrow{u(\theta_0)}$, où $\varphi^{(k)}(\theta_0) \neq 0$, on a $p = k$. Comme $(\overrightarrow{u(\theta_0)}, \overrightarrow{u'(\theta_0)})$ est une base et que $\overrightarrow{M^{(k+1)}(\theta_0)}$ a une composante non nulle sur $\overrightarrow{u'(\theta_0)}$, on a $q = k + 1$. D'où les résultats suivants.

> 1. La courbe est tangente en O à $\overrightarrow{u(\theta_0)}$.
> 2. Si k est **impair,** O est un point **ordinaire.** Si k est pair, O est un point de rebroussement de première espèce.

Exercice 14. Étudier et dessiner les courbes d'équations polaires $\rho = \cos\theta$, $\theta \in \mathbb{R}$; $\rho = 1 + \cos\theta$, $\theta \in \mathbb{R}$ (*cardioïde*); $\rho = \cos 2\theta$, $\theta \in \mathbb{R}$; $\rho = 1 + \cos 2\theta$, $\theta \in \mathbb{R}$; $\rho = \cos 3\theta$, $\theta \in \mathbb{R}$; $\rho = 1 + \cos 3\theta$, $\theta \in \mathbb{R}$; $^*\rho = \cos n\theta$, $\theta \in \mathbb{R}$ pour $n \in \mathbb{N}^*$; $^*\rho = 1 + \cos n\theta$, $\theta \in \mathbb{R}$, pour $n \in \mathbb{N}^*$.

* **Exercice 15.** Étudier et dessiner la courbe Γ d'équation polaire $\rho = \sin^3(\theta/3)$, $\theta \in \mathbb{R}$. Montrer que les tangentes en trois points de Γ alignés avec O forment un triangle équilatéral.

§ 5. BRANCHES INFINIES

5.1. Branches infinies de direction $\theta = \theta_0$

Si quand $\theta \longrightarrow \theta_0$, $\varphi(\theta) \longrightarrow +\infty$ ou $-\infty$, alors $\|\overrightarrow{OM(\theta)}\| = |\varphi(\theta)| \longrightarrow +\infty$ et Γ présente une branche infinie de direction $\theta = \theta_0$. On l'étudie facilement dans le repère $(\overrightarrow{u(\theta_0)}, \overrightarrow{u'(\theta_0)})$; comme

$$\overrightarrow{OM(\theta)} = \varphi(\theta)\overrightarrow{u(\theta)} = \varphi(\theta)\cos(\theta-\theta_0)\overrightarrow{u(\theta_0)} + \varphi(\theta)\sin(\theta-\theta_0)\overrightarrow{u'(\theta_0)}.$$

Γ admet les équations paramétriques

$$\begin{cases} x = \varphi(\theta)\cos(\theta - \theta_0) \\ y = \varphi(\theta)\sin(\theta - \theta_0) \end{cases}$$

où $\lim_{\theta\to\theta_0} x = +\infty$ ou $-\infty$,

$$\lim_{\theta\to\theta_0} y/x = \lim_{\theta\to\theta_0} \operatorname{tg}(\theta - \theta_0) = 0.$$

Si $\lim\limits_{\theta \to \theta_0} \varphi(\theta) \sin(\theta - \theta_0) = \ell$, alors Γ admet l'asymptote $y = \ell$. La position de la courbe peut être déterminée par le signe de $\varphi(\theta) \sin(\theta - \theta_0) - \ell$. Parfois il est commode de faire un d.l. par rapport à $h = \theta - \theta_0$.

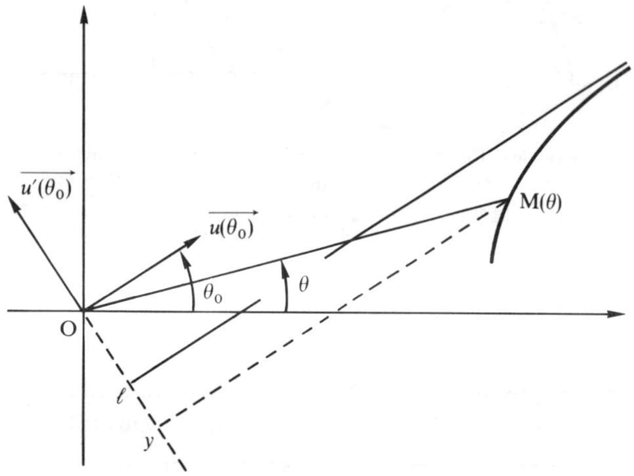

Exercice 16. Étudier les courbes d'équation polaire $\rho = (\text{tg}\, \theta - a)(1 + a \,\text{tg}\, \theta)^{-1}$, où $a \in \mathbb{R}$.

Exercice 17. Étudier et dessiner la courbe d'équation polaire $\rho = \sin\theta/\cos^2\theta$, $\theta \in \mathbb{R} - (\pi/2 + \pi\mathbb{Z})$. Que vous suggère votre dessin?

5.2. Branches infinies en spirales

Les *spirales* apparaissent pour $\theta \longrightarrow -\infty$ ou $\theta \longrightarrow +\infty$:

1. Si $\varphi(\theta) \longrightarrow \pm\infty$, la spirale s'agrandit avec $\|\overrightarrow{\mathrm{OM}(\theta)}\| \longrightarrow +\infty$:

$\varphi(\theta) \longrightarrow \pm\infty$,
quand $\theta \longrightarrow -\infty$

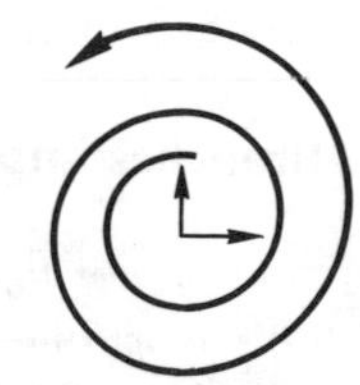

$\varphi(\theta) \longrightarrow \pm\infty$,
quand $\theta \longrightarrow +\infty$

2. Si $\varphi(\theta) \longrightarrow 0$, la spirale converge vers l'origine O :

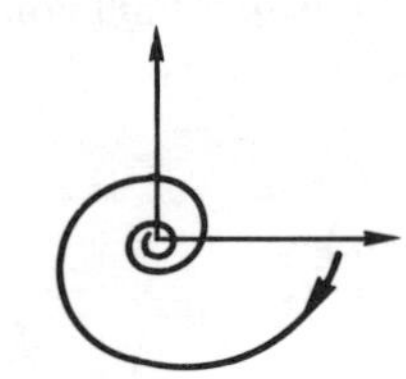

$\varphi(\theta) \longrightarrow 0$,
quand $\theta \longrightarrow -\infty$

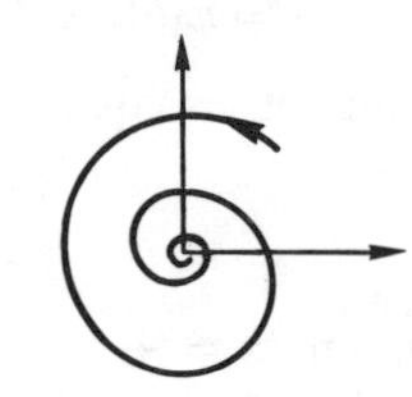

$\varphi(\theta) \longrightarrow 0$,
quand $\theta \longrightarrow +\infty$

3. Si $\varphi(\theta) \longrightarrow \begin{cases} a + 0 & \text{où} \quad a > 0 \\ \textbf{ou} & \\ a - 0 & \text{où} \quad a < 0, \end{cases}$

la spirale s'enroule autour du cercle de centre O et de rayon $|a|$, en restant extérieur :

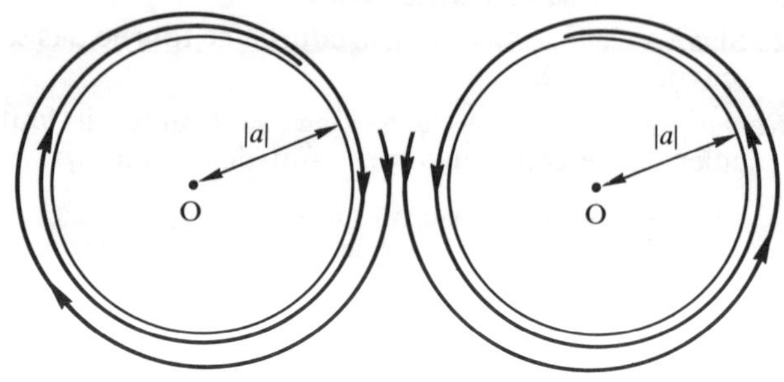

$\varphi(\theta) \longrightarrow a$, $|\varphi(\theta)| > |a|$
quand $\theta \longrightarrow -\infty$.

$\varphi(\theta) \longrightarrow a$, $|\varphi(\theta)| > |a|$
quand $\theta \longrightarrow +\infty$.

4. Si $\varphi(\theta) \longrightarrow \begin{cases} a + 0 & \text{où} \quad a < 0 \\ \textbf{ou} & \\ a - 0 & \text{où} \quad a > 0, \end{cases}$

la spirale tend vers le cercle en restant à l'intérieur :

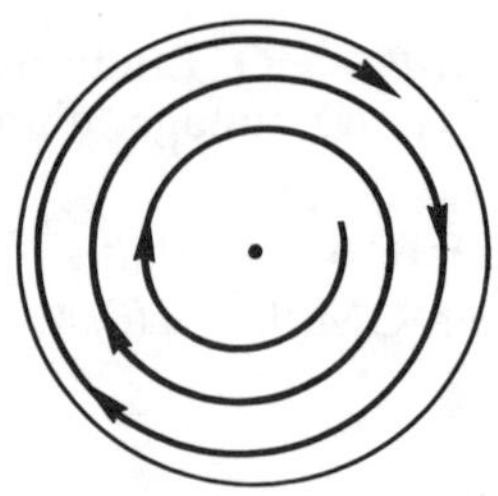

$\varphi(\theta) \longrightarrow a$, $|\varphi(\theta)| < |a|$
quand $\theta \longrightarrow -\infty$.

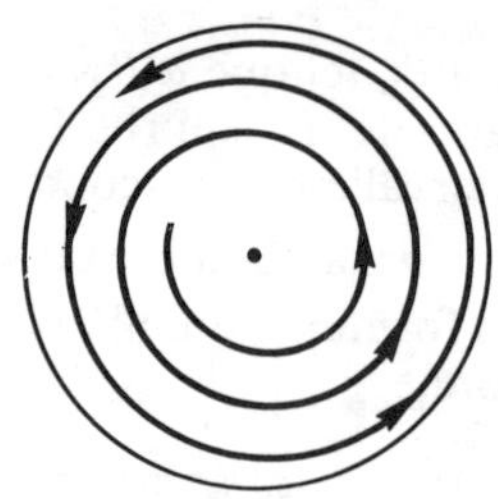

$\varphi(\theta) \longrightarrow a$, $|\varphi(\theta)| < |a|$
quand $\theta \longrightarrow +\infty$

5. D'autres cas sont possibles que nous n'étudierons pas ici.

Exercice 18. Étudier et dessiner les courbes d'équations polaires $\rho = 2 + e^\theta$, $\theta \in \mathbb{R}$; $\rho = e^\theta$, $\theta \in \mathbb{R}$; $\rho = \text{Log}\,\theta$, $\theta \in \mathbb{R}_+^*$; $\rho = \text{th}\,\theta$, $\theta \in \mathbb{R}$; $\rho = 2 + \text{th}\,\theta$, $\theta \in \mathbb{R}$.

** **Exercice 19.** Étudier la courbe d'équation polaire

$$\rho = \begin{cases} 1 + \theta^{-1} \sin\theta & \text{si} \quad \theta \in \mathbb{R}^* \\ 2 & \text{si} \quad \theta = 0. \end{cases}$$

§ 6. EXEMPLES

Nous suivrons le plan d'étude conseillé dans l'encadré 2, en l'adaptant bien sûr à chaque cas.

6.1. Exemple 1

$$\begin{cases} \rho = 4\cos^2\theta - 1 \\ \theta \in \mathbb{R}. \end{cases}$$

$\rho = \varphi(\theta)$

PLAN D'ÉTUDE CONSEILLÉ

1. Domaine de définition D (quand il n'est pas donné).
2. Période et symétries. Réduire le domaine d'étude utile.
3. Étude aux bornes. Branches infinies.
4. Calcul de φ' et de $\operatorname{tg} V = \varphi/\varphi'$. Déterminer quelques points et leurs tangentes.
5. Résoudre $\varphi(\theta_0) = 0$. Étude des arcs passant par O.
6. Sens de variation de φ. Tableau des variations et du signe de φ.
7. Points remarquables.

CONSTRUIRE
LA COURBE
AU FUR ET A MESURE

2. Le plan d'étude d'une courbe Γ en polaires proposé ci-dessus est à adapter à chaque fonction φ particulière. De plus l'étude devra être faite en fonction du problème que l'on souhaite résoudre à l'aide de la courbe Γ.

2. $\varphi(\pi + \theta) = 4\cos^2(\pi + \theta) - 1 = \varphi(\theta)$. Donc la courbe est invariante par symétrie par rapport à O et décrite une infinité de fois. L'intervalle d'étude utile peut être réduit à $[-\pi/2, \pi/2]$.
$\varphi(-\theta) = \varphi(\theta)$. Donc la courbe est symétrique par rapport à Ox et l'intervalle d'étude utile peut être réduit à $[0, \pi/2]$.
3. $\varphi(0) = 3$, $\varphi(\pi/2) = -1$.
4. $\varphi'(\theta) = -4\sin 2\theta$, $\varphi'(0) = 0$ et $\varphi'(\pi/2) = 0$. D'où $V = \pi/2$ pour $\theta = 0$ et pour $\theta = \pi/2$.

Les calculs sont faciles pour $\theta = 0, \pi/6, \pi/4, \pi/3$ et $\pi/2$. Explicitement :

θ	0	$\pi/6$	$\pi/4$	$\pi/3$	$\pi/2$
$\varphi(\theta)$	3	2	1	0	-1
$\varphi'(\theta)$	0	$-2\sqrt{3}$	-4	$-2\sqrt{3}$	0
tg V	∞	$-\frac{\sqrt{3}}{3}$	$-1/4$	sans interêt	∞
V	$\pi/2$	$-\pi/6$			$\pi/2$

Ce qui se traduit graphiquement par :

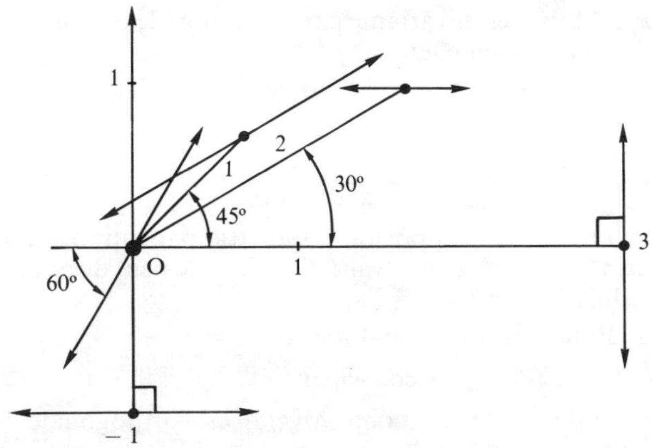

Remarquons que cela suffit pour deviner la courbe!
5. Soit à résoudre $4\cos^2\theta_0 - 1 = 0$ et $0 \leqslant \theta_0 \leqslant \pi/2$; ce système admet la solution unique $\theta_0 = \pi/3$. Comme $\varphi'(\pi/3) = -2\sqrt{3} \neq 0$, on a $k = 1$ et le point O est un point ordinaire.

6.

θ	0		$\pi/3$		$\pi/2$
$\varphi'(\theta)$		$-$		$-$	
$\varphi(\theta)$	3	↘	0	↘	-1

7. Points à tangente « verticale ». Il s'agit de déterminer θ tel que $\theta + V = \pi/2$ ou $V = \pi/2 - \theta$, soit $\operatorname{tg} V = 1/\operatorname{tg}\theta$, ou encore $\sin\theta(12\cos^2\theta - 1) = 0$. On a donc deux solutions, $\theta = 0$ et $\theta_1 = \operatorname{Arccos} 1/2\sqrt{3}$. On a alors $\varphi(\theta_1) = -2/3$. Les points à tangente verticale sont donc les points $(3, 0)$ et $(-1/3\sqrt{3},\ -\sqrt{11}/3\sqrt{3})$.
La courbe a été construite au chapitre précédent puisque les équations paramétriques de Γ sont :

$$\begin{cases} x = (4\cos^2\theta - 1)\cos\theta \\ y = (4\cos^2\theta - 1)\sin\theta \\ \theta \in \mathbb{R}. \end{cases}$$

On voit que dans le cas de cet exemple l'étude est beaucoup plus simple et rapide en utilisant l'équation polaire.

6.2. Exemple 2

$$\rho = \frac{1}{\sin 4\theta}$$

On pose $\varphi(\theta) = 1/\sin 4\theta$.
1. $D = \mathbb{R} - (\pi/4)\mathbb{Z}$.
2. Il est clair que $\pi/2$ est une période de φ et que Γ est donc invariant par la rotation de centre O et d'angle

$\pi/2$. Mais Γ est invariante par la rotation de centre O et d'angle $\pi/4$; en effet

$$\varphi(\theta + \pi + \pi/4) = 1/\sin(4\theta + 4\pi + \pi)$$
$$= -1/\sin 4\theta = -\varphi(\theta),$$

d'où $M(\theta + 5\pi/4) = R_{O,\pi/4}(M(\theta))$.
D'autre part $\varphi(\pi/4 - \theta) = \varphi(\theta)$; la courbe Γ est donc invariante par rapport à la symétrie par rapport à la droite $\theta = \pi/8$. L'intervalle d'étude utile peut donc être réduit à $[0, \pi/8]$.

3. Pour $\theta = \pi/8$, $\varphi(\pi/8) = 1$, comme

$$\varphi'(\theta) = -4 \cos 4\theta/\sin^2 4\theta, \quad \varphi'(\pi/8) = 0$$

et la tangente au point $M(\pi/8)$ est orthogonale à $\overrightarrow{OM(\pi/8)}$.
Si $\theta \longrightarrow 0 + 0$, $\varphi(\theta) \longrightarrow +\infty$, $x \longrightarrow +\infty$ et $y = \varphi(\theta) \sin \theta \longrightarrow 1/4$. Remarquons que

$$y - 1/4 = (4 \sin \theta - \sin 4\theta)/4 \sin 4\theta \sim (5/8)\theta^2 > 0$$

et donc la courbe est au-dessus de l'asymptote $y = 1/4$.

6.

θ	0		$\pi/8$
$\varphi(\theta)$	$+\infty$	↘	1

D'où l'arc de courbe.

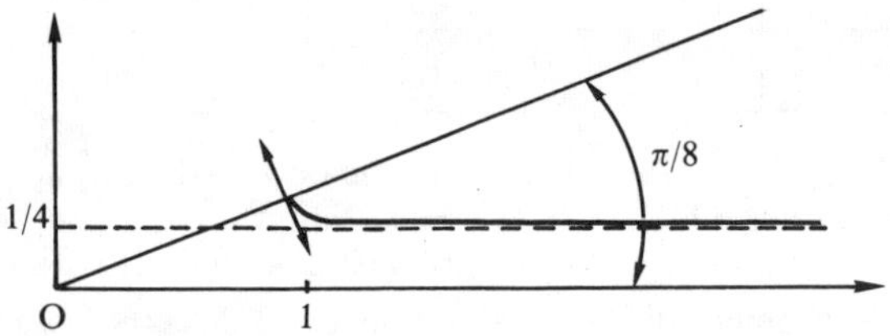

A l'aide des symétries et rotations on reconstruit l'ensemble de la courbe.

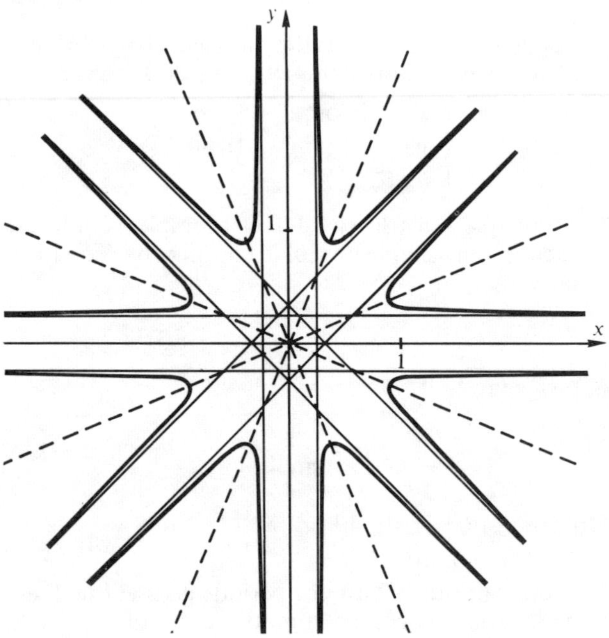

6.3. Exercices

Exercice 20. Étudier la courbe d'équation polaire

$$\rho = \sin \theta/[\cos \theta - \sqrt{3} \sin \theta].$$

Exercice 21. Même question pour $\rho = 1/(\cos \theta \cos 2\theta)$.

Exercice 22. Même question pour

$$\rho^2(1 - 2 \cos \theta) = 1 - 2 \sin \theta.$$

** **Exercice 23.** Même question pour $\rho = 1 + e^\theta \sin 6\theta$.

§ 7. RÉPONSES OU INDICATIONS

1. Droite $x = 1$. Droite $y = 1$. Réunion des droites $x = 1$ et $x = -1$. Carré de côté 2.

2. Cercle de centre $(1/2, 0)$ et de rayon $1/2$. Cercle $((0, 1/2), 1/2)$. Deux cercles tangents en O. Cercle $(0, 1)$. Réunion de tous les cercles de centre O et de rayon entier naturel.

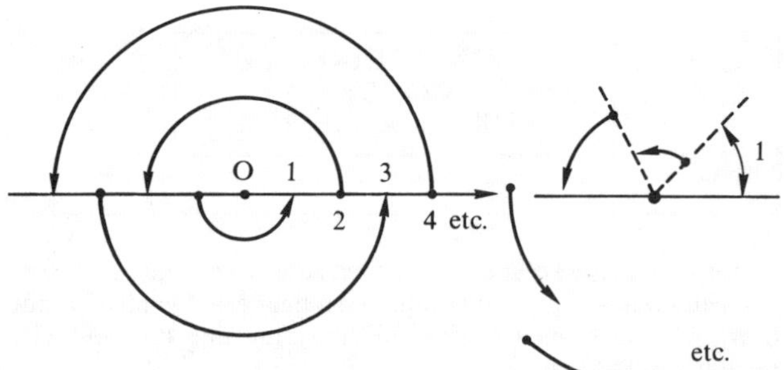

3. Si $0 \leqslant a < b$, spirale croissante du cercle $\rho = a$ au cercle $\rho = b$. Si $a < 0 < b$: spirale tendant vers le cercle $\rho = b$ et spirale tendant vers le cercle $\rho = |a|$.

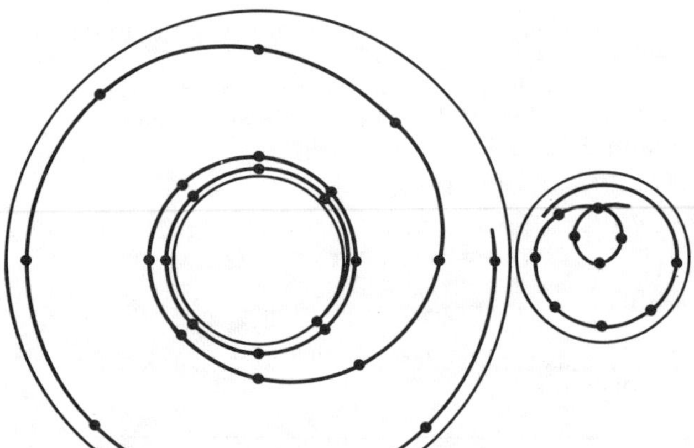

4. Symétrie par rapport à Ox.

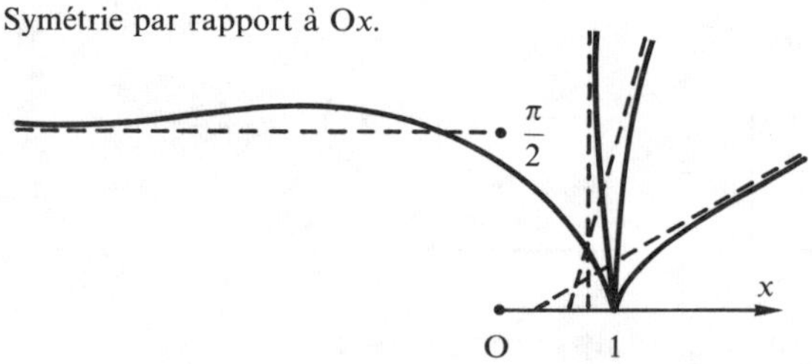

5. $\overline{OM} = \overline{HN}$.

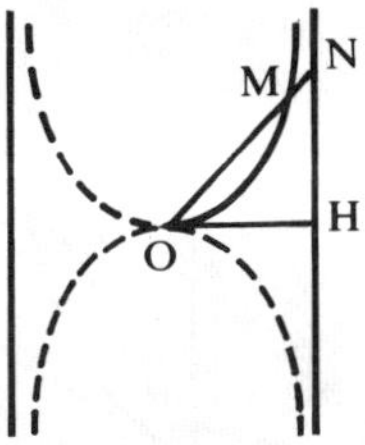

6. $T = (1/\alpha)2\pi$.

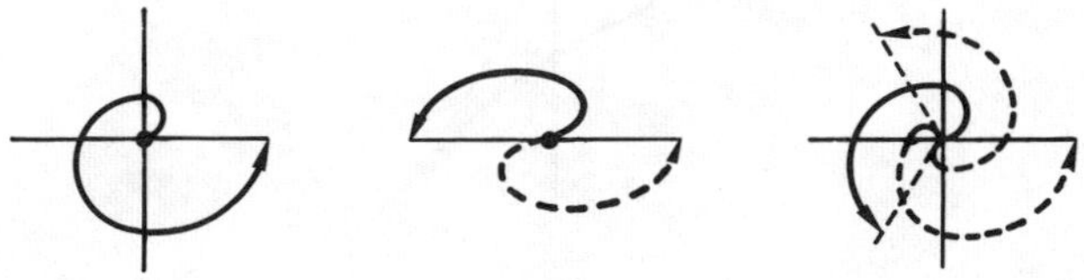

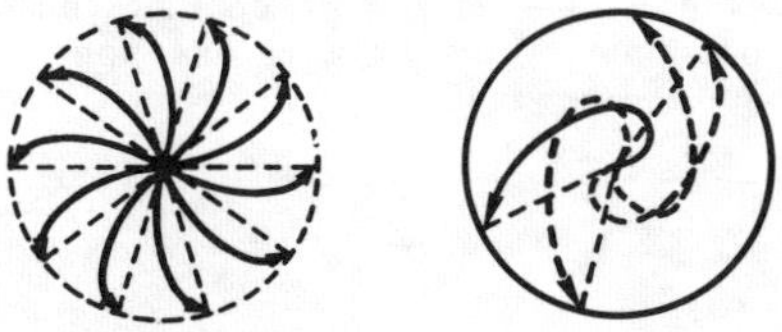

une infinité d'arcs

C 1. $\forall \theta \in D\ \ \exists \theta' \in D\ \ \{[\theta' \in \theta + 2\pi\mathbb{Z}$ **et** $\varphi(\theta') = -\varphi(\theta)]$
ou $[\theta' \in \pi + \theta + 2\pi\mathbb{Z}$ **et** $\varphi(\theta') = \varphi(\theta)]\}$.

C 2. Si φ est pair $x(\theta) = \varphi(\theta)\cos\theta$ est pair et $y(\theta)\sin\theta$ est impair, d'où $M(-\theta) = S_{Ox}(M(\theta))$.

7. Pour $0 \leqslant \theta \leqslant \pi/4$, $\rho = 1/\cos\theta$: segment vertical; la courbe est le carré de centre O, de côtés parallèles aux axes et de longueur 2. Carré image du précédent dans la rotation (O, θ_0) (remarquer que $\sup\{a, b\} = (a+b)/2 + |a-b|/2$). Symétries par rapport à Ox et Oy (voir exercice 5).

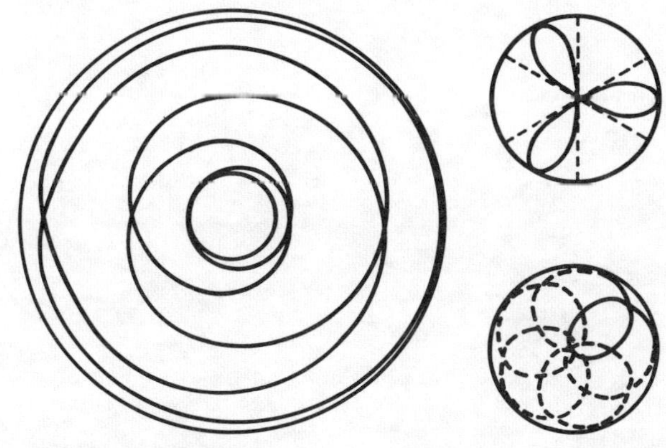

La courbe ne se referme pas.

8. $\rho = A\exp(\lambda\theta)$ où $\operatorname{tg} V = 1/\lambda$. Invariant par les similitudes de centre O, d'angle θ_0 et de rapport $e^{\lambda\theta_0}$. Groupe isomorphe à $(\mathbb{R}, 0, +)$.

9. $\theta + b/a$.

10. $A_2 = \varphi^2 + 2\varphi' - \varphi\varphi'' = 0$ et $A_3 = 2\varphi\varphi' + 3\varphi'\varphi'' - \varphi\varphi''' \neq 0$.
$A_2 = A_3 = 0$ et $A_4 = -\varphi^2 - 4\varphi'^2 + 6\varphi'\varphi'' + 4\varphi'\varphi''' - \varphi\varphi^{(4)} \neq 0$.
$A_2 - A_3 - A_4 - 0$
et $A_5 = -4\varphi\varphi' + 10\varphi\varphi''' - 10\varphi'\varphi'' + 5\varphi'\varphi^{(4)} - \varphi\varphi^{(5)} \neq 0$.
$A_2 = \ldots = A_5 = 0$ et $A_6 = \varphi^2 + 6\varphi'^2 - 15\varphi\varphi'' - 20\varphi'\varphi'''$
$+ 15\varphi\varphi^{(4)} + 6\varphi'\varphi^{(5)} - \varphi\varphi^{(6)} \neq 0$.

11. Une droite, soit $\varphi = a/\cos(\theta - \theta_0)$. Poser $\varphi = \psi^{-1}$, la condition s'écrit alors $\psi'' = -\psi$.

12. $\theta = \pm\sqrt{\sqrt{\pi^4 + 4\pi^2 + 1} - 1 - \pi^2}$, $\theta \simeq 53{,}53°$ (voir exercice 4).

13. Sens de déplacement de $M(\theta)$, quand on tourne dans le sens positif.

14.

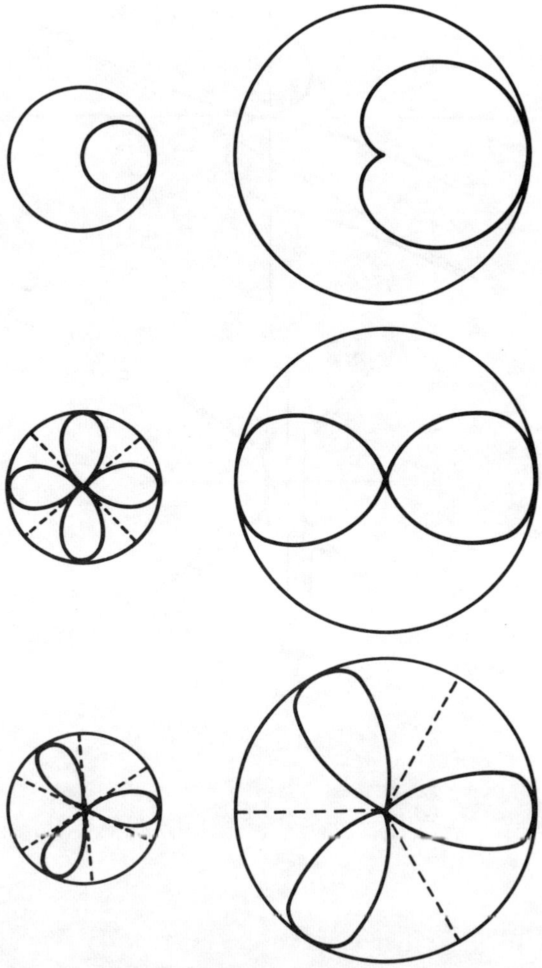

n pair, fleur à $2n$ pétales; n impair, fleur à n pétales; le point O est un point ordinaire sur chaque arc. Pour tout n, fleur à n pétales, le point O est un point de rebroussement de 1re espèce sur chaque arc.

15.  $\operatorname{tg} V = \operatorname{tg}\theta/3$
$V_1 = \theta_1/3$, $V_2 = \theta_1/3 + \pi/3$, $V_3 = \theta_1/3 + 2\pi/3$.

16. $\rho = \operatorname{tg}(\theta - \theta_0)$; courbe de l'exercice 5 tourné de $\operatorname{Arctg} a$.

17. $x = \operatorname{tg}\theta$, $y = \operatorname{tg}^2\theta$. Parabole $y = x^2$.

18.

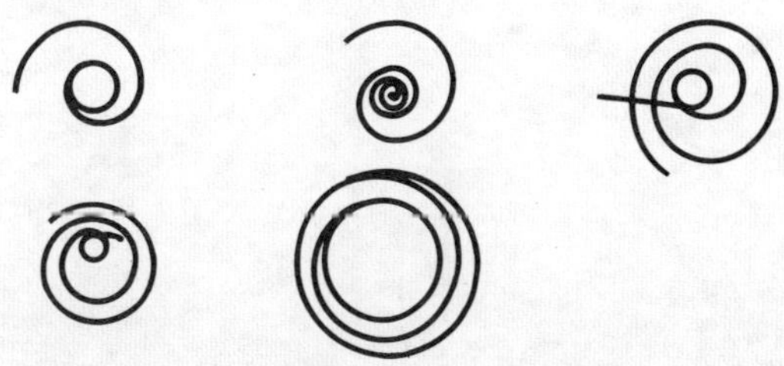

19. Symétrie par rapport à Ox. Quand $\theta \longrightarrow +\infty$, la courbe tend vers le cercle $\rho = 1$, en traversant ce cercle aux points (0, 1) et (0, − 1).

20.

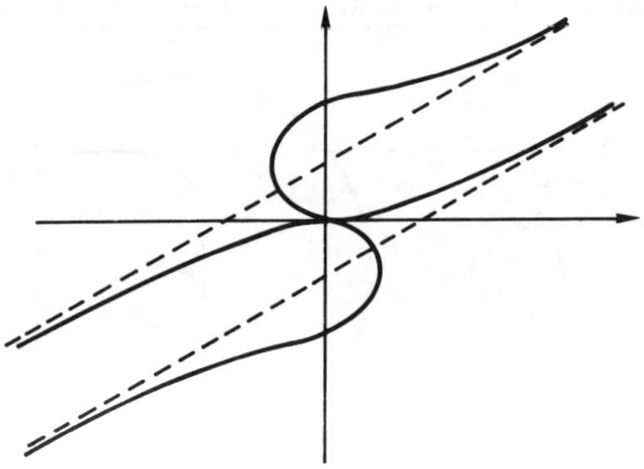

21.

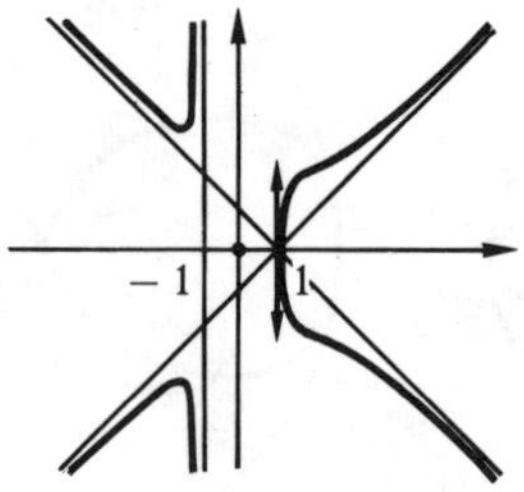

22.

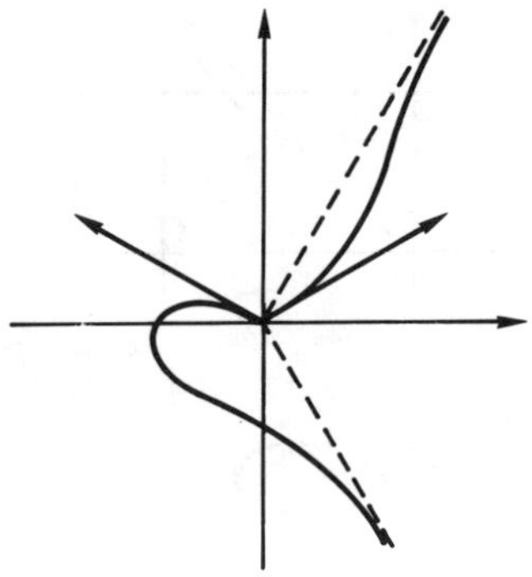

23. Construire les courbes $\rho = 1 + e^{\theta}$ et $\rho = 1 - e^{\theta}$. Faire une figure pour $\theta \to -\infty$, une pour $-\pi \leqslant \theta \leqslant \pi$ et une pour $2n\pi - \pi \leqslant \theta \leqslant 2n\pi + \pi$ pour n assez grand.

4. Courbes $F(x, y) = 0$

Sous réserve de conditions de régularité suffisantes de la fonction de deux variables F, *l'ensemble des points de coordonnées x et y telles que* $F(x, y) = 0$ *est une courbe (§ 1).*

Considérons la relation $F(x, y) = 0$ *comme une équation en y et résolvons-la pour tout x, nous obtenons* $y = \varphi(x)$*; comme il peut y avoir plusieurs solutions, nous obtenons éventuellement plusieurs fonctions* φ*, appelées fonctions implicites (§ 2). Plutôt que d'exposer une théorie générale, nous illustrerons dans le § 3 diverses techniques d'étude d'une courbe définie par* $F(x, y) = 0$ *à l'occasion d'un exemple de famille de courbes, les ovales de Cassini.*

§ 1. COURBES DÉFINIES PAR UNE ÉQUATION CARTÉSIENNE

On supposera le plan P rapporté à un repère orthonormé $(O, \vec{i}, \vec{j})$.

Définition. Soit $F : \mathbb{R}^2 \longrightarrow \mathbb{R}$, une fonction réelle de deux variables réelles. On appelle courbe d'équation $F(x, y) = 0$ l'ensemble Γ des points M de P de coordonnées (x, y) telles que $F(x, y) = 0$.

$$\Gamma = \{ M \in P \mid \overrightarrow{OM} = x\vec{i} + y\vec{j} \quad \text{et} \quad F(x, y) = 0 \}$$

Remarque 1. On dit aussi que $F(x, y) = 0$ est *l'équation cartésienne* de Γ.

Remarque 2. Une courbe Γ peut avoir plusieurs équations cartésiennes.

Remarque 3. F peut ne pas être défini sur $\mathbb{R}^2$ tout entier.

Remarque 4. Un point du plan est caractérisé par la donnée de deux nombres (x et y) : le plan est de dimension 2. En imposant une relation $F(x, y) = 0$, on diminue en général la dimension d'une unité : la courbe est donc de dimension 1, c'est-à-dire qu'un seul paramètre suffit pour caractériser chaque point de la courbe. Quand on explicite la dépendance des points de la courbe en fonction d'une seule variable t, soit $(x, y) = (f(t), g(t))$, on dit que l'on paramétrise la courbe $F(x, y) = 0$.

Exemples

1. Cercle de centre $C(a, b)$ et de rayon R.

$$(x - a)^2 + (y - b)^2 - R^2 = 0.$$

2. Droite passant par $M_0(x_0, y_0)$ et parallèle à $\vec{V} = a\vec{i} + b\vec{j}$:

$$bx - ay - (bx_0 - ay_0) = 0.$$

3. Droite passant par $M_0(x_0, y_0)$ et orthogonale au vecteur $\vec{U} = \alpha\vec{i} + \beta\vec{j}$:

$$\alpha(x - x_0) + \beta(y - y_0) = 0.$$

4. Réunion des droites d'équations $ax + by + c = 0$ et $a'x + b'y + c' = 0$:

$$(ax + by + c)(a'x + b'y + c') = 0$$

ou encore

$$aa'x^2 + (ab' + ba')xy + bb'y^2 + (a'c + ac')x + (b'c + bc')y + cc' = 0.$$

5. Réunion des quatre cercles de centres $(1, 1)$, $(1, -1)$, $(-1, 1)$ et $(-1, -1)$ passant par O (voir encadré 1) :

$$(x^2 + y^2)^4 - 8(x^2 + y^2)^3 + 16(x^2 - y^2) = 0.$$

Exercice 1. Écrire l'équation d'une ellipse de centre (α, β), de grand axe parallèle à Ox et de longueur $2a$ et de petit axe de longueur $2b$.

Exercice 2. Montrer que la courbe d'équation

$$x^3y + xy^3 - x^3 - 3x^2y - 3xy^2 - y^3 + 3x^2 + 3y^2 + 5xy - 3x - 3y + 1 = 0$$

est la réunion d'un cercle et de deux droites.

Exercice 3. Soit f une fonction admettant n racines réelles positives. Décrire la courbe d'équation $f(x^2 + y^2) = 0$.

Exercice 4. Dessiner la courbe d'équation

$$x^5y^3 - x^3y^5 - x^5y + xy^5 + x^3y - xy^3 = 0.$$

Une courbe peut être définie soit en cartésiennes $F(x, y) = 0$ soit en paramétriques $x = f(t)$, $y = g(t)$, $t \in D$. Passer d'une représentation à l'autre est souvent un problème difficile.

Exercice 5. Paramétrer la courbe d'équation

$$(x^2 + y^2)x + x^2 - y^2 = 0$$

en posant $y/x = t$.

Exercice 6. Trouver une équation cartésienne de la courbe d'équation polaire $\rho = 1/\cos\theta - 2\cos\theta$.

§ 2. FONCTIONS IMPLICITES

2.1. La notion

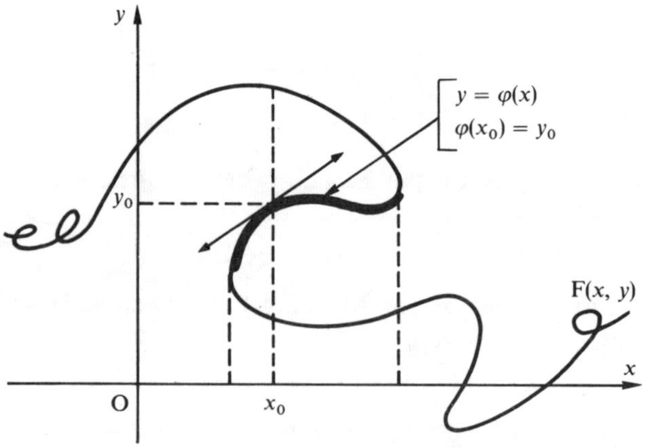

En général la courbe d'équation $F(x, y) = 0$ n'est pas la courbe représentative d'une fonction

$$y = \varphi(x),$$

parce que pour certaines valeurs de x il y a plus d'une valeur y telle que $F(x, y) = 0$.

Supposons que nous connaissions un point (x_0, y_0) de la courbe, c'est-à-dire $F(x_0, y_0) = 0$, et supposons qu'il y ait un arc de la courbe passant par ce point (x_0, y_0) et tel pour tout x voisin de x_0 il y ait une et une seule valeur y telle que (x, y) appartienne à cet arc. On pourra alors définir, au voisinage de x_0, la fonction $y = \varphi(x)$ telle que $(y = \varphi(x) \iff F(x, y) = 0)$ ou encore $F(x, \varphi(x)) = 0$.

Bien que la définition suivante ne soit pas toujours satisfaisante, elle présente l'avantage d'être simple et suffisante dans les cas simples.

Définition. Soit $F : \mathbb{R}^2 \longrightarrow \mathbb{R}$ et soit $(x_0, y_0) \in \mathbb{R}^2$ tel que $F(x_0, y_0) = 0$. On appelle *fonction implicite* passant par (x_0, y_0) la fonction φ définie sur un intervalle ouvert I contenant x_0 et telle que :

$$\begin{cases} \varphi(x_0) = y_0 \\ \forall x \in I \quad F(x, \varphi(x)) = 0. \end{cases}$$

Nous admettrons l'existence et la dérivabilité de φ quand :

- F admet des dérivées partielles
- $\boxed{F'_y(x_0, y_0) \neq 0}$

Remarque. La condition $F'_y(x_0, y_0) \neq 0$ est tout à fait essentielle pour assurer l'existence et l'unicité de y pour x voisin de x_0 (regarder les points à tangentes verticales de la figure).

2.2. Dérivée de la fonction implicite

Rappelons que si f et g sont deux fonctions dérivables d'une variable, alors :

$$\frac{d}{dt} F(f(t), g(t)) = F'_x(f(t), g(t)) \cdot f'(t) + F'_y(f(t), g(t)) \cdot g'(t).$$

En admettant l'existence et la dérivabilité de la fonction implicite φ, on peut dériver $F(x, \varphi(x)) = 0$, ce qui nous donne :

$$F'_x(x, \varphi(x)) + F'_y(x, \varphi(x)) \cdot \varphi'(x) = 0$$

$$\boldsymbol{\Gamma = \Gamma_1 \cup \Gamma_2 \cup \Gamma_3 \cup \Gamma_4}$$

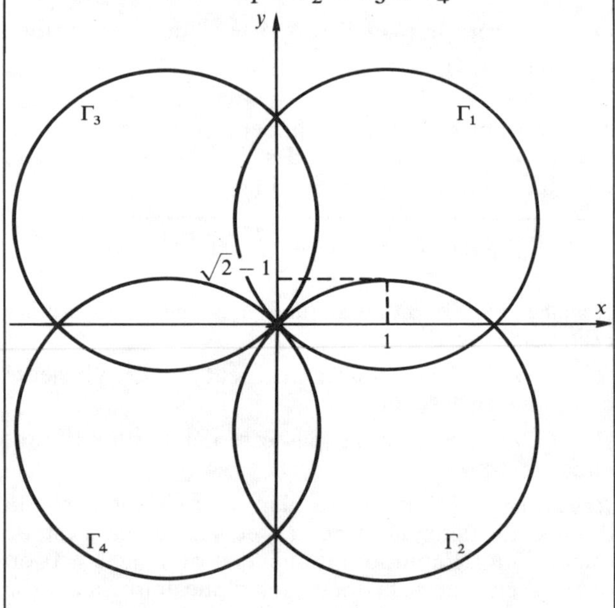

$$F(x, y) = (x^2 + y^2 - 2x - 2y) \cdot (x^2 + y^2 - 2x + 2y) \cdot (x^2 + y^2 + 2x - 2y) \cdot (x^2 + y^2 + 2x + 2y)$$
$$= (x^2 + y^2)^4 - 8(x^2 + y^2)^3 + 16(x^2 - y^2)$$
$$F(1, \sqrt{2} - 1) = 0$$

$$\boxed{\left.\begin{aligned} F(x, \varphi(x)) = 0 \\ \varphi(1) = \sqrt{2} - 1 \end{aligned}\right\} \iff \varphi(x) = -1 + \sqrt{2 - (x-1)^2}}$$

1. Exemple de courbe et de fonction implicite.

d'où :

$$\boxed{\varphi'(x) = -\frac{F'_x(x, y)}{F'_y(x, y)}}$$

Remarque 1. Ce calcul n'est possible que si

$$F'_y(x, y) = F'_y(x, \varphi(x)) \neq 0.$$

Remarque 2. Le théorème énonçant l'existence de la fonction implicite s'appelle le *théorème des fonctions implicites.* Ce théorème ne permet pas de déterminer φ explicitement, mais la simple existence de φ est suffisante pour calculer d'autres quantités comme par exemple la pente de la tangente à la courbe Γ d'équation $F(x, y) = 0$.

Application : Équation de la tangente à Γ en un point (x_0, y_0) de Γ.

Premier cas : $F'_y(x_0, y_0) \neq 0$. La fonction implicite a alors pour dérivée en x_0 :

$$\varphi'(x_0) = -F'_x(x_0, y_0)/F'_y(x_0, y_0).$$

La tangente existe donc et a pour équation

$$y - y_0 = \varphi'(x_0)(x - x_0)$$

ou encore :

$$\boxed{(x - x_0)F'_x(x_0, y_0) + (y - y_0)F'_y(x_0, y_0) = 0.}$$

Deuxième cas : $F'_y(x_0, y_0) = 0$ et $F'_x(x_0, y_0) \neq 0$. La fonction implicite donnant y en fonction de x ne peut pas être définie au voisinage de (x_0, y_0). Par contre on peut définir la fonction implicite ψ telle que $\psi(y_0) = x_0$ et $F(\psi(y), y) = 0$ et ψ est dérivable d'où $F'_x(x_0, y_0)\psi'(y_0) = 0$, soit $\psi'(y_0) = 0$ et la tangente à la courbe est parallèle à Oy. Elle a donc pour équation $x = x_0$ ou $x - x_0 = 0$.

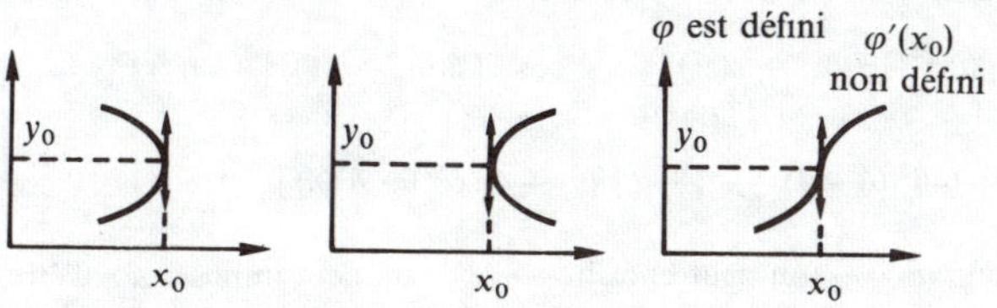

On voit que la formule précédente est encore valable dans ce cas (ce qui était évident a priori par la symétrie échangeant x et y).

Troisième cas : $F'_y(x_0, y_0) = F'_x(x_0, y_0) = 0$. On ne peut pas conclure. (Ce cas est souvent dû au fait que (x_0, y_0) est un point multiple de Γ.)

Écriture des physiciens

$$dF = F'_x\,dx + F'_y\,dy = 0$$

d'où

$$\frac{dy}{dx} = -\frac{F'_x}{F'_y}.$$

Remarque. Le vecteur $F'_x\vec{i} + F'_y\vec{j}$, noté $\overrightarrow{\text{grad}}\,F$, est donc orthogonal à la tangente.

Exercice 7. Soit $(x_0, y_0) = (a + R\cos\theta_0, b + R\sin\theta_0)$ un point du cercle $(x - a)^2 + (y - b)^2 - R^2 = 0$. Trouver l'équation de la tangente en (x_0, y_0) à ce cercle.

Exercice 8. Soit Γ la courbe d'équation polaire $\rho = \varphi(\theta)$, ou encore $\sqrt{x^2 + y^2} - \varphi(\text{Arctg}\, y/x + k\pi) = 0$. Calculer la pente de la tangente en un point et retrouver la formule

$$\begin{aligned}\text{tg}\,(\theta + V) &= (y/x + \varphi/\varphi')/(1 - (y/x)(\varphi/\varphi')) \\ &= (x\varphi + y\varphi')/(x\varphi' - y\varphi).\end{aligned}$$

§ 3. EXEMPLE : OVALES DE CASSINI

3.1. La famille des ovales de Cassini associés à deux points A et B

Définition. L'ovale de Cassini associé aux points A et B et à la longueur k est l'ensemble des points M du plan tel que

$$MA \cdot MB = k^2$$

Repère. Nous choisissons le repère orthonormé $(O, \vec{i}, \vec{j})$ tel que O soit le milieu de AB et que $\overrightarrow{OA} = a\vec{i}$, $a > 0$.

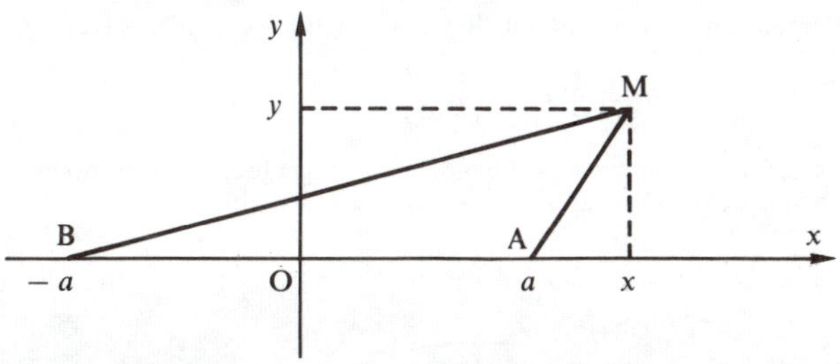

Équation. Le théorème de Pythagore nous donne :

$$MA = \sqrt{(x - a)^2 + y^2} \quad \text{et} \quad MB = \sqrt{(x + a)^2 + y^2}$$

MA, MB et k^2 étant positifs, l'équation de l'ovale s'écrit

$$((x - a)^2 + y^2) \cdot ((x + a)^2 + y^2) = k^4$$

ou

$$(x^2 + y^2 + a^2 - 2ax) \cdot (x^2 + y^2 + a^2 + 2ax) = k^4$$
$$(x^2 + y^2 + a^2)^2 - 4a^2x^2 = k^4$$

$$\boxed{F(x, y) = x^4 + y^4 + 2x^2y^2 - 2a^2x^2 + 2a^2y^2 + a^4 - k^4 = 0}$$

Remarque 1. Nous pourrions choisir l'unité de longueur égale à OA, c'est-à-dire $a = 1$; mais conserver a permet de repérer des erreurs de calculs grâce à l'homogénéité des formules.

Remarque 2. Nous avons non pas une courbe, mais une famille de courbes dépendant du paramètre k. Par chaque point du plan passe un ovale et un seul.

3.2. Étude des cas extrêmes

I. *k très grand* $\boxed{k \gg a}$

1. Cas limite : $a = 0$. L'équation devient

$$x^4 + y^4 + 2x^2y^2 - k^4 = 0$$

ou $$x^2 + y^2 = k^2.$$

La courbe est le cercle (0, k).

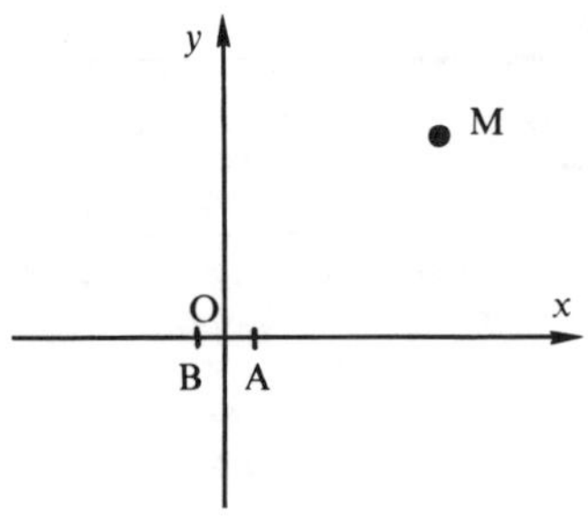

2. Choisissons l'infiniment petit $\varepsilon = \dfrac{a^2}{k^2}$. Pour $\varepsilon = 0$, d'après 1., la courbe est le cercle (0, k), il est donc naturel de chercher l'équation polaire de la courbe. Cette équation doit être de la forme :

$$r = k(1 + \alpha(\theta)\varepsilon + o(\varepsilon)),$$

où $k\alpha(\theta)\theta$ peut être considéré comme le terme correctif au premier ordre.
Compte tenu de $x = r\cos\theta$ et $y = r\sin\theta$, l'équation $F(x, y) = 0$ s'écrit :

$$r^4 - 2a^2r^2\cos 2\theta + a^4 - k^4 = 0.$$

Remplaçant r par son d.l. il vient : $(4\alpha(\theta) - \cos 2\theta)\varepsilon + o(\varepsilon) = 0$, d'où $\alpha(\theta) = \dfrac{1}{2}\cos 2\theta$ et $r = k\left(1 + \dfrac{\varepsilon}{2}\cos 2\theta + o(\varepsilon)\right)$.

Cette formule permet de voir comment corriger le cercle pour obtenir une approximation de Γ valable au premier ordre.

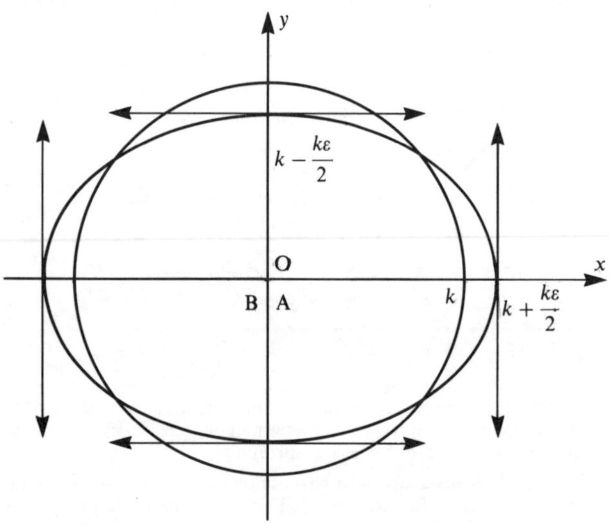

II. <u>k très petit</u> $\boxed{k \ll a}$

1. *Étude intuitive :* de MA . MB $\ll a^2$, on déduit soit MA $\ll a$, soit MB $\ll a$. Si MA $\ll a$, M et A sont presque confondus et

$$\text{MB} \simeq \text{AB} = 2a$$

d'où $$\boxed{\text{MA} \simeq \frac{k^2}{2a}}$$

M est alors approximativement sur le cercle $\left(\text{A}, \dfrac{k^2}{2a}\right)$. De même si MB $\ll a$, M est approximativement sur le cercle $\left(\text{B}, \dfrac{k^2}{2a}\right)$. La courbe est alors approximativement la réunion de ces deux cercles.

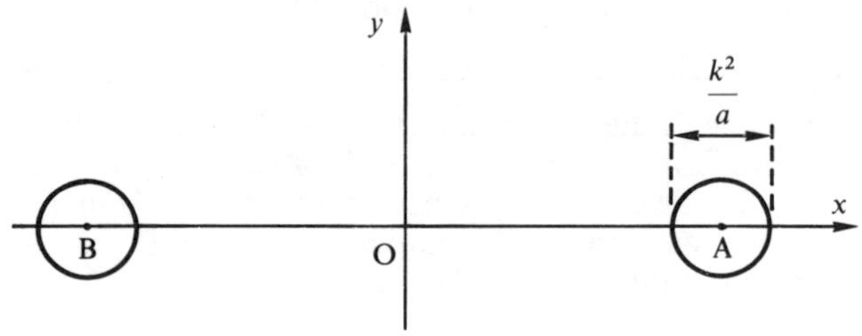

2. *Cas* $k = 0$. L'équation $F(x, y) = 0$ s'écrit alors

$$[(x - a)^2 + y^2][(x + a)^2 + y^2] = 0$$

c'est-à-dire ($x = a$ et $y = 0$) ou ($x = -a$ et $y = 0$).
La courbe est alors réduite à l'ensemble des deux points A et B.

3. Choisissons l'infiniment petit $\varepsilon = \dfrac{k^2}{a^2}$. L'étude de 1. nous suggère d'étudier la courbe en polaires, l'origine étant en A, soit :

$$\begin{cases} x = a + r\cos\theta \\ y = r\sin\theta \end{cases}$$

et de chercher le d.l. de r sous la forme :

$$r = a(\beta(\theta)\varepsilon + \gamma(\theta)\varepsilon^2 + o(\varepsilon^2)).$$

Le résultat de l'étude faite en 1. se traduira ici par $\beta(\theta) = \dfrac{1}{2}$. Le terme en ε^2 permettra de corriger la forme du petit cercle de centre A au second ordre. L'équation $F(x, y) = 0$ devient

$$(a + r\cos\theta)^4 + r^4\sin^4\theta + 2r^2\sin^2\theta(a + r\cos\theta)^2 - 2a^2(a + r\cos\theta)^2 + 2a^2r^2\sin^2\theta + a^4 - k^4 = 0$$

soit $$4a^2r^2 + 4ar^3\cos\theta + r^4 - k^4 = 0$$

ou $$4\left(\frac{r}{a}\right)^2 + 4\left(\frac{r}{a}\right)^3\cos\theta + \left(\frac{r}{a}\right)^4 - \varepsilon^2 = 0.$$

Remplaçons $\dfrac{r}{a}$ par son d.l., il vient

$$4[\beta(\theta)\varepsilon + \gamma(\theta)\varepsilon^2 + o(\varepsilon^2)]^2 + 4\cos\theta[\beta(\theta)\varepsilon + \gamma(\theta)\varepsilon^2 + o(\varepsilon^2)]^3 + [\beta(\theta)\varepsilon + \gamma(\theta)\varepsilon^2 + o(\varepsilon^2)]^4 - \varepsilon^2 = 0$$

soit $(4\beta^2(\theta) - 1)\varepsilon^2 + [8\beta(\theta)\gamma(\theta) + 4\cos\theta\cdot\beta^3(\theta)]\varepsilon^3 + o(\varepsilon^3) = 0$

d'où $\beta(\theta) = \dfrac{1}{2}$ (on peut choisir $+\dfrac{1}{2}$, car on peut imposer à r d'être positif) et

$$8\frac{1}{2}\gamma(\theta) + 4\cos\theta\cdot\frac{1}{8} = 0 \quad \gamma(\theta) = -\frac{1}{8}\cos\theta.$$

Finalement

$$\boxed{r = a\left(\frac{1}{2}\varepsilon - \frac{1}{8}\cos\theta\varepsilon^2 + o(\varepsilon^2)\right)}$$

On trouve bien le cercle de centre A et de rayon $\dfrac{1}{2}a\varepsilon = \dfrac{k^2}{2a}$, puis un terme correctif $-\dfrac{1}{8}(\cos\theta)a\varepsilon^2 = -\dfrac{1}{8}\dfrac{k^4}{a^3}\cos\theta$.

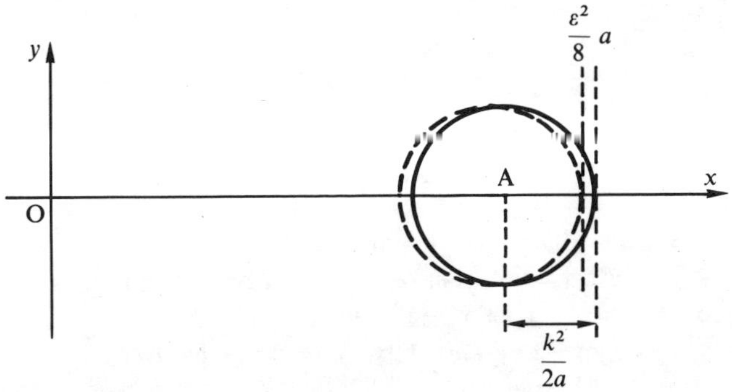

3.3. Pentes des tangentes

De l'expression de $F(x, y)$ on déduit

$$F'_x(x, y) = 4x^3 + 4xy^2 - 4a^2x = 4x(x^2 + y^2 - a^2)$$
$$F'_y(x, y) = 4y^3 + 4x^2y + 4a^2y = 4y(x^2 + y^2 + a^2)$$

$F'_x(x, y) = 0$ si $x = 0$ ou $x^2 + y^2 - a^2 = 0$; $F'_y(x, y) = 0$ si $y = 0$; par suite en un point du plan la courbe de la famille qui passe par ce point admet une tangente parallèle à Ox si le point est sur Oy, sauf en O, ou sur le cercle (O, a), sauf en A et B. Elle admet une tangente parallèle à Oy si le point est sur Ox, sauf en A, B ou O. Dans chaque région du plan limitée par ces courbes le signe de la pente de la tangente est constante. De façon précise :

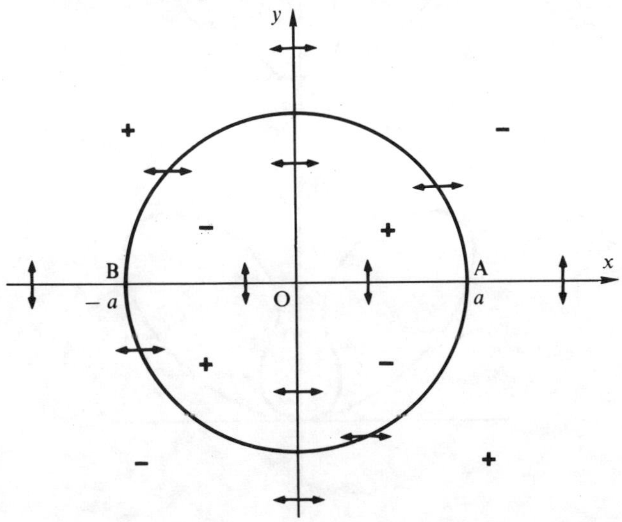

Cela nous permet d'avoir l'allure des courbes (sauf de celle qui passe par O).

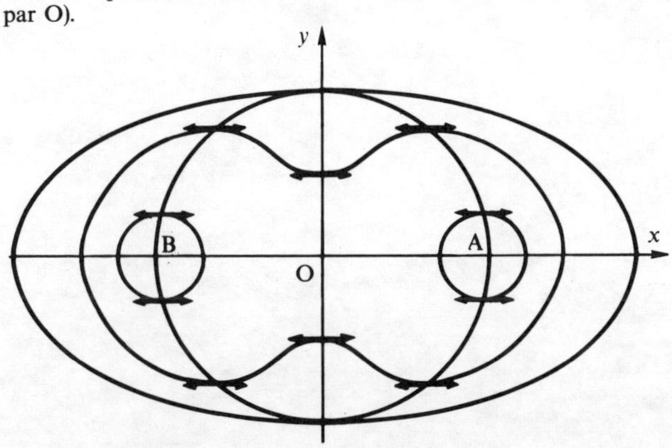

3.4. La courbe qui passe par O

La courbe passe par O si et seulement si $F(0, 0) = 0$, c'est-à-dire si et seulement si $a^4 - k^4 = 0$, soit $k = a$. L'équation de cette courbe est donc

$$F(x, y) = x^4 + y^4 + 2x^2y^2 - 2a^2x^2 + 2a^2y^2 = 0.$$

Étude au voisinage de 0. Les termes de degré 4 sont négligeables et il reste

$$-2a^2x^2 + 2a^2y^2 = 0$$

ou encore
$$y^2 - x^2 = 0.$$

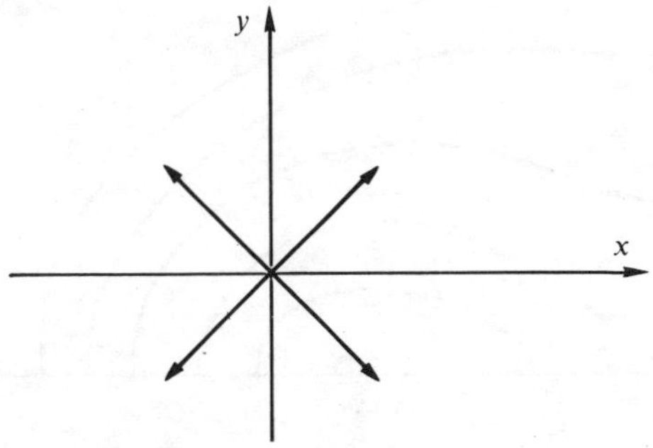

La courbe se confond avec les deux diagonales. Les tangentes en O sont les droites $y = x$ et $y = -x$.

Intersection avec le cercle $x^2 + y^2 = a^2$

$$\begin{cases} x^2 + y^2 = a^2 \\ (x^2 + y^2)^2 - 2a^2(x^2 - y^2) = 0 \end{cases} \quad \begin{cases} x^2 + y^2 = a^2 \\ x^2 - y^2 = a^2/2 \end{cases} \begin{cases} x = \pm a\sqrt{3}/2 \\ y = \pm a/2 \end{cases}$$

$$\begin{cases} x = a \cos \varphi \\ y = a \sin \varphi \end{cases} \quad \text{pour} \quad \varphi = \pi/6,\ 5\pi/6,\ 7\pi/6 \quad \text{et } 11\pi/6$$

Intersection avec $y = 0$

$x = 0$ racine double

$x = \pm\sqrt{2}a$ racines simples.

La courbe s'appelle une *lemniscate de Bernoulli.*

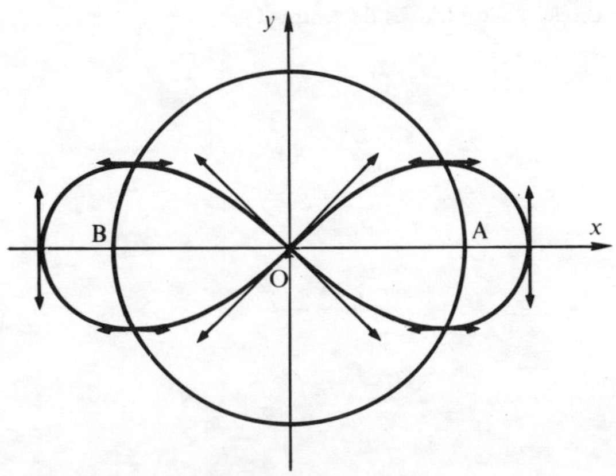

C 1. La lemniscate de Bernoulli est l'image d'une hyperbole équilatère dans l'inversion de centre O et de puissance a^2.

3.5. Symétries

$\forall (x, y) \in \mathbb{R}^2 \quad F(x, y) = 0 \Longrightarrow F(x, -y) = 0$. D'où symétrie par rapport à Ox.

$\forall (x, y) \in \mathbb{R}^2 \quad F(x, y) = 0 \Longrightarrow F(-x, y) = 0$. D'où symétrie par rapport à Oy.

(Il en résulte donc que la courbe est symétrique par rapport à O.)

Il nous aurait donc suffit donc de faire l'étude dans le premier quadrant.

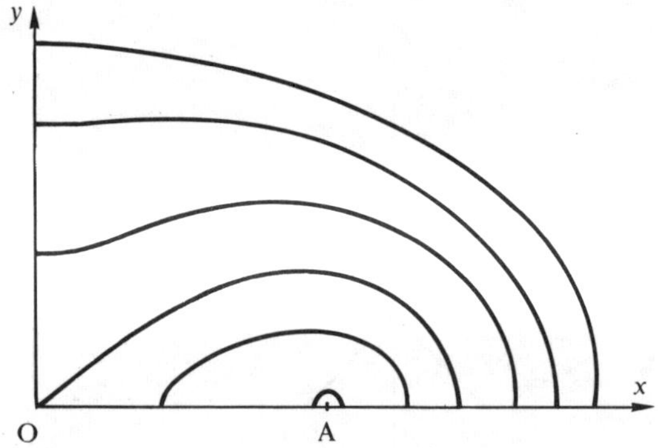

3.6. Exercices

** **Exercice 9.** Étudier la courbe d'équation

$$2x^4 + y^4 - y(3x^2 + 2y^2) + y^2 = 0.$$

** **Exercice 10.** Étudier la courbe d'équation

$$(x^2 - y^2)^2 + y^3(y - 1) = 0$$

§ 4. RÉPONSES OU INDICATIONS

1. $(x - \alpha)^2/a^2 + (y - \beta)^2/b^2 = 1.$

2. Les termes de degré 4, $xy(x^2 + y^2)$ montrent que les droites sont parallèles aux axes.

$$[(x - 1)^2 + (y - 1)^2 - 1](x - 1)(y - 1) = 0.$$

3. n cercles concentriques de centres O.

4.

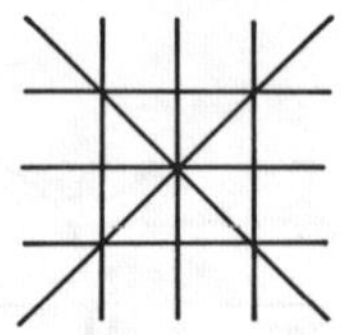

5. $x = (t^2 - 1)/(t^2 + 1), \quad y = t(t^2 - 1)/(t^2 + 1).$

6. $\rho \cos \theta = 1 - 2(\rho \cos \theta)^2/\rho^2$ ou $x = 1 - 2x^2/(x^2 + y^2)$ ou enfin $x(x^2 + y^2) + x^2 - y^2 = 0.$

7. $F'_x(x_0, y_0) = 2(x_0 - a), \quad F'_y(x_0, y_0) = 2(y_0 - b)$. D'où $(x_0 - a)(x - x_0) + (y_0 - b)(y - y_0) = 0.$

8. $F'_x = x/\sqrt{x^2 + y^2} - \varphi'(\theta)[1 + (y/x)^2]^{-1}(-y/x^2)$

$F'_y = y/\sqrt{x^2 + y^2} - \varphi'(\theta)[1 + (y/x)^2]^{-1}(1/x)$

C 1. $x' = a^2x/(x^2 + y^2)$, $y' = a^2y/(x^2 + y^2)$. $x'^2 - y'^2 - a^2 = 0.$

9.

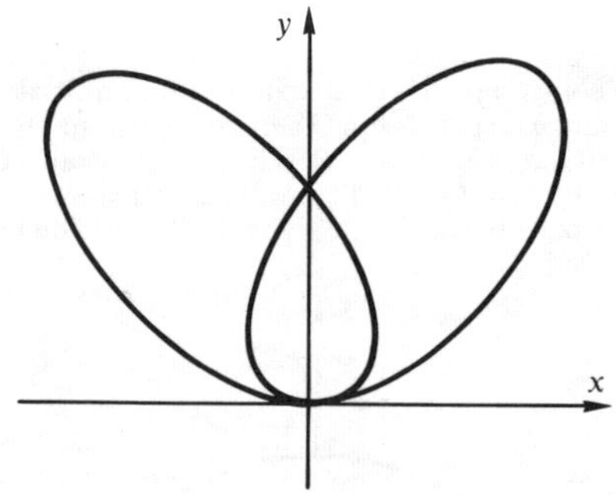

10.

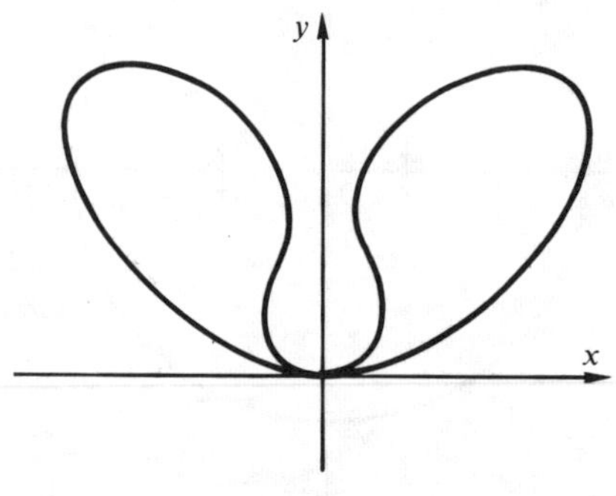

1. Intégrales définies

L'intégrale définie $\int_a^b f$ *ou* $\int_a^b f(x)\,dx$ *est un nombre réel. Deux objectifs principaux dans ce chapitre : 1. définir ce nombre (§ 1, § 2 et § 3) 2. calculer ce nombre (§ 4). Pour définir l'intégrale nous proposons deux démarches. L'une consiste à caractériser l'intégrale (§ 1) par l'additivité* $\int_a^c f + \int_c^b f = \int_a^b f$ *et par la propriété de la moyenne : si, sur* $[a, b]$*, la fonction f est minorée par m et majorée par* M*, alors l'intégrale de f est minorée par* $m(b-a)$ *et majorée par* $M(b-a)$*. L'autre démarche consiste à construire explicitement* $\int_a^b f(x)\,dx$*. C'est l'objet des paragraphes 2 et 3. Le paragraphe 2 est consacré aux sommes de Darboux. L'intégrale au sens de Riemann est définie et étudiée dans le paragraphe 3.*

§ 1. DÉFINITION ABSTRAITE

1.1. Caractérisation d'une intégrale définie

Exemple 1. Considérons un cours d'eau à un endroit précis et supposons qu'on dispose d'un appareillage permettant d'évaluer le débit à cet endroit à tout instant x entre les dates a et b. Notons $f(x)$ le débit à l'instant x. Pour fixer les idées nous supposerons le débit mesuré en litres par minute et les durées mesurées en minutes. Soit c et d deux dates (c avant d) comprises entre a et b. Si on est sûr que entre ces deux dates c et d le débit a constamment été supérieur à m litres/minutes, alors la quantité d'eau qui s'est écoulée entre ces deux dates est certainement supérieure à $m(d-c)$ litres. De même si M majore le débit entre les dates c et d, alors la quantité d'eau qui s'est écoulée entre ces deux dates est inférieure à $M(d-c)$ litres. Notons $Q(c, d)$ la quantité d'eau, mesurée en litres, qui s'est écoulée entre les dates c et d. Nos certitudes peuvent s'écrire formellement :

$$(\forall x \in [c, d] \quad m \leqslant f(x) \leqslant M) \Longrightarrow m(d-c) \leqslant Q(c, d) \leqslant M(d-c).$$

Par ailleurs on peut facilement se convaincre de ce que si $c \leqslant d \leqslant e$, alors $Q(c, d) + Q(d, e) = Q(c, e)$.

Supposons connu, pour toute date t comprise entre a et b, le débit $f(t)$ à l'instant t. Les deux propriétés ci-dessus nous garantissent alors que nous pouvons calculer la quantité d'eau $Q(c, d)$ qui s'écoule entre deux dates c et d (telles que $a \leqslant c \leqslant d \leqslant b$). On dit que $Q(c, d)$ est l'*intégrale définie* de f entre c et d et on le note

$$\int_c^d f \quad \text{ou} \quad \int_c^d f(x)\,dx.$$

Exemple 2. (voir encadré 1.) A certains sous-ensembles du plan on sait associer une aire. Notons $\mathcal{A}(E)$ l'aire du sous-ensemble E du plan. Nous supposons connue l'aire du rectangle et les propriétés « évidentes » : si $E \subset E'$, alors $\mathcal{A}(E) \leqslant \mathcal{A}(E')$; si $E \cap E' = \varnothing$, alors $\mathcal{A}(E \cup E') = \mathcal{A}(E) + \mathcal{A}(E')$.

Considérons $f : [a, b] \longrightarrow \mathbb{R}^+$ et c et d tels que $a \leqslant c \leqslant d \leqslant b$. Soit $E(c, d)$ le sous-ensemble des points M du plan de coordonnées (x, y) telles que :

$$\begin{cases} c \leqslant x < d \\ 0 \leqslant y \leqslant f(x) \end{cases}$$

Admettons que $E(c, d)$ admette une aire que nous noterons $\mathcal{A}(c, d)$. Si pour tout $x \in [c, d[$, $m \leqslant f(x)$, alors le rectangle de base $C(c, 0)D(d, 0)$ et de hauteur m est inclus dans $E(c, d)$ donc $m(d-c) \leqslant \mathcal{A}(c, d)$. De même si pour tout $x \in [c, d[$, $f(x) \leqslant M$, alors $\mathcal{A}(c, d) \leqslant M(d-c)$. On a donc :

$$(\forall x \in [c, d] \quad m \leqslant f(x) \leqslant M) \Longrightarrow m(d-c) \leqslant \mathcal{A}(c, d) \leqslant M(d-c).$$

Par ailleurs, on a ici aussi $\mathcal{A}(c, d) + \mathcal{A}(d, e) = \mathcal{A}(c, e)$.
L'intégrale définie sera construite de façon à ce que ces deux propriétés soient suffisantes pour que nous puissions affirmer que $\mathcal{A}(c, d) = \int_c^d f$.

Remarquons que c'est cet exemple qui servira à illustrer géométriquement nos raisonnements et nos résultats concernant les intégrales (compte tenu de la convention consistant à compter négativement les aires des surfaces situées au-dessous de l'axe des x, dans le cas où $f : I \longrightarrow \mathbb{R}$).

Commentaire. Il existe plusieurs définitions (voir encadré 2) de l'intégrale qui ne sont pas équivalentes, les deux plus usuelles étant « l'intégrale au sens de Riemann » et « l'intégrale au sens de Lebesgue ». Ce qui les distingue est l'ensemble $\mathcal{F}$ des fonctions pour lesquelles l'intégrale est définie. Cet ensemble $\mathcal{F}$ contient toujours les fonctions f continues sur un intervalle fermé borné $[a, b]$ et le nombre $\int_c^d f$ est le même quelle que soit la définition choisie pour l'intégrale. Nous avons choisi de définir l'intégrale au sens de Riemann parce que cette définition est plus proche de l'intuition physique, parce qu'elle est suffisante pour la plupart des fonctions que vous aurez à considérer, et enfin parce qu'elle est plus facile à manipuler.

Dans ce premier paragraphe, nous souhaitons cependant permettre au lecteur une approche à la fois très générale et très simple de la notion d'intégrale. C'est pourquoi nous avons choisi une définition qui s'appuie sur des propriétés essentielles et caractéristiques de l'intégrale. Cette définition présente cependant des inconvénients théoriques : elle ne permet de montrer de façon simple ni l'existence ni l'unicité de l'intégrale.

Définition. Soit $[a, b]$ un intervalle fermé borné de $\mathbb{R}$ et soit $\mathcal{F}$ un ensemble de fonctions réelles de variable réelle définies sur $[a, b]$. On suppose que $\mathcal{F}$ contient les fonctions continues sur $[a, b]$. Soit

$$\mathcal{F} \times [a, b]^2 \longrightarrow \mathbb{R}, (f, c, d) \longmapsto \int_c^d f$$

une application vérifiant les propriétés suivantes :

1. *la propriété de la moyenne*

$$\forall c \in [a, b] \quad \forall d \in [c, b] \quad \forall m \in \mathbb{R} \quad \forall M \in \mathbb{R}$$
$$(\forall x \in [c, d] \quad m \leqslant f(x) \leqslant M)$$
$$\Longrightarrow m(d-c) \leqslant \int_c^d f \leqslant M(d-c).$$

2. *la relation de Chasles :*

$$\forall (c, d, e) \in [a, b]^3 \quad \int_c^d f + \int_d^e f = \int_c^e f.$$

On dit alors que $\int_c^d f$ est l'*intégrale définie de f sur* $[c, d]$.

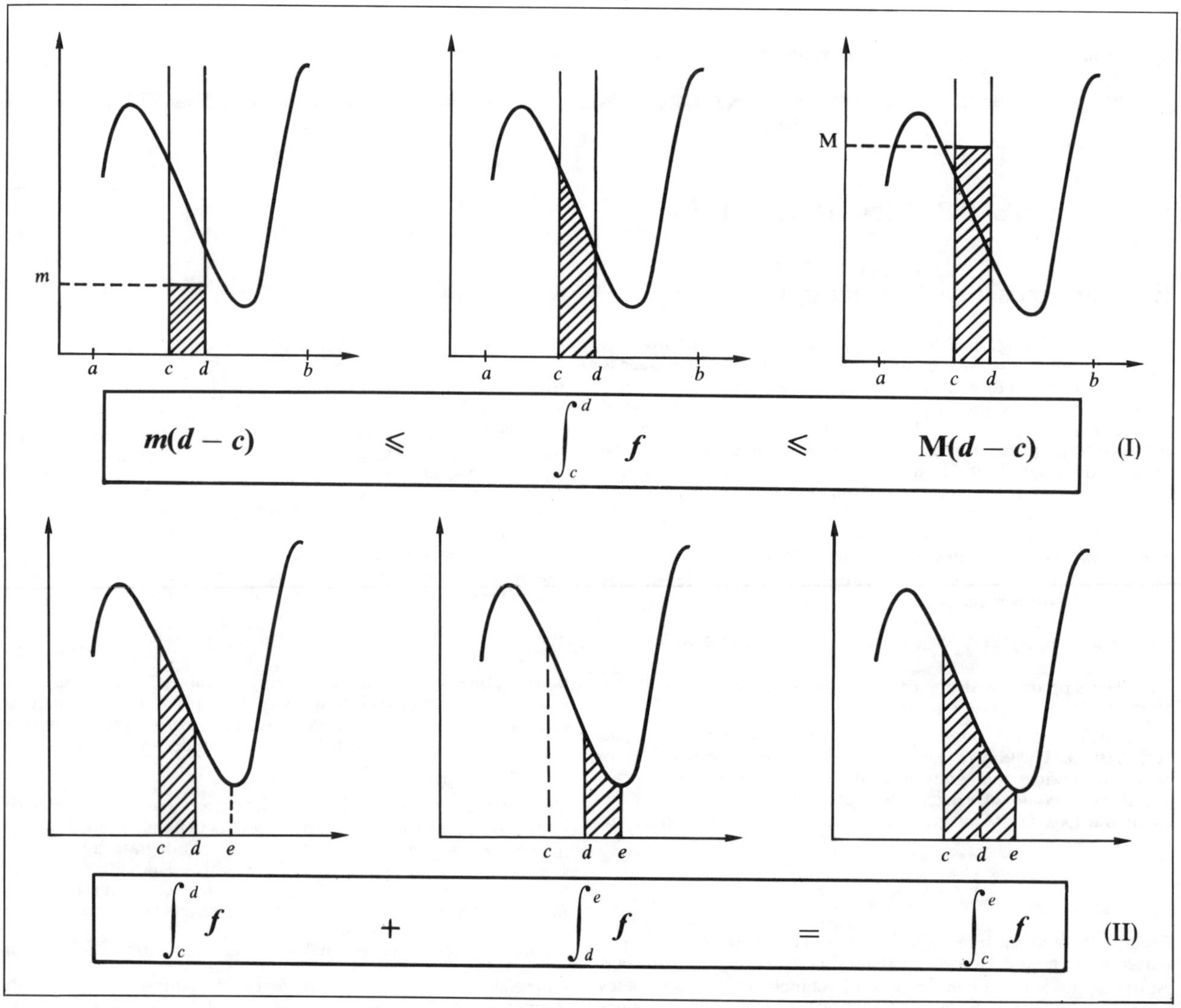

1. Les deux propriétés (I) et (II) caractérisent l'intégrale. Pour savoir si l'intégrale d'une fonction f existe, il faut avoir recours à une définition constructive de l'intégrale comme l'intégrale au sens de Riemann (voir § 3).

Remarque 1. La relation de Chasles est équivalente à la conjonction des deux propriétés suivantes :

2 a) $\forall(c, d, e) \in [a, b]^3$

$$\left[c \leqslant d \leqslant e \Longrightarrow \int_c^d f + \int_d^e f = \int_c^e f\right].$$

2 b) $\forall(c, d) \in [a, b]^2 \quad \int_d^c f = -\int_c^d f.$

On considère souvent la propriété **2 b)** comme une simple convention permettant d'obtenir la validité de la relation de Chasles.

Remarque 2. Le symbole $\int$ provient de l'ancienne écriture de la lettre S. Cette lettre a été choisie parce que c'est la première lettre du mot « somme ». Le symbole $\int$ s'appelle « le signe somme » ou « le signe intégrale » (ou parfois « serpent »). La notation $\int_c^d f$ se lit *« somme de c à d de f »*. Ce vocabulaire s'explique par le fait que l'on a longtemps considéré que l'intégrale était une somme d'infiniment petits : on découpait l'intervalle $[c, d]$ en intervalles infiniments petits adjacents, l'intervalle situé autour de x étant noté $\mathrm{d}x$. On considérait que la fonction f était constante à un infiniment petit près sur cet intervalle et donc égale à $f(x)$. L'intégrale était alors la somme des infiniment petits $f(x)\,\mathrm{d}x$. C'est pourquoi l'intégrale définie de f sur $[c, d]$ était notée

$$\int_c^d f(x)\,\mathrm{d}x.$$

Cette notation est encore employée, d'une part parce qu'elle se prête bien aux calculs explicites, d'autre part parce que la conception que se font les physiciens de l'intégrale n'a pas changé. Remarquons enfin que dans la notation $\int_c^d f(x)\,\mathrm{d}x$, la lettre x est *muette*, en ce sens que le nombre $\int_c^d f(x)\,\mathrm{d}x$ ne dépend pas de x (il dépend de c, d et f); on peut remplacer x par n'importe quelle lettre ne figurant pas comme un paramètre de l'expression :

$$\int_c^d f(x)\,\mathrm{d}x = \int_c^d f(t)\,\mathrm{d}t = \int_c^d f(u)\,\mathrm{d}u = \int_c^d f(\Xi)\,\mathrm{d}\Xi.$$

Remarque 3. Les schémas ont été dessinés en supposant $(\vec{i}, \vec{j})$ orthonormé. Ce n'est pas nécessaire pour définir la notion d'aire; il suffit de poser que l'aire du parallélogramme de côtés $x = x_1$, $x = x_2$, $y = 0$ et $y = y_0$, où $x_1 \leqslant x_2$, est $y_0(x_2 - x_1)$, l'unité d'aire étant l'aire du parallélogramme construit sur $(\vec{i}, \vec{j})$.

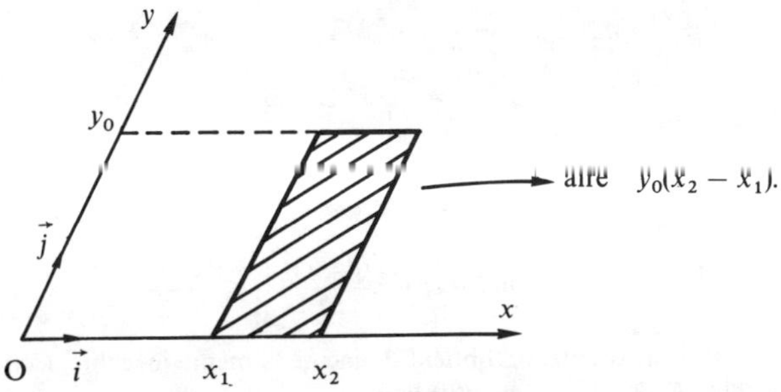

(En particulier si $y_0 < 0$, c'est-à-dire si le parallélogramme est en-dessous de l'axe Ox, alors l'aire est négative. On dit que les aires sont *algébriques*.)

1.2. Quelques conséquences de la caractérisation

- $\int_c^c f = 0$. Cela résulte de 1. (ou de 2.).
- Si f est constante sur $[c, d]$: $\forall x \in [c, d] \quad f(x) = k$, alors $\int_c^d f = k(d - c)$.

En effet on a alors $k \leqslant f(x) \leqslant k$, d'où le résultat.

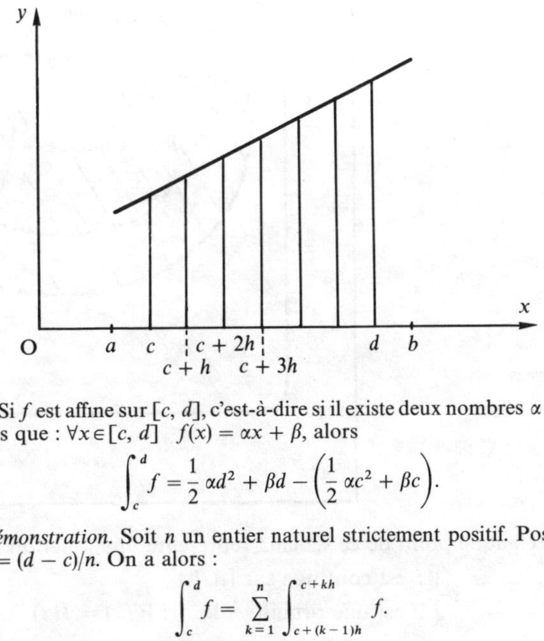

- Si f est affine sur $[c, d]$, c'est-à-dire si il existe deux nombres α et β tels que : $\forall x \in [c, d] \quad f(x) = \alpha x + \beta$, alors

$$\int_c^d f = \frac{1}{2}\alpha d^2 + \beta d - \left(\frac{1}{2}\alpha c^2 + \beta c\right).$$

Démonstration. Soit n un entier naturel strictement positif. Posons $h = (d - c)/n$. On a alors :

$$\int_c^d f = \sum_{k=1}^{n} \int_{c+(k-1)h}^{c+kh} f.$$

Supposons $\alpha \geqslant 0$, c'est-à-dire f croissante. Alors sur l'intervalle $[c + (k-1)h, c + kh]$ on a :

$$\alpha[c + (k-1)h] + \beta \leqslant f(x) \leqslant \alpha(c + kh) + \beta$$

d'où

$$\sum_{k=1}^{n} \{\alpha[c + (k-1)h] + \beta\} h \leqslant \int_c^d f \leqslant \sum_{k=1}^{n} (\alpha(c + kh) + \beta)h$$

$$n(\alpha c + \beta)h + \alpha h^2 \sum_{k=0}^{n-1} k \leqslant \int_c^d f \leqslant n(\alpha c + \beta)h + \alpha h^2 \sum_{k=1}^{n} k$$

$$(\alpha c + \beta)(d - c) + \alpha h^2 \frac{n(n-1)}{2} \leqslant \int_c^d f$$

$$\leqslant (\alpha c + \beta)(d - c) + \alpha h^2 \frac{n(n+1)}{2}$$

$$\left| \int_c^d f - \left[(\alpha c + \beta)(d - c) + \alpha \frac{(d-c)^2}{2} \right] \right| \leqslant \frac{\alpha(d-c)^2}{2} \frac{1}{n}.$$

Si f est décroissante, on obtient de même la même inégalité. Cette inégalité étant vraie pour tout n, on a :

$$\int_c^d f = (\alpha c + \beta)(d - c) + \frac{1}{2} \alpha(d - c)^2$$

$$= \frac{1}{2} \alpha(d^2 - c^2) + \beta(d - c). \quad \square$$

Exercice 1. Montrer que si $f(x) = x^2$, et $d \in \mathbb{R}^+$, alors pour tout $n \in \mathbb{N}^*$:

$$\frac{d^3}{3}\left[1 - \frac{3}{2n} + \frac{1}{2n^2}\right] \leqslant \int_0^d f \leqslant \frac{d^3}{3}\left[1 + \frac{3}{2n} + \frac{1}{2n^2}\right]$$

[On rappelle que $\sum_{k=0}^{n} k^2 = n(n+1)(2n+1)/6$]. En déduire $\int_0^d x^2 \, dx = d^3/3$.

$$\int$$

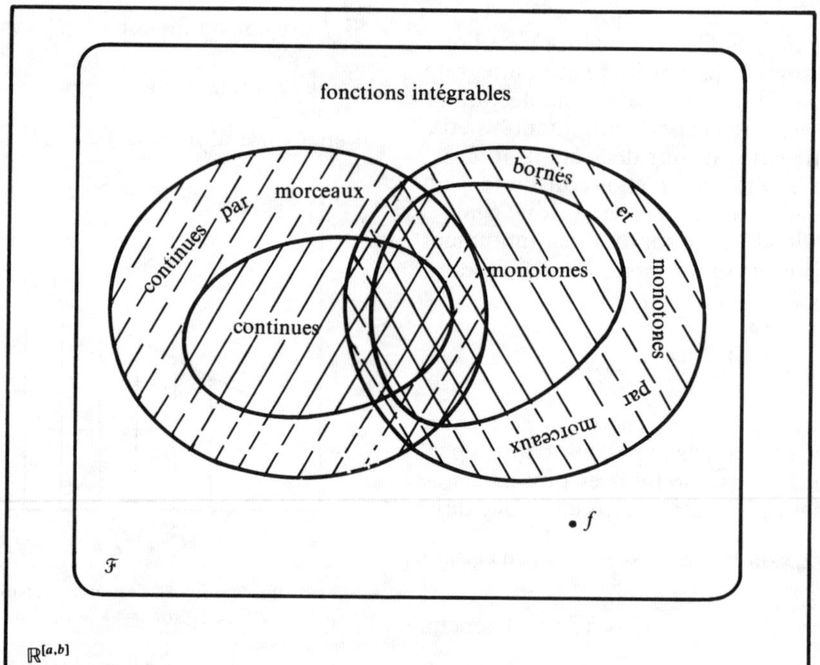

(Chaque point de ce schéma représente une fonction réelle définie sur $[a, b]$.)

Si $\begin{cases} f \text{ est continue sur } [a, b] \\ \text{F est une primitive de } f : \text{F}'(x) = f(x) \end{cases}$

Alors :

$$\boxed{\int_a^b f = \text{F}(b) - \text{F}(a)}$$

2. Selon la définition de l'intégrale, l'ensemble $\mathcal{F}$ des fonctions intégrables change, mais il contient toujours les fonctions continues par morceaux et les fonctions bornées et monotones par morceaux.

1.3. Primitives et intégrales définies

Définition. Soit $f : D \longrightarrow \mathbb{R}$, une fonction réelle de variable réelle. Une fonction F de D dans $\mathbb{R}$ est appelée *primitive de* f ssi $F' = f$

Théorème 1. Soit I un **intervalle.** Les fonctions $F : I \longrightarrow \mathbb{R}$ telles que $F' = 0$ sont les fonctions constantes sur I.

Démonstration. Soit x_1 et x_0 deux éléments de l'intervalle I. Comme F est dérivable sur $[x_0, x_1]$ (ou $[x_1, x_0]$), F est continue sur $[x_0, x_1]$ et dérivable sur $]x_0, x_1[$. On peut donc appliquer le théorème des accroissements finis : il existe $\theta \in]0,1[$ tel que

$$F(x_1) = F(x_0) + (x_1 - x_0)F'(x_0 + \theta(x_1 - x_0)) = F(x_0),$$

F est donc bien constante sur I. □

* **Exercice 2.** On considère $D =]0,1[\cup]2,3[\cup]3,5[$. Montrer que l'ensemble des fonctions F continues et dérivables sur D telles que $F' = 0$, contient strictement l'ensemble des fonctions constantes sur D. Montrer que cet ensemble est un espace vectoriel. Quelle est la dimension de cet espace vectoriel?

Corollaire. Soit I un **intervalle** et $f : I \longrightarrow \mathbb{R}$, une fonction admettant des primitives. La différence de deux primitives F et G de f est une fonction constante sur I.

Démonstration. De $F' = f$ et $G' = f$, on déduit

$$(F - G)' = 0. \ \square$$

Théorème 2. Soit $f :[a, b] \longrightarrow \mathbb{R}$ et $c \in [a, b]$. Si f est continue alors la fonction $F : x \longmapsto \int_c^x f$ est une primitive de f.

Démonstration. Soit $x \in [a, b]$ et $h \in \mathbb{R}^*$. On choisira h de telle sorte que $x + h \in [a, b]$, c'est-à-dire $h \in [a - x, 0[\cup]0, b - x]$. De la définition de F et de la relation de Chasles, il suit que :

$$\frac{1}{h}[F(x+h) - F(x)] = \frac{1}{h}\left\{\int_c^{x+h} f - \int_c^x f\right\} = \frac{1}{h}\left\{\int_x^c f + \int_c^{x+h} f\right\} = \frac{1}{h}\int_x^{x+h} f.$$

Supposons $h > 0$. La fonction f étant continue sur $[a, b]$ est continue sur $[x, x + h]$; elle atteint donc ses extrema (minimum et maximum) sur $[x, x + h]$, c'est-à-dire qu'il existe x_m et x_M appartenant à $[x, x + h]$ tels que : $\forall \xi \in [x, x + h] \quad f(x_m) \leqslant f(\xi) \leqslant f(x_M)$. Il résulte alors de la propriété de la moyenne que

$$f(x_m)h \leqslant \int_x^{x+h} f \leqslant f(x_M)h$$

d'où
$$f(x_m) \leqslant \frac{F(x+h) - F(x)}{h} \leqslant f(x_M).$$

Supposons $h < 0$. Il existe de même x_m et x_M appartenant à $[x + h, x]$ tels que

$$\forall \xi \in [x + h, x] \quad f(x_m) \leqslant f(\xi) \leqslant f(x_M).$$

De la propriété de la moyenne on déduit alors

$$f(x_m)(-h) \leqslant \int_{x+h}^x f \leqslant f(x_M)(-h)$$

et on retrouve les inégalités précédentes. Quand h tend vers 0, x_m et x_M tendent vers x et comme f est continue, $f(x_m) \longrightarrow f(x)$ et $f(x_M) \longrightarrow f(x)$. On en déduit

$$\lim_{\substack{h \to 0 \\ x+h \in [a,b] - \{x\}}} h^{-1}[F(x + h) - F(x)] = f(x)$$

soit $F'(x) = f(x)$. □

Théorème 3. Soit $f : [a, b] \longrightarrow \mathbb{R}$. Si f est continue, alors :

$$\boxed{\int_a^b f = F(b) - F(a)}$$

où F désigne une primitive de f.

Démonstration. F et $x \longmapsto \int_a^x f$ étant deux primitives de f, il existe une constante K telle que pour tout x appartenant à $[a, b]$, on ait $F(x) - K = \int_a^x f$. Pour $x = a$, il vient $F(a) - K = 0$, d'où le résultat pour $x = b$. □

Application. Si f est affine ($f(x) = \alpha x + \beta$), F telle que

$$F(x) = \frac{1}{2}\alpha x^2 + \beta x$$

est une primitive et $\int_c^d f = \frac{1}{2}\alpha d^2 + \beta d - \left[\frac{1}{2}\alpha c^2 + \beta c\right]$. On retrouve le résultat du paragraphe précédent.

Exercice 3. a) Calculer $\int_1^e \text{Log}$, $\int_0^{\pi/2} \sin$, $\int_0^{\pi} \sin$, $\int_0^{3\pi/2} \sin$, $\int_0^{2\pi} \sin$, $\int_c^d g$ où $g(x) = (1 + x^2)^{-1}$ (en admettant que ces intégrales existent).

** **b)** On suppose f continue et impaire; montrer que si $\int_{-a}^a f$ existe alors $\int_{-a}^a f = 0$.

Remarque. Soit $a = c_0 < c_1 < c_2 < ... < c_{n-1} < c_n = b$ et $f : [a, b] \longrightarrow \mathbb{R}$. On suppose que pour tout i appartenant à $\{0, 1, 2, ..., n-1\}$ on a :

1. $f|_{]c_i, c_{i+1}[}$ est continue.
2. $\lim\limits_{\substack{x \to c_i \\ x > c_i}} f(x)$ existe; on la note $f(c_i + 0)$.
3. $\lim\limits_{\substack{x \to c_{i+1} \\ x < c_{i+1}}} f(x)$ existe; on la note $f(c_{i+1} - 0)$.

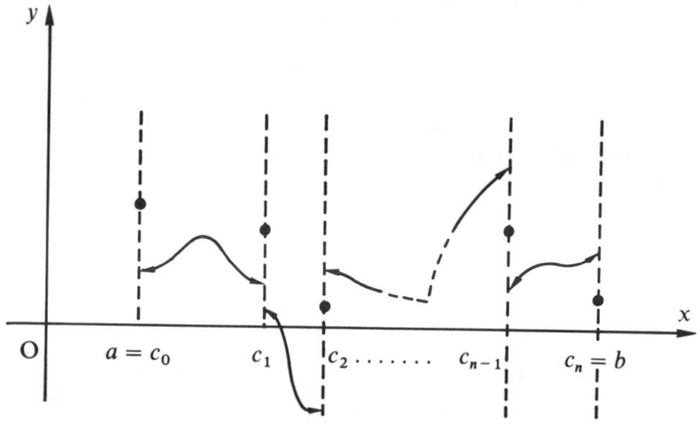

Définissons les fonctions $f_i : [c_i, c_{i+1}] \longrightarrow \mathbb{R}$ par $f_i|_{]c_i, c_{i+1}[} = f|_{]c_i, c_{i+1}[}$, $f_i(c_i) = f(c_i + 0)$ et $f_i(c_{i+1}) = f(c_{i+1} - 0)$; soit F_i une primitive de f_i.
On a alors :

$$\int_a^b f = \sum_{i=0}^{n-1} F_i(c_{i+1}) - F_i(c_i).$$

Remarquons que l'on peut toujours choisir les primitives F_i de telle sorte que $F_i(c_{i+1}) = F_{i+1}(c_{i+1})$, et définir $F : [a, b] \longrightarrow \mathbb{R}$, par $F(x) = F_i(x)$ pour i tel que $c_i \leqslant x \leqslant c_{i+1}$. La formule précédente devient alors

$$\int_a^b f = F(b) - F(a).$$

Pour vérifier ces résultats (en admettant que $f \in \mathcal{F}$), il suffit de remarquer que, pour tout $\varepsilon > 0$, on a :

$$\int_a^b f = \sum_{i=0}^{n-1} \int_{c_i}^{c_{i+1}} f_i - \int_{c_0}^{c_0+\varepsilon} f_0 + \int_{c_0}^{c_0+\varepsilon} f$$

$$- \sum_{i=0}^{n-1} \int_{c_i+\varepsilon}^{c_{i+1}-\varepsilon} f_i + \sum_{i=0}^{n-1} \int_{c_i+\varepsilon}^{c_{i+1}-\varepsilon} f - \int_{c_n-\varepsilon}^{c_n} f_{n-1} + \int_{c_n-\varepsilon}^{c_n} f$$

que f est borné et que les six derniers termes de la somme ci-dessus sont majorés en valeur absolue par $4n\varepsilon M$, où $M = \sup\limits_{x \in [a,b]} |f(x)|$.

§ 2. SOMMES DE DARBOUX

Soit $f : [a, b] \longrightarrow \mathbb{R}$. Nous nous proposons de définir explicitement le nombre $\int_a^b f$ (au moins pour certaines fonctions f). Pour cela nous allons définir une famille de minorants et une famille de majorants de $\int_a^b f$. Soit **s** *la borne supérieure de ces minorants et* **S** *la borne inférieure des majorants; on devra avoir :*

$$s \leqslant \int_a^b f \leqslant S.$$

On aura ainsi un moyen de définir le nombre $\int_a^b f$ si $s = S$.
(Nous dirons alors que f est intégrable au sens de Riemann.) Comment choisir nos minorants et nos majorants? Nous souhaitons que notre intégrale vérifie les propriétés du paragraphe précédent. Cela suggère de découper l'intervalle $[a, b]$ en sous-intervalles adjacents :

$$a = x_0 < x_1 < x_2 < ... < x_{n-1} < x_n = b$$

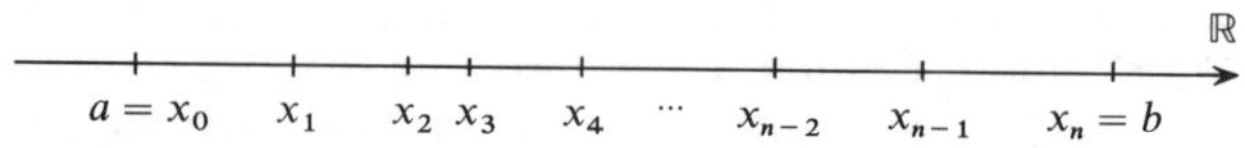

On devra avoir

$$\int_a^b f = \sum_{i=1}^{n} \int_{x_{i-1}}^{x_i} f.$$

Sur chaque intervalle $[x_{i-1}, x_i]$, posons :

$$m_i = \inf \{ f(x);\ x_{i-1} \leqslant x \leqslant x_i \}$$
$$M_i = \sup \{ f(x);\ x_{i-1} \leqslant x \leqslant x_i \}.$$

Comme nous souhaitons voir vérifiée la propriété de la moyenne, nous souhaitons que :

$$m_i(x_i - x_{i-1}) \leqslant \int_{x_{i-1}}^{x_i} f \leqslant M_i(x_i - x_{i-1})$$

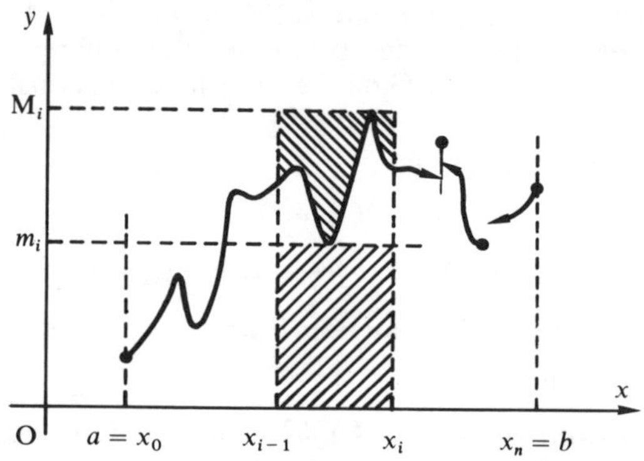

d'où par addition membre à membre

$$\sum_{i=1}^{n} m_i(x_i - x_{i-1}) \leqslant \int_a^b f \leqslant \sum_{i=1}^{n} M_i(x_i - x_{i-1}).$$

Les sommes ci-dessus, dont l'une minore et l'autre majore $\int_a^b f$, sont appelées les sommes de Darboux *de f associées à la subdivision $a = x_0 < x_1 < ... < x_{n-1} < x_n = b$ de l'intervalle $[a, b]$. Pour que ces sommes existent il suffit que nous puissions définir m_i et M_i; pour cela il suffit que f soit bornée sur $[a, b]$, ce que nous allons supposer. Pour mettre en forme les idées générales que nous venons d'exposer, tout en nous assurant de la cohérence de notre demarche, il nous faut maintenant* ***tout*** *recommencer en faisant semblant d'avoir oublié tout ce qui nous savons déjà à propos des intégrales.*

2.1. Subdivisions de $[a, b]$

Soit $[a, b]$ un intervalle fermé borné de $\mathbb{R}$.

Définition. Une *subdivision* de $[a, b]$ est un sous-ensemble fini X de $[a, b]$ tel que $a \in X$ et $b \in X$. La subdivision est dite d'*ordre n* ssi X a $(n+1)$ éléments (Card $X = n + 1$).
Comme X est un sous-ensemble de $\mathbb{R}$, X est muni d'une relation d'ordre total : $(X, \leqslant)$ est isomorphe à $(\{0, 1, 2, ..., n\}, \leqslant)$. Cela justifie la notation suivante.

Notation. Nous noterons

$$a = x_0 < x_1 < x_2 < ... < x_{n-1} < x_n = b,$$

la subdivision $X = \{x_0, x_1, x_2, ..., x_n\}$.
L'intervalle $[x_{i-1}, x_i]$ s'appelle alors le i^e intervalle de la subdivision X.

Définition. Soit X et Y deux subdivisions de $[a, b]$. On dit que Y est *plus fine* que X ssi $Y \supset X$.

Proposition. Si la subdivision Y est plus fine que la subdivision X, alors tout intervalle de Y est inclus dans un intervalle de X.

Démonstration. Soit $[y_{j-1}, y_j]$ le j^e intervalle de Y. Comme X est fini, $\sup\{x \in X \mid x \leqslant y_{j-1}\}$ appartient à X : soit x_{i-1} ce nombre. Comme $x_i > x_{i-1}$, $x_i \leqslant y_{j-1}$ est impossible. L'inégalité $y_{j-1} < x_i < y_j$ est aussi impossible, car sinon comme $X \subset Y$, il existerait $y_k \in Y$ tel que $x_i = y_k$ et on aurait $y_{j-1} < y_k < y_j$ ce qui est contraire à la définition de $[y_{j-1}, y_j]$ en tant qu'intervalle de Y. On a donc $y_j \leqslant x_i$ d'où $[y_{j-1}, y_j] \subset [x_{i-1}, x_i]$. □

Proposition. Étant données deux subdivisions X et Y de $[a, b]$, la subdivision $X \cup Y$ est plus fine que X et plus fine que Y.

Démonstration. En effet $X \cup Y \supset X$ et $X \cup Y \supset Y$. □

* **Exercice 4.** Munir l'ensemble des subdivisions de $[a, b]$ d'une structure d'ensemble ordonné. Définir les bornes supérieures et inférieures.

Définition. La subdivision $a = x_0 < x_1 < ... < x_{n-1} < x_n = b$ de l'intervalle $[a, b]$ est dite *régulière* si tous les intervalles ont la même étendue $(b-a)/n$. On a alors

$$x_i = a + (b - a)\,\frac{i}{n}.$$

2.2. Sommes de Darboux

Définition. Soit $f : [a, b] \longrightarrow \mathbb{R}$ une fonction **bornée** et soit X la subdivision

$$a \leqslant x_0 < x_1 < ... < x_{n-1} < x_n = b.$$

On appelle *somme de Darboux inférieure associée à f et à X sur* $[a, b]$ le nombre :

$$\boxed{s_a^b(f, X) = \sum_{i=1}^{n} m_i(x_i - x_{i-1})}$$

où $\quad m_i = \inf\{f(x);\, x_{i-1} \leqslant x \leqslant x_i\}$
$\quad = \inf f([x_{i-1}, x_i])$.

On appelle *somme de Darboux supérieure associée à f et à X sur* $[a, b]$ le nombre

$$\boxed{S_a^b(f, X) = \sum_{i=1}^{n} M_i(x_i - x_{i-1})}$$

où $\quad M_i = \sup\{f(x);\, x_{i-1} \leqslant x \leqslant x_i\}$
$\quad = \sup f([x_{i-1}, x_i])$.

Remarque. C'est parce que f est supposé bornée que l'on peut définir les sommes de Darboux. En effet $f([x_{i-1}, x_i]) \subset f([a, b])$, donc $f([x_{i-1}, x_i])$ est majoré. Or tout sous-ensemble majoré de $\mathbb{R}$ admet une borne supérieure, donc M_i existe. De même pour les m_i.

2.3. Exemples numériques

Exemple 1. Considérons la fonction $f : [0, 2] \longrightarrow \mathbb{R},\ x \longmapsto e^{-x^2}$.
On considère la subdivision régulière

$$X = \left\{ i\,\frac{1}{10};\ i \in \{0, 1, 2, ..., 20\} \right\}$$

(voir figure). La fonction f est décroissante : on a donc :

$$m_i = \inf\{f(x) \mid x \in [x_{i-1}, x_i]\} = f(x_i) = e^{-(i/10)^2}$$

et

$$M_i = \sup\{f(x) \mid x \in [x_{i-1}, x_i]\} = f(x_{i-1}) = e^{-[(i-1)/10]^2}.$$

On a donc :

$$s_0^2(f, X) = \frac{1}{10}\sum_{i=1}^{20} e^{-(i/10)^2} \simeq 0{,}832\,936\,2$$

$$S_0^2(f, X) = \frac{1}{10}\sum_{i=1}^{20} e^{-[(i-1)/10]^2} \simeq 0{,}931\,104\,7.$$

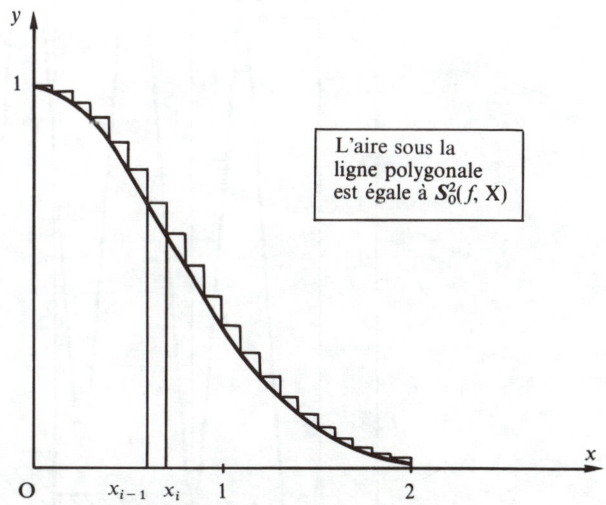

Exercice 5. Dessiner sur la figure ci-dessus la courbe polygonale permettant de calculer $s_0^2(f, X)$ et estimer d'après le graphique le nombre $S_0^2(f, X) - s_0^2(f, X)$. Comparer votre résultat avec le résultat calculé.

Exercice 6. Généralisation : Montrer que si f est décroissante et si X est une subdivision régulière d'ordre n, alors :

$$S_a^b(f, X) - s_a^b(f, X) = \frac{b-a}{n}\,(f(a) - f(b)).$$

Exercice 7. Calculer $s_0^2(f, X)$ et $S_0^2(f, X)$ pour la fonction $f(x) = e^{-x^2}$ et pour des subdivisions régulières X d'ordre 2, 3, 5, 20, 50, 100.

Exemple 2. (Voir la figure ci-dessous.)
$[a, b] = [1, 3]$, $f(x) = -x^2 + 4x - 2 + \sin 5\pi x$,
et soit X la subdivision régulière d'ordre 4 :

$$1 < 3/2 < 2 < 5/2 < 3.$$

1. Sur $[x_0, x_1] = \left[1, \frac{3}{2}\right]$

$$\inf \left\{ f(x);\, x \in \left[1, \frac{3}{2}\right] \right\} \simeq 0{,}183\,39$$

$$\sup \left\{ f(x);\, x \in \left[1, \frac{3}{2}\right] \right\} \simeq 2{,}513\,942\,4$$

le minimum est atteint pour $x \simeq 1{,}093$ et le maximum pour $x \simeq 1{,}305\,65$.

2. Sur $[x_1, x_2] = \left[\frac{3}{2}, 2\right]$

$$\inf \left\{ f(x);\, x \in \left[\frac{3}{2}, 2\right] \right\} \simeq 0{,}75 \qquad \text{atteint pour } x \simeq 1{,}5$$

$$\sup \left\{ f(x);\, x \in \left[\frac{3}{2}, 2\right] \right\} \simeq 2{,}910\,723\,7 \quad \text{atteint pour } x \simeq 1{,}70243.$$

3. Sur $[x_2, x_3] = \left[2, \frac{5}{2}\right]$

$$\inf \left\{ f(x);\, x \in \left[2, \frac{5}{2}\right] \right\} \simeq 0{,}909\,264\,7 \quad \text{atteint pour } x \simeq 2{,}302\,5$$

$$\sup \left\{ f(x);\, x \in \left[2, \frac{5}{2}\right] \right\} \simeq 2{,}990\,804 \quad \text{atteint pour } x \simeq 2{,}099\,2.$$

4. Sur $[x_3, x_4] = \left[\frac{5}{2}, 3\right]$

$$\inf \left\{ f(x);\, x \in \left[\frac{5}{2}, 3\right] \right\} \simeq 0{,}505\,993 \quad \text{atteint pour } x \simeq 2{,}705\,72$$

$$\sup \left\{ f(x);\, x \in \left[\frac{5}{2}, 3\right] \right\} \simeq 2{,}75 \qquad \text{atteint pour } x \simeq 2{,}5$$

d'où

$s_1^3(f, X) \simeq 1{,}174$ et $S_1^3(f, X) \simeq 5{,}583$.

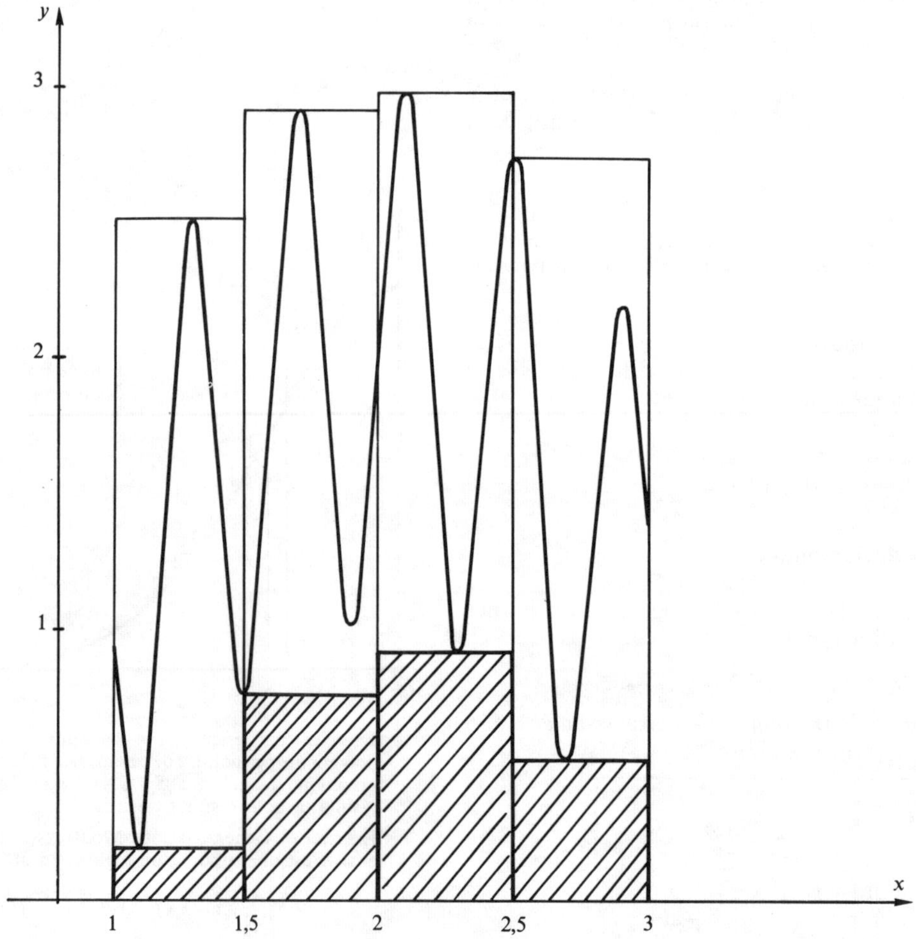

2.4. Propriétés des sommes de Darboux

Proposition 1. $s_a^b(f, X) \leqslant S_a^b(f, X)$.

Proposition 2. Si une subdivision Y de $[a, b]$ est plus fine qu'une subdivision X, c'est-à-dire si $Y \supset X$, alors :

$$s_a^b(f, Y) \geqslant s_a^b(f, X), \quad S_a^b(f, Y) \leqslant S_a^b(f, X),$$

donc $0 \leqslant S_a^b(f, Y) - s_a^b(f, Y) \leqslant S_a^b(f, X) - s_a^b(f, X)$.

Démonstration. Supposons que Y ait un seul élément de plus que X. Soit η cet élément, il existe un entier i_0 tel que :

$$x_{i_0-1} < \eta < x_{i_0}$$

donc

$$s_a^b(f, Y) = \sum_{i \neq i_0} (x_i - x_{i-1}) \inf \{ f(x);\ x \in [x_{i-1}, x_i] \}$$
$$+ (\eta - x_{i_0-1}) \inf \{ f(x);\ x \in [x_{i_0-1}, \eta] \}$$
$$+ (x_{i_0} - \eta) \inf \{ f(x);\ x \in [\eta, x_{i_0}] \}.$$

Or on a : $\inf \{ f(x);\ x \in [x_{i_0-1}, \eta] \} \geqslant \inf \{ f(x);\ x \in [x_{i_0-1}, x_{i_0}] \}$ et : $\inf \{ f(x);\ x \in [\eta, x_{i_0}] \} \geqslant \inf \{ f(x);\ x \in [x_{i_0-1}, x_{i_0}] \}$ d'où :

$$s_a^b(f, Y) \geqslant \sum_{i=1}^{n} (x_i - x_{i-1}) \inf \{ f(x); x \in [x_{i-1}, x_i] \} = s_a^b(f, X).$$

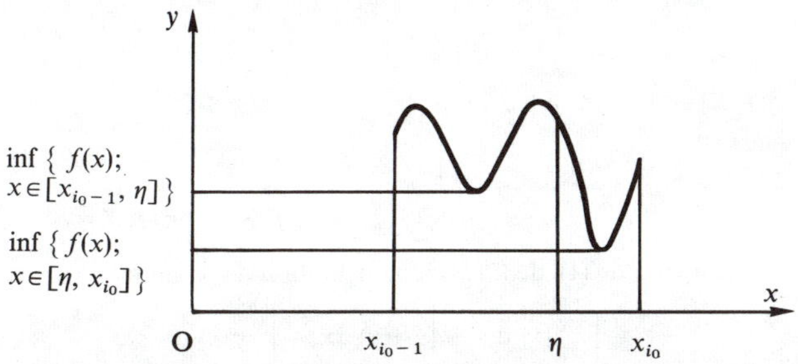

On montre de même que $S_a^b(f, Y) \leqslant S_a^b(f, X)$.
Si Y a N éléments de plus que X, désignons ces éléments par $\eta_1, \eta_2, ..., \eta_N$ et considérons : $Y_1 = X \cup \{ \eta_1 \}$, $Y_2 = Y_1 \cup \{ \eta_2 \}, ..., Y_N = Y_{N-1} \cup \{ \eta_N \}$. On a $Y = Y_N$ et :

$$s_a^b(f, Y) \geqslant s_a^b(f, Y_{N-1}) \geqslant ... \geqslant s_a^b(f, Y_2) \geqslant s_a^b(f, Y_1) \geqslant s_a^b(f, X)$$
$$S_a^b(f, Y) \leqslant S_a^b(f, Y_{N-1}) \leqslant ... \leqslant S_a^b(f, Y_2) \leqslant S_a^b(f, Y_1) \leqslant S_a^b(f, X). \quad \square$$

Proposition 3. Quelles que soient les subdivisions X et Y de $[a, b]$ on a :

$$s_a^b(f, X) \leqslant S_a^b(f, Y).$$

Démonstration.

$$s_a^b(f, X) \leqslant s_a^b(f, X \cup Y) \leqslant S_a^b(f, X \cup Y) \leqslant S_a^b(f, Y). \quad \square$$

Proposition 4. L'ensemble $\{ s_a^b(f, X);$ X subdivision de $[a, b] \}$ est majoré. L'ensemble $\{ S_a^b(f, X);$ X subdivision de $[a, b] \}$ est minoré.

Démonstration. Fixons Y dans la relation de la proposition 3. On voit que $S_a^b(f, Y)$ est un majorant de $\{ s_a^b(f, X);$ X subdivision de $[a, b] \}$. Ce sous-ensemble de $\mathbb{R}$ est donc majoré. De même l'ensemble des nombres $S_a^b(f, X)$ pour X subdivision de $[a, b]$ est minoré par $s_a^b(f, Y)$. $\square$

Définition. On pose :

$$s_a^b(f) = \sup \{ s_a^b(f, X);\ \text{X subdivision de } [a, b] \}$$
$$S_a^b(f) = \inf \{ S_a^b(f, X);\ \text{X subdivision de } [a, b] \}.$$

Commentaire. On peut poser ces définitions parce qu'on a montré la proposition 4.

Proposition 5.

$$\boxed{s_a^b(f) \leqslant S_a^b(f)}.$$

Démonstration. Soit X une subdivision de $[a, b]$; on a vu que $s_a^b(f, X)$ était un minorant de $\{ S_a^b(f, Y);$ Y subdivision de $[a, b] \}$, il est donc plus petit que $S_a^b(f)$ le plus grand des minorants; $S_a^b(f)$ est donc un majorant de $\{ s_a^b(f, X);$ X subdivision de $[a, b] \}$ et il est donc plus grand que $s_a^b(f)$, le plus petit des majorants. $\square$

§ 3. INTÉGRALES DE RIEMANN

Nous conservons les notations du paragraphe précédent.

3.1. Fonctions intégrables au sens de Riemann

Définition. Soit $f : [a, b] \longrightarrow \mathbb{R}$ une fonction bornée; on dit que f est *intégrable au sens de Riemann* ssi

$$\boxed{s_a^b(f) = S_a^b(f)}.$$

On appelle alors ce nombre *somme* de f sur $[a, b]$ ou *intégrale définie de f au sens de Riemann* sur $[a, b]$ et on le note $\displaystyle\int_a^b f(x)\,dx$.

Si $b < a$, on pose :

$$\int_a^b f(x)\,dx = -\int_b^a f(x)\,dx.$$

Commentaire. Il résulte de la définition que si f est intégrable au sens de Riemann alors pour toute subdivision X de $[a, b]$, on a :

$$s_a^b(f, X) \leqslant \int_a^b f(x)\,dx \leqslant S_a^b(f, X).$$

Proposition. Pour que $f : [a, b] \longrightarrow \mathbb{R}$ soit intégrable au sens de Riemann il faut et il suffit que pour tout $\varepsilon > 0$ il existe une subdivision X de $[a, b]$ telle que :

$$S_a^b(f, X) - s_a^b(f, X) < \varepsilon.$$

Démonstration. 1. Supposons f intégrable, c'est-à-dire que $s_a^b(f) = S_a^b(f)$. Soit $\varepsilon > 0$. Comme $s_a^b(f)$ est la borne supérieure des $s_a^b(f, X)$, il existe une subdivision X_1 telle que $s_a^b(f) - s_a^b(f, X_1) < \varepsilon/2$. De même il existe une subdivision X_2 telle que $S_a^b(f, X_2) - S_a^b(f) < \varepsilon/2$. Posons $X = X_1 \cup X_2$; on a

$$\begin{aligned} S_a^b(f,X) - s_a^b(f,X) &\leqslant S_a^b(f,X_2) - s_a^b(f,X_1) \\ &\leqslant S_a^b(f,X_2) - S_a^b(f) + s_a^b(f) - s_a^b(f,X_1) < \varepsilon/2 + \varepsilon/2. \end{aligned}$$

2. Réciproquement, supposons que pour tout $\varepsilon > 0$, il existe une subdivision X de $[a, b]$ telle que $S_a^b(f, X) - s_a^b(f, X) < \varepsilon$. On a alors pour tout $\varepsilon > 0$,

$$0 \leqslant S_a^b(f) - S_a^b(f) \leqslant S_a^b(f, X) - s_a^b(f, X) < \varepsilon,$$

soit $S_a^b(f) = s_a^b(f)$. □

** **Exercice 8.** En utilisant les sommes de Darboux, montrer que la fonction sin est intégrable sur $[0, \pi/2]$ et calculer $\int_a^b (\sin x)\, dx$.

* **Exercice 9.** Montrer que $x \longmapsto x^2$ est intégrable sur $[0, 1]$, et calculer $\int_0^1 x^2\, dx$ en utilisant les sommes de Darboux.

Exercice 10. Soit $f : [0, 1] \longrightarrow \mathbb{R}$, définie par $f(x) = 0$ si x est rationnel et $f(x) = 1$ si x est irrationnel. La fonction f est-elle intégrable au sens de Riemann sur $[0, 1]$?

Exercice 11. On considère la fonction F définie sur $[-1, 1]$ par $F(x) = x^2 \sin x^{-2}$ si $x \neq 0$ et $F(0) = 0$. Montrer que F est dérivable en 0. On pose $f = F'$. Montrer que f admet une primitive mais n'est pas intégrable au sens de Riemann sur $[-1, 1]$.

3.2. Théorèmes (Voir encadré 3.)

Théorème 1. Soit $f : [a, b] \longrightarrow \mathbb{R}$, bornée et soit $c \in]a, b[$. La fonction f est intégrable au sens de Riemann sur $[a, b]$ si et seulement si elle est intégrable au sens de Riemann sur $[a, c]$ et sur $[c, b]$. On a alors

$$\int_a^c f(x)\, dx + \int_c^b f(x)\, dx = \int_a^b f(x)\, dx.$$

Démonstration. De la définition des sommes de Darboux, il suit que si X_1 est une subdivision de $[a, c]$ et X_2 une subdivision de $[c, b]$, alors $X = X_1 \cup X_2$ est une subdivision de $[a, b]$ et

$$s_a^b(f, X) = s_a^c(f, X_1) + s_c^b(f, X_2) \qquad (1)$$

$$S_a^b(f, X) = S_a^c(f, X_1) + S_c^b(f, X_2) \qquad (2)$$

1. Supposons f intégrable sur $[a, b]$. Soit $\varepsilon > 0$; montrons qu'il existe une subdivision X_1 de $[a, c]$ et une subdivision X_2 de $[c, b]$ telles que $S_a^c(f, X_1) - s_a^c(f, X_1) < \varepsilon$ et $S_c^b(f, X_2) - s_c^b(f, X_2) < \varepsilon$. En effet comme f est intégrable sur $[a, b]$, il existe une subdivision Y de $[a, b]$ telle que $S_a^b(f, Y) - s_a^b(f, X) < \varepsilon$. Posons $X = Y \cup \{c\}$; X est une subdivision de $[a, b]$ plus fine que Y, on a donc $S_a^b(f, X) - s_a^b(f, X) \leqslant S_a^b(f, Y) - s_a^b(f, Y) < \varepsilon$. Posons

$$X_1 = X \cap [a, c] \text{ et } X_2 = X \cap [c, b].$$

Des formules (1) et (2) on déduit alors

$$[S_a^c(f, X_1) - s_a^c(f, X_1)] + [S_c^b(f, X_2) - s_c^b(f, X_2)] < \varepsilon.$$

Comme les deux termes entre crochets sont positifs ou nuls, il en résulte que chacun est inférieur strictement à ε. L'existence de X_1 et de X_2 pour tout choix de ε montre que f est intégrable sur $[a, c]$ et sur $[c, b]$.

2. Réciproquement, supposons f intégrable sur $[a, c]$ et sur $[c, b]$. Pour montrer que f est intégrable sur $[a, b]$ il nous suffit de montrer que pour tout $\varepsilon > 0$ il existe une subdivision X de $[a, b]$ telle que $S_a^b(f, X) - s_a^b(f, X) < \varepsilon$. Cela résulte immédiatement de (1) et de (2) et du fait qu'il existe des subdivisions X_1 de $[a, c]$ et X_2 de $[c, b]$ telles que

$$S_a^c(f, X_1) - s_a^c(f, X_1) < \varepsilon/2 \quad \text{et} \quad S_c^b(f, X_2) - s_c^b(f, X_2) < \varepsilon/2.$$

3. Soit $\varepsilon > 0$. Choisissons X, X_1 et X_2 comme dans 1. On a :

$$s_a^b(f, X) \leqslant \int_a^b f(x)\, dx \leqslant S_a^b(f, X)$$

$$s_a^c(f, X_1) \leqslant \int_a^c f(x)\, dx \leqslant S_a^c(f, X_1)$$

$$s_c^b(f, X_2) \leqslant \int_c^b f(x)\, dx \leqslant S_c^b(f, X_2).$$

Il en résulte que

$$\begin{aligned} s_a^b(f, X) - S_a^c(f, X_1) - S_c^b(f, X_2) &\leqslant \int_a^b f(x)\, dx - \int_a^c f(x)\, dx - \int_c^b f(x)\, dx \\ &\leqslant S_a^b(f, X) - s_a^c(f, X_1) - s_c^b(f, X_2). \end{aligned}$$

Compte tenu de (1), de (2) et de la définition de X, on a donc :

$$-\varepsilon \leqslant \int_a^b f(x)\, dx - \int_a^c f(x)\, dx - \int_c^b f(x)\, dx \leqslant \varepsilon.$$

Ces inégalités étant vérifiées pour tout $\varepsilon > 0$, il en résulte que $\int_a^b f(x)\, dx - \int_a^c f(x)\, dx - \int_c^b f(x)\, dx = 0$. □

Théorème 2 (théorème de la moyenne). Soit $f : [a, b] \longrightarrow \mathbb{R}$. Si f est minoré par m et majoré par M (c'est-à-dire si : $\forall x \in [a, b]$ $m \leqslant f(x) \leqslant M$), et si f est intégrable, alors :

$$m(d - c) \leqslant \int_a^b f(x)\, dx \leqslant M(d - c).$$

Démonstration. Considérons la subdivision $X_0 = \{a, b\}$; on a $s_a^b(f, X_0) = m_1(d - c)$ où $m_1 = \inf_{x \in [a,b]} f(x)$. Il en résulte que $m \leqslant m_1$, d'où

$$m(d - c) \leqslant m_1(d - c) = s_a^b(f, X_0) \leqslant \int_a^b f(x)\, dx.$$

De même pour $\int_a^b f(x)\, dx \leqslant M(d - c)$. □

$$s_a^b(f, X) \leqslant s_a^b(f) = \int_a^b \mathbf{f(x)\,dx} = S_a^b(f) \leqslant S_a^b(f, X)$$

$$\int_a^b dx = b - a$$

Chasles

$$\int_a^c f(x)\,dx + \int_c^b f(x)\,dx = \int_a^b f(x)\,dx$$

Forme linéaire : $\mathcal{F} \longrightarrow \mathbb{R},\ f \longmapsto \int_a^b f(x)\,dx$ vérifie :

$$\int_a^b (\lambda f(x) + \mu g(x))\,dx = \lambda \int_a^b f(x)\,dx + \mu \int_a^b g(x)\,dx$$

Positivité ($a \leqslant b$)

$$f \geqslant 0 \Longrightarrow \int_a^b f(x)\,dx \geqslant 0$$

$$f \geqslant g \Longrightarrow \int_a^b f(x)\,dx \geqslant \int_a^b g(x)\,dx$$

$$\left| \int_a^b f(x)\,dx \right| \leqslant \int_a^b |f(x)|\,dx.$$

Théorème de la moyenne : si pour tout $x \in [a, b]$ on a $m \leqslant f(x) \leqslant M$, alors

$$m(b - a) \leqslant \int_a^b f(x)\,dx \leqslant M(b - a).$$

3. Les principales propriétés de l'intégrale définie (au sens de Riemann).

Commentaire. Des théorèmes 1 et 2, on déduit aisément que l'intégrale de Riemann vérifie les propriétés caractéristiques d'une intégrale énoncées au paragraphe précédent (§ 1), à condition de poser, dans le cas où $c \leqslant d$:

$$\int_d^c f(x)\,dx = - \int_c^d f(x)\,dx,$$

convention que nous adopterons dorénavant.

Théorème 3 (linéarité). Soit $f : [a, b] \longrightarrow \mathbb{R}$, $g : [a, b] \longrightarrow \mathbb{R}$ deux fonctions bornées et intégrables; soit $\lambda \in \mathbb{R}$ et $\mu \in \mathbb{R}$. La fonction $\lambda f + \mu g$ est alors bornée et intégrable sur $[a, b]$ et :

$$\int_a^b (\lambda f(x) + \mu g(x))\,dx = \lambda \int_a^b f(x)\,dx + \mu \int_a^b g(x)\,dx.$$

Démonstration. Il suffit de démontrer le théorème dans le cas $\mu = 0$ et dans le cas $\lambda = \mu = 1$.

1. *Cas* $\mu = 0$.

1. *a*) $\lambda = 0$. Comme $s_a^b(0, X) = S_a^b(0, X) = 0$ pour toute subdivision X, on a $s_a^b(0) = S_a^b(0) = 0$, donc 0 est intégrable et $\int_a^b 0\,dx = 0$. La relation à vérifier se réduit alors à $0 = 0$.

1. *b*) $\lambda > 0$. Soit $\varepsilon > 0$. Choisissons X telle que

$$S_a^b(f, X) - s_a^b(f, X) < \varepsilon/\lambda.$$

Comme $s_a^b(\lambda f, X) = \lambda s_a^b(f, X)$ et $S_a^b(\lambda f, X) = \lambda S_a^b(f, X)$, on a $S_a^b(\lambda f, X) - s_a^b(\lambda f, X) < \lambda \cdot \varepsilon/\lambda = \varepsilon$. Donc λf est intégrable. De plus

$$- \varepsilon < s_a^b(\lambda f, X) - \lambda S_a^b(f, X)$$
$$\leqslant \int_a^b \lambda f(x)\,dx - \lambda \int_a^b f(x)\,dx \leqslant S_a^b(\lambda f, X) - \lambda s_a^b(f, X) < \varepsilon.$$

Ces inégalités étant vérifiées pour tout $\varepsilon > 0$, on a

$$\int_a^b \lambda f(x)\,dx = \lambda \int_a^b f(x)\,dx.$$

1. *c*) $\lambda < 0$. Soit $\varepsilon > 0$. Choisissons X telle que

$$S_a^b(f, X) - s_a^b(f, X) < -\varepsilon/\lambda.$$

Comme $s_a^b(\lambda f, X) = \lambda S_a^b(f, X)$ et $S_a^b(\lambda f, X) = \lambda s_a^b(f, X)$, on a

$$S_a^b(\lambda f, X) - s_a^b(\lambda f, X)$$
$$= -\lambda(S_a^b(f, X) - s_a^b(f, X)) < (-\lambda)(-\varepsilon/\lambda) = \varepsilon.$$

Donc λf est intégrable. De plus

$$- \varepsilon < s_a^b(\lambda f, X) - \lambda s_a^b(f, X)$$
$$\leqslant \int_a^b \lambda f(x)\,dx - \lambda \int_a^b f(x)\,dx \leqslant S_a^b(\lambda f, X) - \lambda S_a^b(f, X) < \varepsilon.$$

Ces inégalités étant vraies pour tout $\varepsilon > 0$, on a

$$\int_a^b \lambda f(x)\,dx = \lambda \int_a^b f(x)\,dx.$$

2. *Cas* $\lambda = \mu = 1$. Soit $\varepsilon > 0$. Il existe une subdivision Y de $[a, b]$ telle que $S_a^b(f, Y) - s_a^b(f, Y) < \varepsilon/2$ et une subdivision Z de $[a, b]$ telle que $S_a^b(g, Z) - s_a^b(g, Z) < \varepsilon/2$. Posons $X = Y \cup Z$. Comme X est plus fine que Y et que Z, on a :

$$S_a^b(f, X) - s_a^b(f, X) < \varepsilon/2 \quad \text{et} \quad S_a^b(g, X) - s_a^b(g, X) < \varepsilon/2.$$

Comme $\inf\limits_{x \in [x_{i-1}, x_i]} [f(x) + g(x)] \geqslant \inf\limits_{x \in [x_{i-1}, x_i]} f(x) + \inf\limits_{x \in [x_{i-1}, x_i]} g(x)$ on a

$$s_a^b(f, X) + s_a^b(g, X) \leqslant s_a^b(f + g, X).$$

De même $S_a^b(f + g, X) \leqslant S_a^b(f, X) + S_a^b(g, X)$; d'où

$$S_a^b(f + g, X) - s_a^b(f + g, X)$$
$$\leqslant [S_a^b(f, X) - s_a^b(f, X)] + [S_a^b(g, X) - s_a^b(g, X)] < \varepsilon.$$

Donc $f + g$ est intégrable. De plus

$$\int_a^b [f(x) + g(x)]\,dx - \int_a^b f(x)\,dx - \int_a^b g(x)\,dx$$

est majoré par $S_a^b(f + g, X) - s_a^b(f, X) - s_a^b(g, X)$, donc par

$$S_a^b(f, X) + S_a^b(g, X) - s_a^b(f, X) - s_a^b(g, X)$$

donc par ε. De même cette expression est minorée par $-\varepsilon$. Ceci étant vrai pour tout $\varepsilon > 0$, il en résulte que cette expression est nulle. □

Remarque. Le théorème 3 peut s'énoncer en disant que d'une part l'ensemble $\mathcal{F}$ des fonctions bornées et intégrables au sens de Riemann sur $[a, b]$ forme un espace vectoriel sur $\mathbb{R}$ et que d'autre part l'application $\mathcal{F} \longrightarrow \mathbb{R}$, $f \longmapsto \int_a^b f(x)\,dx$ est linéaire. On dit que l'intégrale est une *forme linéaire* sur $\mathcal{F}$.

Théorème 4. Soit $f : [a, b] \longrightarrow \mathbb{R}$ et $g : [a, b] \longrightarrow \mathbb{R}$ deux fonctions bornées et intégrables au sens de Riemann. On a :

$$[\forall x \in [a, b]\ f(x) \leqslant g(x)] \Longrightarrow \int_a^b f(x)\,dx \leqslant \int_a^b g(x)\,dx.$$

Démonstration. Soit $h = g - f$. Compte tenu de la linéarité (théorème 3) il nous suffit de vérifier que si pour tout x appartenant à $[a, b]$ on a $h(x) \geqslant 0$ alors $\int_a^b h(x)\,dx \geqslant 0$. Or ceci résulte immédiatement du théorème de la moyenne (en choisissant $m = 0$). □

Remarque. Le théorème 4 peut aussi s'énoncer en disant que l'application $\mathcal{F} \longrightarrow \mathbb{R}$, $f \longmapsto \int_a^b f(x)\,dx$ est *croissante*, ou encore en disant que l'intégrale est une forme linéaire *positive* (c'est-à-dire que si $h \geqslant 0$, alors $\int_a^b h(x)\,dx \geqslant 0$).

Corollaire. Soit $f : [a, b] \longrightarrow \mathbb{R}$, bornée et intégrable. Si $|f|$ est intégrable au sens de Riemann sur $[a, b]$, alors :

$$\boxed{\left|\int_a^b f(x)\,dx\right| \leqslant \int_a^b |f(x)|\,dx}.$$

Démonstration. Par définition de la valeur absolue on a pour tout x appartenant à $[a, b]$:

$$-|f(x)| \leqslant f(x) \leqslant |f(x)|$$

d'où

$$-\int_a^b |f(x)|\,dx \leqslant \int_a^b f(x)\,dx \leqslant \int_a^b |f(x)|\,dx. \ \square$$

* **Exercice 12.** Est-ce que l'application $f \longmapsto \int_a^b f(x)\,dx$ est strictement croissante?

** **Exercice 13.** Si f et g sont intégrables au sens de Riemann sur $[a, b]$, alors fg est intégrable au sens de Riemann sur $[a, b]$

3.3. Exemple 1 : Fonctions monotones

Théorème. Soit $f : [a, b] \longrightarrow \mathbb{R}$. Si f est monotone, alors f est intégrable au sens de Riemann sur $[a, b]$.

Démonstration. Soit X la subdivision régulière d'ordre n, c'est-à-dire telle que $x_0 = a$, $x_n = b$ et $x_i = a + \frac{b-a}{n} i$.

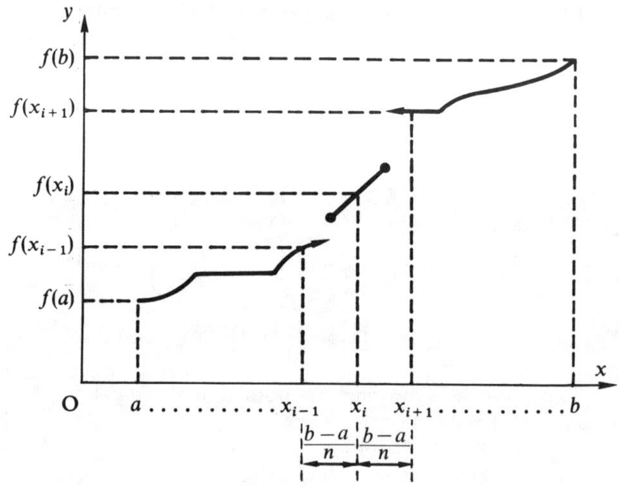

1. Si f est croissante on a

$$\sup\{f(x); x \in [x_{i-1}, x_i]\} = f(x_i) = \inf\{f(x); x \in [x_i, x_{i+1}]\}$$

d'où $$s_a^b(f, X) = \sum_{i=0}^{n-1} \frac{b-a}{n} f(x_i)$$

et $$S_a^b(f, X) = \sum_{i=1}^{n} \frac{b-a}{n} f(x_i).$$

Donc

$$S_a^b(f, X) - s_a^b(f, X) = \frac{b-a}{n}(f(b) - f(a)).$$

2. Si f est décroissante, on a

$$\inf\{f(x); x \in [x_{i-1}, x_i]\} = f(x_i) = \sup\{f(x); x \in [x_i, x_{i+1}]\}$$

et donc $S_a^b(f, X) - s_a^b(f, X) = \frac{b-a}{n}(f(a) - f(b))$.

3. On a donc si f est monotone

$$S_a^b(f, X) - s_a^b(f, X) = (b-a)|f(b) - f(a)| \cdot \frac{1}{n}.$$

Pour tout $\varepsilon > 0$, on peut choisir

$$n > (b-a)|f(b) - f(a)|\,\varepsilon^{-1}$$

tel que $S_a^b(f, X) - s_a^b(f, X) < \varepsilon$. Donc f est intégrable au sens de Riemann sur $[a, b]$. □

Corollaire. Soit $f : [a, b] \longrightarrow \mathbb{R}$. Si f est monotone par morceaux, alors f est intégrable au sens de Riemann.

Démonstration. Dire que f est monotone par morceaux, c'est dire qu'il existe une subdivision $A = \{\alpha_0, \alpha_1, ..., \alpha_N\}$ où $a = \alpha_0 < \alpha_1 < ... < \alpha_N = b$, telle que la restriction de f à chaque intervalle $[\alpha_K, \alpha_{K+1}]$ est monotone. Par suite f est intégrable sur chaque intervalle $[\alpha_K, \alpha_{K+1}]$. La conclusion suit alors du théorème 1. □

Exercice 14. Soit g une fonction bornée définie sur $[a, b]$. On pose

$$f_1(x) = \sup\{g(\xi);\ \xi \in [x, b]\}$$

et $$f_2(x) = \inf\{g(\xi);\ \xi \in [x, b]\}.$$

Montrer que f_1 et f_2 sont intégrables.

* **Exercice 15.** Donner un exemple de fonction bornée qui n'est pas monotone par morceaux.

3.4. Exemple 2 : Fonctions continues

Théorème. Soit $f : [a, b] \longrightarrow \mathbb{R}$. Si f est continue sur $[a, b]$ alors f est intégrable au sens de Riemann sur $[a, b]$.

Commentaire. La démonstration nécessite la connaissance du théorème qui énonce que toute fonction continue sur un intervalle *fermé borné* $[a, b]$ est *uniformément continue* sur cet intervalle, c'est-à-dire telle que :

$$\forall \varepsilon > 0 \quad \exists \eta > 0 \quad \forall (x_1, x_2) \in [a, b]^2$$
$$(|x_1 - x_2| < \eta \Longrightarrow |f(x_1) - f(x_2)| < \varepsilon)$$

Il nous faut aussi le théorème qui affirme qu'une fonction continue sur un intervalle fermé $[\xi_{i-1}, \xi_i]$ est bornée et qu'elle atteint ses bornes supérieures et inférieures, c'est-à-dire :

$$\exists x_{m_i} \in [x_{i-1}, x_i] : f(x_{m_i}) = m_i = \inf\{f(x);\ x \in [x_{i-1}, x_i]\}$$

et

$$\exists x_{M_i} \in [x_{i-1}, x_i] : f(x_{M_i}) = M_i = \sup\{f(x);\ x \in [x_{i-1}, x_i]\}.$$

Nous verrons la démonstration de ces deux théorèmes dans le thème 8, chapitre 3.

Démonstration du théorème. Soit $\varepsilon > 0$. Montrons qu'il existe une subdivision X de $[a, b]$ telle que $S_a^b(f, X) - s_a^b(f, X) < \varepsilon$. En effet f étant continue sur $[a, b]$ est uniformément continue sur $[a, b]$. Il existe donc un nombre $\eta > 0$ tel que

$$\forall (x_1, x_2) \in [a, b]^2$$
$$(|x_1 - x_2| < \eta \Longrightarrow |f(x_1) - f(x_2)| < \varepsilon(b-a)^{-1}).$$

Choisissons n entier tel que $n > \dfrac{b-a}{\eta}\left(\text{ou } \dfrac{b-a}{n} < \eta\right)$.

Soit X la subdivision régulière de $[a, b]$ d'ordre n :

$$X = \{x_i;\ i \in \{0, 2, ..., n\}\} \quad \text{où} \quad x_i = a + \frac{b-a}{n} i.$$

On a :

$$S_a^b(f, X) - s_a^b(f, X) =$$
$$\frac{b-a}{n} \sum_{i=1}^{n} (\sup\{f(x);\ x \in [x_{i-1}, x_i]\} - \inf\{f(x);\ x \in [x_{i-1}, x_i]\})$$

Comme f est continue sur $[a, b]$, f est continue sur $[x_{i-1}, x_i]$ et il existe donc deux nombres x_{m_i} et x_{M_i} tels que :

$$x_{i-1} \leqslant x_{m_i} \leqslant x_i \quad \text{et} \quad f(x_{m_i}) = \inf\{f(x);\ x \in [x_{i-1}, x_i]\}$$

$$x_{i-1} \leqslant x_{M_i} \leqslant x_i \quad \text{et} \quad f(x_{M_i}) = \sup\{f(x);\ x \in [x_{i-1}, x_i]\}$$

et on a donc :

$$S_a^b(f, X) - s_a^b(f, X) = \frac{b-a}{n} \sum_{i=1}^{n} (f(x_{M_i}) - f(x_{m_i})).$$

Comme $x_i - x_{i-1} = \dfrac{b-a}{n} < \eta$, on a

$$|x_{M_i} - x_{m_i}| \leqslant x_i - x_{i-1} < \eta,$$

d'où $$f(x_{M_i}) - f(x_{m_i}) < \frac{\varepsilon}{b-a},$$

donc

$$S_a^b(f, X) - s_a^b(f, X) \leqslant \frac{b-a}{n} \sum_{i=1}^{n} \frac{\varepsilon}{b-a} = \varepsilon. \quad □$$

Exercice 16. Soit $f : [-1, 1] \longrightarrow \mathbb{R}$, telle que $f(0) = 0$ et pour $x \neq 0$, $f(x) = x \sin x^{-1}$. Montrer que f n'est pas monotone par morceaux, mais intégrable sur $[-1, 1]$.

Exercice 17. Parmi les fonctions suivantes lesquelles sont intégrables sur $[-1, 1]$:

$a(x) = x \operatorname{Log}|x|$, $b(x) = \dfrac{3x+1}{x^2-1}$, $c(x) = \operatorname{tg}(\pi/2 + x)$,

$d(x) = [0 \text{ si } x = 0 \text{ et } \exp(-|x^{-1}|) \text{ si } x \neq 0]$,

$e(x) = [1 \text{ si } x = n^{-1} \quad \text{où} \quad n \in \mathbb{N}^* \text{ et } 0 \text{ sinon}]$,

$f(x) = [x^{-1} \sin x \text{ si } x \neq 0 \text{ et } \alpha \text{ si } x = 0, \quad \text{où} \quad \alpha \in \mathbb{R}]$?

3.5. Conclusion

Soit $[a, b]$ un intervalle fermé borné de $\mathbb{R}$. Les paragraphes 2 et 3 nous ont permis d'expliciter un sous-ensemble $\mathcal{F}$ de $\mathbb{R}^{[a,b]}$, qui contient l'ensemble des fonctions réelles définies et continues sur $[a, b]$, et une application

$$[a, b]^2 \times \mathcal{F} \longrightarrow \mathbb{R}, (c, d, f) \longmapsto \int_c^d f(x)\, dx$$

vérifiant les deux propriétés que nous avions imposées à toute intégrale dans le paragraphe 1 (additivité et propriété de la moyenne). Nous avons obtenu de surcroît que l'application $\mathcal{F} \longrightarrow \mathbb{R}$, $f \longmapsto \int_a^b f(x)\, dx$ est une forme linéaire positive.

Rappelons, par ailleurs, qu'il découle du paragraphe 1 que si f est continue, alors $x \longmapsto \int_c^x f(t)\, dt$ est une primitive de f et pour toute primitive F de f on a :

$$\int_a^b f(x)\, dx = F(b) - F(a).$$

Remarquons enfin que quand f est intégrable au sens de Riemann, alors $I = \int_a^b f(x)\, dx$ est un nombre réel, c'est-à-dire que I peut être approché d'aussi près que nous le voulons par des nombres connus. Nous savons que cela est possible (par définition de I ou plus exactement par définition de l'intégrabilité de f au sens de Riemann), mais comment faire dans la pratique pour calculer I à ε près? Si f est continue et si on connaît une primitive F de f, on utilise la formule ci-dessus (d'où l'intérêt du calcul des primitives que nous verrons dans le chapitre suivant). Cependant, en général c'est soit impossible soit trop compliqué et on est amené à utiliser des évaluations numériques. Nous proposons quelques méthodes simples d'évaluation numérique dans le paragraphe suivant.

§ 4. ÉVALUATION NUMÉRIQUE D'UNE INTÉGRALE DÉFINIE

Le problème. *On suppose données a, b et* $f : [a, b] \longrightarrow \mathbb{R}$. *On suppose f continue et dérivable un nombre suffisant de fois. Soit*

$$I = \int_a^b f(x)\, dx.$$

On souhaite trouver pour tout $\varepsilon > 0$ *un nombre J tel que* $|I - J| \leqslant \varepsilon$.

Principe des solutions.

Premier cas. *Soit F une primitive de f. Si F est une fonction assez simple connue explicitement on calcule* $F(b) - F(a)$.

Deuxième cas. *Sinon (par exemple* $I = \int_a^b e^{-x^2}\, dx$ *ou* $I = \int_0^1 \sqrt{1 - x^4}\, dx ...$*), on remplace la fonction f par une fonction approchée g dont on sait calculer une primitive G. Si* $J = G(b) - G(a)$, *on a alors* $|I - J| \leqslant \varepsilon$ *pour* $\varepsilon = (b - a) \sup \{ |f(x) - g(x)|; x \in [a, b] \}$. *En général on utilise comme fonction g des fonctions polynômes ou des fonctions polynômes par morceaux. Nous examinerons les cas où g est de degré 0, 1 et 2 sur des intervalles d'une subsivision régulière de* $[a, b]$.

Notations. $n \in \mathbb{N}^*$

$$h = \frac{b - a}{n}$$

$$x_i = a + ih \quad \text{pour} \quad i = 0, 1, ..., n.$$

$$f_i = f(x_i).$$

La longueur h des intervalles $[x_{i-1}, x_i]$ s'appelle le *pas d'intégration.*

Remarquons que

$$I = \int_a^b f(x)\, dx = \sum_{i=1}^{n} \int_{x_{i-1}}^{x_i} f(x)\, dx$$

4.1. Méthode des rectangles

Valeur approchée.

On choisit d'approcher chaque restriction de f à un intervalle $[x_{i-1}, x_i]$ par une constante égale à f_{i-1}. Or $\int_{x_{i-1}}^{x_i} f_{i-1}\, dx = hf_{i-1}$. On a donc comme valeur approchée $J = R(h)$ le nombre :

$$\boxed{R(h) = h(f_0 + f_1 + ... + f_{n-2} + f_{n-1}).}$$

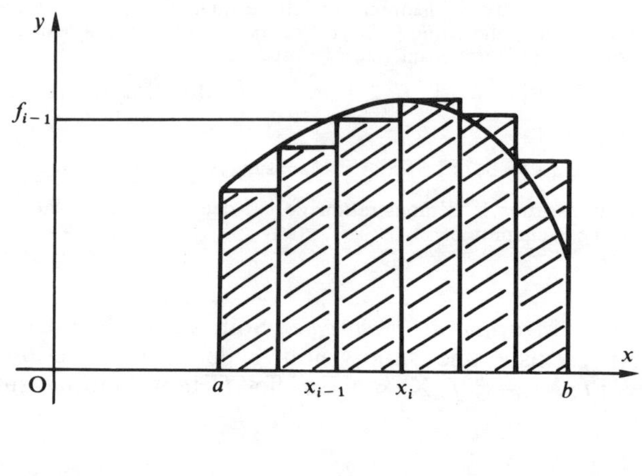

Majoration de l'erreur

Proposition. Si f est dérivable et si f' est bornée, alors l'erreur commise dans l'évaluation de l'intégrale par la méthode des rectangles, $|I - R(h)|$, est majorée par une fonction linéaire de h :

$$|I - R(h)| \leqslant Kh.$$

De façon plus précise on peut choisir $K = (1/2)(b - a)M_1$, où $M_1 = \sup_{x \in [a,b]} |f'(x)|$.

Démonstration. Par définition de $R(h)$, on a :

$$I - R(h) = \sum_{i=1}^{n} \left\{ \int_{x_{i-1}}^{x_i} f(x)\,dx - hf(x_{i-1}) \right\}.$$

Posons $$\varphi_\xi(h) = \int_{\xi}^{\xi+h} f(x)\,dx - hf(\xi),$$

on a $$I - R(h) = \sum_{i=1}^{n} \varphi_{x_{i-1}}(h)$$

donc $$|I - R(h)| \leqslant \sum_{i=1}^{n} |\varphi_{x_{i-1}}(h)|.$$

Cherchons une majoration de $|\varphi_\xi(h)|$. Comme f est dérivable, f est continue, donc $\int_{\xi}^{\xi+h} f(x)\,dx$ a pour dérivée (par rapport à h) $f(\xi + h)$, d'où $\varphi'_\xi(h) = f(\xi + h) - f(\xi)$ et $\varphi''_\xi(h) = f'(\xi + h)$. Comme $\varphi_\xi(0) = \varphi'_\xi(0) = 0$, la formule de Taylor nous donne $\varphi_\xi(h) = (h^2/2)\varphi''_\xi(\theta h)$ où $0 < \theta < 1$, soit :

$$\varphi_\xi(h) = \frac{h^2}{2} f'(\xi + \theta h)$$

donc $$|\varphi_\xi(h)| \leqslant \frac{h^2}{2} \sup_{x \in [a,b]} |f'(x)| = \frac{h^2 M_1}{2}.$$

Reportons cette majoration dans la majoration de l'erreur $|I - R(h)|$ ci-dessus, il vient

$$|I - R(h)| \leqslant \sum_{i=1}^{n} \frac{h^2 M_1}{2} = \frac{nh^2 M_1}{2}.$$

Remarquons enfin que $nh = b - a$, d'où le résultat cherché. □

** **Exercice 18.** Pour quelles fonctions f à dérivée f' continue a-t-on $I - R(h) = Kh$?

* **Exercice 19.** Soit $c \in]a, b[$, $M_1 = \sup_{x \in [a,c]} |f'(x)|$ et

$$N_1 = \sup_{x \in [c,b]} |f'(x)|.$$

Montrer que l'on peut choisir

$$K = (1/2)[(c - a)M_1 + (b - c)N_1 + h_0 \sup \{M_1, N_1\}]$$

où h_0 est un majorant quelconque des h.

Évaluation de l'erreur

Au lieu de chercher une majoration de l'erreur $|I - R(h)|$ on cherche souvent à estimer l'erreur, si possible par un calcul simple utilisant les quantités déjà calculées comme $R(h)$. Cela sera utile par exemple si on souhaite mettre un test d'arrêt dans un programme calculant l'intégrale. Désignons par η l'erreur faite dans le calcul de chaque $f_i = f(x_i)$ (ou plus exactement une majoration commune à toutes ces erreurs). On a alors le résultat suivant :

$$\boxed{\text{erreur} \simeq (b - a)\eta + |R(h) - R(2h)|}$$

En effet d'une part les erreurs dues au calcul des f_i ont une somme majorée par $h(\eta + \eta + ... + \eta) = nh\eta = (b - a)\eta$ et d'autre part $|I - R(h)| \simeq |R(h) - R(2h)|$ résulte de la proposition précise suivante.

Proposition. Si f' existe et est continue, alors

$$I - R(h) = R(h) - R(2h) + o(h) = \frac{f(b) - f(a)}{2} h + o(h).$$

Démonstration. La fonction f' étant continue sur $[a, b]$ est bornée sur $[a, b]$, d'après la démonstration de la proposition précédente, il existe $\theta_0, \theta_1, ..., \theta_{n-1}$ appartenant à $]0, 1[$ tels que :

$$I - R(h) = \sum_{i=1}^{n} \varphi_{x_{i-1}}(h)$$
$$= \sum_{i=1}^{n} \frac{h^2}{2} f'(x_{i-1} + \theta_{i-1}h).$$

Comme

$$\inf\{f'(x); x \in [x_{i-1}, x_i]\} \leqslant f'(x_{i-1} + \theta_{i-1}h) \leqslant \sup\{f'(x); x \in [x_{i-1}, x_i]\},$$

et comme f' est intégrable (puisque continue), on a

$$\lim_{h \to 0} \frac{I - R(h)}{h} = \frac{1}{2} \int_a^b f'(x)\,dx = \frac{f(b) - f(a)}{2}.$$

Posons $r = (f(b) - f(a))/2$; on a donc

$$I - R(h) = rh + o(h)$$

d'où $$I - R(2h) = 2rh + o(h)$$

donc $$R(h) - R(2h) = rh + o(h)$$

soit $$I - R(h) = R(h) - R(2h) + o(h). \quad □$$

Remarque. Une méthode d'intégration numérique utilisant des subdivisions régulières conduit pour chaque pas d'intégration h à une estimation $J(h)$ de l'intégrale I cherchée. La méthode n'est intéressante que si $I - J(h) \longrightarrow 0$ quand $h \longrightarrow 0$. C'est bien le cas dans la méthode des rectangles décrite ci-dessus (on a choisi la lettre R pour $R(h) = J(h)$ pour rappeler le mot « rectangle »). Pour traduire que $|I - J(h)| < Kh^\alpha$ ou que $I - J(h) \sim Ah^\alpha$ (où K et A sont des constantes) on dit que la méthode est d'*ordre* α. Ainsi la méthode des rectangles est d'ordre 1. Nous allons voir des méthodes d'ordre 2 et 4 qui permettent des convergences beaucoup plus rapides.

4.2. Méthode des trapèzes

Valeur approchée

On choisit d'approcher f par g affine par morceaux, dont la restriction à $[x_{i-1}, x_i]$ est affine, et telle que $g(x_{i-1}) = f(x_{i-1})$ et $g(x_i) = f(x_i)$. La restriction de g à $[x_{i-1}, x_i]$ est donc $x \longmapsto \dfrac{f_i - f_{i-1}}{h}(x - x_{i-1}) + f_{i-1}$

et $$\int_{x_{i-1}}^{x_i} g(x)\,dx = \frac{h}{2}(f_{i-1} + f_i)$$

La valeur approchée de I par cette méthode, dite *méthode des trapèzes*, sera donc :

$$\boxed{T(h) = h\left(\frac{f_0}{2} + f_1 + f_2 + \dots + f_{n-1} + \frac{f_n}{2}\right)}$$

Nous allons voir que la méthode des trapèzes est une méthode d'ordre 2.

Majoration de l'erreur

Proposition. Si f admet une dérivée d'ordre 3 bornée, alors l'erreur commise dans l'évaluation de l'intégrale par la méthode des trapèzes $|I - T(h)|$ est majorée par une fonction monôme du second degré en h :

$$|I - T(h)| \leqslant Kh^2.$$

De façon précise, on peut choisir

$K = (1/12)[(b-a)M_2 + (b-a)^2 M_3]$, où $M_2 = \sup_{x\in[a,b]} |f''(x)|$ et $M_3 = \sup_{x\in[a,b]} |f'''(x)|$.

Démonstration. Par définition de T(*h*), on a :

$$I - T(h) = \sum_{i=1}^{n} \left\{ \int_{x_{i-1}}^{x_i} f(x)\,dx - \frac{h}{2}[f(x_{i-1}) + f(x_i)] \right\} = \sum_{i=1}^{n} \psi_{x_{i-1}}(h)$$

où on a posé :

$$\psi_\xi(h) = \int_\xi^{\xi+h} f(x)\,dx - \frac{h}{2}[f(\xi) + f(\xi + h)].$$

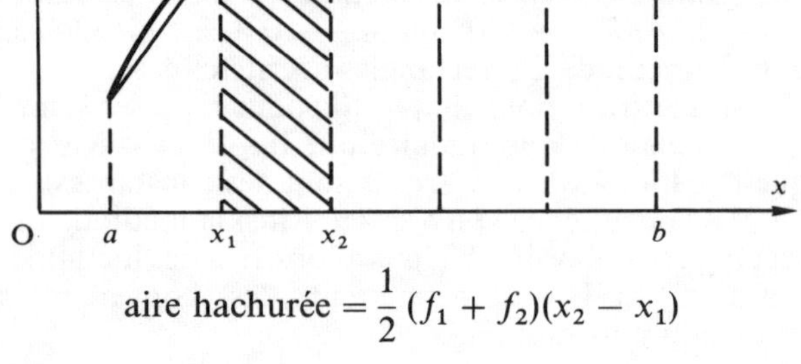

$$\text{aire hachurée} = \frac{1}{2}(f_1 + f_2)(x_2 - x_1)$$

Dérivons cette fonction, il vient

$$\psi'_\xi(h) = \frac{1}{2}f(\xi + h) - \frac{1}{2}f(\xi) - \frac{h}{2}f'(\xi + h)$$

$$\psi''_\xi(h) = -\frac{h}{2}f''(\xi + h)$$

$$\psi'''_\xi(h) = -\frac{1}{2}f''(\xi + h) - \frac{h}{2}f'''(\xi + h).$$

Comme $\psi_\xi(0) = \psi'_\xi(0) = \psi''_\xi(0) = 0$, il existe un nombre $\theta \in]0, 1[$ tel que $\psi_\xi(h) = \dfrac{h^3}{6}\psi'''_\xi(\theta h)$, soit

$$\psi_\xi(h) = -\frac{h^3}{12}[f''(\xi + \theta h) + \theta h f'''(\xi + \theta h)]$$

d'où : $$|\psi_\xi(h)| \leqslant \frac{h^3}{12}(M_2 + hM_3).$$

On a donc

$$|I - T(h)| \leqslant \frac{1}{12}(b-a)(M_2 + hM_3)h^2,$$

comme $h \leqslant b - a$, on obtient le résultat souhaité. □

Évaluation de l'erreur

$$\boxed{\text{erreur} \simeq (b-a)\eta + \frac{1}{3}|T(h) - T(2h)|}$$

Cette évaluation résulte de la proposition suivante :

Proposition. Si f''' existe et est bornée, alors

$$I - T(h) = \frac{1}{3}[T(h) - T(2h)] + o(h^2) = -\frac{1}{12}[f'(b) - f'(a)]h^2 + o(h).$$

Démonstration. On a vu que :

$$I - T(h) = \sum_{i=1}^{n}\left(-\frac{h^3}{12}\right)[f''(x_{i-1} + \theta_{i-1}h) + \theta_{i-1}hf'''(x_{i-1} + \theta_{i-1}h)]$$

d'où :

$$\frac{I - T(h)}{h^2} = -\frac{1}{12}\sum_{i=1}^{n} hf''(x_{i-1} + \theta_{i-1}h) + h^2\sum_{i=1}^{n}\theta_{i-1}f'''(x_{i-1} + \theta_{i-1}h).$$

Le dernier terme tend vers 0 quand n tend vers l'infini, d'où

$$\lim_{h\to 0}\frac{I - T(h)}{h^2} = -\frac{1}{12}\int_a^b f''(x)\,dx$$

et donc : $$I - T(h) = -\frac{f'(b) - f'(a)}{12}h^2 + o(h^2).$$

Posons $t = (-1/12)(f'(b) - f'(a))$, on a alors

$$I - T(h) = th^2 + o(h^2)$$

et $$I - T(2h) = 4th^2 + o(h^2)$$

d'où $$T(h) - T(2h) = 3th^2 + o(h^2)$$

ou encore $$\frac{1}{3}(T(h) - T(2h)) = th^2 + o(h^2).\ \square$$

Exercice 20. Calculer T(*h*) − R(*h*). Retrouver l'évaluation de l'erreur en admettant l'existence d'un développement limité.

4.3. Méthode de Simpson

Valeur approchée

Nous choisissons n pair. Nous approchons f par la fonction g dont la restriction à chaque intervalle $[x_{2k-2}, x_{2k}]$ est du second degré et telle que $g(x_{2k-2}) = f_{2k-2}$, $g(x_{2k-1}) = f_{2k-1}$ et $g(x_{2k}) = f_{2k}$ (c'est-à-dire que nous approchons la courbe C représentative de f par une suite d'arcs de paraboles passant par les points (x_i, f_i)). La restriction de g à $[x_{2k-2}, x_{2k}]$ est donc de la forme $x \longmapsto a_k(x - x_{2k-1})^2 + b_k(x - x_{2k-1}) + c_k$, où a_k, b_k et c_k vérifient $a_k h^2 - b_k h + c_k = f_{2k-2}$, $c_k = f_{2k-1}$, $a_k h^2 + b_k h + c_k = f_{2k}$ soit

$$a_k = h^{-2}\left[\frac{1}{2}f_{2k-2} - f_{2k-1} + \frac{1}{2}f_{2k}\right], \quad b_k = h^{-1}\left[\frac{1}{2}f_{2k} - \frac{1}{2}f_{2k-2}\right] \text{ et}$$

$c_k = f_{2k-1}$. L'intégrale

$$\mathrm{I} = \sum_{i=1}^{n} \int_{x_{i-1}}^{x_i} f(x)\,\mathrm{d}x = \sum_{k=1}^{n/2} \int_{x_{2k-2}}^{x_{2k}} f(x)\,\mathrm{d}x$$

sera donc approchée par

$$\begin{aligned}
\mathrm{S}(h) &= \sum_{k=1}^{n/2} \int_{-h}^{h} (a_k u^2 + b_k u + c_k)\,\mathrm{d}u \\
&= \sum_{k=1}^{n/2} \left(\frac{2h^3}{3} a_k + 2hc_k\right) \\
&= \sum_{k=1}^{n/2} h\left(\frac{1}{3}f_{2k-2} + \frac{4}{3}f_{2k-1} + \frac{1}{3}f_{2k}\right) \\
&= \frac{h}{3}(f_0 + 4f_1 + 2f_2 + 4f_3 + \dots + 2f_{n-2} + 4f_{n-1} + f_n)
\end{aligned}$$

$$\boxed{\mathrm{S}(h) = \frac{h}{3}(f_0 + 4f_1 + 2f_2 + 4f_3 + \dots + 2f_{2n-2} + 4f_{n-1} + f_n)}$$

Nous allons voir que cette méthode est d'ordre 4.

Majoration de l'erreur

Proposition. Si f admet une dérivée d'ordre 5 bornée, alors l'erreur commise dans l'évaluation de l'intégrale par la méthode de Simpson $|\mathrm{I} - \mathrm{S}(h)|$ est majorée par une fonction monôme de degré 4 :

$$|\mathrm{I} - \mathrm{S}(h)| \leqslant \mathrm{K}h^4.$$

De façon précise on peut choisir

$$\mathrm{K} = (1/360)(b-a)(2\mathrm{M}_4 + (b-a)\mathrm{M}_5),$$

où $\mathrm{M}_4 = \sup_{x\in[a,b]} |f^{(4)}(x)|$ et $\mathrm{M}_5 = \sup_{x\in[a,b]} |f^{(5)}(x)|$.

Démonstration. Par définition de S(h)

$$\mathrm{I} - \mathrm{S}(h) = \sum_{k=1}^{n/2} \chi_{x_{2k-1}}(h)$$

où $\displaystyle \chi_\xi(h) = \int_{\xi-h}^{\xi+h} f(x)\,\mathrm{d}x - \frac{h}{3}[f(\xi-h) + 4f(\xi) + f(\xi+h)].$

En dérivant cinq fois on obtient

$$\chi_\xi(0) = \chi'_\xi(0) = \chi''_\xi(0) = \chi'''_\xi(0) = \chi^{(4)}_\xi(0) = 0$$

et

$$\chi^{(5)}_\xi(h) = -\frac{2}{3}[f^{(4)}(\xi-h) + f^{(4)}(\xi+h)] + \frac{h}{3}[f^{(5)}(\xi-h) - f^{(5)}(\xi+h)].$$

Appliquons la formule de Taylor à l'ordre 5, il vient

$$\chi_\xi(h) = \frac{h^5}{5!}\chi^{(5)}_\xi(\theta h)$$

d'où $\displaystyle |\chi_\xi(h)| \leqslant \frac{h^5}{360}[4\mathrm{M}_4 + 2(b-a)\mathrm{M}_5].$ □

Estimation de l'erreur

$$\boxed{\text{erreur} \simeq (b-a)\eta + \frac{1}{15}|\mathrm{S}(h) - \mathrm{S}(2h)|}$$

Cette estimation résulte de la proposition suivante.

Proposition. Si $f^{(5)}$ existe et est bornée, alors

$$\begin{aligned}
\mathrm{I} - \mathrm{S}(h) &= \frac{1}{15}[\mathrm{S}(h) - \mathrm{S}(2h)] + o(h^4) \\
&= -\frac{1}{180}[f'''(b) - f'''(a)]h^4 + o(h^4) + o(h^4)
\end{aligned}$$

Démonstration. A un terme tendant vers 0 avec h près, on a :

$$\begin{aligned}
\frac{\mathrm{I} - \mathrm{S}(h)}{h^4} &= -\frac{1}{180}\sum_{k=1}^{n/2}[hf^{(4)}(x_{2k-1} - \theta h) + hf^{(4)}(x_{2k-1} + \theta h)] + o(1) \\
&= -\frac{1}{180}\int_a^b f^{(4)}(x)\,\mathrm{d}x + o(1). \ \square
\end{aligned}$$

Exercice 21. Calculer $\displaystyle\int_1^3 [-x^2 + 4x - 2 + \sin(5\pi x)]\,\mathrm{d}x$ de façon exacte, puis de façon approchée, à l'aide de chacune des trois méthodes avec les pas $h = 1, \frac{1}{2}, \frac{1}{4}$.

Exercice 22. Soit la fonction $f(x) = \sqrt{2/\pi}\exp(-x^2/2)$ et la table des valeurs de f :

x	0.000	0.125	0.250	0.375	0.500
$f(x)$	0.79788	0.79168	0.77334	0.74371	0.70413
x	0.625	0.750	0.875	1.000	
$f(x)$	0.65632	0.60227	0.54411	0.48394	

Calculer de façon approchée l'intégrale $\displaystyle\int_0^1 f(x)\,\mathrm{d}x$ par les trois méthodes avec les pas $h = \frac{1}{2}, \frac{1}{4}, \frac{1}{8}$. Estimation de l'erreur.

Exercice 23. Calculer à l'aide d'une petite machine $\displaystyle\int_0^1 \sqrt{1 - \sin(x^2)}\,\mathrm{d}x$ à 10^{-6} près.

** **Exercice 24.** Calculer à l'aide d'une petite machine $\displaystyle\int_0^1 \sqrt{1 - x^4}\,\mathrm{d}x$ à 10^{-6} près. Qu'est-ce qui rend ce calcul plus difficile que celui de l'exercice précédent?

§ 5. RÉPONSES OU INDICATIONS

1. Pour $h = d/n$, on a $\sum_{k=0}^{n-1} (kh)^2 h \leqslant \sum_{k=1}^{n} \int_{(k-1)h}^{kh} f \leqslant \sum_{k=1}^{n} (kh)^2 h.$

2. F est constante sur chaque intervalle de D,

$$F(x) = a\mathbf{1}_{]0,1[}(x) + b\mathbf{1}_{[2,3[}(x) + c\mathbf{1}_{]3,5]}(x)$$

(où $\mathbf{1}_I(x) = [1$ si $x \in I$ et 0 si $x \notin I]) \longmapsto (a, b, c) \in \mathbb{R}^3$ est un isomorphisme d'espaces vectoriels. 3.

2. a) $1(\frac{d}{dx}(x \operatorname{Log} x - x) = \operatorname{Log} x)$, 1, 2, 1, 0, Arctg d − Arctg c.

b) $\frac{d}{dx} F(-x) = -F'(-x) = -f(-x) = f(x) = \frac{d}{dx} F(x),$

$F(x) - F(-x) = C^{te} = F(0) - F(0) = 0,$

$\int_{-a}^{a} f = F(a) - F(-a) = 0.$

4. $(\mathcal{F}_{\text{fini}}([a, b]) =$ ensemble des sous-ensembles finis de $[a, b], \subset)$.

$\sup \{ X_i / i \in I \} = \bigcup_{i \in I} X_i$ si cet ensemble est fini.

5. $10^{-1}[1 - e^{-4}] = 0{,}098\,168\,4$; à 10^{-7} près.

7.

0,386 20	0,552 34	0,684 79	0,832 94	0,862 44	0,872 26
1,367 88	1,206 80	1,077 47	0,931 10	0,901 71	0,891 90

8. $S_0^{\pi/2} - s_0^{\pi/2} = \pi/2n \longrightarrow 0$ quand $n \longrightarrow \infty$. Par additivité on peut se ramener au cas où $0 \leqslant a < b \leqslant \pi/2$ et alors

$$\int_a^b (\sin x)\, dx = \lim_{n \to \infty} s_a^b(\sin, X) = \lim \frac{b-a}{n} \sum_{k=0}^{n-1} \sin\left(a + k\,\frac{b-a}{n}\right)$$

$$= \operatorname{Im} \lim \left\{ \frac{b-a}{n} \sum_{k=0}^{n-1} e^{i\left(a + k\frac{b-a}{n}\right)} \right\}$$

$$= \operatorname{Im} e^{ia} \lim \left\{ \frac{b-a}{n} \sum_{k=0}^{n-1} \left[e^{\frac{i(b-a)}{n}} \right]^n \right\}.$$

Terminer en utilisant $\sum_{k=0}^{n-1} z^k = (1 - z^n)/(1 - z)$.

9. $S_0^1 - s_0^1 = \frac{1}{n}\left[\sum_{i=1}^{n}\left(\frac{i}{n}\right)^2 - \sum_{i=0}^{n-1}\left(\frac{i}{n}\right)^2\right] = \frac{1}{n} \longrightarrow 0$ quand $u \longrightarrow \infty$.

$\lim_{n \to \infty} \frac{1}{n^3} \sum_{i=0}^{n-1} i^2 = \lim_{n \to \infty} \frac{n(n-1)(2n-1)}{6n^3} = 1/3.$

10. Non car $s_0^1(f, X) = 0$ et $S_0^1(f, X) = 1$. Remarque : une telle fonction est intégrable au sens de Lebesgue, car l'ensemble des points d'abscisses rationnelles est alors considéré comme négligeable.

11. $(F(x) - 0)/x = x \sin \sin x^{-2} \longrightarrow 0$ quand $x \longrightarrow 0$. F est une primitive, mais f n'est pas bornée ($f(x) = 2x \sin x^{-1} - 2x^{-1} \sin x^{-2}$).

12. Non. Si $g(x) = [f(x)$ si $x \neq c$ et $f(x) + 1$ si $x = c]$ alors $f < g$ et $\int f = \int g$.

13. Premier cas : $f \geqslant 0$ et $g \geqslant 0$. On a sur chaque intervalle $[\xi_i, \xi_{i+1}]$ $\inf(fg) \geqslant \inf f . \inf g$ et $\sup fg \leqslant \sup f . \inf g$.

D'où

$$S_a^b(fg, X) - s_a^b(fg, X)$$
$$\leqslant \sum_{i=0}^{n-1} (\xi_{i+1} - \xi_i)[\sup f . \sup g - \inf f . \inf g]$$
$$\leqslant \Sigma(\xi - \xi)\{(\sup f - \inf f) \sup g + \inf f (\sup g - \inf g)\}$$
$$\leqslant \sup \{ g(x); x \in [a, b] \} [S_a^b(f, X) - s_a^b(f, X]$$
$$+ \sup \{ f(x); x \in [a, b] \} [S_a^b(g, X) - s_a^b(g, X)].$$

Deuxième cas : on se ramène au cas précédent en considérant $(f - m_f)(g - m_g)$ où m_f et m_g sont des nombres qui minorent f et g.

14. f_1 est décroissante et f_2 croissante.

15. Voir exercice 10.

16. f n'est monotone sur aucun intervalle contenant 0 ou admettant 0 comme borne. f est continue donc intégrable.

17. a oui, b non, c non, d oui, e non, f non.

18. Sur chaque intervalle $]x_i, x_i + h[$ il y a un point $x_i + \theta_i h$ tel que $f'(x_i + \theta_i h) = M_1$. Par continuité $f'(x) = M_1$ et $f(x) = M_1 x + C^{te}$.

19. $|I - R(h)| \leqslant \sum_{i=1}^{n_1} \frac{h^2 M_1}{2} + \frac{h^2 \sup\{M_1, N_1\}}{2} + \sum_{i=n_1+2}^{n} \frac{h^2 N_1}{2}$

où $n_1 b \leqslant c < (n_1 + 1)h$.

20. $(1/2)(f(b) - f(a))h$. On reconnaît la partie principale de $I - R(h)$, donc $I - T(h) = (I - R(h)) - (T(h) - R(h))$ est du second ordre en h : $I - T(h) = th^2 + o(h^2)$.

21. $10/3 = 3{,}333\,3 \ldots$ Comme $f(1) = f(3)$ on a $R(h) = T(h)$. $R(1) = 3$, $R(1/2) = 3{,}25$. $R(1/4) = 3{,}312\,5$. $S(h) =$ valeur exacte.

22. $\eta = 10^{-5}$. $R(1/2) = 0{,}75$; $R(1/4) = 0{,}719$ err $\simeq 0{,}03$; $R(1/8) = 0{,}762$ err $\simeq 0{,}05$. $T(1/2) = 0{,}672\,5$, $T(1/4) = 0{,}680$ err $\simeq 0{,}003$, $T(1/8) = 0{,}682\,1$ err $\simeq 7 . 10^{-4}$. $S(1/2) = 0{,}683\,05$, $S(1/4) = 0{,}682\,71$ err $\simeq 3 \cdot 10^{-5} + 10^{-5}$, $S(1/8) = 0{,}682\,69$ err $\simeq 1{,}3 \cdot 10^{-6} + 10^{-5} \simeq 10^{-5}$.

23. 0,811 574 (S(1/4) = 0,811 573 4 et S(1/8) = 0,811 573 8).

24. 0,874 019. f' et les autres dérivées ne sont pas bornées sur $[0, 1[$.

2. Calcul des primitives

Intégrer une fonction $f : D \longrightarrow \mathbb{R}$, où $D \subset \mathbb{R}$, consiste à chercher les primitives de f, c'est-à-dire les fonctions F telles que :

$$F' = f.$$

Dans ce chapitre nous supposerons f continue. Nous savons alors, d'après le chapitre précédent, que f admet une primitive unique à une fonction constante sur tout intervalle près. Dans le cas où D est un intervalle ouvert, $F_a : X \longmapsto \int_a^X f(x)\,dx$ est une primitive de f pour chaque choix du paramètre a dans D. Les autres primitives s'obtiennent alors par addition d'une constante arbitraire à F_a. L'ensemble de ces primitives est indépendant du choix de a. Il est donc inutile de faire apparaître ce choix arbitraire et il est au contraire commode de noter $F(X) = \int^X f(x)\,dx$ l'ensemble des primitives de f. C'est aussi pour des raisons de commodité que l'on choisit de ne pas distinguer le X majuscule du x minuscule et de noter $F(x) = \int f(x)\,dx$ l'ensemble des primitives de la fonction f.

Enfin on convient d'étendre cette notation à toutes les fonctions f admettant des primitives.

> *En résumé, on écrit $F(x) = \int f(x)\,dx$ pour dire que F est la primitive de la fonction f, définie à une fonction constante sur tout intervalle près. Le symbole $\int f(x)\,dx$ s'appelle une* intégrale indéfinie.

Désignons par $\mathcal{U}$, comme « usuelles », l'ensemble des fonctions réelles de variable réelle $x \longmapsto f(x)$, où $f(x)$ peut être calculé, pour x donné, à l'aide des quatre opérations, des fonctions trigonométriques et de leurs fonctions réciproques et des fonctions exp et Log $|.|$. Par exemple

$$f(x) = e^{\sin x + x^5 \operatorname{Arccos} \operatorname{Log}|x-1|} - \frac{x+1}{x^2-1}(1 + \operatorname{tg} x).$$

Nous savons calculer la dérivée f' pour toute fonction f appartenant à $\mathcal{U}$. On a alors $f' \in \mathcal{U}$. Posons $\mathcal{U}' = \{f' ; f \in \mathcal{U}\}$. On a donc $\mathcal{U}' \subset \mathcal{U}$. Mais cette inclusion est stricte (par exemple, si $f : x \longmapsto \exp(x^2)$, alors $f \in \mathcal{U}$ et $f \notin \mathcal{U}'$), c'est-à-dire que si $f \in \mathcal{U}$, on aura en général $F \notin \mathcal{U}$ pour la primitive F de la fonction f. Plus précisément la primitive F de f ne sera une fonction « usuelle » que si $f \in \mathcal{U}'$. Mais pour une fonction f, appartenant à $\mathcal{U}$, il est en général difficile de savoir si $f \in \mathcal{U}'$.

Il existe cependant quelques fonctions f dont on sait qu'elles appartiennent à $\mathcal{U}'$: il s'agit essentiellement des fractions rationnelles et de certaines fonctions pour lesquelles la détermination de F peut se ramener à l'intégration de fractions rationnelles.

Pour calculer la primitive d'une fraction rationnelle (§ 3), il faut d'abord la décomposer en éléments simples (§ 1) puis utiliser les méthodes générales du calcul des primitives (§ 2). La primitive d'une fraction rationnelle est toujours la somme d'une fraction rationnelle, de fonctions Log $|P(x)|$, où $P(x)$ est un polynôme irréductible sur $\mathbb{R}$, et de fonctions de la forme Arctg $(ax + b)$.

Quand, dans un exercice ou un devoir de mathématiques, il est demandé de calculer $F(x) = \int f(x)\,dx$, il est sous-entendu que $F \in \mathcal{U}$ et que par l'application des méthodes générales on peut se ramener à l'intégration d'une fraction rationnelle ou d'une ou plusieurs fonctions du tableau des primitives. Dans le dernier paragraphe (§ 4) sont présentés les exemples les plus classiques.

On voit que le calcul des primitives est une technique de calcul sans grande portée théorique. C'est pourquoi la plupart des alinéas de ce chapitre procèdent du modèle ***Exemple(s)-Exercices,*** *c'est-à-dire que l'alinéa commence par un ou deux exemples servant à exposer une méthode, immédiatement suivis d'exercices à résoudre par l'emploi de la même méthode.*

§ 1. PRÉLIMINAIRE : DÉCOMPOSITION D'UNE FRACTION RATIONNELLE EN ÉLÉMENTS SIMPLES

1.1. Définition

Une *fonction fraction rationnelle réelle* (ou simplement *fraction rationnelle*) est une application $x \longmapsto R(x) = A(x)/B(x)$ où A et B sont des fonctions polynômes réels :

$$\boxed{R(x) = \frac{A(x)}{B(x)} = \frac{\alpha_d x^d + \alpha_{d-1}x^{d-1} + \ldots + \alpha_1 x + \alpha_0}{\beta_n x^n + \beta_{n-1}x^{n-1} + \ldots + \beta_1 x + \beta_0}}.$$

On écrira en général la fraction sous forme *irréductible*, c'est-à-dire telle que les seuls polynômes qui divisent à la fois A et B sont les polynômes constants. Les racines de B sont alors appelés *pôles* de la fraction rationnelle. Si r est une racine d'ordre λ de B, on dit que r est un *pôle d'ordre* λ de R.

C 1. Précisez l'ensemble de départ et l'ensemble d'arrivée de R.

Remarque. On dit souvent « le polynôme A(x) », « la fraction rationnelle R(x) ». Ces expressions comportent deux abus de langage : 1. emploi du mot « polynôme » au lieu de « fonction polynôme », emploi de l'expression « fraction rationnelle » au lieu de « fonction fraction rationnelle »; 2. emploi de A(x) au lieu de A, de R(x) au lieu de R. Ces abus de langage sont commodes, donc justifiés dans la mesure où le contexte permet d'éviter les malentendus.

On appelle *éléments simples de première espèce d'ordre k* les fractions rationnelles de la forme

$$\frac{a}{(x-r)^k}.$$

On appelle *éléments simples de deuxième espèce d'ordre h* les fractions rationnelles de la forme

$$\frac{bx+c}{(x^2+px+q)^h},$$

où $x^2 + px + q$ est irréductible sur $\mathbb{R}$, c'est-à-dire tel que

$$p^2 - 4q < 0.$$

Remarque. D'une façon générale, un élément simple est une fraction rationnelle de la forme $Q(x)/[P(x)]^\alpha$, où P est un polynôme irréductible normé et Q un polynôme tel que deg Q < deg P.

Décomposer une fraction rationnelle *en éléments simples* consiste à écrire cette fraction rationnelle comme somme d'une fonction polynôme et d'éléments simples.

Exemple 1. Décomposer en éléments simples :

$$R(x) = \frac{x^4+3x^3+2x^2+x-7}{x^3}.$$

$$R(x) = x + 3 + \frac{2}{x} + \frac{1}{x^2} + \frac{-7}{x^3}.$$

Exercice 1. Décomposer $R(x) = (x^3 + 2x^2 - 3)/x^2$ en éléments simples.

Exercice 2. Décomposer $(x + 2)^5/x^3$ en éléments simples.

Exemple 2. Décomposer $R(x) = \dfrac{x^4+x^2-1}{(x-2)^3}$ *en éléments simples (première méthode).*

Remarquons que

$$\begin{aligned}x^4 + x^2 - 1 &= (x-2+2)^4 + (x-2+2)^2 - 1\\ &= (x-2)^4 + 8(x-2)^3 + 25(x-2)^2 + 36(x-2) + 19,\end{aligned}$$

d'où $$R(x) = x + 6 + \frac{25}{x-2} + \frac{36}{(x-2)^2} + \frac{19}{(x-2)^3}.$$

Exercice 3. Décomposer les fractions rationnelles suivantes en éléments simples : $(x^4 + x^2 - 1)/(x + 2)^3$, $x/(x - 1)^8$, $(x + 1)^5/(x - 1)^5$, $(x - 1)^5/(x + 1)^5$.

Exemple 3. Décomposer la fraction de l'exemple 2 en éléments simples (deuxième méthode).

Divisons $x^4 + x^2 - 1$ par $x - 2$, puis le quotient par $x - 2$ puis le nouveau quotient par $x - 2$, il vient

$$\begin{aligned}x^4 + x^2 - 1 &= (x-2)(x^3 + 2x^2 + 5x + 10) + 19\\ x^3 + 2x^2 + 5x + 10 &= (x-2)(x^2 + 4x + 13) + 36\\ x^2 + 4x + 13 &= (x-2)(x+6) + 25,\end{aligned}$$

d'où

$$x^4 + x^2 - 1 = 19 + (x-2)\cdot 36 + (x-2)^2\cdot 25 + (x-2)^3(x+6),$$

et on retrouve la décomposition précédente.

Exercice 4. Retrouver les résultats de l'exercice 3 par cette méthode.

Exemple 4. Décomposer $R(x) = \dfrac{x^5+1}{(x^2+x+1)^2}$ *en éléments simples.*

Divisions $x^5 + 1$ par $x^2 + x + 1$, puis à nouveau le quotient par $x^2 + x + 1$, il vient

$$\begin{aligned}x^5 + 1 &= (x^2 + x + 1)(x^3 - x^2 + 1) - x\\ x^3 - x^2 + 1 &= (x^2 + x + 1)(x - 2) + x + 3,\end{aligned}$$

d'où

$$x^5 + 1 = -x + (x^2 + x + 1)(x + 3) + (x^2 + x + 1)^2(x - 2)$$

et $$R(x) = x - 2 + \frac{x+3}{x^2+x+1} + \frac{-x}{(x^2+x+1)^2}.$$

Exercice 5. Décomposer les fractions rationnelles suivantes en éléments simples : $(x^7 + x^4 - 1)/(x^2 + 1)^3$, $(x + 1)/(x^2 + 2x + 2)^{38}$, $(x^2 - 1)^2/(x^2 + 1)^2$, $(x^{12} - 7x^5)/(x^2 + 2x + 2)^5$.

Exemple 5. Décomposer $R(x) = \dfrac{1}{x^2-1}$ en éléments simples.

$$\frac{1}{x^2-1} = \frac{-1/2}{x+1} + \frac{1/2}{x-1}.$$

Exercice 6. Décomposer en éléments simples $x/(x^2 - 1)$, $1/x(x - 1)$, $(x - 1)/x(x + 1)$.

Exemple 6. Un petit calcul simple permet d'obtenir

$$\begin{aligned}&\frac{1}{x+1} + \frac{2}{x-1} + \frac{-1}{(x-1)^2} + \frac{-x+1}{x^2+x+1} + \frac{2x-3}{(x^2+x+1)^2}\\ &= \frac{2x^6 + 6x^5 + 6x^4 - 12x^3 - 9x^2 - 3x - 4}{(x+1)(x-1)^2(x^2+x+1)^2}.\end{aligned}$$

Exercice 7. Réduire au même dénominateur l'expression

$$\frac{1}{(x-1)^2} + \frac{x}{(x+1)^2} + \frac{-2x+1}{x^2+1} + \frac{1}{(x^2+1)^2},$$

puis décomposer en éléments simples

$$R(x) = \frac{x^7 - 7x^5 + x^4 - 9x^3 + 2x^2 - x - 3}{x^8 - 2x^4 + 1}.$$

Commentaire. L'exemple 6 et les exercices 6 et 7 montrent qu'il nous faut une *méthode* pour arriver à décomposer une fraction rationnelle en éléments simples. La méthode générale développée ci-dessous repose sur le théorème fondamental du paragraphe suivant.

1.2. Décomposition formelle

Théorème fondamental. Étant donnée une fraction rationnelle réelle $R(x) = A(x)/B(x)$, elle admet une décomposition unique en une somme d'un polynôme $E(x)$ et d'éléments simples. $E(x)$ est le quotient de la division euclidienne en $A(x)$ par $B(x)$ et les éléments simples ont des dénominateurs qui divisent $B(x)$.

Les éléments simples de première espèce sont de la forme $\dfrac{a}{(x-r)^k}$, où $(x-r)^k$ divise $B(x)$; les éléments de seconde espèce sont de la forme $\dfrac{bx+c}{(x^2+px+q)^h}$ où $(x^2+px+q)^h$ divise $B(x)$. $E(x)$ s'appelle la *partie entière* de $R(x)$.

Rappel. $(x-r)^k$ divise $B(x)$ si et seulement si r est racine d'ordre supérieur ou égal à k de $B(x)$.

Exemple 1. Soit $R(x) = \dfrac{1}{x^2(x-1)^3}$, le théorème énonce l'existence et l'unicité des nombres a, b, c, d et e tels que :

$$\frac{1}{x^2(x-1)^3} = \frac{a}{x} + \frac{b}{x^2} + \frac{c}{x-1} + \frac{d}{(x-1)^2} + \frac{e}{(x-1)^3}.$$

Exemple 2. Soit

$$R(x) = (x^{10} + 3x^9 - x^8 + x^5)/(x+1)^2(x^2+x+1)^3.$$

En développant le dénominateur on obtient

$$B(x) = x^8 + 5x^7 + 13x^6 + \ldots$$

d'où $E(x) = x^2 - 2x - 4$. Il existe d'après le théorème huit nombres réels uniques a, b, c, d, e, f, g et h tels que :

$$R(x) = x^2 - 2x - 4 + \frac{a}{x+1} + \frac{b}{(x+1)^2} + \frac{cx+d}{x^2+x+1} + \frac{ex+f}{(x^2+x+1)^2} + \frac{gx+h}{(x^2+x+1)^3}.$$

Remarque : Pour un énoncé complètement explicite du théorème fondamental voir encadré 1.

Définition. On dit que l'on a écrit la *décomposition formelle* d'une fraction rationnelle quand on a écrit $R(x)$ sous la forme d'une somme du polynôme $E(x)$ et d'éléments simples dans lesquels les constantes figurant aux numérateurs sont remplacées par des lettres.

Remarque. Le nombre de constantes figurant dans les numérateurs des éléments simples est égal au degré de $B(x)$.

La méthode générale pour décomposer une fraction rationnelle en éléments simples comporte trois étapes :

1. Écrire la décomposition formelle
2. Déterminer les constantes.
3. Vérifier.

Remarque : D'après l'unicité, la vérification est suffisante en théorie, mais cela suppose de deviner la décomposition. Inversement si on a fait 1 et 2, la vérification est en principe inutile. Dans la pratique cependant, il est fréquent que l'on ait fait une erreur de calcul : la vérification permet alors de s'en rendre compte. De plus, on peut souvent deviner la bonne décomposition à partir du résultat faux et alors la vérification sera suffisante. Il faut insister sur l'importance de la vérification, car la décomposition d'une fraction rationnelle est un simple outil pour résoudre une question d'un problème. Un résultat faux dans cette étape conduit en général à des calculs inextricables par la suite.

VÉRIFIER N'EST PAS UNE PERTE DE TEMPS

Le théorème a été démontré dans le chapitre 4 du thème 4, volume 1. Nous donnons ici une démonstration plus élémentaire.

Démonstration du théorème fondamental. Soit $R(x) = A(x)/B(x)$ une fraction rationnelle.

Existence de la décomposition. Si deg $B > 0$, B admet au moins une racine r réelle ou complexe.

1er cas : $r \in \mathbb{R}$. Soit λ l'ordre de la racine r, il existe un polynôme B_1 tel que $B(x) = (x-r)^\lambda B_1(x)$ et $B_1(r) \neq 0$. Posons $a = A(r)/B_1(r)$, le polynôme $Q(x) = A(x) - aB_1(x)$ vérifie $Q(r) = 0$ et est donc divisible par $x - r$. Il existe donc un polynôme $A_1(x)$ tel que $A(x) - aB_1(x) = (x-r)A_1(x)$ et

$$\frac{A(x)}{B(x)} = \frac{a}{(x-r)^\lambda} + \frac{A_1(x)}{(x-r)^{\lambda-1}B_1(x)}.$$

On est ramené à décomposer la fraction

$$R_1(x) = A_1(x)/(x-r)^{\lambda-1}B_1(r)$$

dont le dénominateur a pour degré (deg B) − 1.

2e cas : $r \in \mathbb{C} - \mathbb{R}$. Soit λ l'ordre de la racine r. Comme B est un polynôme à coefficients réels, $\bar{r}$ est aussi une racine de B d'ordre λ. Posons $x^2 + px + q = (x-r)(x-\bar{r})$, ce polynôme est irréductible sur $\mathbb{R}$, et il existe un polynôme $B_1(x)$ tel que $B(x) = (x^2+px+q)^\lambda B_1(x)$ et dont le reste de la division par x^2+px+q est non nul. Désignons ce reste par $\beta x + \beta'$. Déterminons deux nombres réels b et b' tels que $A(x) - (bx+b')B_1(x)$ soit divisible par x^2+px+q. Soit $\alpha x + \alpha'$ le reste de la division de $A(x)$ par x^2+px+q, il faut déterminer b et b' tels que $\alpha x + \alpha' - (bx+b')(\beta x+\beta')$ soit divisible par x^2+px+q. Or le reste est $[(p\beta-\beta')b - \beta b' + \alpha]x + (\beta q b - \beta' b' + \alpha')$. Il suffit donc de choisir b et b' solution du système :

$$\begin{cases} (p\beta - \beta')b - \beta b' = -\alpha \\ \beta q b - \beta' b' = -\alpha' \end{cases}$$

dont le déterminant $\beta'^2 - p\beta\beta' + q\beta^2$ est strictement positif puisque $\beta \neq 0$ ou $\beta' \neq 0$ et que $p^2 - 4q < 0$. L'existence de b et b' prouve l'existence d'un polynôme $A_1(x)$ tel que

$$A(x) - (bx - b')B_1(x) = (x^2+px+q)A_1(x)$$

et donc

$$\frac{A(x)}{B(x)} = \frac{bx+b'}{(x^2+px+q)^\lambda} + \frac{A_1(x)}{(x^2+px+q)^{\lambda-1}B_1(x)}.$$

On est ramené à décomposer la fraction $R_1(x) = A_1(x)/(x^2+px+q)^{\lambda-1}B_1(x)$ dont le dénominateur a pour degré (deg B) − 2.

Dans les deux cas on se ramène à la décomposition d'une fraction rationnelle dont le dénominateur a un degré strictement plus petit. Au bout d'un nombre fini d'étapes, on se ramène au cas où le degré du dénominateur est 0, auquel cas la fraction rationnelle est un polynôme.

Unicité. Supposons que $R(x)$ admette deux décompositions : la différence de ces deux décompositions est nulle. En regroupant les éléments simples de même dénominateur, on voit que pour démontrer l'unicité de la décomposition, il nous suffit de montrer que si la somme $S(x)$ d'un polynôme et d'éléments simples est la fonction nulle, alors ce polynôme est nul et les éléments simples sont tous de numérateurs nuls. Or si il y a des éléments simples dans $S(x)$ qui ne sont pas nuls, il y a au moins un élément dont le dénominateur est de degré maximum. Si cet élément est de première espèce, il est de la forme $a/(x-r)^k$. Multiplions alors $S(x)$ par $(x-r)^k$ et faisons $x=r$, on obtient $a=0$, ce qui est impossible. Si cet élément est de deuxième espèce, il est de la forme $(bx+c)/(x^2+px+q)^h$ avec $p^2-4q<0$. Soit r et $\bar{r}$ les racines distinctes de $x^2+px+q=0$, en multipliant $S(x)$ par $(x^2+px+q)^k$ et en faisant $x=r$, on obtient $br+c=0$; de même $b\bar{r}+c=0$. Ces deux relations peuvent être considérées comme un système linéaire en b et c de déterminant $r-\bar{r}\neq 0$. D'où $b=c=0$, ce qui est contraire à l'hypothèse. Donc tous les éléments simples de $S(x)$ sont nuls et $S(x)$ est donc égal à un polynôme. Ce polynôme égal à la fonction nulle est égal au polynôme nul. □

$$R(x)=\frac{A(x)}{B(x)}=\frac{\alpha_d x^d+\dots+\alpha_1 x+\alpha_0}{\beta_n x^n+\dots+\beta_1 x+\beta_0}$$

- Décomposition de $B(x)$ sur $\mathbb{C}$:

$$B(x)=\beta_n\prod_{i=1}^{\ell}(x-r_i)^{\lambda_i}\prod_{j=1}^{m}[(x-s_j)(x-\bar{s}_j)]^{\mu_j}$$

où $\forall i\in\{1,2,\dots,\ell\}\quad r_i\in\mathbb{R}$

$\forall j\in\{1,2,\dots,m\}\quad s_j\in\mathbb{C}-\mathbb{R}$.

On pose $x^2+p_jx+q_j=(x-s_j)(x-\bar{s}_j)$

$$\Delta=p_j^2-4q_j=(s_j-\bar{s}_j)^2=-4(\operatorname{Im} s_j)^2<0.$$

- Décomposition de $B(x)$ sur $\mathbb{R}$:

$$B(x)=\beta_n\prod_{i=1}^{\ell}(x-r_i)^{\lambda_i}\prod_{j=1}^{m}(x^2+p_jx+q_j)^{\mu_j}$$

$$\deg B=n=\sum_{i=1}^{\ell}\lambda_i+2\sum_{j=1}^{m}\mu_j.$$

Théorème fondamental. Il existe un polynôme $E(x)$ de degré $-\infty$ si $\deg A<\deg B$ et de degré $(\deg A-\deg B)$ sinon et n nombres réels uniques a_{ik_i} pour $i\in\{1,\dots,\ell\}$ et $k_i\in\{1,\dots,\lambda_i\}$, et b_{jh_j} et c_{jh_j}, pour $j\in\{1,\dots,m\}$ et $h_j\in\{1,\dots,\mu_j\}$ tels que pour tout réel x distincts des r_i, on ait :

$$\frac{A(x)}{B(x)}=E(x)+\sum_{i=1}^{\ell}\sum_{k_i=1}^{\lambda_i}\frac{a_{ik_i}}{(x-r_i)^{k_i}}+\sum_{j=1}^{m}\sum_{h_j=1}^{\mu_j}\frac{b_{jh_j}x+c_{jh_j}}{(x^2+p_jx+q_j)^{h_j}}$$

$E(x)$, appelé *partie entière* de $R(x)$, est le quotient de $A(x)$ par $B(x)$: $A(x)=B(x)E(x)+C(x)$ où $\deg C<\deg B$.

1. Décomposition formelle d'une fraction rationnelle. A chaque polynôme irréductible normé $P(x)$ divisant $B(x)$ correspondent ν éléments simples où ν est le plus grand entier tel que $[P(x)]^\nu$ divise $B(x)$.

Exercice 8. Écrire la décomposition formelle des fractions rationnelles suivantes :

$$(2x+9)/(x-8)^4(x^2+8)^2;$$
$$(x-3)^5/(x^2-2x+2)^2(x^2+x+3)^3;$$
$$x^{10}/(x-2)^3(x^2-x+2)^3;\ (x^2+x+1)^3/(x^4+x^2);$$
$$(3x^5+2x^2)/(3x^2+4x+2).$$

** **Exercice 9.** Écrire la décomposition formelle de

$$x^6/(x^5-13x^4+72x^3-168x^2+71x+325).$$

* **Exercice 10.** Écrire la décomposition formelle de $1/(x^n-1)$ d'abord pour n impair, puis pour n pair.

1.3. Détermination des éléments simples de première espèce correspondant à des pôles simples

Dire que r est un pôle simple de la fraction $R(x)=\dfrac{A(x)}{B(x)}$, écrite sous forme irréductible, c'est dire que $B(r)=0$ et qu'il existe $B_1(x)$ tel que

$$B(x)=(x-r)B_1(x)\quad\text{et}\quad B_1(r)\neq 0.$$

Première méthode

Exemple 1. Soit $R(x)=(x^4+2x^2-2)/x(x-2)(x^2+x+1)$. La décomposition formelle donne

$$R(x)=1+\frac{a}{x}+\frac{b}{x-2}+\frac{cx+d}{x^2+x+1}\qquad(1)$$

Multiplions par x, il vient

$$\frac{x^4+2x^2-2}{(x-2)(x^2+x+1)}=x+a+\frac{bx}{x-2}+\frac{(cx+d)x}{x^2+x+3}$$

d'où pour $x=0$, $a=\dfrac{-2}{(-2)1}=1$. De même en multipliant (1) par $x-2$ et en faisant $x=2$, on obtient $b=\dfrac{16+8-2}{2\cdot(4+2+1)}=\dfrac{11}{7}$.

Remarquons que c et d peuvent alors s'en déduire par identification :

$$\frac{cx+d}{x^2+x+1}=\frac{x^4+2x^2-2}{x(x-2)(x^2+x+1)}-\frac{x^4-x^3-x^2-2x}{B(x)}-\frac{x^3-x^2-x-2}{B(x)}-\frac{11}{7}\frac{x^3+x^2+x}{B(x)}=\frac{-\frac{11}{7}x-\frac{5}{7}}{x^2+x+1}.$$

Exemple 2. $R(x)=\dfrac{x+3}{x^2-4}=\dfrac{a}{x-2}+\dfrac{b}{x+2}$. En multipliant par $(x-2)$ et en faisant $x=2$ il vient $a=\left[\dfrac{x+3}{x+2}\right]_{x=2}=\dfrac{5}{4}$; en multipliant par $x+2$ et en faisant $x=-2$, il vient $b=\left[\dfrac{x+3}{x-2}\right]_{x=-2}=-\dfrac{1}{4}$, d'où $R(x)=\dfrac{5}{4}\dfrac{1}{x-2}-\dfrac{1}{4}\dfrac{1}{x+2}$.

Vérifions :

$$\frac{5}{4}\frac{1}{x-2}-\frac{1}{4}\frac{1}{x+2}=\frac{1}{4}\frac{1}{x^2-4}[5(x+2)-(x-2)]=\frac{1}{4}\frac{4x+12}{x^2-4}.$$

Exercice 11. Décomposer en éléments simples les fractions rationnelles suivantes :

$$(x^2 + 2x + 5)/(x^2 - 3x + 2);$$
$$(3x^2 + x + 1)/(x - 1)(x^2 - 4);$$
$$(x^2 - 2x - 1)/(x^3 + 7x^2 + 7x - 15).$$

Exercice 12. On considère la fraction rationnelle

$$R(x) = (4x^6 - 2x^5 - 8x^3 - 7x^2 - 3x - 2)/(x^7 + x^6 - 2x^4 - 2x^3 + x + 1).$$

Écrire la décomposition formelle de $R(x)$ et calculer la constante figurant au numérateur de l'élément simple correspondant au pôle simple.

Deuxième méthode

Avec les notations ci-dessus, le polynôme dérivé B' du polynôme B vérifie $B'(x) = B_1(x) + (x - r)B_1'(x)$, d'où $B'(r) = B_1(r) \neq 0$ et $a = \dfrac{A(r)}{B_1(r)} = \dfrac{A(r)}{B'(r)}$.

Exemple 3. Soit $R(x)$ la fraction de l'exemple 1 ci-dessus, $B(x) = x^4 - x^3 - x^2 - 2x$, d'où $B'(x) = 4x^3 - 3x^2 - 2x - 2$, d'où $B'(0) = -2$ et $B'(2) = 32 - 12 - 4 - 2 = 14$; et par suite $a = (-2)/(-2) = 1$ et $b = (16 + 8 - 2)/14 = 11/7$.

Exemple 4. Soit $R(x)$ comme dans l'exemple 2 ci-dessus, $B'(x) = 2x$, d'où $a = (2 + 3)/4$ et $b = (-2 + 3)/(-4)$.

Exercice 13. Retrouver les résultats des exercices 11 et 12 par cette méthode.

1.4. Éléments simples de première espèce correspondant à un pôle multiple

Méthode générale

Exemple 1. Pôle $x = 0$. Soit $R(x) = \dfrac{x^3 + x + 1}{x^4(x^2 + x + 1)^2}$. On a :

$$R(x) = (x^3 + x + 1)/x^4(1 + 2x + 3x^2 + 2x^3 + x^4)$$

Divisons $1 + x + x^3$ par $1 + 2x + 3x^2 + 2x^3 + x^4$ SUIVANT LES PUISSANCES CROISSANTES jusqu'à l'ordre 3 (= ordre du pôle − 1) :

$$\begin{array}{l|l}
1 + x + x^3 & 1 + 2x + 3x^2 + 2x^3 + x^4 \\
\underline{-1 - 2x - 3x^2 - 2x^3 - x^4} & \overline{1 - x - x^2 + 4x^3} \\
\quad - x - 3x^2 - x^3 - x^4 & \\
\quad \underline{x + 2x^2 + 3x^3 + 2x^4 + x^5} & \\
\qquad - x^2 + 2x^3 + x^4 + x^5 & \\
\qquad \underline{x^2 + 2x^3 + 3x^4 + 2x^5 + x^6} & \\
\qquad\quad 4x^3 + 4x^4 + 3x^5 + x^6 & \\
\qquad\quad \underline{-4x^3 - 8x^4 - 12x^5 - 8x^6 - 4x^7} & \\
\qquad\qquad -4x^4 - 9x^5 - 7x^6 - 4x^7 &
\end{array}$$

d'où

$$R(x) = \frac{(1 - x - x^2 + 4x^3)(x^2 + x + 1)^2 - 4x^4 - 9x^5 - 7x^6 - 4x^7}{x^4(x^2 + x + 1)^2}$$
$$= \frac{1}{x^4} - \frac{1}{x^3} - \frac{1}{x^2} + \frac{4}{x} + \frac{-4x^3 - 7x^2 - 9x - 4}{(x^2 + x + 1)^2}.$$

Remarque. Nous avons déjà rencontré les divisions de polynômes suivant les puissances croissantes dans les calculs de d.l. de quotients (voir thème 5, chapitre 2, § 3).

Exemple 2. Pôle quelconque. On se ramène au cas précédent par translation en posant $y = x - r$. Soit $R = 1/(x - 1)^5(x^2 + 2x + 4)$. Posons $y = x - 1$ (ou $x = y + 1$), il vient

$$R(x) = S(y) = 1/y^5[(y + 1)^2 + 2(y + 1) + 4] = 1/y^5(7 + 4y + y^2).$$

Divisons 1 par $7 + 4y + y^2$ suivant les puissances croissantes jusqu'à l'ordre 4, il vient

$$1 = (7 + 4y + y^2)\left(\frac{1}{7} - \frac{4}{7^2}y + \frac{9}{7^3}y^2 - \frac{8}{7^4}y^3 - \frac{31}{7^5}y^4\right) + \frac{180}{7^5}y^5 + \frac{31}{7^5}y^6$$

d'où

$$S(y) = \frac{1/7}{y^5} - \frac{4/7^2}{y^4} + \frac{9/7^3}{y^3} - \frac{8/7^4}{y^2} - \frac{31/7^5}{y} + \frac{180 + 31y}{7^5(7 + 4y + y^2)}.$$

Reportons $y = x - 1$, il vient

$$R(x) = \frac{1/7}{(x-1)^5} - \frac{4/7^2}{(x-1)^4} + \frac{9/7^3}{(x-1)^3} - \frac{8/7^4}{(x-1)^2} - \frac{31/7^5}{x-1} + \frac{31x + 149}{7^5(x^2 + 2x + 4)}.$$

Exercice 14. Décomposer en éléments simples les fractions rationnelles suivantes :

$$(x^4 - 5x^3 + 10x^2 - 8x - 1)/(x - 1)^3(x - 2),$$
$$(x^7 + 2)/x^3(x + 1)^4; \quad x^2/(x + 1)^3(x - 1)^2;$$
$$(x^5 + 16x^4 + 21x^3 - 8x^2 + 6x + 9)/x^4(x + 3)^2.$$

Exercice 15. Quels sont les éléments simples correspondant à $(x - 1)^2$ dans la fraction rationnelle de l'exercice 12?

Méthode rapide dans le cas d'un pôle d'ordre 2

Exemple. $\dfrac{6x^2 + 12x + 4}{x(x + 2)^2} = \dfrac{a}{x} + \dfrac{b}{x + 2} + \dfrac{c}{(x + 2)^2}$.

Multiplions par x, puis faisons $x = 0$ d'où $a = 1$; multiplions par $(x + 2)^2$ puis faisons $x = -2$, d'où $c = [6(-2)^2 + 12(-2) + 4]/(-2) = -2$.

Première variante. Pour trouver b, on choisit une valeur quelconque de x et on égalise. Par exemple pour $x = 1$, on obtient

$$\frac{6 + 12 + 4}{9} = 1 + \frac{b}{3} - \frac{2}{9} \text{ d'où } b = 5.$$

Deuxième variante. Pour trouver b on multiplie par x et on fait tendre x vers $+\infty$, d'où $6 = a + b$ et donc $b = 5$.

Exercice 16. Utiliser les deux variantes de cette méthode pour décomposer les fractions rationnelles suivantes :

$$(315x^2 + 200x + 33)/3(5x + 2)^2(x - 3);$$
$$(3x^3 - 7x^2 + 3x - 1)/x^2(x - 1)^2;$$
$$(3x^2 + 10x - 5)/(x^3 - x^2 - x + 1).$$

Méthodes utilisables pour $R(x) = A(x)/(x - r)^\lambda$ *où* $\deg A < \lambda$

1. Quotients successifs. *Exemple.* Soit $R(x) = \dfrac{x^3 - 1}{(x + 2)^4}$. Divisons $x^3 - 1$ par $x + 2$, puis à nouveau le quotient par $x + 2$, et ainsi de suite, jusqu'à ce que l'on obtienne un quotient constant. On a :

$$x^3 - 1 = (x + 2)(x^2 - 2x + 4) - 9;$$
$$x^2 - 2x + 4 = (x + 2)(x - 4) + 12; \quad x - 4 = (x + 2) \cdot 1 - 6.$$

D'où $\quad x^3 - 1 = -9 + 12(x + 2) - 6(x + 2)^2 + (x + 2)^3$

et $\quad R(x) = \dfrac{1}{x + 2} + \dfrac{-6}{(x + 2)^2} + \dfrac{12}{(x + 2)^3} + \dfrac{-9}{(x + 2)^4}$.

2. Formule de Taylor. *Même exemple.* $A(x) = x^3 - 1$. Appliquons à $A(x)$ la formule de Taylor pour les polynômes en $x = -2$, il vient :

$$A(x) = A(-2) + A'(-2)(x+2) + \frac{A''(-2)}{2}(x+2)^2 + \frac{A'''(-2)}{6}(x+2)^3.$$

On retrouve le résultat précédent puisque $A(-2) = -9$, $A'(-2) = 12$, $A''(-2) = -12$, $A'''(-2) = 6$.

Exercice 17. Décomposer les fractions rationnelles suivantes

$$(x^2+5x+4)/(x+3)^3; \quad (x^5+x^3+1)/(x-7)^4; \quad (x^4-2x^3-1)/(2x+3)^5.$$

1.5. Éléments de seconde espèce

Méthode générale

Exemple. Soit à décomposer :

$$R(x) = \frac{3x^6+15x^5+46x^4+83x^3+108x^2+85x+42}{(x+1)(x^2+2x+3)^3}.$$

Cherchons d'abord l'élément $S(x) = \dfrac{bx+c}{(x^2+2x+3)^3}$.

Le numérateur de $R(x) - S(x)$ est

$$N(x) = 3x^6+15x^5+46x^4+79x^3 + (108-b)x^2 + (85-b-c)x + 42 - c.$$

Divisons par x^2+2x+3 : il vient

$$N(x) = (x^2+2x+3)(3x^4+9x^3+19x^2+18x+15-b) + (b-c+1)x + (3b-c-3).$$

$N(x)$ est divisible par x^2+2x+3, si on choisit $b-c+1=0$ et $3b-c-3=0$, soit $b=2$ et $c=3$ et alors

$$R(x) - S(x) = \frac{3x^4+9x^3+19x^2+18x+13}{(x+1)(x^2+2x+3)^2}.$$

Exercice 18. Terminer la décomposition de la fraction rationnelle $R(x)$ de l'exemple ci-dessus.

Exercice 19. Décomposer par cette méthode

$$\frac{3x^6+5x^5+13x^4+14x^3+12x^2+11x-4}{(x-1)(x^2+x+1)^3}.$$

Méthode des quotients successifs dans le cas où $R(x) = A(x)/(x^2+px+q)^\mu$.

Exemple. Dans l'exemple précédent l'élément simple correspondant à $x+1$ est

$$(3-15+46-83+108-85+42)/(1-2+3)^3(x+1) = 2/(x+1),$$

donc $$R(x) - \frac{2}{x+1} = \frac{x^5+2x^4+2x^3-7x^2-11x-12}{(x^2+2x+3)^3}.$$

Divisons le numérateur par x^2+2x+3, nous avons :

$$x^5+2x^4+\ldots-12 = (x^2+2x+3)(x^3-x-5)+(2x+3).$$

Divisons le quotient par x^2+2x+3, il vient

$$x^3-x-5 = (x^2+2x+3)(x-2)+1.$$

D'où

$$R(x) = \frac{2}{x+1} + \frac{x-2}{x^2+2x+3} + \frac{1}{(x^2+2x+3)^2} + \frac{2x+3}{(x^2+2x+3)^3}.$$

Exercice 20. Retrouver le résultat de l'exercice 19 par cette méthode.

Méthode adaptée au cas $\mu = 2$

Exemple. Soit à décomposer

$$R(x) = \frac{x^4-x^3+4x^2-2x+2}{(x^2+1)^2(x-1)}.$$

La décomposition formelle s'écrit :

$$R(x) = \frac{a}{x-1} + \frac{bx+c}{x^2+1} + \frac{dx+e}{(x^2+1)^2}.$$

Multiplions par $(x-1)$ et faisons $x=1$, il vient $a=1$.
Multiplions par $(x^2+1)^2$ et faisons $x=i$ (racine de x^2+1), il vient $di+e = (1+i-4-2i+2)/(i-1) = i$, d'où $d=1$ et $e=0$.
Multiplions par x et faisons tendre x vers l'infini, il vient $1 = a+b$, d'où $b=0$. Enfin pour $x=0$, on a :

$$-2 = -a+c+e$$

d'où $c=-1$. On vérifie que l'on a bien

$$\frac{1}{x-1} - \frac{1}{x^2+1} + \frac{x}{(x^2+1)^2} = R(x).$$

Exercice 21. Décomposer $1/x(x^2+x+1)^2$; décomposer la fraction des exercices 12 et 15.

Exercice 22. Retrouver par cette méthode les résultats des exercices 18 et 19.

Méthode adaptée au cas $\mu = 1$

Principe. Décomposer en éléments de première espèce dans $\mathbb{C}$ puis regrouper.

Exemple. Soit à décomposer $\dfrac{1}{x^3-1}$ en éléments simples. La décomposition formelle **sur** $\mathbb{C}$ s'écrit :

$$\frac{1}{x^3-1} = \frac{a}{x-1} + \frac{b}{x-j} + \frac{c}{x-\bar{j}}$$

$\left(\text{où } j = -\frac{1}{2} + i\frac{\sqrt{3}}{2}, \bar{j} = j^2 = -\frac{1}{2} - i\frac{\sqrt{3}}{2}, 1+j+j^2=0\right)$. Multiplions par $x-1$ et posons $x=1$, il vient $a = 1/3$. Multiplions par $x-j$ et posons $x=j$, il vient $b = 1/(j-1)(j-\bar{j}) = j/3$. De l'unicité de la décomposition, on obtient par passage au complexe conjugué $c = \bar{b} = \bar{j}/3$. Regroupons les deux derniers éléments :

$$\frac{j/3}{x-j} + \frac{\bar{j}/3}{x-\bar{j}} = -\frac{1}{3}\,\frac{x+2}{x^2+x+1}$$

d'où $$\frac{1}{x^3-1} = \frac{1}{3}\,\frac{1}{x-1} - \frac{1}{3}\,\frac{x+2}{x^2+x+1}.$$

Exercice 23. Décomposer $1/(x^5-1)$, $1/(x^5+1)$, $1/(x^4-1)$, $1/(x^4+1)$.

** **Exercice 24.** Décomposer $1/(x^n-1)$.

* **Exercice 25.** Soit $\alpha_k = e^{2ik\pi/n}$ les racines n^e de l'unité et soit $P(x)$ un polynôme de degré strictement inférieur à n. Montrer que

$$\frac{P(x)}{x^n-1} = \frac{1}{n}\sum_{k=0}^{n-1} \frac{\alpha_k P(\alpha_k)}{x-\alpha_k}.$$

En déduire que :

$$\frac{P(x)}{x^n-1} = -\frac{1}{2}P(0) + \frac{1}{2n}\sum_{k=0}^{n-1} \frac{x+\alpha_k}{x-\alpha_k}P(\alpha_k).$$

C 2. Comment étendre cette méthode aux cas $\mu \geqslant 2$? Dans la pratique cela conduit généralement à des calculs assez compliqués.

1.6. Simplifications dues aux symétries

La décomposition en éléments simples étant unique, on peut « jouer » avec les symétries.

Exemple 1. La fraction $R(x) = \dfrac{x^2+2}{(x^2-1)(x^2+1)^2}$ est paire. Décomposons formellement

$$R(x) = \frac{a}{x-1} + \frac{b}{x+1} + \frac{cx+d}{x^2+1} + \frac{ex+f}{(x^2+1)^2}.$$

En changeant x en $(-x)$, on a donc

$$R(x) = R(-x) = \frac{a}{-x-1} + \frac{b}{-x+1} + \frac{-cx+d}{x^2+1} + \frac{-ex+f}{(x^2+1)^2}$$
$$= \frac{-b}{x-1} + \frac{-a}{x+1} + \frac{(-c)x+d}{x^2+1} + \frac{(-e)x+f}{(x^2+1)^2}.$$

De l'unicité de la décomposition on déduit $-b = a$, $c = 0$, $e = 0$, d'où

$$R(x) = \frac{a}{x-1} - \frac{a}{x+1} + \frac{d}{x^2+1} + \frac{f}{(x^2+1)^2}.$$

Exercice 26. Terminer la décomposition de $R(x)$.

Exemple 2. La fraction $R(x) = \dfrac{x^2}{(x^2-1)(x^2+1)}$ vérifie $R(ix) = -R(x)$. Décomposons formellement

$$R(x) = \frac{a}{x-1} + \frac{b}{x+1} + \frac{cx+d}{x^2+1}$$

d'où

$$-\frac{a}{x-1} - \frac{b}{x+1} - \frac{cx+d}{x^2+1} = \frac{a}{ix-1} + \frac{b}{ix+1} + \frac{icx+d}{-x^2+1}$$
$$= -\frac{i(a+b)x+a-b}{x^2+1} + \frac{\alpha}{x-1} + \frac{\beta}{x+1}.$$

De l'unicité on déduit $c = i(a+b)$ et $d = a - b$. Comme a, b et c sont réels $c = 0$, $b = -a$ et $d = 2a$, d'où

$$R(x) = \frac{a}{x-1} - \frac{a}{x+1} + \frac{2a}{x^2+1}.$$

Déterminons a en multipliant par $(x-1)$; pour $x = 1$, on obtient $a = 1/4$.

Exercice 27. Décomposer $\dfrac{x^3-3x}{(x^2+1)^2(x^2+2)^3}$ en remarquant que cette fraction est impaire.

** **Exercice 28.** Décomposer $\dfrac{x^3}{(x-a)(x-b)(x-c)}$ en remarquant que la fraction est invariante par permutation de a, b et c. Dans quels cas cette symétrie est-elle rompue?

§ 2. MÉTHODES GÉNÉRALES DE CALCUL DES PRIMITIVES

2.1. Définition et notations

Rappelons qu'on dit qu'une fonction F est une primitive d'une fonction f si et seulement si F est dérivable et si $F' = f$. On convient de noter

$$\int f(x)\,dx$$

une primitive quelconque de f. Par exemple $\int x^3\,dx$ désigne l'une des fonctions $x \longmapsto \frac{1}{4}x^4 + K$, où $K \in \mathbb{R}$.

$\int f(x)\,dx$ s'appelle l'*intégrale indéfinie* de f (ou simplement l'intégrale de f). L'expression $\int f(x)\,dx$ se lit « somme de f de x dx ». Calculer une primitive de f, c'est-à-dire exprimer $\int f(x)\,dx$ à l'aide de fonctions usuelles, s'appelle *intégrer* f.

Remarque. Nous supposerons toujours que

$$f : D \longrightarrow \mathbb{R},$$

où D est la réunion d'intervalles ouverts et disjoints I_ℓ de $\mathbb{R}$, c'est-à-dire qu'il existe une famille d'intervalles ouverts $(I_\ell)_{\ell \in L}$ telle que :

1. $D = \bigcup_{\ell \in L} I_\ell$.
2. $\forall \ell_1 \in L \quad \forall \ell_2 \in L \quad [\ell_1 \neq \ell_2 \Longrightarrow I_{\ell_1} \cap I_{\ell_2} = \varnothing]$.

C 3. Montrer que si I est un intervalle et que $I \subset D$, alors il existe un indice ℓ tel que $I \subset I_\ell$.

Si F est une primitive de f, alors $F + K$ est une primitive de f si et seulement si K est une fonction **constante sur chaque intervalle I** inclus dans D, ou ce qui est équivalent d'après c3, si K est **constante sur chacun des intervalles I_ℓ**. Désignons ces constantes par K_ℓ (c'est-à-dire $\forall x \in I_\ell \;\; K(x) = K_\ell$). Les constantes K_ℓ sont en principe différentes. Il faut donc bien comprendre que dans la notation usuelle, $F(x) + K$ ou $F(x) + C^{te}$ désignant l'ensemble des primitives de $f(x)$, K ou Cte désignent non pas une *constante* mais une *fonction constante* sur chaque intervalle de l'ensemble de définition de D.

Exemple. On considère $f :]-\infty, 0[\cup]0, +\infty[\longrightarrow \mathbb{R}$,

$$x \longmapsto \frac{1}{x}.$$

Or on sait que $\dfrac{d}{dx}\,\text{Log}\,|x| = \dfrac{1}{x}$, d'où $\displaystyle\int \frac{dx}{x} = \text{Log}\,|x|$.

Les primitives de f sont donc les fonctions

$$x \longmapsto \text{Log}\,|x| + K(x) \quad \text{où} \quad K(x) = \begin{cases} K_1 & \text{si } x < 0 \\ K_2 & \text{si } x > 0. \end{cases}$$

Nous les désignerons souvent par $\text{Log}\,|x| + K$ ou $\text{Log}\left|\dfrac{x}{C}\right|$.

* **Exercice 29.** On considère

$$f :]0, 1[\cup]2, 3[\cup]3, 5[\longrightarrow \mathbb{R}, \quad x \longmapsto 0.$$

Montrer que l'ensemble des primitives de f forme un espace vectoriel. Quelle est la dimension de cet espace vectoriel? Même question pour $f : \mathbb{R} - \mathbb{Z} \longrightarrow \mathbb{R}$, $x \longmapsto 0$.

2.2. Primitives usuelles

Une méthode d'intégration particulièrement simple consiste à deviner F et à vérifier que $F' = f$. Cette méthode est importante, car toutes les autres méthodes s'y ramènent. Il faut donc connaître par cœur le tableau des primitives usuelles (encadré 2).

$f(x)$	$\int f(x)\,dx$
0	K
$x^\alpha,\ \alpha \in \mathbb{R},\ \alpha \neq 1$	$\frac{1}{\alpha+1} x^{\alpha+1} + K$
$\frac{1}{x}$	$\mathrm{Log}\,\lvert x\rvert + K$
e^x	$e^x + K$
$e^{\lambda x},\ \lambda \neq 0$	$\frac{1}{\lambda} e^{\lambda x} + K$
$\cos x$	$\sin x + K$
$\sin x$	$-\cos x + K$
$\cos \omega x,\ \omega \neq 0$	$\frac{1}{\omega} \sin \omega x + K$
$\sin \omega x,\ \omega \neq 0$	$-\frac{1}{\omega} \cos \omega x + K$
$\mathrm{ch}\, x$	$\mathrm{sh}\, x + K$
$\mathrm{sh}\, x$	$\mathrm{ch}\, x + K$
$\frac{1}{x^2+1}$	$\mathrm{Arctg}\, x + K$
$\frac{1}{x^2+a^2},\ a \neq 0$	$\frac{1}{a} \mathrm{Arctg}\, \frac{x}{a} + K$

2. **Tableau des primitives À SAVOIR PAR CŒUR. Les méthodes de calcul des primitives ont toutes pour but de ramener le calcul à l'emploi d'une ou plusieurs des formules de ce tableau.**

$f(x)$	$\int f(x)\,dx$
$1 + \mathrm{tg}^2\, x = \frac{1}{\cos^2 x}$	$\mathrm{tg}\, x + K$
$1 + \mathrm{cotg}^2\, x = \frac{1}{\sin^2 x}$	$-\mathrm{cotg}\, x + K = -\frac{1}{\mathrm{tg}\, x} + K$
$1 - \mathrm{th}^2\, x = \frac{1}{\mathrm{ch}^2 x}$	$\mathrm{th}\, x + K$
$\frac{1}{1-x^2}$	$\frac{1}{2} \mathrm{Log} \left\lvert \frac{1+x}{1-x} \right\rvert + K$ ou $\begin{cases} \mathrm{Argth}\, x & \text{si } -1 < x < 1 \\ \mathrm{Argth} \frac{1}{x} & \text{si } \lvert x\rvert > 1 \end{cases}$
$\frac{1}{\sqrt{1-x^2}}$	$\mathrm{Arcsin}\, x + K_1$ ou $-\mathrm{Arccos}\, x + K_2$ $(K_2 - K_1 = \pi/2)$
$\frac{1}{\sqrt{x^2-1}}$	$\mathrm{Log}\, \lvert x + \sqrt{x^2-1}\rvert + K$ ou $\begin{cases} \mathrm{Argch}\, x + K & \text{si } x > 1 \\ -\mathrm{Argch}\,(-x) + K & \text{si } x < -1 \end{cases}$
$\frac{1}{\sqrt{x^2+1}}$	$\mathrm{Log}\,(x + \sqrt{x^2+1})$ ou $\mathrm{Argsh}\, x + K$
$\frac{1}{\sin x}$	$\mathrm{Log} \left\lvert \mathrm{tg} \frac{x}{2} \right\rvert + K$
$\frac{1}{\cos x}$	$\mathrm{Log} \left\lvert \mathrm{tg}\left(\frac{x}{2} + \frac{\pi}{4}\right) \right\rvert + K$

3. **Primitives utiles. Même si on ne les connaît pas par cœur, il faut savoir les retrouver rapidement.**

2.3. Linéarité

$$\int k f(x)\,dx = k \int f(x)\,dx;$$

$$\int (f(x) + g(x))\,dx = \int f(x)\,dx + \int g(x)\,dx.$$

Exemple 1. Intégration d'une fonction polynôme.

$$\int (x^5 + 3x^2 - x + 7)\,dx = \int x^5\,dx + 3\int x^2\,dx - \int x\,dx + 7\int dx$$
$$= \frac{x^6}{6} + x^3 - \frac{x^2}{2} + 7x + K.$$

Exemple 2. Soit à calculer $F(x) = \int \cos ax \sin bx\,dx$. On sait que

$$\cos ax \sin bx = \frac{1}{2} \sin (a+b)x + \frac{1}{2} \sin (b-a)x,$$

d'où

1er cas : $a \neq \pm b$, $\quad F(x) = \dfrac{\cos(a+b)x}{2(a+b)} + \dfrac{\cos(b-a)x}{2(b-a)} + K.$

2e cas : $a = b \neq 0$ $\quad F(x) = \dfrac{\cos(2ax)}{4a} + K.$

3^e cas : $a = -b \neq 0$ $\quad F(x) = \dfrac{\cos(2bx)}{4b} + K.$

4^e cas : $a = b = 0$ $\quad F(x) = K.$

Exercice 30. Quelles sont les primitives des fonctions suivantes :

$$x^2 + 3x - 4;\quad 1 + x + \frac{x^2}{2} + \frac{x^3}{3!} + \dots + \frac{x^n}{n!};\quad (x-1)^2(x+2)^3?$$

Exercice 31. Quelles sont les primitives des fonctions suivantes : $\cos^2 x$, $\sin^2 x$, $\cos^4 x$, $\sin^6 x$, $\cos ax \cos bx$, $\sin ax \sin bx \sin cx$?

2.4. Changement de variable

• Soit F, Φ et U trois fonctions dérivables (donc continues) et à dérivées continues, telles que

$$F = \Phi \circ U.$$

La formule de dérivation d'une fonction composée nous permet d'écrire $F'(x) = \Phi'(U(x))U'(x)$. Posons $f = F'$ et $\varphi = \Phi'$; cette relation devient :

$$f(x) = \varphi(U(x))U'(x).$$

• Inversement soit f et φ deux fonctions continues et U une fonction dérivable à dérivée continue, telles que

$$f(x) = \varphi(U(x))U'(x).$$

Posons $F(x) = \int f(x)\,dx$ et $\Phi(u) = \int \varphi(u)\,du$. On a $\dfrac{d}{dx}(\Phi \circ U)(x) = \varphi(U(x))U'(x) = f(x)$, d'où

$$(\Phi \circ U)(x) = F(x) + C^{te},$$

ou $\Phi \circ U = F$ (à une constante près) ou encore :

$$\int f(x)\,dx = \left[\int \varphi(u)\,du\right]_{u=U(x)}.$$

Remarque : La condition $f(x) = \varphi(U(x))U'(x)$ est souvent écrite $f(x) = \varphi(u)\dfrac{du}{dx}$ ou encore

$$f(x)\,dx = \varphi(u)\,du.$$

• Ce résultat peut être utilisé de façon directe, ou bien, ce qui est le cas le plus fréquent, en inversant les rôles de f et de φ (voir encadré 4).

• *Changement de variable direct*

Proposition. Soit $f : D \longrightarrow \mathbb{R}$. Si f est continue et si il existe une fonction continue φ et une fonction dérivable u à dérivée u' continue telle que pour tout $x \in D$: $f(x) = \varphi(u(x))u'(x)$; alors :

$$\int f(x)\,dx = \int \varphi(u)\,du,$$

c'est-à-dire que si $F(x) = \int f(x)\,dx$ et $\Phi(u) = \int \varphi(u)\,du$, alors $F(x) = \Phi(u(x))$.

Exemple 1. Calculer $F(x) = \displaystyle\int \frac{3x^2 - 1}{x^3 - x + 99}\,dx$. On remarque que $3x^2 - 1$ est la dérivée $u'(x)$ de $u(x) = x^3 - x + 99$, d'où

$$F(x) = \int \frac{du}{u} = \text{Log}\,|u| + K = \text{Log}\,|x^3 - x + 99| + K.$$

Exemple 2. On a

$$\frac{d}{dx}\,\text{Log}\left|\text{tg}\,\frac{x}{2}\right| = \frac{1}{\text{tg}\,\frac{x}{2}} \cdot \frac{1}{\cos^2\frac{x}{2}} \cdot \frac{1}{2} = \frac{1}{2\sin\frac{x}{2}\cos\frac{x}{2}} = \frac{1}{\sin x}.$$

D'où $\displaystyle\int \frac{dx}{\sin x} = \text{Log}\left|\text{tg}\,\frac{x}{2}\right|$. Soit à calculer

$$\int \frac{dx}{\cos x} = \int \frac{dx}{\sin\left(x + \frac{\pi}{2}\right)} = \int \frac{dx}{\sin u}$$

pour $u = x + \pi/2$, d'où

$$\int \frac{dx}{\cos x} = \text{Log}\left|\text{tg}\left(\frac{u}{2}\right)\right| = \text{Log}\left|\text{tg}\left(\frac{x}{2} + \frac{\pi}{4}\right)\right|.$$

Exercice 32. Calculer

$$\int \frac{dx}{x-a},\quad \int \frac{2x}{(x^2+1)^5}\,dx;$$

$$\int \left[1 + \text{tg}^2\left(\frac{1}{2}x^2 + 3\right)\right]x\,dx;\quad \int e^{\text{Log}\,x}\,\frac{dx}{x};$$

$$\int \frac{1 + \text{tg}^2 x}{\sqrt{1 - \text{tg}^2 x}}\,dx;\quad \int \frac{e^x}{\sqrt{e^{2x}+1}}\,dx;$$

$$\int \text{sh}\,(\text{ch}\,x)\cdot \text{sh}\,x\,dx;\quad \int \frac{e^x\,\text{sh}\,(e^x)}{1 + \text{ch}^2\,(e^x)}\,dx.$$

• *Changement de variable implicite*

Proposition. Soit $f : D \longrightarrow \mathbb{R}$, continue et

$$X : E \longrightarrow D,$$

dérivable et à dérivée continue. On définit

$$\varphi : E \longrightarrow \mathbb{R}$$

par $\varphi(u) = f(X(u))X'(u)$; on pose $\Phi(u) = \int \varphi(u)\,du$ et $F(x) = \int f(x)\,dx$. On a alors $\Phi(u) = F(X(u))$ et si X est inversible

$$F(x) = \Phi(X^{-1}(u)).$$

$$\mathbf{F}(x) = \int f(x)\,\mathrm{d}x \overset{?}{=} \int \varphi(u)\,\mathrm{d}u = \Phi(u)$$

on reconnaît :	*on pose :*
$u = \mathrm{U}(x)$	$x = \mathrm{X}(u)$
$\mathrm{F}'(x) = \Phi'(\mathrm{U}(x)) \cdot \mathrm{U}'(x)$	$\mathrm{F}'(\mathrm{X}(u))\mathrm{X}'(u) = \Phi'(u)$
$\boxed{f(x) = \varphi(\mathrm{U}(x)) \cdot \mathrm{U}'(x)}$	$\boxed{f(\mathrm{X}(u))\mathrm{X}'(u) = \varphi(u)}$
$\Downarrow$	$\Downarrow$
$\mathrm{F}(x) = \Phi(\mathrm{U}(x))$	$\mathrm{F}(\mathrm{X}(u)) = \Phi(u)$
	X^{-1} existe
	$\mathrm{F}(x) = \Phi(\mathrm{X}^{-1}(x))$

Notations différentielles

$$f(x)\,\mathrm{d}x \overset{?}{=} \varphi(u)\,\mathrm{d}u$$

$u = u(x)$	$x = x(u)$
$f(x) = \varphi(u)\dfrac{\mathrm{d}u}{\mathrm{d}x}$	$f(x)\dfrac{\mathrm{d}x}{\mathrm{d}u} = \varphi(u)$
$\int f(x)\,\mathrm{d}x = \left[\int \varphi(u)\,\mathrm{d}u\right]_{u=u(x)}$	$\left[\int f(x)\,\mathrm{d}x\right]_{x=x(u)} = \int \varphi(u)\,\mathrm{d}u$
	Si $u \longmapsto x$ est inversible
	$\int f(x)\,\mathrm{d}x = \left[\int \varphi(u)\,\mathrm{d}u\right]_{u=u(x)}$

4. Le changement de variable est la forme intégrale de la dérivée d'une fonction de fonction. Pour trouver la fonction F à partir de $\mathbf{F}(x) = \Phi(u)$, il faut connaître u en fonction de x (colonne de gauche). En général on pose $x = \mathrm{X}(u)$, mais cela n'a d'intérêt que si X est inversible.

Exemple 1. Soit à calculer $\mathrm{F}(x) = \int \dfrac{\mathrm{d}x}{\sqrt{1-x^2}}$. Comme

$$f : x \longmapsto (1-x^2)^{-1/2}$$

n'est définie que sur $\mathrm{D} =]-1, +1[$, on peut poser $x = \cos u$, d'où $\mathrm{d}x = -\sin u\,\mathrm{d}u$, et on est ramené à intégrer $\int \dfrac{-\sin u}{|\sin u|}\,\mathrm{d}u$. Il faut préciser l'application $\mathrm{X} : \mathrm{E} \longrightarrow]-1, 1[$, $u \longmapsto \cos u$; on peut choisir $\mathrm{E} =]0, \pi[$, d'où $\mathrm{F}(x) = \Phi(u) = \int -\mathrm{d}u = -u$ d'où $\mathrm{F}(x) = -\operatorname{Arccos} x + \mathrm{K}$.

Exercice 33. Terminer l'intégration en choisissant
$\mathrm{X} :]-\pi, 0[\longrightarrow]-1, 1[$, $u \longmapsto \cos u$.

Exercice 34. Intégrer $\mathrm{F}(x) = \int (1-x^2)^{-1/2}\,\mathrm{d}x$ en faisant le changement de variable $x = \sin v$.

Exemple 2. Soit à calculer $\mathrm{F}(x) = \int \dfrac{x}{\sqrt{x^2+x+1}}\,\mathrm{d}x$; on a

$$x^2 + x + 1 = \left(x + \frac{1}{2}\right)^2 + \frac{3}{4},$$

posons $x + \dfrac{1}{2} = \dfrac{\sqrt{3}}{2}t : \mathrm{d}x = \dfrac{\sqrt{3}}{2}\mathrm{d}t$, et

$$\mathrm{F}(x) = \int \frac{\dfrac{\sqrt{3}}{2}t - \dfrac{1}{2}}{\dfrac{\sqrt{3}}{2}\sqrt{t^2+1}}\,\frac{\sqrt{3}}{2}\,\mathrm{d}t$$

$$= \frac{\sqrt{3}}{2}\int \frac{t}{\sqrt{t^2+1}}\,\mathrm{d}t - \frac{1}{2}\int \frac{\mathrm{d}t}{\sqrt{t^2+1}}$$

$$= \frac{\sqrt{3}}{2}\sqrt{t^2+1} - \frac{1}{2}\operatorname{Argsh} t$$

$$= \sqrt{x^2+x+1} - \frac{1}{2}\operatorname{Argsh}\left[\frac{\sqrt{3}}{3}(2x+1)\right].$$

Exercice 35. Calculer $\int \dfrac{\mathrm{d}x}{\sqrt{1+e^x}}$, $\int \sqrt{x^2-x+1}\,\mathrm{d}x$, $\int \dfrac{\mathrm{d}x}{\sqrt{-2x^2+3x+2}}$, $\int \sqrt{-2x^2+3x+2}\,\mathrm{d}x$, $\int \sqrt{-2x^2+3x+2}\left(x - \dfrac{3}{4}\right)\mathrm{d}x$, $\int x\sqrt{-2x^2+3x+2}\,\mathrm{d}x$.

• *Application aux intégrales définies*

Proposition. Soit $\mathrm{U} : [a, b] \longrightarrow \mathbb{R}$, dérivable et à dérivée continue. Soit $\varphi : \mathfrak{I} \longrightarrow \mathbb{R}$, où $\mathfrak{I}$ est un intervalle contenant $\mathrm{U}([a, b])$, continue. On a alors :

$$\int_a^b \varphi(\mathrm{U}(x))\mathrm{U}'(x)\,\mathrm{d}x = \int_{\mathrm{U}(a)}^{\mathrm{U}(b)} \varphi(u)\,\mathrm{d}u.$$

Démonstration. Posons $f(x) = \varphi(\mathrm{U}(x))\mathrm{U}'(x)$, $\mathrm{F}(x) = \int f(x)\,\mathrm{d}x$ et $\Phi(u) = \int \varphi(u)\,\mathrm{d}u$.

On a $\mathrm{F}' = (\Phi \circ \mathrm{U})'$, d'où :

$$\int_a^b \varphi(\mathrm{U}(x))\mathrm{U}'(x)\,\mathrm{d}x = \int_a^b f(x)\,\mathrm{d}x = \mathrm{F}(b) - \mathrm{F}(a)$$

$$= \Phi \circ \mathrm{U}(b) - \Phi \circ \mathrm{U}(a) = \Phi(\mathrm{U}(b)) - \Phi(\mathrm{U}(a))$$

$$= \int_{\mathrm{U}(a)}^{\mathrm{U}(b)} \varphi(u)\,\mathrm{d}u. \ \square$$

Corollaire. Soit $\mathrm{X} : [\alpha, \beta] \longrightarrow \mathbb{R}$, dérivable et à dérivée continue. Soit $f : \mathrm{I} \longrightarrow \mathbb{R}$, où I est un intervalle de $\mathbb{R}$ contenant $X([\alpha, \beta])$, continue. On a alors :

$$\int_{X(\alpha)}^{X(\beta)} f(x)\,dx = \int_{\alpha}^{\beta} f(X(u))X'(u)\,du.$$

Démonstration. Cette proposition est la même que la proposition précédente.

Exercice 36. Calculer $\displaystyle\int_0^1 \frac{dx}{\sqrt{x} + \sqrt{1-x}}$ et $\displaystyle\int_0^2 \sqrt{1+x^2}\,dx.$

Exercice 37. Calculer $\displaystyle\int_0^{2\pi} e^{\sin x}\,|\cos x|\,dx.$

2.5. Intégration par parties

Il s'agit de la forme intégrale de la dérivée d'un produit

$$(uv)' = uv' + vu'$$

En utilisant la notation $du = u'(x)\,dx$ et $dv = v'(x)\,dx$, on a si u' et v' sont continues :

$$\boxed{\int u\,dv = uv - \int v\,du}$$

On en déduit que si u et v admettent des dérivées continues sur $[a, b]$, alors

$$\int_a^b u\,dv = [uv]_a^b - \int_a^b v\,du$$

où $[uv]_a^b$ désigne $u(b)v(b) - u(a)v(a)$.

Exemple 1. Soit à calculer $F(x) = \displaystyle\int x\,e^x\,dx$

$$\begin{cases} u = x \\ dv = e^x\,dx \end{cases} \quad \text{d'où} \quad \begin{cases} du = dx \\ v = e^x \end{cases}$$

et donc $F(x) = xe^x - \displaystyle\int e^x\,dx = x\,e^x - e^x = (x-1)\,e^x.$

Exemple 2. Soit à calculer

$$I = \int e^{ax}\cos bx\,dx \quad \text{et} \quad J = \int e^{ax}\sin bx\,dx$$

(où $a \neq 0$ et $b \neq 0$). Intégrons I par parties :

$$\begin{cases} u = e^{ax} \\ dv = \cos bx\,dx \end{cases} \quad \text{d'où} \quad \begin{cases} du = ae^{ax}dx \\ v = \dfrac{1}{b}\sin bx \end{cases}$$

Il vient $I = b^{-1}\,e^{ax}\sin bx - ab^{-1}\,J$. On peut aussi intégrer I par parties en posant :

$$\begin{cases} u = \cos bx \\ dv = e^{ax}\,dx \end{cases} \quad \text{d'où} \quad \begin{cases} du = -\,b\sin bx\,dx \\ v = a^{-1}\,e^{ax} \end{cases}$$

et $I = a^{-1}\,e^{ax}\cos bx + a^{-1}\,bJ$. D'où le système :

$$\begin{cases} aI - bJ = e^{ax}\cos bx \\ bI + aJ = e^{ax}\sin bx \end{cases}$$

et donc $\quad I = (a^2+b^2)^{-1}(a\cos bx + b\sin bx)\,e^{ax}$

et $\quad J = (a^2+b^2)^{-1}(-\,b\cos bx + a\sin bx)\,e^{ax}.$

Exercice 38. Retrouver ce résultat en remarquant que $\cos bx = (e^{ibx} + e^{-ibx})/2$ et $\sin bx = (e^{ibx} - e^{-ibx})/2i.$

Exercice 39. Calculer $\displaystyle\int \operatorname{Log} x\,dx,\ \int x^n e^x\,dx,\ \int t^n\cos t\,dt.$

Exercice 40. Calculer $\displaystyle\int \operatorname{ch} ax\sin bx\,dx$ où $(a, b) \neq (0, 0).$

§ 3. PRIMITIVES DES FRACTIONS RATIONNELLES

Il résulte des études faites dans les paragraphes 1 et 2 que le calcul de la primitive d'une fraction rationnelle se ramène aux calculs des primitives de fonctions polynômes et d'éléments simples.

3.1. Intégration des éléments simples de première espèce

- d'ordre 1 : $\displaystyle\int \frac{a}{x-r}\,dx = a\operatorname{Log}|x-r|$
- d'ordre $k > 1$: $\displaystyle\int \frac{a}{(x-r)^k}\,dx = -\frac{a}{k-1}\,\frac{1}{(x-r)^{k-1}}.$

Exemple 1. Soit à calculer $F(x) = \displaystyle\int \frac{x^4+1}{x^2-1}\,dx$. On a

$$\frac{x^4+1}{x^2-1} = x^2 + 1 + \frac{1}{x+1} - \frac{1}{x-1}$$

d'où $\quad F(x) = \dfrac{1}{3}x^3 + x + \operatorname{Log}|x+1| - \operatorname{Log}|x-1| + K.$

Exemple 2. Calculer $I = \displaystyle\int \frac{3x^2+1}{(x-1)^3}\,dx$

$$\frac{3x^2+1}{(x-1)^3} = \frac{3}{x-1} + \frac{6}{(x-1)^2} + \frac{4}{(x-1)^3}$$

$$I = 3\operatorname{Log}|x-1| - \frac{6}{x-1} - \frac{2}{(x-1)^2} + K$$

$$= 3\operatorname{Log}|x-1| - \frac{6x-4}{(x-1)^2}$$

NE JAMAIS OUBLIER DE VÉRIFIER!!!

$$I'(x) = \frac{3}{x-1} - \frac{6(x-1)-(6x-4)2}{(x-1)^3} = \frac{3x^2+1}{(x-1)^3}.$$

Exercice 41. Calculer $\displaystyle\int \frac{-2x^3-4x^2+9x+1}{x^2+2x-3}\,dx;\ \int \frac{x^3+2}{x+5}\,dx$

$$\int \frac{7x^{10}+14x^9-56x^8-112x^7+112x^6+225x^5+2x^4-10x^3-27x^2-12x+20}{x^5+2x^4-8x^3-16x^2+16x+32}\,dx;$$

$$\int \frac{x^7+2}{x^3(x+1)^4}\,dx;\quad \int \frac{x^4+x^3+x^2+x+1}{x^2-1}\,dx.$$

3.2. Intégration des éléments simples de deuxième espèce

Soit à calculer $F_k(x) = \int \frac{bx + c}{(x^2 + px + q)^k}\,dx$

où $4q - p^2 > 0$. Il existe une formule générale donnant la solution (voir encadré 6), mais elle est trop compliquée pour être retenue ou même appliquée. Aussi procède-t-on généralement par étapes.

Première étape. Élimination du terme de degré un du numérateur :

$$F_k(x) = \frac{b}{2}\int \frac{2x + p}{(x^2 + px + q)^k}\,dx + \frac{2c - bp}{2}\int \frac{dx}{(x^2 + px + q)^k}.$$

Le premier terme s'intègre en posant $u = x^2 + px + q$, d'où

$$F_k(x) = -\frac{b}{2(k-1)}\frac{1}{(x^2 + px + q)^{k-1}} + \frac{2c - bp}{2} G_k(x)$$

où $$G_k(x) = \int \frac{dx}{(x^2 + px + q)^k}.$$

Deuxième étape. Mise sous forme canonique :

$$x^2 + px + q = \left(x + \frac{p}{2}\right)^2 + q - \frac{p^2}{4}.$$

On pose $x + \frac{p}{2} = \sqrt{q - \frac{p^2}{4}}\, t$, d'où

$$x^2 + px + q = \left(q - \frac{p^2}{4}\right)(t^2 + 1)$$

$$G_k(x) = \frac{1}{\left(q - \frac{p^2}{4}\right)^{k - \frac{1}{2}}}\int \frac{dt}{(t^2 + 1)^k}.$$

On pose $I_k(t) = \int \frac{dt}{(t^2 + 1)^k}$.

Troisième étape. Calcul de $I_k(t)$:

1er cas : $k = 1$. $I_1(t) = \text{Arctg}\, t$.

2e cas : $k > 1$. On calcule I_k par récurrence sur k à partir de la formule

$$(2k-2)I_k(t) = (2k-3)I_{k-1}(t) + \frac{t}{(t^2 + 1)^{k-1}}.$$

Cette formule se montre en intégrant I_{k-1} par parties :

$$I_{k-1}(t) = \int \frac{dt}{(t^2 + 1)^{k-1}}$$

$$\begin{cases} u = \dfrac{1}{(t^2 + 1)^{k-1}} \\ dv = dt \end{cases} \text{ d'où } \begin{cases} du = -(k-1)\dfrac{2t\,dt}{(t^2 + 1)^k} \\ v = t \end{cases}$$

et $$I_{k-1}(t) = \frac{t}{(t^2 + 1)^{k-1}} + (2k-2)\int \frac{t^2}{(t^2 + 1)^k}\,dt.$$

Il suffit alors de remarquer que $t^2 = (t^2 + 1) - 1$.

Exemple. Soit à calculer $F(x) = \int \frac{x - 1}{(x^2 + x + 1)^2}\,dx$. On a :

$$F(x) = \frac{1}{2}\int \frac{2x + 1}{(x^2 + x + 1)}\,dx - \frac{3}{2}\int \frac{dx}{\left[\left(x + \frac{1}{2}\right)^2 + \frac{3}{4}\right]^2},$$

où $x + \frac{1}{2} = \frac{\sqrt{3}}{2}t$

$$= -\frac{1}{2}\frac{1}{x^2 + x + 1} - \frac{4\sqrt{3}}{3}\int \frac{dt}{(t^2 + 1)^2},$$

où $t^2 + 1 = \frac{4}{3}(x^2 + x + 1)$.

Or $2\int \frac{dt}{(t^2 + 1)} = 2I_2(t) = \frac{t}{t^2 + 1} + \text{Arctg}\, t$, d'où

$$F(x) = -\frac{1}{2}\frac{1}{x^2 + x + 1} - \frac{2\sqrt{3}}{3}\frac{\frac{2}{\sqrt{3}}\left(x + \frac{1}{2}\right)}{\frac{4}{3}(x^2 + x + 1)} - \frac{2\sqrt{3}}{3}\text{Arctg}\left[\frac{\sqrt{3}}{3}(2x + 1)\right]$$

$$= -\frac{x + 1}{x^2 + x + 1} - \frac{2\sqrt{3}}{3}\text{Arctg}\left[\frac{\sqrt{3}}{3}(2x + 1)\right].$$

NE PAS OUBLIER DE VÉRIFIER!

$$F'(x) = -\frac{(x^2 + x + 1) - (x + 1)(2x + 1)}{(x^2 + x + 1)^2} - \frac{2\sqrt{3}}{3}\frac{1}{1 + \frac{1}{3}(2x + 1)^2}\cdot\frac{2\sqrt{3}}{3}$$

$$= \frac{x^2 + 2x}{(x^2 + x + 1)^2} - \frac{1}{x^2 + x + 1} = \frac{x - 1}{(x^2 + x + 1)^2}. \ \checkmark$$

Exercice 42. Calculer

$$\int \frac{-2x^4 + 19x^3 - 33x^2 - 101x + 216}{x^3 - 8x^2 + 7x + 54}\,dx;\quad \int \frac{dx}{x^4 + 1};$$

$$\int \frac{dx}{(x^4 + 1)^2};\quad \int \frac{-4x^4 + 2x^3 - 2x^2 - 6x - 6}{(x^2 + 1)^3}\,dx.$$

$$I_k(t) = \int \frac{dt}{(t^2+1)^k}$$

$$\begin{cases} I_1(t) = \text{Arctg}\, t \\ (2k-2)I_k(t) = (2k-3)I_{k-1}(t) + \dfrac{t}{(t^2+1)^{k-1}} \end{cases}$$

$$I_1(t) = \text{Arctg}\, t$$

$$I_2(t) = \frac{1}{2}\text{Arctg}\, t + \frac{1}{2}\frac{t}{t^2+1}$$

$$I_3(t) = \frac{3}{2\cdot 4}\text{Arctg}\, t + \frac{3}{2\cdot 4}\frac{t}{t^2+1} + \frac{1}{4}\frac{t}{(t^2+1)^2}$$

$$I_4(t) = \frac{3\cdot 5}{2\cdot 4\cdot 6}\text{Arctg}\, t + \frac{3\cdot 5}{2\cdot 4\cdot 6}\frac{t}{t^2+1} + \frac{5}{4\cdot 6}\frac{t}{(t^2+1)^2} + \frac{1}{6}\frac{t}{(t^2+1)^3}$$

$$I_k(t) = \frac{3\cdot 5\cdot ...(2k-3)}{2\cdot 4\cdot 6\cdot ...(2k-2)}\left\{\text{Arctg}\, t + \frac{t}{t^2+1} + \frac{2}{3}\frac{t}{(t^2+1)^2} + \frac{2\cdot 4}{3\cdot 5}\frac{t}{(t^2+1)^3} + ... + \frac{2\cdot 4\cdot ...\cdot(2k-4)}{3\cdot 5\cdot ...\cdot(2k-5)}\frac{t}{(t^2+1)^{k-1}}\right\}$$

$$\left(\text{Remarque} : \frac{1\cdot 3\cdot 5 ...(2k-3)}{2\cdot 4\cdot 6 ...(2k-2)} = \frac{(2h-2)!}{2^{2k-1}((k-1)!)^2}\right)$$

5. Formules explicites donnant $I_k(t)$ déduites de la formule de récurrence.

$$\mathbf{F_k(x) = \int \frac{bx+c}{(x^2+px+q)^k}\,dx}, \quad 4q - p^2 > 0$$

$$F_1(x) = \frac{b}{2}Log(x^2+px+q) + \frac{2c-bp}{\sqrt{4q-p^2}}\text{Arctg}\frac{2x+p}{\sqrt{4q-p^2}}$$

$$F_2(x) = \frac{1}{4q-p^2}\left\{\frac{(2c-bp)x+pc-2bq}{x^2+px+q} + \frac{4c-2bp}{\sqrt{4q-p^2}}\text{Arctg}\frac{2x+p}{\sqrt{4q-p^2}}\right\}$$

6. Formules explicites de $F_k(x)$ pour $k = 1$ et 2.

§ 4. PRIMITIVES CLASSIQUES

Le calcul des primitives consiste à utiliser les méthodes générales du paragraphe 2 pour se ramener à l'intégration de fractions rationnelles ou à l'intégration des fonctions du tableau des primitives usuelles. Ces calculs ne sont pas toujours possibles. Voici quelques exemples classiques où le calcul est possible.

4.1. Polynômes en sin x et cos :

$$\int \mathbf{P(\sin x, \cos x)\,dx}.$$

Le polynôme est une somme de monômes de la forme $a \cos^m x \sin^n x$.

Premier cas : m ou n impair.

Exemple. $F(x) = \int \cos^3 x \sin^4 x\, dx$. On pose

$$u = \sin x,\ du = \cos x\, dx,$$

$$F(x) = \int \cos^2 x \sin^4 x (\cos x\, dx) = \int (1-u^2)u^4\, du$$
$$= \int (u^4 - u^6)\, du = \frac{1}{5}u^5 - \frac{1}{7}u^7 = \frac{1}{5}\sin^5 x - \frac{1}{7}\sin^7 x.$$

Deuxième cas : m et n pairs.

Rappel : $\cos^2 x = \dfrac{1+\cos 2x}{2}$, $\sin^2 x = \dfrac{1-\cos 2x}{2}$,

$$\cos x \sin x = \frac{\sin 2x}{2}.$$

Exemple.

$$F(x) = \int \cos^4 x \sin^6 x\, dx = \int \left(\frac{\sin 2x}{2}\right)^4\left(\frac{1-\cos 2x}{2}\right)dx$$
$$= -\frac{1}{2^6}\int \sin^4 u \cos u\, du + \frac{1}{2^6}\int\left(\frac{1-\cos 2u}{2}\right)^2 du$$
$$= -\frac{1}{5\cdot 2^6}\sin^5 2x + \frac{1}{2^9}\int (1 - 2\cos v + \cos^2 v)\, dv$$
$$= \quad ... \quad + \frac{x}{2^7} - \frac{\sin 4x}{2^8} + \frac{1}{2^9}\int \frac{1+\cos w}{2}\cdot\frac{dw}{2}$$
$$= \quad ... \quad ... \quad + \frac{x}{2^8} + \frac{\sin 8x}{2^{11}}$$

Exercice 43. Calculer

$$\int (\sin^5 x \cos^2 x - \sin^4 x \cos^3 x + \sin x \cos x + \sin^2 x - 2\sin^4 x \cos^2 x)\, dx.$$

4.2. Fraction rationnelle en sin x et cos x :

$$\int \mathbf{R(\sin x, \cos x)\,dx}$$

Posons $f(x) = R(\sin x, \cos x)$.

Méthode : changement de variable.

Si $f(-x) = -f(x)$, on pose $u = \cos x$.
Si $f(\pi - x) = -f(x)$, on pose $u = \sin x$.
Si $f(\pi + x) = f(x)$, on pose $u = \operatorname{tg} x$.
Si aucune de ces relations n'est vérifiée, on pose

$$u = \operatorname{tg} \frac{x}{2}.$$

Exemple. Calculer $F(x) = \int (1 + \cos x) \operatorname{tg} x \, dx$; poser $u = \cos x$, $du = -\sin x \, dx$;

$$F(x) = -\int \frac{1+u}{u} du = -(u + \operatorname{Log} |u|)$$
$$= -\cos x - \operatorname{Log} |\cos x|$$

Si on pose $t = \operatorname{tg} \frac{x}{2}$, on a :

$$\cos x = \frac{1-t^2}{1+t^2}, \quad \operatorname{tg} x = \frac{2t}{1-t^2}, \quad dt = (1+t^2)\, dx$$

d'où $F(x) = \int \frac{4t}{(1+t^2)^2(1-t^2)} dt$. On voit que ce changement de variable ne doit être utilisé qu'en dernière extrémité!

Exercice 44. Calculer

$$\int \frac{dx}{2 + \sin x}; \quad \int \frac{1 - \cos x}{1 + \cos x} dx;$$
$$\int \frac{(1 + \sin x \cos x)(\sin x - \cos x)}{\sin^2 x \cos^2 x} dx;$$
$$\int (\cos 5x + \sin^2 x) \sin^3 x \, dx;$$
$$\int \frac{\sin^3 x + 2 \sin x \cos^2 x}{\cos^3 x + \sin^3 x} dx; \quad \int \operatorname{tg} x \, dx; \quad \int \frac{dx}{\sin x};$$
$$\int \frac{dx}{\cos x}; \quad \int \frac{dx}{\sin^3 x \cos x}; \quad \int \sin^5 x \, dx.$$

4.3. Fractions rationnelles en e^x, ch x, sh x et th x :

$$\int \mathrm{R}(e^x, \operatorname{ch} x, \operatorname{sh} x, \operatorname{th} x)\, dx$$

Méthode : poser $e^x = u$, d'où $u \, dx = du$.

Exercice 45. Calculer

$$\int \frac{dx}{\operatorname{ch} x}; \quad \int \frac{dx}{\operatorname{ch}^2 x + \operatorname{sh}^2 x}; \quad \int \frac{e^{2x} - e^x}{e^{2x} + e^x + 1} dx.$$

4.4. Fractions rationnelles en x et $u = \left(\frac{ax+b}{cx+d}\right)^{1/m}$, $m \in \mathbb{N} - \{0, 1, 2\}$

Méthode : poser $u = \left(\frac{ax+b}{cx+d}\right)^{1/m}$.

Exercice 46. Calculer

$$\int x \sqrt{\frac{x-1}{x+1}} dx; \quad \int x^2 \sqrt[5]{\frac{x-1}{x+1}} dx; \quad \int \frac{x-1}{\sqrt{2x+1}} dx.$$

4.5. Fraction rationnelle en x et $\sqrt{ax^2 + bx + c}$, $a \neq 0$.

Méthode : transformer $\sqrt{ax^2 + bx + c}$ en $\sqrt{t^2 - 1}$, $\sqrt{1 + t^2}$ ou $\sqrt{1 - t^2}$.

Pour $\sqrt{t^2 - 1}$, poser $t = \operatorname{ch} u$.
Pour $\sqrt{1 + t^2}$, poser $t = \operatorname{sh} u$.
Pour $\sqrt{1 - t^2}$, poser $t = \cos u$ ou $t = \sin u$.

Exercice 47. Calculer

$$\int \sqrt{x^2 - 1}\, dx; \quad \int \sqrt{1 - x^2}\, dx; \quad \int \sqrt{x^2 + 1}\, dx;$$
$$\int \frac{x + \sqrt{2x^2 + 3x + 1}}{x^2 - 3} dx.$$

4.6. Exercices de révision sur le chapitre

Exercice 48. Calculer

$$\int \frac{\cos v}{1 + \sin^2 v} dv; \quad \int \frac{\cos^3 a + \cos^5 a}{\sin^2 a + \sin^4 a} da;$$
$$\int \frac{\operatorname{Log} |1 - y^2|}{y^2} dy; \quad \int \frac{e^\ell}{(3 + e^\ell)\sqrt{e^\ell - 1}} d\ell;$$
$$\int x^2(1 - \sqrt[3]{x})\, dx; \quad \int \frac{\operatorname{Log} t}{(1+t)\sqrt{1 - t^2}} dt.$$

* **Exercice 49.** Trouver une primitive continue définie sur $\mathbb{R}$ de la fonction : $\mathbb{R} \longrightarrow \mathbb{R}$, $x \longmapsto (2 + \sin x)^{-1}$.

§ 5. RÉPONSES OU INDICATIONS

C 1. $\mathrm{R} : \mathbb{R} - \{r_1, r_2, ..., r_\ell\} \longrightarrow \mathbb{R}$; $\{r_1, ..., r_\ell\}$ = ensemble des racines réelles du dénominateur $B(x)$, ou $\mathrm{R} : \mathbb{C} - \{r_1, ..., r_n\} \longrightarrow \mathbb{C}$, $\{r_1, ..., r_n\}$ ensemble des racines (éventuellement complexes) de $B(x)$.

1. $x + 2 - 3/x^2$.

2. $x^2 + 10x + 40 + 80/x + 80/x^2 + 32/x^3$.

3. $x - 6 + 25/(x+2) - 36/(x+2)^2 + 19/(x+2)^3$; $(x-1)^{-7} + (x-1)^{-8}$; $1 + 10(x-1)^{-1} + 40(x-1)^{-2} + 80(x-1)^{-3} + 80(x-1)^{-4} + 32(x-1)^{-5} = F(x)$; $F(-x)$.

5. $x + (-3x + 1)(x^2+1)^{-1} + (3x - 2)(x^2+1)^{-2} - x(x^2+1)^{-3}$; él. simple; $1 - 4(x^2+1)^{-1} + 4(x^2+1)^{-2}$; $x^2 - 10x - 51 + (-168x + 52)\mathrm{P}^{-1} + (96x - 512)\mathrm{P}^{-2} + (409x + 460)\mathrm{P}^{-3} + (-248x - 56)\mathrm{P}^{-4} + (28x - 64)\mathrm{P}^{-5}$, où $\mathrm{P} = x^2 + 2x + 2$.

6. $(1/2)(x+1)^{-1} + (1/2)(x-1)^{-1}$; $(x-1)^{-1} - x^{-1}$; x^{-1}.

7. Multiplier par -1.

8. $a(x-8)^{-1} + b(x-8)^{-2} + c(x-8)^{-3} + d(x-8)^{-4} + (ex + f)(x^2+8)^{-1} + (gx + h)(x^2+8)^{-2}$; $x + 9 + a(x-2)^{-1} + b(x-2)^{-2} + c(x-2)^{-3} + (dx + e)(x^2 - x + 2)^{-1} + (fx + g)(x^2 - x + 2)^{-2} + (hx + k)(x^2 - x + 2)^{-3}$;
$x^2 + 3x + 5 + ax^{-1} + bx^{-2} + (cx + d)(x^2+1)^{-1}$;
$x^3 - (4/3)x^2 + (10/9)x + (2/27) + (ax + b)(x^2 + (4/3)x + (2/3))^{-1}$.

9. $x + 13 + a(x+1)^{-1} + (bx + c)(x^2 - 8x + 25)^{-1} + (dx + e)(x^2 - 6x + 13)^{-1}$.

10. n impair : $a(x-1)^{-1} + \sum_{k=1}^{(n-1)/2} (b_k x + c_k)(x^2 - 2[\cos(2k\pi/n)]x + 1)^{-1}$

n pair : $a_1(x-1)^{-1} + a_2(x+1)^{-1} + \sum_{k=1}^{(n/2)-1} (b_k x + c_k)(x^2 - 2[\cos(2k\pi/n)]x + 1)^{-1}$.

11. $1 - 8(x-1)^{-1} + 13(x-2)^{-1}$;
$-(5/3)(x-1)^{-1} + (15/4)(x-2)^{-1} + (11/12)(x+2)^{-1}$;
$-(1/12)(x-1)^{-1} - (7/4)(x+3)^{-1} + (17/6)(x+5)^{-1}$.

12. $2(x+1)^{-1} + b(x-1)^{-1} + c(x-1)^{-2} + (dx+e)(x^2+x+1)^{-1} + (fx+g))(x^2+x+1)^{-2}$.

14. $1 + (x-1)^{-1} + 2(x-1)^{-2} + 3(x-1)^{-3} - (x-2)^{-1}$; $1 + 20x^{-1} - 8x^{-2} + 2x^{-3} - 24(x+1)^{-1} - 6(x+1)^{-2} - 10(x+1)^{-3} - (x+1)^{-4}$; $(1/16)(x-1)^{-1} + (1/8)(x-1)^{-2} - (1/16)(x+1)^{-1} - (1/4)(x+1)^{-2} + (1/4)(x+1)^{-3}$;
$3x^{-1} - x^{-2} + x^{-4} - 2(x+3)^{-1} + (x+3)^{-2}$.

15. $b = 1$, $c = -1$.

16. $4(x-3)^{-1} + (5x+2)^{-1} - (1/3)(5x+2)^{-2}$;
$x^{-1} - x^{-2} + 2(x-1)^{-1} - 2(x-1)^{-2}$;
$-3(x+1)^{-1} + 6(x-1)^{-1} + 4(x-1)^{-2}$.

17. $(x+3)^{-1} - (x+3)^{-2} - 2(x+3)^{-3}$;
$x + 28 + 490(x-7)^{-1} + 3\,451(x-7)^{-2} + 12\,152(x-7)^{-3} + 17\,151(x-7)^{-4}$;
$(1/16)P^{-1} - P^{-2} + (45/8)P^{-3} - (27/2)P^{-4} + (173/16)P^{-5}$ où $P = 2x+3$.

18. $2(x+1)^{-1} + (x-2)(x^2+2x+3)^{-1} + (x^2+2x+3)^{-2} + (2x+3)(x^2+2x+3)^{-3}$.

19. $2(x-1)^{-1} + (x-2)(x^2+x+1)^{-1} + (2x+3)(x^2+x+1)^{-2} + (-x+5)(x^2+x+1)^{-3}$.

21. $x^{-1} - (x+1)(x^2+x+1)^{-1} - (x+1)(x^2+x+1)^{-2}$;
$d = 1$, $e = -5$, $f = 2$, $g = 3$.

23. Posons $\omega = e^{2i\pi/5}$, sur $\mathbb{C}$: $(1/5)\{(x-1)^{-1} + \omega(x-\omega)^{-1} + \omega^2(x-\omega^2)^{-1} + \omega^3(x-\omega^3)^{-1} + \omega^4(x-\omega^4)^{-1}\}$; sur $\mathbb{R}$:
$(1/5)\{(x-1)^{-1} + 2(x\cos(2\pi/5) - 1)(x^2 - 2x\cos(2\pi/5) + 1)^{-1} + 2(x\cos(4\pi/5) - 1)(x^2 - 2x\cos(4\pi/5) + 1)^{-1}\} = F(x)$; $-F(-x)$;
$(1/4)\{(x-1)^{-1} - (x+1)^{-1} + i(x-i)^{-1} - i(x+i)^{-1}\}$
ou $(1/4)\{(x-1)^{-1} - (x+1)^{-1}\} - (1/2)(x^2+1)^{-1}$;
$-(\sqrt{2}/4)\{(x-\sqrt{2})(x^2 - x\sqrt{2} + 1) + (x+\sqrt{2})(x^2 + x\sqrt{2} + 1)\}$.

24. $(1/n)\sum_{k=0}^{n-1} e^{2ik\pi/n}(x - e^{2ik\pi/n})^{-1}$.

C 2. $\sum_{\mu=1}^{m}\left\{\frac{a_m}{(x-r)^\mu} + \frac{\bar{a}_m}{(x-\bar{r})^\mu}\right\} = \frac{A(x)}{(x^2+px+q)^m}$ à redécomposer.

26. $(1/8)\{3(x-1)^{-1} - 3(x+1)^{-1} - 6(x^2+1)^{-1} - 4(x^2+1)^{-2}\}$.

27. $13x(x^2+1)^{-1} - 4x(x^2+1)^{-2} - 13x(x^2+2)^{-1} - 9x(x^2+2)^{-2} - 5x(x^2+2)^{-3}$.

28. $a^3(a-b)^{-1}(a-c)^{-1}(x-a)^{-1}$ + deux termes obtenus par permutation circulaire. La symétrie est rompue si deux des trois nombres sont égaux : $x^3/(x-a)(x-b)^2 = [a^3/(a-b)^2](x-a)^{-1} + [1 - a^3/(a-b)^2](x-b)^{-1} + [b^3/(b-a)](x-b)^{-2}$.

C 3. Supposons qu'il existe deux indices ℓ et ℓ' tels que $I \cap I_\ell \neq \varnothing$ et $I \cap I_{\ell'} \neq \varnothing$. Soit $x \in I \cap I_\ell$ et $x' \in I \cap I_{\ell'}$, supposons $x < x'$. Soit $\mu = \sup I_\ell$ (μ existe car I_ℓ est majoré par x'), $\mu \notin D$ et $x < \mu < x'$, donc $\mu \in I$ d'où $\mu \in D$ ce qui est impossible.

29. Voir exercice 2 du chapitre précédent. Dimension infinie.

30. $(1/3)x^3 + (3/2)x^2 - 4x + K$;
$x + \frac{x^2}{2!} + \frac{x^3}{3!} + \ldots + \frac{x^{n+1}}{(n+1)!} + K$;
$(1/6)x^6 + (4/5)x^5 + (1/4)x^4 - (10/3)x^3 - 2x^2 + 8x + K$.

31. $(1/4)\sin 2x + x/2$; $-(1/4)\sin 2x + x/2$;
$(3/8)x + (1/4)\sin 2x + (1/32)\sin 4x$;
$(3/8)x - (1/4)\sin 2x + (1/4)\cos 2x + (1/32)\sin 4x - (1/16)\cos 4x$;
$[1/2(a+b)]\sin[(a+b)x] + [1/2(a-b)]\sin[(a-b)x]$;

$$(1/4)\left\{\frac{\cos(a+b+c)x}{a+b+c} + \frac{\cos(a-b-c)x}{a-b-c} + \frac{\cos(-a+b-c)x}{-a+b-c} + \frac{\cos(-a-b+c)x}{-a-b+c}\right\}.$$

32. $\text{Log}\,|x-a|$; $-(1/4)(x^2+1)^{-4}$; $\text{tg}\left(\frac{1}{2}x^2 + 3\right)$; $e^{\text{Log}\,x}$;
$\text{Arcsin}(\text{tg}\,x)$; $\text{Log}(e^x + \sqrt{e^{2x}+1})$; $\text{ch}(\text{ch}\,x)$; $\text{Arctg}(\text{ch}\,e^x)$.

33. $F(x) = \int du = u = -\text{Arccos}\,x + K$.

34. $\text{Arcsin}\,x = K$.

35. $\text{Log}[(\sqrt{e^x+1} - 1)/(\sqrt{e^x+1} + 1)]$ (poser $e^x = u^2 - 1$);
$(1/2)(x^2 - x + 1)^{-1/2} + (3/8)\text{Argsh}[2\sqrt{3}(x - 1/2)/3]$;
$(\sqrt{2}/2)\,\text{Arcsin}[(4x-3)/5]$;
$I_0 = (25\sqrt{2}/32)\text{Arcsin}[(4x-3)/5] + [(4x-3)/8]\sqrt{-2x^2+3x+2}$;
$I_1 = (2/3)(-2x^2+3x+2)^{3/2}$; $I_1 + (3/4)I_0$.

36. Pour $x = \sin^2\left(v - \frac{\pi}{4}\right)$,

$$I = \left[-\sqrt{2}\cos v + \frac{\sqrt{2}}{2}\text{Log}[(1+\cos v)(1-\cos v)^{-1}\right]_{\pi/4}^{3\pi/4} = 2 - (\sqrt{2}/2)\,\text{Log}(3 + 2\sqrt{2})(\simeq 0{,}753\,5);$$

$(1/2)\,\text{Log}(2 + \sqrt{5}) + \sqrt{5}/2$ ($\approx 2{,}96$).

37. $2(e - 1/e)$.

38. $2I = \int e^{(a+ib)x}\,dx$ + complexe conjugué $= (a+ib)^{-1}e^{(a+ib)x}$ + c.c. $= (a^2+b^2)^{-1}(a-ib)e^{ax}(\cos bx + i\sin bx)$ + c.c. et donc
$I = \mathcal{R}e[(a-ib)(\cos bx + i\sin bx)][(a^2+b^2)^{-1}e^{ax}$.

39. $x\,\text{Log}\,x - x$;
$I_n = x^n e^x - nI_{n-1} = (n!)^{-1}e^x\sum_{k=0}^{n}(n-k)!(-x)^{n-k}$;
$(1/n!)\{\sin t[n!\,t^n - (n-2)!\,t^{n-2} + (n-4)!\,t^{n-4} - \ldots] + \cos t[(n-1)!\,t^{n-1} - (n-3)!\,t^{n-3} + \ldots]\}$.

40. $(a^2+b^2)^{-1}\{a\,\text{sh}\,ax\sin bx - b\,\text{ch}\,ax\cos bx]$.

41. $-x^2 + \text{Log}[(x+3)^2|x-1|]$;
$x^3/3 - 5x^2/2 + 25x - 123\,\text{Log}\,|x+5|$;
$7x^2/6 + x - (1/2)(x+2)^{-2} + 2(x-2)^{-1}$;
$x - x^{-2} + 8x^{-1} + 20\,\text{Log}\,|x| + (1/3)(x+1)^{-3} + 5(x+1)^{-2} + 6(x+1)^{-1} - 24\,\text{Log}\,|x+1|$;
$x^3/3 + x^2/2 + 2x + (5/2)\text{Log}\,|x-1| - (1/2)\text{Log}\,|x+1|$.

42. $-x^2 + 3x + 2\,\text{Log}\,|x+2| + (3/2)\text{Log}(x^2 - 10x + 27) + (15\sqrt{2}/2)\,\text{Arctg}[(\sqrt{2}/2)(x-5)]$; $I(x) - I(-x)$ où
$I(x) = (\sqrt{2}/8)\,\text{Log}(x^2 + x\sqrt{2} + 1) + (\sqrt{2}/4)\,\text{Arctg}(x\sqrt{2} + 1)$;
$(3/4)[I(x) - I(-x)] + (1/8)[K(x) - K(-x)]$ où I comme précédemment et $K(x) = (\sqrt{2}/2)(x^2 - x\sqrt{2} + 1)^{-1}$;
$(1 - 2x - x^2)(x^2+1)^{-2} - 4\text{Arctg}\,x$.

43. $\sin^5 x\cos^2 x = (1-\cos^2 x)^2\cos^2 x\sin x$ (poser $\cos x = u$),
$\sin^4 x\cos^3 x = \sin^4 x(1 - \sin^2 x)\cos x$ (poser $\sin x = v$),
$\sin x\cos x$ (poser $\sin x = v$), $\sin^2 x = (1 - \cos 2x)/2$,
$\sin^4 x\cos^2 x = -\sin^6 x + \sin^4 x = -[-2^{-5}\cos 6x + 3\cdot 2^{-4}\cos 4x - 15\cdot 2^{-5}\cos 2x + 5\cdot 2^{-4}] + [2^{-3}\cos 4x + 2^{-2}\cos 2x + 3\cdot 2^{-3})$.

44. $t = \text{tg}(x/2)$, $(2\sqrt{3}/3)\,\text{Arctg}[(\sqrt{3}/3)(2\,\text{tg}(x/2) + 1)]$;
$-x + 2\,\text{tg}(x/2)$; $(1-u)^{-1} - (1+u)^{-1}$ pour $u = -\sin x - \cos x$;

$(\cos x = t)\, I = -\int (1-t^2)(t^5 - 10t^3 - t^2 + 5t + 1)\, dt$;

$(\operatorname{tg} x = t) - (1/2)\operatorname{Log}|1+t| + (2/\sqrt{3})\operatorname{Arctg}[(\sqrt{3}/3)(2t-1)]$
$+ (1/4)\operatorname{Log}(1+t^2) + (1/2)\operatorname{Arctg} t$;
$(\cos x = u) - \operatorname{Log}|\cos x|$; $(t = \operatorname{tg}(x/2))\ \operatorname{Log}|\operatorname{tg}(x/2)|$;
$(t = \operatorname{tg}(x/2))\ \operatorname{Log}|\operatorname{tg}(x/2 + \pi/4)|$;

$(\operatorname{tg} x = u)\ \operatorname{Log}|\operatorname{tg} x| - (1/2)\operatorname{tg}^{-2} x$; $(\cos x = v) - \int (1-v^2)^2\, dv$.

45. $\operatorname{Arctg}(\operatorname{sh} x)$; $\operatorname{Arctg} e^{2x}$;
$(1/2)\operatorname{Log}(e^{2x} + e^x + 1) - \sqrt{3}\operatorname{Arctg}[(\sqrt{3}/3)/(2e^x + 1)]$.

46. $t = \sqrt{(x-1)/(x+1)}$; $t^5 = (x-1)/(x+1)$; $t = \sqrt{2x+1}$.

47. $(x/2)\sqrt{x^2-1} + (1/2)\operatorname{Log}|-x + \sqrt{x^2-1}|$;
$(1/2)\operatorname{Arcsin} x + (1/2)x\sqrt{1-x^2}$;
$(1/2)\operatorname{Log}(x + \sqrt{x^2+1}) + (1/2)x\sqrt{x^2+1}$;

$(1/2)\operatorname{Log}|x^2 - 3| + \int \dfrac{\sqrt{2x^2+3x+1}}{x^2-3}\, dx$,

$2x^2 + 3x + 1 = (1/8)[(4x+3)^2 - 1]$ et $4x + 3 = \operatorname{ch}\varphi = (t + t^{-1})/2$.

48. Dériver pour vérifier les résultats.

49. (Voir exercice 44) : $(2\sqrt{3}/3)\operatorname{Arctg}[(\sqrt{3}/3)(2\operatorname{tg}(x/2) + 1)]$ $+ (2\sqrt{3}/3)\, E((x - \pi)/2\pi) + K$, où K = Constante sur $\mathbb{R}$ et E désigne la partie entière.

3. Équations différentielles

§ 1. Un exemple : les équations différentielles linéaires du premier ordre
§ 2. Théorèmes d'existence et d'unicité
§ 3. Intégrations numériques
§ 4. Équations remarquables du premier ordre

Considérons la famille de fonctions dépendant de deux paramètres

$$y = K_1 x + K_2 x^2.$$

En dérivant, on a $y' = K_1 + 2K_2 x$ et $y'' = 2K_2$. *Pour une fonction quelconque de cette famille on a donc* $K_2 = \frac{1}{2} y''$ *et* $K_1 = y' - xy''$, *d'où* $y = (y' - xy'')x + \frac{1}{2} y''x^2$, soit $x^2y'' - 2xy' + 2y = 0$. *On peut inversement se poser le problème de trouver toutes les fonctions y telles que*

$$x^2y'' - 2xy' + 2y = 0. \qquad (\mathcal{E})$$

Trouver l'ensemble de ces fonctions s'appelle résoudre ou intégrer l'équation différentielle ($\mathcal{E}$). *Mais quel sens faut-il donner au mot* trouver? *Dans certains cas, il est possible par des transformations algébriques, de décrire toutes les solutions à l'aide de fonctions usuelles ou tout au moins de ramener le problème à la recherche de primitives. On dit alors que l'équation peut se résoudre à l'aide de* quadratures. *Dans le paragraphe 1, nous décrivons ainsi l'ensemble des solutions des équations de la forme* $y' + a(x)y = b(x)$. *Cependant de telles équations sont rares en théorie (même si elles sont fréquentes dans les exercices et les problèmes scolaires). Aussi est-on amené à décomposer le problème, quitte à donner un sens moins restrictif au mot* trouver. *Tout d'abord on cherche à caractériser les solutions. C'est, entre autres, l'un des objets du* problème de Cauchy *: pour un choix* x_0 *de la variable x, on se donne les* conditions initiales $y(x_0), y'(x_0), \ldots, y^{(n-1)}(x_0)$ *si l'équation est d'ordre n, c'est-à-dire comporte comme dérivée d'ordre le plus élevé la dérivée* $y^{(n)}$ *d'ordre n. Si dans l'exemple* ($\mathcal{E}$) ci-dessus on choisit $x_0 = 1$, *alors pour* $y(1) = \alpha$ *et* $y'(1) = \beta$ *donnés l'équation admet une solution unique sur* $]0, +\infty[$, *à savoir* $y = (2\alpha - \beta)x + (\beta - \alpha)x^2$. *On peut, sous des conditions assez générales, prouver l'existence et l'unicité de la solution. Si on n'a pas choisi de bonnes hypothèses cela n'est pas toujours possible : dans l'exemple ci-dessus le choix* $x_0 = 0$ *ne convient pas (car si on choisit* $y(0) \neq 0$ *il n'y a pas de solution et si on choisit* $y(0) = 0$ *et* $y'(0) = \beta$ *il y a une infinité de solutions). Nous énoncerons sans démonstration les théorèmes d'existence et d'unicité essentiels dans le paragraphe 2. Connaissant l'existence et l'unicité d'une solution, encore faut-il pouvoir calculer avec, c'est-à-dire qu'il faut pouvoir approcher y(x) pour tout x d'aussi près que l'on veut. C'est l'objet de l'*intégration numérique *dont les rudiments sont exposés dans le paragraphe 3. Enfin le paragraphe 4 est consacré à la résolution par quadrature de quelques équations remarquables du premier ordre.*

§ 1. UN EXEMPLE : LES ÉQUATIONS DIFFÉRENTIELLES LINÉAIRES DU PREMIER ORDRE

1.1. Définitions

Soit I un intervalle **ouvert** de $\mathbb{R}$, $a : I \longrightarrow \mathbb{R}$ et $b : I \longrightarrow \mathbb{R}$ deux fonctions réelles de variable réelle, **continues.** On dit que la fonction **dérivable** $\varphi : I \longrightarrow \mathbb{R}$, est une *solution de l'équation différentielle*

$$y' + a(x)y = b(x) \qquad (1)$$

ssi on a pour tout x appartenant à I :

$$\varphi'(x) + a(x)\varphi(x) = b(x).$$

Résoudre l'équation différentielle (1) consiste à décrire l'ensemble des solutions de cette équation.

L'équation (1) est dite *différentielle, linéaire, du premier ordre.* Elle est dite *différentielle*, car l'inconnue est une fonction devant vérifier une relation fonctionnelle liant la variable x, elle-même y et ses dérivées y', y'', ... Elle est dite *du premier ordre*, car seulement la dérivée du premier ordre apparaît dans l'équation. Enfin on la dit (à tort d'après la remarque ci-dessous) *linéaire* pour traduire le fait que le premier membre peut être considéré comme une combinaison linéaire de y et de y' à coefficients dans $\mathcal{C}(I, \mathbb{R})$ (= ensemble des applications $I \longrightarrow \mathbb{R}$ continues).

Si le *second membre b* est la fonction constante nulle ($b = 0$ ou $\forall x \in I\ b(x) = 0$), alors on dit que l'équation (1) est *sans second membre* (ou anciennement *linéaire-et-homogène*). L'équation obtenue en remplaçant dans (1) b par 0 :

$$y' + a(x)y = 0 \qquad (2)$$

s'appelle l'*équation sans second membre associée à* (1), ou l'*équation homogène associée à* (1).

Remarque. Selon une terminologie ancienne la fonction $y = ax + b$ était linéaire et la fonction $y = ax$ était linéaire et homogène (actuellement on dit que $x \longmapsto ax + b$ est *affine* et $x \longmapsto ax$ est *linéaire*). Cette terminologie s'employait aussi dans le cas de plusieurs dimensions. Ainsi la relation entre y et y' :

$$a_1 y' + a_2 y + b_1 = 0$$

était linéaire (même si les coefficients a_1, a_2 et b_1 sont des fonctions), alors que la relation

$$a_1 y' + a_2 y = 0$$

était linéaire et homogène. Comme l'équation doit être d'ordre 1, on se place sur un intervalle où $a_1(x) \neq 0$ pour tout x. L'équation linéaire s'écrit alors $y' + ay = b$ (pour $a = a_2/a_1$ et $b = -b_1/a_1$); l'équation linéaire et homogène, $y' + ay = 0$. Bien que ce vocabulaire soit en contradiction avec la notion générale actuelle d'application linéaire, il reste très souvent employé.

1.2. Résolution de l'équation sans second membre

Nous allons présenter deux démarches permettant de résoudre l'équation différentielle linéaire du premier ordre sans second membre :

$$y' + a(x)y = 0 \tag{2}$$

La première démarche nous permet de trouver facilement l'expression explicite des solutions, mais il est difficile de la rendre rigoureuse. La deuxième démarche simple et rigoureuse nous permettra d'énoncer et de démontrer le théorème, mais elle suppose d'avoir déjà deviné l'ensemble des solutions de (2).

Calcul préliminaire. Soit $y(x)$ ou simplement y une solution de (2), on a :

$$\frac{y'}{y} = -a(x)$$

(tout au moins sur tout intervalle où $y(x) \neq 0$ pour tout x). On reconnaît la dérivée de Log $|y|$, d'où :

$$\text{Log}\,|y| = -\int a(x)\,\mathrm{d}x.$$

Soit A une primitive de a, on a :

$$\text{Log}\,|y| = -\text{A}(x) + \text{C}^{\text{te}}$$

ou encore

$$y = \pm\, e^{\text{C}^{\text{te}}}\, e^{-\text{A}(x)}.$$

L'expression $e^{\text{C}^{\text{te}}}$ est une constante strictement positive; $\pm\, e^{\text{C}^{\text{te}}}$ est donc une constante K de signe quelconque; comme enfin $y = 0$ est solution, on voit que les solutions sont de la forme

$$y = \text{K}\, e^{-\text{A}(x)}$$

où $\text{K} \in \mathbb{R}$.

Théorème. Soit I un intervalle ouvert de $\mathbb{R}$, $a : \text{I} \longrightarrow \mathbb{R}$ une fonction continue, $\text{A} : \text{I} \longrightarrow \mathbb{R}$ la primitive de a. L'ensemble des solutions de l'équation différentielle

$$y' + a(x)y = 0 \tag{2}$$

est l'ensemble des fonctions φ de la forme

$$\varphi(x) = \text{K}\, e^{-\text{A}(x)} \text{ où } \text{K} \in \mathbb{R}.$$

Démonstration. Soit $\varphi : \text{I} \longrightarrow \mathbb{R}$, une fonction dérivable; posons $k(x) = \varphi(x)\, e^{\text{A}(x)}$, d'où

$$k'(x) = [\varphi'(x) + a(x)\varphi(x)]\, e^{\text{A}(x)}.$$

Comme $e^{\text{A}(x)} \neq 0$ pour tout choix de x, la fonction φ est solution de (2) si et seulement si $k'(x) = 0$, c'est-à-dire si et seulement si k est constant, soit $\varphi(x) = \text{K}\, e^{-\text{A}(x)}$ pour $\text{K} \in \mathbb{R}$. □

Exemple. L'ensemble des solutions de

$$y' + x^3 y = 0$$

est l'ensemble des fonctions $\varphi : \mathbb{R} \longrightarrow \mathbb{R}$, telles que $\varphi(x) = \text{K}\, e^{-x^4/4}$ pour $\text{K} \in \mathbb{R}$.

Exercice 1. Résoudre les équations différentielles

$y' - 2xy = 0$, $y' = 3x^2 y$, $y' + y\cos x = 0$, $y' + \alpha y = 0$ où $\alpha \in \mathbb{R}$, $y'\sqrt{1 - x^2} = y$.

Équations différentielles linéaires du premier ordre à coefficients constants sans second membre

Ce sont les équations différentielles de la forme

$$\lambda y' + \mu y = 0, \quad \lambda \neq 0$$

où $\lambda \in \mathbb{R}^*$, $\mu \in \mathbb{R}$. Cette équation admet pour solutions les fonctions $y = y_0\, e^{-(\mu/\lambda)x}$, $y_0 \in \mathbb{R}$. Ce type d'équation apparaît dans la description de tous les phénomènes où la variation d'une quantité est proportionnelle à cette quantité ($y' = \alpha y$) : démographie, inflation, désintégration, élimination d'un poison ou d'un médicament dans l'organisme. Les modèles du premier ordre se ramènent en général en première approximation à des équations de ce type. C'est pourquoi tant de phénomènes présentent des croissances ou des décroissances exponentielles. On comprend l'importance pratique de la fonction exponentielle, solution de l'équation $y' = y$ (par changement d'unités toute équation du type $y' = \alpha y$ se ramène à $y' = y$ ou $y' = -y$).

Exercice 2. Résoudre $y' = y$; $y' = -y$.

Exercice 3. Soit φ une solution de $\tau y' + y = 0$, où $\tau \in \mathbb{R}_+^*$, la variable t représentant le temps. Quelle est la durée qu'il faut attendre pour que φ diminue de moitié?

Exercice 4. Expliquer pourquoi certains médicaments doivent être pris plusieurs fois par 24 heures. Quelle est, de ce point de vue, la solution optimum?

1.3. Résolution de l'équation avec second membre

Théorème. Soit I un intervalle ouvert de $\mathbb{R}$, $a : \text{I} \longrightarrow \text{R}$ et $b : \text{I} \longrightarrow \mathbb{R}$ deux fonctions continues et φ_1 une solution de l'équation

$$y' + a(x)y = b(x) \tag{1}$$

Pour qu'une fonction dérivable $\varphi : \text{I} \longrightarrow \mathbb{R}$ soit solution de (1) il faut et il suffit que $(\varphi - \varphi_1)$ soit solution de l'équation sans second membre associée :

$$y' + a(x)y = 0 \tag{2}$$

Démonstration. Par hypothèse pour tout x appartenant à I, on a $\varphi_1'(x) + a(x)\varphi_1(x) = b(x)$. Pour que $\varphi'(x) + a(x)\varphi(x) = b(x)$ il faut et il suffit donc que $(\varphi - \varphi_1)'(x) + a(x)(\varphi - \varphi_1)(x) = 0$. □

Commentaire. On énonce souvent ce théorème en disant que *la solution générale de l'équation avec second membre* (1) *est égale à la somme d'une solution particulière de cette équation et de la solution générale de l'équation sans second membre associée* (2). Dans la pratique, comme nous savons résoudre (2), cela signifie que la résolution de (1) est ramenée à la recherche d'une solution particulière de (1). Cette recherche peut se faire soit par devinette-vérification soit par une méthode générale, appelée *méthode de variation de la constante*, qui consiste à transformer l'équation (1) en y en une équation équivalente en k ou $y(x) = k(x)\, e^{-A(x)}$. Le nom de cette méthode vient de ce que la nouvelle fonction inconnue k est liée à y par la même relation que la constante K est liée à la solution $K\, e^{-A(x)}$ de l'équation sans second membre.

Résolution de (1) par la méthode de la variation de la constante.

De $y = k(x)\, e^{-A(x)}$, où $A' = a$, on déduit

$$y' = k'(x)\, e^{-A(x)} - k(x)a(x)\, e^{-A(x)} = (k' - ak)\, e^{-A}.$$

L'équation (1) est équivalente à

$$(k' - ak)\, e^{-A} + ak\, e^{-A} = b$$

ou encore

$$k'(x) = b(x)\, e^{A(x)}$$

qui s'intègre en

$$k(x) = \int b(x)\, e^{A(x)}\, dx.$$

La solution générale de (1) est donc :

$$\boxed{y = e^{-A(x)} \int e^{A(x)} b(x)\, dx}.$$

On dit qu'on a ramené la résolution de l'équation (1) à une quadrature (c'est-à-dire au calcul d'une primitive).

Exemple 1. Intégrer $y' + y = 3x^2 + x - 4$. La solution générale de l'équation sans second membre est $y = K\, e^{-x}$.

1. Méthode de la devinette-vérification. Cherchons y_1 sous la forme d'une fonction polynôme de degré 2 : $y_1(x) = \alpha x^2 + \beta x + \gamma$, d'où $y_1'(x) = 2\alpha x + \beta$ et $y_1' + y_1 = \alpha x^2 + (2\alpha + \beta)x + (\beta + \gamma)$. Nous aurons une solution particulière pour $\alpha = 3$, $2\alpha + \beta = 1$ et $\beta + \gamma = -4$, soit $\alpha = 3$, $\beta = -5$ et $\gamma = 1$. La solution générale cherchée est donc :

$$y = 3x^2 - 5x + 1 + K\, e^{-x}.$$

Ne pas oublier de vérifier (même si cela n'est pas théoriquement nécessaire) : $y' = 6x - 5 - K\, e^{-x}$ d'où $y' + y = 3x^2 + x - 4$.

2. Méthode de la variation de la constante. Posons $y = k\, e^{-x}$, d'où $y' = k'\, e^{-x} - k\, e^{-x}$ et $k'\, e^{-x} = 3x^2 + x - 4$, soit

$$k(x) = \int (3x^2 + x - 4)\, e^x\, dx.$$

En intégrant par parties $\int x\, e^x\, dx = x\, e^x - \int e^x\, dx = (x-1)\, e^x$,

$$\int x^2\, e^x\, dx = x^2\, e^x - 2\int x\, e^x\, dx = (x^2 - 2x + 2)\, e^x,$$

d'où
$$\begin{aligned} k(x) &= [3(x^2 - 2x + 2) + (x - 1) - 4]\, e^x + K \\ &= (3x^2 - 5x + 1)\, e^x + K. \end{aligned}$$

On retrouve ainsi le résultat précédent.

Exemple 2. Soit à intégrer $y' - \frac{3}{x} y = x$. Comme $a(x) = -\frac{3}{x}$ n'est pas définie pour $x = 0$, on ne peut choisir pour I que $]-\infty, 0[$, $]0, +\infty[$ ou un sous-intervalle ouvert d'un de ces intervalles. Pour fixer les idées supposons $I =]0, +\infty[$. L'équation sans second membre a pour solution générale

$$y = \exp \int \frac{3\, dx}{x} = K \exp(3 \operatorname{Log} x) = Kx^3.$$

1. Méthode devinette-vérification. Cherchons y_1 sous la forme λx^2, il vient $2\lambda x - \frac{3\lambda x^2}{x} = x$, soit $\lambda = -1$. D'où la solution particulière $y = -x^2$ et la solution générale $y = -x^2 + Kx^3$.

2. Méthode de la variation de la constante. Posons $y = kx^3$, d'où $y' = k'x^3 + 3x^2 k$ et l'équation devient $(k'x^3 + 3x^2 k) - \frac{3kx^3}{x} = x$, soit $k'x^3 = x$ ou $k' = x^{-2}$, ce qui s'intègre en $k = -x^{-1} + K$ et on a la solution générale $y = -x^2 + Kx^3$ (à ne pas oublier de vérifier !).

Exercice 5. Intégrer par les deux méthodes $y' + y + 2 = 0$.

** **Exercice 6.** Intégrer $y' - 2y = x\, e^{-|x|}$. Montrer qu'il existe une solution bornée sur $\mathbb{R}$.

Exercice 7. Intégrer sur $I = \mathbb{R}_+^*$ l'équation différentielle

$$x(1 + x^2)y' - y(x^2 - 1) + 2x = 0.$$

Solution générale de

$$\boxed{y' + a(x)y = b(x)}$$

I : intervalle ouvert de $\mathbb{R}$

$\left.\begin{array}{l} a : I \longrightarrow \mathbb{R} \\ b : I \longrightarrow \mathbb{R} \end{array}\right\}$ **continues**

Première expression

$$y = e^{-\int_{x_0}^{x} a(u)\, du} \left\{ K + \int_{x_1}^{x} b(v)\, e^{\int_{x_0}^{v} a(u)\, du}\, dv \right\}$$

où $x_0 \in I$, $x_1 \in I$, $K \in \mathbb{R}$.

Deuxième expression

$$y = e^{-A(x)} \int e^{A(x)} b(x)\, dx$$

où $A'(x) = a(x)$.

1. L'intégration d'une équation différentielle linéaire du premier ordre se ramène dans le cas général à deux quadratures. La solution générale dépend d'une seule constante K (modifier x_0 ou modifier x_1 revient à modifier K).

1.4. Le problème de Cauchy

Théorème. Soit I un intervalle ouvert de $\mathbb{R}$, $a : I \longrightarrow \mathbb{R}$ et $b : I \longrightarrow \mathbb{R}$ deux fonctions continues, $x_0 \in I$ et $y_0 \in \mathbb{R}$. Il **existe** une fonction φ **unique** telle que :

$$\begin{cases} \forall x \in I \quad \varphi'(x) + a(x)\varphi(x) = b(x) \\ \qquad\qquad \varphi(x_0) = y_0 \end{cases} \tag{1}$$

Commentaire. On énonce aussi ce théorème en disant que l'équation différentielle $y' + a(x)y = b(x)$ admet une solution unique vérifiant la condition initiale $\varphi(x_0) = y_0$. On désigne sous le nom de *problème de Cauchy* le problème de *l'existence et de l'unicité de la solution d'une équation différentielle pour des conditions initiales données.*

Démonstration. On sait que φ vérifie (1) si et seulement si il existe une constante K telle que

$$\varphi(x) = e^{-A(x)} \left\{ K + \int_{x_0}^{x} e^{A(u)} b(u)\, du \right\}$$

où $A(x) = \int_{x_0}^{x} a(t)\, dt$. On a alors $\varphi(x_0) = K$. Seul le choix $K = y_0$ convient. □

Interprétation géométrique. Soit $I =]0, 1[$, $a : I \longrightarrow \mathbb{R}$, $x \longmapsto -1/x(x-1)$, $b : I \longrightarrow \mathbb{R}$, $x \longmapsto 2(x-1)$; l'équation (1) s'écrit :

$$y' - \frac{1}{x(x-1)}\, y = 2(x-1).$$

Tout calcul fait la solution générale s'écrit :

$$y = \frac{(x-1)(x+K)}{x}.$$

Représentons la famille de courbes C_K d'équations

$$y = (x-1)(x+K)/x,$$

pour $x \in]0, 1[$ (voir figure).

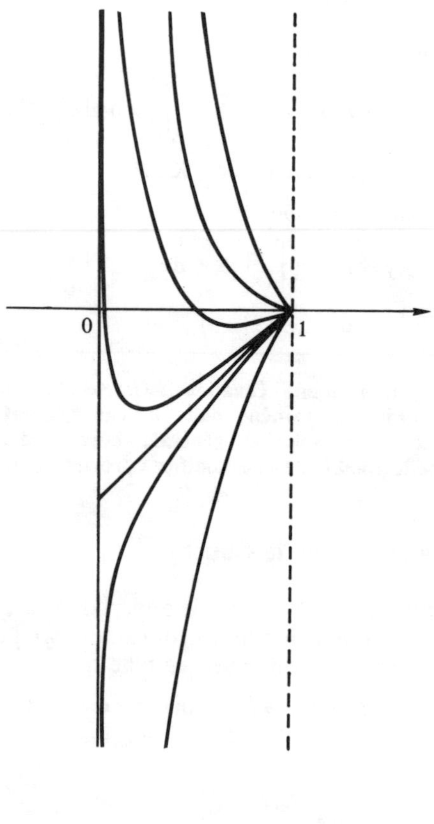

Le problème de Cauchy consiste à poser la question suivante : Pour tout point (x_0, y_0) pris dans la bande $0 < x_0 < 1$, existe-t-il une courbe C_K unique passant par ce point? La réponse est oui : $K = x_0[-1 + y_0/(x_0 - 1)]$. L'exemple montre bien que la validité du théorème est restreinte à l'intervalle $]0, 1[$ ouvert. Pour $x_0 = 1$, on a si $y_0 = 0$ une infinité de courbes, si $y_0 \neq 0$ aucune courbe. Si on écrit l'équation différentielle sous la forme

$$x(x-1)y' - y = 2x(x-1)^2$$

le point $(x_0, y_0) = (1, 0)$ apparaîtrait comme un point singulier, c'est-à-dire un point où le problème de Cauchy comporte une infinité de solutions.

Interprétation temporelle. Si on pense que la variable x représente le temps et si y représente une grandeur variable, alors l'équation différentielle est une équation d'évolution au cours du temps. La donnée de y_0 à la date x_0 peut être considéré comme une donnée initiale. L'évolution de la grandeur y au cours du temps pourra être considérée comme déterminée par ses conditions initiales si la solution de l'équation différentielle est unique. C'est une expression mathématique du déterminisme physique.

Exercice 8. Trouver les solutions φ_1, φ_2, φ_3 de l'équation différentielle

$$y' - \frac{1}{x^2 - 1}\, y = 1$$

vérifiant $\varphi_1(0) = 1$, $\varphi_2\left(\frac{1}{2}\right) = -1$, $\varphi_3\left(-\frac{1}{2}\right) = 0$.

Exercice 9. On considère l'équation $y' = -\alpha y$. Montrer que la solution qui vérifie $y(0) = y_0$ est donnée par $y = y_0\, e^{\alpha x}$. Montrer que la solution qui vérifie $y(x_0) = y_{x_0}$ est donnée par $y = y_{x_0}\, e^{\alpha(x - x_0)}$. ** Retrouver ce résultat en remarquant que l'équation ne contient pas x explicitement et que l'ensemble des solutions est donc invariant par les translations parallèles à Ox.

1.5. L'équation différentielle linéaire du premier ordre sous sa forme générale

Il s'agit de l'équation différentielle

$$a_1(x)y' + a_2(x)y = b_1(x)$$

où a_1, a_2 et b_1 sont des fonctions continues données. Soit $r_1 < r_2 < \dots < r_n$ les racines de a_1 (c'est-à-dire $a_1(r_i) = 0$). Sur chaque intervalle $]-\infty, r_1[$, $]r_1, r_2[$, ..., $]r_{n-1}, r_n[$, $]r_n, +\infty[$, on se ramène au cas précédent en divisant par $a_1(x)$:

$$y' + \frac{a_2(x)}{a_1(x)}\, y = \frac{b_1(x)}{a_1(x)}.$$

Pour chaque intervalle on a une solution dépendant d'un paramètre $K_0, K_1, K_2, ..., K_{n-1}, K_n$. Pour $x = r_1$, les solutions $\varphi_0 :]-\infty, r_1[\longrightarrow \mathbb{R}$ et $\varphi_1 :]r_1, r_2[\longrightarrow \mathbb{R}$ peuvent se raccorder soit pour certains choix des paramètres K_0 et K_1, soit pour tout choix, soit pour aucun choix. On dit que φ_0 et φ_1 se raccordent si on peut définir $\varphi :]-\infty, r_2[\longrightarrow \mathbb{R}$, continue et dérivable tel que $\varphi|_{]-\infty, r_1[} = \varphi_0$ et $\varphi|_{]r_1, r_2[} = \varphi_1$. Dans le cas où a_1 possède une infinité de racines on procède de même.

Exemple 1. Soit l'équation $xy' - y = 0$. On trouve comme solution générale pour $x \in]-\infty, 0[$, $y = K_0 x$ et pour $x \in]0, +\infty[$, $y = K_1 x$.

La fonction $\mathbb{R} \longrightarrow \mathbb{R}$, $x \longmapsto (K_0 x$ si $x < 0$ et $K_1 x$ si $x > 0$ et 0 si $x = 0)$ est continue. Elle n'est dérivable que si $K_1 = K_0$. La solution générale de l'équation sur $\mathbb{R}$ est $y = Kx$. Elle ne dépend que d'un paramètre.

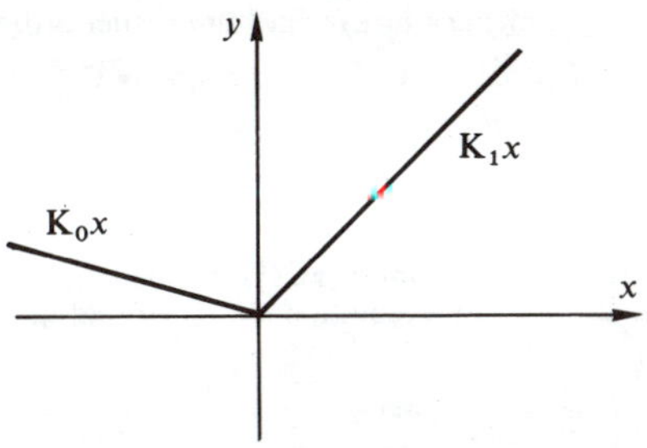

Exemple 2. On considère l'équation

$$xy' - 2y = 0,$$

dont la solution générale pour $x \in]-\infty, 0[$ est $y = K_0x^2$ et pour $x \in]0, +\infty[$, $y = K_1x^2$. La fonction

$$\mathbb{R} \longrightarrow \mathbb{R}, \quad x \longmapsto \begin{cases} K_0x^2 & \text{si} \quad x < 0 \\ 0 & \text{si} \quad x = 0 \\ K_1x^2 & \text{si} \quad x > 0 \end{cases}$$

est continue et dérivable pour tout choix de K_0 et de K_1. La solution générale sur $\mathbb{R}$ dépend donc de deux paramètres.

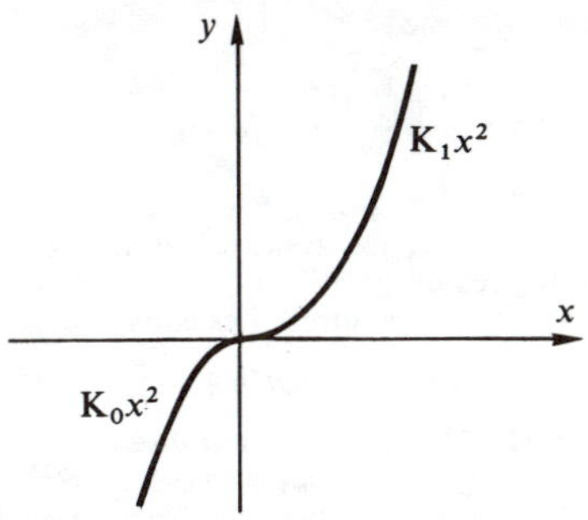

Exemple 3. Les solutions générales de

$$xy' + y = 0$$

pour $x \in]-\infty, 0[$ et $x \in]0, +\infty[$, qui sont respectivement de la forme $y = K_0/x$ et $y = K_1/x$, ne peuvent jamais être raccordées. L'équation n'admet pas de solution sur $\mathbb{R}$.

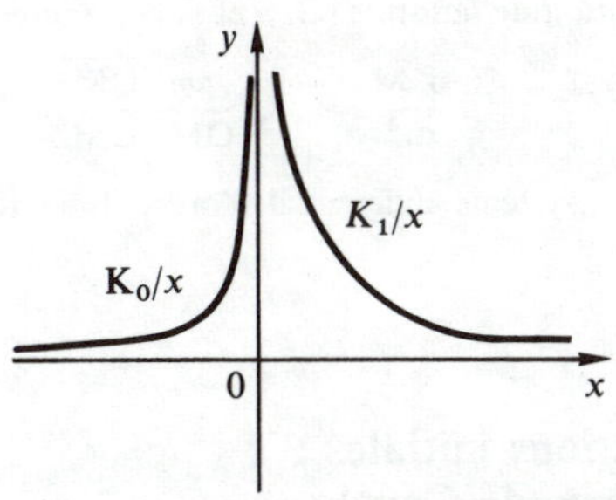

* **Exercice 10.** Intégrer l'équation différentielle $xy' - 3y = x^2$ sur $]-\infty, 0[$, sur $]0, +\infty[$ puis sur $\mathbb{R}$.

* **Exercice 11.** Parmi les équations différentielles suivantes lesquelles admettent des solutions définies sur $\mathbb{R}$:

$(\cos x)y' + (\sin x)y = 0$, $(\cos x)y' - (\sin x)y = 0$,
$(\sin x)y' + (\cos x)y = 0$, $(\sin x)y' - (\cos x)y = 0$.

** **Exercice 12.** Résoudre l'équation différentielle

$$(\cos x)y' + 2(\sin x)y = 0.$$

On considère l'ensemble des solutions φ de cette équation qui sont nulles sur $\left]-\infty, \frac{\pi}{2}\right]$ et $\left[\frac{9\pi}{2}, +\infty\right[$. Montrer qu'elles forment un espace vectoriel. Quelle est la dimension de cet espace vectoriel ?

§ 2. THÉORÈMES D'EXISTENCE ET D'UNICITÉ

2.1. Définitions et exemples

Soit F une fonction réelle de $(n + 2)$ variables réelles. On dit que $\varphi : D_\varphi \longrightarrow \mathbb{R}$, est une *solution* de l'équation différentielle :

$$F(x, y, y', y'', y^{(3)}, \ldots, y^{(n)}) = 0$$

si l'ensemble de définition D_φ de φ est un intervalle ouvert, si φ est n fois dérivable et si on a :

$$\forall x \in D_\varphi \quad F(x, \varphi(x), \varphi'(x), \varphi''(x), \ldots, \varphi^{(n)}(x)) = 0;$$

n s'appelle l'*ordre* de l'équation différentielle. L'équation différentielle est dite *résolue en* $y^{(n)}$ ssi elle s'écrit :

$$y^{(n)} = f(x, y, y', \ldots, y^{(n-1)}).$$

Trouver les solutions d'une équation différentielle, s'appelle *résoudre* ou *intégrer* l'équation différentielle.

Exemple fondamental. Les solutions de l'équation différentielle

$$y' = 0$$

sont les fonctions constantes définies sur un intervalle.

C 1. Rappeler la démonstration de ce résultat.

Primitives. « Calculer les primitives d'une fonction f » est synonyme de « intégrer l'équation différentielle $y' = f(x)$ ou $y' - f(x) = 0$ ».

Exemple. Considérons l'équation différentielle

$$x + yy' - 1 = 0.$$

Soit $\varphi : D_\varphi \longrightarrow \mathbb{R}$ une solution, on a

$$2\varphi(x)\varphi'(x) = -2x + 2$$

soit $$\frac{d}{dx}[(\varphi(x))^2]' = \frac{d}{dx}(-x^2 + 2x)$$

d'où $$[\varphi(x)]^2 = -(x-1)^2 + K,$$

où K est une constante qu'il faut choisir strictement positive. Si φ est une solution, on a donc $D_\varphi \subset]1 - \sqrt{K}, 1 + \sqrt{K}[$ et $\varphi(x) = \sqrt{K - (x-1)^2}$ ou $\varphi(x) = -\sqrt{K - (x-1)^2}$. Inversement on vérifie que ces fonctions sont solutions. Souvent on présente ces calculs sous la forme abrégée suivante :

$$\begin{aligned} 2yy' &= -2x + 2 \\ (y^2)' &= (-x^2 + 2x)' \\ y^2 &= -x^2 + 2x + C^{te} \\ y^2 &= -(x-1)^2 + C^{te} \\ y &= \pm\sqrt{K - (x-1)^2}. \end{aligned}$$

Exercice 13. Résoudre les équations différentielles $y'' = 0$, $y'' = x$, $y^{(n)} = 0$ pour $n \geqslant 1$.

Exercice 14. Trouver les solutions φ de l'équation différentielle

$$2xy^2 - y + xy' = 0$$

qui ne s'annulent pas. (Remarquer que $\left(\dfrac{x}{y}\right)' = \dfrac{y - xy'}{y^2}$.)

Exercice 15. Montrer que pour que φ soit solution de l'équation

$$y' + xy = 0 \qquad (1)$$

il faut et il suffit que, ou bien $\varphi = 0$ ou bien $\psi = \text{Log}\,|\varphi|$ est solution de l'équation différentielle en z :

$$z' = -x \qquad (2)$$

Résoudre (2) puis (1).

** **Exercice 16** (Licence, Paris 1903). Soit $n \in \mathbb{N}^*$, montrer que l'équation différentielle :

$$(x^2 - 1)y'' - n(n+1)y = 0 \qquad (1)$$

admet une solution P qui est une fonction polynôme. En déduire que (1) admet une autre solution φ de la forme :

$$\varphi(x) = P(x)\,\text{Log}\,\frac{x+1}{x-1} + Q(x),$$

où Q est une fonction polynôme.

** **Exercice 17.** Calculer explicitement P et Q dans l'exercice précédent dans le cas où $n = 5$.

Soit $F_1, ..., F_p$ p fonctions réelles de $p + 1$ variables. On dit que p fonctions réelles d'une variable réelle $\varphi_1, ..., \varphi_p$ définies et dérivables sur un même intervalle ouvert D_φ sont solution du *système différentiel*

$$\begin{cases} y_1' = F_1(x, y_1, ..., y_p) \\ \dots\dots\dots \\ y_p' = F_p(x, y_1, ..., y_p) \end{cases}$$

si pour tout x appartenant à D_φ :

$$\begin{cases} \varphi_1'(x) = F_1(x, \varphi_1(x), ..., \varphi_p(x)) \\ \dots\dots\dots \\ \varphi_p'(x) = F_p(x, \varphi_1(x), ..., \varphi_p(x)). \end{cases}$$

Remarque 1. Posons $y = (y_1, ..., y_p)$,
$\varphi : D_\varphi \longrightarrow \mathbb{R}^p, \quad x \longmapsto (\varphi_1(x), ..., \varphi_p(x))$
et $F : (x, y_1, ..., y_p) \longmapsto (F_1(x, y_1, ..., y_p), ..., F_p(x, y_1, ..., y_p))$;

on dit que φ, dérivable, est solution du système linéaire

$$y' = F(x, y)$$

ssi pour tout x appartenant à D_φ on a :

$$\varphi'(x) = F(x, \varphi(x)).$$

Remarque 2. Soit $F_1, ..., F_p$ p fonctions réelles de $(1 + np)$ variables réelles. On dit que $\varphi_1, ..., \varphi_p$ est solution du système différentiel

$$\text{(I)} \begin{cases} y_1^{(n)} = F_1(x, y_1, ..., y_p, y_1', ..., y_p', y_1^{(n-1)}, ..., y_p^{(n-1)}) \\ \dots\dots\dots \\ y_p^{(n)} = F_p(x, y_1, ..., y_p, y_1', ..., y_p', y_1^{(n-1)}, ..., y_p^{(n-1)}) \end{cases}$$

ssi pour tout k appartenant à $\{1, ..., p\}$ et tout x appartenant à D_φ on a :

$$\varphi_k^{(n)}(x) = F_k(x, \varphi_1(x), ..., \varphi_p(x), ..., \varphi_1^{(n-1)}(x), ..., \varphi_p^{(n-1)}(x)).$$

Un tel système se ramène à un système du premier ordre, en posant

$$\text{(D)} \begin{cases} z_{11} = y_1' & \dots & z_{p1} = y_p' \\ z_{12} = y_1'' & \dots & z_{p2} = y_p'' \\ \dots\dots\dots \\ z_{1,n-1} = y_1^{(n-1)} & \dots & z_{p,n-1} = y_p^{(n-1)}. \end{cases}$$

Le système (I) est alors équivalent au système suivant (en ce sens que compte tenu de (D), toute solution de (I) est solution de (II) et inversement) :

$$\text{(II)} \begin{cases} y_1' = z_{11} \\ \dots\dots\dots \\ y_p' = z_{p1} \\ z_{11}' = z_{12} \\ \dots\dots\dots \\ z_{p,n-2}' = z_{p,n-1} \\ z_{1,n-1}' = F_1(x, y_1, ..., y_p, z_{11}, ..., z_{p,n-1}) \\ \dots\dots\dots \\ z_{p,n-1}' = F_p(x, y_1, ..., y_p, z_{11}, ..., z_{p,n-1}). \end{cases}$$

Exemple 1. L'équation du second ordre

$$y'' = F(x, y, y')$$

est équivalente au système

$$\begin{cases} y' = z \\ z' = F(x, y, z)). \end{cases}$$

Exemple 2. En physique, un système est décrit par un certain nombre de paramètres de positions $q_1, q_2, ..., q_N$ (par exemple $N = 3N_1$ s'il y a N_1 particules libres). Les équations sont de la forme

$$q_i'' = F_i(t, q_1(t), ..., q_N(t), q_1'(t), ..., q_N'(t))$$

(accélération = masse^{-1} × force). L'état du système est caractérisé par un point $(q_1, ..., q_N, q_1', ..., q_N')$ de l'espace $\mathbb{R}^{2N}$ appelé *espace des phases.* Si on connaît ce point à l'instant t_0, les équations différentielles déterminent de façon unique la trajectoire de ce point au cours du temps. En physique cela s'appelle le déterminisme, en mathématiques l'unicité (locale) de la solution du problème de Cauchy. C'est l'objet du paragraphe suivant.

Exercice 18. Le mouvement d'une planète (ou plus généralement une particule dans un champ central en $1/r^2$) est régi par une équation de la forme (G, μ et m constantes positives) :

$$\mu\frac{d^2M}{dt^2} = -G\frac{\mu m}{OM^2}\frac{\overrightarrow{OM}}{OM}.$$

Écrire un système différentiel d'ordre 1 équivalent à cette équation.

2.2. Conditions initiales : problème de Cauchy

1. Considérons l'équation différentielle du 1er ordre résolue en y' :

$$y' = F(x, y) \qquad (1)$$

Nous supposons que F est dérivable par rapport à x et par rapport à y et que ses dérivées partielles sont continues. Soit (x_0, y_0) un point de $\mathbb{R}^2$ tel que $F(x_0, y_0)$

soit défini. On montre qu'il existe alors une fonction φ unique définie au voisinage de x_0 telle que :

$$\begin{cases} \varphi'(x) = F(x, \varphi(x)) \\ \varphi(x_0) = y_0. \end{cases}$$

Remarque. L'unicité de la solution φ signifie que si on a deux solutions $\varphi_1 : D_{\varphi_1} \longrightarrow \mathbb{R}$, $\varphi_2 : D_{\varphi_2} \longrightarrow \mathbb{R}$, alors les restrictions de φ_1 et φ_2 à $D_{\varphi_1} \cap D_{\varphi_2}$ sont égales.

On dit que φ est la solution de (1) qui satisfait à la condition initiale $\varphi(x_0) = y_0$ et on dit que φ résout le problème de Cauchy. Nous admettrons la démonstration (difficile) de ce théorème. (Cette démonstration repose sur la méthode d'Euler pour le calcul de $\varphi(x)$ que nous verrons dans le paragraphe suivant.)

2. Considérons le système différentiel :

$$\begin{cases} y'_1 = F_1(x, y_1, y_2, ..., y_n) \\ y'_2 = F_2(x, y_1, y_2, ..., y_n) \\ \dots\dots\dots\dots\dots\dots \\ y'_n = F_n(x, y_1, y_2, ..., y_n). \end{cases}$$

En considérant $y = (y_1, ..., y_n)$ dans $\mathbb{R}^n$, ce système peut s'écrire :

$$y' = F(x, y).$$

Les fonctions $F_1, ..., F_n$ sont supposées dérivables à dérivées partielles continues. Soit (x_0, y_0) un point de $\mathbb{R}^{n+1}$ tel que $F(x_0, y_0)$ soit défini. Il existe alors une fonction $\varphi : \mathbb{R} \longrightarrow \mathbb{R}^n$, unique au voisinage de x_0 telle que :

$$\begin{cases} \varphi'(x) = F(x, \varphi(x)) \\ \varphi(x_0) = y_0. \end{cases}$$

3. Considérons l'équation différentielle du 2e ordre résolue en y'' :

$$y'' = F(x, y, y') \qquad (1)$$

où F est dérivable à dérivées partielles continues. Pour les conditions initiales : $\varphi(x_0) = y_0$, $\varphi'(x_0) = z_0$, il y a encore existence et unicité de la solution.

Exercice 19. On considère l'équation différentielle en y :

$$a(x)y'' + b(x)y' + c(x)y = 0 \qquad (1)$$

où a, b et c sont trois fonctions de x, définies sur $\mathbb{R}$ dérivables et à dérivées continues. On suppose que : $\forall x \in \mathbb{R} \quad a(x) \neq 0$. Montrer que l'ensemble des solutions de (1) constitue un espace vectoriel de dimension 2.

2.3. Existence globale

Soit $f : [a, b] \times \mathbb{R} \longrightarrow \mathbb{R}$.

Définition. On dit que f est *continue* (ou continue par rapport à l'ensemble des deux variables) ssi :

$$\forall (x_0, y_0) \in [a, b] \times \mathbb{R} \quad \forall \varepsilon > 0 \quad \exists \eta > 0 \quad \forall (x, y) \in [a, b] \times \mathbb{R}$$
$$\sqrt{(x - x_0)^2 + (y - y_0)^2} < \eta \Longrightarrow |f(x, y) - f(x_0, y_0)| < \varepsilon.$$

Définition. On dit que f est *lipschitzienne en y uniformément par rapport à x* si il existe une constante positive L telle que :

$$\forall x \in [a, b] \quad \forall y_1 \in \mathbb{R} \quad \forall y_2 \in \mathbb{R} \quad |f(x, y_1) - f(x, y_2)| \leqslant L\,|y_1 - y_2|.$$

Théorème (admis). Soit $x_0 \in [a, b]$ et $y_0 \in \mathbb{R}$. Si f est continue et lipschitzienne en y uniformément par rapport à x, alors l'équation différentielle

$$y' = f(x, y)$$

admet une solution $\varphi : [a, b] \longrightarrow \mathbb{R}$ unique telle que

$$\varphi(x_0) = y_0.$$

De plus si f admet des dérivées partielles continues, alors cette solution φ admet une dérivée seconde continue.

§ 3. INTÉGRATIONS NUMÉRIQUES

3.1. Résolution de $y' = f(x, y)$, $y(x_0) = y_0$ par la méthode d'Euler

Le principe (voir encadré 2). Désignons par φ la solution telle que $\varphi'(x) = f(x, \varphi(x))$ et $\varphi(x_0) = y_0$ (en supposant f telle que φ existe). Pour chaque choix d'un nombre strictement positif h, qu'on appelle le *pas* d'intégration, on définit une solution approchée φ_h, affine par morceaux, par :

$$\begin{cases} \varphi_h(x_0) = y_0 \\ \varphi_h(x_0 + (n + 1)h) \\ \qquad = \varphi_h(x_0 + h) + hf(x_0 + nh, \varphi_h(x_0 + nh)) \end{cases}$$

φ_h étant affine sur $[x_0 + nh, x_0 + (n + 1)h]$ pour tout entier naturel n.

Algorithme. Posons $x_n = x_0 + nh$ et $y_n = \varphi_h(x_n)$. On a pour tout entier n :

$$\begin{cases} x_{n+1} - x_n + h \\ y_{n+1} = y_n + hf(x_n, y_n). \end{cases}$$

Exemple 1. Soit à résoudre pour $x \geqslant 0$:

$$\begin{cases} y' = -xy \\ y(0) = 1. \end{cases}$$

Pour chaque pas h on a l'algorithme (voir hors-texte 3) :

$$\begin{cases} x_0 = 0 \\ y_0 = 1 \end{cases} \quad \text{et} \quad \forall n \in \mathbb{N} \begin{cases} x_{n+1} = x_n + h \\ y_{n+1} = y_n - hx_n y_n. \end{cases}$$

C 2: Programmer une machine de telle sorte qu'en lui fournissant $h > 0$ et $M \in \mathbb{N}^*$, elle nous donne (x_{kM}, y_{kM}) pour $k \in \mathbb{N}$. Vérifier les résultats de la table ci-dessous.

h \ x	0	0,5	1	1,5	2	3	5
0,5	1	1,000 0	0,750 0	0,375 0	0,093 75	0,000 0	0,000 0
0,1	1	0,903 5	0,628 2	0,331 3	0,130 4	0,007 8	$3 \cdot 10^{-7}$
0,01	1	0,884 5	0,608 6	0,325 3	0,134 9	0,010 8	$31 \cdot 10^{-7}$
0,001	1	0,882 7	0,606 7	0,324 7	0,135 2	0,011 1	$37 \cdot 10^{-7}$
$\varphi(x)$	1	0,882 5	0,606 5	0,324 7	0,135 3	0,011 1	$37 \cdot 10^{-7}$

EULER

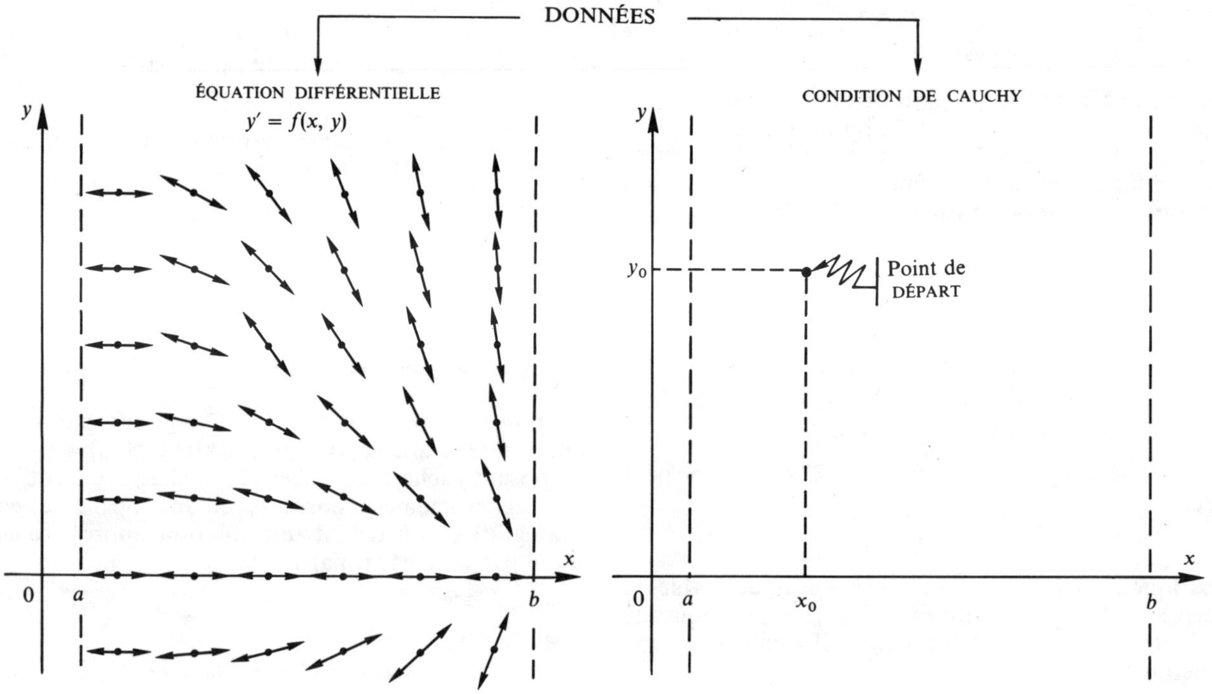

CHOIX DE L'APPROXIMATION : Pas $\overset{h}{\longleftrightarrow}$

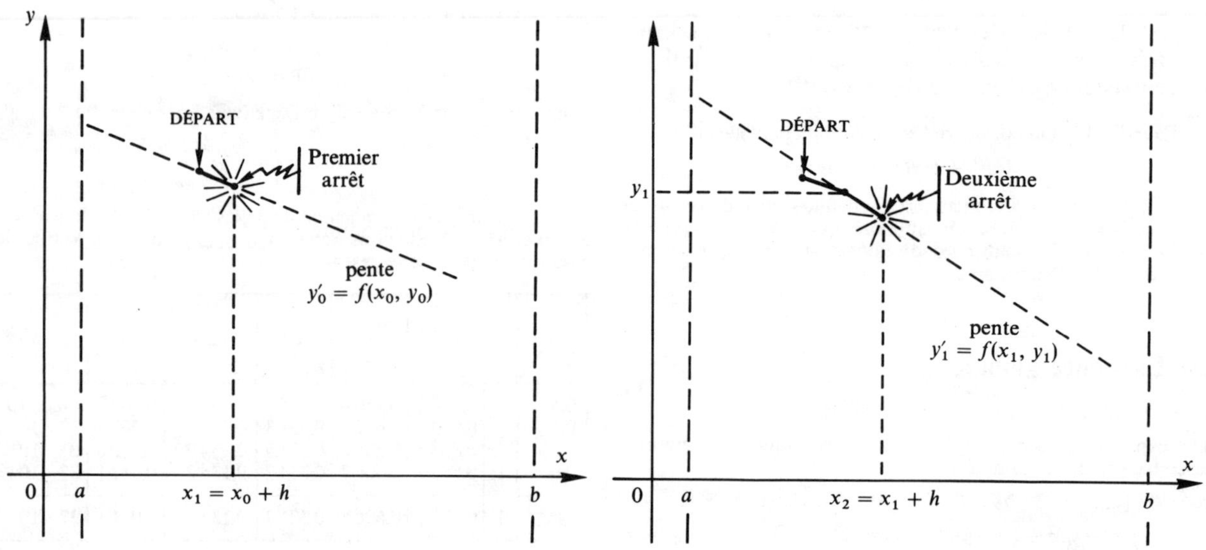

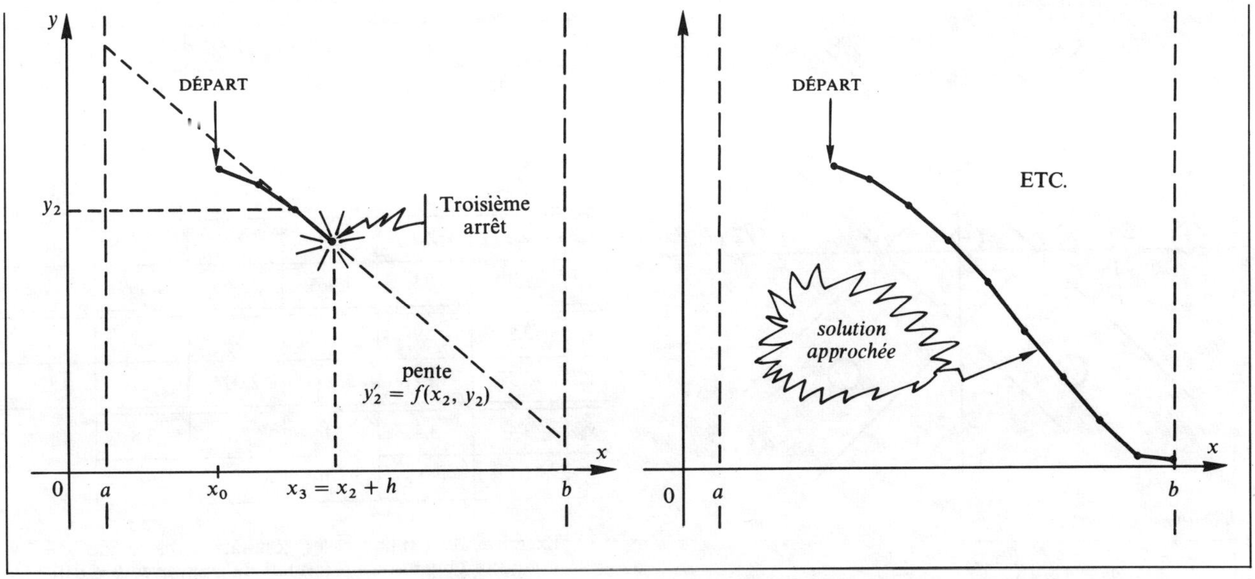

2. L'équation différentielle $y' = f(x, y)$ donne les tangentes en tout point (x, y) tel que $a < x < b$ de toute courbe représentative d'une solution. La méthode d'Euler consiste à partir d'un point (x_0, y_0) et à se déplacer sur la droite de pente $y' = f(x_0, y_0)$ jusqu'à ce qu'on arrive en un point d'abscisse $x_1 = x_0 + h$, puis repartir de ce point (x_1, y_1) selon la droite de pente $y' = f(x_1, y_1)$ jusqu'au point d'abscisse $x_2 = x_1 + h$, etc. La courbe approchée obtenue tend vers la courbe représentative de la solution de l'équation différentielle quand h tend vers 0.

Pour $h = 0{,}5$ on obtient $x_1 = 0{,}5$; $y_1 = 1 - 0{,}5 \times 0 \times 1 = 1$;
$x_2 = 1$; $y_2 = 1 - 0{,}5 \times 0{,}5 \times 1 = 0{,}75$;
$x_3 = 1{,}5$; $y_3 = 0{,}75 - 0{,}5 \times 1 \times 0{,}75 = 0{,}375$;
$x_4 = 2$; $y_4 = 0{,}375 - 0{,}5 \times 1{,}5 \times 0{,}375 = 0{,}093\,75$, etc.

Pour diverses valeurs de h, et de x, on obtient pour $\varphi_h(x)$ les valeurs données dans la table précédente.

La dernière ligne de ce tableau donne les valeurs exactes (à 10^{-4} près) de la solution $\varphi(x) = e^{-x^2/2}$. Pour $h = 0{,}001$ on a $\varphi_h(0{,}5) = 0{,}882\,7$ et $\varphi_h(1) = 0{,}606\,7$. On voit que pour x fixe, $\varphi_h(x) \longrightarrow \varphi(x)$ quand $h \longrightarrow 0$ (voir la démonstration ci-dessous). Mais on s'aperçoit aussi que la convergence est très lente et peu stable (les erreurs ont tendance à se cumuler au lieu de s'annuler les unes les autres, voir encadré 4 par exemple). C'est pourquoi cette méthode est surtout intéressante du point de vue théorique. Pour un calcul effectif il vaut mieux utiliser la méthode de Runge-Kutta.

Exemple 2. Soit à intégrer :

$$\begin{cases} y' = (x^2 + y^2 - 1)^2 - 4x^2y^2 \\ y(-2) = 0 \end{cases}$$

Étude préliminaire.

$$y' = (y - x - 1)(y - x + 1)(y + x - 1)(y + x + 1).$$

On peut donc découper le plan en 9 régions où on connaît le signe de la dérivée de toute solution φ de l'équation différentielle.
On peut en déduire l'allure des solutions, en particulier celle que nous recherchons : partant de $(-2, 0)$ elle croît et coupe donc la droite $y = -x - 1$. En ce point la tangente est parallèle à Ox; à partir de là la fonction décroît, elle ne peut recouper la droite $y = -x - 1$ et recoupe donc $y = x + 1$, où il y aura un minimum local, la fonction sera alors croissante jusqu'à rencontrer la droite $y = -x + 1$ où il y aura un maximum local, puis décroissante jusqu'à $y = x - 1$, puis la fonction est croissante pour tout x au-delà.

$$\begin{cases} y' = -xy \\ y(0) = 1. \end{cases}$$

Programme destiné à calculer les coordonnées des points (x_{kM}, y_{kM}) d'abscisses $x_{kM} = kMh$ et d'ordonnées $y_{kM} = \varphi_h(x_{kM})$ où φ_h est la solution approchée obtenue par une intégration par la méthode d'Euler de pas h.

```
lire h
lire M
x: = 0
y: = 1
répéter
    pour n allant de 0 à M − 1 faire
        y: = y − hxy
        x: = x + h
    écrire x, y
jusqu'à ce que l'opérateur décide d'arrêter.
```

Le même programme en TI57 :

STO 1; R/S; STO 2; 0; STO 3; 1; STO 4; 2nd Lbl 1; RCL 2; STO 0; 2nd Lbl 2; RCL 1; ×; RCL 3; ×; RCL 4; +/−; +; RCL 4; =; STO 4; RCL 3; +; RCL 1; = ; STO 3; 2nd Dsz; GTO 2; R/S; RCL 4; R/S; GTO 1; RST; LRN; RST (h stocké en 1, M en 2, x en 3, y en 4).

3. La résolution numérique d'équations différentielles suppose l'emploi d'un matériel informatique. L'équation choisie ici admet une solution élémentaire, ce qui nous permet de nous faire une idée de la rapidité (ou de la lenteur) de convergence.

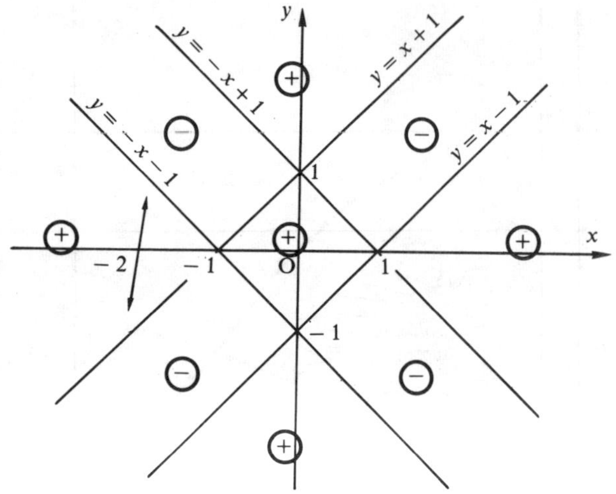

Algorithme

$$\begin{cases} x_0 = -2 \\ y_0 = 0 \end{cases} \quad \text{et} \quad \forall n \in \mathbb{N} \begin{cases} x_{n+1} = x_n + h \\ y_{n+1} = y_n + h[(x_n^2 + y_n^2 - 1)^2 - 4x_n^2 y_n^2]. \end{cases}$$

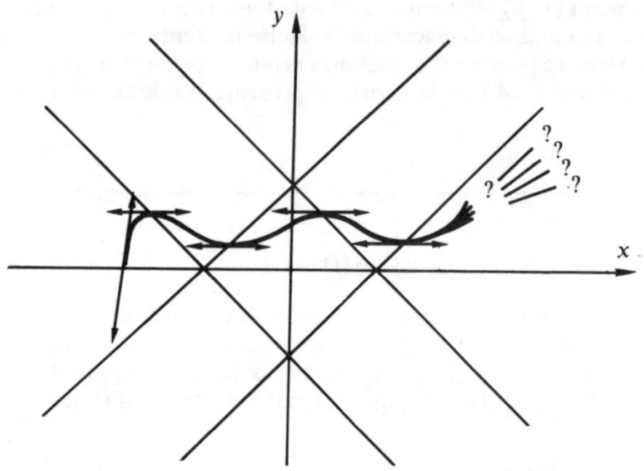

C 3. Programmer une machine pour obtenir $(x_{kM}, y_{kM})_{k \in \mathbb{N}}$, pour h et M données.

Résultats pour $h = 0{,}1$. Un point à chaque pas.

x_n	− 2	− 1,9	− 1,8	− 1,7	− 1,6	− 1,5
y_n	0	0,9	0,9	0,780	0,701	0,619
x_n	− 1,4	− 1,3	− 1,2	− 1,1	− 1	− 0,9
y_n	0,541	0,468	0,403	0,346	0,299	0,264
x_n	− 0,8	− 0,7	− 0,6	− 0,5	− 0,4	− 0,3
y_n	0,243	0,237	0,246	0,271	0,310	0,359
x_n	− 0,2	− 0,1	0	0,1	0,2	0,3
y_n	0,415	0,474	0,532	0,583	0,624	0,651
x_n	0,4	0,5	0,6	0,7	0,8	0,9
y_n	0,659	0,648	0,617	0,569	0,509	0,444

x_n	1	1,1	1,2	1,3	1,4	1,5
y_n	0,380	0,324	0,283	0,264	0,275	0,323
x_n	1,6	1,7	1,8	1,9	2	2,1
y_n	0,412	0,538	0,678	0,811	0,929	1,040
x_n	2,2	2,3	2,4	2,5	2,6	2,7
y_n	1,149	1,256	1,361	1,465	1,569	1,671
x_n	2,8	2,9	3	3,1	3,2	3,3
y_n	1,777	1,871	2,000	2,002	2,517	0,826
x_n	3,4	3,5	3,6	3,7	3,8	
y_n	9,032	480,8	$5 \cdot 10^9$	$8 \cdot 10^{37}$	Erreur	

Exercice 20. Expliquer les résultats à partir de $x = 2{,}9$. Pourquoi obtient-on un résultat différent avec $h = 0{,}01$? De $x_0 = 2{,}9$, $y_0 = 1{,}971$ on obtient pour $x = 3{,}5$, $y = 2{,}486$.

Exercice 21. Construire les courbes solutions de l'équation différentielle (on précisera en particulier les comportements pour $x \to +\infty$ et pour $x \to -\infty$).

Théorème de convergence. On suppose vérifiées les conditions du théorème du § 1.3 et que φ'' existe et est continue. L'erreur commise $e_n = y_n - \varphi(x_n)$ en utilisant la méthode d'Euler vérifie :

$$|e_n| \leqslant \mathrm{K}h$$

où K est une constante.

Définition. Une méthode de calcul numérique donnant une erreur majorée par $\mathrm{K}h^p$ est dite *d'ordre p*. La méthode d'Euler est d'ordre 1.

Démonstration du théorème. Comme φ'' existe, on peut appliquer la formule de Taylor à l'ordre 2 et pour tout entier naturel n, il existe un nombre réel ξ_n tel que :

$$\varphi(x_{n+1}) = \varphi(x_n) + h\varphi'(x_n) + \frac{1}{2}h^2\varphi''(\xi_n) \quad \text{et} \quad x_n < \xi_n < x_{n+1}.$$

φ étant solution de $y' = f(x, y)$, on a :

$$\varphi(x_{n+1}) = \varphi(x_n) + hf(x_n, \varphi(x_n)) + \frac{1}{2}h^2\varphi''(\xi_n).$$

La méthode d'Euler nous donne :

$$y_{n+1} = y_n + hf(x_n, y_n)$$

d'où

$$e_{n+1} = e_n + h[f(x_n, y_n) - f(x_n, \varphi(x_n))] - \frac{1}{2}h^2\varphi''(\xi_n).$$

Comme f est lipschitzienne, on a :

$$|e_{n+1}| \leqslant |e_n| + h\mathrm{L}\,|e_n| + \frac{1}{2}h^2\,|\varphi''(\xi_n)|.$$

Comme φ'' est continue sur $[a, b]$, il existe un nombre M tel que :

$$\mathrm{M} = \sup_{\xi \in [a,b]} |\varphi''(\xi)|$$

d'où $$|e_{n+1}| \leqslant |e_n|(1 + hL) + \frac{1}{2}h^2 M.$$

Par récurrence sur n on en déduit que

$$|e_n| \leqslant \frac{(1 + hL)^n - 1}{L}\frac{M}{2}h.$$

Or on a $(1 + hL)^n = e^{n \operatorname{Log}(1 + hL)} \leqslant e^{nhL}$ et $nh \leqslant b - a$, d'où

$$|e_n| \leqslant \frac{e^{(b-a)L} - 1}{L}\frac{M}{2}h = Kh,$$

où on a posé $K = (e^{(b-a)L} - 1)M/2L$. □

3.2. Résolution d'une équation du second ordre par la méthode d'Euler : $y'' = -\sin y$

Nous allons résoudre l'équation différentielle décrivant le mouvement d'un pendule simple (avec un choix d'unités convenable). En physique on remplace en général l'équation obtenue à partir de la mécanique par une équation linéaire. Cette approximation est valable pour des petites oscillations, c'est-à-dire que, si y reste petit au cours du mouvement, $\sin y \simeq y$. Mais quel sens peut-on donner à l'expression « petites oscillations » ou « oscillations de faible amplitude »? Il n'est pas question ici de donner une réponse théorique à cette question. Les descriptions explicites de solutions approchées données ci-dessous permettront cependant de se faire une idée de la signification de ces expressions.

Équation du mouvement d'un pendule simple

Soit M un point matériel de masse m, mobile sur le cercle vertical de rayon ℓ et de centre O dans le plan vertical de repère $(O, \vec{i}, \vec{k})$ où $\vec{i}$ est horizontal et $\vec{k}$ dirigé vers le haut. Soit $\vec{u} = \ell^{-1}\overrightarrow{OM}$ et $\theta = (-\vec{k}, \vec{u})$.

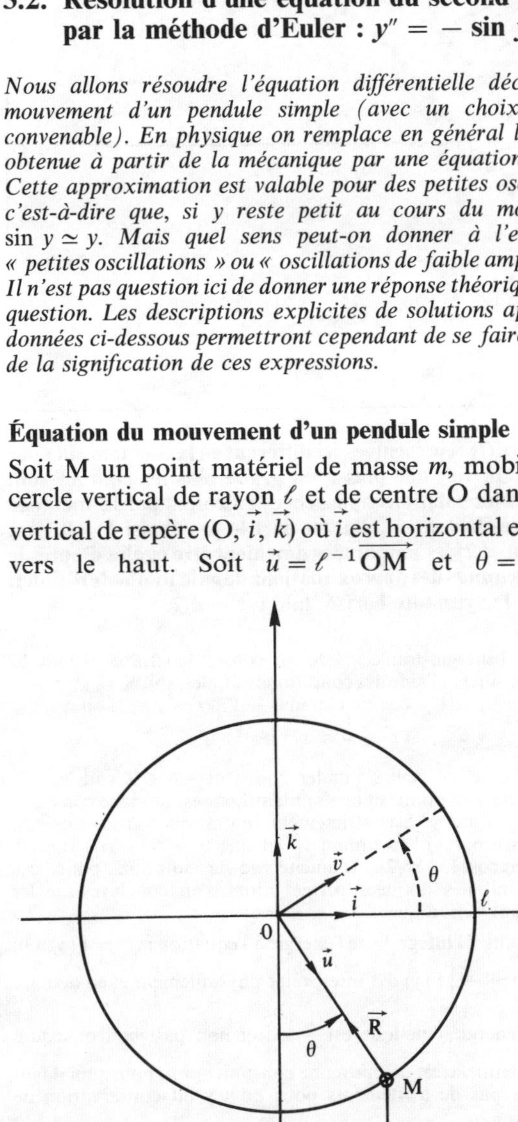

L'équation de Newton s'écrit :

$$m\frac{\overrightarrow{d^2M}}{dt^2} = \vec{R} - mg\vec{k},$$

où $\vec{R}$ est la réaction, qui est colinéaire à $\vec{u}$, et $-mg\vec{k}$ est le poids du point M. De $\overrightarrow{OM} = \ell\vec{u}$, on déduit

$$\frac{\overrightarrow{dM}}{dt} = \ell\frac{d\vec{u}}{dt} = \ell\frac{d\vec{u}}{d\theta}\frac{d\theta}{dt}.$$

Soit $\vec{v}$ le vecteur unitaire tel que $(\vec{u}, \vec{v}) = \pi/2$, on a $d\vec{u}/d\theta = \vec{v}$, soit $\overrightarrow{dM}/dt = \ell\vec{v}\theta'$. Comme $d\vec{v}/d\theta = -\vec{u}$, on a $\overrightarrow{d^2M}/dt^2 = -\ell\theta'^2\vec{u} + \ell\theta''\vec{v}$. Effectuons le produit scalaire par $\vec{v}$ des deux membres de l'équation de Newton, il vient

$$\ell\theta'' = -mg\vec{k}\cdot\vec{v}$$

soit $$\theta'' = -\frac{g}{\ell}\sin\theta.$$

Choisissons des unités de telle sorte que $g/\ell = 1$ (il suffit de choisir pour unité de temps $\sqrt{\ell/g}$), il vient

$$\boxed{\theta'' = -\sin\theta}.$$

Cette équation est souvent remplacée en physique par l'équation $\theta'' = -\theta$ (voir à ce sujet le chapitre suivant), tout au moins dans le cas de vibrations de faibles amplitudes. Nous allons étudier l'équation non simplifiée, en reprenant cependant nos notations usuelles : inconnue y, variable x. Pour comparer les divers mouvements nous choisirons les conditions initiales pour $x = 0$: $y_0 = 0$ et $y'_0 = v$.

L'algorithme. L'équation $y'' = -\sin y$ est équivalente au système linéaire :

$$\begin{cases} y' = z \\ z' = -\sin y. \end{cases}$$

Nous étudions la solution correspondant aux conditions initiales $y_0 = 0$, $z_0 = v$. Nous cherchons la solution approchée obtenue pour un pas h. Elle est obtenue par l'algorithme :

$$\begin{cases} x_0 = 0 \\ y_0 = 0 \\ z_0 = v \end{cases} \quad \text{et} \quad \forall n \in \mathbb{N} \begin{cases} x_{n+1} = x_n + h \\ y_{n+1} = y_n + hz_n \\ z_{n+1} = z_n - h\sin y_n \end{cases}$$

C 4. Programmer une machine permettant de calculer (x_n, y_n, z_n) pour $n \in \mathbb{N}$, étant donnés $h > 0$ et $v \in \mathbb{R}$ et vérifier les courbes de l'encadré 4.

Les résultats numériques dont certains ont été résumés dans les graphiques de l'encadré 4, indiquent que si v est petit la solution est périodique (la solution approchée est quasi-périodique), alors que si v est grand la solution est monotone croissante, presque linéaire. L'interprétation physique de l'équation aurait pu permettre de prévoir ces résultats : si le pendule est lancé avec une petite vitesse il oscille, si il est lancé avec

Solutions approchées de $y'' = -\sin y$ par la méthode d'Euler. Pas $h = 0{,}1$

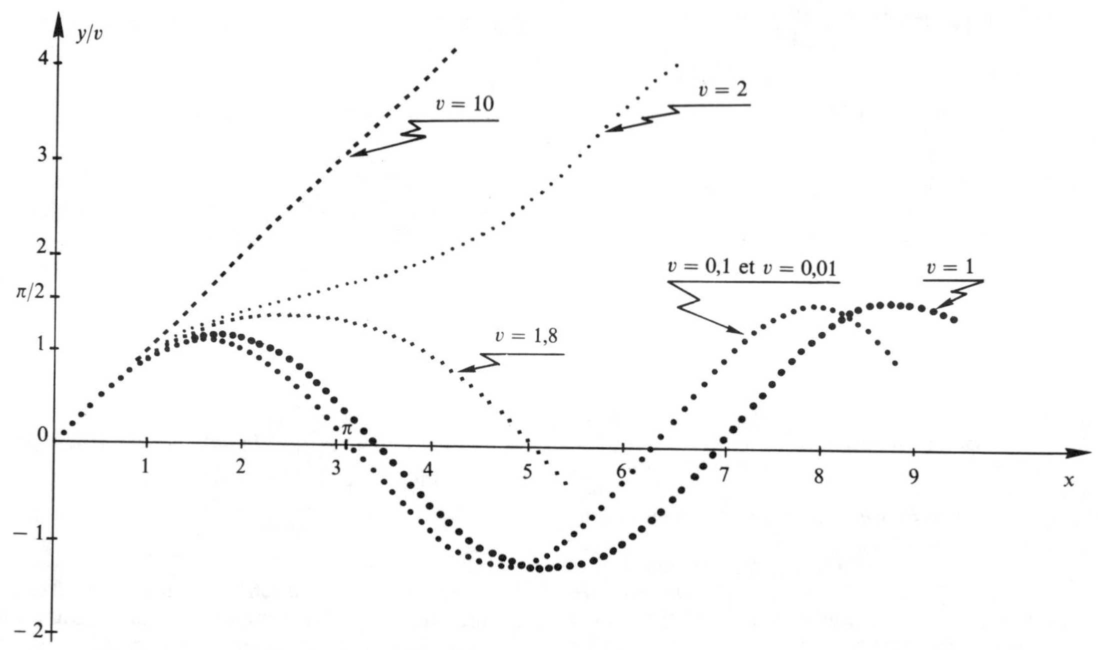

4. La solution de $y'' = -y$, $y_0 = 0$, $y'_0 = v$ est $y/v = \sin t$. Les courbes $y = \varphi_h(t)$ représentées ici diffèrent de la fonction sin pour deux raisons : 1° Nous avons représentées les solutions de $y'' = -\sin y$. On voit que plus v est grand plus les courbes sont différentes de la sinusoïde. 2° Nous n'avons pas les solutions exactes, mais les solutions approchées calculées par la méthode d'Euler pour un pas $h = 0{,}1$. Or d'une part la méthode d'Euler converge très lentement, d'autre part le pas choisi $h = 0{,}1$ est relativement grand. En particulier dans le cas des mouvements périodiques ($v < 2$) les amplitudes devraient être égales d'après le théorème de l'énergie; l'accroissement des amplitudes est une erreur due aux cumuls des approximations dans la méthode d'Euler. Dans le cas limite $v = 2$, la courbe représentant la solution exacte admet l'asymptote horizontale $y/v = \pi/2$.

une très grande vitesse il fait un tour complet puis un autre, etc. (Remarquons que nous avons supposé $OM = \ell$, c'est-à-dire que le pendule est rigide et donc que le point M ne peut quitter le cercle ni vers l'extérieur ni vers l'intérieur.) Quelle est la valeur remarquable v_0 qui sépare les « petites vitesses initiales » des « grandes vitesses initiales »? L'étude qui suit permet de répondre à cette question.

Intégrale première de l'énergie. En multipliant les deux membres de l'équation $y'' = -\sin y$ par y', il vient

$$y''y' = (-\sin y)y'.$$

Le premier membre est la dérivée de $y'^2/2$ et le second membre la dérivée de $\cos y$. Il en résulte qu'il existe une constante K telle que

$$\frac{1}{2}y'^2 - \cos y = K.$$

(L'interprétation physique de cette équation s'obtient en multipliant par $m\ell^2$, car $\frac{1}{2}m(\ell y')^2$ est l'énergie cinétique et $-m\ell^2 \cos y = -mg\ell \cos y$ est l'énergie potentielle : du fait qu'il n'y a pas de frottements l'énergie totale $m\ell^2K$ est constante.) La constante K peut se déterminer à l'aide des conditions initiales, soit $K = v^2/2 - 1$. D'où $y'^2 = v^2 - 2(1 - \cos y)$. Comme $-1 \leqslant \cos y \leqslant 1$, on a :

$$v^2 - 4 \leqslant y'^2 \leqslant v^2.$$

En particulier y' ne peut s'annuler que si $v^2 - 4 \leqslant 0$, soit $|v| \leqslant 2$. Si $v > 2$, y' étant continue et ne s'annulant pas est de signe constant, soit $y' > 0$, donc y est strictement monotone croissante. Si $v < 2$, y passe par un maximum y_0 tel que $v^2 - 2(1 - \cos y_0) = 0$, ou $y_0 = \operatorname{Arccos}(1 - v^2/2)$. L'unicité de la solution pour des conditions initiales données permet alors d'en conclure que les solutions sont périodiques.

C 5. Généraliser l'intégrale de l'énergie à l'équation $my'' = F(y)$. On posera $U(y) = -\int F(y)\,dy$. Interpréter physiquement et en déduire pourquoi l'énergie cinétique est $\frac{1}{2}mv^2$ et non pas mv^2, pourquoi l'énergie potentielle est définie à une constante près, pourquoi il faut qu'il n'y ait pas de frottements pour qu'il y ait conservation de l'énergie.

Exercice 22. Soit $\varphi_{0,1}$ la solution approchée pour un pas $h = 0{,}1$ de l'équation $y'' = -\sin y$, $y_0 = 0$ et $y'_0 = 100$. Calculer $\varphi_{0,1}(6)$ à 10^{-2} près.

Commentaire. On sait que pour y petit on a $\sin y \simeq y$; les résultats numériques que nous avons obtenus semblent confirmer l'idée selon laquelle les solutions des équations $y'' = -\sin y$ et $y'' = -y$ satisfaisants aux mêmes conditions initiales sont voisines pour y petit (c'est-à-dire pour de petites oscillations), ou plus généralement que les solutions des équations $y' = f_1(x, y)$ et $y' = f_2(x, y)$ où $y : \mathbb{R} \longrightarrow \mathbb{R}^n$ satisfaisant à des conditions initiales voisines sont elles-mêmes voisines si f_1 et f_2 le sont. On comprend aisément la nécessité de telles propriétés pour qu'il puisse être intéressant d'employer les équations différentielles en physique puisque les fonctions utilisées sont au moins partiellement d'origine expérimentale et donc approchées. Du point de vue mathématique le problème se pose d'expliciter les conditions (ou tout au moins *des* conditions) dans lesquelles de telles propriétés sont vérifiées. Mais pour pouvoir énoncer des théorèmes à ce sujet il faut commencer par définir ce que l'on entend par « fonctions voisines » : c'est l'objet de la *topologie* des ensembles de fonctions (ou *espaces fonctionnels*). Cette théorie peut être considérée comme une extension à des espaces vectoriels de dimension infinie ou à des ensembles encore plus généraux et/ou plus vastes des notions simples de points voisins en géométrie, c'est-à-dire dans $\mathbb{R}$, $\mathbb{R}^2$ ou $\mathbb{R}^3$. La description de telles structures indépendamment de leurs interprétation s'appelle la topologie générale.

3.3. Méthode de Runge Kutta d'ordre 4 (RK 4)

La méthode d'Euler est à rapprocher de la méthode des rectangles en intégration. De même que l'approximation par les rectangles d'une intégrale est mauvaise, l'approximation par la méthode d'Euler de la solution d'une équation différentielle est mauvaise (méthode d'ordre 1) et n'est pas utilisée pratiquement. On présente ici une méthode plus efficace qui est à rapprocher de la méthode de Simpson (méthode d'ordre 4).

L'idée

On cherche à résoudre

$$\begin{cases} y' = f(x, y) \\ y(x_0) = y_0 \end{cases}$$

par une méthode pas à pas

$$\begin{cases} x_{n+1} = x_n + h \\ y_{n+1} = y_n + hk_n \end{cases}$$

k_n doit donc être une approximation de la pente moyenne de la solution φ sur $[x_n, x_{n+1}]$.

On va faire 4 approximations différentes de k_n et faire une moyenne pondérée de ces 4 approximations ℓ_0, ℓ_1, ℓ_2 et ℓ_3 :

1. $\ell_0 = f(x_n, y_n)$ est la pente en (x_n, y_n).

2. $\ell_1 = f\left(x_n + \dfrac{h}{2}, y_n + \dfrac{h}{2}\ell_0\right)$ est la pente au point où l'on arrive en un demi pas par la méthode d'Euler.

3. Si ℓ_1 est une bonne pente moyenne, le point milieu de (M_n, M_{n+1}) où $M_n(x_n, y_n)$ et $M_{n+1}(x_{n+1}, y_{n+1})$ doit être $\left(x_n + \dfrac{h}{2}, y_n + \dfrac{h}{2}\ell_1\right)$. La pente en ce point est

$$\ell_2 = f\left(x_n + \frac{h}{2}, y_n + \frac{h}{2}\ell_1\right).$$

4. Si ℓ_2 est la bonne pente moyenne sur $[x_n, x_{n+1}]$ on doit arriver en $(x_n + h, y_n + h\ell_2)$ après un pas entier et la pente à l'autre bout de l'intervalle doit être

$$\ell_3 = f(x_n + h, y_n + h\ell_2).$$

On choisira alors :

$$\boxed{k_n = \frac{1}{6}(\ell_0 + 2\ell_1 + 2\ell_2 + \ell_3)}$$

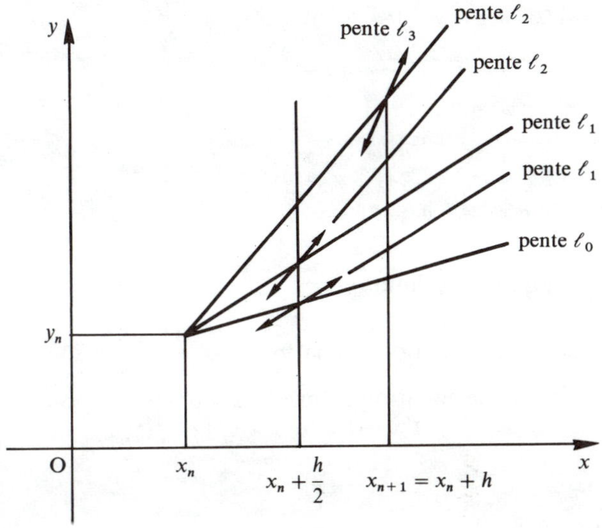

Algorithme. x_0 et y_0 donnés et :

$$\forall n \in \mathbb{N} \begin{cases} x_{n+1} = x_n + h \\ \ell_0 = f(x_n, y_n) \\ \ell_1 = f\left(x_n + \dfrac{h}{2}, y_n + \dfrac{h}{2}\ell_0\right) \\ \ell_2 = f\left(x_n + \dfrac{h}{2}, y_n + \dfrac{h}{2}\ell_1\right) \\ \ell_3 = f(x_n + h, y_n + h\ell_2) \\ k_n = \dfrac{1}{6}[\ell_0 + 2\ell_1 + 2\ell_2 + \ell_3] \\ y_{n+1} = y_n + hk \end{cases}$$

Exercice 23. Intégrer $y' = -xy$, $y_0 = 1$ par cette méthode et comparer pour divers pas h les résultats avec ceux obtenus par la méthode d'Euler et avec la solution exacte $y = e^{-x^2/2}$. Vérifier en particulier que sur $[0, 1]$ l'erreur est inférieure à 10^{-7} pour $h = 0,1$.

§ 4. ÉQUATIONS REMARQUABLES DU PREMIER ORDRE

Certaines équations différentielles peuvent se ramener par des manipulations algébriques à calculer des primitives. Nous étudions ci-dessous les équations de ce type les plus usuelles.

4.1. Équations à variables séparées

Ce sont les équations qui peuvent se mettre sous la forme $f(y)y' = g(x)$, ce que l'on écrit d'habitude $f(y)\,\mathrm{d}y = g(x)\,\mathrm{d}x$. Le théorème du changement de variable montre que si F est une primitive de f sur un intervalle I et G une primitive de g sur J, alors toute solution vérifie $\mathrm{F}(y) = \mathrm{G}(x) +$ constante.

Exemple. Intégrer $y' - (1 - 2/x^2)y = 0$. On a

$$\frac{\mathrm{d}y}{y} = \left(1 - \frac{2}{x^2}\right)\mathrm{d}x$$

d'où
$$\mathrm{Log}\,|y| = x + \frac{2}{x} + \text{constante}$$

soit
$$y = \mathrm{K}\,e^{x+2x^{-1}}.$$

Exercice 24. Intégrer $y - xy' = y^{3/4}$

4.2. Équations homogènes

Ce sont des équations de la forme $y' = f\left(\frac{y}{x}\right)$. On se ramène à une équation à variables séparées en posant $y/x = t$, par $y' = t'x + t$ d'où $t'x + t = f(t)$ et

$$\frac{\mathrm{d}t}{f(t) - t} = \frac{\mathrm{d}x}{x}.$$

Exemple. Intégrer $xy' - y = \sqrt{x^2 + y^2}$. Pour $x > 0$:

$$y' - \frac{y}{x} = \sqrt{1 + \left(\frac{y}{x}\right)^2}$$

soit pour $t = y/x$:
$$t'x + t - \mathrm{t} = \sqrt{1 + t^2}$$
$$\frac{\mathrm{d}t}{\sqrt{1+t^2}} = \frac{\mathrm{d}x}{x}$$

d'où
$$\mathrm{Log}\,(t + \sqrt{1 + t^2}) = \mathrm{Log}\,x + \text{constante}$$

soit
$$t + \sqrt{1 + t^2} = \mathrm{K}x$$
$$\frac{y}{x} + \frac{\sqrt{x^2 + y^2}}{x} = \mathrm{K}x$$
$$\sqrt{x^2 + y^2} = \mathrm{K}x^2 - y$$

ou encore
$$y = (\mathrm{K}^2x^2 - 1)/2\mathrm{K}.$$

Pour $x < 0$, $y' - y(x) = -\sqrt{1 + (y/x)^2}$, etc.

Exercice 25. Terminer l'exemple précédent.

Exercice 26. Vérifier que $y = x$ est solution de l'équation différentielle $x^2y' = x^2 + y^2 - xy$. Trouver toutes les autres solutions de cette équation.

Exercice 27. Intégrer $x^2 - 2y^2 + 2xyy' = 0$. Étudier les courbes intégrales au voisinage de $x = 0$.

4.3. Équations linéaires

(Voir le paragraphe 1.)
On remarque que l'équation linéaire sans second membre est à variables séparées.

Exercice 28. Intégrer $(1 - x^2)y' + y = 0$. Déterminer les solutions φ_1, φ_2 et φ_3 dont les domaines de définition sont maximum telles que $\varphi_1(-2) = 1$, $\varphi_2(0) = -1$ et $\varphi_3(2) = 7$.

4.4. Équations de Bernoulli

Ce sont les équations de la forme

$$y' + a(x)y = b(x)y^\alpha$$

où $\alpha \in \mathbb{Z}$ (on peut aussi supposer $\alpha \in \mathbb{R}$, en ne cherchant que les solutions vérifiant $y \geqslant 0$), a et b deux fonctions réelles. Si $\alpha = 0$ l'équation est linéaire, si $\alpha = 1$ elle est linéaire et homogène. Dans les autres cas on se ramène à une équation linéaire en u, où on a posé $u = y^{1-\alpha}$.

Exercice 29. Intégrer $y' = 3yx^{-1} - y^3x^{-5}$ et
$$xy' + 3y = x^2y^2.$$

4.5. Équations de Riccatti

Ce sont les équations de la forme

$$y' = a(x)y^2 + b(x)y + c(x)$$

où a, b et c sont des fonctions réelles de variable réelle définie sur un même intervalle de $\mathbb{R}$. Ces équations se ramènent à une équation de Bernoulli avec $\alpha = 2$ si on connaît une solution particulière y_1 en faisant le changement de fonction inconnue $y = y_1 + z$:

$$z' = a(x)z^2 + [2a(x)y_1 + b(x)]z.$$

Exercice 30. Intégrer $y' = x^{-1}y^2 - (2 + x^{-1})y + x + 2$. On vérifiera d'abord que $y_1 = x$ est solution.

Exercice 31. Intégrer $4y' + 4y^2 = x^{-4}$, sachant que cette équation admet une solution de la forme $y_1 = (\alpha x + \beta)x^{-2}$.

4.6. Exercices

Exercice 32. Montrer qu'il existe une solution unique y définie sur $]0, +\infty[$ telle que $\lim\limits_{x\to+\infty} y(x) = 0$ de l'équation

$$x(x + 1)(x^2 + 1)y' - (x^2 + 1)y - x(x + 1) + (1 + x^2)\,\mathrm{Arctg}\,x = 0.$$

Déterminer cette solution.

* **Exercice 33.** On considère l'équation différentielle

$$xy' + (x - 2)y = x - 2.$$

On désigne par C_λ la courbe intégrale, courbe représentative d'une solution y telle que $\lim\limits_{x\to 0} (y - 1)x^{-2} = \lambda$. Montrer que toutes les courbes C_λ passent par un même point. Expliciter une transformation ponctuelle simple $\mathcal{T}$ telle que $C_{\lambda_2} = \mathcal{T}(C_{\lambda_1})$ où $\lambda_1 \neq 0$.

** **Exercice 34.** On considère l'équation différentielle

$$x(1-x)y' + (1-x)y = 1.$$

Par quels points du plan passe-t-il une courbe intégrale unique?

Exercice 35. Pour quelles valeurs de λ l'intégrale générale de l'équation différentielle $(x^2-1)y' - (4x+1+\lambda)y = 0$ est-elle un polynôme?

Exercice 36. Intégrer $x^2y' + y(1-y) = 0$. Montrer que les courbes intégrales sont deux à deux symétriques par rapport à un point que l'on déterminera. Déterminer l'ensemble des points d'inflexion des courbes intégrales. Dessiner les courbes intégrales correspondant aux solutions telles que

$$\lim_{x\to+\infty} y = 1/3,\ 1/2,\ 2/3,\ 1,\ 2,\ \infty \text{ et } -1.$$

§ 5. RÉPONSES OU INDICATIONS

1. Ke^{x^2}; Ke^{-x^3}; $Ke^{\sin x}$; $Ke^{-\alpha x}$;
$\varphi :]-1, +1[\longrightarrow \mathbb{R},\ x \longmapsto Ke^{\operatorname{Arcsin} x}$.

2. $y = Ke^x$; $y = Ke^{-x}$.

3. τ Log 2.

4. La quantité de médicament restant dans l'organisme entre deux prises successives décroît exponentiellement; si ce médicament est actif au-dessus d'un certain seuil, il n'est pas équivalent de prendre 4 doses par 24 h ou 2 doses toutes les 12 h ou 1 dose toutes les 6 heures. Le goutte à goutte.

5. $y = -2 + Ke^{-x}$.

6. $y = y_1 + Ke^{2x}$ où $y_1 = (1/9)[e^{2x} - (3x+1)e^{-x}]$ si $x \geqslant 0$ et $= e^{2x} - (x+1)e^x$ si $x \leqslant 0$. Pour $K = -1/9$.

7. $y = x^{-1}(1 + K(1+x^2))$.

8. $y = \dfrac{x-1}{x+1}[K + x + \operatorname{Log}(x-1)^2]$; $K_1 = -1$,

$K_2 = 5/2 + 2\operatorname{Log} 2$; $K_3 = 1/2 - 2(\operatorname{Log} 3 - \operatorname{Log} 2)$.

9. $y = Ke^{\alpha x}$; $K = y_0$; $K = y_0 e^{-\alpha x_0}$. Poser $Y(x) = y(x + x_0)$ d'où $Y' = -\alpha Y$.

10. $y_0 = -x^2 + K_0x^3$; $y_1 = -x^2 + K_1x^3$; $y = y_0$ si $x \leqslant 0$, $y = y_1$ si $x \geqslant 0$.

11. La première et la dernière ($y = K\cos x$ et $y = K\sin x$).

12. $y = K(x)\cos^2 x$ où K est constante sur chaque intervalle

$$\left]-\frac{\pi}{2} + k\pi, \frac{\pi}{2} + k\pi\right[.$$

Sous-espace vectoriel de $\mathbb{R}^{\mathbb{R}}$. 4.

C 1. Appliquer le théorème des accroissements finis.

13. $ax + b$. $x^2/2 + ax + b$. Polynôme de degré $< n$.

14. $(x^2)' = 2x = (x/y)'$; $y = x(x^2 + K)^{-1}$.

15. $z = -x^2/2 + K_1$; $z = -y^{-1}$ et $y = 2(x^2 - K)^{-1}$.

16. deg $P = n + 1$; $P(x) = \sum_{k=0}^{n+1} a_k x^k$, a_{n+1} arbitraire, $a_n = 0$ et si $2 \leqslant k \leqslant n-1$, $a_k = (k+1)(k+2)[k(k-1) - n(n+1)]^{-1}a_{k+2}$ et $a_1 = -6[n(n+1)]^{-1}a_3$ et $a_0 = -2[n(n+1)]^{-1}a_2$;
$(x^2-1)Q'' - n(n+1)Q + 4\{[n(n+1)]^{-1}xP'' - P'\} = 0$;
deg $Q_0 = n$ (ou $Q = Q_0 + \mu P$).

17. $P(x) = \lambda(21x^6 - 35x^4 + 15x^2 - 1)$;
$Q(x) = (\lambda/30)[1\,008x^5 - 840x^3 + 284x]$.

18. $u = x'$, $v = y'$, $w = z'$, $u' = -Gmx(x^2 + y^2 + z^2)^{-3/2}$,

$$v' = -Gmy(...)^{-3/2}, \quad w' = -Gmz(...)^{-3/2}.$$

19. $aP + bQ$.

C 2. Voir hors-texte 3.

C 3. Sur TI 57 : STO 1; R/S; STO 2; R/S; STO 3; R/S; STO 4; 2nd Lbl 1; RCL 2; STO 0; 2nd Lbl 2; RCL 3; x^2; STO 5; RCL 4; x^2; STO 6; + ; RCL 5; − ; 1; = ; x^2; − ; (; 4; × ; RCL 5; × ; RCL 6;); = ; × ; RCL 1; + ; RCL 4; = ; STO 4; RCL 3; + ; RCL 1; = ; STO 3; 2nd Dsz; GTO 2; R/S; RCL4; R/S; GTO 1; RST; LRN; RST.

20. La courbe se rapproche de l'asymptote $y = x - 1$, mais comme le pas $h = 0{,}1$ est relativement grand le point approché suivant est sur l'asymptote où $y' = 0$ au lieu de $y' > 1$. De même (3,2; 2,517) est au delà de l'asymptote avec $y' < 0$ et $|y'|$ grand. Le point suivant se trouve très en dessous de l'asymptote dans une région où y' est très grand. Il en résulte qu'avec le pas 0,1 le point suivant est au-dessus de $y = x + 1$, région à $y \longrightarrow +\infty$ très rapidement d'où le dépassement de capacité de la machine.

21. Pour $x \longrightarrow +\infty$, asymptote $y = x - 1$, courbe sous l'asymptote. Pour $x \longrightarrow -\infty$, asymptote $y = x + 1$, courbe au-dessus.

C 4. (Sur TI 57, h en mémoire 1, x en 2, y en 3 et $z = y'$ en 4) STO 1; 2nd Rad; R/S; STO 2; R/S; STO 3; R/S; STO 4; 2nd Lbl 1; RCL 1; × ; RCL 4; = ; STO 5; RCL 3; 2nd sin; × ; RCL 1; = ; INV SUM 4; RCL 5; SUM 3; RCL 1; SUM 2; RCL 2; R/S; RCL 3; R/S; RCL 4; R/S; GTO 1; RST; LRN; RST.

C 5. $my''y' + U'(y)y' = 0$, ou $\dfrac{1}{2}my' + U(y) = C^{te}$. Si U désigne l'énergie potentielle, il faut que ce soit $\dfrac{1}{2}my'^2$ qui désigne l'énergie cinétique. Un terme de frottement ne s'intégrerait pas algébriquement de façon indépendante du mouvement considéré.

22. 600,07.

23. Sur TI 57. Stocker d'abord $h = 0{,}1$ en mémoire 0, $-x = 0$ en mémoire 1, $y = 1$ en mémoire 2, $\dfrac{1}{2}h = 0{,}05$ en mémoire 3. Puis 2nd Lbl 1; RCL 1; × ; RCL 2; = ; STO 4; × ; RCL 3; INV SUM 1; + ; RCL 2; = ; × ; RCL 1; = ; SUM 4; SUM 4; × ; RCL 3; + ; RCL 2; = ; × ; RCL 1; × ; 2; = ; SUM 4; × ; RCL 3; INV SUM 1; + ; RCL 2; = ; × ; RCL 1; = ; SUM 4; 6; 0; 2nd INV Prd 4; RCL 4; SUM 2; RCL 2; R/S; GTO 1; RST; LRN; RST.

24. $x^2y^2 - 4x^2 + Ky^2 = 0$.

25. La même solution avec K changé de signe.

26. $y = x[1 - (\operatorname{Log} Kx)^{-1}]$. La solution $y = x$ est *singulière*.

27. $y = \pm\sqrt{-x^2 \operatorname{Log} Kx}$. Les courbes passent par O et y admettent une tangente verticale.

28. $y = K\sqrt{|(x-1)(x+1)^{-1}|}$. $D_1 =]-\infty, -1[$ $K_1 = \sqrt{3}/3$;

$D_2 =]-1, 1[$ $K_2 = -1$; $D_3 =]1, +\infty[$ $K_3 = 7\sqrt{3}$.

29. $y^2 = x^2(x^2 + K)^{-1}$; $y^{-1} = x^2(1 + Kx)$.

30. $y = x + (1 + Kx)^{-1}$.

31. $y = x^{-1} + (1/2)x^{-2} + x^2(Ke^{-1/x} - 1)^{-1}$.

32. $y = \operatorname{Arctg} x + Kx(x+1)^{-1}$ pour $K = -\pi/2$.

33. (0,1). $(x, y) \longmapsto (x, 1 + (\lambda_2/\lambda_1)(y - 1))$.

34. $\{(x, y) \mid x < 0$ **ou** $0 < x < 1$ **ou** $x > 1$ **ou** $(x = y = 0)\}$.

35. $-5, -3, -1, 1$ et 3.

36. (0, 1/2). $y = x + 1/2$, $y = 0$, $y = 1$.

4. Équations différentielles linéaires du second ordre à coefficients constants

§ 1. Résumé des résultats mathématiques
§ 2. Système physique au voisinage d'une position d'équilibre
§ 3. Équations différentielles linéaires du second ordre à coefficients constants **sans** second membre
§ 4. Équations différentielles linéaires du second ordre à coefficients constants **avec** second membre
§ 5. Systèmes différentiels du second ordre à coefficients constants : stabilité, résonance

Un chapitre entier consacré aux équations différentielles linéaires du second ordre à coefficients constants! L'aspect mathématique assez simple ne justifie pas un tel développement. L'importance de ces équations vient de ce qu'elles décrivent l'évolution d'un système physique quelconque au voisinage d'une position d'équilibre (§ 2). Les solutions d'une équation sans second membre, $ax'' + bx' + cx = 0$, *décrivent les évolutions possibles d'un système physique* libre; *elles forment un espace vectoriel de dimension 2, ce qui permet de ramener la résolution de l'équation à la recherche de deux solutions particulières indépendantes (§ 3). Les solutions d'une équation avec second membre,* $ax'' + bx' + cx = f$, *décrivent les évolutions possibles d'un système physique soumis à une force extérieure dépendante du temps; elles forment une variété affine de dimension 2 parallèle à l'espace vectoriel précédent, c'est pourquoi la résolution de l'équation peut être ramenée à la recherche d'une solution particulière (§ 4). Enfin, lorsque le système physique dépend de plusieurs paramètres de position, il faut avoir recours aux systèmes différentiels (§ 5).*
Pour faciliter l'usage de ce chapitre en tant qu'outil de référence, un premier paragraphe résume les principaux résultats utiles pour la résolution pratique des équations différentielles linéaires du second ordre à coefficients constants.

§ 1. RÉSUMÉ DES RÉSULTATS

1.1. Équations sans second membre

On appelle *équation différentielle linéaire du second ordre à coefficients constants sans second membre* toute équation différentielle de la forme :

$$az'' + bz' + cz = 0 \tag{1}$$

où $a, b, c \in \mathbb{R}$, $a \neq 0$, $z : \mathbb{R} \longrightarrow \mathbb{C}$.
Le polynôme $P(r) = ar^2 + br + c$ s'appelle le *polynôme caractéristique associé*. Soit r_1, r_2 ses racines (r si elle est double). On pose $\Delta = b^2 - 4ac$.

Principaux résultats

A. L'ensemble des fonctions complexes (respectivement : réelles) de variable réelle, solutions de (1), est un espace vectoriel de dimension 2 sur $\mathbb{C}$ (respectivement : sur $\mathbb{R}$).

B. a. Les solutions complexes de (1) sont de la forme :

1. si $\Delta \neq 0$, $z(t) = A\,e^{r_1 t} + B\,e^{r_2 t}$ $\quad A, B \in \mathbb{C}$
2. si $\Delta = 0$, $z(t) = (A + Bt)\,e^{rt}$ $\quad A, B \in \mathbb{C}$.

b. Les solutions réelles de (1) sont de la forme :

1. si $\Delta > 0$, $z(t) = A\,e^{r_1 t} + B\,e^{r_2 t}$ $\quad A, B \in \mathbb{R}$
2. si $\Delta = 0$, $z(t) = (A + Bt)\,e^{rt}$ $\quad A, B \in \mathbb{R}$
3. si $\Delta < 0$ et si $r_1 = \alpha + \beta i$, $r_2 = \alpha - \beta i$,

alors : $\quad z(t) = e^{\alpha t}(A\cos\omega t + B\sin\omega t)$ $\quad A, B \in \mathbb{R}$
ou encore : $\quad z(t) = C\,e^{\alpha t}\cos(\omega t - \varphi)$ $\quad C, \varphi \in \mathbb{R}$.

Exercice 1. Intégrer : $y'' - 2y' - 3y = 0$, $y'' - 2y' + y = 0$, $y'' + 6y' + 10y = 0$.

Exercice 2. Soit $K \in \mathbb{R}$. Existe-t-il une fonction $x \longmapsto y(x)$, non constante, deux fois dérivable sur $[0, \pi]$, vérifiant :

$$y'' + Ky = 0 \quad \text{avec} \quad y(0) = 0, \quad y(\pi) = 0?$$

1.2. Équations avec second membre

On appelle *équation linéaire du second ordre à coefficients constants avec second membre*, toute équation différentielle de la forme :

$$az'' + bz' + cz = f(t), \quad a \neq 0 \tag{2}$$

où f est une fonction complexe de variable réelle.

L'équation $az'' + bz' + cz = 0$ s'appelle l'équation sans second membre *associée* et $P(r) = ar^2 + br + c$ le polynôme caractéristique.

Principaux résultats

A. La solution de (2) s'obtient en ajoutant une solution particulière z_0 de (2) à la solution z de l'équation sans second membre associée (1).

B. Étant donnés $x_0 \in \mathbb{R}$, $\zeta_0 \in \mathbb{C}$ et $\zeta'_0 \in \mathbb{C}$, il existe une solution et une seule de (2) telle que $z(x_0) = \zeta_0$ et $z'(x_0) = \zeta'_0$.

C. Si pour $k = 1, 2, ..., n$, z_k est solution particulière de $az'' + bz' + cz = f_k$, alors $z = z_1 + z_2 + ... + z_n$ est une solution particulière de

$$az'' + bz' + cz = f_1 + f_2 + ... + f_n.$$

Recherche d'une solution particulière. Seconds membres remarquables

A. $az'' + bz' + cz = P_n(t)$, où P_n est une fonction polynôme de degré n.

Une solution particulière est de la forme :

1. si $c \neq 0$,

$$z_0(t) = Q_n(t), \qquad \deg Q_n = n$$

2. si $c = 0$ et $b \neq 0$,

$$z_0(t) = Q_{n+1}(t), \quad \deg Q_{n+1} = n + 1$$

3. si $c = b = 0$,

$$z_0(t) = Q_{n+2}(t), \quad \deg Q_{n+2} = n + 2.$$

On détermine les coefficients de Q par identifications, sauf dans le cas 3, où on intègre directement (de préférence).

Exercice 3. Intégrer : $y'' - 3y' + 2y = 2x^2 - 5x + 3$, $y'' - 4y' = x^2 - 2x$, $y'' = x^2 + x - 3$.

B. $az'' + bz' + cz = De^{\lambda t}$, où D et λ sont des constantes.

Une solution particulière est de la forme :

1. si λ n'est pas racine du polynôme caractéristique,

$$z_0(t) = \frac{D}{a\lambda^2 + b\lambda + c} e^{\lambda t}$$

2. si λ est racine simple du polynôme caractéristique,

$$z_0(t) = \frac{D}{2a\lambda + b} te^{\lambda t}$$

3. si λ est racine double du polynôme caractéristique,

$$z_0(t) = \frac{D}{2a} t^2 e^{\lambda t}.$$

Exercice 4. Intégrer : $y'' - 5y' + 6y = 3e^{4x}$, $y'' - 5y' + 6y = 5e^{2x}$, $y'' - 6y' + 9y = 5e^{3x}$.

C. $az'' + bz' + cz = P_n(t)e^{\lambda t}$, où P_n est un polynôme de degré n, λ une constante.

Une solution particulière est de la forme :

1. si λ n'est pas racine du polynôme caractéristique,

$$z_0(t) = e^{\lambda t}Q_n(t), \qquad \deg Q_n = n.$$

2. si λ est racine simple du polynôme caractéristique,

$$z_0(t) = e^{\lambda t}Q_{n+1}(t), \quad \deg Q_{n+1} = n + 1$$

3. si λ est racine double du polynôme caractéristique,

$$z_0(t) = e^{\lambda t}Q_{n+2}(t), \quad \deg Q_{n+2} = n + 2.$$

Exercice 5. Intégrer : $y'' - y' - 2y = x^2e^{-3x}$, $y'' - 2y' + y = 6xe^x$, $y'' + 2y' - 8y = 4(3x + 5)e^{2x}$.

D. $az'' + bz' + cz = e^{\lambda t}$ (A cos ωt + B sin ωt), où λ, ω, A et B sont des constantes.

a. En posant $2 \cos \omega t = e^{i\omega t} + e^{-i\omega t}$, $2i \sin \omega t = e^{i\omega t} - e^{-i\omega t}$ et en remplaçant, on a une équation du type **C.**

b. Si on demande seulement les solutions réelles, pour éviter les calculs, il est préférable de procéder comme suit.

1. Si $\lambda + i\omega$ n'est pas racine du polynôme caractéristique, une solution particulière est

$$z_0(t) = e^{\lambda t}(C \cos \omega t + D \sin \omega t).$$

2. Si $\lambda + i\omega$ est racine du polynôme caractéristique, une solution particulière est

$$z_0(t) = te^{\lambda t}(C \cos \omega t + D \sin \omega t).$$

Dans les deux cas on détermine C, D par identification. Si au second membre on a : $\cos^n t$, $\sin^n t$, ou bien on les transforme en exponentielles complexes, ou bien on linéarise.

Exercice 6. Intégrer : $y'' - 3y' + 2y = \cos x$, $y'' - 2y' + y = \cos x$, $y'' + 3y = \cos^3 x$, $y'' + 4y = \cos 2x$, $2y'' - y' - 3y = 29e^{-x} \cos x$, $y'' + 4y' + 13y = e^{-2x} \sin^3 x$, $y'' + 4y = e^x \sin^2 x$, $y'' + y = x \sin x$.

Méthode de la variation des constantes

Cette méthode permet la résolution d'une équation avec second membre dans le cas général.
Soit à résoudre $az'' + bz' + cz = f(t)$. Soit z_1 et z_2 deux solutions linéairement indépendantes de l'équation sans second membre associée $az'' + bz' + cz = 0$ et telles que $W(t) = z_1(t)z'_2(t) - z_2(t)z'_1(t) \neq 0$ pour tout réel t (par exemple $z_1 = e^{r_1 t}$ et $z_2 = e^{r_2 t}$ si $\Delta \neq 0$, ou $z_1 = e^{rt}$ et $z_2 = te^{rt}$ si $\Delta = 0$). La solution générale de l'équation sans second membre s'écrit

$$z(t) = K_1 z_1(t) + K_2 z_2(t).$$

Pour la résolution de l'équation avec second membre,

on cherche deux fonctions k_1 et k_2 telles que la solution générale puisse s'écrire

$$z(t) = k_1(t)z_1(t) + k_2(t)z_2(t).$$

En imposant la première des relations ci-dessous, on aboutit au système :

$$\begin{cases} k_1'z_1 + k_2'z_2 = 0 \\ k_1'z_1' + k_2'z_2' = a^{-1}f. \end{cases}$$

Le déterminant W(t) du système étant non nul pour tout t, il vient

$$k_1' = -\mathrm{W}^{-1}a^{-1}fz_2 \quad \text{et} \quad k_2' = \mathrm{W}^{-1}a^{-1}fz_1.$$

En intégrant on trouve la solution générale de l'équation sans second membre.

Exercice 7. Intégrer : $y'' + y = \dfrac{1}{\sin x}$,

$y'' + 3y' + 2y = \dfrac{x-1}{x^2}e^{-x}$, $y'' + y = \dfrac{\cos x}{\sin x}$, $x \in]0, \pi[$.

Exercice 8. a. Déterminer les solutions réelles de l'équation différentielle :

$$y'' + 6y' + 13y = 8e^{-3x}\cos^2 x \qquad (1)$$

b. Étudier le comportement des solutions de (1) quand $x \longrightarrow +\infty$.

c. Déterminer la solution y de (1) vérifiant les conditions initiales $y(0) = 1$, $y'(0) = -3$.

Exercice 9. Soit $m \in \mathbb{R}$. Intégrer, suivant les valeurs de m, l'équation différentielle $y'' - 2my' + y = e^x + \cos x$.

Exercice 10. Intégrer : $y'' - 2y' + y = xe^x$. Déterminer la courbe intégrale qui passe par le point (0, 1) et dont la tangente en ce point est parallèle à l'axe des x.

§ 2. SYSTÈME PHYSIQUE AU VOISINAGE D'UNE POSITION D'ÉQUILIBRE

En physique, certains paramètres ou plus généralement certaines fonctions sont déterminées expérimentalement, *donc sont connues à une certaine précision près. Les outils mathématiques sont utilisés pour calculer de nouveaux paramètres et de nouvelles fonctions à partir de ces données. Soit $\varphi_{\text{entrée}}$ une fonction donnée, f_{sortie} une fonction calculée (par exemple la solution d'une équation différentielle $x'' = \varphi(x, x')$ pour des conditions initiales fixées). Il y a donc une application $\mathcal{T} : \varphi_{\text{entrée}} \longmapsto f_{\text{sortie}}$. Pour que cette transformation mathématique $\mathcal{T}$ puisse être utilisée en physique, il faut qu'une petite erreur commise sur $\varphi_{\text{entrée}}$ ne change pas beaucoup f_{sortie}. Représentons les fonctions par des points et les ensembles de fonctions par des portions du plan; on peut alors schématiser la situation de la façon suivante :*

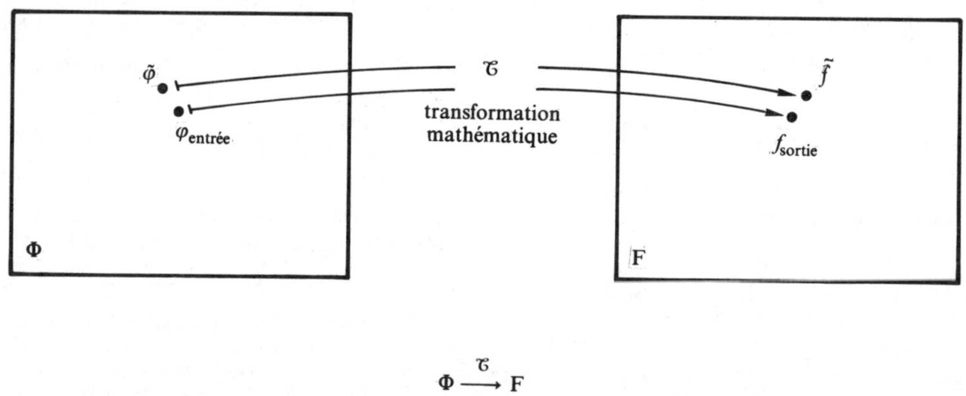

Si $\tilde{\varphi}$ est voisine de $\varphi_{\text{entrée}}$, alors $\tilde{f} = \mathcal{T}(\tilde{\varphi})$ est voisine de $f_{\text{sortie}} = \mathcal{T}(\varphi_{\text{entrée}})$.

On reconnaît l'idée de la continuité d'une application $\mathcal{T}$, mais les ensembles de départ Φ et d'arrivée F sont des ensembles de fonctions! C'est dire que la théorie mathématique (topologie) qui permet de poser et d'étudier de tels problèmes n'entre pas dans le cadre d'un cours élémentaire de mathématiques. Cependant on comprend sans peine que les physiciens n'utilisent que des outils mathématiques présentant de telles propriétés (sauf dans des cas limites dont l'étude ne peut être entreprise qu'une fois comprises et convenablement décrites les situations qui « marchent bien »). La linéarisation au voisinage d'une position d'équilibre, qui est sommairement décrite dans ce paragraphe, entre dans ce cadre général.

2.1. Exemples

Exemple 1. Considérons un point matériel M de masse m, susceptible de se déplacer sur une droite Ox, et supposons que ce point soit soumis à une force « de rappel » c'est-à-dire toujours dirigée vers O et que cette force soit proportionnelle à la distance de O à M.

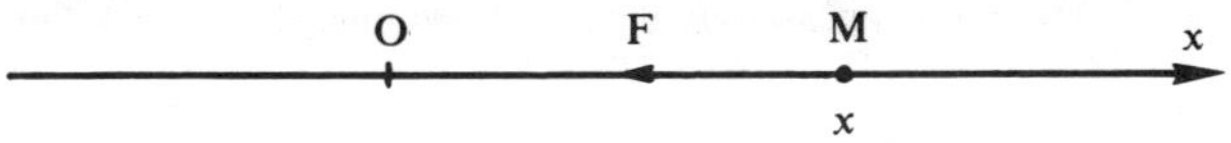

Soit x l'abscisse de M, la force F pourra s'écrire

$$F = -kx$$

où k est une constante positive.
L'équation fondamentale de la dynamique nous donne :

$$mx'' = -kx$$

soit en posant $\omega = \sqrt{\frac{k}{m}}$:

$$\boxed{x'' + \omega^2 x = 0}$$

Un système physique dont l'évolution est régie par une équation de ce type est appelé *oscillateur harmonique*.
Un montage simple permet de réaliser la situation décrite ci-dessus : une masse M suspendue à un ressort (supposé parfait et de masse négligeable) au voisinage de la position d'équilibre O.

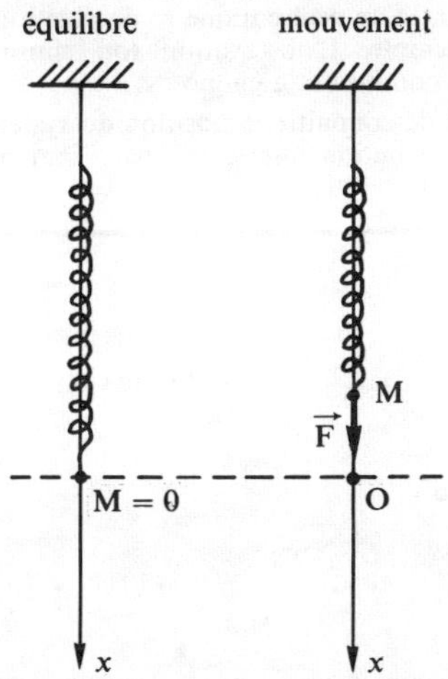

Si on suppose de plus qu'il y a un frottement proportionnel à la vitesse, il y aura une force supplémentaire de la forme $-\gamma m x'$ où $\gamma > 0$. L'équation deviendra :

$$x'' + \gamma x' + \omega^2 x = 0.$$

Un tel type de frottement est appelé *frottement fluide* (il apparaîtra nettement dans cet exemple si on plonge l'objet symbolisé par M dans un liquide : eau, huile, ...) par opposition aux *frottements solides* qui apparaissent aux contacts de deux solides.

Exemple 2. Le pendule simple. L'étude du mouvement d'un pendule simple conduit (voir chapitre précédent) à l'équation $x'' = -\omega^2 \sin x$ (équation non linéaire), qui est remplacée par les physiciens, dans le cas d'oscillations de faibles amplitudes, par l'équation $x'' + \omega^2 x = 0$ (en effet, si x est petit, $\sin x \simeq x$).

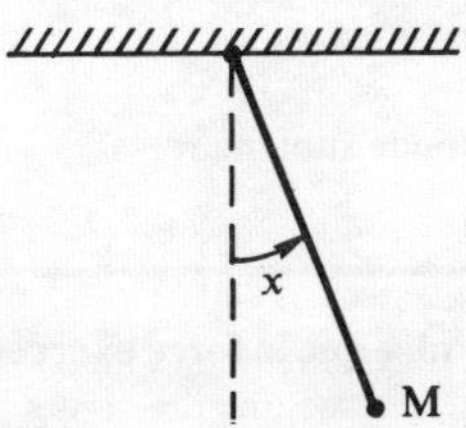

Exemple 3. Le pendule de torsion. Un tel pendule peut être réalisé en suspendant un objet (un disque dans la figure ci-dessous) par un fil à un point fixe. On s'intéresse aux mouvements de rotation de l'objet autour de l'axe vertical passant par le fil. Si on désigne par x l'angle

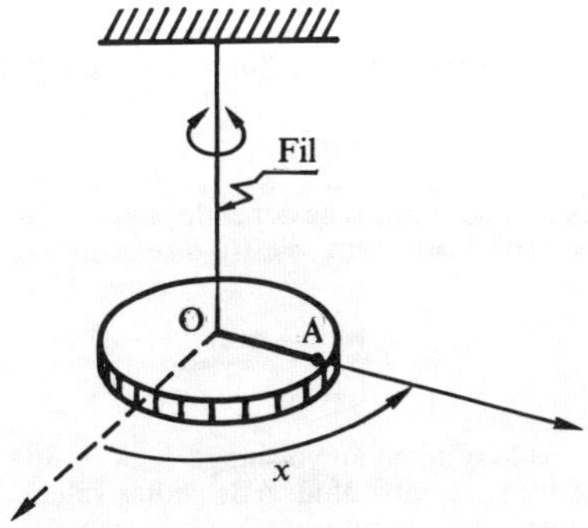

dont un axe $\overrightarrow{OA}$ lié à l'objet s'écarte de la position d'équilibre, on est encore conduit à une équation du type $x'' + \omega^2 x = 0$. Ici comme dans le cas précédent, on peut introduire un terme de frottement fluide.

Exemple 4. Circuits R.L.C. Considérons le montage suivant :

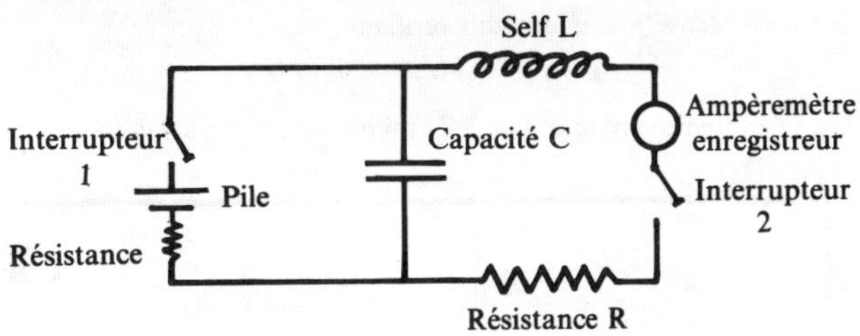

Fermons l'interrupteur 1, la capacité se charge. Ouvrons l'interrupteur 1, la capacité C reste chargée. Fermons l'interrupteur 2, il passe un courant dans l'ampèremètre enregistreur. Soit $t \longmapsto I(t)$ la fonction décrivant la valeur de l'intensité en fonction du temps; on montre que :

$$L\frac{d^2I}{dt^2} + R\frac{dI}{dt} + \frac{1}{C}I = 0.$$

Posons $x = I$; on a l'équation

$$Lx'' + Rx' + C^{-1}x = 0.$$

Remarquons que si la résistance est nulle, nous avons un oscillateur harmonique.

2.2. Linéarisation

Que nous ayons obtenu la même équation dans les exemples précédents n'a rien d'étonnant. Ce sont en fait des exemples d'une même situation, très générale en physique, que nous allons décrire. Considérons un système mécanique ou physique dont la position peut être complètement décrite par un paramètre x. Supposons par ailleurs que ce système admette un état particulier qui soit un état d'équilibre. Nous pouvons toujours supposer avoir choisi la définition de x de façon à ce que l'équilibre ait lieu pour $x = 0$. L'évolution du système physique au cours du temps sera complètement décrit par la fonction :

$$t \longmapsto x(t)$$

où t est le temps. La mécanique (et la physique dans les cas usuels) conduit à des relations permettant d'exprimer la dérivée seconde x'' en fonctions de x et de x', soit

$$x'' = \varphi(x, x').$$

Si, à un instant $t = 0$, le système est au repos ($x'(0) = 0$) dans l'état d'équilibre ($x(0) = 0$), il doit y rester, donc pour tout t, $x'(t) = 0$; on doit donc avoir $x''(t) = 0$ et donc $x''(0) = 0$. La fonction φ doit donc vérifier :

$$\varphi(0, 0) = 0.$$

Supposons tout d'abord que φ ne dépende pas de x' (cela correspond aux systèmes sans frottement, c'est-à-dire sans perte d'énergie). On a :

$$\begin{cases} x'' = \varphi(x) \\ \varphi(0) = 0. \end{cases}$$

Si nous étudions le système au voisinage de la position d'équilibre, nous allons restreindre notre étude à de petites valeurs de x. Si φ est dérivable, ce que nous supposerons, on a alors :

$$\varphi(x) \simeq \varphi'(0) \cdot x.$$

Si $\varphi'(0) < 0$, cela correspond à une force de rappel; on aura un équilibre stable. On pourra poser :

$$\omega = \sqrt{-\varphi'(0)}$$

et $t \longmapsto x(t)$ sera une fonction vérifiant :

$$x'' + \omega^2 x = 0 \qquad \omega > 0.$$

Un tel système physique s'appelle un *oscillateur harmonique*.

Dans le cas d'un équilibre instable ($\varphi'(0) > 0$), le paramètre x ne restera pas petit et sortira des conditions que nous avons supposées remplies pour justifier nos approximations. Il faudra étudier la suite de l'évolution du système avec d'autres équations! Dans le cas d'un équilibre stable, s'il y a des frottements, le système retournera à l'équilibre avec ou sans oscillations suivant l'importance de l'amortissement. Dans le cas limite où il n'y a pas de frottements, il n'y a pas de pertes d'énergie et le système oscille éternellement avec la même amplitude.

Les systèmes physiques que nous venons de décrire ont été supposés libres, c'est-à-dire sans intervention d'une force extérieure. S'il y a une telle force, le mouvement est décrit par une équation de la forme :

$$x'' + 2\lambda\omega_0 x' + \omega_0^2 x = f,$$

où f est une fonction du temps t; une telle équation est dite *avec* second membre.

2.3. Conditions initiales. Déterminisme

La physique présuppose le déterminisme, puisque deux expérimentateurs en des lieux différents et à des dates différentes réalisant la même expérience doivent trouver le même résultat. Ce principe peut s'énoncer de la façon suivante : si l'état d'un système physique est connu à l'instant t_0, il doit être déterminé à tout instant ultérieur. Mais comment décrire l'état d'un système? Considérons le cas d'un système dépendant d'un seul paramètre de position $x(t)$, comme le pendule par exemple. L'observation (ou simplement un peu d'habitude) nous conduisent à énoncer :

1. Il ne suffit pas de connaître la position du système à l'instant t_0 pour connaître l'évolution ultérieure : par exemple, si la position

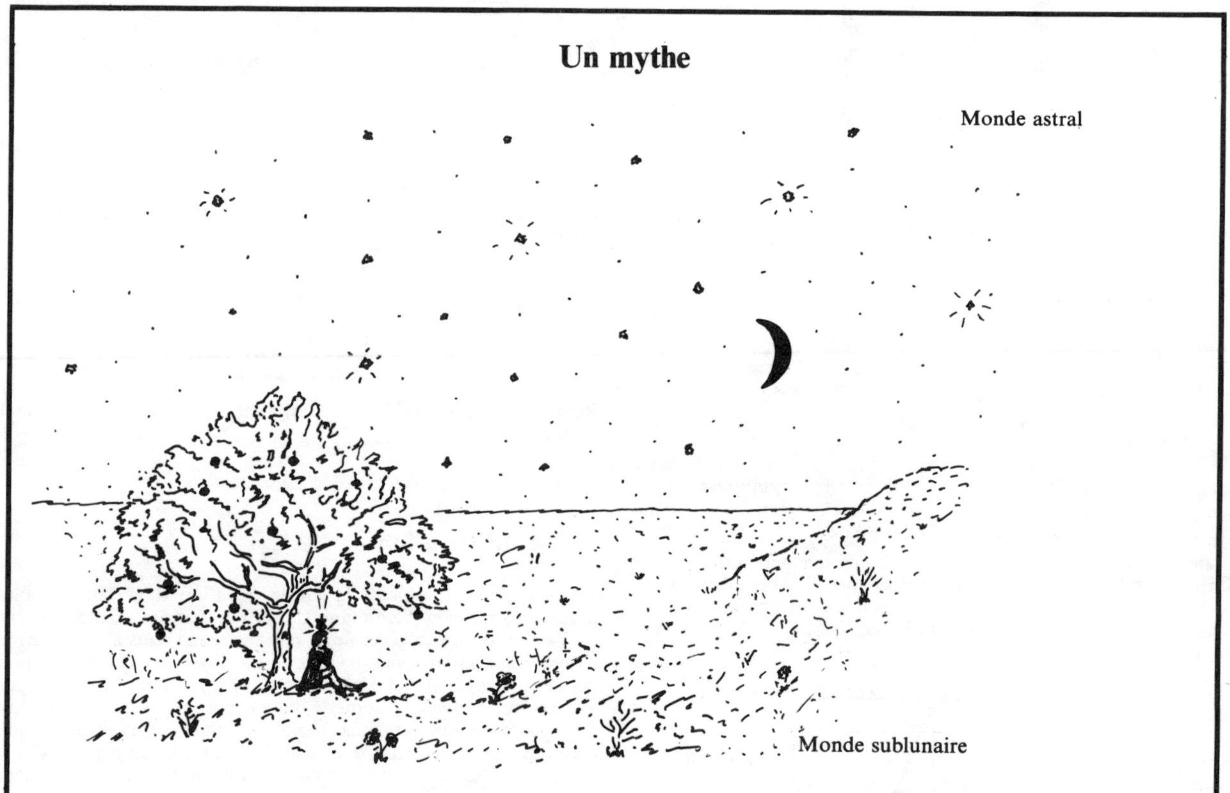

1. Newton n'a jamais reçu de pomme sur la tête. Ce mythe a été inventé pour illustrer l'idée que la force exercée sur la pomme était de même nature que celle qui s'exerce sur un corps céleste tel que la lune.

initiale est $x(t_0) = 0$, le pendule peut soit rester immobile, soit se déplacer dans le sens $x(t) > 0$, ou dans le sens $x(t) < 0$, et cela plus ou moins vite.

2. Il suffit de connaître la position initiale $x(t_0)$ **et** la vitesse initiale $x'(t_0)$ pour connaître l'évolution ultérieure.

Il faudra donc décrire l'état du système à l'instant t par le couple $(x(t), x'(t))$ ou par un couple équivalent (dans le cas d'une particule libre on prendra souvent la *position* dans l'espace $\vec{q}$ et l'*impulsion* $\vec{p} = m\vec{v}$). La connaissance de l'état initial $(x(t_0), x'(t_0))$ détermine la description $t \longmapsto x(t)$ du mouvement et donc l'état $(x(t), x'(t))$ à tout instant t.
La donnée de $(x(t_0), x'(t_0))$ à l'instant t_0 s'appelle en physique *les conditions initiales*, en mathématiques les conditions de Cauchy. La description d'un système physique est conforme au déterminisme si l'évolution de ce système est décrite par une équation différentielle (ou plus généralement pour un *système différentiel* ou une *équation aux dérivées partielles*) telle qu'il y ait **existence** et **unicité** de la solution du *problème de Cauchy* (c.-à-d. qu'il existe une fonction x et une seule, définie pour $t \geqslant t_0$, vérifiant l'équation différentielle et les conditions initiales). Nous verrons que c'est bien le cas en ce qui concerne les équations différentielles du second ordre à coefficients constants.

Exercice 11. Rechercher dans votre cours de physique tous les systèmes physiques dont l'évolution est régie par une équation différentielle du second ordre à coefficients constants.

Qui a raison?

Aristote : « Un corps soumis à aucune force est immobile. »

Galilée : « Un corps soumis à aucune force a un mouvement rectiligne uniforme. »

2. Dans la physique d'Aristote la vitesse est proportionnelle à la force. Dans la physique de Newton l'accélération est proportionnelle à la force, ou en d'autres termes : la physique est régie par des équations différentielles du second ordre. Dans le cas $\vec{F} = \vec{0}$, on a alors : accélération $\vec{\gamma} = \vec{0}$, donc vitesse = constante vectorielle. La théorie de la gravitation (voir encadré 1) fournit un premier exemple de force permettant de donner un sens à l'équation $\vec{F} = m\vec{\gamma}$.

3. ÉQUATIONS DIFFÉRENTIELLES LINÉAIRES DU SECOND ORDRE A COEFFICIENTS CONSTANTS SANS SECOND MEMBRE

Un paragraphe est tout d'abord consacré à l'équation de l'oscillateur harmonique, bien que ce ne soit qu'un cas particulier de l'étude générale qui suit.

3.1. L'équation $x'' + x = 0$

Les mouvements d'un oscillateur harmonique sont décrits (par définition) par les solutions de l'équation différentielle $x'' + \omega^2 x = 0$. Par un changement d'unité on se ramène à l'équation $x'' + x = 0$ ($\tilde{x}$ est solution de $\tilde{x}'' + \omega^2\tilde{x} = 0$ si et seulement si x, défini par $x(t) = \tilde{x}(t/\omega)$ est solution de $x'' + x = 0$). Nous nous proposons d'étudier l'équation différentielle :

$$\boxed{x'' + x = 0} \qquad (1)$$

A. *Solutions réelles.* Soit S l'ensemble des applications $x : \mathbb{R} \longrightarrow \mathbb{R}$, deux fois dérivables vérifiant, pour tout réel t, $x''(t) + x(t) = 0$. Nous dirons que S est l'*ensemble des solutions réelles* de (1).

Proposition 1. L'ensemble S est un espace vectoriel.

Démonstration. S est un sous-ensemble de l'espace vectoriel $\mathbb{R}^{\mathbb{R}}$ des fonctions de $\mathbb{R}$ dans $\mathbb{R}$, stable par rapport aux combinaisons linéaires. □

Commentaire. L'interprétation physique du paragraphe précédent suggère 1. que les solutions sont périodiques et 2. que S est de dimension 2 (la méthode d'Euler suggère aussi que dim S = 2). Nous allons le démontrer en explicitant une base de S.

Proposition 2. Les fonctions cos et sin forment une base de S.

Démonstration. On vérifie que $\cos'' = -\cos$ et $\sin'' = -\sin$, donc $\cos \in S$ et $\sin \in S$. Ces fonctions sont indépendantes; en effet si $a\cos + b\sin = 0$, c'est-à-dire si pour tout $t \in \mathbb{R}$, $a\cos t + b\sin t = 0$, alors cette relation est vérifiée pour $t = 0$ et $t = \pi/2$ et on a bien $a = b = 0$. Ces fonctions engendrent S; en effet soit $x \in S$; pour tout t réel le système

$$\begin{cases} a(t)\cos t + b(t)\sin t = x(t) \\ -a(t)\sin t + b(t)\cos t = x'(t) \end{cases} \qquad \begin{vmatrix} \cos t & \sin t \\ -\sin t & \cos t \end{vmatrix}$$

admet la solution unique

$$a(t) = x(t)\cos t - x'(t)\sin t,\ b(t) = x(t)\sin t + x'(t)\cos t.$$

De $x'' = -x$, il suit que $a'(t) = b'(t) = 0$, d'où $a(t) =$ constante et $b(t) =$ constante. La première des relations s'écrit alors $x(t) = a\cos t + b\sin t$. □

Corollaire. dim S = 2.

Problème de Cauchy

Théorème. Étant donné deux nombres réels x_0 et v_0, il existe une solution unique de (1) telle que $x(0) = x_0$ et $x'(0) = v_0$. Elle est donnée par :

$$x(t) = x_0\cos t + v_0\sin t.$$

Démonstration. La solution $x(t) = a\cos t + b\sin t$ vérifie $x(0) = x_0$ et $x'(0) = v_0$ si et seulement si $a = x_0$ et $b = v_0$. □

Commentaire. D'une façon générale on a :

$$\boxed{x(t) = x(t_0)\cos(t - t_0) + x'(t_0)\sin(t - t_0)}$$

En effet $a\cos t_0 + b\sin t_0 = x(t_0)$ et $-a\sin t_0 + b\cos t_0 = x'(t_0)$ si et seulement si

$$a = x(t_0)\cos t_0 - x'(t_0)\sin t_0$$

et

$$b = x(t_0)\sin t_0 + x'(t_0)\cos t_0,$$

d'où

$$x(t) = x(t_0)[\cos t\cos t_0 + \sin t\sin t_0] + x'(t_0)[-\cos t\sin t_0 + \sin t\cos t_0].$$

Amplitude et phase

Théorème et définition. Pour que x soit une solution de (1), il faut et il suffit qu'il existe un nombre A positif et un nombre réel φ défini à 2π près ($\varphi \in \mathbb{R}/2\pi\mathbb{Z}$) tels que :

$$\forall t \in \mathbb{R} \quad x(t) = A\cos(t - \varphi).$$

A s'appelle l'*amplitude* de la solution et φ la *phase*.

Démonstration. A cos $(t - \varphi) = (\mathrm{A} \cos \varphi) \cos t + (\mathrm{A} \sin \varphi) \sin t$. On aura $x(t) = a \cos t + b \sin t$ si et seulement si $a = \mathrm{A} \cos \varphi$ et $b = \mathrm{A} \sin \varphi$. On reconnaît $a + ib = \mathrm{A}\, e^{i\varphi}$. □

Représentation graphique

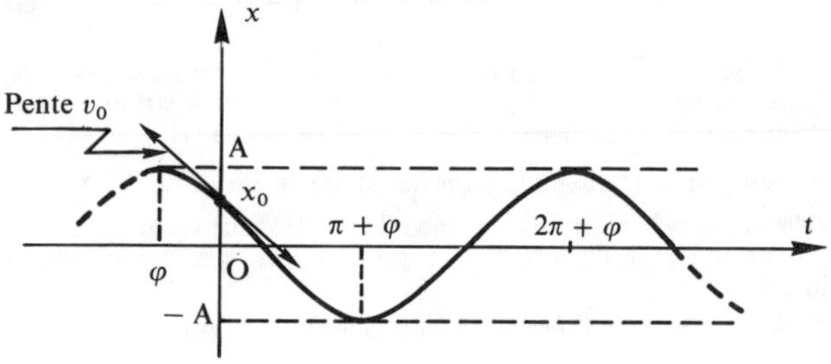

Exercice 12. Calculer la phase et l'amplitude des solutions x_1, x_2, x_3, x_4 et x_5 de l'équation (1) caractérisée par les conditions initiales suivantes :

$$\begin{cases} x_1(0) = 1 \\ x_1'(0) = 0 \end{cases} \quad \begin{cases} x_2(0) = 0 \\ x_2'(0) = 1 \end{cases} \quad \begin{cases} x_3(0) = 1 \\ x_3'(0) = 1 \end{cases}$$

$$\begin{cases} x_4(0) = 5 \\ x_4'(0) = -5 \end{cases} \quad \begin{cases} x_5(0) = -3 \\ x_5'(0) = -1. \end{cases}$$

Exercice 13 (Méthode de Fresnel). Étant donné deux solutions x_1 et x_2 de l'équation (1), on sait que $x = x_1 + x_2$ est solution de (1). On désigne par A_1 l'amplitude de x_1, A_2 l'amplitude de x_2 et A l'amplitude de x; de même, soit φ_1 la phase de x_1, φ_2 celle de x_2 et φ celle de x.

1. Montrer que :

$$\mathrm{A} \cos \varphi = \mathrm{A}_1 \cos \varphi_1 + \mathrm{A}_2 \cos \varphi_2$$
$$\mathrm{A} \sin \varphi = \mathrm{A}_1 \sin \varphi_1 + \mathrm{A}_2 \sin \varphi_2.$$

2. Montrer que :

$$\mathrm{A} = \sqrt{(\mathrm{A}_1)^2 + (\mathrm{A}_2)^2 + 2\mathrm{A}_1 \mathrm{A}_2 \cos(\varphi_1 - \varphi_2)}$$
$$\operatorname{tg} \varphi = \frac{\mathrm{A}_1 \sin \varphi_1 + \mathrm{A}_2 \sin \varphi_2}{\mathrm{A}_1 \cos \varphi_1 + \mathrm{A}_2 \cos \varphi_2}.$$

Cette deuxième formule est-elle suffisante pour déterminer φ?

3. On définit les vecteurs $\boldsymbol{F}_1$, $\boldsymbol{F}_2$ et $\boldsymbol{F}$ du plan (vectoriel muni d'un repère orthonormé) par :

$\boldsymbol{F}_1 = (\mathrm{A}_1 \cos \varphi_1, \mathrm{A}_1 \sin \varphi_1)$, $\boldsymbol{F}_2 = (\mathrm{A}_2 \cos \varphi_2, \mathrm{A}_2 \sin \varphi_2)$,
$\boldsymbol{F} = (\mathrm{A} \cos \varphi, \mathrm{A} \sin \varphi)$

Montrer que $\boldsymbol{F} = \boldsymbol{F}_1 + \boldsymbol{F}_2$ et compléter le schéma suivant :

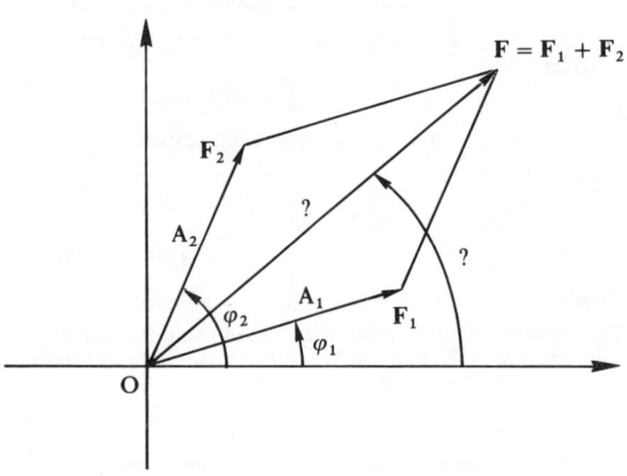

4. On donne $\mathrm{A}_1 = 2$, $\varphi_1 = -10^0$, $\mathrm{A}_2 = 3$, $\varphi_2 = 40^0$. Donner des valeurs approchées de A et de φ d'abord par le calcul et ensuite par une méthode graphique. Comparer les résultats et les méthodes.

B. *Solutions complexes*

Considérons l'équation différentielle

$$\boxed{z'' + z = 0} \tag{2}$$

où la fonction inconnue z est une fonction complexe de variable réelle, deux fois dérivable. Nous noterons Σ l'ensemble des solutions complexes de (2), c'est-à-dire l'ensemble des applications $z : \mathbb{R} \longrightarrow \mathbb{C}$, deux fois dérivables et telles que :

$$\forall t \in \mathbb{R} \quad z''(t) + z(t) = 0.$$

Théorème. L'ensemble Σ des solutions de $z'' + z = 0$ est un espace vectoriel sur $\mathbb{C}$ de dimension 2, admettant la base $(z_1 : t \longmapsto e^{it}, z_{-1} : t \longmapsto e^{-it})$, c'est-à-dire que $z \in \Sigma$ si et seulement si il existe deux constantes (complexes) K_1 et K_{-1} telles que :

$$\boxed{\forall t \in \mathbb{R} \quad z(t) = \mathrm{K}_1 e^{it} + \mathrm{K}_{-1} e^{-it}}$$

Démonstration. Σ est un sous-ensemble de $\mathbb{C}^{\mathbb{R}}$, stable par rapport aux combinaisons linéaires. Les fonctions z_1 et z_{-1} sont indépendantes, car de $\mathrm{K}_1 e^{it} + \mathrm{K}_{-1} e^{-it} = 0$ on déduit pour $t = 0$ et $t = \pi/2$, $\mathrm{K}_1 + \mathrm{K}_{-1} = 0$ et $i\mathrm{K}_1 - i\mathrm{K}_{-1} = 0$, d'où $\mathrm{K}_1 = \mathrm{K}_{-1} = 0$. Enfin, si $z \in \Sigma$, pour chaque t le système en $k_1(t)$, $k_{-1}(t)$:

$$\begin{cases} k_1(t) e^{it} + k_{-1}(t) e^{-it} = z(t) \\ ik_1(t) e^{it} - ik_{-1}(t) e^{-it} = z'(t) \end{cases}$$

admet une solution unique

$$k_1(t) = (1/2)(z - iz')e^{-it}, \; k_{-1}(t) = (1/2)(z + iz')e^{it}.$$

De $z'' + z = 0$, on déduit $k_1'(t) = k_{-1}'(t) = 0$, d'où $k_1(t) = \mathrm{K}_1 =$ constante et $k_{-1}(t) = \mathrm{K}_{-1} =$ constante. La première relation s'écrit alors $z(t) = \mathrm{K}_1 e^{it} + K_{-1} e^{-it}$. □

Commentaire. On peut retrouver les solutions de (1) à partir de là en remarquant que

$$\mathrm{S} = \{ z \in \Sigma \mid \forall t \in \mathbb{R} \quad \overline{z(t)} = z(t) \}.$$

Or pour tout $t \in \mathbb{R}$,

$$\overline{\mathrm{K}_1 e^{it} + \mathrm{K}_{-1} e^{-it}} = \overline{\mathrm{K}}_1 e^{-it} + \overline{\mathrm{K}}_{-1} e^{it},$$

ou
$$(\mathrm{K}_1 - \overline{\mathrm{K}}_{-1}) e^{it} + (\mathrm{K}_{-1} - \overline{\mathrm{K}}_1) e^{-it} = 0,$$

n'est vérifié pout tout $t \in \mathbb{R}$ que si $\mathrm{K}_{-1} = \overline{\mathrm{K}}_1$, car $t \longmapsto e^{it}$ et $t \longmapsto e^{-it}$ sont indépendantes. Donc $x \in \mathrm{S}$ si et seulement si $x(t) = \mathrm{K}_1 e^{it} + \overline{\mathrm{K}}_1 e^{-it}$. En posant $\mathrm{K}_1 = (1/2)\mathrm{A}\, e^{-i\varphi} = (1/2)(a - ib)$, on retrouve les résultats de **A.**

3.2. Cas complexe

Soit $a \in \mathbb{C}^*$, $b \in \mathbb{C}$ et $c \in \mathbb{C}$. Nous voulons intégrer l'équation différentielle

$$az'' + bz' + cz = 0 \tag{1}$$

Soit Σ l'ensemble des solutions de (1). Rappelons que $z : \mathbb{R} \longrightarrow \mathbb{C}$ est une solution de (1) si et seulement si z est deux fois dérivable et vérifie : $\forall t \in \mathbb{R}$ $az''(t) + bz'(t) + cz(t) = 0$. Nous proposons deux démarches pour la résolution de ce problème : une démarche élémentaire, où les démonstrations ressemblent à des astuces et une démarche qui permet de mieux comprendre les structures sous-jacentes mais qui suppose la connaissance de l'algèbre linéaire élémentaire. Enfin l'encadré approfondit encore un peu les notions.

Démarche élémentaire

On pose $\Delta = b^2 - 4ac$ et on distingue deux cas.

Premier cas : $\Delta \neq 0$

Théorème. Si $\Delta \neq 0$, z est solution de (1) si et seulement si il existe deux constantes complexes K_1 et K_2 telles que :

$$\forall t \in \mathbb{R} \quad z(t) = K_1 e^{r_1 t} + K_2 e^{r_2 t}$$

où r_1 et r_2 sont les racines distinctes de l'équation du second degré en r : $ar^2 + br + c = 0$.

Amplitude complexe

Convention

A $\boxed{x(t) = A \cos(\omega t - \varphi)}$ solution de

$$\boxed{x'' + \omega^2 x = 0} \quad (1)$$

on convient d'associer

$\boxed{z(t) = A\, e^{-i\varphi} e^{i\omega t}}$ solution de

$$\boxed{z'' + \omega^2 z = 0} \quad (2)$$

On dit que z est la *représentation complexe* de la solution réelle x (il est fréquent en physique d'employer la même lettre pour désigner x et z).

$$\boxed{x = \mathrm{Re}\, z}$$

(c'est-à-dire : $\forall t \in \mathbb{R} \quad x(t) = \mathrm{Re}\, z(t)$)

Définition. $\mathcal{A} = A\, e^{-i\varphi}$ s'appelle l'*amplitude complexe* de la solution x de (1).

Avantage conceptuel

Remplacer une équation du second ordre dont l'inconnue est la position du système physique par une équation du premier ordre dont l'inconnue est l'état du système.

$$z(t) = x(t) + i\left(-\frac{x'(t)}{\omega}\right).$$

Donc $z(t)$ caractérise l'état $(x(t), x'(t))$ du système à l'instant t. L'équation $x'' + \omega^2 x$ est alors équivalente à

$$\boxed{z' = i\omega z}$$

C 1. Montrer que l'équation $z' = az$, où $a \in \mathbb{C}$ et $z : \mathbb{R} \longrightarrow \mathbb{C}$, a pour solution générale $z = K\, e^{at}$ où $K \in \mathbb{C}$.

Avantage pratique

Simplification des calculs

Problème 1. Trouver la solution x de (1) telle que $x(t_0) = x_0$ et $x'(t_0) = v_0$.

Solution. Chercher x sous la forme $x = \mathrm{Re}\, z$. (1) est équivalente à $z' = i\omega z$ qui s'intègre en $z(t) = z(t_0)\, e^{i\omega(t - t_0)}$ et $z(t_0) = x_0 - i\dfrac{v_0}{\omega}$,

d'où $x = \mathrm{Re}\,(x_0 - iv_0/\omega)\, e^{i\omega(t - t_0)}$,

soit $x(t) = x_0 \cos \omega(t - t_0) + (v_0/\omega) \sin \omega(t - t_0)$.

Problème 2. Soit $x_1 = A_1 \cos(\omega t - \varphi_1)$ et $x_2 = A_2 \cos(\omega t - \varphi_2)$ deux solutions de (1). Déterminer A et φ tels que

$$x_1 + x_2 = A \cos(\omega t - \varphi).$$

Solution. En représentation complexe,

$$A\, e^{-i\varphi} e^{i\omega t} = A_1\, e^{-i\varphi_1} e^{i\omega t} + A_2\, e^{-i\varphi_2} e^{i\omega t}$$

ou $\boxed{\mathcal{A} = \mathcal{A}_2 + \mathcal{A}_2}$

On est ramené à la somme de deux nombres complexes. (On reconnaît la construction de Fresnel.)

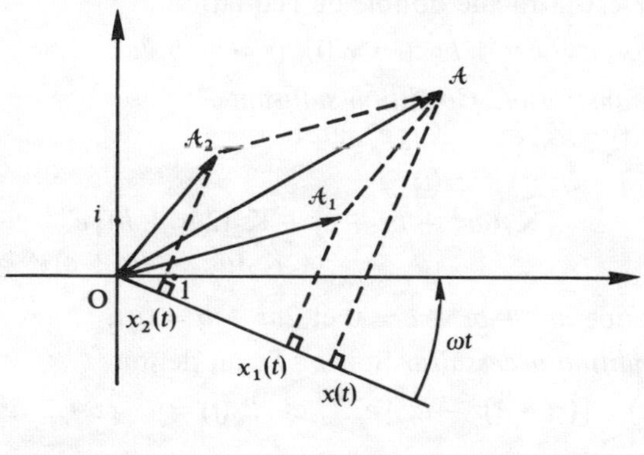

O $\mathcal{A}_2$ $\mathcal{A}$ $\mathcal{A}_1$ parallélogramme

3. Le formalisme habituel de l'oscillateur en harmonique consiste à remplacer les solutions réelles par les solutions complexes associées. Ce formalisme est justifié par les avantages conceptuels et pratiques qu'il présente; ce n'est pas une simple astuce mais une meilleure description du réel (c'est sous cette forme que l'on peut généraliser à la mécanique quantique la théorie classique des ondes).

Démonstration. Condition suffisante.
Si $z(t) = K_1 e^{r_1 t} + K_2 e^{r_2 t}$, on a

$$az''(t) + bz'(t) + cz(t) = K_1(ar_1^2 + br_1 + c)\, e^{r_1 t} + K_2(ar_2^2 + br_2 + c)\, e^{r_2 t} = 0.$$

Condition nécessaire. Soit $z \in \Sigma$, pour chaque t on définit

$$k_1(t) = \frac{1}{r_2 - r_1}\,[r_2 z(t) - z'(t)]\, e^{-r_1 t}$$

et $$k_2(t) = \frac{1}{r_1 - r_2}\,[r_1 z(t) - z'(t)]\, e^{-r_2 t}.$$

On vérifie que l'on a $z(t) = k_1(t) e^{r_1 t} + k_2(t) e^{r_2 t}$. Par ailleurs, en dérivant on obtient :

$$k_1'(t) = \frac{1}{r_2 - r_1}[-r_1 r_2 z(t) + (r_1 + r_2) z'(t) - z''(t)]\, e^{-r_1 t}.$$

Comme r_1 et r_2 sont les racines de $ar^2 + br + c = 0$, on a $r_1 + r_2 = -b/a$ et $r_1 r_2 = c/a$. D'où

$$k_1'(t) = \frac{-1}{a(r_2 - r_1)}[az''(t) + bz'(t) + cz(t)]\, e^{-r_1 t} = 0,$$

puisque z est solution de (1). De même $k_2'(t) = 0$, donc k_1 et k_2 sont constantes. □

Deuxième cas : $\Delta = 0$

Théorème. Si $\Delta = 0$, z est solution de (1) si et seulement si il existe deux constantes K_1 et K_2 telles que

$$\forall t \in \mathbb{R} \quad z(t) = (K_1 + K_2 t)\, e^{rt}$$

où r est la racine double de l'équation

$$ar^2 + br + c = 0 \quad (r = -b/2a).$$

Démonstration. Condition suffisante.
Si $z(t) = K_1 e^{rt} + K_2 t\, e^{rt}$, alors

$$\begin{aligned} az''(t) &+ bz'(t) + cz(t) \\ &= [K_1(ar^2 + br + c) + K_2(2ar + b)]\, e^{rt} \\ &\quad + K_2(ar^2 + br + c)\, e^{rt} = 0 \end{aligned}$$

puisque $ar^2 + br + c = 0$ et $2ar + b = 0$.

Condition nécessaire. Soit $z \in \Sigma$; on définit

$$k_1(t) = [(rt + 1)z - tz']\, e^{-rt} \quad \text{et} \quad k_2(t) = (-rz + z')\, e^{-rt}.$$

On vérifie comme précédemment que

$$z(t) = k_1(t) e^{rt} + k_2(t) t\, e^{rt},$$

$$\begin{aligned} k_1'(t) &= -t(z'' - 2rz' + r^2 z)\, e^{-rt} \\ &= -(t/a)(az'' + bz' + cz)\, e^{-rt} = 0 \end{aligned}$$

et $$k_2'(t) = (z'' - 2rz' + r^2 z)\, e^{-rt} = 0,$$

d'où $k_1(t) = K_1$ constante et $k_2(t) = K_2$ constante. □

Deuxième démarche *(supposant connus les espaces vectoriels)*

Proposition 1. Σ est un espace vectoriel sur $\mathbb{C}$.

Démonstration. Σ est un sous-ensemble de $\mathbb{C}^{\mathbb{R}}$, non vide et stable par rapport aux combinaisons linéaires. □

Commentaire. Nous allons montrer que $\dim \Sigma = 2$ en explicitant une base de Σ.

Proposition 2. Soit $r \in \mathbb{C}$ et $z_r : \mathbb{R} \longrightarrow \mathbb{C}$, $t \longmapsto e^{rt}$. La fonction z_r est solution de (1) si et seulement si $ar^2 + br + c = 0$.

Démonstration.

$$az_r''(t) + bz_r'(t) + cz_r(t) = (ar^2 + br + c)\, e^{rt}$$

est nul (pour tout t) si et seulement si $ar^2 + br + c = 0$.

Définition. Le polynôme $P(r) = ar^2 + br + c$ s'appelle le *polynôme caractéristique* de l'équation différentielle (1). On pose

$$\boxed{\Delta = b^2 - 4ac}$$

Proposition 3. On suppose $\Delta \neq 0$. Soit r_1 et r_2 les racines distinctes du polynôme caractéristique P. Les deux solutions z_{r_1} et z_{r_2} sont indépendantes.

Démonstration. Soit K_1 et K_2 deux nombres complexes tels que $K_1 z_{r_1} + K_2 z_{r_2} = 0$. On a alors (pour tout t) :

$$\begin{cases} K_1 z_{r_1}(t) + K_2 z_{r_2}(t) = 0 \\ K_1 z_{r_1}'(t) + K_2 z_{r_2}'(t) = 0. \end{cases}$$

Le déterminant de ce système est

$$z_{r_1}(t) z_{r_2}'(t) - z_{r_1}'(t) z_{r_2}(t) = (r_2 - r_1)\, e^{(r_1 + r_2)t}.$$

Il est différent de zéro pour au moins une valeur de t (en fait il est différent de zéro pour tout t). Le système n'admet donc que la solution triviale $K_1 = K_2 = 0$. □

Exercice 14. Montrer l'indépendance de z_{r_1} et z_{r_2} (plus simplement) sans utiliser la dérivation.

Proposition 4. Soit $r \in \mathbb{C}$ et $z_{1,r} : t \longmapsto t\, e^{rt}$. La fonction $z_{1,r}$ est solution de (1) si et seulement si r est racine double du polynôme caractéristique P.

Démonstration.

$$\begin{aligned} az_{1,r}''(t) + bz_{1,r}'(t) + cz_{1,r} &= (ar^2 + br + c)t\, e^{rt} + (2ar + b)\, e^{rt} \\ &= P(r)t\, e^{rt} + P'(r)\, e^{rt}. \end{aligned}$$

Cette expression n'est nulle pour tout t *que si* $P(r) = P'(r) = 0$, c'est-à-dire si r est racine double de P. □

***Exercice 15.** On considère l'équation d'ordre n :

$$a_n z^{(n)} + a_{n-1} z^{(n-1)} + \ldots + a_1 z' + a_0 z = 0. \qquad \text{(E)}$$

On pose $P(r) = a_n r^n + a_{n-1} r^{n-1} + \ldots + a_1 r + a_0$ et $z_{k,r} = t^k e^{rt}$. Montrer que $z_{k,r}$ est solution de (E) si et seulement si r est une racine d'ordre supérieur ou égal à k du polynôme P.

Proposition 5. On suppose $\Delta = 0$. Soit r la racine double du polynôme caractéristique P. Les solutions $z_r : t \longrightarrow e^{rt}$ et $z_{1,r} : t \longmapsto t\, e^{rt}$ sont indépendantes.

Démonstration. Le raisonnement est le même que pour la proposition 3, à ceci près que le déterminant est

$$z_r(t) z_{1,r}'(t) - z_r'(t) z_{1,r}(t) = e^{2rt} \neq 0. \ \square$$

Théorème. Soit $a \in \mathbb{C}^*$, $b \in \mathbb{C}$, $c \in \mathbb{C}$ et Σ l'ensemble des solutions de l'équation différentielle

$$az'' + bz' + cz = 0.$$

On pose $P(r) = ar^2 + br + c$ et $\Delta = b^2 - 4ac$; Σ est un espace vectoriel de dimension 2 sur $\mathbb{C}$, de base $z_{r_1} : t \longmapsto e^{r_1 t}$, $z_{r_2} : t \longmapsto e^{r_2 t}$ où $P(r_1) = P(r_2) = 0$ si $\Delta \neq 0$, et de base $z_r : t \longmapsto e^{rt}$, $z_{1,r} : t \longmapsto t\, e^{rt}$ où $P(r) = 0$ si $\Delta = 0$.

Wronskien

Soit z_1 et z_2 deux fonctions dérivables (réelles ou complexes) de variable réelle t. On appelle *wronskien* de z_1 et z_2 la fonction :

$$W_{z_1,z_2}(t) = z_1(t)z_2'(t) - z_1'(t)z_2(t) = \begin{vmatrix} z_1(t) & z_2(t) \\ z_1'(t) & z_2'(t) \end{vmatrix}$$

Proposition 1. Si z_1 et z_2 sont linéairement dépendantes, alors

$$\forall t \quad W_{z_1,z_2}(t) = 0.$$

Démonstration. Il existe un couple de nombres $(\lambda, \mu) \neq (0, 0)$ tel que $\lambda z_1 + \mu z_2 = 0$. Donc pour tout t le système linéaire en (λ, μ) n'est pas de Cramer :

$$\begin{cases} z_1(t)\lambda + z_2(t)\mu = 0 \\ z_1'(t)\lambda + z_2'(t)\mu = 0. \ \square \end{cases}$$

Corollaire. Si $\exists t \quad W_{z_1,z_2}(t) \neq 0$ alors z_1 et z_2 sont indépendantes.

Proposition 2. Si z_1 et z_2 sont solutions de $az'' + bz' + cz = 0$, alors W_{z_1,z_2} est solution de $W' = -(b/a)W$ et

$$\boxed{W_{z_1,z_2}(t) = W_{z_1,z_2}(t_0)\, e^{-(b/a)(t-t_0)}}$$

Corollaire.
Si z_1 et z_2 sont solutions de $az'' + bz' + cz = 0$, alors :

$$\exists t \quad W_{z_1,z_2}(t) \neq 0 \iff \forall t \quad W_{z_1,z_2}(t) \neq 0.$$

Théorème. Si z_1 et z_2 sont deux solutions de $az'' + bz' + cz = 0$, de wronskien non nul, alors toute solution z de $az'' + bz' + cz = 0$ est de la forme :

$$\boxed{z = K_1 z_1 + K_2 z_2}$$

où K_1 et K_2 sont des constantes.

4. Le concept de wronskien est sous-jacent à la résolution de l'équation $az'' + bz' + cz = 0$. Si $\Delta \neq 0$, $z_{r_1}(t) = e^{r_1 t}$ et $z_{r_2}(t) = e^{r_2 t}$ ont un wronskien non nul,

$$W_{z_1,z_2}(t) = (r_2 - r_1)\, e^{-(b/a)t}.$$

Si $\Delta = 0$, $z_r(t) = e^{rt}$ et $z_{1,r}(t) = t\, e^{rt}$ ont un wronskien non nul, $W_{z_r,z_{1,r}}(t) = e^{-(b/a)t}$.

Démonstration. Compte tenu des propositions 1, 3 et 5, il nous suffit de montrer que z_{r_1} et z_{r_2} engendrent Σ si $\Delta \neq 0$ et que z_r et $z_{1,r}$ engendrent Σ si $\Delta = 0$.

1. Si $\Delta \neq 0$, soit z une solution quelconque de (1). Pour chaque t, soit $k_1(\mathrm{t})$ et $k_2(t)$ les solutions du système linéaire :

$$\begin{cases} k_1(t)z_{r_1}(t) + k_2(t)z_{r_2}(t) = z(t) \\ k_1(t)z_{r_1}'(t) + k_2(t)z_{r_2}'(t) = z'(t) \end{cases} \left| \begin{matrix} z_{r_2}' \\ -z_{r_2} \end{matrix} \right| \begin{matrix} -z_{r_1}' \\ z_{r_1} \end{matrix}$$

dont nous avons vu que le déterminant $z_{r_1}z_{r_2}' - z_{r_1}'z_{r_2}$ est non nul pour tout t. Il vient

$$k_1(t) = (zz_{r_2}' - z'z_{r_2})/(z_{r_1}z_{r_2}' - z_{r_2}z_{r_1}')$$
$$k_2(t) = -(zz_{r_1}' - z'z_{r_1})/(z_{r_1}z_{r_2}' - z_{r_2}z_{r_1}')$$

En dérivant on obtient :

$$k_1'(t) = (z_{r_1}z_{r_2}' - z_{r_2}z_{r_1}')^{-2}[(z_{r_1}z_{r_2}' - z_{r_2}z_{r_1}')(zz_{r_2}'' - z''z_{r_2}) - (z_{r_1}z_{r_2}'' - z_{r_1}''z_{r_2})(zz_{r_2}' - z'z_{r_2})]$$

Compte tenu de ce que z, z_{r_1} et z_{r_2} sont solutions de (1), on obtient, en remplaçant z'' par $-(b/a)z' - (c/a)z$, z_{r_1}'' par $-(b/a)z_{r_1}' - (c/a)z_{r_1}$ et z_{r_2}'' par $-(b/a)z_{r_2}' - (c/a)z_{r_2}$, la relation $k_1'(t) = 0$ et de même $k_2'(t) = 0$. Donc k_1 et k_2 sont des constantes et la première relation du système linéaire montre que z appartient au sous-espace engendré par z_{r_1} et z_{r_2}.

2. Si $\Delta = 0$, le raisonnement est le même relativement aux fonctions z_r et $z_{1,r}$ $\square$

Problème de Cauchy

Théorème. Étant donné un nombre réel t_0 et deux nombres complexes z_0 et z_0', il existe une solution unique z de l'équation $az'' + bz' + cz = 0$ telle que $z(t_0) = z_0$ et $z'(t_0) = z_0'$.

Démonstration. 1. Dans le cas $\Delta \neq 0$, il suffit de trouver K_1 et K_2 tels que

$$\begin{cases} K_1\, e^{r_1 t_0} + K_2\, e^{r_2 t_0} = z_0 \\ K_1 r_1\, e^{r_1 t_0} + K_2 r_2\, e^{r_2 t_0} = z_0' \end{cases}$$

Or le système est de Cramer, d'où K_1 et K_2.

2. Dans le cas $\Delta = 0$, on est de même conduit au système de Cramer

$$\begin{cases} K_1\, e^{rt_0} + K_2 t_0\, e^{rt_0} = z_0 \\ K_1 r\, e^{rt_0} + K_2(rt_0 + 1)\, e^{rt_0} = z_0'. \ \square \end{cases}$$

Exercice 16. Calculer explicitement la solution z dans les deux cas de la démonstration précédente.

3.3. Cas réel

Soit à intégrer l'équation différentielle

$$ax'' + bx' + cx = 0 \qquad (2)$$

où $a \in \mathbb{R}^*$, $b \in \mathbb{R}$, $c \in \mathbb{R}$ et où la fonction inconnue x est une fonction réelle de la variable réelle t. Soit S l'ensemble des solutions de (2). L'équation (2) peut être considérée comme un cas particulier de l'équation (1) dont nous connaissons l'ensemble des solutions Σ; S est donc un sous-ensemble de Σ, plus précisément $S = \{ z \in \Sigma \mid \forall t \in \mathbb{R} \quad z(t) = \overline{z(t)} \}$. Remarquons que le polynôme caractéristique $P(r) = ar^2 + br + c$ est réel. Distinguons trois cas :

1. Si $\Delta = 0$, soit r la racine double de P; $(K_1 + K_2 t)e^{rt}$ est réel pour tout t si et seulement si K_1 et K_2 sont réels.
2. Si $\Delta > 0$, les racines r_1 et r_2 de P sont réelles et $K_1 e^{r_1 t} + K_2 e^{r_2 t}$ est réel pour tout t si et seulement si K_1 et K_2 sont réels.
3. Si $\Delta < 0$, les racines r_1 et r_2 de P sont complexes conjuguées et $K_1 e^{r_1 t} + K_2\, \overline{e^{r_1 t}}$ est réel pour tout t si et seulement si $K_2 = \overline{K_1}$. Posons $\omega = \sqrt{-\Delta}/2a$ et $K_1 = A\, e^{-i\varphi}/2$, la solution générale s'écrit $x = A\, e^{-(b/2a)t} \cos(\omega t - \varphi)$.

Nous pouvons énoncer :

Théorème. On considère l'équation différentielle $ax'' + bx' + cx = 0$, où $a \in \mathbb{R}^*$, $b \in \mathbb{R}$, $c \in \mathbb{R}$. Soit $P(r) = ar^2 + br + c$ le polynôme caractéristique associé. On pose $\Delta = b^2 - 4ac$.

1. Si $\Delta = 0$, soit r la racine double de P. La solution générale de l'équation s'écrit : $x = (K_1 + K_2 t)e^{rt}$, $K_1 \in \mathbb{R}$, $K_2 \in \mathbb{R}$.
2. Si $\Delta > 0$, soit r_1 et r_2 les racines réelles distinctes de P. La solution générale de l'équation s'écrit : $x = K_1 e^{r_1 t} + K_2 e^{r_2 t}$.
3. Si $\Delta < 0$, soit

$$r_1 = -b/2a + i\omega \text{ et } r_2 = -b/2a - i\omega$$

les racines complexes conjuguées distinctes de P. La solution générale de l'équation s'écrit

$$x = A e^{-(b/2a)t} \cos(\omega t - \varphi)$$

ou $$x = (a \cos \omega t + b \sin \omega t) e^{-(b/2a)t}.$$

Exercice 17. Construire les représentations graphiques des solutions x_1, x_2, x_3 *et* x_4 admettant les conditions initiales suivantes :

$$\begin{cases} x_1(0) = 1 \\ x_1'(0) = 0 \end{cases} \quad \begin{cases} x_2(0) = 0 \\ x_2'(0) = 1 \end{cases} \quad \begin{cases} x_3(0) = 1 \\ x_3'(0) = 1 \end{cases} \quad \begin{cases} x_4(0) = 1 \\ x_4'(0) = -1 \end{cases}$$

pour les équations suivantes : $x'' + 2x' + x = 0$, $x'' = 0$, $x'' - 2x' + x = 0$, $x'' + x' - 1 = 0$, $x'' - x' - 1 = 0$, $x'' + x' + 1 = 0$, $x'' - x' + 1 = 0$.

Corollaire. S est un espace vectoriel sur $\mathbb{R}$ de dimension 2, de base

1. e^{rt}, te^{rt} si $\Delta = 0$ (r racine double de $ar^2 + br + c$).
2. $e^{r_1 t}$, $e^{r_2 t}$ si $\Delta > 0$ (r_1 et r_2 les racines distinctes de $ar^2 + br + c$).
3. $e^{-(b/2a)t} \cos \omega t$, $e^{-(b/2a)t} \sin \omega t$ si $\Delta < 0$ $(\omega = \sqrt{-\Delta}/2a)$.

Exercice 18. Retrouver directement ce corollaire, en s'inspirant de la démarche suivie dans le cas complexe.

3.4. Application à l'étude d'un système physique dépendant d'un paramètre au voisinage d'une position d'équilibre

Rappelons qu'un système physique dépendant d'un paramètre x peut être décrit au voisinage de la position d'équilibre $x = 0$ par l'équation différentielle

$$x'' + \gamma x' + cx = 0,$$

où cx correspond à une force de rappel si $c > 0$ (et de répulsion si $c < 0$), $\gamma x'$ correspond à une force de frottement si $\gamma > 0$ (ce qui correspond à une perte d'énergie; si au contraire $\gamma < 0$, il y a accroissement permanent de l'énergie, la force étant dans le sens de la vitesse).

• *Stabilité*

Le principe. Imaginez une boule placée au fond d'un puits aux parois arrondies avec un minimum : elle est en équilibre stable. La même boule placée au sommet d'une montagne est en équilibre instable puisque n'importe quelle petite perturbation va la faire rouler en bas. Enfin la même boule placée en un col : presque toutes les perturbations vont la faire descendre, ce qui va immanquablement se produire : l'équilibre est instable.
La situation d'un système décrit par l'équation $x'' + \gamma x' + cx = 0$ est la même : les solutions sont des combinaisons linéaires de deux solutions x_1 et x_2. Si quand $t \longrightarrow +\infty$, $x_1(t) \longrightarrow 0$ **et** $x_2(t) \longrightarrow 0$, alors l'équilibre est stable; si au contraire $x_1(t) \longrightarrow +\infty$ **ou** $x_2(t) \longrightarrow \pm\infty$, alors l'équilibre est instable.

Théorème. Si l'évolution d'un système physique au voisinage de la position d'équilibre $x = 0$ est régie par l'équation $x'' + \gamma x' + cx = 0$, alors

1. Si $c < 0$ **ou** $\gamma < 0$, l'équilibre est instable.
2. Si $c > 0$ **et** $\gamma > 0$, l'équilibre est stable.

Démonstration. Si $c < 0$, alors $\Delta = \gamma^2 - 4c > 0$ et il y a deux racines réelles r_1 et r_2 à l'équation $r^2 + \gamma r + c = 0$, qui vérifient $r_1 r_2 = c$, d'où $r_1 > 0$ ou $r_2 > 0$. La solution $x(t)$ étant une combinaison linéaire de $e^{r_1 t}$ et $e^{r_2 t}$ tend alors vers l'infini et l'équilibre est instable.
Si $\gamma < 0$ et $c > 0$, alors ou bien $\Delta \geqslant 0$, auquel cas, $r_1 > 0$ et $r_2 > 0$ et l'équilibre est instable, ou bien $\Delta < 0$ et $x(t)$ est combinaison linéaire de $e^{-(\gamma/2)t} \cos \omega t$ et $e^{-(\gamma/2)t} \sin \omega t$, oscillations dont l'amplitude tend vers l'infini : l'équilibre est instable.
Si $\gamma > 0$ et $c > 0$, alors ou bien $\Delta \geqslant 0$, auquel cas $r_1 < 0$ et $r_2 < 0$: l'équilibre est stable, ou bien $\Delta < 0$ et $x(t)$ est de la forme $e^{-(\gamma/2)t} \cos(\omega t - \varphi)$ qui tend vers zéro : l'équilibre est stable. □

Remarque. On peut résumer l'étude précédente en énonçant que si les parties réelles des racines de $P(r) = r^2 + \gamma r + c$ sont toutes négatives, alors l'équilibre est stable.

Exercice 19. Étudier le comportement quand $t \longrightarrow +\infty$ des solutions $t \longmapsto x(t)$ de l'équation $ax'' + bx' + cx = 0$ ($a \in \mathbb{R}^*$, $b \in \mathbb{R}$, $c \in \mathbb{R}$).

• *Vibrations libres.*

Détaillons l'étude de l'évolution d'un système physique dépendant d'un paramètre x, au voisinage de la position d'équilibre **stable** $x = 0$, de pulsation ω :

$$x'' + \gamma x' + \omega^2 x = 0.$$

On pose $\lambda = \gamma/2\omega$; λ s'appelle le *degré d'amortissement*; il vient :

$$x'' + 2\lambda\omega x' + \omega^2 x = 0.$$

On a $\Delta/4 = \omega^2(\lambda^2 - 1)$.

Premier cas. Amortissement faible (ou frottements faibles) : $0 < \lambda < 1$.
La solution générale est de la forme :

$$t \longmapsto x(t) = A \cos(\omega_1 t - \varphi) e^{-\lambda\omega t}, \quad \text{où} \quad \omega_1 = \omega\sqrt{1 - \lambda^2}$$

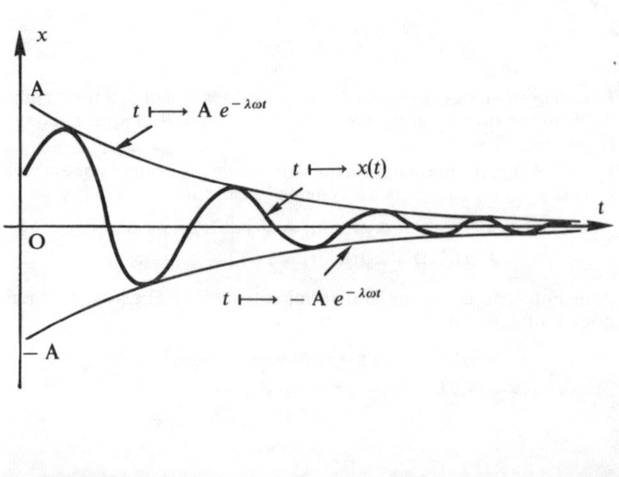

On remarque que pour $T_p = 2\pi/\omega\sqrt{1-\lambda^2}$, on a :

$$x(t + T_p) = x(t)\,e^{-\lambda\omega T_p};$$

T_p s'appelle la *pseudo-période*, $\delta = \lambda\omega T_p$ le *décrement logarithmique* et $\tau = 1/\lambda\omega$ la *constante de temps*.

Remarque. Si $\lambda = 0$, il n'y a pas d'amortissement et l'évolution du système est sinusoïdale (cas de l'oscillateur harmonique).

Deuxième cas. Amortissement critique : $\lambda = 1$.

On a alors $\Delta = 0$ et la solution générale est de la forme :

$$t \longmapsto x(t) = (K_1 + K_2 t)\,e^{-\omega t}$$

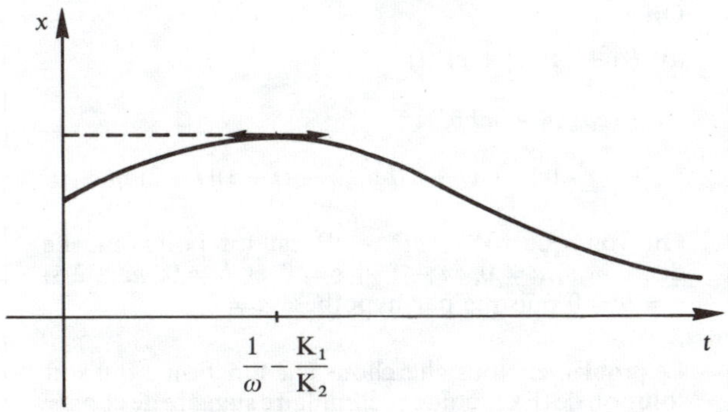

Troisième cas. Amortissement fort : $\lambda > 1$

On a alors $\Delta > 0$; la solution générale est de la forme :

$$t \longmapsto x(t) = K_1 e^{-t/\tau_1} + K_2 e^{-t/\tau_2}$$

où $$\tau_1 = \frac{1}{(\lambda - \sqrt{\lambda^2 - 1})\omega} \qquad \tau_2 = \frac{1}{(\lambda + \sqrt{\lambda^2 - 1})\omega}$$

Il y a retour à l'origine sans oscillations. Pour t grand on a :

$$x(t) \simeq K_1 e^{-t/\tau_1}$$

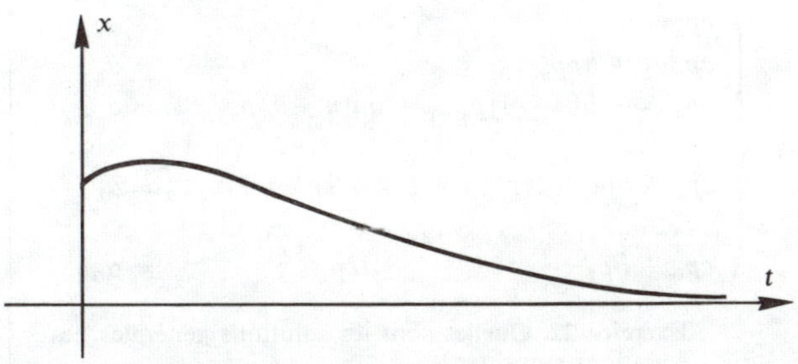

Exercice 20. On considère l'équation : $x'' + \gamma x' + x = 0$. Construire pour $\gamma = 0$, $\gamma = 1$, $\gamma = 2$, $\gamma = 3$ et $\gamma = 4$ la représentation graphique de la solution de cette équation ayant pour valeurs initiales $x(0) = 1$, $x'(0) = 1$.

Dans chacun des cas, la vibration tend, plus ou moins rapidement, vers 0. C'est pourquoi de telles vibrations sont dites *transitoires*.

§ 4. ÉQUATIONS DIFFÉRENTIELLES DU SECOND ORDRE A COEFFICIENTS CONSTANTS AVEC SECOND MEMBRE

Dans les deux premiers paragraphes (§ 4.1 et § 4.2) nous étudierons le cas général complexe. Ensuite (§ 4.3.) nous préciserons ce qu'il y a de spécifique dans le cas réel. Enfin (§ 4.4), nous étudierons en détail le cas particulier qui permet de décrire le phénomène physique si fréquent appelé résonance.

4.1. Solutions complexes

Soit $a \in \mathbb{C}^*$, $b \in \mathbb{C}$, $c \in \mathbb{C}$ et $f : \mathbb{R} \longrightarrow \mathbb{C}$; nous nous proposons de résoudre l'équation différentielle en $z : \mathbb{R} \longrightarrow \mathbb{C}$:

$$az'' + bz' + cz = f \qquad (3)$$

On appelle *équation sans second membre associée* (ou *équation homogène associée*) l'équation

$$az'' + bz' + cz = 0 \qquad (1)$$

et *polynôme caractéristique associé* le polynôme $P(r) = ar^2 + br + c$. Nous noterons Σ_f l'ensemble des solutions de (3) et nous admettrons que f a été choisie en sorte que $\Sigma_f \neq \emptyset$, c'est-à-dire qu'il y ait au moins une solution. Nous noterons Σ l'ensemble des solutions de (1), ensemble que nous avons déterminé dans le paragraphe précédent.

Théorème fondamental. Étant donné une solution z_0 de (3), pour que z soit solution de (3), il faut et il suffit que $z - z_0$ soit solution de l'équation sans second membre associée (1).

Premier énoncé équivalent : $\Sigma_f = \{z_0 + Z;\ Z \in \Sigma\}$.

Deuxième énoncé équivalent : $\Sigma_f = z_0 + \Sigma$.

Troisième énoncé équivalent : l'ensemble des solutions de (3) est une sous-variété affine de dimension 2 de sous-espace vectoriel associé Σ :

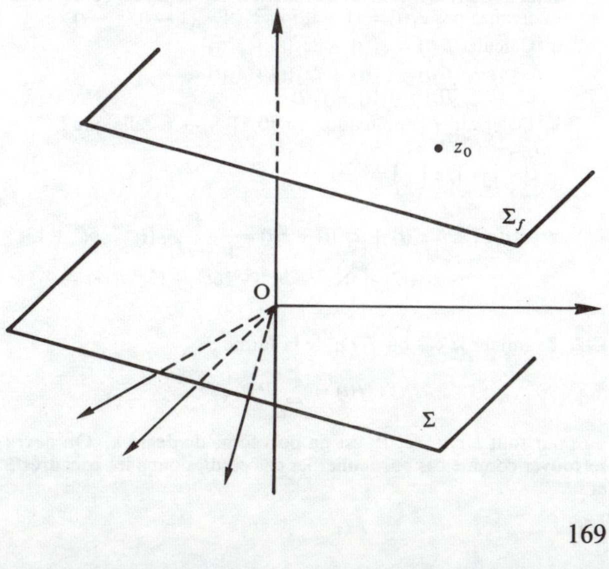

Quatrième énoncé équivalent.

> La solution générale de l'équation avec second membre s'obtient en ajoutant une solution particulière de l'équation avec second membre à la solution générale de l'équation sans second membre.

Démonstration. Par hypothèse

$$az_0'' + bz_0' + cz_0 = f.$$

Donc les deux équations suivantes sont équivalentes :

$$az'' + bz' + cz = f$$

et $$a(z - z_0)'' + b(z - z_0)' + c(z - z_0) = 0. \square$$

Corollaire (*Problème de Cauchy*). Étant donné deux nombres complexes ζ_0 et ζ_0', il existe une solution et une seule z de (3) telle que $z(0) = \zeta_0$ et $z'(0) = \zeta_0'$.

Démonstration. Soit z_0 une solution particulière de (3). Pour que z convienne, il faut et il suffit que $Z = z - z_0$ appartienne à Σ et que :

$$Z(0) = \zeta_0 - z_1(0) \quad \text{et} \quad Z'(0) = \zeta_0' - z_1'(0).$$

Or on sait que Z existe et est unique. $\square$

Conséquence du théorème fondamental. Puisque nous connaissons la solution générale de (1), pour trouver la solution générale de (3), il nous suffit de trouver *une* solution particulière de (3) (n'importe laquelle).

Remarque. Si pour $k = 1, 2, ..., n$, z_k est une solution de $az_k'' + bz_k' + cz_k = f_k$, et si $f = \sum_{k=1}^{n} f_k$, alors $z = \sum_{k=1}^{n} z_k$ est une solution de $az'' + bz' + cz = f$.

Exercice 21. On donne les fonctions z_1 et z_2 de $]0, 1[$ dans $\mathbb{C}$ définies par $z_1(t) = (1 + i)/t$ et $z_2(t) = (1 - i)/(1 - t)$.

a. Calculer $f_1(t) = z_1''(t) + 2z_1'(t) + z_1(t)$

$f_2(t) = z_2''(t) + 2z_2'(t) + z_2(t)$

et $f(t) = f_1(t) + f_2(t)$.

b. Déterminer l'application $z :]0, 1[\longrightarrow \mathbb{C}$ telle que :

$$z\left(\frac{1}{2}\right) = 1, \; z'\left(\frac{1}{2}\right) = -1$$

$$\forall t \in]0,1[\quad z''(t) + 2z'(t) + z(t) = \frac{1}{(t - t^2)^3}[(t^4 - 6t^3 + 13t^2 - 8t + 2) - i(2t^5 - 9t^4 + 16t^3 - 13t^2 + 8t - 2)]$$

C 2. Examiner le cas où f est de la forme :

$$\forall t \quad f(t) = \sum_{j=1}^{N} P_j(t) e^{r_j t}$$

où pour tout j, $r_j \in \mathbb{C}$ et P_j est un polynôme de degré n_j. On devra retrouver comme cas particulier les cas étudiés dans les encadrés **5** et **6**.

$$\boldsymbol{az''(t) + bz'(t) + cz(t) = \sum_{k=0}^{n} \alpha_k t^k} \qquad \textbf{(E)}$$

Étude préliminaire. Soit P un polynôme complexe d'une variable de degré m :

$$P(t) = \sum_{k=0}^{m} p_k t^k = p_m t^m + p_{m-1} t^{m-1} + p_{m-2} t^{m-2} + ... + p_1 t + p_0.$$

On a :

$$\begin{aligned} &aP''(t) + bP'(t) + cP(t) \\ &= cp_m t^m \\ &\quad + (cp_{m-1} + mbp_m) t^{m-1} \\ &\quad + \sum_{j=0}^{m-2} (cp_j + (j+1)bp_{j+1} + (j+1)(j+2)ap_{j+2}) t^j \end{aligned}$$

On voit que $aP'' + bP' + cP$ est un polynôme de degré m si $c \neq 0$, $m - 1$ si $c = 0$ et $b \neq 0$, $m - 2$ si $c = b = 0$ puisque par hypothèse $a \neq 0$.

Le problème. Nous cherchons *une* fonction z qui soit solution de (E). L'étude préliminaire suggère de choisir pour z une fonction polynôme en distinguant trois cas :

Premier cas : $c \neq 0$. On choisit pour z un polynôme de degré n. On obtient les coefficients par identification, soit

$$z(t) = \sum_{k=0}^{n} p_k t^k$$

où $(p_0, p_1, ..., p_n)$ est la solution unique du système :

$$\begin{cases} cp_n & = \alpha_n \\ cp_{n-1} + bnp_n & = \alpha_{n-1} \\ cp_{n-2} + b(n-1)p_{n-1} + an(n-1)p_n & = \alpha_{n-2} \\ \dots\dots\dots\dots & \\ cp_k + b(k+1)p_{k+1} + a(k+1)(k+2)p_{k+2} & = \alpha_k \\ \dots\dots\dots\dots & \\ cp_0 + bp_1 \qquad + a2p_2 & = \alpha_0 \end{cases}$$

Exercice 22. Quelles sont les solutions générales des équations suivantes?

$$z''(t) + 2iz'(t) - z(t) = t^4$$
$$z''(t) - (3 - 2i)z'(t) + (5 - i)z(t) = it^2 + 2t + 1$$
$$z''(t) + z(t) = 1$$

Deuxième cas : $c = 0$, $b \neq 0$. On choisit pour z un polynôme de degré $n + 1$ dont on détermine les coefficients par identification.

Exercice 23. Donner une solution de chacune des 2 équations suivantes :

$$iz''(t) - z'(t) = -t^2 + it + 1$$

$$z''(t) + 2z'(t) = \frac{\sqrt{5} + i\sqrt{3}}{2} t^6 - \frac{\sqrt{3} + i\sqrt{5}}{4} t^3$$

Exercice 24. Dans ce 2e cas, l'identification détermine-t-elle tous les coefficients du polynôme?

Troisième cas : $c = b = 0$. On peut encore utiliser la même méthode avec un polynôme de degré $n + 2$, mais il vaut mieux intégrer directement.

Exercice 25. Quelles sont les solutions générales des équations suivantes?

$$z''(t) = t^5 - 3t^2$$

$$\frac{i + \sqrt{5}}{2} z''(t) = \frac{i - \sqrt{5}}{2} t$$

Exercice 26. Trouver la fonction $t \longmapsto z(t)$ telle que :

$$\begin{cases} z(0) = 2 \\ z'(0) = -1 \\ \forall t \in \mathbb{R} \quad z''(t) - 2iz'(t) + (-1 + 2i)z(t) = 2t^3 - 3t^2 \end{cases}$$

5. La solution générale de $az'' + bz' + cz = f$, où f est un polynôme, est de la forme $P + z_0$, où z_0 est la solution générale de $az'' + bz' + cz = 0$ et P un polynôme de même degré que f si $c \neq 0$. deg P = 1 + deg f si $c = 0$, $b \neq 0$; deg P = 2 + deg f si $b = c = 0$. P s'obtient par identification.

$$\left(a \frac{\mathrm{d}^2}{\mathrm{d}t^2} + b \frac{\mathrm{d}}{\mathrm{d}t} + c\right) z(t) = \mathrm{D}\, e^{\lambda t} \qquad \textbf{(E)}$$

Rappelons que $\left(a \frac{\mathrm{d}^2}{\mathrm{d}t^2} + b \frac{\mathrm{d}}{\mathrm{d}t} + c\right) z(t)$ désigne $az''(t) + bz'(t) + cz(t)$.

Étude préliminaire. Il est aisé de vérifier les formules suivantes (où C désigne un nombre complexe) :

$$\left(a \frac{\mathrm{d}^2}{\mathrm{d}t^2} + b \frac{\mathrm{d}}{\mathrm{d}t} + c\right) \mathrm{C}\, e^{\lambda t} = \mathrm{C}(a\lambda^2 + b\lambda + c)\, e^{\lambda t}$$

$$\left(a \frac{\mathrm{d}^2}{\mathrm{d}t^2} + b \frac{\mathrm{d}}{\mathrm{d}t} + c\right) \mathrm{C}t\, e^{\lambda t} = \mathrm{C}(a\lambda^2 + b\lambda + c)t\, e^{\lambda t} + \mathrm{C}(2a\lambda + b)\, e^{\lambda t}$$

$$\left(a \frac{\mathrm{d}^2}{\mathrm{d}t^2} + b \frac{\mathrm{d}}{\mathrm{d}t} + c\right) \mathrm{C}t^2\, e^{\lambda t} = \mathrm{C}(a\lambda^2 + b\lambda + c)t^2\, e^{\lambda t} + 2\mathrm{C}(2a\lambda + b)t\, e^{\lambda t} + 2\mathrm{C}a\, e^{\lambda t}.$$

Le problème. Nous cherchons une solution particulière de (E). L'étude préliminaire nous suggère de distinguer 3 cas :

Premier cas : $a\lambda^2 + b\lambda + c \neq 0$. Ainsi, λ n'est pas racine de l'équation caractéristique. L'étude préliminaire montre que $z : t \longmapsto \mathrm{C}\, e^{\lambda t}$ convient si (et seulement si) :

$$\mathrm{C} = \frac{\mathrm{D}}{a\lambda^2 + b\lambda + c}.$$

Deuxième cas : $a\lambda^2 + b\lambda + c = 0$ et $2a\lambda + b \neq 0$. Dans ce cas λ est racine de l'équation caractéristique, mais n'est pas racine double. On pourrait donc aussi bien caractériser ce cas par : $\Delta \neq 0$, $\lambda = r_1$ ou $\lambda = r_2$. L'étude préliminaire montre que $z : t \longmapsto \mathrm{C}t\, e^{\lambda t}$ convient si (et seulement si) :

$$\mathrm{C} = \frac{\mathrm{D}}{2a\lambda + b}.$$

Troisième cas : $a\lambda^2 + b\lambda + c = 0$ et $2a\lambda + b = 0$, ou, ce qui revient au même : $\Delta = 0$ et $\lambda = r$, racine double de l'équation caractéristique. L'étude préliminaire montre alors que $z : t \longmapsto \mathrm{C}t^2\, e^{\lambda t}$ convient si (et seulement) si $\mathrm{C} = \mathrm{D}/2a$.

Exercice 27. Trouver une solution particulière pour chacune des équations suivantes :

$$z''(t) - (3i + 1)z'(t) + 2(i - 1)z(t) = e^{(1+i)t}$$
$$z''(t) - 2(i + 1)z'(t) + 2iz(t) = e^{(1+i)t}$$
$$iz''(t) + 2z'(t) + (1 - i)z(t) = e^{it}.$$

Exercice 28. Trouver la fonction z qui vérifie $z(0) = i$, $z'(0) = 1$ et $z''(t) + z(t) = e^{it}$.

6. La solution générale de $az''(t) + bz'(t) + cz(t) = \mathrm{D}\, e^{\lambda t}$ est de la forme $z_0 + z$, où z_0 est la solution générale de $az'' + bz' + cz = 0$ et z est de la forme $\mathrm{C}\, e^{\lambda t}$, $\mathrm{C}t e^{\lambda t}$, $\mathrm{C}t^2\, e^{\lambda t}$ selon que λ n'est pas racine, est racine simple ou racine double du polynôme caractéristique $\mathrm{P}(r) = ar^2 + br + c$.

4.2. La méthode de « variation des constantes »

Soit à résoudre

$$az'' + bz' + cz = f \qquad (3)$$

où $a \in \mathbb{C}^*$.

Premier cas : $\Delta = b^2 - 4ac \neq 0$

Soit r_1 et r_2 les racines distinctes de $ar^2 + br + c = 0$. La solution générale de l'équation

$$az'' + bz' + cz = 0 \qquad (1)$$

est de la forme :

$$z(t) = \mathrm{K}_1\, e^{r_1 t} + \mathrm{K}_2\, e^{r_2 t},$$

où K_1 et K_2 sont des constantes. L'expression paradoxale de « variation des constantes » traduit l'idée suivante : remplacer les constantes K_1 et K_2 par des fonctions $k_1(t)$ et $k_2(t)$ et les déterminer de façon que $z(t) = k_1(t)e^{r_1 t} + k_2(t)\, e^{r_2 t}$ soit solution de (3). On a alors :

$$\begin{aligned} z &= k_1\, e^{r_1 t} + k_2\, e^{r_2 t} \\ z' &= k_1 r_1\, e^{r_1 t} + k_2 r_2\, e^{r_2 t} + k_1'\, e^{r_1 t} + k_2'\, e^{r_2 t} \\ z'' &= k_1 r_1^2\, e^{r_1 t} + k_2 r_2^2\, e^{r_2 t} + k_1' r_1\, e^{r_1 t} + k_2' r_2\, e^{r_2 t} \\ &\quad + (k_1'\, e^{r_1 t} + k_2'\, e^{r_2 t})'. \end{aligned}$$

Astuce. On a deux fonctions inconnues k_1 et k_2 au lieu d'une seule inconnue z. On peut donc imposer une relation : nous allons chercher k_1 et k_2 tels que

$$k_1'(t)\, e^{r_1 t} + k_2'(t)\, e^{r_2 t} = 0.$$

Compte tenu de cette relation, on a

$$\begin{aligned} az'' + bz' + cz = (ar_1^2 + br_1 + c)k_1 e^{r_1 t} \\ + (ar_2^2 + br_2 + c)k_2 e^{r_2 t} \\ + a(k_1' r_1 e^{r_1 t} + k_2' r_2 e^{r_2 t}). \end{aligned}$$

Comme r_1 et r_2 sont racines de $ar^2 + br + c = 0$, (3) est donc équivalente à :

$$a(k_1'(t) r_1 e^{r_1 t} + k_2'(t) r_2 e^{r_2 t}) = f(t).$$

La fonction $z = k_1 e^{r_1 t} + k_2 e^{r_2 t}$ sera donc solution de (3) si $k_1'(t)$ et $k_2'(t)$ sont solutions pour tout t du système linéaire :

$$\left\{ \begin{array}{l} e^{r_1 t} k_1'(t) + \quad e^{r_2 t} k_2'(t) = 0 \\ r_1 e^{r_1 t} k_1'(t) + r_2 e^{r_2 t} k_2'(t) = \dfrac{1}{a} f(t) \end{array} \right. \quad \left| \begin{array}{l} r_2 \\ -1 \end{array} \right. \quad \left| \begin{array}{l} r_1 \\ -1 \end{array} \right.$$

qui admet la solution

$$\left\{ \begin{array}{l} k_1'(t) = \dfrac{1}{a(r_2 - r_1)} e^{-r_1 t} f(t) \\ k_2'(t) = \dfrac{-1}{a(r_2 - r_1)} e^{-r_2 t} f(t). \end{array} \right.$$

En choisissant une primitive k_1 de k_1' et une primitive k_2 de k_2', on obtient une solution particulière de (3). La solution générale de (3) est alors

$$\begin{aligned} z(t) &= k_1(t) e^{r_1 t} + k_2(t) e^{r_2 t} + \mathrm{K}_1 e^{r_1 t} + \mathrm{K}_2 e^{r_2 t} \\ &= (k_1(t) + \mathrm{K}_1) e^{r_1 t} + (k_2(t) + \mathrm{K}_2) e^{r_2 t}, \end{aligned}$$

c'est-à-dire que la solution générale de (3) peut s'écrire

$$\boxed{z(t) = \frac{1}{a(r_2 - r_1)} \left\{ e^{r_1 t} \int e^{-r_1 t} f(t)\, \mathrm{d}t - e^{r_2 t} \int e^{r_2 t} f(t)\, \mathrm{d}t \right\}}$$

Deuxième cas : $\boldsymbol{\Delta = b^2 - 4ac = 0}$.

Soit r la racine double de $ar^2 + br + c = 0$. La solution générale de l'équation

$$az'' + bz' + cz = 0 \qquad (1)$$

est de la forme

$$z(t) = \mathrm{K}_1 e^{rt} + \mathrm{K}_2 t e^{rt}.$$

Erreurs fréquentes

Théorème. Soit z_1 et z_2 deux fonctions dérivables; z_1 et z_2 sont indépendantes si et seulement si

$$z_1 z_2' - z_1' z_2 \neq 0$$

Démonstration. 1. Si z_1 et z_2 sont indépendantes, il existe $(\lambda, \mu) \neq (0, 0)$ tel que

$$\lambda z_1 + \mu z_2 = 0$$

d'où aussi $\lambda z_1' + \mu z_2' = 0$. Le système linéaire en (λ, μ) :

$$\left\{ \begin{array}{l} z_1 \lambda + z_2 \mu = 0 \\ z_1' \lambda + z_2' \mu = 0 \end{array} \right.$$

admet une solution non banale (différente de (0, 0)). Il n'est donc pas de Cramer et donc $z_1 z_2' - z_1' z_2 = 0$, ou encore

$$\forall t \in \mathbb{R} \quad z_1(t) z_2'(t) - z_1'(t) z_2(t) = 0.$$

2. Réciproquement, si $z_1 z_2' - z_1' z_2 = 0$, alors

$$\frac{z_1'}{z_1} = \frac{z_2'}{z_2}$$

d'où $\quad \operatorname{Log} |z_1| = \operatorname{Log} |z_2| + \text{Constante}$

ou encore $\quad z_1 = \alpha z_2.$

Donc z_1 et z_2 sont linéairement dépendantes.

3. Le théorème suit par contraposition.

(Annotations manuscrites :)

Rajoutez : si z_1 et z_2 sont solutions de $az'' + bz' + cz = 0$!!

Précisez : s'agit-il de $\exists t \in \mathbb{R} \quad z_1(t) z_2'(t) - z_1'(t) z_2(t) \neq 0$ ou de $\forall t \in \mathbb{R} \quad z_1(t) \ldots \neq 0$???

← Les systèmes linéaires admettant pour tout t

Donc : si $\exists t \ldots \neq 0$, alors z_1 et z_2 indép.

Non ! Ceci n'est valable que si $\forall t \in \mathbb{R} \quad z_1(t) \neq 0$ et $z_2(t) \neq 0$

Non ! $\dfrac{d}{dt} \operatorname{Log} |z| = \mathcal{R}e \left(\dfrac{z'}{z} \right)$

Un peu mieux : Si $\forall t \in \mathbb{R} \quad z_1(t) \neq 0$, alors $(z_2/z_1)' = \dfrac{z_1 z_2' - z_1' z_2}{(z_1)^2} = 0$

7. Les raisonnements ci-dessus sont faux. Cependant si on suppose que z_1 et z_2 sont des solutions de $az'' + bz' + cz = 0$, alors le résultat est juste; plus précisément : dans ce cas, z_1 et z_2 sont indépendantes si et seulement si :

$$\forall t \in \mathbb{R} \quad z_1(t) z_2'(t) - z_1'(t) z_2(t) \neq 0,$$

ou encore (voir encadré 4) si et seulement si :

$$\exists t \in \mathbb{R} \quad z_1(t) z_2'(t) - z_1'(t) z_2(t) \neq 0.$$

Cherchons la solution de (3) sous la forme

$$z(t) = k_1(t)\,e^{rt} + k_2(t)t\,e^{rt},$$

en imposant $k_1'(t)\,e^{rt} + k_2'(t)t\,e^{rt} = 0$; on a alors

$$z'(t) = rk_1(t)\,e^{rt} + (1 + rt)k_2(t)\,e^{rt}$$
$$z''(t) = r^2k_1(t)\,e^{rt} + (2r + r^2t)k_2(t)\,e^{rt} + rk_1'(t)\,e^{rt} + (1 + rt)k_2'\,e^{rt}.$$

Compte tenu de $ar^2 + br + c = 0$ et $2ar + b = 0$, (3) est équivalent à

$$a[rk_1' + (1 + rt)k_2']\,e^{rt} = f.$$

Pour que $z = (k_1 + tk_2)\,e^{rt}$ soit solution de (3), il suffit donc de choisir $k_1'(t)$ et $k_2'(t)$ solutions du système de Cramer pour tout t :

$$\begin{cases} k_1' + \quad t\,k_2' = 0 \\ rk_1' + (1 + rt)k_2' = \dfrac{1}{a}e^{-rt}\,f, \end{cases} \qquad \begin{vmatrix} 1 + rt & -r \\ -t & 1 \end{vmatrix}$$

soit :

$$\begin{cases} k_1'(t) = -\dfrac{1}{a}\,tf(t)\,e^{-rt} \\ k_2'(t) = \dfrac{1}{a}\,f(t)\,e^{-rt}. \end{cases}$$

Par le même raisonnement que ci-dessus, on peut en déduire la forme suivante pour la solution générale de (3) :

$$\boxed{z(t) = \frac{1}{a}\,e^{rt}\left\{t\int f(t)\,e^{-rt}\,\mathrm{d}t - \int tf(t)\,e^{-rt}\,\mathrm{d}t\right\}}$$

** **Exercice 29.** Soit r une racine (simple ou double) de $ar^2 + br + c = 0$ et soit $z_r : t \longmapsto e^{rt}$. Soit h une fonction complexe de variable réelle à dérivée seconde continue. On pose $z = hz_r$ et $y = h'$.

a. Montrer que pour que z soit solution de $az'' + bz' + cz = f$ (3) il faut et il suffit que y soit solution de :

$$ay'(t) + (2ar + b)y(t) = f(t)\,e^{-rt} \qquad \text{(E).}$$

b. Vérifier que $y_1 :\ t \longmapsto e^{-\left(\frac{2ar+b}{a}\right)t}$ est solution de l'équation : $ay_1' + (2ar + b)y_1 = 0$.

c. Soit g la fonction définie par $y = gy_1$. Montrer que pour que y soit solution de (E) il faut et il suffit que

$$g'(t) = \frac{1}{a}\,f(t)\,e^{\frac{ar+b}{a}t}$$

d. Montrer que

$$t \longmapsto z(t) = \frac{1}{a}\,e^{rt}\int_{t_1}^{t} e^{-\left(2r+\frac{b}{a}\right)s}\left[\int_{s_1}^{s} e^{\left(r+\frac{b}{a}\right)u}\,f(u)\,\mathrm{d}u\right]\mathrm{d}s$$

est une solution de (3). Montrer que la solution générale de (3) peut s'écrire :

$$z(t) = \frac{1}{a}\,e^{rt}\int e^{-\left(2r+\frac{b}{a}\right)t}\left[\int e^{\left(r+\frac{b}{a}\right)t}\,f(t)\,\mathrm{d}t\right]\mathrm{d}t.$$

e. Appliquer la théorie ci-dessus pour retrouver les résultats des exercices 20, 22, 23, 25, 26, 27 et 28.

Variation des constantes

(Voir encadré **4** pour la définition du wronskien W_{z_1,z_2}.)

Théorème 1. Soit z_1 et z_2 deux solutions de $az'' + bz' + cz = 0$. Alors z_1 et z_2 sont indépendantes si et seulement si : $\forall t \in \mathbb{R}\quad W_{z_1,z_2}(t) \neq 0$, ou encore si et seulement si : $\exists t \in \mathbb{R}\quad W_{z_1,z_2}(t) \neq 0$.

Démonstration. De la première partie de la démonstration de l'encadré 7, on déduit que si z_1 et z_2 sont indépendantes, alors : $\exists t_0 \in \mathbb{R}\quad W_{z_1,z_2}(t_0) \neq 0$. Comme $W_{z_1,z_2}(t) = W_{z_1,z_2}(t_0)\,e^{-(b/a)(t-t_0)}$, on a :

$$\forall t \in \mathbb{R}\quad W_{z_1,z_2}(t) \neq 0.$$

Réciproquement, si

$$W_{z_1,z_2}(t_0) = z_1(t_0)z_2'(t_0) - z_1'(t_0)z_2(t_0) = 0,$$

alors $(z_1(t_0), z_1'(t_0))$ et $(z_2(t_0), z_2'(t_0))$ sont des vecteurs linéairement indépendants de $\mathbb{C}^2$. L'existence et l'unicité de la solution du problème de Cauchy peuvent s'exprimer en disant que l'application $\Sigma \longrightarrow \mathbb{C}^2$,
z solution de $az'' + bz' + cz = 0 \longmapsto (z(0), z'(0))$ est un isomorphisme. Donc z_1 et z_2 sont indépendantes. Le résultat suit par contraposition. □

Théorème 2. Soit z_1 et z_2 deux solutions indépendantes de $az'' + bz' + cz = 0$. La solution générale de

$$az'' + bz' + cz = f \qquad (3)$$

peut s'écrire $z = k_1z_1 + k_2z_2$, où k_1 et k_2 sont définis à une constante près par la condition suivante : $k_1'(t)$ et $k_2'(t)$ sont solutions, pour tout t, du système linéaire

$$\begin{cases} z_1(t)k_1'(t) + z_2(t)k_2'(t) = 0 \\ z_1'(t)k_1'(t) + z_2'(t)k_2'(t) = \dfrac{1}{a}\,f(t). \end{cases}$$

Démonstration. Cherchons une solution particulière de (3) sous la forme $z = k_1z_1 + k_2z_2$. On a alors :

$$z' = k_1z_1' + k_2z_2' + (k_1'z_1 + k_2'z_2)$$
$$z'' = k_1z_1'' + k_2z_2'' + k_1'z_1' + k_2'z_2' + (k_1'z_1 + k_2'z_2)'.$$

Si on impose $k_1'z_1 + k_2'z_2 = 0$, il vient

$$az'' + bz' + cz = k_1(az_1'' + bz_1' + cz_1) + k_2(az_2'' + bz_2' + cz_2) + a(k_1'z_1' + k_2'z_2') = a(k_1'z_1' + k_2'z_2').$$

Pour que z soit solution de (3), il suffit donc que $(k_1'(t), k_2'(t))$ soit solution du système ci-dessus. La solution générale s'écrit alors

$$z + K_1z_1 + K_2z_2 = (k_1 + K_1)z_1 + (k_2 + K_2)z_2.$$

D'où la solution générale.

8. La méthode de variation des constantes s'applique à n'importe quel couple de fonctions formant un système de solutions indépendantes de $az'' + bz' + cz = 0$. Cette méthode est aussi valable dans le cas réel. Ici encore c'est la notion de wronskien qui est sous-jacente.

4.3. Solutions réelles

Soit $a \in \mathbb{R}^*$, $b \in \mathbb{R}$, $c \in \mathbb{R}$ et $f : \mathbb{R} \longrightarrow \mathbb{R}$; nous nous proposons de résoudre l'équation différentielle en $x : \mathbb{R} \longrightarrow \mathbb{R}$:

$$ax'' + bx' + cx = f \tag{4}$$

On appelle *équation sans second membre* (ou : *équation homogène*) *associée* à (4) l'équation

$$ax'' + bx' + cx = 0 \tag{2}$$

et *polynôme caractéristique associé* le polynôme $P(r) = ar^2 + br + c$. Nous noterons S_f l'ensemble des solutions de (4) et nous admettrons que f a été choisie en sorte que $S_f \neq \varnothing$, c'est-à-dire que (4) admette au moins une solution. Nous noterons S l'ensemble des solutions de (2), ensemble que nous avons déterminé dans le paragraphe 3.

Théorème fondamental. Étant donné une solution particulière x_0 de (4), pour que x soit solution de (4) il faut et il suffit que $x - x_0$ soit solution de (2) :

$$\boxed{S_f = x_0 + S}.$$

Il résulte du théorème fondamental, comme dans le cas complexe, d'une part que le problème de Cauchy a une solution unique, d'autre part que pour trouver la solution générale de (4) il nous suffit de trouver une solution particulière puisque nous connaissons déjà la solution générale de l'équation sans second membre associée. Nous proposons trois méthodes de résolution de (4).

• **Méthode de « variation des constantes »**

Premier cas : $\Delta = b^2 - 4ac < 0$. La solution générale de (2) peut s'écrire $x = (K_1 \cos \omega t + K_2 \sin \omega t)e^{-(b/2a)t}$, où $\omega = \sqrt{-\Delta}/2a$ et K_1 et K_2 sont des constantes réelles. On cherche x sous la forme

$$x(t) = (k_1(t) \cos \omega t + k_2(t) \sin \omega t)e^{-(b/2a)t},$$

en imposant $k_1'(t) \cos \omega t + k_2'(t) \sin \omega t = 0$; (4) s'écrit alors

$$- ak_1'(t)[\omega \sin \omega t + (b/2a) \cos \omega t]\, e^{-(b/2a)t} + ak_2'(t)[\omega \cos \omega t - (b/2a) \sin \omega t]\, e^{-(b/2a)t} = f(t).$$

Choisissons donc k_1' et k_2' tels que :

$$\begin{cases} (\cos \omega t)k_1'(t) + (\sin \omega t)k_2'(t) = 0 \\ -(\sin \omega t)k_1'(t) + (\cos \omega t)k_2'(t) = \dfrac{1}{a\omega} f(t)\, e^{(b/2a)t} \end{cases}$$

soit

$$\begin{cases} k_1'(t) = -\dfrac{1}{a\omega} f(t)\, e^{(b/2a)t} \sin \omega t \\ k_2'(t) = \dfrac{1}{a\omega} f(t)\, e^{(b/2a)t} \cos \omega t. \end{cases}$$

Alors $x(t) = k_1(t) \cos \omega t + k_2(t) \sin \omega t$ est une solution particulière de (4). Le théorème fondamental entraîne alors que la solution générale de (4) est de la forme :

$$\boxed{\begin{aligned} x(t) = &-(a\omega)^{-1}(\cos \omega t)\, e^{-(b/2a)t} \int (\sin \omega t)\, e^{(b/2a)t} f(t)\, dt \\ &+ (a\omega)^{-1}(\sin \omega t)\, e^{-(b/2a)t} \int (\cos \omega t)\, e^{(b/2a)t} f(t)\, dt \end{aligned}}$$

Deuxième et troisième cas : $\Delta = 0$ et $\Delta > 0$. Les calculs sont exactement les mêmes que dans le cas complexe.

• **Deuxième méthode :** particularisation de la solution complexe :

$$S_f = \{ x \in \Sigma_f \mid \forall t \in \mathbb{R} \quad \overline{x(t)} = x(t) \}.$$

Premier cas. $\Delta < 0$. La relation $x \in \Sigma_f$ s'écrit :

$$x(t) = \frac{1}{a(r_2 - r_1)} \left\{ e^{r_1 t}\left[K_1 + \int_{t_0}^{t} e^{-r_1 u} f(u)\, du \right] + e^{r_2 t}\left[K_2 + \int_{t_0}^{t} e^{-r_2 u} f(u)\, du \right] \right\}$$

où $r_1 = -(b/2a) - i\omega$ et $r_2 = -(b/2a) + i\omega$. La relation $\overline{x(t)} = x(t)$ impose que $K_2 = -\overline{K_1}$. L'expression de $x(t)$ se réduit alors à celle obtenue plus haut.

Deuxième cas. $\Delta > 0$. $x(t)$ est donné par la même formule que ci-dessus, mais dans laquelle $r_1 \in \mathbb{R}$ et $r_2 \in \mathbb{R}$. L'expression ne sera réelle que si K_1 et K_2 sont réels. La solution générale devient

$$\boxed{x(t) = \frac{1}{a\sqrt{\Delta}} \left[e^{-\frac{b+\sqrt{\Delta}}{2}t} \int e^{\frac{b+\sqrt{\Delta}}{2}t} f(t)\, dt - e^{-\frac{b-\sqrt{\Delta}}{2}t} \int e^{\frac{b-\sqrt{\Delta}}{2}t} f(t)\, dt \right]}$$

Troisième cas. $\Delta = 0$. La relation $x \in \Sigma_f$ se traduit alors par :

$$x(t) = a^{-1} e^{-(b/2a)t} \left\{ \left[K_1 - \int_{t_1}^{t} u f(u)\, e^{(b/2a)u}\, du \right] + t\left[K_2 + \int_{t_2}^{t} f(u)\, e^{(b/2)u}\, du \right] \right\}.$$

La condition $\overline{x(t)} = x(t)$ pour tout t se traduit alors par $K_1 \in \mathbb{R}$ et $K_2 \in \mathbb{R}$. On pourra donc écrire la solution générale de (4) sous la forme

$$\boxed{x(t) = \frac{1}{a} e^{-\frac{bt}{2a}} \left\{ t \int e^{\frac{bt}{2a}} f(t)\, dt - \int t\, e^{\frac{bt}{2a}} f(t)\, dt \right\}}$$

• **Troisième méthode :** recherche d'une solution particulière par identification quand on connaît sa forme.

Dans les cas ou f est une fonction polynôme ou une fonction de la forme $D\, e^{\omega t}$, on procède comme dans le cas complexe. Nous allons traiter le cas important où f est circulaire.

Soit à résoudre

$$ax'' + bx' + cx = B \cos \omega t$$

où $a \in \mathbb{R}^*$, $b \in \mathbb{R}$, $c \in \mathbb{R}$, $B \in \mathbb{R}$, $\omega \in \mathbb{R}_+^*$, tels que :

$$(c - a\omega^2)^2 + (\omega b)^2 \neq 0.$$

D'après le théorème fondamental il nous suffit de trouver une solution particulière x_1. Cherchons-la sous la forme :

$$x_1(t) = \lambda \cos \omega t + \mu \sin \omega t.$$

Il vient :

$$\left(a \frac{d^2}{dt^2} + b \frac{d}{dt} + c \right) x_1(t) = (-a\omega^2\lambda + b\omega\mu + c\lambda) \cos \omega t + (-a\omega^2\mu - b\omega\lambda + c\mu) \sin \omega t.$$

Les paramètres λ et μ conviennent donc si (et seulement si) ils sont solutions du système linéaire :

$$\begin{cases} (c - a\omega^2)\lambda + b\omega\mu = \text{B} \\ - b\omega\lambda + (c - a\omega^2)\mu = 0. \end{cases}$$

Notre hypothèse entraîne que ce système est de Cramer. Il admet la solution

$$\begin{cases} \lambda = \dfrac{c - a\omega^2}{(c - a\omega^2)^2 + (\omega b)^2}\,\text{B} \\ \mu = \dfrac{\omega b}{(c - a\omega^2)^2 + (\omega b)^2}\,\text{B}. \end{cases}$$

Soit φ défini modulo 2π par :

$$\cos \varphi = \frac{c - a\omega^2}{\sqrt{(c - a\omega^2)^2 + (b\omega)^2}} \quad \text{et} \quad \sin \varphi = \frac{\omega b}{\sqrt{(c - a\omega^2)^2 + (b\omega)^2}}.$$

La solution particulière cherchée s'écrit :

$$\boxed{x_1(t) = \frac{\text{B}}{\sqrt{(c - a\omega^2)^2 + (b\omega)^2}} \cos(\omega t - \varphi)}$$

Exercice 30. Trouver une solution particulière de

$$ax'' + bx' + cx = \text{B} \cos \omega t,$$

lorsque $b = 0$ et $c = a\omega^2$. [On pourra employer la méthode de la variation des constantes.]

4.4. Résonance

Considérons un système physique dépendant d'un paramètre x au voisinage d'une position d'équilibre stable. Nous avons vu que si un tel système est libre, son évolution peut être décrite par l'équation différentielle :

$$x'' + 2\lambda\omega_0 x' + \omega_0^2 x = 0 \qquad \text{(L)}$$

où $2\lambda\omega_0$ exprime le frottement (le degré d'amortissement λ est positif) et $\omega_0^2 x$ la force de rappel. Supposons que nous soumettions ce système physique à une force extérieure périodique : l'évolution sera alors décrite par une équation avec second membre

$$x'' + 2\lambda\omega_0 x' + \omega_0^2 x = f \qquad \text{(E)}$$

où f est **périodique.**

• *Régime transitoire et régime permanent*

Nous savons que la solution générale x de (E) est égale à la somme d'une solution particulière x_1 de (E) et de la solution générale X de l'équation sans second membre associée, c'est-à-dire de l'équation (L) du système libre :

$$x = x_1 + \text{X}.$$

Or nous savons que quand t tend vers l'infini, $\text{X}(t) \longrightarrow 0$ et donc $x(t) - x_1(t) \longrightarrow 0$. Il en résulte que seul le début du mouvement dépendra des conditions initiales : on désigne cette phase sous le nom de *régime transitoire.* Au bout d'un certain temps la solution x peut être considérée comme égale à la solution particulière x_1 (pour toute précision $\varepsilon > 0$, il existe une date t_1 telle que au-delà de cette date, pour $t > t_1$, on a $|x(t) - x_1(t)| < \varepsilon$); on dit alors que le système a atteint son *régime permanent.* L'objet de ce paragraphe est l'étude du régime permanent, c'est-à-dire l'étude d'une solution particulière de (E). Nous commencerons par le cas où f est circulaire, car le cas général s'y ramène.

$$\boldsymbol{ax'' + bx' + cx = \text{B} \cos \omega t} \qquad \textbf{(E)}$$

où $a \in \mathbb{R}^*$, $b \in \mathbb{R}$, $c \in \mathbb{R}$, $\text{B} \in \mathbb{R}$, $\omega \in \mathbb{R}$ et $(c - a\omega^2)^2 + (b\omega)^2 \neq 0$.

Recherche d'une solution particulière $x_1 : \mathbb{R} \longrightarrow \mathbb{R}$, de (E) par la représentation complexe $z_1 : \mathbb{R} \longrightarrow \mathbb{C}$:

$$\boxed{x_1 = \Re\text{e}\, z_1}.$$

Pour que x_1 soit solution de (E) il suffit que z_1 soit solution de

$$az'' + bz' + cz = \text{B}\, e^{i\omega t}.$$

Cherchons z_1 sous la forme $z_1 = \mathcal{A}_1\, e^{i\omega t}$. Pour que z_1 convienne il suffit que :

$$(- a\omega^2 + ib\omega + c)\mathcal{A}_1 = \text{B}$$

$$\boxed{\mathcal{A}_1 = \frac{(c - a\omega^2) - ib\omega}{(c - a\omega^2)^2 + (b\omega)^2}\,\text{B}}$$

$$\mathcal{A}_1 = \text{A}_1\, e^{-i\varphi_1} \quad \text{où} \quad \begin{cases} \text{A}_1 = \dfrac{\text{B}}{\sqrt{(c - a\omega^2)^2 + (b\omega)^2}} \\ \cos \varphi_1 = \dfrac{c - a\omega^2}{\sqrt{(c - a\omega^2)^2 + (b\omega)^2}} \\ \sin \varphi_1 = \dfrac{b\omega}{\sqrt{(c - a\omega^2)^2 + (b\omega)^2}} \end{cases}$$

$$\boxed{x_1 = \text{A}_1 \cos(\omega t - \varphi_1)} \qquad \boxed{z_1 = \text{A}_1\, e^{-i\varphi_1}\, e^{i\omega t}}$$

C 3. Étudier de même le cas $b = 0$ et $c = a\omega^2$.

Application : solution générale de

$$\boxed{x'' + \omega_0^2 x = \text{B} \cos \omega t}$$

Si $\omega^2 \neq \omega_0^2$

$$\boxed{x(t) = \frac{\text{B}}{\omega_0^2 - \omega^2} \cos \omega t + \text{A} \cos(\omega_0 t - \varphi)}.$$

A et φ arbitraires.

Si $\omega^2 = \omega_0^2$

$$\boxed{x(t) = \frac{\text{B}}{2\omega}\, t \sin \omega t + \text{A} \cos(\omega t - \varphi)}$$

A et φ arbitraires.

9. Le formalisme complexe (voir encadré 3) simplifie aussi l'étude de l'équation avec second membre circulaire. On voit que les vibrations forcées d'un oscillateur harmonique ont une amplitude qui tend vers l'infini quand la fréquence de la force extérieure $\omega/2\pi$ est égale à la fréquence propre $\omega_0/2\pi$ de l'oscillateur. Ce phénomène s'appelle la résonance.

Harmoniques

Une *note* de musique est une vibration sonore périodique, c'est-à-dire qu'elle est caractérisée par une fonction périodique $x(t)$.
La *hauteur* d'une note est sa fréquence (c'est-à-dire l'inverse de sa période T).

Exemple : le **la** de référence a pour fréquence 440 ou pour période $T = \frac{1}{440}$ seconde.

La même note à l'octave au-dessus a pour période 2T. C'est une *harmonique*. Les autres harmoniques sont les notes correspondant à des périodes 3T, 4T, 5T ...
Le *timbre* d'une note dépend de la forme de la courbe représentative de $x(t)$. On peut reconstituer un timbre par l'addition de la note pure et d'harmoniques pures (une note est *pure* si x est une fonction circulaire).

Fourier

Soit x une fonction continue, dérivable et périodique de période T; on pose ($n \in \mathbb{N}^*$) :

$$a_0 = \frac{1}{T}\int_{t_0}^{t_0+T} x(t)\,dt$$
$$a_n = \frac{2}{T}\int_{t_0}^{t_0+T} x(t)\cos\left(\frac{2n\pi}{T}t\right)dt$$
$$b_n = \frac{2}{T}\int_{t_0}^{t_0+T} x(t)\sin\left(\frac{2n\pi}{T}t\right)dt$$

On a alors :

$$x(t) = a_0 + \sum_{n=1}^{\infty}\left\{a_n\cos\left(\frac{2n\pi}{T}t\right) + b_n\sin\left(\frac{2n\pi}{T}t\right)\right\}$$

c'est-à-dire

$$x(t) = \lim_{N\to\infty}\left[a_0 + \sum_{n=1}^{N}\left\{a_n\cos\left(\frac{2n\pi}{T}t\right) + b_n\sin\left(\frac{2n\pi}{T}t\right)\right\}\right]$$

Remarque : Ce théorème s'étend aux fonctions bornées, continues et monotones par morceaux, avec la modification suivante : en un point t_1 de discontinuité de x la limite converge vers

$$\frac{1}{2}\,[x(t_1 - 0) + x(t_1 + 0)].$$

10. La théorie des séries de Fourier s'appelle aussi l'*analyse harmonique*. Ce mot vient de la musique. Les liens entre musique et mathématiques remontent à l'Antiquité : le vocabulaire de la mathématique grecque antique est issu du vocabulaire de la musique.

• *Oscillations forcées dans le cas* $f(t) = B\cos\omega t$
Nous savons que l'équation différentielle

$$x'' + 2\lambda\omega_0 x' + \omega_0^2 x = B\cos\omega t$$

admet une solution particulière

$$x_1(t) = A\cos(\omega t - \varphi)$$

dont l'amplitude A est donnée par :

$$A = \frac{B}{\sqrt{(\omega^2 - \omega_0^2)^2 + 4\lambda^2\omega_0^2\omega^2}}.$$

L'énergie du système est proportionnelle au carré de l'amplitude, elle est donc proportionnelle au carré de l'amplitude de la force excitatrice extérieure. La quantité caractéristique du système sera donc $E = A^2/B^2$, soit

$$E = \frac{1}{(\omega^2 - \omega_0^2)^2 + 4\lambda^2\omega_0^2\omega^2}.$$

E est maximum quand

$$(\omega^2 - \omega_0^2)^2 + 4\lambda^2\omega_0^2\omega^2 = (\omega^2)^2 + 2(2\lambda^2 - 1)\omega_0^2\omega^2 + \omega_0^4$$

est minimum; ainsi :

1. Si $\lambda \geqslant \sqrt{2}/2$, le maximum de E est atteint pour $\omega = 0$ et alors : $E_{max} = \frac{1}{(\omega_0)^4}$.

2. Si $\lambda < \sqrt{2}/2$, le maximum de E est atteint pour $\omega = \omega_r$, où $(\omega_r)^2 = \omega_0^2 - 2\lambda^2\omega_0^2$, et alors :

$$E_{max} = \frac{1}{4(1 - \lambda^2)\lambda^2\omega_0^4}.$$

Il en résulte que $E_{max}(\lambda)$ est décroissante et que quand $\lambda \longrightarrow 0$, alors $E_{max} \longrightarrow +\infty$.

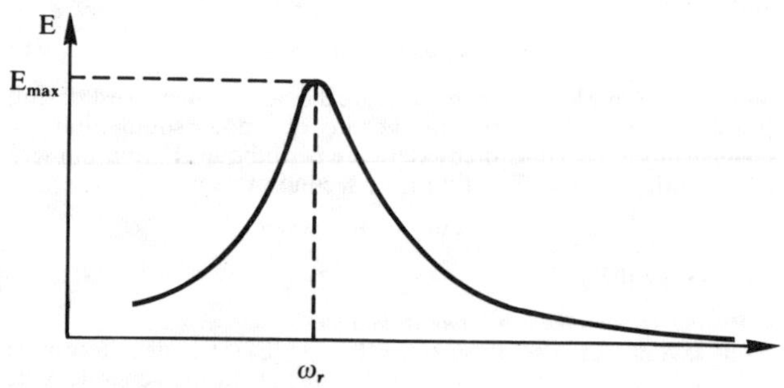

Si λ est petit, alors $\omega_r \approx \omega_0$, et alors :

$$E_{max} \approx \frac{1}{4\lambda^2\omega_0^4}$$

et pour ω non voisin de ω_0 :

$$E \approx \frac{1}{(\omega^2 - \omega_0^2)^2}.$$

En résumant, E sera voisin de zéro pour toute fréquence ω non voisine de ω_0 et très grand quand ω est voisin de ω_0. On dit qu'il y a *résonance* pour $\omega = \omega_0$.

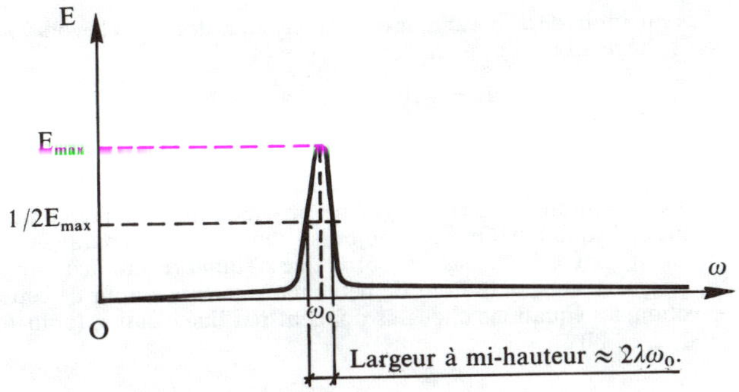

Exercice 31. Montrer que la largeur de la courbe à mi-hauteur est voisine de $2\lambda\omega_0$.

Exercice 32. Construire de façon précise les courbes donnant E en fonction de ω pour $\omega_0 = 1$ pour les diverses valeurs de λ suivantes : $\lambda = 10$, $\lambda = 2$, $\lambda = 1$, $\lambda = \sqrt{2}/2$, $\lambda = 1/2$, $\lambda = 1/10$, λ 1/100, $\lambda = 0$.

Exercice 33. Que faut-il changer dans l'étude précédente quand $f = B\cos(\omega t - \theta)$? Examiner le cas $f = B\sin\omega t$.

Exercice 34. Donner l'allure des courbes $\omega \longmapsto \varphi(\omega)$, où φ est tel que $x_1(t) = A\cos(\omega t - \varphi)$ soit une solution de $x'' + 2\lambda x' + x = \cos\omega t$. Examiner le cas $\lambda = 0$.

Une série de Fourier

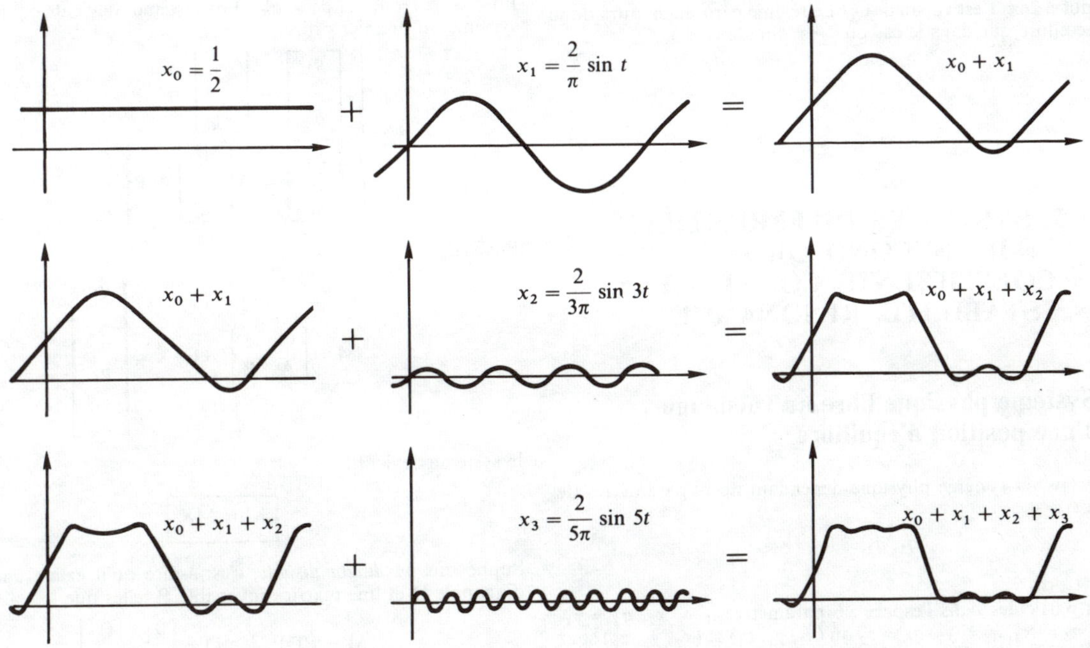

etc.

à la limite

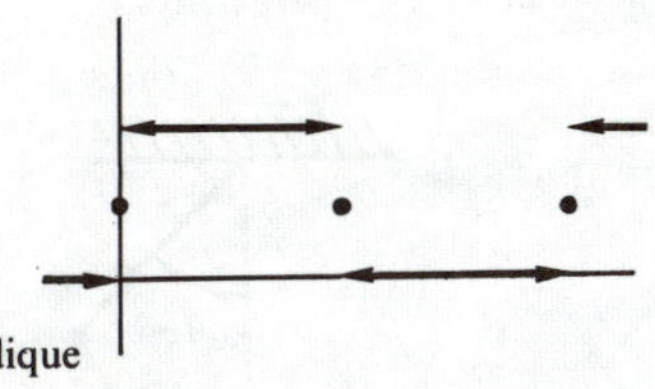

$$\frac{1}{2} + \sum_{n=1}^{\infty} \frac{2}{(2n+1)\pi}\sin(2n+1)t = x(t) \text{ périodique}$$

11. Un exemple d'une fonction périodique continue et monotone par morceaux ($x(t) = 1$ si $0 < t < \pi$, 0 si $\pi < t < 2\pi$, de période 2π) décomposée en série de Fourier (voir encadré 10).

• *Oscillations forcées dans le cas général où f est périodique*
La théorie des séries de Fourier, dont le résultat essentiel est résumé dans l'encadré **10**, montre que toute fonction périodique peut être approchée d'aussi près que l'on veut par une somme de fonctions circulaires. Plus précisément, si T est la période de f, les fonctions circulaires à considérer ont des périodes T/n où $n \in \mathbb{N}^*$, ou encore :

$$\begin{aligned} f(t) \approx a_0 &+ a_1 \cos \frac{2\pi}{T} t + b_1 \cos \frac{2\pi}{T} t \\ &+ a_2 \cos \frac{4\pi}{T} t + b_2 \cos \frac{4\pi}{T} t \\ &+ \dots\dots\dots\dots \\ &+ a_n \cos \frac{2n\pi}{T} t + b_n \cos \frac{2n\pi}{T} t. \end{aligned} \tag{F}$$

Par ailleurs la linéarité entraîne que la solution de

$$x'' + 2\lambda\omega_0 x' + \omega_0^2 x = \sum_{\ell=1}^{N} f_\ell$$

est de la forme $x = \sum_{\ell=1}^{N} x_\ell$, où pour chaque ℓ, x_ℓ est solution de :

$$x_\ell'' + 2\lambda\omega_0 x_\ell' + \omega_0^2 x_\ell = f_\ell.$$

Dans le cas de la décomposition (F), si λ est petit, les x_ℓ sont tous très petits sauf si $2n\pi/T$ est voisin de ω_0. Le régime permanent aura donc la même allure que dans le cas où f est circulaire.

§ 5. SYSTÈMES DIFFÉRENTIELS DU SECOND ORDRE À COEFFICIENTS CONSTANTS : STABILITÉ, RÉSONANCE

5.1. Système physique libre au voisinage d'une position d'équilibre

Considérons un système physique dépendant de N paramètres de position :

$$q_1, q_2, \dots, q_N.$$

Exemples

1. Deux particules dans l'espace : 6 paramètres $q_1 = x_1$, $q_2 = y_1$, $q_3 = z_1$, $q_4 = x_2$, $q_5 = y_2$, $q_6 = z_2$ où (x_1, y_1, z_1) et (x_2, y_2, z_2) sont les coordonnées des deux particules.
2. Un pendule articulé : 2 paramètres.

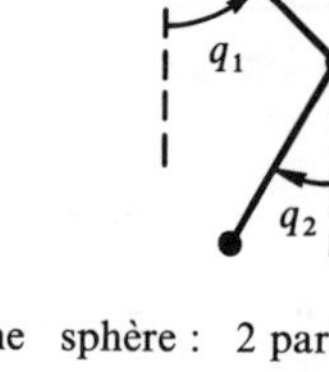

3. Un point sur une sphère : 2 paramètres, q_1 = longitude, q_2 = latitude.

Les équations de la mécanique et de la physique décrivant l'évolution du système libre sont de la forme :

$$\begin{cases} q_1'' = \varphi_1(q_1, \dots, q_N, q_1', \dots, q_N') \\ \dots\dots\dots\dots\dots\dots \\ q_N'' = \varphi_N(q_1, \dots, q_N, q_1', \dots, q_N'). \end{cases}$$

Nous souhaitons étudier le système physique au voisinage d'une position d'équilibre. On peut toujours supposer que les paramètres $q_1, \dots, q_N$ ont été choisis en sorte que l'équilibre ait lieu pour $q_1 = q_2 = \dots = q_N = 0$. Pour de petits mouvements autour de cette position, les équations ci-dessus donnent par linéarisation (pour $k = 1, 2, \dots, N$) :

$$q_k'' = \sum_{h=1}^{N} a_{kh} q_h + \sum_{h=1}^{N} b_{kh} q_h'$$

où $$a_{kh} = \frac{\partial \varphi_k}{\partial q_h}(0, 0) \quad \text{et} \quad b_{kh} = \frac{\partial \varphi_k}{\partial q_h'}(0, 0).$$

Soit A la matrice d'éléments a_{kh} et B la matrice d'éléments b_{kh}. Les relations ci-dessus peuvent s'écrire matriciellement :

$$\begin{bmatrix} q_1 \\ \vdots \\ q_N \end{bmatrix}'' = A \begin{bmatrix} q_1 \\ \vdots \\ q_N \end{bmatrix} + B \begin{bmatrix} q_1 \\ \vdots \\ q_N \end{bmatrix}'.$$

Posons $p_1 = q_1', \dots, p_N = q_N'$. Le système devient équivalent au système du premier ordre :

$$\begin{cases} \begin{bmatrix} q_1 \\ \vdots \\ q_N \end{bmatrix}' = \begin{bmatrix} p_1 \\ \vdots \\ p_N \end{bmatrix} \\ \begin{bmatrix} p_1 \\ \vdots \\ p_N \end{bmatrix}' = A \begin{bmatrix} q_1 \\ \vdots \\ q_N \end{bmatrix} + B \begin{bmatrix} p_1 \\ \vdots \\ p_N \end{bmatrix}. \end{cases}$$

Posons :

$$M = \begin{bmatrix} O & I \\ A & B \end{bmatrix} \quad \text{et} \quad X = \begin{bmatrix} q_1 \\ \vdots \\ q_N \\ p_1 \\ \vdots \\ p_N \end{bmatrix}$$

le système devient :

$$\boxed{X' = MX}.$$

Supposons M *diagonalisable*, c'est-à-dire qu'il existe une matrice diagonale D et une matrice inversible P telles que :

$$M = PDP^{-1}, \quad D = \begin{bmatrix} \lambda_1 & & 0 \\ & \ddots & \\ 0 & & \lambda_{2N} \end{bmatrix}.$$

Posons $Y = P^{-1}X$; le système est équivalent à $Y' = DY$, ou encore, si ${}^tY = [y_1 y_2 \dots y_{2N}]$, à

$$\begin{cases} y_1' = \lambda_1 y_1 \\ \dots\dots\dots\dots \\ y_{2N}' = \lambda_{2N} y_{2N} \end{cases}$$

qui se résout simplement en $y_H(t) = e^{\lambda_H t} y_H(0)$, soit

$$Y(t) = e^{tD} Y(0)$$

d'où enfin
$$\begin{aligned} X(t) &= P e^{tD} Y(0) \\ &= P e^{tD} P^{-1} X(0) \end{aligned}$$

soit $$\boxed{X(t) = e^{tM} X(0)}.$$

5.2. Stabilité

Soit $\lambda_1 = \alpha_1 + i\omega_1$, $\lambda_2 = \alpha_2 + i\omega_2$, ..., $\lambda_{2N} = \alpha_{2N} + i\omega_{2N}$ les valeurs propres de la matrice M. De la formule $X(t) = P\,e^{tD}P^{-1}X(0)$, il résulte que q_1, ..., q_N (ainsi que leurs dérivées) sont des combinaisons linéaires des fonctions $e^{\alpha_H t}\,e^{i\omega_H t}$ pour $H = 1, 2, ...2N$. Si l'un des α_H est positif, certains q_k tendent vers l'infini quand t tend vers $+\infty$, l'équilibre est alors instable. Par contre si tous les α_H sont négatifs, alors tous les q_k tendent vers 0 quand t tend vers $+\infty$ et l'équilibre est stable.

Théorème. Si toutes les parties réelles des valeurs propres de la matrice M sont négatives, alors l'équilibre est stable.

** **Exercice 35.** Soit P le polynôme caractéristique de M. Soit $C : t \longmapsto P(it)$ la courbe paramétrée, image de l'axe imaginaire pur dans la transformation $\mathbb{C} \longrightarrow \mathbb{C}$, $z \longmapsto P(z)$. Montrer que les parties réelles des racines de P sont toutes négatives si et seulement si la courbe $C(\mathbb{R})$ fait $(N/2)$ tours autour de l'origine (c'est-à-dire si et seulement si $t \longmapsto (\vec{i}, \overrightarrow{OC(t)})$ croît de $-N\pi/2$ à $N\pi/2$ quand t décrit $\mathbb{R}$).

5.3. Résonance

Supposons le système physique entraîné par des forces extérieures périodiques de même période $T = 2\pi/\omega$. On peut encore diagonaliser et se ramener à $y'_H = \lambda_H y_H + g_H$ où g_H sont des fonctions périodiques de pulsation ω. On peut décomposer g_H en série de Fourier complexe (c'est-à-dire sur les fonctions $e^{i\omega t}$, au lieu des fonctions circulaires). On se ramène alors à $y'_H = \lambda_H y_H + D_H e^{i\omega t}$.

Dans le cas de l'équilibre stable, la solution générale tend vers la solution particulière $y_H = K_H\,e^{i\omega t}$ où $K_H = \dfrac{D_H}{i\omega - \lambda_H}$. Il y aura résonance pour des pulsations ω telles que $i\omega$ soit proche d'une valeur propre de M.

§ 6. RÉPONSES OU INDICATIONS

1. $A\,e^{-x} + B\,e^{3x}$; $(A + Bx)\,e^{x}$; $(A \cos x + B \sin x)\,e^{-3x}$.

2. Si et seulement si $K = n^2$, où $n \in \mathbb{N}^*$; la solution est alors $B \sin(n - x)$ où $B \in \mathbb{R}^*$.

3. $A\,e^{x} + B\,e^{2x} + x^2 + x/2 + 5/4$;
$A + B\,e^{4x} - x^3/12 + 3x^2/16 + 3x/32$;
$Ax + B + x^4/12 + x^3/6 - 3x^2/2$.

4. $A\,e^{2x} + B\,e^{3x} + (3/2)\,e^{4x}$; $A\,e^{2x} + B\,e^{3x} - 5x\,e^{2x}$;
$(A + Bx)\,e^{3x} + (5/2)x^2\,e^{3x}$.

5. $A\,e^{2x} + B\,e^{-x} + [(78/1\,000) + (14/100)x + (1/10)x^2]\,e^{-3x}$;
$(A + Bx + x^3)\,e^{x}$; $A\,e^{2x} + B\,e^{-4x} + (3x + x^2)\,e^{2x}$.

6. $A\,e^{x} + B\,e^{2x} + (1/10) \cos x - (3/10) \sin x$;
$(A + Bx)\,e^{x} - (1/2) \sin x$;
$A \cos \sqrt{3}x + B \sin \sqrt{3}x - (1/24) \cos 3x + (3/8) \cos x$;
$A \cos 2x + [B + (x/4)] \sin 2x$;
$A\,e^{-x} + B\,e^{(3/2)x} - e^{-x}(2 \cos x + 5 \sin x)$;
$e^{-2x}[A \cos 3x + B \sin 3x + (3/32) \sin x + (1/24)x \cos 3x]$;
$A \cos 2x + B \sin 2x + e^{x}[-(1/34) \cos 2x - (2/17) \sin 2x + (1/10)]$;
$A \cos x + B \sin x - (1/4)x^2 \cos x + (1/4)x \sin x$.

7. Sur chaque intervalle $]k\pi, (k + 1)\pi[$ où $k \in \mathbb{Z}$,
$y = (A_k - x) \cos x + (B_k + \text{Log}\,|\sin x|) \sin x$;
sur $]-\infty, 0[$ ou $]0, +\infty[$, $y = A\,e^{-x} + B\,e^{-2x} + e^{-x}\,\text{Log}\,|x|$;
$A \cos x + B \sin x + \sin x \cdot \text{Log}\left(\text{tg}\,\dfrac{x}{2}\right)$.

8. $y = e^{-3x}(A \cos 2x + B \sin 2x + 1 + x \sin 2x)$; $y \longrightarrow 0$; $A = B = 0$.

9. Si $m^2 > 1$, alors
$y = A\,e^{x(m + \sqrt{m^2 - 1})} + B\,e^{x(m - \sqrt{m^2 - 1})} - e^{x}/2(m - 1) - (\sin x)/2m$;
si $0 < m^2 < 1$, alors

$$y = e^{mx}[A \cos(x\sqrt{1 - m^2}) + B \sin(x\sqrt{1 - m^2})] + e^{x}/2(1 - m) - (\sin x)/2m;$$

si $m = -1$, alors $y = (A + Bx)\,e^{-x} + e^{x}/4 + (\sin x)/2$;
si $m = 1$, alors $y = (A + Bx)\,e^{x} + x^2\,e^{x}/2 - (\sin x)/2$;
si $m = 0$, alors $y = A \cos x + B \sin x + e^{x}/2 + (x \sin x)/2$.

10. $y = e^{x}(x^3/6 - x + 1)$.

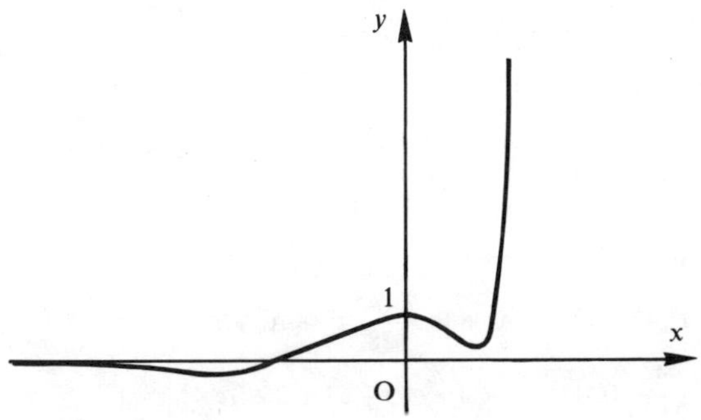

12. $(1, 0)$, $(1, \pi/2)$, $(\sqrt{2}, \pi/4)$, $(5\sqrt{2}, -\pi/4)$, $(\sqrt{10}, \pi + \text{Arctg}\,(1/3))$.

13. 1. Unicité de la décomposition sur $\cos t$ et $\sin t$. 2. Non, uniquement à π près. 4. (4,551 2; 20°19′41″) : la méthode graphique n'a plus d'intérêt pour des calculs précis, mais permet de ne pas faire d'erreurs grossières comme de confondre φ et $(\pi/2) - \varphi$.

C 1. Soit $a = \alpha + i\beta$. Trivial si $\beta = 0$. Sinon posons $z = x + iy$, il vient $x' = \alpha x - \beta y$, $y' = \beta x + \alpha y$, d'où $x'' = \alpha x' - \beta y' = \alpha x' - \beta^2 x - \alpha\beta y = 2\alpha x' - (\alpha^2 + \beta^2)x$, soit $x'' - 2\alpha x' + \alpha^2 + \beta^2 = 0$ de solution $x = e^{\alpha t}(A \cos \beta t - B \sin \beta t)$, d'où $\beta y = \beta\,e^{\alpha t}(B \cos \beta t + A \sin \beta t)$ et $z = (A + iB)\,e^{(\alpha + i\beta)t}$.

14. En écrivant $K_1\,e^{r_1 t} + K_2\,e^{r_2 t} = 0$ pour $t = 0$ et $t = 1$, il vient $K_1 + K_2 = 0$, $K_1\,e^{r_1} + K_2\,e^{r_2} = 0$, de déterminant $e^{r_2} - e^{r_1} \neq 0$.

15. $\left(\dfrac{d}{dt}\right)^{\ell}(t^k\,e^{rt}) = e^{rt}[r^{\ell}t^k + C_{\ell}^1 k r^{\ell - 1} t^{k - 1} + C_{\ell}^2 k(k - 1) r^{\ell - 2} t^{k - 2} + ...]$
$a_n z_{k,r}^{(n)}(t) + ... + a_0 = e^{rt}[P(r)t^k + P'(r)C_k^1 t^{k - 1} + P''(r)C_k^2 t^{k - 2} + ...]$.

16. $z(t) = (r_2 - r_1)^{-1}[(r_2 z_0 - z'_0)\,e^{r_1(t - t_0)} - (r_1 z_0 - z'_0)\,e^{r_2(t - t_0)}]$;
$z(t) = z_0\,e^{r(t - t_0)} - (r z_0 - z'_0)(t - t_0)\,e^{r(t - t_0)}$.

18. Calculer les wronskiens.

19. $x(t) \longrightarrow 0$ quand $t \longrightarrow +\infty$, pour toute solution si $ab > 0$ et $ac > 0$.

20. $x = \cos t + \sin t$; $x = e^{-t/2}(\cos(t\sqrt{3}/2) + \sqrt{3}\sin(t\sqrt{3}/2))$;

$x = e^{-t}(1 + 2t)$; $x = \dfrac{1-\sqrt{5}}{2}\, e^{-\frac{3+\sqrt{5}}{2}t} + \dfrac{1+\sqrt{5}}{2}\, e^{-\frac{3-\sqrt{5}}{2}t}$;

$x = \dfrac{1-\sqrt{3}}{2}\, e^{-(2+\sqrt{3})t} + \dfrac{1+\sqrt{3}}{2}\, e^{-(2-\sqrt{3})t}$.

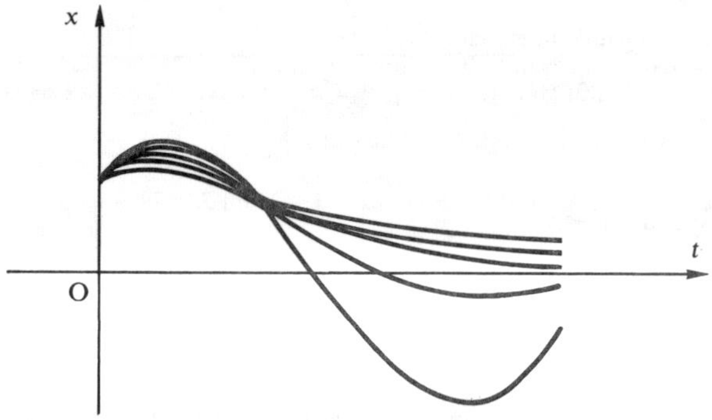

21. a. $f_1(t) = (1+i)(2 - 2t + t^2)/t^3$;
$f_2(t) = (1-i)(5 - 4t + t^2)(1-t)^{-3}$.

b. $(1+i)t^{-1} + (1-i)(1-t)^{-1} + 2\sqrt{e}[i - 1 + (2i+1)t]\,e^{-t}$.

22. $(\mathrm{A} + \mathrm{B}t)\,e^{-it} - t^4 - 8it^3 + 36t^2 + 24it + 24$;

$\mathrm{A}\,e^{(1+i)t} + \mathrm{B}\,e^{(2-3i)t} + \dfrac{-1+5i}{26}t^2 + \dfrac{74+59i}{169}t + \dfrac{1\,323 + 171i}{2\,197}$;

$1 + \mathrm{A}\cos t + \mathrm{B}\sin t$.

23. $t^3/3 + it^2/2 - 2t + \mathrm{A} + \mathrm{B}\,e^{-it}$; $\mathrm{A} + \mathrm{B}\,e^{-2t} + (\sqrt{5} + i\sqrt{3})(t^7/28 - t^6/8 + 3t^5/8 - 15t^4/2 + 15t^3 - 45t^2/2 + 45t/2) + (\sqrt{3} + i\sqrt{5})(-t^4/32 + t^3/16 - 3t^2/32 + 3t/32)$;

24. Pas celui de degré 0.

25. $t^7/42 - t^4/4 + \mathrm{A}t + \mathrm{B}$; $\dfrac{i\sqrt{5}}{78}t^2 + \mathrm{A}t + \mathrm{B}$.

26. $\dfrac{1}{2\,500}[(311 + 3\,663i)\,e^t + (-87 + 369i)\,e^{(-1+2i)t}] - 2(1+2i)t^3/5 - 3(11+2i)t^2/25 - 12(9+13i)t/125 + (1\,194 - 1\,008i)/625$.

27. $(i-1)\,e^{(1+i)t}/4$; $t^2\,e^{(1+i)t}/2$; $-i\,e^{it}$.

28. $[3(2i-1)\,e^{it} + (3+4i)\,e^{-it}]/10 + (1-2i)t\,e^{it}/5$.

C 2. Voir le paragraphe 1.

29. a. $az'' + bz' + cz = e^{rt}[ah'' + 2arh' + bh']$. **b** et **c.** Méthode de la variation de la constante pour une équation linéaire du premier ordre. **d.** La deuxième formule contient les constantes arbitraires (si r est une racine l'autre est $-b/a - r$).

30. $x_1 = \dfrac{\mathrm{B}}{2a\omega}\, t \sin \omega t$.

C 3. $z_1 = \mathcal{A}_1 t\, e^{i\omega t}$, $\mathcal{A}_1 = \dfrac{b - 2ia\omega}{b^2 + 4a^2\omega^2}\,\mathrm{B}$.

31. Utiliser les développements limités.

32.

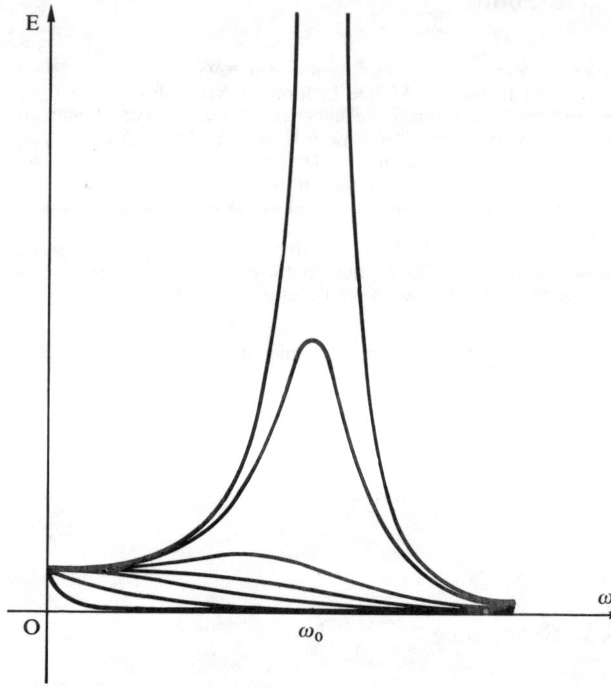

33. Translation dans le temps. $\mathrm{B}\sin\omega t = \mathrm{B}\cos(\omega t - \pi/2)$.

34.

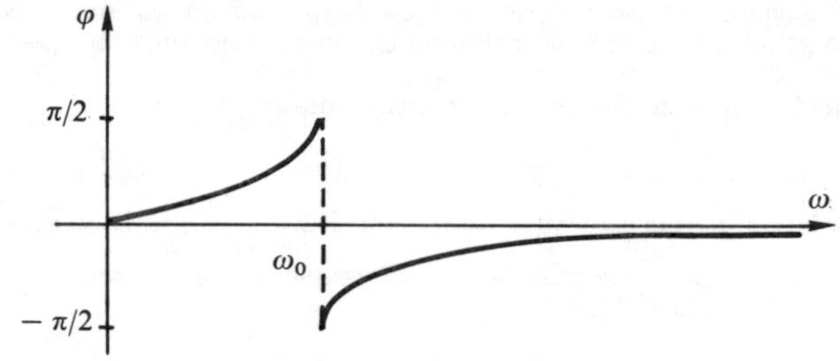

Dans le cas $\lambda = 0$, φ est toujours nul.

35.
$\mathrm{Z} = \mathrm{P}(z) = (z - \lambda_1)(z - \lambda_2)\ \dots\ (z - \lambda_{2\mathrm{N}})$
$\arg \overrightarrow{\mathrm{OM}_\mathrm{Z}} = \arg \overrightarrow{\mathrm{M}_{\lambda_1}\mathrm{M}_z} + \dots + \arg \overrightarrow{\mathrm{M}_{\lambda_{2\mathrm{N}}}\mathrm{M}_z}$.

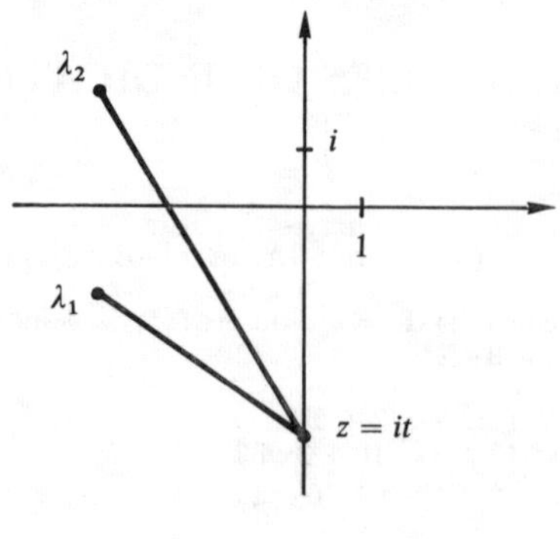

1. $\mathbb{R}$

L'analyse est le domaine des mathématiques construit à partir de l'énoncé fondamental suivant :

> $\mathbf{A}_{\mathbb{R}}$: *Il existe un unique corps commutatif totalement ordonné, tel que tout sous-ensemble non vide majoré admette une borne supérieure. Cet ensemble s'appelle l'ensemble des nombres réels, et se note* $\mathbb{R}$.

Ce premier chapitre a pour but de poser les définitions permettant de donner un sens à cet énoncé, puis d'en déduire quelques conséquences élémentaires. A partir de là, nous serons en mesure de démontrer des théorèmes fondamentaux, comme le théorème de Rolle, et de définir de façon rigoureuse des notions comme les fonctions circulaires, sin *et* cos.
Jusque vers la fin du XIXe *siècle, il n'a pas paru nécessaire aux mathématiciens d'élaborer une définition précise de la notion de nombre réel (à l'exception des mathématiciens grecs de l'Antiquité, qui ont explicité et utilisé une théorie des « rapports de grandeurs », dont on peut dire actuellement qu'elle préfigurait la théorie des nombres réels). L'« évidence géométrique » suppléait à ce manque. Mais la complexité croissante des problèmes et l'imagination (perverse?) des mathématiciens inventant de plus en plus de courbes paradoxales firent apparaître la nécessité de travailler à partir de bases parfaitement claires. On peut résumer la réponse à cette interrogation, apportée par l'axiomatique, de la façon suivante : outre les axiomes de la théorie des ensembles, il faut introduire un axiome assurant l'existence des nombres entiers naturels, par exemple l'axiome de Peano :*

> $\mathbf{A}_{\mathbb{N}}$: *Il existe un triplet* $(\mathbb{N}, 0, s)$, *où* $\mathbb{N}$ *est un ensemble,* 0 *un élément de* $\mathbb{N}$ *et* s *une application de* $\mathbb{N}$ *dans* $\mathbb{N}$ *(appelée « successeur »), tels que :*
> 1. $s : \mathbb{N} \longrightarrow \mathbb{N} - \{0\}$ *est bijective*
> 2. $\forall A \in \mathcal{P}(\mathbb{N}) \quad [(0 \in A$ *et* $s(A) \subset A) \Longrightarrow A = \mathbb{N}]$.
>
> $\mathbb{N}$ *s'appelle l'ensemble des entiers naturels.*

Si on admet l'énoncé $\mathbf{A}_{\mathbb{N}}$, *alors on peut montrer que l'énoncé* $\mathbf{A}_{\mathbb{R}}$ *est vrai. On dit alors que* $\mathbf{A}_{\mathbb{N}}$ *est un axiome de notre théorie et que* $\mathbf{A}_{\mathbb{R}}$ *est un théorème de cette théorie. La démonstration de ce théorème est relativement longue et difficile. Mais en fait les énoncés* $\mathbf{A}_{\mathbb{N}}$ *et* $\mathbf{A}_{\mathbb{R}}$ *conduisent à des théories équivalentes : si nous admettons* $\mathbf{A}_{\mathbb{R}}$ *comme axiome, alors* $\mathbf{A}_{\mathbb{N}}$ *devient un théorème et inversement. Par suite tout théorème déduit de l'un de ces axiomes pourra être déduit de l'autre. D'autre part la démonstration de* $\mathbf{A}_{\mathbb{N}}$ *à partir de* $\mathbf{A}_{\mathbb{R}}$ *est simple tout en permettant d'honorer cette exigence essentielle en mathématiques : tout énoncé (si « évident » qu'il paraisse, comme par exemple « 1 est plus grand que 0 ») ne peut être considéré comme vrai que s'il a été soit démontré soit adopté comme axiome. C'est pourquoi nous avons choisi d'exposer les fondements de l'analyse en admettant l'axiome* $\mathbf{A}_{\mathbb{R}}$ *et en démontrant* $\mathbf{A}_{\mathbb{N}}$, *laissant à un cours ultérieur la « construction de* $\mathbb{R}$ *» à partir de* $\mathbf{A}_{\mathbb{N}}$, *qui établira alors l'équivalence décrite ci-dessus.*

§ 1. CORPS COMMUTATIF TOTALEMENT ORDONNÉ

1.1. Rappels (voir chapitre 2, thème 4)

Un *ensemble totalement ordonné* est un couple $(E, \leqslant)$ où E est un ensemble et $\leqslant$ une relation entre éléments de E telle que pour tous x, y et z éléments de E :

1. $x \leqslant x$
2. $(x \leqslant y$ **et** $y \leqslant x) \Longrightarrow x = y$
3. $(x \leqslant y$ **et** $y \leqslant z) \Longrightarrow x \leqslant z$
4. $x \leqslant y$ **ou** $y \leqslant x$.

Soit A un sous-ensemble de E. On dit que x est un *majorant* (respectivement : un *minorant*) de A si et seulement si :

1. $x \in E$
2. $\forall a \in A \quad a \leqslant x$ (respectivement $x \leqslant a$).

Si le plus petit des majorants de A existe, alors on l'appelle la *borne supérieure* de A et on le note sup A.

- M = sup A si et seulement si :
  1. $M \in E$
  2. $\forall a \in A \quad a \leqslant M$
  3. $\forall x \in E \quad [(\forall a \in A \quad a \leqslant x) \Longrightarrow M \leqslant x]$.
- M = sup A si et seulement si :
  1. $M \in E$
  2. $\forall a \in A \quad a \leqslant M$
  3'. $\forall x \in E \quad [x < M \Longrightarrow (\exists a \in A \quad x < a)]$.

Si le plus grand des minorants de A existe, alors on l'appelle la *borne inférieure* de A et on le note inf A.

- m = inf A si et seulement si
  1. $m \in E$
  2. $\forall a \in A \quad m \leqslant a$
  3. $\forall x \in E \quad [(\forall a \in A \quad x \leqslant a) \Longrightarrow x \leqslant m]$.
- m = inf A si et seulement si
  1. $m \in E$
  2. $\forall a \in A \quad m \leqslant a$
  3'. $\forall x \in E \quad [m < x \Longrightarrow (\exists a \in A \quad a < x)]$.

1.2. Corps commutatif totalement ordonné

Théorème. Soit (K, 0, +, 1, .) un corps commutatif et K_+ un sous-ensemble de K tels que :

I. K_+ est stable par rapport à l'addition :

$$\forall x \in K_+ \quad \forall y \in K_+ \qquad x + y \in K_+.$$

II. K_+ est stable par rapport au produit :

$$\forall x \in K_+ \quad \forall y \in K_+ \qquad xy \in K_+.$$

$\sqrt{2} \notin \mathbb{Q}$

L'énoncé $\sqrt{2} \notin \mathbb{Q}$ résume l'énoncé : l'équation en x dans $\mathbb{Q}_+$:

$$x^2 = 2$$

n'a pas de solution.
La démonstration de ce résultat se fait par l'absurde. S'il y avait une solution, il existerait un couple d'entiers naturels (p, q) premiers entre eux tels que $(p/q)^2 = 2$ ou $p^2 = 2q^2$. Montrons que cela conduit à une contradiction.

$$\textbf{Hypothèse :} \begin{cases} p^2 = 2q^2 \\ \text{PGCD}(p, q) = 1 \end{cases}$$

de	$p^2 = 2q^2$	on déduit	2 divise p^2
de	$\begin{cases} 2 \text{ divise } p^2 \\ 2 \text{ premier} \end{cases}$	on déduit	2 divise p
de	2 divise p	on déduit	$\exists k \in \mathbb{N} \quad p = 2k$
de	$\begin{cases} p = 2k \\ p^2 = 2q^2 \end{cases}$	on déduit	$4k^2 = 2q^2$
de	$4k^2 = 2q^2$	on déduit	$2k^2 = q^2$
de	$2k^2 = q^2$	on déduit	2 divise q^2
de	$\begin{cases} 2 \text{ divise } q^2 \\ 2 \text{ premier} \end{cases}$	on déduit	2 divise q
de	$\begin{cases} 2 \text{ divise } p \\ 2 \text{ divise } q \end{cases}$	on déduit	$\text{PGCD}(p,q) \geqslant 2$
de	$\text{PGCD}(p,q) \geqslant 2$	on déduit	$\text{PGCD}(p,q) \neq 1$
de	$\begin{cases} \text{PGCD}(p,q) = 1 \\ \text{PGCD}(p,q) \neq 1 \end{cases}$	on déduit	$1 \neq 1$

Conclusion : $1 \neq 1$.

1. Contrairement à la légende inventée au XIXe siècle, la découverte du fait qu'il n'existait pas d'entiers p et q tels que $\left(\frac{p}{q}\right)^2 = 2$ n'a pas été un scandale que les Pythagoriciens auraient cherché à dissimuler. Une théorie des rapports, y compris des rapports incommensurables, est exposée en détail dans le livre V des *Éléments* d'Euclide.

III. $K_+ \cap (-K_+) = \{0\}$ et $K_+ \cup (-K_+) = K$ (où on a posé

$$-K_+ = \{-x;\, x \in K_+\} = \{x \in K / -x \in K_+\}).$$

On désigne par $\leqslant$ la relation dans K définie par :

$$x \leqslant y \overset{\text{déf}}{\Longleftrightarrow} y - x \in K_+.$$

Alors (K, $\leqslant$) est un ensemble totalement ordonné et de plus :

a. $\forall x \in K \quad \forall y \in K \quad \forall z \in K \qquad x \leqslant y \Longrightarrow x + z \leqslant y + z$

b. $\forall x \in K \quad \forall y \in K \quad \forall z \in K_+ \qquad x \leqslant y \Longrightarrow xz \leqslant yz.$

Définition. On appelle *corps commutatif totalement ordonné* le sextuplet (K, 0, +, 1, ·, K_+) où (K, 0, +, 1, ·) est un corps commutatif et K_+ un sous-ensemble de K vérifiant les conditions **I, II** et **III.**
Les relations **a** et **b** définissent respectivement la *compatibilité de la relation d'ordre avec l'addition* et la *compatibilité de la relation d'ordre avec la multiplication.*

Démonstration du théorème. Vérifions les propriétés 1 à 4 rappelées dans le paragraphe 1.1 : de III, il résulte que $0 \in K_+$, d'où $x - x \in K_+$ d'où 1; si $x \leqslant y$ et $y \leqslant x$, alors par définition $y - x \in K_+$ et $x - y \in K_+$ ou $y - x \in -K_+$, donc $y - x \in K_+ \cap (-K_+)$ et d'après III, $y - x = 0$ ou $x = y$; 3 résulte de I; 4 se déduit de la deuxième relation de III. Donc $\leqslant$ est bien une relation d'ordre total. Enfin **a** résulte de $(y + z) - (x + z) = y - x$ est **b** se déduit de II. □

Exemples. $\mathbb{Q}$; $\mathbb{R}$; $\mathbb{Q} + \sqrt{2}\mathbb{Q}$.
Contre-exemples. $\mathbb{Z}/p\mathbb{Z}$ (p premier); $\mathbb{C}$.

§ 2. $\mathbb{R}$ ET AUTRES ENSEMBLES DE NOMBRES

2.1. Axiome

Outre les axiomes de la théorie des ensembles (voir annexe 1), nous choisissons comme *axiome de l'analyse* l'énoncé suivant :

$\mathbf{A}_{\mathbb{R}}$: Il existe un corps commutatif totalement ordonné ($\mathbb{R}$, 0, +, 1, ·, $\mathbb{R}_+$), tel que tout sous-ensemble non vide majoré de $\mathbb{R}$ admette une borne supérieure.

Il est possible (v. Exercice 1) de démontrer, à partir de ces axiomes, qu'une structure vérifiant $\mathbf{A}_{\mathbb{R}}$ est unique.

Définition. L'ensemble $\mathbb{R}$ s'appelle l'*ensemble des nombres réels.* Les éléments de $\mathbb{R}$ sont appelés *nombres réels* ou simplement *réels.*

Notation. Nous noterons $-x$ l'opposé de x, et pour $x \in \mathbb{R}^* = \mathbb{R} - \{0\}$, x^{-1} ou $\frac{1}{x}$ l'inverse de x; le produit $x \cdot y$ sera aussi noté xy. La relation $y - x \in \mathbb{R}_+$ sera notée $x \leqslant y$ ou $y \geqslant x$, la relation $y - x \in \mathbb{R}_+^* = \mathbb{R}_+ - \{0\}$ sera notée $x < y$ ou $y > x$. Toutes les notations usuelles relativement aux relations d'ordre total sont reprises.
On pose $1 + 1 = 2$, $2 + 1 = 3$, $3 + 1, = 4$, etc.

C 1. Tout sous-ensemble non vide minoré de ℝ admet une borne inférieure. Si $A \subset \mathbb{R}$ et $A \neq \varnothing$, A est minoré si et seulement si $(-A)$ est majoré et alors $\inf A = -\sup(-A)$.

Remarque. Dans l'énoncé $\mathbf{A}_\mathbb{R}$, la précision « non vide » est nécessaire, car pour tout réel M la proposition $\forall x \in \varnothing \quad x \leqslant M$ est vraie. Donc $\varnothing$ est majoré et pourtant l'ensemble des majorants, à savoir ℝ tout entier, n'a pas de plus petit élément.

****__Exercice 1.__ Montrer que la structure $(\mathbb{R}, 0, +, 1, \cdot, \mathbb{R}_+)$ vérifiant $\mathbf{A}_\mathbb{R}$ est unique (à un isomorphisme près).

2.2 Ensemble des entiers naturels ℕ

Ce paragraphe a pour objectif de mettre en évidence un sous-ensemble ℕ de ℝ muni de la structure de l'énoncé $\mathbf{A}_\mathbb{N}$.

Définition. Un sous-ensemble A de ℝ est dit *inductif* ssi :

1. $0 \in A$
2. $\forall a \in A \quad a + 1 \in A$.

Proposition 1. L'intersection d'une famille de sous-ensembles inductifs de ℝ est un sous-ensemble inductif.

Dedekind

En 1858, Dedekind est chargé d'enseigner du calcul différentiel et intégral à des débutants. Il s'aperçoit alors que de nombreux théorèmes initiaux sont démontrés en se ramenant à l'« évidence géométrique ». Par exemple le théorème énonçant que toute suite croissante majorée admet une limite, ou le théorème des valeurs intermédiaires :

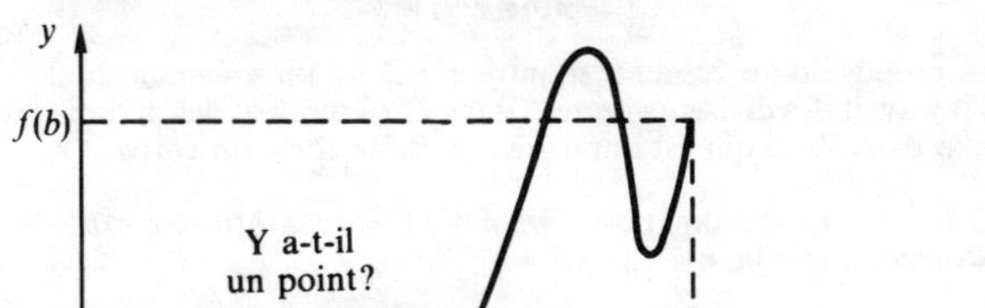

Si une fonction f est définie et continue sur [a, b], alors pour toute valeur intermédiaire y_0 (comprise entre f(a) et f(b)), il existe au moins un nombre x_0 de [a, b] tel que $f(x_0) = y_0$.

Si on ne suppose connus que les nombres rationnels, le théorème est faux, comme le montre le problème de la solution de l'équation $x^2 = 2$ (voir encadré 1), qui prend ici l'aspect suivant :

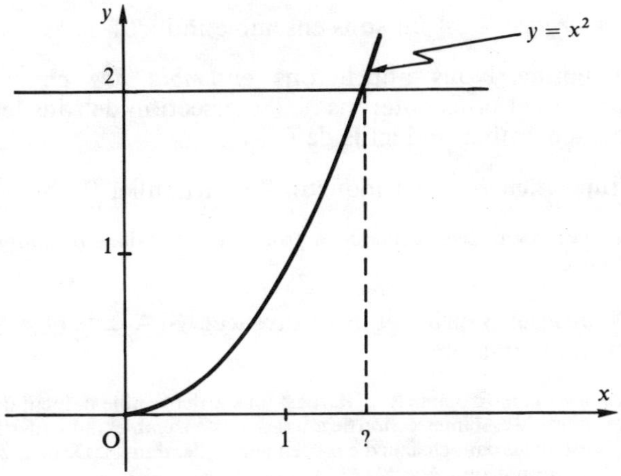

Dedekind résoud le problème en « créant » de nouveaux nombres. On créera par exemple ici le nombre $\sqrt{2}$ qui possède la propriété caractéristique de couper l'ensemble ℚ en deux sous-ensembles disjoints

$$A_1 = \{r \in \mathbb{Q} \mid r < 0 \text{ ou } r^2 < 2\}$$
$$A_2 = \{r \in \mathbb{Q} \mid r > 0 \text{ et } r^2 > 2\}$$

qui définissent ce que l'on appelle une « coupure » de ℚ.
L'idée de base de Dedekind est la suivante :
Si sur une droite, où on a choisi deux points O et I auxquels on a associé les nombres 0 et 1, on porte tous les points d'abscisses rationnelles, il reste encore plein de trous ($\sqrt{2}$, $\sqrt{5} + 3$, π, e, ...). Il faut donc créer de nouveaux nombres, les « irrationnels », en quantité suffisante pour qu'il n'y ait *plus aucun trou possible* : l'ensemble des nombres réels sera l'ensemble des coupures de ℚ.

2. La construction des nombres réels à partir des rationnels proposée par Dedekind consiste à définir les nombres réels comme étant les *coupures* de l'ensemble ℚ, c'est-à-dire les couples (I, S) de sous-ensembles de ℚ tels que : 1. $I \cap S = \varnothing$, 2. $\forall x \in \mathbb{Q} \ \forall i \in I \ (x < i \Longrightarrow x \in I)$, 3. $\forall x \in \mathbb{Q} \ \forall s \in S \ (s < x \Longrightarrow x \in S)$, 4. $\forall \varepsilon \in \mathbb{Q}_+^* \ \exists (i, s) \in I \times S \quad s - i < \varepsilon$. (Il faut alors considérer comme équivalentes les coupures $(]-\infty, r[,]r, +\infty[)$, $([-\infty, r],]r, +\infty[)$, $(]-\infty, r[, [r, +\infty[)$ pour tout r rationnel.) Une autre construction de ℝ consiste à diviser l'ensemble des suites de Cauchy de nombres rationnels par la relation d'équivalence : $(u_n) \sim (v_n)$ ssi la suite $(u_0, v_0, u_1, v_1, u_2, v_2, ..., u_n, u_n, ...)$ est elle-même une suite de Cauchy (la définition d'une suite de Cauchy est donnée dans le chapitre 2 de ce thème). Dans les deux cas, il reste à définir les opérations et la relation d'ordre sur ℝ et à vérifier l'énoncé $\mathbf{A}_\mathbb{R}$.

Démonstration. Soit $(A_i)_{i\in I}$ une famille de sous-ensembles inductifs de $\mathbb{R}$. Posons $B = \bigcap_{i\in I} A_i$. Par définition

$$B = \{x\in\mathbb{R} \mid \forall i\in I \ x\in A_i\}.$$

Comme A_i est inductif pour tout i, on a : $\forall i\in I \ 0\in A_i$, d'où $0\in B$. D'autre part, si $x\in B$, alors par définition de B on a : $\forall i\in I \ x\in A_i$, et comme tous les A_i sont inductifs on a : $\forall i\in I \ x+1\in A_i$, soit $x+1\in B$. □

Remarque. $\mathbb{R}$ est un sous-ensemble inductif de $\mathbb{R}$.

Définition. Nous appellerons *ensemble des entiers naturels*, et nous noterons $\mathbb{N}$, l'intersection de tous les sous-ensembles inductifs de $\mathbb{R}$.

Proposition 2. $\mathbb{N}$ est inductif. En particulier $0\in\mathbb{N}$.

Démonstration. Cela résulte de la proposition 1 et de la définition de $\mathbb{N}$. □

Proposition 3 (principe de récurrence). Si $A\subset\mathbb{N}$ et si A est inductif, alors $A=\mathbb{N}$.

Démonstration. Comme $\mathbb{N}\subset\mathbb{R}$, A est un sous-ensemble inductif de $\mathbb{R}$. Comme $\mathbb{N}$ est l'intersection de tous les sous-ensembles inductifs de $\mathbb{R}$, $\mathbb{N}$ est inclus dans chacun d'eux et en particulier dans A. De $\mathbb{N}\subset A$ et $A\subset\mathbb{N}$ on déduit $A=\mathbb{N}$. □

* **Exercice 2.** Montrer que la proposition 3 est équivalente à l'énoncé usuel de la propriété de récurrence de $\mathbb{N}$: « Soit P une fonction propositionnelle sur $\mathbb{N}$; si P(0) et : $\forall n\in\mathbb{N}\ [P(n) \Longrightarrow P(n+1)]$, alors : $\forall n\in\mathbb{N}\ P(n)$. »

Lemme. $1\in\mathbb{R}_+$.

Démonstration. Comme $\mathbb{R}=\mathbb{R}_+\cup(-\mathbb{R}_+)$, $1\in\mathbb{R}_+$ ou $1\in(-\mathbb{R}_+)$. Dans le premier cas le lemme est vérifié, dans le second cas $-1\in\mathbb{R}_+$ et comme $\mathbb{R}_+$ est stable par rapport à la multiplication, $(-1)(-1)\in\mathbb{R}_+$, soit $1\in\mathbb{R}_+$. □

Proposition 4. $\mathbb{N}\subset\mathbb{R}_+$.

Démonstration. $0\in\mathbb{R}_+$ et $0\in\mathbb{N}$ donc $0\in\mathbb{N}\cap\mathbb{R}_+$. Si $n\in\mathbb{N}\cap\mathbb{R}_+$, $n+1\in\mathbb{N}$ puisque $\mathbb{N}$ est inductif, et $n+1\in\mathbb{R}_+$ puisque $1\in\mathbb{R}_+$ et que $\mathbb{R}_+$ est stable par rapport à l'addition. Donc $\mathbb{N}\cap\mathbb{R}_+$ est inductif; comme $\mathbb{N}\cap\mathbb{R}_+\subset\mathbb{N}$, il résulte de la proposition 3 que $\mathbb{N}=\mathbb{N}\cap\mathbb{R}_+$, d'où $\mathbb{N}\subset\mathbb{R}_+$. □

Notation : on pose $\mathbb{N}^*=\mathbb{N}-\{0\}$.

Proposition 5. L'application $s:\mathbb{N}\longrightarrow\mathbb{R}, n\longmapsto n+1$ est injective et $s(\mathbb{N})=\mathbb{N}^*$.

Démonstration. Si $s(n)=s(n')$, c'est-à-dire $n+1=n'+1$, alors $n=n'$ puisque $(\mathbb{R}, 0, +)$ est un groupe. Donc s est injective.
$\{0\}\cup s(\mathbb{N})\subset\mathbb{N}$. En effet $0\in\mathbb{N}$ et comme $\mathbb{N}$ est inductif $s(\mathbb{N})\subset\mathbb{N}$.
$\{0\}\cup s(\mathbb{N})$ est inductif. En effet $0\in\{0\}\cup s(\mathbb{N})$ et si $n\in\{0\}\cup s(\mathbb{N})$ alors $n\in\mathbb{N}$ et donc $s(n)\in s(\mathbb{N})\subset\{0\}\cup s(\mathbb{N})$.
On a donc $\{0\}\cup s(\mathbb{N})=\mathbb{N}$, c'est-à-dire $s(\mathbb{N})=\mathbb{N}$ ou $s(\mathbb{N})=\mathbb{N}^*$. Pour conclure il nous suffit de montrer que $0\notin s(\mathbb{N})$. Or en effet si $0\in s(\mathbb{N})$, il existe $n\in\mathbb{N}$ tel que $n+1=0$, soit $n=-1$. Comme $\mathbb{N}\subset\mathbb{R}_+$, il s'ensuit que $-1\in\mathbb{R}_+$ ou $1\in-\mathbb{R}_+$, or $1\in\mathbb{R}_+$, donc

$$1\in\mathbb{R}_+\cap(-\mathbb{R}_+)=\{0\},$$

soit $1=0$, ce qui est impossible puisque $\mathbb{R}$ est un corps. □

Corollaire. L'application $s:\mathbb{N}\longrightarrow\mathbb{N}^*,\ n\longmapsto n+1$ est bijective.

Commentaire. Ce corollaire et la proposition 3 montrent que l'énoncé $\mathbf{A}_{\mathbb{N}}$ de l'introduction est vérifié. Les relations $n+0=n$, $n+(m+1)=(n+m)+1$, $n0=0$, $n(m+1)=nm+n$, montrent que les restrictions à $\mathbb{N}$ de l'addition et de la multiplication dans $\mathbb{R}$ sont les opérations usuelles. Nous admettrons les propriétés usuelles de $\mathbb{N}$ sans les redémontrer.

C 2. Montrer que $\mathbb{N}$ est stable par rapport à l'addition et la multiplication.

Notation. $]0, 1[\ =\{x\in\mathbb{R} \mid 0<x<1\}$. (On sait que $1>0$, puisque $1\in\mathbb{R}_+$ et que $1\neq 0$.)

Proposition 6. $]0, 1[\ \cap\mathbb{N}=\varnothing$.

Démonstration. Supposons que $]0, 1[\ \cap\mathbb{N}\neq\varnothing$: il existe un nombre réel x tel que $0<x<1$ et $x\in\mathbb{N}$, donc tel que $x\in\mathbb{N}$ et $x\neq 0$ ou $x\in\mathbb{N}^*$, soit encore, d'après la proposition 5, $x\in s(\mathbb{N})$. Il existe alors un entier naturel n tel que $n+1=x$. De $x<1$, il suit alors que $n<0$, c'est-à-dire $n\neq 0$ et $n\in-\mathbb{R}_+$. Comme $\mathbb{N}\subset\mathbb{R}_+$, on a $n\in\mathbb{R}_+\cap(-\mathbb{R}_+)=\{0\}$ donc $n=0$, ce qui est impossible. □

2.3 Ensemble des entiers relatifs $\mathbb{Z}$

Définition.

$$\mathbb{Z}=\mathbb{N}\cup(-\mathbb{N})=\{n\in\mathbb{R} \mid n\in\mathbb{N} \textbf{ ou } -n\in\mathbb{N}\}.$$

Les éléments de $\mathbb{Z}$ sont appelés les *nombres entiers relatifs* ou simplement les *entiers relatifs* ou même les *relatifs*.

Proposition. $\mathbb{Z}$ est stable par rapport à l'addition, par rapport au passage à l'opposé $(n\longmapsto -n)$ et par rapport à la multiplication.

C 3. Démontrer cette proposition.

Proposition. $(\mathbb{Z}, 0, +, 1, \cdot)$ est un anneau commutatif unitaire sans diviseurs de zéro.

Démonstration. $0\in\mathbb{Z}$ puisque $0\in\mathbb{N}$; $1\in\mathbb{Z}$ puisque

$$1=s(0)\in s(\mathbb{N})\subset\mathbb{N}.$$

La proposition précédente montre que $\mathbb{Z}$ est un sous-anneau de $\mathbb{R}$. S'il y avait des diviseurs de zéro dans $\mathbb{Z}$, ce seraient des diviseurs de zéro dans $\mathbb{R}$, ce qui est impossible puisque $\mathbb{R}$ est un corps. □

C 4. Soit $n\in\mathbb{Z}$; on pose $]n, n+1[\ =\{x\in\mathbb{R} \mid n<x<n+1\}$. Montrer que : $]n, n+1[\ \cap\mathbb{Z}=\varnothing$.

2.4. Ensemble des nombres rationnels $\mathbb{Q}$

Définition. On définit l'ensemble $\mathbb{Q}$ comme $\{r\in\mathbb{R} \mid \exists p\in\mathbb{Z}\ \ \exists q\in\mathbb{N}^*\ \ r=pq^{-1}\}$. Les éléments de $\mathbb{Q}$ sont appelés les *nombres rationnels* ou simplement les *rationnels*. On pose $\mathbb{Q}_+^*=\mathbb{Q}\cap\mathbb{R}_+^*$.

Proposition. $(\mathbb{Q}, 0, +, 1, \cdot, \mathbb{Q}_+^*)$ est un corps commutatif totalement ordonné.

C 5. Vérifier cette proposition.

C 6. Montrer que $\mathbb{Q} \neq \mathbb{R}$.

Définition. Les nombres réels qui n'appartiennent pas à $\mathbb{Q}$ sont dits *irrationnels*.

2.5. Ensemble des nombres complexes $\mathbb{C}$

Définition. On pose $\mathbb{C} = \mathbb{R} \times \mathbb{R}$. On définit l'addition et la multiplication dans $\mathbb{C}$ par

$$(a, b) + (a', b') = (a + a', b + b'),$$
$$(a, b)(a', b') = (aa' - bb', ab' + a'b).$$

Les éléments de $\mathbb{C}$ sont appelés *nombres complexes*.

C 7. Montrer que $(\mathbb{C}, (0, 0), +, (1, 0), \cdot)$ est un corps commutatif.

Notation. Comme $\mathbb{R} \times \{0\}$ est isomorphe à $\mathbb{R}$, on convient de noter les nombres complexes $(a, 0)$ simplement a. On pose $(0, 1) = i$, d'où $(a, b) = a + ib$.

Commentaire. Ce qui fait l'intérêt essentiel des nombres complexes est la possibilité de les écrire soit sous la forme $a + ib$, soit sous la forme $r(\cos \theta + i \sin \theta)$. De ce fait, il nous faut une définition (non « géométrique ») des fonctions circulaires pour pouvoir utiliser pleinement les nombres complexes.

§ 3. QUELQUES PROPRIÉTÉS FONDAMENTALES DE $\mathbb{R}$

3.1. $\mathbb{R}$ est valué

Lemme. Soit $x \in \mathbb{R}$; $\sup \{-x, x\}$ existe.
Si $x \geqslant 0$, alors $\sup \{-x, x\} = x$.
Si $x \leqslant 0$, alors $\sup \{-x, x\} = -x$.

Démonstration. Si $0 \leqslant x$, alors $0 - x \leqslant x - x$ ou $-x \leqslant 0$ et par transitivité $-x \leqslant x$. Donc x est un majorant de $\{-x, x\}$. Soit M un majorant de $\{-x, x\}$, on a $x \leqslant \mathrm{M}$; x est donc le plus petit des majorants de $\{-x, x\}$, donc $\sup \{-x, x\}$ existe et est égal à x. Si $x \leqslant 0$, alors $x \leqslant 0 \leqslant -x$, $-x$ est donc un majorant de $\{-x, x\}$ plus petit que tout majorant; donc $\sup \{-x, x\}$ existe et est égal à $-x$. □

Définition. Si $x \in \mathbb{R}$, on appelle *valeur absolue* de x et on note $|x|$ le réel :

$$\boxed{|x| = \sup \{-x, x\}}.$$

Proposition. On a :

$$|x| = \left\{\begin{array}{l} x \text{ si } x \geqslant 0 \\ -x \text{ si } x \leqslant 0 \end{array}\right\} = \left\{\begin{array}{lll} x & \text{si} & x > 0 \\ 0 & \text{si} & x = 0 \\ -x & \text{si} & x < 0 \end{array}\right.$$

Démonstration. Si $x = 0$, alors $x \geqslant 0$ et $|x| = 0$. □

Proposition. La valeur absolue est une application de $\mathbb{R}$ dans $\mathbb{R}_+$ telle que pour tout x réel et tout y réel :

1. $|x| = 0 \iff x = 0$
2. $|xy| = |x|\,|y|$
3. $|x + y| \leqslant |x| + |y|$ (« inégalité triangulaire »)
4. $|\,|x| - |y|\,| \leqslant |x - y|$.

Démonstration. Si $x \leqslant 0$, alors $-x \geqslant 0$. Il résulte donc de la proposition précédente que pour tout x réel on a $|x| \geqslant 0$. De plus si $x \neq 0$ alors $|x| \neq 0$ et si $x = 0$ alors $|x| = 0$, donc 1 est vérifié.

2. Distinguons quatre cas. Premier cas : $x \geqslant 0$ **et** $y \geqslant 0$, alors $xy \geqslant 0$ et $|xy| = xy = |x|\,|y|$; deuxième cas : $x \geqslant 0$ **et** $y \leqslant 0$, soit $x \geqslant 0$ et $-y \geqslant 0$, par stabilité de $\mathbb{R}_+$ on a : $-xy = x(-y) \geqslant 0$, d'où $|xy| = -xy = x(-y) = |x|\,|y|$; troisième cas : $x \leqslant 0$ **et** $y \geqslant 0$, *idem;* quatrième cas : $x \leqslant 0$ **et** $y \leqslant 0$, alors $(-x) \geqslant 0$ et $(-y) \geqslant 0$, d'où $xy = (-x)(-y) \geqslant 0$ et $|xy| = xy = (-x)(-y) = |x|\,|y|$.

3. Premier cas : $x \geqslant 0$ **et** $y \geqslant 0$, alors $x + y \geqslant 0$, d'où

$$|x + y| = x + y = |x| + |y| \leqslant |x| + |y|.$$

Deuxième cas : $x \geqslant 0$ **et** $y \leqslant 0$, on a alors

$-x \leqslant x$ d'où $-(x + y) \leqslant x - y$, et $y \leqslant -y$ d'où $x + y \leqslant x - y$; $x - y$ est donc un majorant de $\{-(x + y), x + y\}$ d'où $|x + y| \leqslant x - y = |x| + |y|$. Troisième cas : $x \leqslant 0$ **et** $y \geqslant 0$, *idem.* Quatrième cas : $x \leqslant 0$ **et** $y \leqslant 0$. On se ramène au premier cas, en considérant $-x$ et $-y$.

4. Appliquons la relation précédente à $(x - y)$ et y; il vient

$$|x| \leqslant |x - y| + |y|$$

d'où
$$|x - y| \geqslant |x| - |y|.$$

De même $|y - x| \geqslant |y| - |x| = -(|x| - |y|)$.
Or $|x - y| = |-(x - y)| = |y - x|$. Donc $|x - y|$ est un majorant de $\{|x| - |y|, -(|x| - |y|)\}$ dont le sup est $|\,|x| - |y|\,|$. □

C 8. Soit $x_1, x_2, ..., x_n$ n nombres réels. Montrer par récurrence sur n que

$$\left|\sum_{k=1}^{n} x_k\right| = \sum_{k=1}^{n} |x_k|.$$

Exercice 3. Soit $x_1, x_2, ..., x_n$ n nombres réels et soit $\varepsilon \in \mathbb{R}_+^*$. Montrer que si : $\forall k \in \{1, 2, ..., n - 1\}$ $|x_k - x_{k+1}| < \varepsilon$, alors $|x_1 - x_n| < (n - 1)\varepsilon$.

3.2. $\mathbb{R}$ est archimédien

Théorème. $\forall \mathrm{X} \in \mathbb{R} \quad \forall \varepsilon > 0 \quad \exists n \in \mathbb{N} \quad n\varepsilon > \mathrm{X}$.

(La notation $\forall \varepsilon > 0$ signifie : $\forall \varepsilon \in \mathbb{R}_+^*$.)

Démonstration. Soit $\mathrm{X} \in \mathbb{R}$ et $\varepsilon \in \mathbb{R}_+^*$. Supposons que : $\forall n \in \mathbb{N} \quad n\varepsilon \leqslant \mathrm{X}$, et montrons que l'on aboutit à une contradiction. En effet dans ce cas $\{n\varepsilon; n \in \mathbb{N}\}$ est majoré par X; cet ensemble admet alors une borne supérieure M. On a alors $\mathrm{M} - \varepsilon < \mathrm{M}$, donc il existe un entier naturel n_0 tel que $\mathrm{M} - \varepsilon < n_0\varepsilon < \mathrm{M}$. Il en résulte que $\mathrm{M} < (n_0 + 1)\varepsilon$. Or $n_0 + 1 \in \mathbb{N}$, donc il existe un élément de $\{n\varepsilon; n \in \mathbb{N}\}$ strictement supérieur à M, ce qui est en contradiction avec la définition de M. □

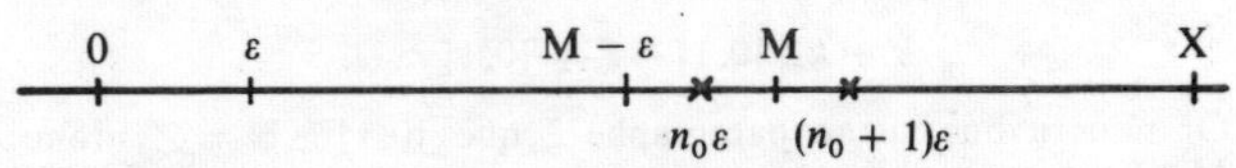

Corollaire 1. $\forall \varepsilon > 0 \quad \exists n \in \mathbb{N} \quad 0 < \dfrac{1}{n} < \varepsilon.$

Démonstration. Appliquer le théorème précédent en choisissant $X = 1$. □

C 9. Définir x^n, pour $x \in \mathbb{R}$ et $n \in \mathbb{N}$; pour $x \in \mathbb{R}^*$ et $n \in \mathbb{Z}$.

Corollaire 2. $\forall x > 1 \quad \forall M \in \mathbb{R} \quad \exists n \in \mathbb{N} \quad x^n > M$.

Démonstration. Posons $y = x - 1$; on a $y > 0$ et

$$x^n = (1 + y)^n = 1 + ny + C_n^2 y^2 + \dots + C_n^n y^n$$

donc $x^n \geqslant 1 + ny$. Appliquons le théorème en choisissant $X = M - 1$ et $\varepsilon = y$: il existe un naturel n tel que $ny > M - 1$, d'où $x^n > M$. □

Corollaire 3. $\forall x \in]0, 1[\quad \forall \varepsilon > 0 \quad \exists n \in \mathbb{N} \quad 0 < x^n < \varepsilon$.

Démonstration. Soit $x \in]0, 1[$. Comme $x > 0$, on a d'une part $x^n > 0$ et d'autre part $\frac{1}{x} > 0$ (sinon $\frac{1}{x} < 0$, d'où $-\frac{1}{x} > 0$ et $x\left(-\frac{1}{x}\right) > 0$, soit $-1 > 0$, c.-à-d. $1 < 0$). De $x < 1$, on déduit alors, du fait de la stabilité de $\mathbb{R}_+$ relativement à la multiplication, que $x \cdot \frac{1}{x} < 1 \cdot \frac{1}{x}$ ou $\frac{1}{x} > 1$. Comme $\varepsilon \neq 0$, on peut appliquer le corollaire précédent à $\frac{1}{x}$ et $\frac{1}{\varepsilon}$, d'où l'existence d'un entier n tel que $\left(\frac{1}{x}\right)^n > \frac{1}{\varepsilon}$, d'où, en multipliant par εx^n (qui est positif), $\varepsilon > x^n$. □

Corollaire 4. $\forall \varepsilon > 0 \quad \exists n \in \mathbb{N} \quad 0 < \frac{1}{2^n} < \varepsilon$.

Démonstration. Appliquons le corollaire précédent à $x = \frac{1}{2}$. □

C 10. Soit $x \in \mathbb{R}$. Montrer que :

$$[\forall \varepsilon > 0 \quad 0 \leqslant x < \varepsilon] \Longrightarrow x = 0;$$
$$[\forall \varepsilon > 0 \quad 0 \leqslant x \leqslant \varepsilon] \Longrightarrow x = 0;$$
$$\left[\forall n \in \mathbb{N}^* \quad 0 \leqslant x \leqslant \frac{1}{n}\right] \Longrightarrow x = 0;$$
$$\left[\forall n \in \mathbb{N} \quad 0 \leqslant x \leqslant \frac{1}{2^n}\right] \Longrightarrow x = 0.$$

C 11. Soit $x \in \mathbb{R}$ et $y \in \mathbb{R}$. Montrer que :

$$[\forall \varepsilon > 0 \quad |x - y| < \varepsilon] \Longleftrightarrow x = y;$$
$$[\forall \varepsilon > 0 \quad |x - y| \leqslant \varepsilon] \Longleftrightarrow x = y;$$
$$\left[\forall n \in \mathbb{N}^* \quad |x - y| \leqslant \frac{1}{n}\right] \Longleftrightarrow x = y;$$
$$[\exists k \in [0, 1[\quad \forall n \in \mathbb{N} \quad |x - y| \leqslant k^n] \Longleftrightarrow x = y$$

Exercice 4. L'énoncé :

$$[\exists k \in [0, 1] \quad \forall n \in \mathbb{N} \quad |x - y| < k^n] \Longleftrightarrow x = y$$

est-il vrai?

3.3. $\mathbb{Q}$ est dense dans $\mathbb{R}$

Lemme 1. Si $A \subset \mathbb{Z}$ et si sup A existe, alors sup $A \in \mathbb{Z}$.

Démonstration. Supposons que $M = \sup A$ existe. Comme $M - 1 < M$, il existe un élément k de A tel que $M - 1 < k \leqslant M$. Si $M \notin \mathbb{Z}$, on a $k < M$, donc il existe k' dans A tel que $M - 1 < k < k' < M$, d'où $0 < k' - k < 1$ et

$$k' - k \in]0, 1[\cap \mathbb{Z} =]0, 1[\cap \mathbb{N}.$$

Or nous avons vu au paragraphe 2 que $]0, 1[\cap \mathbb{N} = \varnothing$, donc $M \notin \mathbb{Z}$ est impossible. □

Lemme 2. $\forall x \in \mathbb{R} \quad \forall x' \in \mathbb{R}$

$$[x' - x > 1 \Longrightarrow (\exists k \in \mathbb{Z} \quad x < k < x')].$$

Démonstration. Posons $A = \{n \in \mathbb{Z} \mid n \leqslant x + 1\}$; cet ensemble est majoré par $x + 1$, donc sup A existe. Posons $k = \sup A$. D'après le lemme précédent $k \in \mathbb{Z}$. Comme A est majoré par $x + 1$, on a

---

ΛΑΜΒΑΝΟΜΕΝΑ

. . . .

ε΄. Ἔτι δὲ τῶν ἀνίσων γραμμῶν καὶ τῶν ἀνίσων ἐπιφανειῶν καὶ τῶν ἀνίσων στερεῶν τὸ μεῖζον τοῦ ἐλάσσονος ὑπερέχειν τοιούτῳ, ὃ συντιθέμενον αὐτὸ ἑαυτῷ δυνατόν ἐστιν ὑπερέχειν παντὸυ τοῦ προτεθέντος τῶν πρὸς ἄ'λληλα λεγρμένων.

Αρχιμήδης
(ΠΕΡΙ ΣΦΑΙΡΑΣ ΚΑΙ ΚΥΛΙΝΔΡΟΥ)

Traduction

POSTULATS

5. De plus, parmi les lignes inégales, les surfaces inégales, les corps solides inégaux, le plus grand dépasse le plus petit d'une grandeur telle que ajoutée à elle-même (un nombre suffisant de fois) elle peut dépasser toute grandeur donnée ayant un rapport avec les grandeurs comparées entre elles.

Archimède
(*De la sphère et du cylindre*)

Traduction conceptuelle
Considérons une grandeur géométrique qui peut être mesurée par des nombres réels (longueurs, aires, volumes, ...). Soit A et B deux quantités de cette grandeur telles que $A \neq B$. « La plus grande dépasse la plus petite » de

$$\varepsilon = |A - B| > 0.$$

Pour toute quantité X de cette grandeur, il existe un entier n tel que

$$\underbrace{\varepsilon + \varepsilon + \varepsilon + \dots + \varepsilon}_{n \text{ fois}} > X.$$

En résumé :

$$\boxed{\forall X \in \mathbb{R} \quad \forall \varepsilon > 0 \quad \exists n \in \mathbb{N} \quad n\varepsilon > X}.$$

---

3. Archimède est né à Syracuse en 287 av. J.C. et mort en 212 (tué par un soldat romain). Il peut être considéré comme l'inventeur du calcul intégral. Pour montrer que c'est le même nombre π qui intervient dans les formules concernant le cercle ($2\pi R$, πR^2) et dans celles concernant la sphère ($4\pi R^2$, $(4/3)\pi R^3$), il lui fallait des approximations rationnelles de π arbitrairement voisines. D'où la nécessité du postulat ci-dessus. Il a mis au point une méthode permettant d'obtenir des approximations aussi bonnes que l'on veut et donne l'exemple explicite $\frac{223}{71} < \pi < \frac{22}{7}$ (erreur inférieure à $\frac{22}{7} - \frac{223}{71} < 2 \cdot 10^{-3}$).

$k \leqslant x + 1 < x'$. Enfin $k \leqslant x$ est impossible, car alors $k + 1 \leqslant x + 1$, d'où $k + 1 \in A$ et $k + 1 < k$ ou $1 < 0$. Donc $x < k$. □

Proposition. Entre (au sens strict) deux réels distincts il y a toujours (au moins) un rationnel, ou encore :

$$\forall x \in \mathbb{R} \quad \forall x' \in \mathbb{R} \quad [x < x' \Longrightarrow (\exists r \in \mathbb{Q} \quad x < r < x')].$$

Démonstration. Posons $\varepsilon = x' - x > 0$. D'après le corollaire 1 du § 3.2, il existe un entier naturel n tel que $0 < \frac{1}{n} < \varepsilon = x' - x$. D'où $nx' - nx > 1$. D'après le lemme précédent, il existe un entier relatif k tel que $nx < k < nx'$, d'où

$$x < \frac{k}{n} < x'.$$

$r = k/n$ convient. □

Définition. Un sous-ensemble A de ℝ est *dense* dans ℝ ssi

$$\forall x \in \mathbb{R} \quad \forall \varepsilon > 0 \quad \exists a \in A \quad |x - a| < \varepsilon.$$

Topologie de ℝ

Définition

- $V \subset \mathbb{R}$, $x \in \mathbb{R}$. V est un *voisinage* de x ssi $\exists \varepsilon > 0$ $]x - \varepsilon, x + \varepsilon[\subset V$.
- $U \subset \mathbb{R}$. U est un *ouvert* de ℝ ssi U est voisinage de chacun de ses points.
- On appelle *topologie* de ℝ l'ensemble $\mathcal{T}$ de tous les ouverts de ℝ.
- $E \subset \mathbb{R}$, $a \in \mathbb{R}$. a est *adhérent* à E ssi : $\forall \varepsilon > 0$ $]a - \varepsilon, a + \varepsilon[\cap E \neq \varnothing$.
Un point a adhérent à E est un point d'*accumulation* de E ssi a est adhérent à $E - \{a\}$. Sinon c'est un *point isolé*. L'ensemble des points adhérents à E se note $\overline{E}$ et s'appelle l'*adhérence* de E.
- $F \subset \mathbb{R}$. F est *fermé* ssi $\overline{F} = F$. (F est fermé si et seulement si le complémentaire $\mathbb{R} - F$ est ouvert.)
- $E \subset \mathbb{R}$. E est *borné* ssi E est minoré et majoré, c'est-à-dire ssi : $\exists m \in \mathbb{R} \quad \exists M \in \mathbb{R} \quad E \subset [m, M]$.
- $K \subset \mathbb{R}$. K est *compact* ssi K est fermé et borné.
- $E \subset \mathbb{R}$, $\forall i \in I$ $U_i \in \mathcal{T}$. On dit que $(U_i)_{i \in F}$ constitue un *recouvrement ouvert* de E ssi $\bigcup_{i \in I} U_i \supset E$. Si $J \subset I$ et si $\bigcup_{i \in J} U_i \supset E$, on dit que $(U_i)_{i \in J}$ est un *sous-recouvrement* de E. Ce sous-recouvrement est dit *fini* si J est un ensemble fini.

Théorème de Bolzano-Weierstrass. Tout sous-ensemble infini et borné de ℝ admet un point d'accumulation.

Théorème de Borel-Lebesgue. De tout recouvrement ouvert d'un compact on peut extraire un sous-recouvrement fini.

4. Deux théorèmes décrivant des propriétés essentielles de ℝ. C'est en grande partie à partir de généralisations de ces théorèmes que la théorie de la topologie générale a été élaborée.

Remarque. Cette condition peut aussi s'écrire :

$$\forall x \in \mathbb{R} \quad \forall \varepsilon > 0 \quad]x - \varepsilon, x + \varepsilon[\cap A \neq \varnothing.$$

Théorème. ℚ est dense dans ℝ.

Démonstration. Appliquer la proposition précédente aux réels distincts $x - \varepsilon$ et $x + \varepsilon$. □

C 12. Entre deux rationnels distincts, il y a toujours un irrationnel.

C 13. Entre deux réels distincts, il y a toujours une infinité de rationnels et une infinité d'irrationnels.

Commentaire. Entre deux rationnels il y a toujours (au moins) un irrationnel et entre deux irrationnels (au moins) un rationnel. Cela ne veut pas dire qu'il y ait « autant » de rationnels que d'irrationnels. C'est même le contraire qui est vrai (voir annexe 2) : entre deux réels distincts, il y a une infinité *dénombrable* de rationnels et une infinité *non dénombrable* (de cardinal Card $\mathcal{P}(\mathbb{N})$) de nombres irrationnels.

3.4. Exercices

** **Exercice 5.** Soit $r \in \mathbb{Q}$, $r' \in \mathbb{Q}$, $r < r'$. Donner un exemple d'application $f :]r, r'[\longrightarrow \mathbb{R}$, bijective, croissante et telle que :

$$\forall x \in]r, r'[\quad (x \in \mathbb{Q} \Longleftrightarrow f(x) \in \mathbb{Q}).$$

* **Exercice 6.** Soit $\alpha \in \mathbb{R}$, $f_\alpha : \mathbb{R} \longrightarrow \mathbb{R}$ telle que

$$f_\alpha(x) = \begin{cases} x & \text{si } x \in \mathbb{Q} \\ x + \alpha & \text{si } x \in \mathbb{R} - \mathbb{Q}. \end{cases}$$

Pour quelles valeurs de α, f_α est-elle injective? Montrer qu'elle est alors bijective. Montrer que pour tout α, $f_\alpha(\mathbb{R})$ est dense dans ℝ.

** **Exercice 7.** Soit a un irrationnel positif. *1.* Montrer que pour tout rationnel positif x il existe un réel unique appartenant à $[0, a]$ noté $f(x)$ tel que $a^{-1}(x - f(x)) \in \mathbb{N}$. *2.* L'application $f : \mathbb{Q}_+^* \longrightarrow]0, a[$ est-elle injective? est-elle surjective? *3.* Montrer que $f(\mathbb{Q}_+^*)$ est dense dans $[0, a]$.

Exercice 8. Soit a et b deux réels tels que $a < b$. Montrer que

$$\forall c \in \mathbb{R} \quad [0 < c < b - a \Longrightarrow (\exists n \in \mathbb{Z} \quad a < nc < b)].$$

** **Exercice 9.** Soit H un sous-groupe de $(\mathbb{R}, 0, +)$. On pose $H_+^* = H \cap \mathbb{R}_+^*$ et $c = \inf H_+^*$. *1.* Vérifier que c existe et montrer que $c \geqslant 0$. *2.* Montrer que si $c = 0$, alors H est dense dans ℝ. *3.* Montrer que si $c \neq 0$, alors $H = c\mathbb{Z} = \{nc;\ n \in \mathbb{Z}\}$. *4.* Soit a et b deux réels strictement positifs. On considère $H = \{na + mb;\ n \in \mathbb{Z} \text{ et } m \in \mathbb{Z}\}$. Montrer que H est un sous-groupe de $(\mathbb{R}, 0, +)$. Soit $c = \inf H_+^*$. Montrer que $c \neq 0$ si et seulement si ab^{-1} est rationnel.

§ 4. RÉPONSES OU INDICATIONS

C 1. $(-A)$ désigne l'ensemble $\{-a;\ a \in A\} = \{a' \in \mathbb{R} \mid -a' \in A\}$. L'énoncé [$m$ est un minorant de A] est équivalent à $(\forall a \in A \quad m \leqslant a)$ ou encore $(\forall a \in A \quad -a \leqslant -m)$ ou encore $(\forall a' \in A \quad a' \leqslant -m)$ c'est-à-dire [$-m$ est un majorant de A]... On peut aussi remarquer que $(\mathbb{R}, \leqslant) \longrightarrow (\mathbb{R}, \geqslant)$, $x \longrightarrow -x$ est un isomorphisme d'ensemble totalement ordonnés.

1. Il faut montrer qu'étant donnés $(\mathbb{R}, 0, +, 1, \mathbb{R}_+)$ et $(\mathbb{R}', 0', +', 1', \cdot', \mathbb{R}'_+)$ vérifiant $\mathbf{A}_{\mathbb{R}}$, il existe une **bijection** $f : \mathbb{R} \longrightarrow \mathbb{R}'$, qui conserve les opérations et telle que $f(\mathbb{R}_+) = \mathbb{R}'_+$. On doit avoir $f(0) = 0'$, $f(1) = 1'$. Cela détermine f. Le démontrer revient pratiquement à démontrer l'unicité de $\mathbb{N}$ et l'unicité de la construction de $\mathbb{R}$ à partir de $\mathbb{N}$!

2. Poser $A = \{n \in \mathbb{N} \mid P(n)\}$ ou $P(n) = (n \in A)$.

C 2. Vérifier que $A = \{n \in \mathbb{N} | n + \mathbb{N} | n + \mathbb{N} \subset \mathbb{N}\}$ est inductif : $0 \in A$, $1 \in A$ d'après la proposition 5; si $n \in A$, soit $m \in \mathbb{N}$ alors $s(n) + m = 1 + (n + m) \in 1 + \mathbb{N} \subset \mathbb{N}$ et donc $s(n) \in A$. Vérifier que $\{n \in \mathbb{N} \mid n\mathbb{N} \subset \mathbb{N}\}$ est inductif.

C 3. 1re étape : $m \in \mathbb{Z} \Longrightarrow (m-1) \in \mathbb{Z}$. En effet si $m \in \mathbb{Z}$, ou bien $m \in \mathbb{N}^* = s(\mathbb{N})$ ou bien $m \in (-\mathbb{N})$. Si $m \in s(\mathbb{N})$, il existe $k \in \mathbb{N}$ tel que $m = k + 1$, d'où $m - 1 = k \in \mathbb{N}$. Si $m \in (-\mathbb{N})$, alors $-m \in \mathbb{N}$ et $m - 1 = -(-m + 1) \in -\mathbb{N} \subset \mathbb{Z}$.

2e étape : $(m \in \mathbb{Z}$ **et** $n \in \mathbb{N}) \Longrightarrow m - n \in \mathbb{Z}$. Il suffit de montrer que $A = \{n \in \mathbb{N} \mid m - n \in \mathbb{Z}\}$ est inductif. Or en effet $0 \in A$ et $m - s(n) = m - (n + 1) = (m - n) - 1$ donc si $m - n \in \mathbb{Z}$, d'après la première étape $m - s(n) \in \mathbb{Z}$. Pour terminer il suffit d'examiner les quatre cas ($m \geqslant 0$ et $n \geqslant 0$, $m \geqslant 0$ et $n \leqslant 0$, ...) pour l'addition et pour la multiplication.

C 4. Résulte de **C 3** et de la proposition 5 du paragraphe 2.2.

C 5. Il suffit de vérifier la stabilité de $\mathbb{Q}$ relativement aux opérations.

C 6. $A = \{x \in \mathbb{R} \mid x^2 < 2\}$ est majoré par 2 (par exemple), puisque : $x > 2 \Longrightarrow x^2 > 4$, d'où $x > 2 \Longrightarrow x^2 \geqslant 2$; d'où $x \in A \Longrightarrow x \leqslant 2$. A est non vide ($0 \in A$), donc on peut définir $a = \sup A$. Montrons que $a^2 = 2$. Si $a^2 < 2$, soit $\varepsilon = 2 - a^2$, alors $\left(a + \frac{1}{4}\varepsilon\right) \in A$ et a n'est pas la borne supérieure de A. Si $a^2 > 2$, soit $\varepsilon = a^2 - 2$, alors $a - \frac{1}{4}\varepsilon$ est un majorant de A et a n'est pas le sup. Enfin $a = p/q$, pour $p \in \mathbb{N}$ et $q \in \mathbb{N}$, est impossible (voir encadré 1).

C 8. Par récurrence sur n.

3. Utiliser **C 8.**

C 10. Si $x > 0$, choisir $\varepsilon = x/2 > 0$; *idem*; se ramener au premier cas à l'aide du corollaire 1; se ramener au premier cas à l'aide du corollaire 4.

C 11. Résulte de **C 10.** C'est un outil d'usage très fréquent en analyse.

4. Non, car pour $k = 1$, $k^n = 1$ et $|x - y| < 1$ n'entraîne pas $x = y$.

C 12. $r + (\sqrt{2}/2)(r' - r) \in \mathbb{R} - \mathbb{Q}$, car $\sqrt{2} \in \mathbb{R} - \mathbb{Q}$ (voir **C 6**).

C 13. Soit $x < x'$. Posons $\varepsilon = (x' - x)/4$. $\mathbb{Q}$ étant dense dans $\mathbb{R}$, il existe r et r' tels que $r \in]x_1 - \varepsilon, x_1 + \varepsilon[$ et $r' \in]x_2 - \varepsilon, x_2 + \varepsilon[$ où $x_1 = x + \varepsilon$ et $x_2 = x' - \varepsilon$.
L'application $[0, 1] \longrightarrow [r, r'], t \longmapsto r + t(r' - r)$ est une bijection telle que l'image d'un rationnel est un rationnel et l'image d'un irrationnel est un irrationnel. La question se ramène donc à montrer que $\mathbb{Q} \cap [0, 1]$ et $(\mathbb{R} - \mathbb{Q}) \cap [0, 1]$ sont infinis.

5. La fonction f affine par morceaux définie par $f\left(r' - \frac{r' - r}{2^{n+1}}\right) = n$, $f\left(r + \frac{r' - r}{2^{n+1}}\right) = -n$.

6. Si $\alpha \in \mathbb{R} - \mathbb{Q}$, $f_\alpha(-\alpha) = 0 = f_\alpha(0)$; f_α n'est pas injective. Si $\alpha \in \mathbb{Q}$, $f_\alpha|_{\mathbb{Q}}$ et $f_\alpha|_{\mathbb{R}-\mathbb{Q}}$ sont des bijections de $\mathbb{Q}$ sur lui-même et de $\mathbb{R} - \mathbb{Q}$ sur lui-même; f_α est alors bijective. Comme $\mathbb{Q} \subset f_\alpha(\mathbb{R})$, $f_\alpha(\mathbb{R})$ est dense dans $\mathbb{R}$.

7. Notons $E(x)$ la partie entière de x, soit $E(x) = \sup\{k \in \mathbb{N} \mid k \leqslant x\}$. *1.* $f(x) = x - aE(xa^{-1})$. *2.* Si $f(x) = f(y)$, alors ou bien $E(xa^{-1}) \neq E(ya^{-1})$ et $a = (x - y)/[E(xa^{-1}) - E(ya^{-1})]$ serait rationnel, ce qui est contraire à l'hypothèse, ou bien $E(xa^{-1}) = E(ya^{-1})$ d'où $x = y$; f est donc injective. f n'est pas surjective car $a/2$ n'est l'image d'aucun élément de $\mathbb{Q}^*_+$. *3.* $f(\mathbb{Q}^*_+ \cap [0, a]) = \mathbb{Q}^*_+ \cap [0, a]$.

8. $n = \inf\{m \in \mathbb{Z} \mid b \leqslant (m + 1)c\}$.

9. *1.* 0 est un minorant de H^*_+. *2.* Comme $c = 0$, pour tout $\varepsilon > 0$ il existe $h \in H^*_+$ tel que $0 < h < 2\varepsilon$, donc d'après l'exercice précédent, pour tout $x \in \mathbb{R}$ il existe $n \in \mathbb{Z}$ tel que $nh \in]x - \varepsilon, x + \varepsilon[$, or $nh \in H$. D'où : $\forall x \in \mathbb{R} \quad \forall \varepsilon \in \mathbb{R}^*_+ \quad]x - \varepsilon, x + \varepsilon[\cap H \neq \varnothing$. *3.* Montrer d'abord que $c \in H$; si $c \in H$, $\exists h_1 \in H \quad c < h_1 < c + c$, donc $\exists h_2$ $c < h_2 < h_1$; on a alors $h_1 - h_2 < c$ et $h_1 - h_2 \in H^*_+$, ce qui est en contradiction avec la définition de c. Soit $x \in H$, $x - E(xc^{-1})c \in H \cap [0, c[$, d'où $x = E(xc^{-1})$. *4.* H est non vide et stable par rapport aux soustractions, donc c'est un sous-groupe additif de $\mathbb{R}$. De $a \in H$ et *3* on déduit qu'il existe $n \in \mathbb{Z}$ tel que $a = nc$, de même $b = mc$, d'où $a/b = n/m \in \mathbb{Q}$.

2. Suites de nombres réels : l'ensemble $\mathbb{R}^{\mathbb{N}}$

Soit E *un ensemble quelconque et soit* $e_0, e_1, ..., e_n$ *des éléments de* E *(distincts ou non). On dit que* $(e_0, e_1, ..., e_n)$ *est une **suite finie** d'éléments de* E, *ayant* $(n+1)$ *termes. L'ensemble de ces suites est donc l'ensemble des* $(n+1)$*-uplets d'éléments de* E, *c'est-à-dire l'ensemble* $E^{n+1} = E \times E \times ... \times E$ *(produit cartésien de* $n+1$ *facteurs). Mais on peut aussi considérer* $(e_0, e_1, ..., e_n)$ *comme une notation explicite de l'application de* $\{0, 1, ..., n\}$ *dans* E *qui à 0 associe* e_0, *à 1 associe* e_1, ..., *à* n *associe* e_n, *soit en résumé* $k \longmapsto e_k$. *(L'indice* k *dans l'expression* e_k *désigne la variable, comme habituellement* x *dans l'expression parenthésée* $f(x)$*; dans* e_k *on a une notation* indicielle *de la variable.) Il est alors naturel de désigner l'application par* e, *c'est-à-dire :*

$$e : \{0, 1, ..., n\} \longrightarrow E, \quad k \longmapsto e_k.$$

*Ce point de vue permet de généraliser la notion de suite et de définir les **suites infinies** d'éléments de* E *(on les appellera simplement « suites » en raison de leur importance) : une suite d'éléments de* E *est une application de* $\mathbb{N}$ *dans* E. *L'ensemble des suites d'éléments de* E *sera donc noté* $E^{\mathbb{N}}$. *Nous nous proposons d'étudier dans ce chapitre* $\mathbb{R}^{\mathbb{N}}$, *c'est-à-dire les suites de nombres réels (définition : § 1).*

Ce qui fait l'intérêt spécifique des suites c'est qu'elles sont infinies. Nous centrerons notre étude sur le « comportement à l'infini », appelé convergence. *Une suite est* convergente *si pour toute précision il existe un rang à partir duquel les éléments de la suite sont indiscernables* (§ 2).

Définir une suite de nombres réels $u : \mathbb{N} \longrightarrow \mathbb{R}$ *suppose une infinité de choix :*

$$\begin{array}{c} 0 \longmapsto u_0 \\ 1 \longmapsto u_1 \\ \cdots\cdots \\ n \longmapsto u_n \\ \cdots\cdots \end{array}$$

L'ensemble $\mathbb{R}^{\mathbb{N}}$ *est donc très grand! La plupart des suites possibles ne peuvent pas êtres décrites explicitement, car personne n'aura jamais le temps de faire une infinité de choix indépendants. Les théorèmes généraux concernant les suites* (§ 3) *ne pourront donc être atteints que par les raisonnements mathématiques les plus abstraits. Les suites explicites que l'on peut rencontrer dans la pratique sont cependant celles où pour tout* n *le nombre* u_n *est déterminé à l'aide d'une règle générale. Quelques exemples classiques sont étudiés dans le paragraphe 4.*

§ 1. DÉFINITIONS

> Les éléments de $\mathbb{R}^{\mathbb{N}}$ sont appelés *suites de nombres réels.*

1.1. Notations et exemples

Soit u une suite de nombres réels; pour $n \in \mathbb{N}$, l'image de n par u se note u_n (au lieu de la notation fonctionnelle usuelle $u(n)$). La suite u est souvent notée $(u_n)_{n \in \mathbb{N}}$, ou (u_n) ou même simplement (par abus de langage) u_n. Si f est une fonction définie sur un sous-ensemble de $\mathbb{R}$ contenant $\mathbb{N}$, la restriction $f|_{\mathbb{N}}$ de f à $\mathbb{N}$ est une suite souvent notée

$$u_n = f(n).$$

Exemple. La suite $u_n = (-1)^{n(n+1)/2}\left(1 + \dfrac{6}{n+1}\right)$ est représentée graphiquement dans l'encadré 1.

Exercice 1. Dessiner des schémas représentant les suites $a_n = (n^2 + n)/4$, $b_n = (-1)^n(n^2 + n)/4$, $c_n = 1 + \dfrac{1}{n+1}$, $d_n = 2 - \dfrac{1}{n+1}$, $e_n = E\left(\dfrac{4n}{n+1}\right)$ où E désigne la partie entière, $v_n = 10^{-n}E(\sqrt{2}\cdot 10^n)$.

Définition. Le n^e *terme* de la suite u est le couple (n, u_n); n est le *rang* de ce terme et u_n sa *valeur*.

Remarque. On dit souvent que le n^e terme est u_n. Il s'agit là d'un abus de langage, qui peut conduire à des ambiguïtés dans le cas de suites données explicitement. Considérons la suite $u_n = (-1)^n$. Si on dit que u_3 est un terme, alors, comme $u_3 = -1$, -1 est un terme. Quel est alors le rang de ce terme? Comme on a perdu l'indice 3, on ne peut pas répondre. Cependant dans le cas de raisonnements abstraits on a en général une notation du type u_n et l'abus de langage est commode. Dans le cas $u = f|_{\mathbb{N}}$ défini ci-dessus, on parlera de la *suite de terme général* $u_n = f(n)$.

Remarque. On appelle plus généralement suites de nombres réels les applications de $\mathbb{N} - \{0, 1, ..., k-1\}$ dans $\mathbb{R}$. On dit que les termes de la suite sont définis pour $n \geqslant k$. Ainsi la suite $1/n$ est une suite dont les termes sont définis pour $n \geqslant 1$.

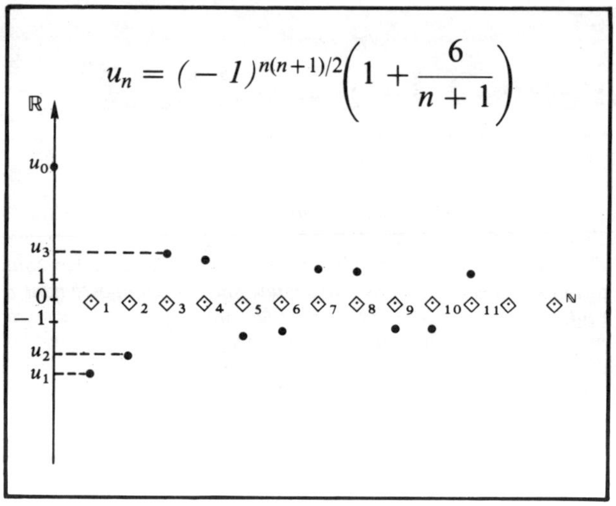

1. La représentation graphique d'une suite est rarement utilisée explicitement, mais c'est une image mentale très commode pour deviner des résultats avant de les démontrer.

1.2. Propriétés liées à l'ordre

Comme $(\mathbb{N}, \leqslant)$ et $(\mathbb{R}, \leqslant)$ sont des ensembles ordonnés, cela a un sens de dire qu'une suite u de nombres réels est croissante. Rappelons cette définition.

Définition. Soit $u \in \mathbb{R}^{\mathbb{N}}$. On dit que u est *croissante* ssi :

$$\forall n \in \mathbb{N} \quad \forall m \in \mathbb{N} \quad n \leqslant m \implies u_n \leqslant u_m.$$

Proposition. Soit $u \in \mathbb{R}^{\mathbb{N}}$. Pour que u soit croissante il faut et il suffit que : $\forall n \in \mathbb{N} \quad u_n \leqslant u_{n+1}$.

Démonstration. Par récurrence sur m, c'est-à-dire en montrant que $A = \{ m \in \mathbb{N} \mid u_n \leqslant u_{n+m} \}$ est un sous-ensemble inductif de $\mathbb{N}$. □

C 1. Définir les expressions suivantes et énoncer une condition nécessaire et suffisante pour chacune d'elle sur le modèle de la proposition précédente d'après l'indication donnée entre parenthèses : suite *décroissante* $(u_n \geqslant u_{n+1})$, *strictement croissante* $(u_n < u_{n+1})$, *strictement décroissante* $(u_n > u_{n+1})$, *monotone*, *strictement monotone*, *constante* $(u_{n+1} = u_n)$ stationnaire ($u_{n+1} = u_n$ à partir d'un certain rang) *majorée*, *minorée*, *bornée*, *à termes positifs*, *à termes négatifs*, *alternée*.

Exercice 2. Donner un exemple d'une suite : α. croissante, β. décroissante, γ. ni croissante ni décroissante, δ. strictement croissante, ε. croissante mais pas strictement croissante, ζ. strictement décroissante, η. décroissante mais pas strictement décroissante, θ. constante, ι. croissante et décroissante, κ. stationnaire non constante, λ. non croissante mais croissante à partir d'un certain rang, μ. alternée, ν. ni monotone ni alternée, même à partir de n'importe quel rang, ξ. bornée, o. majorée et non minorée, π. minorée et non majorée, ρ. ni minorée, ni majorée, σ. croissante non majorée, τ. non croissante même à partir d'un certain rang et non majorée, υ. décroissante non minorée, φ. strictement croissante majorée, χ. strictement décroissante minorée, ψ. alternée non majorée et non minorée, ω. croissante de rationnels dont le plus petit des majorants est $\sqrt{2}$.

Exercice 3. Parmi les suites de l'exemple et de l'exercice 1, lesquelles sont majorées, minorées, croissantes ou décroissantes?

1.3. Structures de $\mathbb{R}^{\mathbb{N}}$

Structure d'espace vectoriel sur $\mathbb{R}$

Si K est un corps et E un ensemble, K^E a la structure d'espace vectoriel sur K. Comme $\mathbb{R}$ est un corps, $\mathbb{R}^{\mathbb{N}}$ est un espace vectoriel réel, si on définit les opérations addition de deux suites u et v et multiplication d'une suite u par un réel x par :

$$(u+v)_n = u_n + v_n$$
$$(xu)_n = xu_n$$

Exercice 4. Montrer que si u et v sont croissantes, alors $u + v$ est croissante. Montrer que si u est monotone, alors pour un réel x quelconque xu est monotone. Montrer que si u et v sont bornées, alors $u + v$ et xu sont bornées.

Exercice 5. Soit $u_n = (-1)^n(1 - n^{-1})$ et $v_n = (-1)^{n+1}(2 - n^{-1})$. Déterminer la suite $u + v$.

Exercice 6. Quel est l'élément neutre de l'addition dans $\mathbb{R}^{\mathbb{N}}$?

Structure d'anneau unitaire

Si outre l'addition, on définit la multiplication dans $\mathbb{R}^{\mathbb{N}}$ par

$$(uv)_n = u_n v_n,$$

$\mathbb{R}^{\mathbb{N}}$ a la structure d'anneau.

Exercice 7. Vérifier que $\mathbb{R}^{\mathbb{N}}$ est un anneau. Donner un exemple de diviseurs de zéro.

Exercice 8. Montrer que si u est croissante non majorée et v décroissante non minorée, alors uv est décroissante à partir d'un certain rang et non minorée.

Remarque. L'ensemble $\mathbb{R}^{\mathbb{N}}$ muni à la fois de structure d'espace vectoriel et de la multiplication est une *algèbre*.

Structure d'ordre

Définition. Soit u et v deux suites de nombres réels. On dit que u minore v ou que v majore u et on note $u \leqslant v$, ssi :

$$\forall n \in \mathbb{N} \quad u_n \leqslant v_n.$$

Proposition. $(\mathbb{R}^{\mathbb{N}}, \leqslant)$ est un ensemble ordonné.

C 2. Le démontrer. Est-ce que $\leqslant$ est une relation d'ordre total?

Exercice 9. Deux suites sont dites *comparables* ssi l'une majore l'autre. Montrer que u et v ne sont pas comparables si et seulement si : $\exists n_1 \in \mathbb{N} \quad \exists n_2 \in \mathbb{N} \quad (u_{n_1} - v_{n_1})(u_{n_2} - v_{n_2}) < 0$. En déduire qu'elles sont comparables si et seulement si : $\forall n_1 \in \mathbb{N} \quad \forall n_2 \in \mathbb{N} \quad (u_{n_1} - v_{n_1})(u_{n_2} - v_{n_2}) \geqslant 0$. Retrouver ce résultat directement.

C 3. Montrer que si $u \leqslant v$ et $u' \leqslant v'$, alors $u + u' \leqslant v + v'$ et si de plus $x \in \mathbb{R}_+^*$ alors $xu \leqslant xv$.

C 4. Définir l'expression « v majore u à partir d'un certain rang ». Cette relation est-elle une relation d'ordre?

§ 2. CONVERGENCE

2.1. Suites convergentes

Définition. Soit u une suite de nombres réels et ℓ un nombre réel. On dit que u *converge vers* ℓ ssi

$$\boxed{\forall \varepsilon > 0 \quad \exists n \in \mathbb{N} \quad \forall m \in \mathbb{N} \quad m \geqslant n \implies |u_m - \ell| < \varepsilon}$$

Formulations équivalentes

1. $\forall \varepsilon > 0 \quad \exists n \in \mathbb{N} \quad \forall k \in \mathbb{N} \quad |u_{n+k} - \ell| < \varepsilon.$
2. $\forall \varepsilon > 0 \quad \exists n \in \mathbb{N} \quad \forall m \in \mathbb{N}$
$$m \geqslant n \Longrightarrow \ell - \varepsilon < u_m < \ell + \varepsilon.$$
3. $\forall \varepsilon > 0 \quad \exists n \in \mathbb{N}$
$$\{u_n, u_{n+1}, u_{n+2}, \dots\} \subset]\ell - \varepsilon, \ell + \varepsilon[.$$
4. $\forall \varepsilon > 0 \quad \exists n \in \mathbb{N} \quad \{u_{n+k};\ k \in \mathbb{N}\} \subset]\ell - \varepsilon, \ell + \varepsilon[.$
5. Pour tout ε strictement positif, tous les termes u_n de la suite appartiennent à l'intervalle ouvert de centre ℓ et de rayon ε, sauf un nombre fini de termes.

C 5. Montrer que les suites suivantes convergent vers 0 :

$$u_n = \frac{1}{n}; \quad u_n = \frac{1}{2^n}; \quad u_n = \frac{1}{a^n} \text{ (où } a > 1); \quad u_n = b^n \text{ (où } 0 < b < 1).$$

Définition. Soit $u \in \mathbb{R}^{\mathbb{N}}$. On dit que u est *convergente* ssi il existe un réel ℓ tel que u converge vers ℓ. Dans le cas contraire u est dite *divergente*.

C 6. Vérifier que l'énoncé « u est convergente » est équivalent à :

$$\exists \ell \in \mathbb{R} \quad \forall \varepsilon > 0 \quad \exists n \in \mathbb{N} \quad \forall m \in \mathbb{N} \quad m \geqslant n \Longrightarrow |u_m - \ell| < \varepsilon$$

L'énoncé « u est divergente » s'écrit :

$$\forall \ell \in \mathbb{R} \quad \exists \varepsilon > 0 \quad \forall n \in \mathbb{N} \quad \exists m \in \mathbb{N} \quad m \geqslant n \quad \textbf{et} \quad |u_m - \ell| \geqslant \varepsilon.$$

L'expression « étudier la *nature* de la suite u » signifie « déterminer si la suite u est convergente ou divergente ».

Exercice 10. Étudier les suites suivantes en donnant les limites dans les cas où elles sont convergentes : $a_n = q^n$ (où $q \in \mathbb{R}$), $b_n = 2^n/(n!)$, $c_n = a^n/(n!)$ (où $a \in \mathbb{R}$), $d_n = a^n/n^p$ (où $a > 1$), $e_n = 2^n/(n \operatorname{Log} n)$.

Notation. Nous noterons $\mathbf{Cv}(\mathbb{N}, \mathbb{R})$ l'ensemble des suites convergentes de nombres réels.

2.2. Unicité

Proposition. Soit $u \in \mathbb{R}^{\mathbb{N}}$, $\ell \in \mathbb{R}$ et $\ell' \in \mathbb{R}$. Si u converge vers ℓ et si u converge vers ℓ', alors $\ell = \ell'$.

Démonstration. Supposons $\ell \neq \ell'$ et déduisons-en un énoncé faux. Posons $\varepsilon = (1/2)|\ell - \ell'|$. On a $\varepsilon > 0$; comme u converge vers ℓ, il existe n tel que :

$$\forall m \in \mathbb{N} \ (m \geqslant n \Longrightarrow |u_m - \ell| < \varepsilon);$$

comme u converge vers ℓ', il existe n' tel que :

$$\forall m \in \mathbb{N} \quad (m \geqslant n' \Longrightarrow |u_m - \ell'| < \varepsilon).$$

Choisissons $m = \sup\{n, n'\}$; on a $|u_m - \ell| < \varepsilon$ et $|u_m - \ell'| = \varepsilon$. D'où

$$\begin{aligned} |\ell - \ell'| &= |\ell - u_m + u_m - \ell'| \\ &\leqslant |u_m - \ell| + |u_m - \ell'| \\ &< 2\varepsilon \end{aligned}$$

et enfin $|\ell - \ell'| < |\ell - \ell'|$, ce qui est impossible. □

Remarque. La démonstration peut se faire pour n'importe quel choix de ε tel que $0 < \varepsilon \leqslant (1/2)|\ell - \ell'|$, comme le suggère le schéma suivant :

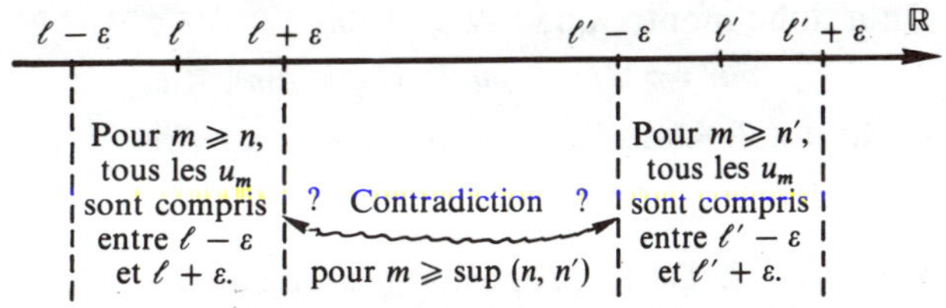

Commentaire. Cette proposition est essentielle, car elle nous permet de définir **la** limite d'une suite convergente, ou en d'autres termes elle nous assure de l'existence d'une application notée lim, de $\mathbf{Cv}(\mathbb{N}, \mathbb{R})$ dans $\mathbb{R}$.

Définition. Soit u une suite convergente de nombres réels (c'est-à-dire $u \in \mathbf{Cv}(\mathbb{N}, \mathbb{R})$); le nombre réel ℓ (unique) tel que u converge vers ℓ, s'appelle la *limite* de la suite u et se note lim u, soit

$$\boxed{\ell = \lim u}$$

Notation. Si la suite u est notée $(u_n)_{n \in \mathbb{N}}$ ou u_n, alors on adopte l'une des notations suivantes :

$$\boxed{\ell = \lim_n u_n \text{ ou } \ell = \lim_{n \to \infty} u_n \text{ ou } \ell = \lim_{\substack{n \to +\infty \\ n \in \mathbb{N}}} u_n}$$

Remarque. Pour dire que u est convergente, on dit souvent : lim u existe, ou : $\lim\limits_{n \to \infty} u_n$ existe.

2.3. Structures de $\mathbf{Cv}(\mathbb{N}, \mathbb{R})$ et propriétés de l'application lim : $\mathbf{Cv}(\mathbb{N}, \mathbb{R}) \longrightarrow \mathbb{R}$

$\mathbf{Cv}(\mathbb{N}, \mathbb{R})$ *est un espace vectoriel réel et lim est une application linéaire.*

Proposition. Soit $u \in \mathbf{Cv}(\mathbb{N}, \mathbb{R})$, $v \in \mathbf{Cv}(\mathbb{N}, \mathbb{R})$, $\lambda \in \mathbb{R}$ et $\mu \in \mathbb{R}$. Alors la suite $\lambda u + \mu v : n \longmapsto \lambda u_n + \mu v_n$ est convergente et

$$\lim (\lambda u + \mu v) = \lambda \lim u + \mu \lim v.$$

Démonstration. Posons $\ell = \lim u$ et $m = \lim v$. Soit $\varepsilon > 0$; posons $\varepsilon_1 = (\varepsilon/2)(|\lambda| + 1)^{-1}$ et

$$\varepsilon_2 = (\varepsilon/2)(|\mu| + 1)^{-1}.$$

Comme lim $u = \ell$, il existe n_1 tel que :

$$\forall p \in \mathbb{N} \quad (p \geqslant n_1 \Longrightarrow |u_p - \ell| < \varepsilon_1);$$

de même comme lim $v = m$, il existe n_2 tel que :

$$\forall p \in \mathbb{N} \quad (p \geqslant n_2 \Longrightarrow |v_p - \ell| < \varepsilon_2).$$

Posons $n = \sup\{n_1, n_2\}$; pour $p \geqslant n$ on aura :

$$\begin{aligned} |\lambda u_p + \mu v_p - (\lambda \ell + \mu m)| &= |\lambda(u_p - \ell) + \mu(v_p - m)| \\ &\leqslant |\lambda|\,|u_p - \ell| + |\mu|\,|v_p - m| \\ &\leqslant \frac{\varepsilon}{2}\left[\frac{|\lambda|}{|\lambda| + 1} + \frac{|\mu|}{|\mu| + 1}\right] < \varepsilon. \end{aligned}$$

On a donc montré que : $\forall \varepsilon > 0 \quad \exists n \in \mathbb{N} \quad \forall p \in \mathbb{N}$

$$p \geqslant n \Longrightarrow |\lambda u_p + \mu v_p - (\lambda \ell + \mu m)| < \varepsilon. \qquad \square$$

Remarque 1. Dans l'expression de ε_1, on a pris $|\lambda| + 1$ comme dénominateur au lieu de $|\lambda|$, pour éviter d'avoir à traiter séparément le cas $\lambda = 0$.

Remarque 2. De la proposition ci-dessus, on déduit que $\mathbf{Cv}(\mathbb{N}, \mathbb{R})$ est un sous-espace vectoriel de $\mathbb{R}^{\mathbb{N}}$.

$\mathbf{Cv}(\mathbb{N}, \mathbb{R})$ *est un anneau et lim est un morphisme d'anneaux.*

Pour démontrer que $\mathbf{Cv}(\mathbb{N}, \mathbb{R})$ est un anneau et lim un morphisme, il suffit de vérifier la proposition suivante :

Proposition. Soit $u \in \mathbf{Cv}(\mathbb{N}, \mathbb{R})$ et $v \in \mathbf{Cv}(\mathbb{N}, \mathbb{R})$. On a $uv \in \mathbf{Cv}(\mathbb{N}, \mathbb{R})$ et

$$\lim uv = \lim u \lim v$$

Démonstration. Posons $\ell = \lim u$ et $m = \lim v$. Soit $\varepsilon > 0$; choisissons $\varepsilon_1 = (\varepsilon/2)(|m| + 1)^{-1}$ et $\varepsilon_2 = (\varepsilon/2)(|\ell| + \varepsilon_1)^{-1}$. Comme $\ell = \lim u$, il existe un entier n_1 tel que pour $p \geqslant n_1$ on ait : $|u_p - \ell| < \varepsilon_1$ et donc aussi $|u_p| < |\ell| + \varepsilon_1$. De même il existe n_2 tel que pour $p \geqslant n_2$ on ait $|v_p - m| < \varepsilon_2$. Pour $p \geqslant n = \sup\{n_1, n_2\}$ on aura donc

$$|u_p v_p - \ell m| = |(u_p - \ell)m + u_p(v_p - m)| \leqslant |u_p - \ell|\,|m| + |u_p|\,|v_p - m| \leqslant \varepsilon_1 |m| + (|\ell| + \varepsilon_1)\varepsilon_2 = \left(\frac{|m|}{2(|m| + 1)} + \frac{1}{2}\right)\varepsilon < \varepsilon. \quad \square$$

Quotients

Proposition. Soit u et v deux suites convergentes de nombres réels. Si $\lim v \neq 0$, alors $\dfrac{u_n}{v_n}$ est défini pour tout n à partir d'un certain rang (voir § 2.4.), la suite $\dfrac{u}{v} : n \longmapsto \dfrac{u_n}{v_n}$ est convergente et

$$\lim \frac{u}{v} = \frac{\lim u}{\lim v}.$$

Démonstration. Posons $\ell = \lim u$ et $m = \lim v$. 1. Posons $\varepsilon_1 = (1/2)|m| > 0$, il existe un entier n_1 tel que pour tout $p \geqslant n_1$, on ait $v_p \in]m - \varepsilon_1, m + \varepsilon_1[$, d'où $|v_p| > (1/2)|m|$. Pour $p \geqslant n_1$, on a donc $1/v_p$ existe et $1/|v_p| < 2/|m|$. 2. Montrons que $\lim\limits_n (1/v_n) = 1/m$. En effet, soit $\varepsilon > 0$; choisissons $\varepsilon_2 = (1/2)m^2\varepsilon > 0$, il existe un entier n_2 tel que pour $p \geqslant n_2$ on ait $|v_p - m| < \varepsilon_2$. Posons $n = \sup\{n_1, n_2\}$, pour $p \geqslant n$, on aura donc $1/v_p$ existe et

$$\left|\frac{1}{v_p} - \frac{1}{m}\right| = \frac{|v_p - m|}{|m|\,|v_p|} < \frac{2|v_p - m|}{|m|\,|m|} = \frac{2\varepsilon_2}{m^2} = \varepsilon.$$

3. La démonstration se termine en remarquant que $\dfrac{u}{v} = u \cdot \dfrac{1}{v}$. $\square$

C 7. Soit $u \in \mathbf{Cv}(\mathbb{N}, \mathbb{R})$ et $\alpha \in \mathbb{Z}$. Définir u^α et montrer que $\lim u^\alpha = (\lim u)^\alpha$.

$\mathbf{Cv}(\mathbb{N}, \mathbb{R})$ *est ordonné, lim est une application croissante mais **pas** strictement croissante.*

$\mathbf{Cv}(\mathbb{N}, \mathbb{R})$ est un sous-ensemble de $\mathbb{R}^{\mathbb{N}}$ qui est muni de la relation d'ordre « majore » notée $\geqslant$: la restriction de cette relation à $\mathbf{Cv}(\mathbb{N}, \mathbb{R})$ est donc aussi une relation d'ordre. Rappelons que cette relation d'ordre n'est pas une relation d'ordre total et que $u \leqslant v$ signifie

$$\forall n \in \mathbb{N} \quad u_n \leqslant v_n.$$

Exercice 11. Donner deux définitions « naturelles » différentes de la relation $u < v$.

Proposition. Soit $u \in \mathbf{Cv}(\mathbb{N}, \mathbb{R})$ et $v \in \mathbf{Cv}(\mathbb{N}, \mathbb{R})$. On a :

$$u \geqslant v \Longrightarrow \lim u \geqslant \lim v$$

Démonstration. Posons $\ell = \lim u$ et $m = \lim v$. Soit $\varepsilon > 0$, on a $(1/2)\varepsilon > 0$ et il existe un entier n_1 tel que pour $p \geqslant n_1$ on ait $\ell > u_p - (1/2)\varepsilon$; de même il existe n_2 tel que pour $p \geqslant n_2$ on ait $v_p + (1/2)\varepsilon > m$. Choisissons $n = \sup\{n_1, n_2\}$; par hypothèse $u_n \geqslant v_n$ et $n \geqslant n_1$ et $n \geqslant n_2$, d'où :

$$\ell > u_n - (1/2)\varepsilon \geqslant v_n - (1/2)\varepsilon = v_n + (1/2)\varepsilon - \varepsilon > m - \varepsilon.$$

On a donc montré que : $\forall \varepsilon > 0 \quad m - \ell < \varepsilon$, d'où $m - \ell \leqslant 0$, ou $\ell \geqslant m$. $\square$

C 8. Reformuler la démonstration en montrant que $\ell < m$ est impossible (faire un dessin!).

ATTENTION

En passant à la LIMITE les inégalités (mêmes strictes) deviennent toujours LARGES.

Exemple. Considérons les suites $u_n = \dfrac{1}{n+1}$ et $v_n = 0$; on a :

$$\forall n \in \mathbb{N} \quad u_n > v_n \quad \textbf{et} \quad \lim u = \lim v \; (= 0).$$

L'énoncé « $(\forall n \in \mathbb{N} \quad u_n > v_n) \Longrightarrow \lim u > \lim v$ » est donc FAUX. Par contre on a :

$(\forall n \in \mathbb{N} \quad u_n \geqslant v_n) \Longrightarrow \lim u \geqslant \lim v$
$(\forall n \in \mathbb{N} \quad u_n > v_n) \Longrightarrow \lim u \geqslant \lim v$

Proposition. Soit u, v et w trois suites de nombres réels telles que $u \leqslant v \leqslant w$. Si u et w convergent et ont la même limite ℓ, alors v est convergente et a pour limite ℓ.

C 9. Le démontrer.

Exercice 12. Soit $E(x) = \sup\{k \in \mathbb{Z} \mid k \leqslant x\}$ (la partie entière de x). Soit $u_n = 1/E(n\sqrt{2})$. Montrer que $\lim u = 0$.

2.4. « A partir d'un certain rang »

Nous avons utilisé à plusieurs reprises l'expression « à partir d'un certain rang ». Par exemple, au paragraphe précédent, dans la proposition concernant les quotients, nous avons écrit : « la suite $(u_n/v_n)_{n\in\mathbb{N}}$ est définie à partir d'un certain rang »; cela signifie évidemment que pour n « suffisamment grand », u_n/v_n est défini (car $v_n \neq 0$); formellement :

$$\exists k\in\mathbb{N} \quad \forall n\in\mathbb{N} \quad (n \geqslant k \Longrightarrow v_n \neq 0).$$

Plus généralement, soit $\mathcal{P}$ une propriété applicable aux suites. On dit que $\mathcal{P}$ est vraie *à partir d'un certain rang* d'une suite u (ou que u satisfait $\mathcal{P}$ à partir d'un certain rang) ssi $\mathcal{P}$ est vraie d'une suite $(u_n)_{n\geqslant k}$ pour un certain entier k.

La proposition suivante, que le lecteur démontrera, précise l'idée :

Proposition. Soit u une suite de réels, H un sous-ensemble de $\mathbb{R}$. Les propriétés suivantes sont équivalentes :

1. L'ensemble $\{ n\in\mathbb{N} \mid u_n \notin \mathrm{H} \}$ est fini.

2. L'ensemble $\{ n\in\mathbb{N} \mid u_n \notin \mathrm{H} \}$ est majoré.

3. Il existe un entier k tel que pour tout $n \geqslant k$, $u_n \in \mathrm{H}$ (ou encore : $u_n\in\mathrm{H}$ à partir d'un certain rang).

4. La suite u satisfait à partir d'un certain rang la condition

$$\text{Les termes de } u \text{ sont dans H} \qquad (\mathcal{P})$$

5. Pour tous les entiers k sauf un nombre fini, la suite $(u_n)_{n\geqslant k}$ satisfait $(\mathcal{P})$.

Nous avons d'autre part présenté la question de la convergence d'une suite comme l'étude de son comportement « à l'infini ». C'est dire que toute propriété de convergence d'une suite u est insensible à la modification d'un nombre fini (si grand soit-il) de ses termes. Autrement dit, si $\mathcal{P}$ est une propriété de convergence qui est vraie de u à partir d'un certain rang, elle est vraie (tout court) de u.

Cette idée simple est souvent utilisée, et permet notamment d'étendre les résultats de convergence que nous avons énoncés. Exemples :

- Si $u\in\mathbf{Cv}(\mathbb{N}, \mathbb{R})$ et $u_n = v_n$ à partir d'un certain rang, alors $v\in\mathbf{Cv}(\mathbb{N}, \mathbb{R})$ et $\lim v = \lim u$;
- Si $u\in\mathbf{Cv}(\mathbb{N}, \mathbb{R})$, $v\in\mathbf{Cv}(\mathbb{N}, \mathbb{R})$ et $u_n \leqslant v_n$ à partir d'un certain rang, alors $\lim u \leqslant \lim v$;
- (Voir le théorème du § 3.1 ci-dessous.) Si u est croissante à partir d'un certain rang et majorée, alors u est convergente.

§ 3. LES GRANDS THÉORÈMES

3.1. Théorème fondamental

Rappels. u est croissante ssi

$$\forall n\in\mathbb{N} \quad \forall m\in\mathbb{N} \quad (n \leqslant m \Longrightarrow u_n \leqslant u_m)$$

u est majorée ssi

$$\exists \mathrm{M}\in\mathbb{R} \quad \forall n\in\mathbb{N} \quad u_n \leqslant \mathrm{M}.$$

Théorème. Toute suite de nombres réels croissante et majorée est convergente.

Démonstration. Soit u une suite de nombres réels croissante et majorée. Posons $u_{\mathbb{N}} = \{ u_n; n\in\mathbb{N} \}$. Comme la suite u est majorée, $u_{\mathbb{N}}$, sous-ensemble de $\mathbb{R}$, est aussi majoré et admet donc une borne supérieure que nous noterons ℓ : $\ell = \sup u_{\mathbb{N}}$. Montrons que $\ell = \lim u$. Soit $\varepsilon > 0$; on a $\ell - \varepsilon < \ell$ et comme $\ell = \sup u_{\mathbb{N}}$, il existe un entier naturel n tel que $\ell - \varepsilon < u_n \leqslant \ell$. Comme u est croissante pour tout m entier tel que $m \geqslant n$, on a $u_n \leqslant u_m$ et par définition de ℓ on a $u_m \leqslant \ell$. Donc si $m \geqslant n$, alors $\ell - \varepsilon < u_n \leqslant u_m \leqslant \ell < \ell + \varepsilon$. On a donc bien montré que :

$$\forall\varepsilon > 0 \quad \exists n\in\mathbb{N} \quad \forall m\in\mathbb{N} \quad (m \geqslant n \Longrightarrow |u_m - \ell| < \varepsilon). \quad \square$$

Notre démonstration permet de compléter le théorème par le corollaire suivant.

Corollaire 1. Si u est une suite de réels croissante et majorée, alors

$$\lim u = \sup \{ u_n; n\in\mathbb{N} \} = \sup_{n\in\mathbb{N}} u_n.$$

Corollaire 2. Si u est une suite de réels décroissante et minorée, alors u est convergente et

$$\lim u = \inf \{ u_n; n\in\mathbb{N} \} = \inf_{n\in\mathbb{N}} u_n.$$

Démonstration. La même que la précédente, *mutatis mutandis* (traduction : en changeant ce qui doit être changé), ou plus abstraitement en utilisant l'isomorphisme $x \longmapsto -x$ de l'ensemble ordonné $(\mathbb{R}, \leqslant)$ sur l'ensemble ordonné dual $(\mathbb{R}, \geqslant)$. $\square$

Remarque. Ce théorème devient faux si l'on passe de $\mathbb{R}$ à $\mathbb{Q}$: si u est une suite de nombres rationnels croissante et majoré, il n'existe pas toujours un nombre **rationnel** ℓ tel que $\lim u = \ell$ (mais il existe toujours une limite réelle). Exemple :

$$u_n = 10^{-n} \sup \{ k\in\mathbb{N} \mid k^2 < 2 \cdot 10^{2n} \}.$$

C 10. Soit u une suite bornée: on définit les suites v et w par

$$v_n = \sup \{ u_m; m\in\mathbb{N} \text{ et } m \geqslant n \rfloor = \sup_{m\geqslant n} u_m$$

$$w_n = \inf \{ u_m; m\in\mathbb{N} \text{ et } m \geqslant n] = \inf_{m\geqslant n} u_m.$$

Montrer que v et w sont convergentes et que $\lim v \geqslant \lim w$. On appelle *limite supérieure* de u et on note $\overline{\lim}\, u$ le nombre $\lim v$, et *limite inférieure* de u et on note $\underline{\lim}\, u$ le nombre $\lim w$. Montrer que si $\underline{\lim}\, u = \overline{\lim}\, u$, alors u et convergente et $\lim u = \underline{\lim}\, u = \overline{\lim}\, u$.

Exercice 13. Donner un exemple de suite u telle que $\overline{\lim}$ u et $\underline{\lim}\, u$ existent et sont distinctes.

3.2. Suites de Cauchy

Définition. Une suite u est dite *de Cauchy* ssi

$$\forall\varepsilon > 0 \quad \exists n\in\mathbb{N} \quad \forall (p, q)\in\mathbb{N}^2 \quad (p \geqslant n \text{ et } q \geqslant n) \Longrightarrow |u_p - u_q| < \varepsilon$$

Théorème. Pour qu'une suite de nombres réels soit convergente, il faut et il suffit qu'elle soit une suite de Cauchy.

Démonstration 1. Soit $u \in \mathbf{Cv}(\mathbb{N}, \mathbb{R})$. Montrons que u est de Cauchy. Soit $\varepsilon > 0$. Posons $\ell = \lim u$; comme u converge vers ℓ et que $(1/2)\varepsilon > 0$, il existe un entier n tel que pour tout entier $p \geqslant n$, on ait $|u_p - \ell| < (1/2)\varepsilon$. Si p et q sont deux entiers supérieurs ou égaux à n, on aura

$$|u_p - u_q| = |(u_p - \ell) + (\ell - u_q)| \leqslant |u_p - \ell| + |u_q - \ell| < (1/2)\varepsilon + (1/2)\varepsilon = \varepsilon.$$

2. Soit u une suite de Cauchy de nombres réels; pour montrer qu'elle est convergente nous allons procéder par étapes.

Première étape : u est bornée.
En effet, appliquons l'hypothèse pour $\varepsilon = 1$: il existe un entier naturel n tel que pour $p \geqslant n$ et $q \geqslant n$ on ait $|u_p - u_q| < 1$. En choisissant $p = n$, on en déduit $u_n - 1 < u_q < u_n + 1$. Donc il existe un entier n tel que $\{u_q; q \geqslant n\}$ soit majoré par $u_n + 1$ et minoré par $u_n - 1$. Comme l'ensemble $\{u_0, u_1, ..., u_{n-1}\}$ est fini, il est borné. Soit A un majorant et B un minorant de cet ensemble, $M = \sup\{A, u_n + 1\}$ est un majorant de $\{u_0, u_1, ..., u_{n-1}\} \cup \{u_q; q \geqslant n\} = u_{\mathbb{N}}$, et $m = \inf\{B, u_n - 1\}$ en est un minorant.

Deuxième étape. Pour tout choix de p dans $\mathbb{N}$, l'ensemble non vide $\{u_q; q \geqslant p\}$ est inclus dans $\{u_k; k \in \mathbb{N}\}$, et donc majoré par M et minoré par m. Il en résulte que

$$v_p = \sup\{u_q; q \geqslant p\}$$

existe et $m \leqslant v_p$ puisque $m \leqslant u_p \leqslant v_p$. Nous désignons par v la suite de terme général v_p défini ci-dessus. Nous venons de démontrer que cette suite v est minorée.

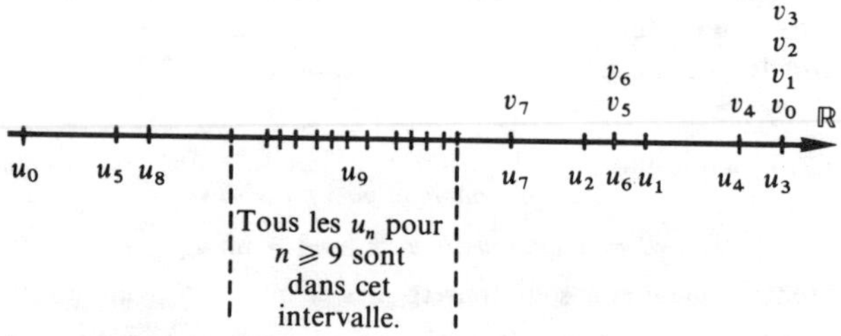

Troisième étape. La suite v est décroissante.
Soit p_1 et p_2 deux entiers naturels tels que $p_1 \leqslant p_2$. On a donc

$$q \geqslant p_2 \Longrightarrow q \geqslant p_1$$

d'où $\quad \{u_q; q \geqslant p_2\} \subset \{u_q; q \geqslant p_1\}$

$$\sup\{u_q; q \geqslant p_2\} \leqslant \sup\{u_q; q \geqslant p_1\}$$

soit enfin $\quad v_{p_2} \leqslant v_{p_1}$.

Quatrième étape. La suite v étant décroissante et minorée admet une limite ℓ :

$$\ell = \lim v = \inf\{v_n; n \in \mathbb{N}\}.$$

Cinquième étape. La suite u converge vers ℓ.
En effet, soit $\varepsilon > 0$. On a $\varepsilon/2 > 0$; comme $\ell = \inf\{v_n; n \in \mathbb{N}\}$, il existe un entier n_1 tel que $\ell \leqslant v_{n_1} < \ell + \varepsilon/2$. Comme de plus v est décroissante, on a pour tout $p \geqslant n_1$ les inégalités

$$\ell \leqslant v_p \leqslant v_{n_1} < \ell + \varepsilon/2.$$

D'autre part, comme u est de Cauchy, il existe un entier n_2 tel que pour tout $p \geqslant n_2$ et tout $q \geqslant n_2$, on a $|u_p - u_q| < \varepsilon/2$. Choisissons $n = \sup\{n_1, n_2\}$; on a :

$$\forall p \geqslant n \qquad \ell \leqslant v_p < \ell + \varepsilon/2 \qquad (1)$$

$$\forall p \geqslant n \quad \forall q \geqslant n \quad |u_p - u_q| < \varepsilon/2 \qquad (2)$$

Comme $v_p = \sup\{u_q; q \geqslant p\}$ et comme $\varepsilon/2 > 0$, pour tout $p \in \mathbb{N}$ il existe $q \geqslant p$ tel que $v_p - \varepsilon/2 < u_q \leqslant v_p$. Il résulte alors de (1) que pour tout $p \geqslant n$, il existe un nombre $q \geqslant p$ tel que

$$\ell - \varepsilon/2 \leqslant v_p - \varepsilon/2 < u_q \leqslant v_p < \ell + \varepsilon/2,$$

d'où $\quad \ell - \varepsilon/2 < u_q < \ell + \varepsilon/2$, soit :

$$|u_q - \ell| < \varepsilon/2 \qquad (3)$$

et comme $q \geqslant p \geqslant n$, il résulte de (2) que

$$|u_p - u_q| < \varepsilon/2 \qquad (4)$$

Comme

$$|u_p - \ell| = |(u_p - u_q) + (u_q - \ell)| \leqslant |u_p - u_q| + |u_q - \ell|,$$

il résulte de (3) et (4) que $|u_p - \ell| < \varepsilon/2 + \varepsilon/2 = \varepsilon$. Ce raisonnement étant valable pour tout choix de $\varepsilon > 0$, on a montré que :

$$\forall \varepsilon > 0 \quad \exists n \in \mathbb{N} \quad \forall p \in \mathbb{N} \quad p \geqslant n \Longrightarrow |u_p - \ell| < \varepsilon.$$

La suite u convergeant vers ℓ est convergente. □

La démonstration précédente démontre, outre le théorème, le corollaire suivant.

Corollaire. Si une suite de nombres réels u est convergente alors :

$$\lim u = \overline{\lim}\, u = \inf_{n \in \mathbb{N}} \sup_{m \geqslant n} u_m.$$

C 11. Montrer que si u est convergente alors

$$\lim u = \underline{\lim}\, u = \sup_{n \in \mathbb{N}} \inf_{m \geqslant n} u_m$$

et déduire de **C 10** que pour qu'une suite bornée u soit convergente, il faut et il suffit que $\overline{\lim}\, u = \underline{\lim}\, u$.

Commentaire. Une des différences essentielles entre $\mathbb{R}$ et $\mathbb{Q}$ est que dans $\mathbb{R}$ toute suite de Cauchy converge, alors que cette propriété n'est pas vérifiée dans $\mathbb{Q}$. On exprime cela en disant que $\mathbb{R}$ est *complet*, alors que $\mathbb{Q}$ ne l'est pas. Plus précisément, $\mathbb{R}$ est le plus petit corps totalement ordonné complet contenant $\mathbb{Q}$; on dit que $\mathbb{R}$ est le *complété* de $\mathbb{Q}$. Cela explique que les suites de Cauchy sont un moyen pour construire $\mathbb{R}$ à partir de $\mathbb{Q}$ (voir encadré 2).

Exercice 14. Soit $a \in]-1, 1[$. Montrer que la suite de terme général $u_n = \sum_{k=0}^{n} a^k \sin k$ est convergente.

Exercice 15. Énoncer la condition pour qu'une suite ne soit pas une suite de Cauchy. *Montrer que la suite de terme général $u_n = \sum_{k=1}^{n} 1/k$ est divergente.

*** **Exercice 16.** On trouve dans des livres les formules suivantes :

$$\sin z = z \prod_{n=1}^{\infty} \left(1 - \frac{z^2}{n^2\pi^2}\right);$$

$$\operatorname{cotg} z = \frac{1}{z} + \sum_{n=1}^{\infty} \left(\frac{1}{z - n\pi} + \frac{1}{z + n\pi}\right).$$

Donner un sens aux seconds membres lorsque $z \in \mathbb{R}$.

$\mathbb{R}$ = complété de $\mathbb{Q}$

Soit $\mathcal{C}$ l'ensemble des suites de Cauchy de nombres rationnels :

$$\mathcal{C} = \{ u \in \mathbb{Q}^{\mathbb{N}} \mid \forall \varepsilon \in \mathbb{Q}_+^* \quad \exists n \in \mathbb{N} \quad \forall (p, q) \in \mathbb{N}^2 \quad [(p \geqslant n \text{ **et** } q \geqslant n) \Longrightarrow |u_p - u_q| < \varepsilon] \}.$$

Relation d'équivalence sur $\mathcal{C}$

Soit $u \in \mathcal{C}$ et $v \in \mathcal{C}$; u et v sont dites *équivalentes* ssi ce sont des suites extraites (v. § 3.3) d'une même suite de Cauchy; on note $u \sim v$.

A démontrer : $\sim$ est une relation d'équivalence dans $\mathcal{C}$.

$$\mathbb{R} \overset{\text{déf}}{=} \mathcal{C}/\sim$$

A définir : opérations et $\mathbb{R}_+^*$.

A démontrer : $(\mathbb{R}, 0, +, 1, ., \mathbb{R}_+^*)$ vérifie $\mathbf{A}_{\mathbb{R}}$.

2. Une construction de $\mathbb{R}$ à partir de $\mathbb{Q}$: un nombre réel est défini comme classe d'équivalence de suites de Cauchy de nombres rationnels (sont équivalentes des suites qui auront même limite dans $\mathbb{R}$). Cette construction s'appelle la *complétion* de $\mathbb{Q}$. *Concrètement*, un nombre réel n'existe qu'en tant que suite de rationnels (voir § 5.1).

3.3. Suites extraites

Exemple. Considérons la suite

$$u_n = (-1)^{n(n+1)/2}\left(1 + \frac{6}{n+1}\right)$$

représentée dans l'encadré 1 du § 1.1. Nous pouvons définir les suites v, w et t par :

$$v_n = u_{2n}, \quad w_n = u_{4n+1}, \quad t_n = \begin{cases} u_{2n} & \text{si } n \text{ pair} \\ u_{2n+1} & \text{si } n \text{ impair.} \end{cases}$$

Les suites v, w et t sont dites *extraites* de la suite u : elles sont obtenues en prenant, dans l'ordre où ils se « présentent » dans u, certains termes de la suite u. Ce sont les suites

$$v = (u_0, u_2, u_4, u_6, u_8, u_{10}, ...)$$
$$w = (u_1, u_5, u_9, u_{13}, u_{17}, u_{21}, ...)$$
$$t = (u_0, u_3, u_4, u_7, u_8, u_{11}, ...).$$

Remarquons que u et v sont divergentes, w est convergente et a pour limite -1, t est convergente et a pour limite 1.

Définition. Soit u une suite de nombres réels; une suite extraite de u est une suite de réels de la forme $u \circ g$, où g est une application **strictement** croissante de $\mathbb{N}$ dans $\mathbb{N}$.

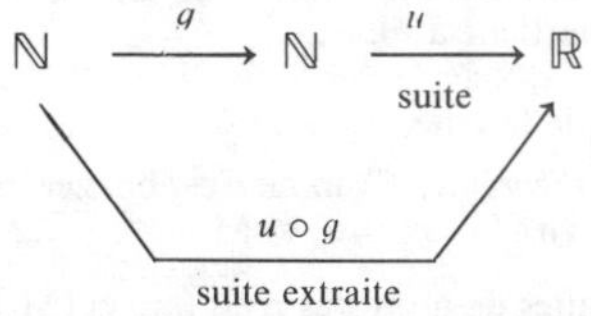

Remarque. La condition sur g correspond à l'idée intuitive de prendre certains termes de u « dans le même ordre » (et sans répétition) : la suite $(u_2, u_0, u_4, u_1, u_5, u_7, u_7 ...)$ n'est **pas** une suite extraite de u.

Notations. La suite extraite $u \circ g$ peut être notée $u_{g(n)}$ ou $(u_{g(n)})_{n \in \mathbb{N}}$. Comme g est une suite de nombres entiers naturels, on utilise plus généralement les notations (u_{g_n}) ou $(u_{g_n})_{n \in \mathbb{N}}$.

C 12. Soit $u \circ g$ une suite extraite de la suite u; montrer que toute suite extraite de $u \circ g$ est suite extraite de u.

Exercice 17. On considère la suite u et les suites extraites v, w et t définies dans l'exemple ci-dessus. Existe-t-il des suites extraites à la fois de v et de w, de v et de t, de w et de t? Si oui, lesquelles?

Lemme. Soit $g : \mathbb{N} \longrightarrow \mathbb{N}$. Si g est strictement croissante, alors $g(n) \geqslant n$ pour tout $n \in \mathbb{N}$.

Démonstration. Soit $A = \{ n \in \mathbb{N} \mid g(n) \geqslant n \}$; montrons que A est inductif : $0 \in A$ puisque $g(0) \in \mathbb{N}$. Si $n \in A$, $s(n) = n + 1 > n$ et $g(s(n)) > g(n)$, d'où $g(s(n)) \geqslant g(n) + 1 \geqslant n + 1 = s(n)$, donc $s(n) \in A$. □

Proposition. Une suite u est convergente si et seulement si toute suite extraite de u est convergente. Si c'est le cas, toutes les suites extraites de u convergent vers la même limite, à savoir $\lim u$.

Démonstration. 1. u est une suite extraite d'elle-même puisque $u = u \circ \mathrm{id}_{\mathbb{N}}$, où $\mathrm{id}_{\mathbb{N}} : \mathbb{N} \longrightarrow \mathbb{N}$, $n \longmapsto n$. Si toute suite extraite est convergente, en particulier u est convergente. *2.* Supposons u convergente et posons $\ell = \lim u$. Considérons une suite extraite $u \circ g$ où $g : \mathbb{N} \longrightarrow \mathbb{N}$ est strictement croissante. Soit $\varepsilon > 0$; comme $\ell = \lim u$, il existe un entier n tel que

$$\forall m \geqslant n \quad |u_m - \ell| < \varepsilon.$$

Comme g est croissante, si $m \geqslant n$ alors $g_m \geqslant g_n$, et d'après le lemme $g_n \geqslant n$, d'où $g_m \geqslant n$, d'où $|u_{g_m} - \ell| < \varepsilon$. On a donc bien montré que

$$\forall \varepsilon > 0 \quad \exists n \in \mathbb{N} \quad \forall m \in \mathbb{N} \quad m \geqslant n \Longrightarrow |u_{g_m} - \ell| < \varepsilon.$$

Donc toute suite extraite converge et converge vers ℓ. □

Le théorème suivant est un des énoncés possibles du théorème de *Bolzano-Weierstrass*.

Théorème. De toute suite bornée on peut extraire une suite convergente.

Lemme. Tout sous-ensemble non vide de $\mathbb{N}$ admet une borne inférieure qui appartient à $\mathbb{N}$.

C 13. Démontrer le lemme.

Démonstration du théorème. Comme u est bornée, il existe deux réels m et M tels que : $\forall n \in \mathbb{N} \quad m \leqslant u_n \leqslant \mathrm{M}$.

On définit deux suites de nombres réels (m_k) et (M_k) par récurrence : $m_0 = m$ et $\mathrm{M}_0 = \mathrm{M}$. Supposons m_k et M_k définis et vérifiant :

$$(\mathrm{I}_k) \begin{cases} \mathrm{M}_k - m_k = 2^{-k}(\mathrm{M} - m) \\ \forall n \in \mathbb{N} \quad \exists p \in \mathbb{N} \quad (p \geqslant n \text{ et } m_k \leqslant u_p \leqslant \mathrm{M}_k) \end{cases}$$

Posons $\mu_k = (m_k + \mathrm{M}_k)/2$. On a :

- **ou bien**

$$\forall n \in \mathbb{N} \quad \exists p \in \mathbb{N} \quad (p \geqslant n \text{ et } m_k \leqslant u_p \leqslant \mu_k);$$

on pose alors $m_{k+1} = m_k$ et $\mathrm{M}_{k+1} = \mu_k$; m_{k+1} et M_{k+1} vérifient alors I_{k+1};

- **ou bien**

$$\exists n_k \in \mathbb{N} \quad \forall p \in \mathbb{N} \quad (p \geqslant n_k \Longrightarrow u_p \notin [m_k, \mu_k]);$$

soit $n \in \mathbb{N}$; choisissons $n' = \sup\{n, n_k\}$; il existe alors un entier p tel que $p \geqslant n'$ et $m_k \leqslant u_p \leqslant \mathrm{M}_k$, et comme $u_p \notin [m_k, \mu_k]$, on a $\mu_k < u_p \leqslant \mathrm{M}_k$, c'est-à-dire :

$$\forall n \in \mathbb{N} \quad \exists p \in \mathbb{N} \quad (p \geqslant n \text{ et } \mu_k < u_p \leqslant \mathrm{M}_k);$$

on pose alors $m_{k+1} = \mu_k$ et $\mathrm{M}_{k+1} = \mathrm{M}_k$; dans ce cas aussi m_{k+1} et M_{k+1} vérifient I_{k+1}.

De plus, dans les deux cas on a $[m_{k+1}, \mathrm{M}_{k+1}] \subset [m_k, \mathrm{M}_k]$.
Définissons la suite strictement croissante de nombres entiers naturels $(g_k)_{k \in \mathbb{N}}$ par $g_0 = 0$ et

$$g_{k+1} = \inf\{p \in \mathbb{N} \mid p \geqslant g_k + 1 \text{ et } m_{k+1} \leqslant u_p \leqslant \mathrm{M}_{k+1}\}.$$

On peut définir g_{k+1} puisque (I_{k+1}) prouve que le sous-ensemble de $\mathbb{N}$ est non vide. D'après le lemme, $g_{k+1} \in \mathbb{N}$. Comme $g_{k+1} \geqslant g_k + 1 > g_k$, g est donc strictement croissante.
La suite extraite u_{g_k} est une suite de Cauchy. Soit $\varepsilon > 0$, $\varepsilon/(\mathrm{M} - m) > 0$, donc il existe $k \in \mathbb{N}$ tel que $2^{-k} < \varepsilon/(\mathrm{M} - m)$, d'où $\mathrm{M}_k - m_k < \varepsilon$. Si $p \geqslant k$ et $q \geqslant k$, on a

$$u_{g_p} \in [m_p, \mathrm{M}_p] \subset [m_k, \mathrm{M}_k]$$

et

$$u_{g_q} \in [m_q, \mathrm{M}_q] \subset [m_k, \mathrm{M}_k];$$

de $m_k \leqslant u_{g_p} \leqslant \mathrm{M}_k$ et $m_k \leqslant u_{g_q} \leqslant \mathrm{M}_k$, on déduit

$$|u_{g_p} - u_{g_q}| \leqslant \mathrm{M}_k - m_k < \varepsilon.$$

La suite, étant de Cauchy, est convergente. □

Exercice 18. On considère la suite

$$u_n = (-1)^{n(n+1)(n+2)/6}[1 + (n+1)^{-1}].$$

Donner un exemple explicite de suite extraite convergeant vers 1, un exemple de suite extraite convergeant vers -1, un exemple de suite extraite alternée.

*** **Exercice 19.** Montrer que de toute suite bornée on peut extraire une suite monotone.

* **Exercice 20.** Donner un exemple de suite bornée non convergente et dont on ne puisse extraire aucune suite croissante.

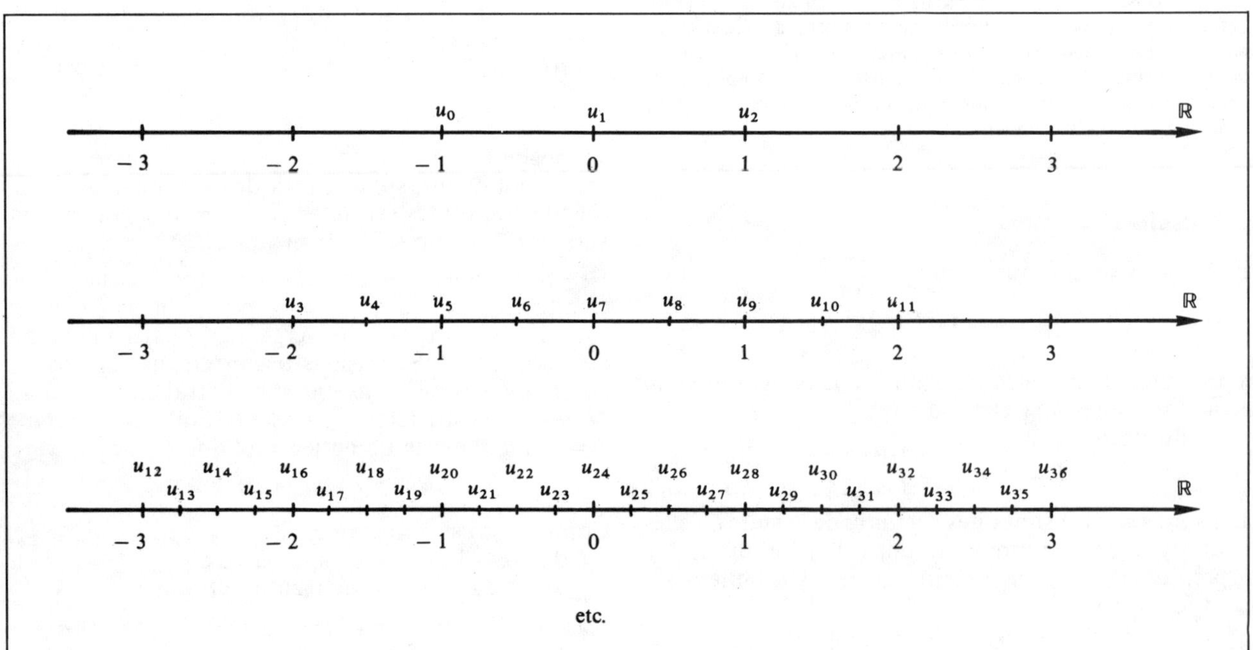

3. Une suite *u* telle que pour tout *x* réel il existe une suite extraite de *u* qui converge vers *x*.

§ 4. SUITES REMARQUABLES

4.1. Suites adjacentes

Définition. Deux suites de nombres réels u et v sont dites *adjacentes* ssi v majore u, u est croissante, v décroissante et $v - u$ converge vers 0.

(u_n) et (v_n) *adjacentes* :
1. $\forall n \in \mathbb{N} \quad u_n \leqslant v_n$
2. $\forall n \in \mathbb{N} \quad u_n \leqslant u_{n+1}$
3. $\forall n \in \mathbb{N} \quad v_{n+1} \leqslant v_n$
4. $\forall \varepsilon > 0 \quad \exists n \in \mathbb{N} \quad \forall m \geqslant n \quad v_m - u_m < \varepsilon$

Exemple. Les suites de décimaux à 10^{-n} près par défaut et par excès d'un nombre réel, $u_n = 10^{-n}\mathrm{E}(x10^n)$ et $v_n = 10^{-n}\mathrm{E}(1 + x10^n)$, sont adjacentes et convergent vers x.

Proposition. Deux suites adjacentes convergent et ont la même limite.

Démonstration. Comme v est décroissante pour tout entier n, on a $v_n \leqslant v_0$. Comme v majore u, pour tout n on a $u_n \leqslant v_n$ d'où pour tout n, $u_n \leqslant v_0$. La suite u est donc majorée; comme elle est croissante, elle est convergente. La suite $v - u$ étant convergente,

$$v = (v - u) + u$$

est convergente. Enfin, de $\lim (v - u) = 0$, on déduit $\lim v = \lim (v - u) + \lim u = \lim u$. □

Exercide 21. Soit u et v deux suites de nombres réels définis par : 1. $u_0 = a > 0$ et $v_0 = b > a$. 2. Pour tout n entier naturel u_{n+1} est la moyenne harmonique de u_n et de v_n :

$$2/u_{n+1} = (1/u_n) + (1/v_n)$$

et v_{n+1} est la moyenne arithmétique de u_n et de v_n :

$$2v_{n+1} = u_n + v_n.$$

Montrer que u_n et v_n convergent vers une même limite ℓ. Vérifier que la moyenne géométrique $\sqrt{u_n v_n}$ reste constante et en déduire que $\ell = \sqrt{ab}$.

Exercice 22. Montrer que les suites de termes généraux $u_n = \sum_{k=0}^{n} 1/k!$ et $v_n = u_n + 1/n!$ sont adjacentes. Calculer leur limite commune e à 10^{-7} près.

Exercice 23. Montrer que des suites extraites de suites adjacentes sont adjacentes. En considérant le polygone régulier à n côtés inscrit dans le cercle de rayon 1 et le polygone circonscrit régulier à n côtés, on est conduit à l'inégalité

$$n \sin(\pi/n) \leqslant \pi \leqslant n \operatorname{tg}(\pi/n).$$

En déduire que π est la limite commune des suites adjacentes p_k et P_k définies par : $p_2 = 2\sqrt{2}$, $\mathrm{P}_2 = 4$ et pour tout $k \geqslant 2$,

$$p_{k+1} = 2^k \sqrt{2}\sqrt{1 - \sqrt{1 - 2^{-2k}(p_k)^2}}$$

et

$$\mathrm{P}_{k+1} = 2^{2k+1}[\sqrt{1 + 2^{-2k}(\mathrm{P}_k)^2} - 1]/\mathrm{P}_k.$$

Calculer à l'aide d'une machine p_9 et P_9; p_{10} et P_{10}; expliquer le résultat que vous obtenez.

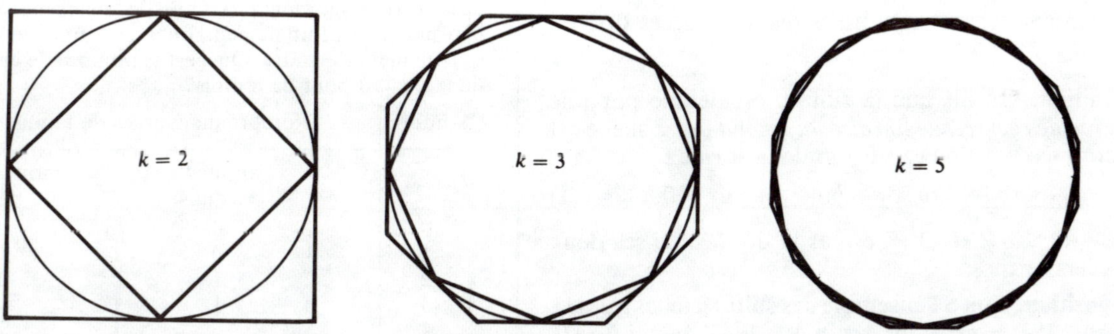

$p_2 = 2\sqrt{2}$ — $\mathrm{P}_2 = 4$

$p_3 \simeq 3{,}061\,4...$ — $\mathrm{P}_3 \simeq 3{,}313\,7$

$p_4 \simeq 3{,}121\,4$ — $\mathrm{P}_4 \simeq 3{,}182\,6$

4.2. Suites récurrentes linéaires du premier ordre

Définition. On appelle *suite arithmétique* toute suite u telle qu'il existe deux réels α et a tels que :

$$\begin{cases} u_0 = \alpha \\ \forall n \in \mathbb{N} \quad u_{n+1} = u_n + a. \end{cases}$$

Le réel a s'appelle la *raison* de la suite arithmétique u. Cette suite a pour terme général $u_n = \alpha + na$. Elle est constante si $a = 0$ et divergente si $a \neq 0$;

Définition. On appelle *suite géométrique* toute suite u telle qu'il existe deux réels α et a tels que :

$$\begin{cases} u_0 = \alpha \\ \forall n \in \mathbb{N} \quad u_{n+1} = au_n. \end{cases}$$

Le réel a s'appelle la *raison* de la suite géométrique u. Cette suite a pour terme général $u_n = \alpha a^n$. Si $\alpha = 0$, elle est constante; si $\alpha \neq 0$, il faut distinguer les divers cas :

- si $a \leqslant -1$, u est alternée et divergente
- si $-1 < a < 1$, u est convergente vers 0

• si $a = 1$, u est constante
• si $a > 1$, u est monotone divergente.

Remarque. Dans le cas des suites arithmétiques ou géométriques, on dit parfois *progression* au lieu de *suite*.

Cas général. Soit $\alpha \in \mathbb{R}$, $a \in \mathbb{R}$ et $b \in \mathbb{R}$. Soit u la suite définie par :

$$\begin{cases} & u_0 = \alpha \\ \forall n \in \mathbb{N} & u_{n+1} = au_n + b. \end{cases}$$

On dit que u est définie par une *relation de récurrence linéaire du premier ordre.*
Si $a = 1$, la suite est arithmétique. Si $a \neq 1$, on cherche une constante k telle que $v_n = u_n + k$ soit une suite géométrique.

Exercice 24. Déterminer k, et montrer que le terme général de u est $u_n = -b/(a-1) + [\alpha + b/(a-1)]a^n$. Étudier la nature de la suite u.

Exercice 25. Montrer que l'ensemble des suites u telles que $u_{n+1} = au_n$ forme un sous-espace vectoriel de $\mathbb{R}^{\mathbb{N}}$. Quelle est sa dimension? Soit $a \in \mathbb{R}$, $b \in \mathbb{R}$ et S l'ensemble des suites u telles que $u_{u+1} = au_n + b$. Trouver une suite constante appartenant à S, puis en déduire l'expression générale de toutes les suites de S. Quelle est la nature du sous-ensemble S de l'espace vectoriel $\mathbb{R}^{\mathbb{N}}$?

4.3. Suites récurrentes linéaires du second ordre

Définition. On dit que la suite u est définie par une *relation de récurrence linéaire du second ordre* si elle est déterminée par une condition de la forme :

$$\forall n \in \mathbb{N} \quad au_{n+2} + bu_{n+1} + cu_n = 0 \qquad (1)$$

où $a \in \mathbb{R}^*$, $b \in \mathbb{R}$ et $c \in \mathbb{R}$, et par la donnée de ses deux premiers termes.

Proposition. Soit S l'ensemble des suites u telles que (1). On pose $P(r) = ar^2 + br + c$ et $\Delta = b^2 - 4ac$; si $\Delta \neq 0$, soit r_1 et r_2 les deux racines distinctes (réelles ou complexes conjuguées) de P, si $\Delta = 0$, soit r la racine double de P. L'ensemble S est un sous-espace vectoriel de dimension 2 de $\mathbb{R}^{\mathbb{N}}$, de base r_1^n et r_2^n si $\Delta \neq 0$ ou de base r^n et nr^{n-1} si $\Delta = 0$.

C 14. Le démontrer en s'inspirant des équations différentielles linéaires du second ordre à coefficients constants.

Corollaire. Si $\Delta \neq 0$, la solution générale de (1) est

$$u_n = K_1(r_1)^n + K_2(r_2)^n.$$

Si $\Delta = 0$, la solution générale de (1) est

$$u_n = K_1 r^n + K_2 n r^{n-1}.$$

Remarque 1. Si $\Delta < 0$, r_1 est complexe et $r_2 = \bar{r}_1$; pour que u_n soit réel il faut choisir $K_2 = \bar{K}_1$. Si $r_1 = \rho(\cos\theta + i\sin\theta)$, on aura $u_n = \rho^n[A\cos n\theta + B\sin n\theta]$.

Remarque 2. Si on se donne u_0 et u_1, alors les constantes K_1 et K_2 sont déterminées, soit si $\Delta \neq 0$ par

$$\begin{cases} K_1 + K_2 = u_0 \\ r_1K_1 + r_2K_2 = u_1. \end{cases}$$

soit si $\Delta = 0$ par

$$\begin{cases} K_1 = u_0 \\ rK_1 + K_2 = u_1. \end{cases}$$

Définition. On appelle *suite de Fibonacci* la suite F définie par :

$$\begin{cases} & F_0 = 1 \\ & F_1 = 1 \\ \forall n \in \mathbb{N} & F_{n+2} = F_{n+1} + F_n \end{cases}$$

(voir encadrés 4 et 5).

Définition. On appelle *nombre d'or* le nombre φ solution positive de $\varphi^2 - \varphi - 1 = 0$.

$$\boxed{\varphi = \frac{1+\sqrt{5}}{2}}.$$

Fibonacci

Considérons des couples de lapins éternels. Chaque couple de lapins donne naissance à un nouveau couple de lapins chaque mois à partir du deuxième mois après leur naissance. Initialement, on a un couple de lapins qui viennent de naître. Quel est le nombre de couples de lapins au bout de n mois?

Nombre	Nombre de couples de lapins			
		adultes ($\geqslant$ 2 mois)	1 mois	nouveaux nés
0	1	0	0	1
1	1	0	1	0
2	2	1	0	1
3	3	1	1	1
4	5	2	1	2
5	8	3	2	3
6	13	5	3	5
7	21	8	5	8
8	34	13	8	13
9	55			
10	89		etc.	
11	144			
12	233			
13	377			
14	610			
15	987			
16	1 597			
17	2 584			

4. Léonard de Pise, surnommé Fibonacci, mit en évidence la suite $u_0 = u_1 = 1$, $u_{n+2} = u_{n+1} + u_n$ en 1202 à propos d'un problème de lapins.

Proposition. La suite $u_n = F_{n+1}/F_n$ converge vers le nombre d'or.

C 15. Le démontrer.

Exercice 26. Calculer les termes généraux des suites ci-dessous et préciser la nature de ces suites :

1. $u_0 = 12,\ u_1 = 31, \quad \forall n \in \mathbb{N} \quad u_{n+2} = 5u_{n+1} - 6u_n$
2. $u_0 = 2,\ u_1 = -1, \quad \forall n \in \mathbb{N} \quad u_{n+2} = 6u_{n+1} - 9u_n$
3. $u_0 = 0,\ u_1 = 1, \quad \forall n \in \mathbb{N} \quad u_{n+2} = 2u_{n+1} - u_n$
4. $u_0 = 2,\ u_1 = 2, \quad \forall n \in \mathbb{N} \quad u_{u+2} = u_{n+1} - u_n/4.$

* **Exercice 27.** On considère la suite u définie par $u_0 = 2$, $u_1 = 1 - \sqrt{5}$ et la condition : $\forall n \in \mathbb{N} \quad u_{n+2} = u_{n+1} + u_n$. Calculer les valeurs successives de u_n à l'aide d'une petite machine à calculer. Qu'observe-t-on? Expliquer ce comportement.

** **Exercice 28.** Soit $a \in \mathbb{R}$, $b \in \mathbb{R}$, $c \in \mathbb{R}$ et $f \in \mathbb{R}^{\mathbb{N}}$. Décrire un procédé pour déterminer l'ensemble des suites u telles que

$$\forall n \in \mathbb{N} \quad au_{n+2} + bu_{n+1} + cu_n = f_n.$$

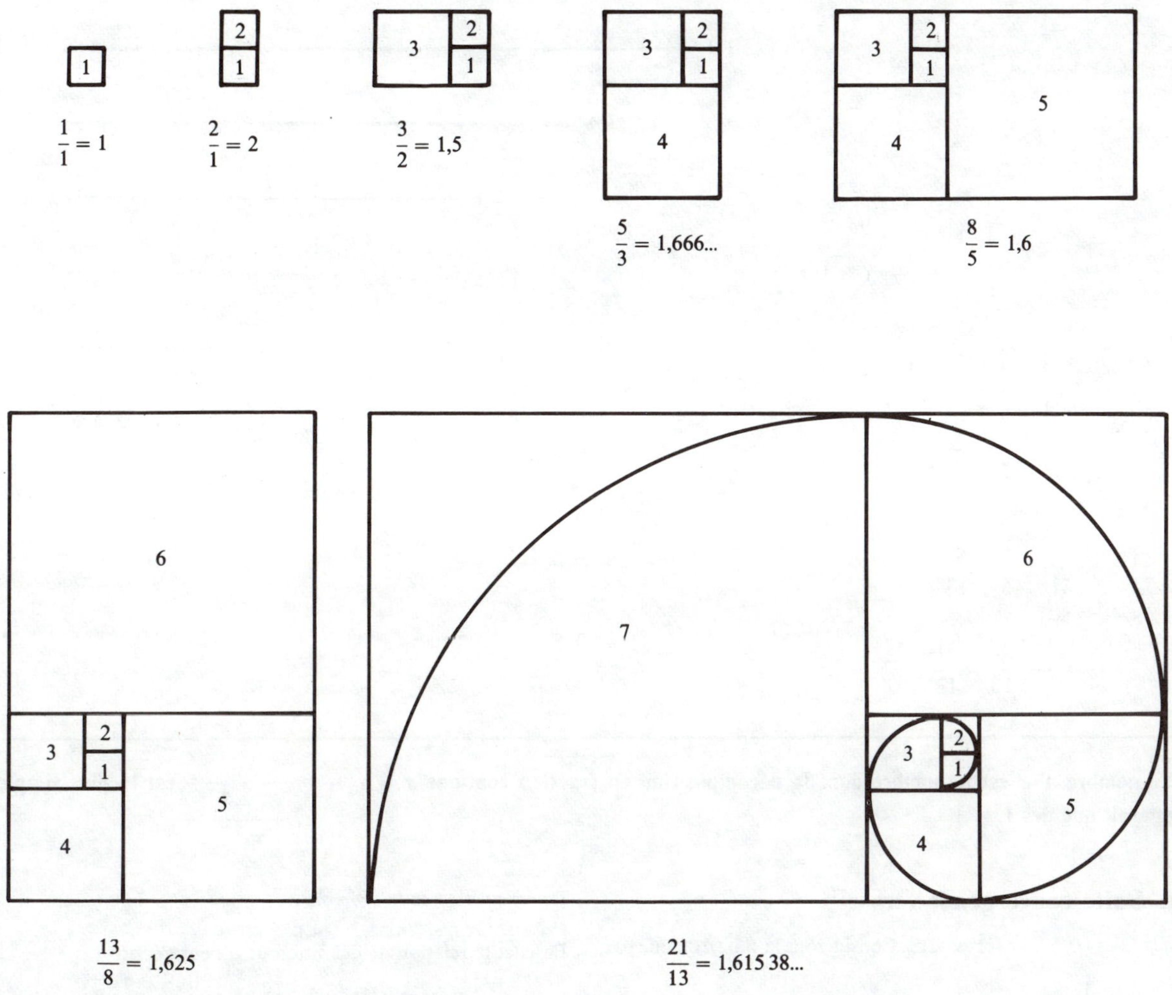

etc.

A la limite :

$$\text{nombre d'or} = \frac{1+\sqrt{5}}{2} = 1{,}618\,033\,988\,7...$$

5. Le rapport de deux termes successifs de la suite de Fibonacci tend vers le nombre d'or. Ce nombre a souvent été considéré comme le rapport des longueurs des côtés d'un rectangle esthétiquement parfait.

Nombre d'or

$$1+\cfrac{1}{1+\cfrac{1}{1+\cfrac{1}{1+\cfrac{1}{1+\cfrac{1}{1+\cfrac{1}{1+\cfrac{1}{1+\cfrac{1}{1+\bullet\bullet\bullet}}}}}}}}$$

$$u_0 = 1$$

$$u_{n+1} = 1 + \frac{1}{u_n}$$

d'où

$$u_1 = 1 + 1 = 2$$

$$u_2 = 1 + \frac{1}{2} = \frac{3}{2}$$

$$u_3 = 1 + \frac{2}{3} = \frac{5}{3}$$

$$u_4 = 1 + \frac{3}{5} = \frac{8}{5}$$

$$u_5 = 1 + \frac{5}{8} = \frac{13}{8}$$

$$u_6 = 1 + \frac{8}{13} = \frac{21}{13}$$

. . . à la limite :

$$\lim_n u_n = \varphi = \frac{1+\sqrt{5}}{2}$$

6. Le nombre d'or est le nombre dont la décomposition en fraction continue $x = a_0 + \cfrac{1}{a_1 + \cfrac{1}{a_2 + \ldots}}$ est la plus simple : il n'apparaît que des 1.

4.4. Suite convergeant vers $a^{1/k}$

Soit $k \in \mathbb{N} - \{0, 1\}$, $a \in \mathbb{R}_+^*$, $\alpha \in \mathbb{R}_+^*$. Considérons la suite u définie par

$$\begin{cases} u_0 = \alpha \\ \forall n \in \mathbb{N} \quad u_{n+1} = \dfrac{1}{k}\left[(k-1)u_n + \dfrac{a}{(u_n)^{k-1}}\right] \end{cases}$$

Proposition. La suite u converge vers un nombre $\ell > 0$ tel que

$$\ell^k = a.$$

Lemme. Soit $\varepsilon \in \mathbb{R}$ et $k \in \mathbb{N}$; si $\varepsilon \leqslant 1$, alors $(1-\varepsilon)^k \geqslant 1 - k\varepsilon$.

Démonstration du lemme. Par récurrence sur k : d'une part $(1-\varepsilon)^0 = 1 \geqslant 1 = 1 - 0\varepsilon$; d'autre part si la relation est satisfaite pour k, on a

$$\begin{aligned}(1-\varepsilon)^{k+1} &= (1-\varepsilon)^k(1-\varepsilon) \geqslant (1-k\varepsilon)(1-\varepsilon) \\ &= 1-(k+1)\varepsilon + k\varepsilon^2 \geqslant 1-(k+1)\varepsilon. \ \square\end{aligned}$$

Démonstration de la proposition

Première étape. $\forall n \in \mathbb{N}^* \quad (u_n)^k \geqslant a.$

En effet la relation de définition de u peut s'écrire

$$u_{n+1} = u_n(1-\varepsilon_n) \quad \text{où} \quad \varepsilon_n = \frac{(u_n)^k - a}{k(u_n)^k}.$$

d'où $\quad (u_{n+1})^k = (u_n)^k(1-\varepsilon_n)^k \geqslant (u_n)^k(1-k\varepsilon_n) = a.$

Deuxième étape. $\exists m > 0 \quad \forall n \in \mathbb{N}^* \quad u_n \geqslant m.$

En effet si $a \geqslant 1$, $u_{n+1} < 1$ est impossible car on aurait $(u_{n+1})^k < 1$, d'où $(u_{n+1})^k < a$. Si $a < 1$, alors $u_{n+1} < a$ est impossible, car on aurait $(u_{n+1})^k < a^k < a$.

Troisième étape. La suite u est décroissante à partir du rang 1. En effet, on a :

$$u_{n+1} - u_n = -\frac{(u_n)^k - a}{k(u_n)^{k-1}},$$

donc d'après la première étape, si $n \geqslant 1$ alors $u_{n+1} - u_n \leqslant 0$.

Quatrième étape. La suite u est convergente et $\lim u = \ell > 0$. À partir du rang 1, la suite u est décroissante et minorée par $m > 0$, elle converge donc vers une limite $\ell \geqslant m$, d'où $\ell > 0$.

Cinquième étape. $\ell^k = a$.

Comme $\lim_n u_n = \ell$, $\lim_n (u_n)^{k-1} = \ell^{k-1}$ et $\ell^k \neq 0$ puisque $\ell \neq 0$.

Donc $\lim_n \dfrac{a}{(u_n)^{k-1}} = \dfrac{a}{\ell^{k-1}}$. Enfin, par linéarité, on déduit que la suite w de terme général $w_n = \dfrac{1}{k}\left[(k-1)u_n + \dfrac{a}{(u_n)^{k-1}}\right]$ converge vers $\dfrac{1}{k}\left[(k-1)\ell + \dfrac{a}{\ell^{k-1}}\right]$. Par ailleurs, comme $w_n = u_{n+1}$, on peut considérer w comme une suite extraite de u. Elle converge donc vers ℓ. L'unicité de la limite d'une suite permet alors d'écrire :

$$\ell = \frac{1}{k}\left[(k-1)\ell + \frac{a}{\ell^{k-1}}\right]$$

ou encore $\ell^k = a$. □

Comme l'application $\mathbb{R}_+ \longrightarrow \mathbb{R}$, $x \longmapsto x^k$ est strictement croissante, on peut en déduire le corollaire suivant.

Corollaire. Il existe un nombre positif unique ℓ tel que $\ell^k = a$.

Définition. Soit $k \in \mathbb{N} - \{0, 1\}$ et $a \in \mathbb{R}_+^*$; on appelle *racine* k^e de a et on note $\sqrt[k]{a}$ ou $a^{1/k}$ le nombre ℓ positif unique tel que $\ell^k = a$.

Remarque 1. On aurait aussi pu définir $a^{1/k}$ par :

$$a^{1/k} = \sup\{x \in \mathbb{R} \mid x^k \leqslant a\}.$$

L'avantage de la définition au moyen de la suite est de donner simultanément un moyen d'évaluation numérique.

Remarque 2. La convergence est très rapide.

Exercice 29. Montrer que si $a < (u_n)^k < 2a$, alors :

$$\forall n \in \mathbb{N} \quad 2u_{n+1} - u_n < \ell < u_{n+1}.$$

Calculer à 10^{-7} près les nombres $2^{1/5}$, $10^{1/2}$, $(1/2)^{1/10}$ en utilisant la suite u_n et en calculant à chaque pas $u_n - u_{n+1}$. Vérifier votre résultat à l'aide d'une machine.

Remarque 3. Une représentation graphique permet de mieux comprendre la situation. On construit la courbe représentative de la fonction f définie par :

$$f(x) = \frac{1}{k}\left[(k-1)x + \frac{a}{x^{k-1}}\right]$$

et la première diagonale (représentation de $y = x$).

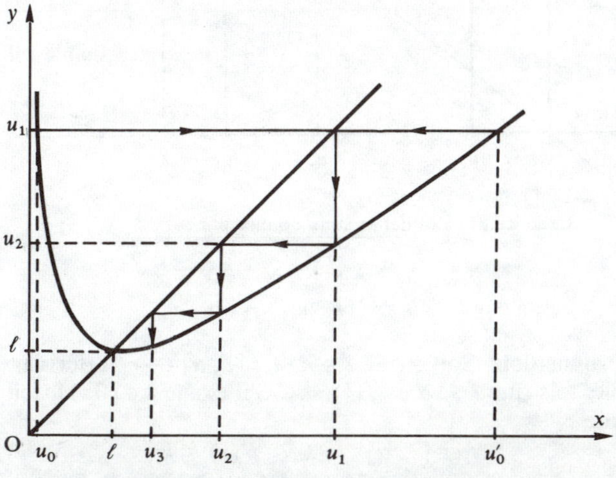

Nous voyons que $u_0 < \ell$ et $u'_0 > \ell$ donnent la même suite à partir de u_1. Pour obtenir u_2, u_3, etc., il suffit de « descendre l'escalier ».

$\sqrt{2}$ = limite d'une suite de rationnels

$$u_0 = 1$$
$$u_{n+1} = \frac{1}{2}\left(u_n + \frac{2}{u_n}\right)$$

$u_0 =$ **1,**000 000 0
$u_1 =$ **1,**500 000 0
$u_2 =$ **1,416** 666 7
$u_3 =$ **1,414 215** 7
$u_4 =$ **1,414 213 6**
u_5 et suivants : *idem*

$$u_0 = 1$$
$$u_{n+1} = \frac{1}{2}\left(0{,}9u_n + \frac{2{,}2}{u_n}\right)$$

$u_0 =$ **1,**000 000 0
$u_1 =$ **1,**550 000 0
$u_2 =$ **1,4**07 177 4
$u_3 =$ **1,414** 936 5
$u_4 =$ **1,414** 141 5
$u_5 =$ **1,414 2**20 7
$u_6 =$ **1,414 21**2 8
$u_7 =$ **1,414 213 6**
u_8 et suivants : *idem*

$$u_0 = 1$$
$$u_{n+1} = \frac{1}{2}\left(0{,}5u_n + \frac{3}{u_n}\right)$$

$u_0 =$ **1,**000 000 0
$u_1 =$ **1,**750 000 0
$u_2 =$ 1,294 642 9
$u_3 =$ 1,482 281 4
$u_4 =$ 1,382 523 9
$u_5 =$ 1,430 603 2
$u_6 =$ **1,4**06 159 6
$u_7 =$ **1,41**8 275 1
$u_8 =$ **1,41**2 191 5
$u_9 =$ **1,41**5 226 8
$u_{10} =$ **1,41**3 707 5
$u_{11} =$ **1,414** 466 7
$u_{12} =$ **1,414** 087 0
$u_{13} =$ **1,414** 276 8
$u_{14} =$ **1,414** 181 9
$u_{15} =$ **1,414 2**29 4
$u_{16} =$ **1,414 2**05 7
$u_{17} =$ **1,414 21**7 5
$u_{18} =$ **1,414 21**1 6
$u_{19} =$ **1,414 21**4 6
$u_{20} =$ **1,414 213** 1
$u_{21} =$ **1,414 213** 8

$u_{22} =$ **1,414 213**4
$u_{23} =$ **1,414 213**6
$u_{24} =$ **1,414 213**5
$u_{25} =$ **1,414 213 6**
u_{26} et suivants : *idem*

$$u_0 = 1$$
$$u_{n+1} = \frac{1}{2}\left(0{,}1u_n + \frac{3{,}8}{u_n}\right)$$

$u_0 \quad =$ 1,000 000 0
$u_1 \quad =$ **1,**950 000 0
$u_2 \quad =$ **1,**071 859 0
$u_3 \quad =$ **1,**826 214 2
....
$u_{32} =$ **1,**397 939 7
$u_{33} =$ **1,4**29 040 0
$u_{34} =$ **1,4**01 015 9
....
$u_{44} =$ **1,4**09 596 3
$u_{45} =$ **1,41**8 383 4
$u_{46} =$ **1,41**0 472 3
....
$u_{72} =$ **1,41**3 971 5
$u_{73} =$ **1,414** 431 5
$u_{74} =$ **1,414** 017 5
....
$u_{98} =$ **1,414** 197 9
$u_{99} =$ **1,414 2**27 6
$u_{100} =$ **1,414 2**00 9
....
$u_{110} =$ **1,414 2**09 1
$u_{111} =$ **1,414 21**7 5
$u_{112} =$ **1,414 21**0 0
....
$u_{133} =$ **1,414 214** 0
$u_{134} =$ **1,414 213** 2
$u_{135} =$ **1,414 213** 9
....
$u_{164} =$ **1,414 213** 5
$u_{165} =$ **1,414 213 6**
u_{166} et suivants : *idem.*

7. Exemples de suites de rationnels convergeant vers $\sqrt{2}$. Du point de vue théorique, toutes ces suites définissent le même nombre réel. Du point de vue pratique la « vitesse de convergence » est essentielle.

4.5. Suites récurrentes du premier ordre

Les suites du paragraphe précédent sont des exemples de suites récurrentes d'ordre 1. Pour être intéressante, l'étude générale de ces suites suppose connues la continuité et la dérivabilité. Nous citerons simplement les résultats essentiels, laissant au lecteur le soin de démontrer ces propositions après l'étude du chapitre suivant.

Définition. Soit $f : \mathrm{I} \longrightarrow \mathbb{R}$, une fonction réelle de variable réelle et soit $\alpha \in \mathrm{I}$. Nous supposerons que I est un intervalle de $\mathbb{R}$ et que $f(\mathrm{I}) \subset \mathrm{I}$. La suite u définie par :

$$\begin{cases} u_0 = \alpha \\ \forall n \in \mathbb{N} \quad u_{n+1} = f(u_n) \end{cases}$$

est appelée une *suite récurrente du premier ordre.*

Proposition. Si f est continue et si u est convergente, alors sa limite ℓ est solution de l'équation (en ℓ dans I) :

$$\ell = f(\ell).$$

Remarque. Les solutions de cette équation sont les abscisses des points d'intersection de la courbe C_f représentative de f et de la première diagonale $y = x$.

Exercice 30. On considère la suite définie par :

$$\begin{cases} u_0 = \alpha \\ \forall n \in \mathbb{N} \quad u_{n+1} = u_n + \sin u_n. \end{cases}$$

Vérifier que u est convergente. Déterminer $\ell = \lim u$ en fonction de α.

Conditions suffisantes de convergence de la suite u

Proposition. Soit $\alpha \in \mathbb{R}$, $\ell \in \mathbb{R}$, $f : [\alpha, \ell] \longrightarrow \mathbb{R}$ dérivable, tels que $\alpha < \ell$ et $f(\ell) = \ell$. S'il existe $k \in [0, 1[$ tel que

$$\forall x \in [\alpha, \ell] \qquad 0 \leqslant f'(x) \leqslant k,$$

alors la suite u définie par $u_0 = \alpha$ et pour tout n, $u_{n+1} = f(u_n)$ converge vers ℓ.

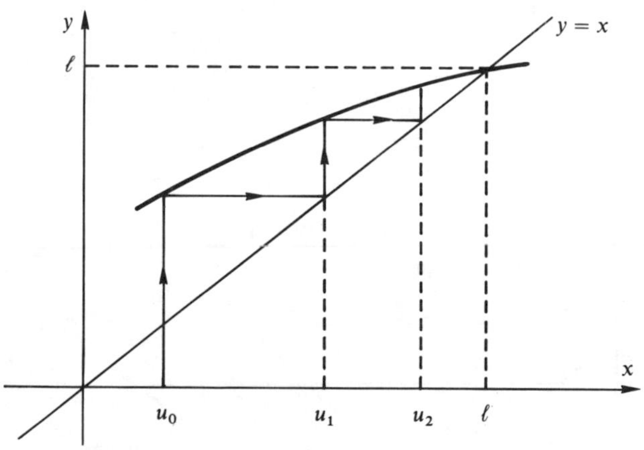

Exercice 31. Étudier la suite donnée par :

$$u_n = \sqrt{1 + \sqrt{1 + \sqrt{1 + \sqrt{\ldots + \sqrt{1}}}}}$$

c'est-à-dire $u_0 = 0$, $\forall n \in \mathbb{N} \quad u_{n+1} = \sqrt{1 + u_n}$.

Proposition. Soit $\alpha \in \mathbb{R}$, $\ell \in \mathbb{R}$, $f : [\ell, \alpha] \longrightarrow \mathbb{R}$ dérivable, tels que $\ell < \alpha$ et $f(\ell) = \ell$. S'il existe $k \in [0, 1[$ tel que :

$$\forall x \in [\ell, \alpha] \qquad 0 \leqslant f'(x) \leqslant k,$$

alors la suite u définie par $u_0 = \alpha$ et pour tout n, $u_{n+1} = f(u_n)$ converge vers ℓ.

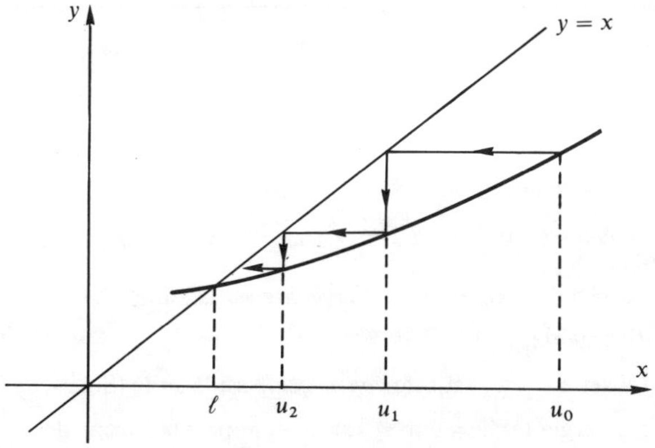

Exercice 32. Étudier la suite donnée par :

$$u_0 = a \quad \text{et} \quad \forall n \in \mathbb{N} \quad u_{n+1} = \frac{1}{k}\left[(k-1)u_n + \frac{a}{(u_n)^{k-1}}\right]$$

où $a \in]1, +\infty[$ et $k \in \mathbb{N}^*$.

Proposition. Soit I un intervalle, $\alpha \in \mathrm{I}$, $\ell \in \mathrm{I}$, $f : \mathrm{I} \longrightarrow \mathbb{R}$ dérivable, tels que $f(\alpha) \in \mathrm{I}$ et $f(\ell) = \ell$. S'il existe $k \in [0, 1[$ tel que :

$$\forall x \in \mathrm{I} \quad -k \leqslant f'(x) \leqslant 0,$$

alors la suite u définie par $u_0 = \alpha$ et pour tout n, $u_{n+1} = f(u_n)$ converge vers ℓ.

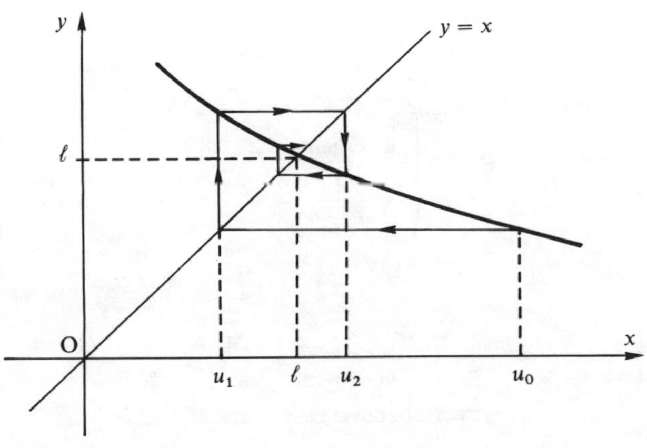

Remarque : On dit parfois d'une telle suite récurrente qu'elle est « en spirale ». Elle présente l'avantage de ne nécessiter aucun calcul supplémentaire pour obtenir un encadrement de la limite ℓ, puisque :

$$\forall n \in \mathbb{N} \quad u_{n+1} < \ell < u_n \quad \textbf{ou} \quad u_n < \ell < u_{n+1}.$$

Exercice 33. Résoudre l'équation en x dans $\mathbb{R}$, $x = e^{-x}$ à 10^{-7} près à l'aide d'une suite récurrente en spirale.

ATTENTION. L'inégalité **stricte**

$$k < 1$$

est essentielle.

§ 5. LES SUITES EN ANALYSE

5.1. Nécessité de la notion de suite en analyse

Si $a \in \mathbb{Q}$ et $k \in \mathbb{N} - \{0, 1\}$, il n'existe pas en général de nombre rationnel ℓ tel que $\ell^k = a$; mais pour toute précision $\varepsilon > 0$, il existe un intervalle $\mathrm{I}(\varepsilon) = [\ell_1(\varepsilon), \ell_2(\varepsilon)]$ tel que pour tout rationnel ℓ appartenant à $\mathrm{I}(\varepsilon)$ on ait $a - \varepsilon < \ell^k < a + \varepsilon$. Plus précisément, il existe une famille d'intervalles $(\mathrm{I}(\varepsilon))_{\varepsilon > 0}$ emboîtés (c'est-à-dire tels que si $\varepsilon' < \varepsilon$ alors $\mathrm{I}(\varepsilon') \subset \mathrm{I}(\varepsilon)$) dont chacun vérifie la propriété ci-dessus. Cette famille comporte nécessairement des intervalles de longueur arbitrairement petites; en d'autres termes : $\ell_2(\varepsilon) - \ell_1(\varepsilon) \longrightarrow 0$ quand $\varepsilon \longrightarrow 0$. C'est l'ensemble de cette situation que l'on résume en disant qu'il existe un nombre réel $a^{1/k}$ tel que $(a^{1/k})^k = a$: la théorie des nombres réels et ses développements regroupés sous la dénomination usuelle, l'analyse, est une théorie des approximations arbitrairement précises. Cependant dans toute application de cette théorie on ne dispose que des nombres rationnels. Pour pouvoir utiliser un nombre réel x, il faudra donc disposer d'un algorithme permettant de trouver en un nombre fini d'opérations, pour **toute** précision ε, un rationnel approchant x à ε près. L'algorithme doit être défini à l'avance (avant le choix de la précision ε, laissée à l'arbitraire de l'utilisateur) : il devra donc être la description d'une suite **infinie** de rationnels (ou de réels que l'on sait déjà approcher par des rationnels). Ainsi, un nombre réel x, pour pouvoir être utilisé, doit comporter : *1.* La démonstration de son existence. *2.* La démonstration de son unicité. *3.* La description d'une suite convergeant vers x.
On voit donc que la notion de suite n'est pas un développement secondaire, elle constitue le passage obligé entre les descriptions abstraites des réels et toute espèce d'utilisation explicite, concrète qu'on peut en faire.

5.2. Généralisations diverses

Limites infinies

On dit que la suite de nombres réels u *tend vers plus l'infini*, et on note $\lim u = +\infty$, ssi :

$$\forall \mathrm{A} \in \mathbb{R} \quad \exists n \in \mathbb{N} \quad \forall p \in \mathbb{N} \quad p \geqslant n \Longrightarrow u_p \geqslant \mathrm{A}.$$

On dit que la suite n *tend vers moins l'infini*, et on note $\lim u = -\infty$, ssi :

$$\forall \mathrm{B} \in \mathbb{R} \quad \exists n \in \mathbb{N} \quad \forall p \in \mathbb{N} \quad p \geqslant n \Longrightarrow u_p \leqslant \mathrm{B}.$$

De telles suites sont ***divergentes*** dans $\mathbb{R}$. L'ensemble $\overline{\mathbb{R}} = \mathbb{R} \cup \{-\infty, +\infty\}$ s'appelle la *droite achevée*. Les suites ci-dessus sont ***convergentes*** dans $\overline{\mathbb{R}}$. Remarquer que si l'on ne précise pas, alors « convergent » signifie « convergent dans $\mathbb{R}$ ».

Suites d'éléments d'autres ensembles

On peut considérer l'ensemble des suites de rationnels $\mathbb{Q}^{\mathbb{N}}$, l'ensemble des suites de nombres complexes $\mathbb{C}^{\mathbb{N}}$, l'ensemble des suites de vecteurs de $\mathbb{R}^n$ soit $(\mathbb{R}^n)^{\mathbb{N}}$; l'ensemble des suites de suites de nombres réels $(\mathbb{R}^{\mathbb{N}})^{\mathbb{N}}$: u est un élément de ce dernier ensemble si pour tout entier n, u_n est une suite de terme général $u_{n,k}$ réel. On peut aussi considérer que u est une *suite double*, c'est-à-dire une suite indexée par un couple d'entiers, de terme général $u_{(n,k)}$; autrement dit, on peut considérer que $u \in \mathbb{R}^{\mathbb{N}\times\mathbb{N}}$ (du point de vue ensembliste $\mathbb{R}^{\mathbb{N}\times\mathbb{N}} \approx (\mathbb{R}^{\mathbb{N}})^{\mathbb{N}}$). De manière plus générale encore, les ensembles de suites de fonctions $(\mathbb{R}^{\mathrm{D}})^{\mathbb{N}}$, où $\mathrm{D} \subset \mathbb{R}$ sont d'usage fréquent.

Toutes ces suites et bien d'autres encore sont susceptibles d'être convergentes ou divergentes. L'étude abstraite de la convergence et de la divergence indépendemment de l'ensemble considéré se fait dans le cadre de la topologie générale.

Séries et produits infinis

Soit $(a_n)_{n\in\mathbb{N}}$ une suite de nombres réels (ou complexes, etc.); on peut définir deux nouvelles suites

$$s_n = \sum_{k=0}^{n} a_k$$

$$p_n = \prod_{k=0}^{n} a_k.$$

L'étude de la suite s s'appelle l'étude de la *série* $\sum_{k=0}^{\infty} a_k$; l'étude de la suite p s'appelle l'étude du *produit infini* $\prod_{k=0}^{\infty} a_k$. Si la suite s est convergente on dit que la *série* $\sum_{k=0}^{\infty} a_k$ est *convergente* et on pose :

$$\sum_{k=0}^{\infty} a_k = \lim_n \left(\sum_{k=0}^{n} a_k \right).$$

Exemple. La série $\sum_{k=0}^{\infty} x^k$ est convergente si $|x| < 1$, elle est divergente si $|x| \geqslant 1$. En effet

$$\sum_{k=0}^{n} x^k = \frac{1 - x^{n+1}}{1 - x},$$

or $\lim_n x^{n+1} = 0$ ssi $|x| < 1$. On a donc :

$$\boxed{\text{Si} \quad |x| < 1 \quad \text{alors} \quad \sum_{k=0}^{\infty} x^k = \frac{1}{1-x}.}$$

Remarquons enfin que les produits se ramènent (au signe près) à des séries en utilisant les logarithmes.

$$\sum_{n=0}^{\infty} u_n$$

Séries numériques

Terme général : $u_n (\in \mathbb{R}_+,\ \mathbb{R}$ ou $\mathbb{C})$.

Sommes partielles : $\mathrm{S_N} = \sum_{n=0}^{\mathrm{N}} u_n$.

La série $\sum_{n=0}^{\infty} u_n$ est dite ***divergente*** ssi la suite $(\mathrm{S_N})$ est divergente.

La série $\sum_{n=0}^{\infty} u_n$ est dite ***convergente*** ssi la suite $(\mathrm{S_N})$ est convergente; $\mathrm{S} = \lim_{\mathrm{N}} \mathrm{S_N}$ est alors appelé la *somme* de la série et on écrit :

$$\sum_{n=0}^{\infty} u_n = \mathrm{S}.$$

$\mathrm{R_N} = \mathrm{S} - \mathrm{S_N}$ s'appelle alors le *reste* de rang N de la série.

> **Théorème de Cauchy.** Pour que le série $\sum_{n=0}^{\infty} u_n$ soit convergente il faut et il suffit que :
>
> $$\forall \varepsilon > 0 \ \ \exists \mathrm{N} \in \mathbb{N} \ \ \forall p \geqslant \mathrm{N} \ \ \forall q \geqslant p \ \ \left| \sum_{n=p}^{q} u_n \right| < \varepsilon$$

SÉRIES DE RÉFÉRENCE

Série harmonique $\sum_{n=1}^{\infty} \frac{1}{n}$ **divergente.**

Séries géométriques

$$\sum_{n=0}^{\infty} a^n \begin{cases} \textbf{divergente} & \text{si} \quad |a| \geqslant 1 \\ = \dfrac{1}{1-a} & \text{si} \quad |a| < 1 \end{cases}$$

Séries de Riemann $(\alpha \in \mathbb{R}_+)$

$$\sum_{n=2}^{\mathrm{N}} \frac{1}{n^\alpha} < \int_1^{\mathrm{N}} \frac{\mathrm{d}x}{x^\alpha} < \sum_{n=1}^{\mathrm{N}-1} \frac{1}{n^\alpha}$$

$$\sum_{n=1}^{\infty} \frac{1}{n^\alpha} \begin{cases} \textbf{divergente} & \text{si} \quad \alpha \leqslant 1 \\ \textbf{convergente} & \text{si} \quad \alpha > 1 \end{cases}$$

Séries de Bertrand

$$\sum_{n=2}^{\infty} \frac{1}{n^\alpha (\mathrm{Log}\, n)^\beta}$$

$$\textbf{divergente} \quad \text{si} \quad \begin{cases} \alpha < 1 \\ \textbf{ou} \\ \alpha = 1 \ \textbf{et} \ \beta \leqslant 1 \end{cases}$$

$$\textbf{convergente} \quad \text{si} \quad \begin{cases} \alpha > 1 \\ \textbf{ou} \\ \alpha = 1 \ \textbf{et} \ \beta > 1 \end{cases}$$

SÉRIES A TERMES POSITIFS $u_n \in \mathbb{R}$

$\mathrm{S_N}$ est croissante, donc

ou bien $\mathrm{S} = \sum_{n=0}^{\infty} u_n$ existe (la série converge)

ou bien $\lim_{\mathrm{N}} \mathrm{S_N} = \pm\infty$ (la série diverge).

Théorème. Si à partir d'un certain rang

$$\frac{u_{n+1}}{u_n} \leqslant k < 1,$$

alors la série est convergente et $\mathrm{R_N} \leqslant \dfrac{u_{\mathrm{N}+1}}{1-k}$.

Théorème. Si à partir d'un certain rang

$$\sqrt[n]{u_n} \leqslant k < 1$$

alors la série est convergente et $\mathrm{R_N} \leqslant \dfrac{u_{\mathrm{N}+1}}{1-k}$.

SÉRIES A TERMES QUELCONQUES
($u_n \in \mathbb{R}$ ou $\mathbb{C}$)

$$\left|\sum_{n=0} u_n\right| \leqslant \sum_{n=0} |u_n|$$

Définitions. La série $\sum_{n=0}^{\infty} u_n$ est dite ***absolument convergente*** ssi la série $\sum_{n=0}^{\infty} |u_n|$ est convergente. Elle est ***semi-convergente*** ssi elle est convergente sans être absolument convergente.

Produit de deux séries. Le *produit* des séries $\sum_{n=0}^{\infty} u_n$ et $\sum_{n=0}^{\infty} v_n$ est la série $\sum_{n=0}^{\infty} w_n$ définie par :

$$\boxed{w_n = \sum_{p+q=n} u_p v_q}$$

Théorème. Si les séries $\sum_{n=0}^{\infty} u_n$ et $\sum_{n=0}^{\infty} v_n$ sont absolument convergentes, alors la série-produit est absolument convergente et

$$\boxed{\sum_{n=0}^{\infty}\left(\sum_{p+q=n} u_p v_q\right) = \sum_{n=0}^{\infty} u_n \sum_{m=0}^{\infty} v_m}$$

Exemple :

$$e^{z_1+z_2} = \sum_{n=0}^{\infty} \sum_{p+q=n} \frac{(z_1)^p}{p!}\frac{(z_2)^q}{q!} = \sum_{n=0}^{\infty}\frac{(z_1)^n}{n!}\sum_{n=0}^{\infty}\frac{(z_2)^m}{m!} = e^{z_1}e^{z_2}$$

8. Survol des principales propriétés des séries numériques. Bien que les séries soient des suites particulières, elles méritent une étude spécifique du fait de leur importance pratique et théorique.

§ 6. RÉPONSES OU INDICATIONS

1.

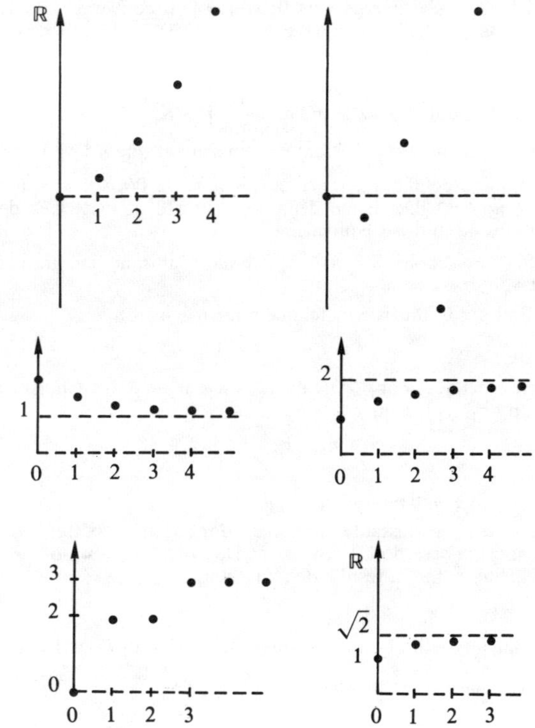

C 1. Soit $u \in \mathbb{R}^{\mathbb{N}}$, u est *décroissante* ssi : $\forall n \in \mathbb{N}\ \forall m \in \mathbb{N}\ n \leqslant m \Longrightarrow u_n \geqslant u_m$; pour que u soit décroissante il faut et il suffit que : $\forall n \in \mathbb{N}\ u_n \geqslant u_{n+1}$ ...; u est *constante* ssi : $\exists k \in \mathbb{R}\ \forall n \in \mathbb{N}\ u_n = k$; C.N.S. : $\forall n \in \mathbb{N}\ u_{n+1} = u_n$; n est *stationnaire* ssi elle est constante à partir d'un certain rang : $\exists k \in \mathbb{R}\ \exists n_0 \in \mathbb{N}\ \forall n \in \mathbb{N}\ (n \geqslant n_0 \Longrightarrow u_n = k)$, ou : $\exists n_0\ \forall n \geqslant n_0\ u_n = u_{n+1}$; u est majorée ssi : $\exists \mathrm{M} \in \mathbb{R}\ \forall n \in \mathbb{N}\ u_n \leqslant \mathrm{M}$; u est *minorée* ssi $-u$ est majorée; u est *bornée* ssi u est majorée et minorée ou si seulement si : $\exists \mathrm{M} \in \mathbb{R}\ \forall n \in \mathbb{N}\ |u_n| \leqslant \mathrm{M}$; u est à termes positifs ssi : $\forall n \in \mathbb{N}\ u_n \geqslant 0$; à termes négatifs ssi : $\forall n \in \mathbb{N}\ u_n \leqslant 0$; u est *alternée* ssi : $\forall n \in \mathbb{N}\ u_n u_{n+1} < 0$.

2. $\alpha_n = n$, $\beta_n = -n$, $\gamma_n = (-1)^n$, $\delta_n = \alpha_n$, $\varepsilon_n = \mathrm{E}(n/2)$, $\zeta_n = \beta_n$, $\eta_n = -\varepsilon_n$, $\theta_n = \pi$, $\iota_n = \theta_n$, $\kappa_n = \mathrm{E}(4n/(n+1))$, $\lambda_n = (n-3)^2$, $\mu_n = \gamma_n$, $v_n = (-1)^{n(n+1)/2}$, $\xi_n = v_n$, $o_n = \beta_n$, $\pi_n = \alpha_n$, $\rho_n = (-1)^n n$, $\sigma_n = \alpha_n$, $\tau_n = \rho_n$, $\upsilon_n = \beta_n$, $\varphi_n = -1/(n+1)$, $\chi_n = 1/(n+1)$, $\psi_n = \rho_n$, $\omega_n = 10^{-n}\mathrm{E}(\sqrt{2}\ 10^n)$.

3. a minorée croissante, b ni majorée ni minorée, non monotone, c décroissante minorée, d, e et v croissantes majorées.

5. $(-1)^{n+1}$ (définie pour $n \geqslant 1$).

6. La suite constante nulle : $\mathbb{N} \longrightarrow \mathbb{R}$, $n \longmapsto 0$.

7. Toute suite dont un terme au moins a la valeur nulle est un diviseur de zéro : si $u = (u_0, u_1, ..., u_{n_0-1}, 0, u_{n_0+1}, ...)$ choisir $v = (0, 0, ..., 0, 1, 0, ...)$ et alors $uv = (0, 0, ..., 0, 0, 0, ...)$.

8. A partir d'un certain rang $u_n > 0$ et $v_n < 0$, alors $u_{n+1}v_{n+1} < u_n v_{n+1} < u_n v_n$.

C 2. Vérifier : $\forall n \in \mathbb{N}\ u_n \leqslant u_n$, $(u_n \leqslant v_n$ **et** $v_n \leqslant u_n) \Longrightarrow u_n = v_n$, $(u_n \leqslant v_n$ **et** $v_n \leqslant w_n) \Longrightarrow u_n \leqslant w_n$. Non (même à partir d'un certain rang) : contre-exemple : $u_n = (-1)^n$ et $v_n = (-1)^{n+1}$.

9. u et v comparables ssi : $(\forall n \in \mathbb{N}\ u_n \leqslant v_n)$ **ou** $(\forall n \in \mathbb{N}\ u_n \geqslant v_n)$. La négation s'écrit : $(\exists n_1 \in \mathbb{N}\ u_{n_1} > v_{n_1})$ **et** $(\exists n_2 \in \mathbb{N}\ u_{n_2} < v_{n_2})$.

C 4. $\exists k \in \mathbb{N}\ \forall n \in \mathbb{N}\ (n \geqslant k \Longrightarrow u_n \leqslant v_n)$. Oui (mais pas ordre total).

C 5. Résultent des corollaires du théorème énonçant que $\mathbb{R}$ est archimédien (voir chapitre précédent).

10. Si $|q| < 1$, a converge vers 0; si $q = 1$, a converge vers 1, si $q \leqslant -1$ ou $q > 1$, alors a diverge. $b_n < 2 \cdot (2/3)^{n-2}$ donc b converge vers 0. De même c converge vers 0, $c_n < \mathrm{K}(a/n_0)^{n-n_0+1}$ pour $n_0 > a$.

Divergente, pour n assez grand $a\left(\dfrac{n}{n+1}\right)^p > \mathrm{K} > 1$ et $\alpha_{n+1} > \mathrm{K}d_n$.

On se ramène au cas précédent en remarquant que $n \operatorname{Log} n < n^2$.

11. Première définition : $u \leqslant v$ et $u \neq v$, soit : $(\forall n \in \mathbb{N}\ \ u_n \leqslant v_n)$ **et** $(\exists n \in \mathbb{N}\ \ u_n \neq v_n)$. Deuxième définition : $\forall n \in \mathbb{N}\ \ u_n < v_n$. Ces deux définitions **ne** sont **pas** équivalentes.

C 8. Si $\ell < m$, choisir $\varepsilon = |m - \ell|/2$, pour n suffisamment grand on aurait $u_n < \ell + \varepsilon = m - \varepsilon < v_n$.

C 9. Soit $\varepsilon > 0$. Il existe n_1 tel que pour $p \geqslant n_1$, on a

$$\ell - \varepsilon < u_p < \ell + \varepsilon.$$

Il existe n_2 tel que pour $p \geqslant n_2$, on a $\ell - \varepsilon < w_p < \ell + \varepsilon$. Choisissons $n = \sup\{n_1, n_2\}$, pour $p \geqslant n$ on aura

$$\ell - \varepsilon < u_p \leqslant v_p \leqslant w_p < \ell + \varepsilon.$$

12. $\mathrm{E}(n\sqrt{2}) \geqslant n$, d'où $0 \leqslant u_n \leqslant 1/n$.

C 10. v est décroissante minorée, donc $\lim v$ existe; w est croissante majorée, donc $\lim w$ existe. De : $\forall n \in \mathbb{N}\ v_n > w_n$, on déduit $\lim v \geqslant \lim w$. La fin résulte de : $\forall n \in \mathbb{N}\ v_n \geqslant u_n \geqslant w_n$.

13. $u_n = (-1)^n + 1/(n+1)$.

C 11. $\lim u = -\lim(-u) = -\overline{\lim}(-u) = -\inf\limits_n \sup\limits_{m \geqslant n}(-u_m) =$
$-\inf\limits_n\,[-\inf\limits_{m \geqslant n} u_m] = \sup\limits_n \inf\limits_{m \geqslant n} u_m.$

14. Si $p > q$, $u_p - u_q = \sum\limits_{k=q+1}^{p} a^k \sin k$, d'où

$$|u_p - u_q| \leqslant \sum_{k=q+1}^{p} |a|^k = |a|^{q+1}(1 + |a| + \dots + |a|^{p-q-1}) =$$

$$|a|^{q+1}\frac{1 - |a|^{p-q}}{1 - |a|} < \frac{1}{1 - |a|}|a|^{q+1} < \frac{1}{1 - |a|}|a|^n < \varepsilon,$$

si $q \geqslant n$ et n tel que $|a|^n < \varepsilon(1 - |a|)$.

15. $\exists \varepsilon > 0\, \forall n \in \mathbb{N}\, \exists p \in \mathbb{N}\, \exists q \in \mathbb{N}\, (p \geqslant n$ **et** $q \geqslant n$ **et** $|u_p - u_q| \geqslant \varepsilon)$. Pour $\varepsilon = 1/2$, $n \in \mathbb{N}$ choisir $q = n$ et $p = 2n$; on a alors

$$u_p - u_q = \frac{1}{n+1} + \frac{1}{n+2} + \dots + \frac{1}{2n} \geqslant n \cdot \frac{1}{2n} = 1/2.$$

16. $\prod\limits_{n=1}^{\infty}(1 - z^2/n^2\pi^2) = \lim u$, où $u_1 = 1 - z^2/\pi^2$ et :

$\forall n \in \mathbb{N}^*\ \ u_{n+1} = [1 - z^2/(n+1)^2\pi^2]u_n$; $\sum\limits_{n=1}^{\infty}\left(\dfrac{1}{z - n\pi} + \dfrac{1}{z + n\pi}\right)$ $= \lim v$, où $v_1 = (z - \pi)^{-1} + (z + \pi)^{-1}$ et : $\forall n \in \mathbb{N}^*\ \ v_{n+1} = v_n + [z - (n+1)\pi]^{-1} + [z + (n+1)\pi]^{-1}$.

Remarque : u et v sont des suites de Cauchy, donc ces limites existent.

C 12. $(u \circ g) \circ h = u \circ (g \circ h)$ et si g et $h : \mathbb{N} \longrightarrow \mathbb{N}$ strictement croissantes, alors $g \circ h$ est aussi strictement croissante.

17. De v et w il n'y en a pas; de v et t, il y a les suites extraites de u_{4n}; de w et t aucune.

C 13. Soit $\mathrm{A} \subset \mathbb{N}$; $-\mathrm{A} \subset \mathbb{Z}$ et $-\mathrm{A}$ est majoré par 0, donc $\sup(-\mathrm{A})$ existe et $\sup(-\mathrm{A}) \leqslant 0$ et $\sup(-\mathrm{A}) \in \mathbb{Z}$; d'où $m = -\sup(-\mathrm{A})$ est la borne inférieure de A, $m \in \mathbb{Z}$ et $m \geqslant 0$ soit $m \in \mathbb{N}$.

18. u_{2n}, u_{4n+1}, u_{2n+1}.

19. Soit u_n une suite extraite convergente. Posons $\ell = \lim u$. Premier cas : $\{m \in \mathbb{N} \mid u_m \geqslant \ell\}$ est infini; alors : $\forall n \in \mathbb{N}\ \ \{m \in \mathbb{N} \mid m \geqslant n$ **et** $u_n \geqslant u_m \geqslant \ell\} \neq \varnothing$, et la suite extraite $u \circ g$ est décroissante pour $g(n) = \inf\{m \in \mathbb{N} \mid m \geqslant n$ **et** $u_n \geqslant u_m \geqslant \ell\}$. Deuxième cas : $\{m \in \mathbb{N} \mid u_m \geqslant \ell\}$ est fini, alors $\{m \in \mathbb{N} \mid u_m \leqslant \ell\}$ est infini et on obtient une suite extraite croissante.

20. $(-1)^n + 1/(n+1)$.

21. Les suites u et v sont adjacentes : en effet $v_{n+1} - u_{n+1}$ $= \dfrac{v_n - u_n}{2(v_n + u_n)}(v_n - u_n) < \dfrac{1}{2}(v_n - u_n)$ et > 0;

$$v_n - u_{n+1} = \frac{1}{2}(v_n - u_n) > 0,\ u_{n+1} - u_n = \frac{u_n}{u_n + v_n}(v_n - u_n) > 0.$$

$$u_{n+1}v_{n+1} = \frac{2u_nv_n}{u_n + v_n} \times \frac{u_n + v_n}{2} = u_nv_n = \dots = ab,$$

$\forall n\ \ u_n < \sqrt{u_nv_n} < v_n$.

22. $u_{n+1} - u_n = 1/(n+1)! > 0$, $v_n - v_{n+1} = [1 - 2/(n+1)]/n! > 0$, $v_n - u_n = 1/n! < 1/n \longrightarrow 0$; $u_n < e < v_n$, $v_{11} - u_{11} < (11!)^{-1} = 0{,}25 \cdot 10^{-7}$; $u_{11} > 2{,}718\,281\,82$ et $v_{11} < 2{,}718\,281\,86$, d'où $e \simeq 2{,}718\,281\,8$ à 10^{-7} près.

23. $\sin 2\theta = 2\sin\theta\sqrt{1 - \sin^2\theta}$, d'où $\sin\theta = \sqrt{1 - \sqrt{1 - \sin^2 2\theta}}$; $p_k = 2^k \sin(\pi 2^{-k})$ $\operatorname{tg} 2\theta = 2\operatorname{tg}\theta/(1 - \operatorname{tg}^2\theta)$, d'où $\operatorname{tg}\theta = [\sqrt{1 + \operatorname{tg} 2\theta} - 1]/\operatorname{tg} 2\theta$; $\mathrm{P}_k = 2^k \operatorname{tg}(\pi 2^{-k})$.

Par ailleurs $n \operatorname{tg}(\pi/n) - n\sin(\pi/n) = n[(\pi/n) + o(1/n) - (\pi/n) - o(1/n)] = o(1)$. Calcul numérique à la machine (11 chiffres) : $p_9 = 3{,}141\,590\,5 < \pi < 3{,}141\,605\,2 = \mathrm{P}_9$, mais $p_{10} = 3{,}141\,611\,3 > \pi$ et $\mathrm{P}_{10} = 3{,}141\,450\,5 < \pi$, ... $p_{20} = 23{,}44\dots$ et $\mathrm{P}_{16} = 2{,}905\dots$, $\mathrm{P}_{17} = 0$, $\mathrm{P}_{18} = 0/0$; les erreurs d'arrondis se cumulent.

24. Si $|a| < 1$, u converge vers $-b/(a-1)$; si $a = 1$ et $b = 0$, u est constante égale à α; sinon divergente.

25. Stable par rapport aux combinaisons linéaires. dim = 1. $b/(1-a)$. $b/(1-a) + ka^n$. Une droite.

C 14. S stable. $(u_0, u_1) = (1, 0)$ et $(u_0, u_1) = (0, 1)$ définissent des suites qui forment une base de S, donc dim S = 2. $ar^{n+2} + br^{n+1} + cr^n = 0$, ou $\mathrm{P}(r) = 0$, r_1^n et r_2^n indépendantes, donc forment une base.

C 15. $u_n = \mathrm{F}_{n+1}/\mathrm{F}_n$; $u_{n+1} = 1 + 1/u_n$, convergence en spirale vers la solution positive φ de $\ell = 1 + 1/\ell$.

26. $5 \cdot 2^n + 7 \cdot 3^n$; $2 \cdot 3^n - 7n3^{n-1}$; $0 \cdot 1^n + 1 \cdot n1^{n-1} = n$; $2(1/2)^n + 1 \cdot n(1/2)^{n-1} = (n+1)2^{-n+1}$, la seule qui soit convergente.

27. $u_2 = 0{,}763\,932$; $u_3 = -0{,}472\,136$; ...; $u_{21} = -0{,}000\,076\,2$; $u_{22} = 0{,}000\,059\,4$; $u_{23} = -0{,}000\,016\,9$; $u_{24} = 0{,}000\,042\,5$; ... $u_{50} = 6{,}290$; ...; $u_{600} = 5{,}6 \cdot 10^{95}$.

Explication : les suites u_n telles que $u_{n+2} = u_{n+1} + u_n$ sont de la forme $\mathrm{K}_1\left(\dfrac{1 + \sqrt{5}}{2}\right)^n + \mathrm{K}_2\left(\dfrac{1 - \sqrt{5}}{2}\right)^n$ où K_1 et K_2 dépendent de u_0 et u_1. La suite u diverge sauf si $\mathrm{K}_1 = 0$. u_0 et u_1 ont été choisis de telle sorte que $\mathrm{K}_1 = 0$, et on devrait observer une convergence vers 0 : c'est le cas jusqu'à u_{23}. Mais $\sqrt{5}$ a été remplacé par son développement décimal, donc K_1 est très petit mais différent de zéro. Donc la suite diverge (et tend vers $+\infty$).

28. Chercher u_n sous la forme (cas $\Delta \neq 0$) : $u_n = \ell_n(r_1)^n + m_n(r_2)^n$. Poser $\lambda_n = \ell_{n+1} - \ell_n$ et $\mu_n = m_{n+1} - m_n$; l'équation devient $a(\lambda_{n+1} + \lambda_n)(r_1)^{n+2} + b\lambda_n(r_1)^{n+1} + a(\mu_{n+1} + \mu_n)(r_2)^{n+2} + b\mu_n(r_2)^{n+1} = f_n$. Imposer : $\forall n \in \mathbb{N}\ \ \lambda_n(r_1)^{n+1} + \mu_n(r_2)^{n+1} = 0$, d'où $a[\lambda_{n+1}(r)^{n+2} + \mu_{n+1}(r_2)^{n+2}] = 0$ et $ar_1\lambda_n(r_1)^{n+1} + ar_2\mu_n(r_2)^{n+1} = f_n$, d'où λ_n et μ_n, donc $\ell_n = \ell_0 + a^{-1}(r_1 - r_2)^{-1}\sum\limits_{k=1}^{n-1} f_k(r_1)^{-k-1}$ et de même pour m_n.

29. $1{,}148\,698\,4$; $3{,}162\,277\,7$; $0{,}933\,033\,0$.

30. Si $\alpha \in 2\pi\mathbb{Z}$, $\ell = \alpha$; sinon $\ell = \pi + 2\pi\mathrm{E}(\alpha/2\pi)$.

31. u converge vers le nombre d'or $(1 + \sqrt{5})/2$.

32. Retrouver les résultats du paragraphe 4.4.

33. $u_{n+1} = e^{-u_n}$; $\lim u = 0{,}567\,143\,3 \pm 10^{-7}$.

3. Limites

Ce chapitre a pour but de démontrer les théorèmes fondamentaux liés à la notion de limite, que nous avons admis dans les autres thèmes de ce cours. Pour cela il est nécessaire de se donner des définitions précises des notions de limite d'une fonction réelle de variable réelle (§ 2), de continuité (§ 3) et de dérivée (§ 4).

En général les limites ne commutent pas :

$$\lim_{x\to a}\lim_{y\to b} \mathrm{F}(x, y) \neq \lim_{y\to b}\lim_{x\to a} \mathrm{F}(x, y).$$

Les théorèmes importants de l'analyse peuvent être décrits pour la plupart comme énonçant certaines conditions très restrictives garantissant la commutativité des limites. D'où, en particulier, le rôle décisif de la notion de convergence uniforme, qui permet d'énoncer un théorème général de commutativité de limites (§ 5).

§ 1. FONCTIONS RÉELLES DE VARIABLE RÉELLE

1.1 $\mathbb{R}^{\mathrm{D}}$, où $\mathrm{D} \subset \mathbb{R}$

Définition. Une *fonction réelle de variable réelle* est une application d'un sous-ensemble D de $\mathbb{R}$ dans $\mathbb{R}$:

$$f : \mathrm{D} \longrightarrow \mathbb{R}, \quad \text{où} \quad \mathrm{D} \subset \mathbb{R}.$$

D s'appelle le *domaine de définition* de f; on dit aussi que f est *définie sur* D.

Notation. L'ensemble des fonctions réelles de variable réelle définies sur D est noté $\mathbb{R}^{\mathrm{D}}$.

Remarque. Comme $\mathbb{N} \subset \mathbb{R}$, une suite de nombres réels est une fonction réelle de variable réelle définie sur $\mathbb{N}$. Les suites finies (éléments de $\mathbb{R}^{\{1,2,\dots,n\}}$) et les suites généralisées (éléments de $\mathbb{R}^{\mathbb{Z}}$) sont aussi des fonctions réelles de variable réelle.

C 1. Définir : *fonction croissante, strictement croissante, décroissante, strictement décroissante, monotone, strictement monotone, convexe, strictement convexe, majorée, minorée, bornée, périodique de période* T, *paire, impaire.*

Définition. Soit $\mathrm{D} \subset \mathbb{R}$, $f \in \mathbb{R}^{\mathrm{D}}$ et $\mathrm{A} \subset \mathrm{D}$. On appelle *restriction de f à* A et on note $f|_{\mathrm{A}}$ l'application $f|_{\mathrm{A}} : \mathrm{A} \longrightarrow \mathbb{R}, x \longmapsto f(x)$.

Exercice 1. Soit $\mathrm{B} \subset \mathrm{A} \subset \mathrm{D} \subset \mathbb{R}$ et $f \in \mathbb{R}^{\mathrm{D}}$. Montrer que $f|_{\mathrm{A}}|_{\mathrm{B}} = f|_{\mathrm{B}}$.

** **Exercice 2.** Soit $(\mathrm{A}_i)_{i\in\mathrm{I}}$ une famille de sous-ensembles de $\mathbb{R}$ et soit $(g_i)_{i\in\mathrm{I}}$ une famille de fonctions réelles de variable réelle telles que pour tout $i \in \mathrm{I}$, $g_i \in \mathbb{R}^{\mathrm{A}_i}$. A quelle condition existe-t-il une fonction f définie sur $\mathrm{D} = \bigcup_{i\in\mathrm{I}} \mathrm{A}_i$ telle pour tout $i \in \mathrm{I}$, $f|_{\mathrm{A}_i} = g_i$?

Définition. Soit $f \in \mathbb{R}^{\mathrm{D}}$, on dit que f est *monotone par morceaux* ssi **1.** il existe une suite $(x_i)_{i\in\mathrm{I}}$ (finie si $\mathrm{I} = \{1, 2, \dots, n\}$, infinie si $\mathrm{I} = \mathbb{N}$, généralisée si $\mathrm{I} = \mathbb{Z}$) strictement croissante de nombres réels tels que $\bigcup_{\substack{i\in\mathrm{I}\\ i+1\in\mathrm{I}}} [x_i, x_{i+1}] \supset \mathrm{D}$ et **2.** pour tout entier i tel que i et $i+1$ appartiennent à I, la restriction $f|_{]x_i, x_{i+1}[}$ est une fonction monotone.

C 2. Pour chaque notion dont la définition est demandée dans **C 1**, considérer et essayer de définir la même notion généralisée « par morceaux » : qu'est une fonction *croissante par morceaux, convexe par morceaux*, etc.?

** **Exercice 3.** Soit $f \in \mathbb{R}^{\mathbb{R}}$ définie par les conditions suivantes : si $x \in \mathbb{R} - \mathbb{Q}$, alors $f(x) = 0$ et si $x \in \mathbb{Q}$, alors $f(x) = q$ où q est l'élément de $\mathbb{N}$ tel qu'il existe $p \in \mathbb{Z}$ premier avec q tel que $x = p/q$. Montrer que f n'est bornée sur aucun intervalle.

1.2. Structures de $\mathbb{R}^{\mathrm{D}}$

• *Structure d'espace vectoriel sur* $\mathbb{R}$. Comme $\mathbb{R}$ est un corps, on peut munir $\mathbb{R}^{\mathrm{D}}$ d'une structure d'espace vectoriel en définissant la somme de deux fonctions f et g définies sur D et la multiplication d'une fonction f définie sur D par un réel α, par les conditions :

$$\forall x \in \mathrm{D} \quad [(f+g)(x) = f(x) + g(x) \ \textbf{et} \ (\alpha f)(x) = \alpha f(x)].$$

Étant donné n fonctions $f_1, f_2, \dots, f_n$ définies sur un même sous-ensemble D de $\mathbb{R}$ et n nombres réels $\alpha_1, \alpha_2, \dots, \alpha_n$, la combinaison linéaire

$$\alpha_1 f_1 + \alpha_2 f_2 + \dots + \alpha_n f_n$$

est donc la fonction telle que :

$$\forall x \in \mathrm{D} \quad (\alpha_1 f_1 + \alpha_2 f_2 + \dots + \alpha_n f_n)(x) = \alpha_1 f_1(x) + \alpha_2 f_2(x) + \dots + \alpha_n f_n(x).$$

Exercice 4. L'ensemble des fonctions croissantes définies sur D forme-t-il un sous-espace vectoriel de $\mathbb{R}^{\mathrm{D}}$? Même question pour chaque type de fonction définie en **C 1.**

• *Structure d'anneau.* Si on définit le produit de deux fonctions f et g définies sur D par :

$$\forall x \in \mathrm{D} \quad (fg)(x) = f(x)g(x),$$

alors $\mathbb{R}^{\mathrm{D}}$, muni de l'addition et de cette multiplication, est un anneau unitaire.

Exercice 5. L'ensemble des fonctions définies et bornées sur D forme-t-il un sous-anneau de $\mathbb{R}^{\mathrm{D}}$?

Exercice 6. Soit $\mathrm{A} \subset \mathrm{D} \subset \mathbb{R}$. Vérifier que

$$\mathrm{I} = \{ f \in \mathbb{R}^{\mathrm{D}} \mid f|_{\mathrm{A}} = 0 \}$$

est un idéal de $\mathbb{R}^{\mathrm{D}}$ et que $\mathbb{R}^{\mathrm{D}}/\mathrm{I} \approx \mathbb{R}^{\mathrm{A}}$.

Remarque 1. $\mathbb{R}^{\mathrm{D}}$ admet des diviseurs de zéro : ce sont des fonctions qui s'annulent (les fonctions f telles que $f(x) = 0$ pour — au moins — un $x \in \mathrm{D}$).

Remarque 2. L'espace vectoriel $\mathbb{R}^{\mathrm{D}}$, muni de ce produit, est une algèbre.

• *Structure d'ordre.* Comme $\mathbb{R}$ est ordonné, $\mathbb{R}^{\mathrm{D}}$ est muni d'un ordre naturel, tel que la relation $f \leqslant g$ (on dit que f *minore* g et que g *majore* f) signifie :

$$\forall x \in \mathrm{D} \quad f(x) \leqslant g(x).$$

Étant donné une famille de fonctions $(f_i)_{i \in \mathrm{I}}$ définies sur un même sous-ensemble D de $\mathbb{R}$, la fonction $\sup\limits_{i \in \mathrm{I}} f_i$ existe et vérifie :

$$\forall x \in \mathrm{D} \quad (\sup_{i \in \mathrm{I}} f_i)(x) = \sup_{i \in \mathrm{I}} f_i(x).$$

C 3. Le démontrer. Écrire et démontrer la formule pour inf. En particulier $(\sup \{ f, g \})(x) = \sup \{ f(x), g(x) \}$, et de même pour inf.

Exercice 7. Soit $f \in \mathbb{R}^{\mathrm{D}}$, où $\mathrm{D} \subset \mathbb{R}$. On définit $s \in \mathbb{R}^{\mathrm{D}}$ et $i \in \mathbb{R}^{\mathrm{D}}$ par les conditions :

$$\forall x \in \mathrm{D} \quad s(x) = \sup_{y \geqslant x} f(y) = \sup \{ f(y);\ y \in \mathrm{D} \text{ et } y \geqslant x \},$$

et :

$$\forall x \in \mathrm{D} \quad i(x) = \inf_{y \geqslant x} f(y) = \inf \{ f(y);\ y \in \mathrm{D} \text{ et } y \geqslant x \}.$$

Montrer que s est la plus petite des fonctions décroissantes qui majorent f et que i est la plus grande des fonctions croissantes qui minorent f. Soit $\mathrm{E}(x)$ la partie entière de x ($\mathrm{E}(x) = \sup \{ n \in \mathbb{Z} \mid n \leqslant x \}$); soit $\mathrm{D} = [1, +\infty[$ et $f \in \mathbb{R}^{\mathrm{D}}$ définie par $f(x) = (x - \mathrm{E}(x) - 1/2)/\mathrm{E}(x)$. Donner une représentation graphique de f, s et i.

1.3. Fonctions remarquables

• *Fonctions caractéristiques*

Définition. Soit $\mathrm{A} \subset \mathbb{R}$; on appelle *fonction caractéristique* de A et on note $\mathbf{1}_{\mathrm{A}}$ la fonction définie sur $\mathbb{R}$ par :

$$\mathbf{1}_{\mathrm{A}}(x) = \begin{cases} 1 & \text{si} \quad x \in \mathrm{A} \\ 0 & \text{si} \quad x \in \mathbb{R} - \mathrm{A}. \end{cases}$$

Exemple. La fonction $\mathbf{1}_{\mathbb{Q}}$ est très utile pour construire des exemples et des contre-exemples.

C 4. Soit A et B deux sous-ensembles de $\mathbb{R}$, vérifier que :

$$\mathbf{1}_{\mathrm{A} \cap \mathrm{B}} = \mathbf{1}_{\mathrm{A}} \cdot \mathbf{1}_{\mathrm{B}}, \quad \mathbf{1}_{\mathrm{A} \cup \mathrm{B}} = \mathbf{1}_{\mathrm{A}} + \mathbf{1}_{\mathrm{B}} - \mathbf{1}_{\mathrm{A} \cap \mathrm{B}}.$$

Exercice 8. Soit $v : \mathbb{R} \longrightarrow \mathbb{R},\ x \longmapsto |x|$ la fonction valeur absolue et $\mathrm{id}_{\mathbb{R}}$ l'identité sur $\mathbb{R} : \mathbb{R} \longrightarrow \mathbb{R},\ x \longmapsto x$. Vérifier que $v = \mathrm{id}_{\mathbb{R}} \cdot (\mathbf{1}_{[0, +\infty[} - \mathbf{1}_{]-\infty, 0]})$.

• *Fonctions polynômes et fractions rationnelles.* Soit $n \in \mathbb{N}$; on définit x^n par récurrence sur n par $x^0 = 1$, $x^{n+1} = x^n \cdot x$. On appelle *fonction monôme* toute fonction de la forme $\mathbb{R} \longrightarrow \mathbb{R},\ x \longmapsto ax^n$, où $a \in \mathbb{R}$ et $n \in \mathbb{N}$. Les *fonctions polynômes* sont des combinaisons linéaires de fonctions monômes : $\mathrm{P}(x) = \sum\limits_{k=0}^{n} a_k x^k$. Les *fonctions (fractions) rationnelles* $\dfrac{\mathrm{P}(x)}{\mathrm{Q}(x)}$ où P et Q sont des polynômes, sont définies sur $\mathbb{R} - \{ x \in \mathbb{R} \mid \mathrm{Q}(x) = 0 \}$.

Par combinaison linéaire de produits de fonctions fractions rationnelles et de fonctions caractéristiques on peut définir de nouvelles fonctions, mais pas toutes les fonctions, ni même toutes les fonctions usuelles. Pour obtenir de nouvelles fonctions il nous faudra utiliser des limites de suites de fonctions.

• *Limites de suites de fonctions*

Définition. Une suite de fonctions définies sur un sous-ensemble D de $\mathbb{R}$, est un élément de $(\mathbb{R}^{\mathrm{D}})^{\mathbb{N}}$.
Soit $f \in (\mathbb{R}^{\mathrm{D}})^{\mathbb{N}}$; pour tout entier naturel n, f_n est donc une fonction définie sur D : pour tout $x \in \mathrm{D}$, on peut considérer le réel $f_n(x)$.
Notation. La suite f de fonctions est notée $(f_n)_{n \in \mathbb{N}}$, (f_n), ou (abusivement) f_n, voire $f_n(x)$, s'il n'y a pas de risque de confusion.
Comme $(\mathbb{R}^{\mathrm{D}})^{\mathbb{N}} \approx \mathbb{R}^{\mathrm{D} \times \mathbb{N}} \approx (\mathbb{R}^{\mathbb{N}})^{\mathrm{D}}$, on pourra considérer que la suite f de fonction définit pour chaque $x \in \mathrm{D}$ une suite de réels $n \longmapsto f_n(x)$.

Définition. Soit $f \in (\mathbb{R}^{\mathrm{D}})^{\mathbb{N}}$. Si pour tout x appartenant à D, la suite $n \longmapsto f_n(x)$ est convergente, on dit que la suite de fonctions *converge simplement*. On définit alors la *limite* (simple) de f, $\ell = \lim f = \lim\limits_{n \to \infty} f_n$ par :

$$\boxed{\ell = \lim_n f_n \overset{\text{déf}}{\iff} \forall x \in \mathrm{D} \quad f(x) = \lim_n [f_n(x)]}$$

Exemple 1. Fonction exponentielle. Soit P_n la fonction polynôme définie par :

$$\forall x \in \mathbb{R} \quad \mathrm{P}_n(x) = \sum_{k=0}^{n} \frac{x^k}{k!}.$$

C 5. Montrer que pour tout x réel la suite $(\mathrm{P}_n(x))_{n \in \mathbb{N}}$ est de Cauchy, donc convergente. La limite est notée $\sum\limits_{k=0}^{\infty} \dfrac{x^k}{k!}$.

Définition. On appelle *fonction exponentielle*, et on note exp, la fonction définie sur $\mathbb{R}$ par $\exp = \lim\limits_n \mathrm{P}_n$:

$$\boxed{\forall x \in \mathbb{R} \quad \exp x = \sum_{k=0}^{\infty} \frac{x^k}{k!}}.$$

C 6. Montrer que $\exp(x + y) = (\exp x)(\exp y)$ pour $x \in \mathbb{R}$ et $y \in \mathbb{R}$.

Exemple 2. Une fonction qui n'est monotone sur aucun intervalle.
(*Voir encadré* 1, où f_3 est représentée). On a pour tout $x \in \mathbb{R}$ les inégalités $0 \leqslant g(x) \leqslant 1$, d'où $0 \leqslant g_k(x) \leqslant 4^{-k}$. Il en résulte que la suite $n \longmapsto f_n(x)$ est croissante et majorée par la suite

$$u_n = \sum_{k=0}^{n} 4^{-k} = (4/3)(1 - 4^{-n-1}) < 4/3.$$

La suite $n \longmapsto f_n(x)$ est donc croissante et majorée; elle est donc convergente. Posons $f(x) = \lim_n f_n(x)$. La fonction f n'est monotone sur aucun intervalle.

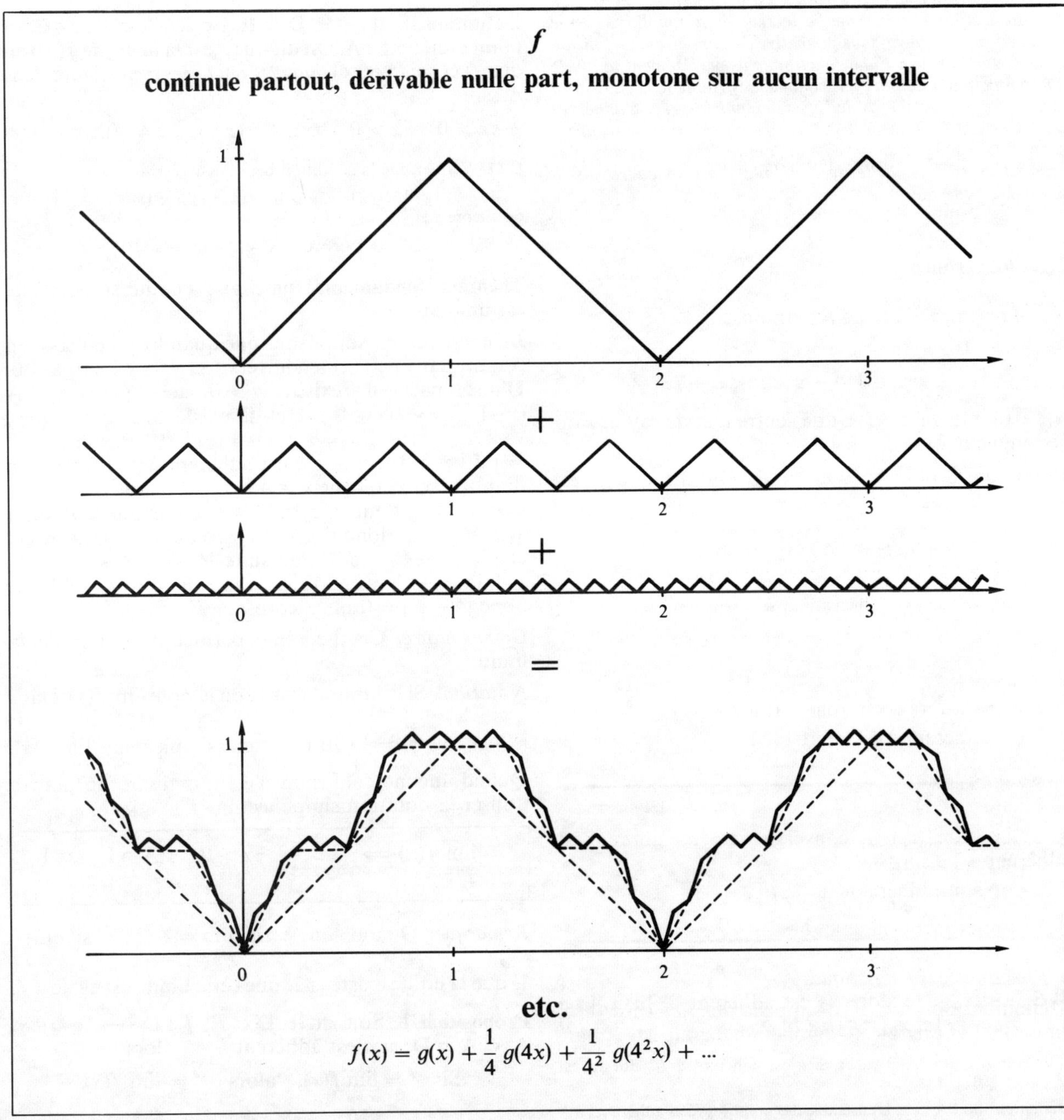

1. La fonction f est définie sur $\mathbb{R}$ par $f(x) = \sum_{k=0}^{\infty} 4^{-k} g(4^k x)$, où g est la fonction périodique de période 2 telle que $g|_{[-1,1]}(x) = |x|$. Cette fonction est continue (voir § 5.4), mais elle n'est monotone sur aucun intervalle (C 7), ni dérivable en aucun point. Exercice 9. Dessiner les courbes représentatives de $f_4|_{[1/8,3/8]}$ et $f_5|_{[21/128,7/32]}$.

§ 2. LIMITES

Pour présenter la notion de limite, il est usuel de la simplifier pour la rendre plus facilement accessible. Cette démarche est justifiée si on s'adresse à un étudiant pour qui la notion est nouvelle. Cela conduit cependant à une variété de définitions non équivalentes et difficiles à utiliser dans des situations un peu délicates. Nous supposerons le lecteur déjà familiarisé avec cette notion, ce qui va nous permettre de donner une définition générale de la limite d'une fonction, plus précisément la limite d'une fonction f définie sur D quand la variable tend en restant dans un sous-ensemble A de D vers un nombre réel a adhérent à A. Cette définition doit cependant encore être considérée comme une étape : la notion de limite sera comprise plus profondément lorsqu'elle sera définie dans le cadre de la topologie générale.

2.1. Adhérence

Notation. Si $a \in \mathbb{R}$ et $\varepsilon \in \mathbb{R}_+^*$ on pose

$$\begin{aligned} I_{a,\varepsilon} &=]a-\varepsilon, a+\varepsilon[\\ &= \{x \in \mathbb{R} \mid a-\varepsilon < x < a+\varepsilon\}, \end{aligned}$$

($I_{a,\varepsilon}$ est l'intervalle ouvert de centre a et de rayon ε ou de longueur 2ε.)

Définition. Soit $A \subset \mathbb{R}$ et $a \in \mathbb{R}$. On dit que a est *adhérent* à A ssi

$$\boxed{\forall \varepsilon > 0 \quad A \cap I_{a,\varepsilon} \neq \varnothing}.$$

C 8. Montrer que a est adhérent à A si et seulement si :

$$\forall \varepsilon > 0 \quad \exists x \in A \quad |x-a| < \varepsilon.$$

Exemples

1. Si $a \in A$, alors a est adhérent à A.

2. 0 est adhérent à $\{1/n;\ n \in \mathbb{N}^*\}$.

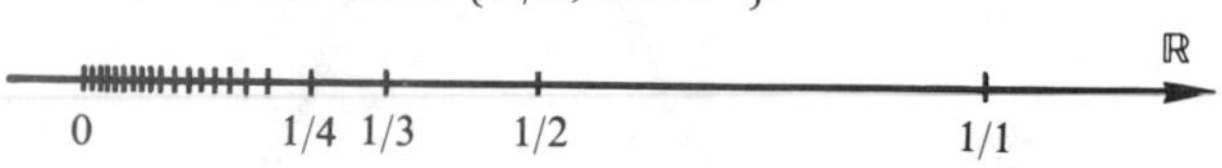

3. Si la suite $(u_n)_{n\in\mathbb{N}}$ converge vers a, alors a est adhérent à $\{u_n;\ n \in \mathbb{N}\}$.

4. a et b sont adhérents à $]a, b[$.

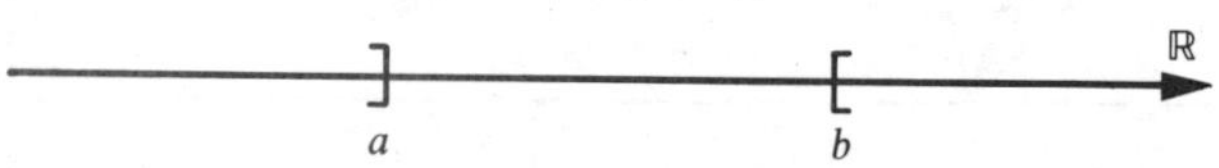

5. Si $a < x_0 < b$, alors x_0 est adhérent à $]a, x_0[$, à $]x_0, b[$ et à $]a, x_0[\cup]x_0, b[$.

C 9. Soit $A \subset B \subset \mathbb{R}$ et $a \in \mathbb{R}$. Si a est adhérent à A, alors a est adhérent à B.

Définition. Soit $A \subset \mathbb{R}$. L'ensemble des nombres réels adhérents à A s'appelle l'*adhérence* de A et se note $\overline{A}$.

C 10. Montrer que $\overline{\varnothing} = \varnothing$, $\overline{\mathbb{Q}} = \mathbb{R}$, $\overline{]a, b[} = [a, b]$, si $A \subset \mathbb{R}$ et $B \subset \mathbb{R}$ alors $\overline{A \cup B} = \overline{A} \cup \overline{B}$, $\overline{A \cap B} \subset \overline{A} \cap \overline{B}$. Donner l'exemple de deux sous-ensembles A et B de $\mathbb{R}$ tels que $\overline{A \cap B} \neq \overline{A} \cap \overline{B}$.

Remarque. Les points adhérents à un sous-ensemble A de $\mathbb{R}$ peuvent être classés en *points isolés* et *points d'accumulation* : a est un *point isolé de* A ssi : $\exists \varepsilon > 0 \quad A \cap I_{a,\varepsilon} = \{a\}$; a est un *point d'accumulation de* A ssi : $\forall \varepsilon > 0 \quad (A \cap I_{a,\varepsilon} - \{a\}) \neq \varnothing$.

2.2. Définitions et notations

Définition. Soit $\ell \in \mathbb{R}$, $D \subset \mathbb{R}$, $f \in \mathbb{R}^D$, $A \subset D$, $a \in \mathbb{R}$ un point adhérent à A. On dit que ℓ est la *limite de* $f(x)$ (ou que $f(x)$ *tend vers* ℓ) *quand* x *tend vers* a *en restant dans* A ssi :

$$\forall \varepsilon > 0 \quad \exists \alpha > 0 \quad \forall x \in A \quad (x \in I_{a,\alpha} \Longrightarrow f(x) \in I_{\ell,\varepsilon}).$$

C 11. Vérifier que la condition peut aussi s'écrire :

$$\forall \varepsilon > 0 \quad \exists \alpha > 0 \quad f(A \cap I_{a,\alpha}) \subset I_{\ell,\varepsilon}$$

ou encore :

$$\forall \varepsilon > 0 \quad \exists \alpha > 0 \quad \forall x \in A \quad (|x-a| < \alpha \Longrightarrow |f(x)-\ell| < \varepsilon).$$

Théorème fondamental (unicité). La limite, si elle existe, est unique.

Démonstration. Supposons que quand x tend vers a en restant dans A, $f(x)$ tende vers ℓ et vers ℓ'. Soit $\varepsilon > 0$. D'une part il existe $\alpha > 0$ tel que : $\forall x \in A$ $(x \in I_{a,\alpha} \Longrightarrow f(x) \in I_{\ell,\varepsilon/2})$ et il existe $\alpha' > 0$ tel que : $\forall x \in A \quad (x \in I_{a,\alpha'} \Longrightarrow f(x) \in I_{\ell',\varepsilon/2})$. Posons $\beta = \inf\{\alpha, \alpha'\}$; comme a est adhérent à A, il existe un nombre réel x_0 tel que $x_0 \in A \cap I_{a,\beta}$. Comme $\beta < \alpha$, on a $x_0 \in A \cap I_{a,\alpha}$, donc $f(x_0) \in I_{\ell,\varepsilon/2}$ et comme $\beta < \alpha'$, on a $x_0 \in A' \cap I_{a,\alpha'}$, donc $f(x_0) \in I_{\ell',\varepsilon/2}$, d'où $|\ell - f(x_0)| < \varepsilon/2$ et $|f(x_0) - \ell'| < \varepsilon/2$. Par suite $|\ell - \ell'| \leqslant |\ell - f(x_0)| + |f(x_0) - \ell'| < \varepsilon$. Ainsi : $\forall \varepsilon > 0 \quad 0 \leqslant |\ell - \ell'| < \varepsilon$, donc $|\ell - \ell'| = 0$ ou encore $\ell = \ell'$. □

Commentaire. Ce théorème permet de parler de **la** limite.

Notation. Si la limite ℓ existe, on la note $\lim\limits_{\substack{x\to a \\ x\in A}} f(x)$. Dans le cas où $A = D$, on notera simplement $\lim\limits_{x\to a} f(x)$. Quand aucune confusion n'est à craindre on pourra utiliser la notation simplifiée $\lim f$.

$$\boxed{\ell = \lim_{\substack{x\to a \\ x\in A}} f(x) \Longleftrightarrow \forall \varepsilon > 0 \quad \exists \alpha > 0 \quad f(A \cap I_{a,\alpha}) \subset I_{\ell,\varepsilon}}$$

Remarque. Quand on écrit $\lim\limits_{\substack{x\to a \\ x\in A}} = \ell$ cela signifie : 1. que la limite existe et 2. que cette limite est égale à ℓ.

Proposition 1. Soit $\ell \in \mathbb{R}$, $D \subset \mathbb{R}$, $f : D \longrightarrow \mathbb{R}$, $a \in \mathbb{R}$, $A' \subset A \subset D$; si a est adhérent à A', alors :

$$\text{Si} \quad \ell = \lim_{\substack{x\to a \\ x\in A}} f(x), \quad \text{alors} \quad \ell = \lim_{\substack{x\to a \\ x\in A'}} f(x).$$

Proposition 2. Soit $\ell \in \mathbb{R}$, $D \subset \mathbb{R}$, $f : D \longrightarrow \mathbb{R}$, $A_1 \subset D$ et $A_2 \subset D$, a un point adhérent à A_1 et adhérent à A_2 ; si $\lim\limits_{\substack{x\to a \\ a\in A_1}} f(x) = \ell$ et $\lim\limits_{\substack{x\to a \\ x\in A_2}} f(x) = \ell$, alors $\lim\limits_{\substack{x\to a \\ x\in A_1 \cup A_2}} f(x) = \ell$.

C 12. Vérifier ces deux propositions.

Définition. Soit $D \subset \mathbb{R}$, $f : D \longrightarrow \mathbb{R}$, $a \in \overline{D}$; si $a \in \overline{]-\infty, a[\cap D}$, on appelle *limite à gauche* de f en a, si elle existe, la limite $\lim\limits_{x \in]-\infty, a[\cap D} f(x)$; si $a \in \overline{D \cap]a, +\infty[}$, on appelle *limite à droite* de f en a, si elle existe, la limite $\lim\limits_{\substack{x \to a \\ x \in D \cap]a, +\infty[}} f(x)$.

Notation. On note la limite à gauche en a : $\lim\limits_{x \to a, x < a} f(x)$ et limite à droite en a : $\lim\limits_{x \to a, x > a} f(x)$.

C 13. Pour que $\lim\limits_{\substack{x \to a \\ x \in D - \{a\}}} f(x)$ existe, il faut et il suffit que les limites à gauche et à droite de f en a existent et soient égales.

Exercice 10. Soit $f : \mathbb{R} \longrightarrow \mathbb{R}$, définie par : $\forall x \in \mathbb{R}$ $f(x) = x\mathbf{1}_{\mathbb{Q}}(x)$. Pour quel(s) nombre(s) x_0 a-t-on l'existence de $\lim\limits_{\substack{x \to x_0 \\ x \in \mathbb{R}}} f(x)$?

Proposition 3. Soit $D \subset \mathbb{R}$, $f : D \longrightarrow \mathbb{R}$, $A \subset D$, $a \in \overline{A}$. Si $\lim\limits_{\substack{x \to a \\ x \in A}} f(x) = \ell$, alors ℓ est adhérent à $f(A) = \{ f(x); x \in A \}$.

Démonstration. Soit $\varepsilon > 0$; il existe $\alpha > 0$ tel que pour tout $x \in A \cap I_{a,\alpha}$, $f(x) \in I_{\ell,\varepsilon}$. Comme a est adhérent à A, $A \cap I_{a,\alpha} \neq \varnothing$ et il existe x_0 tel que $x_0 \in A \cap I_{a,\alpha}$, donc $f(x_0) \in I_{\ell,\varepsilon}$. Comme $f(x_0) \in f(A)$, $f(x_0) \in f(A) \cap I_{\ell,\varepsilon}$, ou encore $f(A) \cap I_{\ell,\varepsilon} \neq \varnothing$.

2.3. Limites et opérations

1. *Linéarité*

Proposition. Soit $A \subset D \subset \mathbb{R}$ et a adhérent à A. L'application de l'espace vectoriel $\mathbb{R}^D$ dans $\mathbb{R}$, qui à f associe sa limite quand x tend vers a en restant dans A est linéaire, c'est-à-dire :

$\forall f \in \mathbb{R}^D \quad \forall g \in \mathbb{R}^D \quad \forall \lambda \in \mathbb{R} \quad \forall \mu \in \mathbb{R}$

$$\lim_{\substack{x \to a \\ x \in A}} (\lambda f(x) + \mu g(x)) = \lambda \lim_{\substack{x \to a \\ x \in A}} f(x) + \mu \lim_{\substack{x \to a \\ x \in A}} g(x).$$

2. *Produit*

Proposition. $\lim\limits_{\substack{x \to a \\ x \in A}} [f(x)g(x)]$ existe si $\lim\limits_{\substack{x \to a \\ x \in A}} f(x)$ et $\lim\limits_{\substack{x \to a \\ x \in A}} g(x)$ existent et on a alors :

$$\lim_{\substack{x \to a \\ x \in A}} f(x)g(x) = \lim_{\substack{x \to a \\ x \in A}} f(x) \cdot \lim_{\substack{x \to a \\ x \in A}} g(x).$$

3. *Passage à l'inverse*

Proposition. Si $\lim\limits_{\substack{x \to a \\ x \in A}} f(x) = \ell$ existe et si $\ell \neq 0$, alors a est adhérent à $A - f^{-1}(0) = \{ x \in A \mid f(x) \neq 0 \}$, et

$$\lim_{\substack{x \to a \\ x \in A - f^{-1}(0)}} \frac{1}{f(x)} = \frac{1}{\ell}.$$

Application

$$\lim \frac{g}{f} = \lim g \cdot \frac{1}{f} = \lim g \cdot \lim \frac{1}{f}.$$

4. *Fonction de fonction*

Proposition. Soit a adhérent à A, $A \subset D \subset \mathbb{R}$, $f : D \longrightarrow \mathbb{R}$, $f(A) \subset E$, $g : E \longrightarrow \mathbb{R}$. Si $\lim\limits_{\substack{x \to a \\ x \in A}} f(x) = \ell$ et $\lim\limits_{\substack{y \to \ell \\ y \in f(A)}} g(y) = L$ existent, alors $\lim\limits_{\substack{x \to a \\ x \in A}} g \circ f(x)$ existe et est égal à L.

C 14. Démontrer les quatre propositions ci-dessus.

2.4. Limites infinies

Supposons donnés $A \subset D \subset \mathbb{R}$ et $f : D \longrightarrow \mathbb{R}$.

1. Soit $a \in \mathbb{R}$, a adhérent à A. On écrit :

- $\lim\limits_{\substack{x \to a \\ x \in A}} f(x) = +\infty$ ssi :

$\forall M \in \mathbb{R} \quad \exists \alpha > 0 \quad \forall x \in A \quad (|x - a| < \alpha \Longrightarrow f(x) > M)$

- $\lim\limits_{\substack{x \to a \\ x \in A}} f(x) = -\infty$ ssi :

$\forall m \in \mathbb{R} \quad \exists \alpha > 0 \quad \forall x \in A \quad (|x - a| < \alpha \Longrightarrow f(x) < m).$

2. Si A est tel que : $\forall M \in \mathbb{R}\ \exists x \in A\ x > M$, alors on écrit :

- $\lim\limits_{\substack{x \to +\infty \\ x \in A}} f(x) = \ell$ ssi :

$\forall \varepsilon > 0 \quad \exists M \in \mathbb{R} \quad \forall x \in A \quad (x > M \Longrightarrow |f(x) - \ell| < \varepsilon)$

- $\lim\limits_{\substack{x \to +\infty \\ x \in A}} f(x) = +\infty$ ssi :

$\forall M_1 \in \mathbb{R} \quad \exists M_2 \in \mathbb{R} \quad \forall x \in A \quad (x > M_2 \Longrightarrow f(x) > M_1)$

- $\lim\limits_{\substack{x \to +\infty \\ x \in A}} f(x) = -\infty$ ssi :

$\forall m \in \mathbb{R} \quad \exists M \in \mathbb{R} \quad \forall x \in A \quad (x > M \Longrightarrow f(x) < m).$

3. **C 15.** *1.* A quelle condition peut-on examiner si $\lim\limits_{\substack{x \to -\infty \\ x \in A}} f(x)$ existe? *2.* Si cette condition est vérifiée, définir ce que l'on entend par : « cette limite existe »; $\lim\limits_{\substack{x \to -\infty \\ x \in A}} f(x) = +\infty$; $\lim\limits_{\substack{x \to -\infty \\ x \in A}} f(x) = -\infty$.

Formes indéterminées

C 16. Les théorèmes sur les limites s'étendent aux cas des limites infinies dans le cas où les opérations avec les symboles ∞ ont un sens (par exemple $\infty + \infty = \infty$); par contre dans les cas où ces opérations n'ont pas de sens $\left(\infty - \infty, \frac{0}{0}, \frac{\infty}{\infty}, \infty \cdot 0\right)$, on dit qu'on a une *forme indéterminée.*

$$\overline{\mathbb{R}} = \mathbb{R} \cup \{-\infty, +\infty\}$$

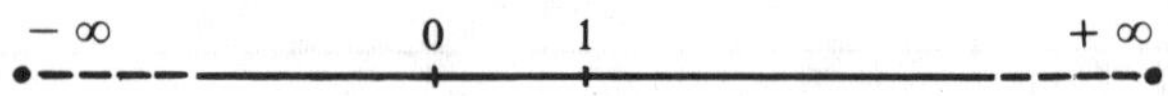

OPÉRATIONS DANS $\overline{\mathbb{R}}$

x et y désignent des éléments quelconques de $\mathbb{R}$,
a et b désignent des éléments quelconques de $\overline{\mathbb{R}}$.

addition $x + y =$ somme usuelle dans $\mathbb{R}$

$x + (+\infty) = (+\infty) + x = +\infty$

$x + (-\infty) = (-\infty) + x = -\infty$

$(+\infty) + (+\infty) = +\infty$

$(-\infty) + (-\infty) = -\infty$

$\left.\begin{array}{l}(+\infty) + (-\infty)\\ (-\infty) + (+\infty)\end{array}\right\}$ NON DÉFINIS

multiplication $xy =$ produit usuel dans $\mathbb{R}$

$(+\infty)(+\infty) = (-\infty)(-\infty) = +\infty$

$(+\infty)(-\infty) = (-\infty)(+\infty) = -\infty$

si $x \in \mathbb{R}_+^*$ $x(+\infty) = (+\infty)x = +\infty$,
$x(-\infty) = (-\infty)x = -\infty$

si $x \in -\mathbb{R}_+^*$ $x(+\infty) = (+\infty)x = -\infty$,
$x(-\infty) = (-\infty)x = +\infty$

$\left.\begin{array}{l}0(+\infty), (+\infty)0,\\ 0(-\infty), (-\infty)0\end{array}\right\}$ NON DÉFINIS

soustraction $a - b = a + (-1)b$; en particulier $(+\infty) - (+\infty)$ et $(-\infty) - (-\infty)$ sont non définis

division $\dfrac{1}{+\infty} = 0, \dfrac{1}{-\infty} = 0$

$\dfrac{a}{b} = a \cdot \dfrac{1}{b}$; en particulier $\dfrac{\infty}{\infty}, \dfrac{a}{0}$ sont non définis

VOISINAGES DANS $\overline{\mathbb{R}}$

Si $x \in \mathbb{R}$, $\varepsilon \in \mathbb{R}_+^*$, on pose

$$\mathrm{I}_{x,\varepsilon} =]x - \varepsilon, x + \varepsilon[; \quad \mathfrak{J}_x = \{\mathrm{I}_{x,\varepsilon}; \varepsilon \in \mathbb{R}_+^*\}$$

Si $\mathrm{M} \in \mathbb{R}$, on pose

$$\mathrm{I}_{+\infty,\mathrm{M}} =]\mathrm{M}, +\infty]; \quad \mathfrak{J}_{+\infty} = \{\mathrm{I}_{+\infty,\mathrm{M}}; \mathrm{M} \in \mathbb{R}\}$$

Si $m \in \mathbb{R}$, on pose

$$\mathrm{I}_{-\infty,m} = [-\infty, m[; \quad \mathfrak{J}_{-\infty} = \{\mathrm{I}_{-\infty,m}; m \in \mathbb{R}\}$$

$a \in \mathbb{R}$, $\mathrm{V} \subset \overline{\mathbb{R}}$: V est un voisinage de a ssi $\exists \mathrm{I} \in \mathfrak{J}_a \quad \mathrm{I} \subset \mathrm{V}$

$\mathfrak{V}_a =$ ensemble des voisinages de a

adhérence de A (où $\mathrm{A} \subset \overline{\mathbb{R}}$)

$$= \overline{\mathrm{A}} = \{a \in \overline{\mathbb{R}} \mid \forall \mathrm{V} \in \mathfrak{V}_a \quad \mathrm{V} \cap \mathrm{A} \neq \varnothing\}.$$

ORDRE TOTAL DANS $\overline{\mathbb{R}}$

$$\forall x \in \mathbb{R} \quad -\infty < x < +\infty.$$

LIMITES

Soit $\mathrm{D} \subset \overline{\mathbb{R}}$, $f : \mathrm{D} \longrightarrow \overline{\mathbb{R}}$, $a \in \overline{\mathrm{D}}$ et $\ell \in \overline{\mathbb{R}}$:

$\ell = \lim\limits_a f \overset{\text{déf}}{\Longleftrightarrow} \forall \mathrm{W} \in \mathfrak{V}_\ell \ \exists \mathrm{V} \in \mathfrak{V}_a \ f(\mathrm{V}) \subset \mathrm{W}$

ou

$\ell = \lim\limits_a f \Longleftrightarrow f^{-1}(\mathfrak{V}_\ell) \subset \mathfrak{V}_a$

Sous réserve que les opérations soient définies :

$$\lim_a (f + g) = \lim_a f + \lim_a g; \quad \lim_a (fg) = (\lim_a f)(\lim_a g)$$

$$\lim_a (bf) = b \lim_a f; \quad \lim_a (f/g) = (\lim_a f)/(\lim_a g).$$

2. L'ensemble $\overline{\mathbb{R}}$ muni des opérations et de la relation d'ordre « naturelles » explicitées ci-dessus s'appelle la DROITE ACHEVÉE. Avantage de $\overline{\mathbb{R}}$: unification des limites finies et infinies. Inconvénient de $\overline{\mathbb{R}}$: $\overline{\mathbb{R}}$ n'est ni un corps, ni un anneau (ce n'est pas un groupe pour l'addition).

2.5. Limites de fonctions et suites de nombres réels

Les suites peuvent être considérées comme des fonctions réelles de variables réelles particulières : celles définies sur $\mathbb{N}$. La limite d'une suite convergente u est alors :

$$\lim u = \lim_{\substack{n \to \infty \\ n \in \mathbb{N}}} u_n.$$

Proposition. Soit $\mathrm{A} \subset \mathrm{D} \subset \mathbb{R}$, $f : \mathrm{D} \longrightarrow \mathbb{R}$, $a \in \overline{\mathbb{R}}$, a adhérent à A. Pour que la limite de $f(x)$ quand x tend vers a en restant dans A existe, il faut et il suffit que pour toute suite u d'éléments de A convergente vers a, la suite $f \circ u$ soit convergente. On a alors :

$$\lim_{\substack{x \to a \\ x \in \mathrm{A}}} f(x) = \lim_{\substack{n \to \infty \\ n \in \mathbb{N}}} f(u_n).$$

Démonstration. La condition nécessaire est un cas particulier de la proposition donnant la limite d'une fonction de fonction. Pour montrer que la condition est suffisante, nous allons procéder en deux étapes :

Première étape. Toutes les suites $f \circ u$, où u est une suite d'éléments de A convergente vers a, ont la même limite. En effet soit u et v deux telles suites. Soit w la suite définie par : $\forall n \in \mathbb{N}\ (w_{2n} = u_n$ et $w_{2n+1} = v_n)$, w est une suite d'éléments de A convergente vers a. Donc

$\lim (f \circ w)$ existe. Soit ℓ cette limite. On a donc :

$$\lim f(u) = \lim_{\substack{m \to \infty \\ m \in \mathbb{N}}} f(u_m) = \lim_{\substack{n \to \infty \\ n \in 2\mathbb{N}}} f(w_n) = \ell$$
$$= \lim_{\substack{n \to \infty \\ n \in 1 + 2\mathbb{N}}} f(w_n) = \lim f(v).$$

Deuxième étape. Si $f(x)$ n'avait pas pour limite ℓ quand x tend vers a en restant dans A, on aurait :

$$\exists \varepsilon > 0 \quad \forall \alpha > 0 \quad \exists x \in A \quad (|x - a| < \alpha \text{ et } |f(x) - \ell| > \varepsilon)$$

et on pourrait construire une suite u_n d'éléments de A convergente vers a, telle que $f(u_n)$ ne serait pas convergente vers ℓ; ce qui est impossible d'après la première étape. □

§ 3. CONTINUITÉ

3.1. Continuité en un point

Définition. Soit $D \subset \mathbb{R}$, $f : D \longrightarrow \mathbb{R}$, $x_0 \in D$. On dit que f est *continue en* x_0 ssi $\lim\limits_{\substack{x \to x_0 \\ x \in D}} f(x)$ existe.

Remarque. Si cette limite existe, elle ne peut être que $f(x_0)$.

Condition nécessaire et suffisante. Si x_0 est adhérent à $D - \{x_0\}$, pour que f soit continue en x_0 il faut et il suffit que :

$$\lim_{\substack{x \to x_0 \\ x \in D - \{x_0\}}} f(x) = f(x_0).$$

Remarque. Si $x_0 \in D$ et si x_0 n'est pas adhérent à $D - \{x_0\}$, alors x_0 est un point isolé de D.

Il résulte des propriétés sur les limites les deux propositions suivantes :

Proposition 1. Soit $x_0 \in D \subset \mathbb{R}$; soit f et g deux fonctions réelles définies sur D, continue en x_0; alors $f + g$, λf, fg, $\sup\{f, g\}$, $\dfrac{1}{f}$ si $f(x_0) \neq 0$, $\dfrac{g}{f}$ si $f(x_0) \neq 0$, sont continues en x_0.

Proposition 2. Soit $x_0 \in E \subset \mathbb{R}$, $g : E \longrightarrow \mathbb{R}$, $D \subset \mathbb{R}$ tels que $g(E) \subset D$ et $f : D \longrightarrow \mathbb{R}$. Si g est continue en x_0 et si f est continue en $g(x_0)$, alors $f \circ g$ est continue en x_0.

Corollaire. Si u est une suite convergente de limite x_0, si $x_0 \in D$ et si $\{u_n; n \in \mathbb{N}\} \subset D$, si f est continue en x_0, alors :

$$\lim_{x \to \infty} f(u_n) = f(x_0).$$

3.2. Fonctions continues

Définitions. Soit $f : D \longrightarrow \mathbb{R}$, $D \subset \mathbb{R}$. On dit que f est *continue* ssi f est continue en tout point de D.
Si $D' \subset D$, on dit que f est *continue sur* D' ssi $f|_{D'}$ est continue.

Théorème *(théorème des valeurs intermédiaires).* Soit $I = [a, b]$ un intervalle de $\mathbb{R}$, $f : I \longrightarrow \mathbb{R}$ une fonction continue. Pour tout élément y_0 de $[f(a), f(b)]$ ou de $[f(b), f(a)]$ (selon que $f(a) \leqslant f(b)$ ou $f(b) \leqslant f(a)$), il existe un élément x_0 de $[a, b]$ tel que $f(x_0) = y_0$.

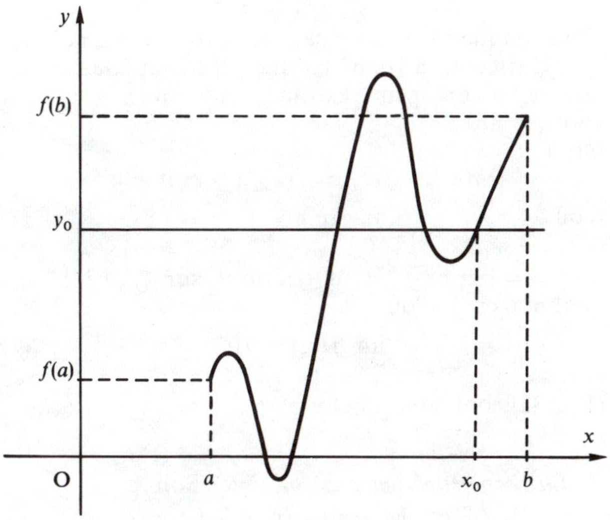

Démonstration. Supposons $f(a) \leqslant y_0 \leqslant f(b)$. Posons :

$$A = \{x \in [a, b] \mid f(x) \leqslant y_0\}.$$

D'une part $a \in A$ et d'autre part si $x \in A$ alors $x \leqslant b$. Donc A est un sous-ensemble de $\mathbb{R}$ non vide et majoré; il admet donc une borne supérieure. Posons

$$x_0 = \sup A.$$

De $a \in A$, on déduit $a \leqslant x_0$, et comme b majore A, on a $x_0 \leqslant b$; donc $x_0 \in [a, b]$ et $f(x_0)$ existe. Comme f est continue sur $[a, b]$, f est continue en x_0, c'est-à-dire que :

$$\forall \varepsilon > 0 \quad \exists \alpha > 0 \quad \forall x \in [a, b] \quad (x_0 - \alpha < x < x_0 + \alpha)$$
$$\Longrightarrow (f(x_0) - \varepsilon < f(x) < f(x_0) + \varepsilon).$$

Montrons que cela entraîne que $f(x_0) = y_0$ en montrant que les inégalités $f(x_0) > y_0$ et $f(x_0) < y_0$ sont impossibles.

1. Si $f(x_0) > y_0$, choisissons $\varepsilon > 0$ tel que $y_0 < f(x_0) - \varepsilon$, par exemple $\varepsilon = (f(x_0) - y_0)/2$. De la continuité de f en x_0, il résulte qu'il existe un nombre $\alpha > 0$ tel que

$$\forall x \in [a, b] \quad x_0 - \alpha < x < x_0 + \alpha \Longrightarrow f(x) > f(x_0) - \varepsilon.$$

Posons $x_1 = x_0 - \alpha/2$; comme $f(x_0) - \varepsilon > y_0$, on a :

$$\forall x \in [a, b] \quad x \in [x_1, x_0] \Longrightarrow x \notin A,$$

donc si $x \in A$, alors $x < x_1$ ou $x > x_0$. Comme x_0 est un majorant de A, $x > x_0$ est impossible et $x < x_1$. Donc x_1 est un majorant de A strictement inférieur à x_0, ce qui est contraire à la définition de x.

2. Si $f(x_0) < y_0$, choisissons $\varepsilon > 0$ tel que $f(x_0) + \varepsilon < y_0$, par exemple $\varepsilon = (y_0 - f(x_0))/2$. De la continuité de f en x_0, il résulte qu'il existe un nombre $\alpha > 0$ tel que

$$\forall x \in [a, b] \quad x_0 - \alpha < x < x_0 + \alpha \Longrightarrow f(x) < f(x_0) + \varepsilon.$$

Comme $x_0 \leqslant b$ et $f(b) \geqslant y_0 > f(x_0) + \varepsilon$, on a $x_0 + \alpha \leqslant b$. Posons $x_1 = x_0 + \alpha/2$; on a $a \leqslant x_0 < x_1 < x_0 + \alpha \leqslant b$, donc $x_1 \in [a, b]$: $f(x_1)$ existe et vérifie $f(x_1) < f(x_0) + \varepsilon < y_0$; par suite $x_1 \in A$ et x_0 n'est pas un majorant de A, ce qui est contraire à la définition de x_0. □

Théorème. L'image d'un intervalle fermé borné par une fonction continue est un intervalle fermé borné.

Démonstration. Soit $f : [a, b] \longrightarrow \mathbb{R}$, continue.

1. $f([a, b])$ *est majoré.* Supposons que ce ne soit pas le cas :

$$\forall M \in \mathbb{R} \quad \exists x \in [a, b] \quad f(x) > M.$$

Pour chaque entier n, on peut donc trouver un nombre u_n appartenant à $[a, b]$ tel que $f(u_n) > n$. De la suite bornée u on peut extraire une suite $v = u \circ g$ convergente.

On a

$$\forall n \in \mathbb{N} \quad f(v_n) = f(u_{g(n)}) > g(n) \geqslant n$$

d'où :
$$\lim_{n \to \infty} f(v_n) = +\infty. \qquad (1)$$

Soit $\ell = \lim v$; f étant continue sur $[a, b]$, f est continue en ℓ, d'où

$$\lim_{n \to \infty} f(v_n) = f(\ell) \qquad (2)$$

(1) et (2) sont contradictoires.

2. La borne supérieure est atteinte. Soit

$$M = \sup f([a, b])$$

la borne supérieure de $f([a, b])$ qui existe d'après *1*. Il existe un élément c de (a, b) tel que $f(c) = M$.

En effet, choisissons une suite d'éléments u_n de $[a, b]$ tels que :

$$\forall n \in \mathbb{N} \quad M - \frac{1}{n+1} < f(u_n) \leqslant M.$$

La suite $(f(u_n))_{n \in \mathbb{N}}$ converge vers M, il en est donc de même de toute sous-suite. D'après le théorème de Bolzano-Weierstrass (ch. 2, § 3.3), il existe une suite v, extraite de u, qui converge. Soit c sa limite; on a :

$$M = \lim f(v_n) = f(c).$$

3. De même, $f((a, b))$ est minoré et il existe c' tel que $f(c') = m$, où $m = \inf f([a, b])$.

4. Du théorème des valeurs intermédiaires, il résulte que tout point de $[m, M]$ est atteint. D'où finalement :

$$f([a, b]) = [m, M]. \ \square$$

Théorème. L'image d'un intervalle par une fonction continue est intervalle.

Rappelons d'abord une caractérisation des intervalles donnée dans le chap. 2 du thème 1 (voir volume 1).

Lemme. Un sous-ensemble I de $\mathbb{R}$ est un intervalle si et seulement si

$$\forall x_1 \in I \quad \forall x_2 \in I \quad x_1 \leqslant x_2 \Longrightarrow [x_1, x_2] \subset I.$$

Démonstration du théorème. Soit $f : I \longrightarrow \mathbb{R}$, continue; I un intervalle de $\mathbb{R}$. Soit $y_1 \in f(I)$ et $y_2 \in f(I)$ tels que $y_1 \leqslant y_2$; il existe x_1 et x_2 dans I tels que $y_1 = f(x_1)$ et $y_2 = f(x_2)$. Supposons $x_1 \leqslant x_2$; d'après le théorème des valeurs intermédiaires, $[y_1, y_2] \subset f([x_1, x_2])$.
I étant un intervalle, on a $[x_1, x_2] \subset I$, d'où

Si f est continue...

...alors :

*L'image d'un intervalle est un intervalle.

*L'image d'un intervalle fermé borné $[a, b]$ est un intervalle fermé borné $[m, M]$.

*Pour tout y de $[m, M]$, l'équation en x dans $[a, b]$:

$$f(x) = y$$

admet au moins une solution dans $[a, b]$.

3. Propriétés essentielles d'une fonction continue.

$f([x_1, x_2]) \subset f(I)$ et $[y_1, y_2] \subset f(I)$, ce qui prouve que $f(I)$ est un intervalle. Si $x_2 \leqslant x_1$, on a le même raisonnement à l'aide de $[x_2, x_1]$. $\square$

Exercice 11. Étant donné deux intervalles I et J, trouver une application f définie et continue sur I telle que $f(I) = J$. Dans quels cas est-ce impossible? (Voir encadré 4.)

Exercice 12. Écrire la condition qui traduit qu'une fonction n'est pas continue. **Soit $D \subset \mathbb{R}$: si $D \neq \mathbb{R}$ et $D \neq \varnothing$, alors $\mathbf{1}_D$ n'est pas continue.

Exercice 13. Montrer que la fonction exp définie dans le § 1.3 est continue.

Exercice 14. Montrer que la fonction f définie dans l'exemple 2 du § 1.3 est continue.

Application aux fonctions réciproques

Théorème. Soit I un intervalle de $\mathbb{R}$ et f une fonction réelle définie sur I. Si f est continue et strictement monotone, alors f est injective et la fonction réciproque $f^{-1} : f(I) \longrightarrow I$, est continue et strictement monotone (croissante si f est croissante, décroissante si f est décroissante).

Démonstration. Supposons f strictement croissante.

1. Soit $x \in I$, $x' \in I$; si $x \neq x'$, alors $x < x'$ et $f(x) < f(x')$, ou bien $x > x'$ et $f(x) > f(x')$, donc dans les deux cas $f(x) \neq f(x')$; f est donc injective et f^{-1} est définie.

2. Soit $y \in f(I)$ et $y' \in f(I)$ tels que $y < y'$; $f^{-1}(y) \geqslant f^{-1}(y')$ est impossible car alors $f(f^{-1}(y)) \geqslant f(f^{-1}(y'))$ ou $y \geqslant y'$, donc $f^{-1}(y) < f^{-1}(y')$: f^{-1} est strictement croissante.

3. Soit $y_0 \in f(I)$. Montrons que f^{-1} est continue en y_0.

Premier cas : $y_0 \neq \inf f(I)$ et $y_0 \neq \sup f(I)$. Il existe alors α_1 tel que $y_0 - \alpha_1 \in f(I)$ et il existe α_2 tel que $y_0 + \alpha_2 \in f(I)$. Soit $x_1 = f^{-1}(y_0 - \alpha_1)$, $x_2 = f^{-1}(y_0 + \alpha_2)$ et $x_0 = f^{-1}(y_0)$. Soit $\varepsilon > 0$; posons $\varepsilon' = \inf\{\varepsilon, x_2 - x_0, x_0 - x_1\}$, $y'_1 = f(x_0 - \varepsilon')$, $y'_2 = f(x_0 + \varepsilon')$ et $\alpha = \inf\{y'_2 - y_0, y_0 - y'_1\}$.

On a $y_0 - \alpha_1 \leqslant y'_1 \leqslant y_0 - \alpha < y_0 < y_0 + \alpha \leqslant y'_2 \leqslant y_0 + \alpha_2$.

Comme $f(I)$ est un intervalle et comme $y_0 - \alpha_1 \in f(I)$ et $y_0 + \alpha_2 \in f(I)$, on a $y_0 - \alpha \in f(I)$ et $y_0 + \alpha \in f(I)$, d'où

$$x_0 - \varepsilon \leqslant x_0 - \varepsilon' \leqslant f^{-1}(y_0 - \alpha) < x_0 < f^{-1}(y_0 + \alpha) \leqslant x_0 + \varepsilon' \leqslant x_0 + \varepsilon.$$

On a donc montré que :

$$\forall \varepsilon > 0 \quad \exists \alpha > 0 \quad \forall y \in f(I) \quad |y_0 - y| < \alpha \Longrightarrow |f^{-1}(y_0) - f^{-1}(y)| < \varepsilon.$$

Deuxième cas. $y_0 = \inf f(I) \neq \sup f(I)$. Il existe alors α_2 tel que $y_0 + \alpha_2 \in f(I)$. On pose $x_0 = f^{-1}(y_0)$ et $x_2 = f^{-1}(y_0 + \alpha_2)$. Soit $\varepsilon > 0$; posons $\varepsilon' = \inf\{\varepsilon, x_2 - x_0\}$, $y'_2 = f(x_0 + \varepsilon')$ et $\alpha = y'_2 - y_0$.

f continue : I intervalle $\Rightarrow$ f(I) intervalle

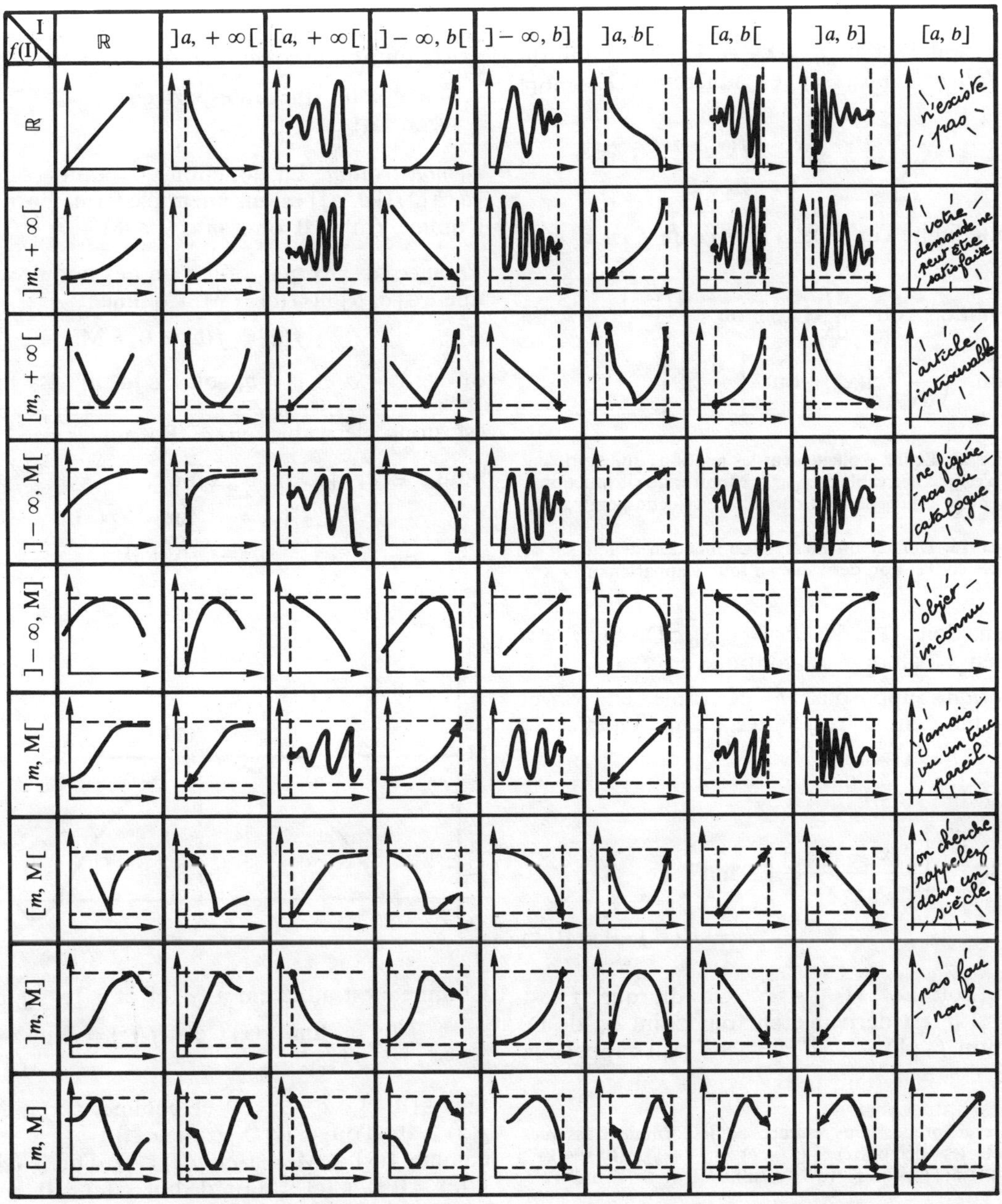

4. Si I et J sont deux intervalles de ℝ, il existe toujours une fonction f continue définie sur I telle que f(I) = J – sauf si I est fermé borné; dans ce cas, f(I) est aussi fermé borné, condition que doit donc satisfaire J.

On a alors $y_0 < y_0 + \alpha = y'_2 \leqslant y_0 + \alpha_2$ et $x_0 < x_0 + \varepsilon' \leqslant x_0 + \varepsilon$.
Soit $y \in f(\mathrm{I})$, si $|y - y_0| < \alpha$, comme $y_0 = \inf f(\mathrm{I})$ on a

$$y_0 \leqslant y < y_0 + \alpha, \quad \text{d'où} \quad x_0 \leqslant f^{-1}(y) < x_0 + \varepsilon' \leqslant x_0 + \varepsilon.$$

On a encore vérifié que :

$$\forall \varepsilon > 0 \quad \exists \alpha > 0 \quad \forall y \in f(\mathrm{I})$$
$$|y_0 - y| < \alpha \Longrightarrow |f^{-1}(y_0) - f^{-1}(y)| < \varepsilon.$$

Troisième cas. $y_0 = \sup f(\mathrm{I}) \neq \inf f(\mathrm{I})$: même démarche.

Quatrième cas. $y_0 = \inf f(\mathrm{I}) = \sup f(\mathrm{I})$. On a alors $f(\mathrm{I}) = \{ y_0 \}$ et $\mathrm{I} = \{ f^{-1}(y_0) \}$. Le théorème est trivial. □

§ 4. DÉRIVÉES

4.1. Fonctions dérivables

Définition. Soit $D \subset \mathbb{R}$, $f : D \longrightarrow \mathbb{R}$, $x_0 \in D$. On dit que f est *dérivable en* x_0 ssi x_0 est adhérent à $D - \{x_0\}$ et

$$\lim_{\substack{x \to x_0 \\ x \in D - \{x_0\}}} \frac{f(x) - f(x_0)}{x - x_0}$$

existe. Cette limite s'appelle la *dérivée* de f *en* x_0 et se note

$$f'(x_0) \quad \text{ou} \quad \frac{df}{dx}(x_0) \quad \text{ou} \quad \frac{df(x_0)}{dx}$$

$$\text{ou} \quad \left(\frac{d}{dx} f\right)(x_0) \quad \text{ou} \quad \left[\frac{d}{dx} f\right]_{x = x_0}.$$

Exercice 15. Écrire explicitement les relations qui expriment que f n'est pas dérivable en x_0. *** Montrer que la fonction f de l'exemple 2 du § 1.3 n'est dérivable en aucun point.

Exercice 16. Donner un exemple de fonction définie sur $\mathbb{R}$, dérivable en 0 et non dérivable en tout x appartenant à $\mathbb{R}^*$.

Proposition. Soit $D \subset \mathbb{R}$, $f \in \mathbb{R}^D$, $x_0 \in D$. Si f est dérivable en x_0, alors f est continue en x_0.

Démonstration. Supposons f dérivable en x_0 et montrons que $\lim\limits_{\substack{x \to x_0 \\ x \in D - \{x_0\}}} f(x) = f(x_0)$. On a en effet

$$\lim_{\substack{x \to x_0 \\ x \in D - \{x_0\}}} (f(x) - f(x_0))$$

$$= \lim_{\substack{x \to x_0 \\ x \in D - \{x_0\}}} \left[\frac{f(x) - f(x_0)}{x - x_0}\right] \lim_{\substack{x \to x_0 \\ x \in D - \{x_0\}}} (x - x_0).$$

$$= f'(x_0) \cdot 0 = 0. \ \square$$

Définition. Soit $D \subset \mathbb{R}$, $f \in \mathbb{R}^D$. On dit que f est *dérivable* ssi f est dérivable en tout point x_0 de D. L'application $f' : D \longrightarrow \mathbb{R}$, $x_0 \longmapsto f'(x_0)$ s'appelle la *dérivée* de f.

C 17. Énoncer les propositions résumées par les formules classiques suivantes, et les démontrer : $(f + g)' = f' + g'$, $(kf)' = kf'$, $(fg)' = f'g + fg'$, $(f/g)' = g^{-2}(gf' - fg')$, $(f \circ g)' = (f' \circ g) \cdot g'$.

C 18. Montrer que exp, définie dans le § 1.3, est dérivable et que $\exp' = \exp$.

Définition. La dérivée n^e se définit par récurrence par $f^{(0)} = f$, et pour tout $n \in \mathbb{N}$, $f^{(n+1)} = (f^{(n)})'$. Si $f^{(n)}$ existe et est continue, on dit que f est de classe C^n. L'ensemble des fonctions de classe C^n définies sur D se note $\mathcal{C}^n(D, \mathbb{R})$.

C 19. $\mathcal{C}^n(D, \mathbb{R})$ est un sous-espace vectoriel et un sous-anneau de $\mathbb{R}^D$.

4.2. Théorème de Rolle

Théorème. Soit a et b deux nombres réels tels que $a < b$. Soit $f : [a, b] \longrightarrow \mathbb{R}$. Si f est continue sur $[a, b]$, dérivable sur $]a, b[$ et si $f(a) = f(b) = 0$, alors il existe un nombre réel c tel que

1. $a < c < b$ (inégalités **strictes**)
2. $f'(c) = 0$.

Démonstration. La fonction f étant continue sur $[a, b]$, $f([a, b])$ est un intervalle fermé borné $[m, M]$. Comme $f(a) = 0$, on a $m \leqslant 0 \leqslant M$.

Premier cas. $M > 0$. Soit c un des nombres réels tels que $c \in [a, b]$ et $f(c) = M$. Comme

$$f(a) = f(b) = 0 \neq M,$$

on a : $c \neq a$ et $c \neq b$, soit $c \in]a, b[$. La fonction f est donc dérivable en c. Posons $p(x) = \dfrac{f(x) - f(c)}{x - c}$ pour $x \in [a, c[\cup]c, b]$, on a :

$$f'(c) = \lim_{\substack{x \to c \\ x \in [a, c[\cup]c, b]}} p(x).$$

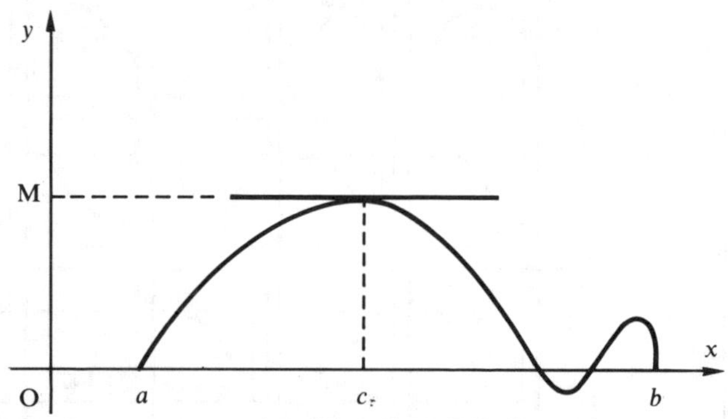

Comme c est adhérent à $[a, c[$ et à $]c, b]$, on a :

$$f'(c) = \lim_{\substack{x \to c \\ x \in [a, c[}} p(x) \quad \text{et} \quad f'(c) = \lim_{\substack{x \to c \\ x \in]c, b]}} p(x).$$

Si $x \in [a, c[$, $x - c < 0$ et comme $f(x) \leqslant M = f(c)$, $p(x) \geqslant 0$, d'où $f'(c) \geqslant 0$. Si $x \in]c, b]$, $x - c > 0$ et comme $f(x) \leqslant M = f(c)$, $p(x) \leqslant 0$, d'où $f'(c) \leqslant 0$. De $f'(c) \geqslant 0$ et $f'(c) \leqslant 0$ on déduit $f'(c) = 0$.

Deuxième cas. $M = 0$ et $m < 0$. On choisit c tel que $f(c) = m$, et on montre comme dans le premier cas que $f'(c) = 0$.

Troisième cas. $M = m = 0$. La fonction f est constante. Choisissons $c = (a + b)/2$: on a $c \in]a, b[$ et $f'(c) = 0$. $\square$

C 20. Rappeler l'énoncé du théorème des accroissements finis et l'énoncé du théorème de Taylor et les démontrer.

4.3. Application aux fonctions réciproques

Théorème. Soit I un intervalle de $\mathbb{R}$ et $f : \mathrm{I} \longrightarrow \mathbb{R}$, dérivable telle que pour tout $x \in \mathrm{I}$, $f'(x) > 0$. Alors $f^{-1} : f(\mathrm{I}) \longrightarrow \mathrm{I}$ existe, est dérivable et $(f^{-1})'(y_0) = [f'(f^{-1}(y_0))]^{-1}$.

Démonstration. On peut démontrer d'abord le théorème des accroissements finis et les théorèmes sur le sens de variation d'une fonction, ou bien procéder directement comme ci-dessous :

1. f est strictement croissante. En effet soit $x_1 \in \mathrm{I}$ et $x_2 \in \mathrm{I}$ tels que $x_1 < x_2$. Appliquons le théorème de Rolle à

$$\varphi(x) = f(x) - f(x_1) - \frac{f(x_2) - f(x_1)}{x_2 - x_1}(x - x_1).$$

Il existe $c \in]x_1, x_2[$, donc $c \in \mathrm{I}$ tel que $f'(c) - \dfrac{f(x_2) - f(x_1)}{x_2 - x_1} = 0.$

Comme $f'(c) > 0$, on a bien $f(x_2) - f(x_1) > 0$.

2. Comme I est dérivable, tout point x_0 de I est adhérent à $\mathrm{I} - \{x_0\}$; l'intervalle I n'est donc pas réduit à un point. Comme f est dérivable, f est continue et $f(\mathrm{I})$ est un intervalle, non réduit à un point puisque f est strictement croissante. Tout point y_0 de $f(\mathrm{I})$ est donc adhérent à $f(\mathrm{I}) - \{y_0\}$.

3. Comme f est continue et strictement monotone, f^{-1} est continue et $\lim\limits_{\substack{y \to y_0 \\ y \in f(\mathrm{I}) - \{y_0\}}} f^{-1}(y) = f^{-1}(y_0)$ pour tout $y_0 \in f(\mathrm{I})$.

On a donc

$$\lim_{\substack{y \to y_0 \\ y \in f(\mathrm{I}) - \{y_0\}}} \frac{f^{-1}(y) - f^{-1}(y_0)}{y - y_0}$$

$$= \lim_{\substack{y \to y_0 \\ y \in f(\mathrm{I}) - \{y_0\}}} \frac{1}{\dfrac{f(f^{-1}(y)) - f(f^{-1}(y_0))}{f^{-1}(y) - f^{-1}(y_0)}}$$

$$= \lim_{\substack{x \to f^{-1}(y_0) \\ x \in \mathrm{I} - \{f^{-1}(y_0)\}}} \frac{1}{\dfrac{f(x) - f(f^{-1}(y_0))}{x - f^{-1}(y_0)}}$$

$$= [f'(f^{-1}(y_0))]^{-1}. \ \square$$

§ 5. UNIFORMITÉ

5.1. La non-commutativité des limites

Soit $\Delta \subset \mathbb{R}^2$, $\pi_1 : \mathbb{R}^2 \longrightarrow \mathbb{R}$, $(x, y) \longmapsto x$ la première projection, $\pi_2 : \mathbb{R}^2 \longrightarrow \mathbb{R}$, $(x, y) \longmapsto y$ la seconde projection. On note

$$\pi_1(\Delta) = \{x \in \mathbb{R} \mid \exists y \in \mathbb{R} \quad (x, y) \in \Delta\}$$
$$\pi_2(\Delta) = \{y \in \mathbb{R} \mid \exists x \in \mathbb{R} \quad (x, y) \in \Delta\}.$$

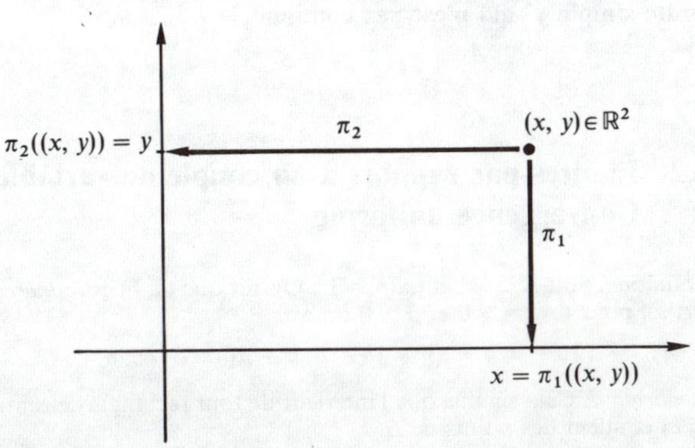

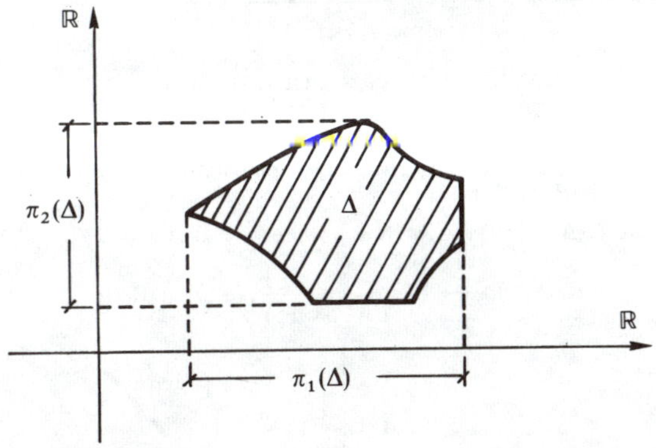

Pour $x \in \pi_1(\Delta)$, on pose $\Delta_x = \{y \in \mathbb{R} \mid (x, y) \in \Delta\}$ et pour $y \in \pi_2(\Delta)$, on pose $\Delta_y = \{x \in \mathbb{R} \mid (x, y) \in \Delta\}$.

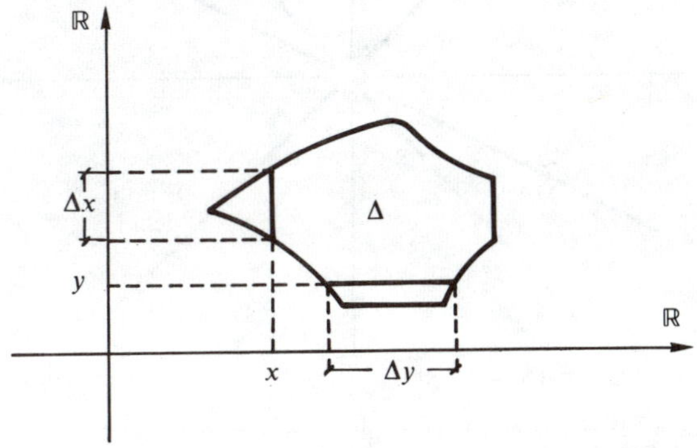

Exercice 17. Vérifier que

$$\bigcup_{x \in \pi_1(\Delta)} \Delta_x = \pi_1(\Delta) \text{ et } \bigcup_{y \in \pi_2(\Delta)} \Delta_y = \pi_2(\Delta).$$

Soit $a \in \mathbb{R}$ et $b \in \mathbb{R}$. On suppose que :

$$\forall y \in \pi_2(\Delta) \quad a \text{ est adhérent à } \Delta_y$$
$$\forall x \in \pi_1(\Delta) \quad b \text{ est adhérent à } \Delta_x.$$

(En fait on peut sans inconvénient supposer $a \in \overline{\mathbb{R}}$ et $b \in \overline{\mathbb{R}}$. Pour alléger l'exposé nous supposerons $a \in \mathbb{R}$, $b \in \mathbb{R}$ et laisserons au lecteur le soin d'étendre les résultats aux cas $a = \pm\infty$, $b = \pm\infty$.)

Enfin soit $\mathrm{F} : \Delta \longrightarrow \mathbb{R}$, une fonction réelle de deux variables réelles, définie sur Δ.

Sous réserve que les limites existent, on pourra considérer :

d'une part :

$$\begin{cases} \mathrm{L}(y) = \lim\limits_{\substack{x \to a \\ x \in \Delta y}} \mathrm{F}(x, y) \\ \ell = \lim\limits_{\substack{y \to b \\ y \in \pi_2(\Delta)}} \mathrm{L}(y) \end{cases}$$

et d'autre part :

$$\begin{cases} \mathrm{M}(x) = \lim\limits_{\substack{y \to b \\ y \in \Delta_x}} \mathrm{F}(x, y) \\ m = \lim\limits_{\substack{x \to a \\ x \in \pi_1(\Delta)}} \mathrm{M}(x) \end{cases}$$

ce que l'on note :

$$\ell = \lim_{y \to b} \lim_{x \to a} \mathrm{F}(x, y)$$
$$m = \lim_{x \to a} \lim_{y \to b} \mathrm{F}(x, y).$$

On dit que les limites *commutent* ssi $\ell = m$. Cela se produit assez souvent, mais pas toujours.

EN GÉNÉRAL

$$\lim_{x\to a}\lim_{y\to b} F(x, y) \neq \lim_{y\to b}\lim_{x\to a} F(x, y)$$

La plupart des difficultés en analyse proviennent de cette non-commutativité des limites.

Exemple 1. $\Delta = \{(x, y)\in\mathbb{R}^2 \mid x + y \neq 0 \textbf{ et } x \neq 0 \textbf{ et } y \neq 0\}$

$$F : \Delta \longrightarrow \mathbb{R},\ (x, y) \longmapsto F(x, y) = \frac{x - y}{x + y},\ (a, b) = (0, 0).$$

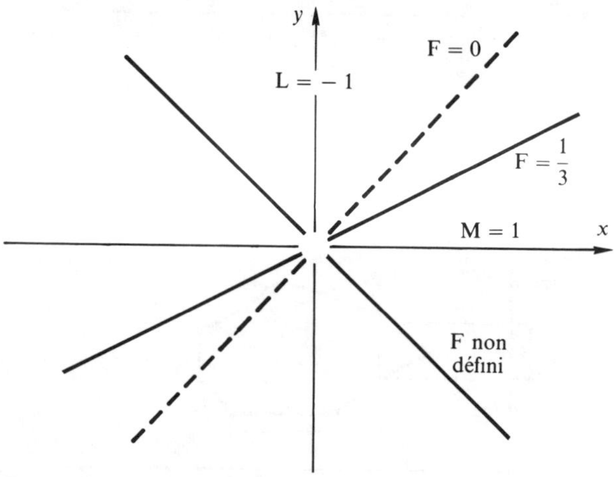

On a $\pi_1(\Delta) = \pi_2(\Delta) = \mathbb{R}^*$ et

1. $\Delta_y = \mathbb{R}^* - \{-y\}$; $L(y) = \lim\limits_{\substack{x\to 0\\ x\neq -y\\ x\neq 0}} \dfrac{x - y}{x + y} = -1$

d'où $L : \mathbb{R}^* \longrightarrow \mathbb{R},\ y \longmapsto -1$, et $\ell = \lim\limits_{\substack{y\to 0\\ y\neq 0}} L(y) = -1$.

2. $\Delta_x = \mathbb{R}^* - \{-x\}$; $M(x) = \lim\limits_{\substack{y\to 0\\ y\neq -x\\ y\neq 0}} \dfrac{x - y}{x + y} = 1$

d'où $M : \mathbb{R}^* \longrightarrow \mathbb{R},\ x \longmapsto 1$ et $m = \lim\limits_{\substack{x\to 0\\ x\neq 0}} M(x) = 1$.

Exemple 2. (Voir encadré 5). $\Delta = \mathbb{N} \times \mathbb{R}^*$ et

$$F(n, x) = f_n(x) = \sup\{0, 1 - n|x|\}.$$

On a $\pi_1(\Delta) = \mathbb{N}$, $\pi_2(\Delta) = \mathbb{R}^*$. Pour tout $x\in\mathbb{R}^*$, $\Delta_x = \mathbb{N}$ et pour tout $n\in\mathbb{N}$, $\Delta_n = \mathbb{R}^*$.

Pour $x\in\mathbb{R}^*$, on a $\lim\limits_{\substack{n\to\infty\\ n\in\mathbb{N}}} f_n(x) = 0$, d'où

$$\ell = \lim_{\substack{x\to 0\\ x\neq 0}} \lim_{\substack{n\to\infty\\ n\in\mathbb{N}}} f_n(x) = 0$$

Par contre, pour $n\in\mathbb{N}$, $\lim\limits_{\substack{x\to 0\\ x\neq 0}} f_n(x) = 1$, d'où

$$m = \lim_{\substack{n\to\infty\\ n\in\mathbb{N}}} \lim_{\substack{x\to 0\\ x\neq 0}} f_n(x) = 1.$$

Remarque. Pour la même fonction F, on aurait pu prendre $\Delta = \mathbb{N} \times \mathbb{R}$; on a alors :

$$f(x) = \lim_{\substack{n\to\infty\\ n\in\mathbb{N}}} f_n(x) = \begin{cases} 0 & \text{si} \quad x \neq 0 \\ 1 & \text{si} \quad x = 0 \end{cases}$$

et $\lim\limits_{\substack{x\to 0\\ x\neq 0}} f(x)$ n'existe pas. La non-commutativité des limites traduit ici le fait que la limite simple d'une suite de fonctions continues n'est pas nécessairement continue.

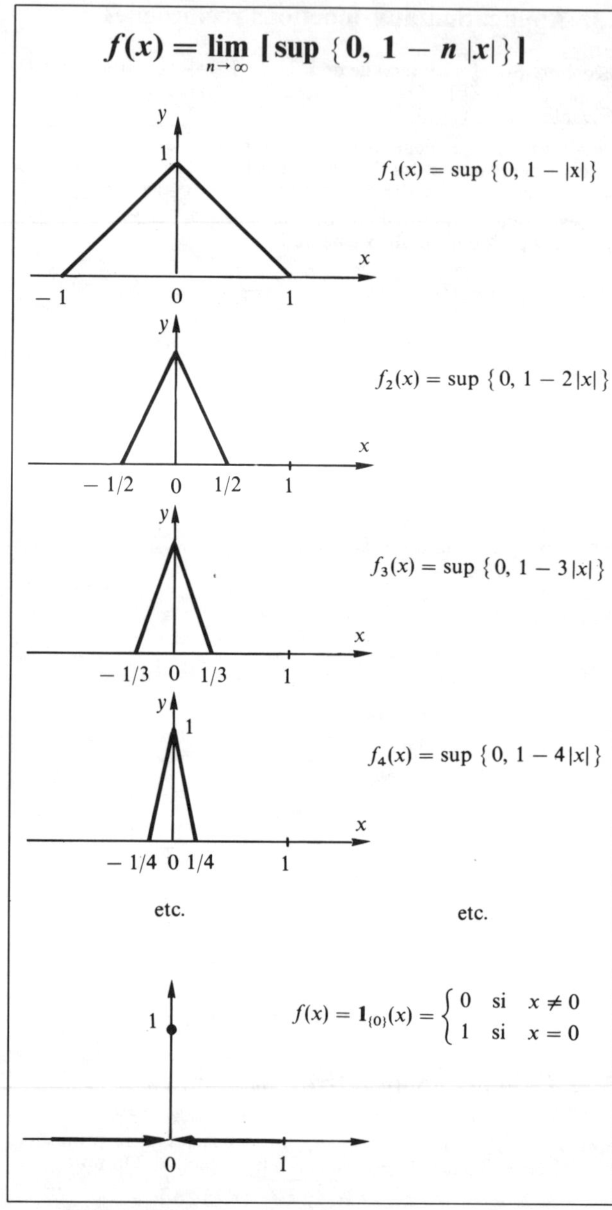

5. Une suite $(f_n)_{n\in\mathbb{N}}$ de fonctions continues admettant une limite simple f qui n'est pas continue

5.2. Limites par rapport à un couple de variables Convergence uniforme

Définition. Soit $\Delta \subset \mathbb{R}^2$ et $(a, b)\in\mathbb{R}^2$. On dit que (a, b) est *adhérent* à Δ ssi pour tous $\alpha > 0$ et $\beta > 0$ on a :

$$(]a - \alpha, a + \alpha[\times]b - \beta, b + \beta[) \cap \Delta \neq \varnothing.$$

Remarque 1. Cela signifie que l'intérieur de tout rectangle de centre (a, b) contient des points de Δ.

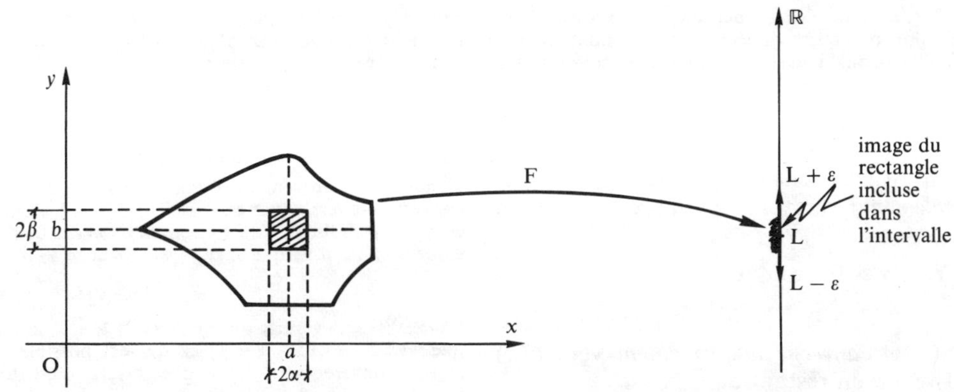

Remarque 2. On généralise facilement à tout couple $(a, b) \in (\overline{\mathbb{R}})^2$: par exemple $(+\infty, -\infty)$ est adhérent à Δ si pour tout réels M et m on a :

$$(]M, +\infty[\times]-\infty, m[\cap \Delta \neq \varnothing.$$

Définition. Soit $A \subset \Delta \subset \mathbb{R}^2$, $(a, b) \in \mathbb{R}^2$, $F : \Delta \longrightarrow \mathbb{R}$, $L \in \mathbb{R}$. On suppose (a, b) adhérent à A. On dit que L est la *limite* de $F(x, y)$ quand (x, y) tend vers (a, b) en restant dans A ssi :

$$\forall \varepsilon > 0 \quad \exists (\alpha, \beta) \in (\mathbb{R}_+^*)^2 \quad \forall (x, y) \in A$$
$$[|x - a| < \alpha \textbf{ et } |y - b| < \beta] \Longrightarrow |F(x, y) - L| < \varepsilon.$$

Notation. On écrit $\lim\limits_{\substack{(x,y)\to(a,b)\\(x,y)\in A}} F(x, y) = L$ pour dire d'une part que la limite existe et d'autre part que L est la limite.

C 21. Montrer l'unicité de la limite.

Proposition. Soit $\Delta \subset \mathbb{R}^2$, $F : \Delta \longrightarrow \mathbb{R}$, (a, b) adhérent à Δ. Si

1. $\forall y \in \pi_2(\Delta)$ a est adhérent à Δ_y.

2. $\forall x \in \pi_1(\Delta)$ b est adhérent à Δ_x.

3. $\forall y \in \pi_2(\Delta)$ $\lim\limits_{\substack{x\to a\\x\in\Delta_y}} F(x, y) = L(y)$.

4. $\forall x \in \pi_1(\Delta)$ $\lim\limits_{\substack{y\to b\\y\in\Delta_x}} F(x, y) = M(x)$.

5. $\lim\limits_{\substack{(x,y)\to(a,b)\\(x,y)\in\Delta}} F(x, y) = \mathfrak{L}$

Alors : $\lim\limits_{\substack{y\to b\\y\in\pi_2(\Delta)}} L(y) = \mathfrak{L} = \lim\limits_{\substack{x\to a\\x\in\pi_1(\Delta)}} M(x)$.

Remarque. Cette proposition peut se résumer ainsi : les limites commutent si la limite par rapport au couple existe.

C 22. Démontrer la proposition.

Commentaire. A quoi tient pour l'essentiel la différence entre la situation précédente où les limites commutent et la situation des exemples du § 5.1 où les limites ne commutent pas? Dans le cas où $\lim\limits_{(x,y)\to(a,b)} F(x, y)$ existe, on peut pour tout choix de $\varepsilon > 0$ trouver un rectangle de centre (a, b) tel que pour deux points quelconques (x_1, y_1) et (x_2, y_2) intérieurs à ce rectangle on ait :

$$|F(x_1, y_1) - F(x_2, y_2)| < \varepsilon.$$

Par contre l'existence de $\lim\limits_{x\to a} F(x, y) = L(y)$ pour tout y se traduit par la possibilité de trouver pour chaque ε et chaque y un intervalle ouvert (*qui dépend de y*) I_y tel que si x_1 appartient à ce segment

$$|F(x_1, y) - L(y)| < \varepsilon/3.$$

L'existence de $\lim\limits_{y\to b} L(y)$ permet de trouver un intervalle de centre b ouvert $]b - \beta, b + \beta[$ tel que pour y_1 et y_2 dans cet intervalle on ait

$$|L(y_1) - L(y_2)| < \varepsilon/3$$

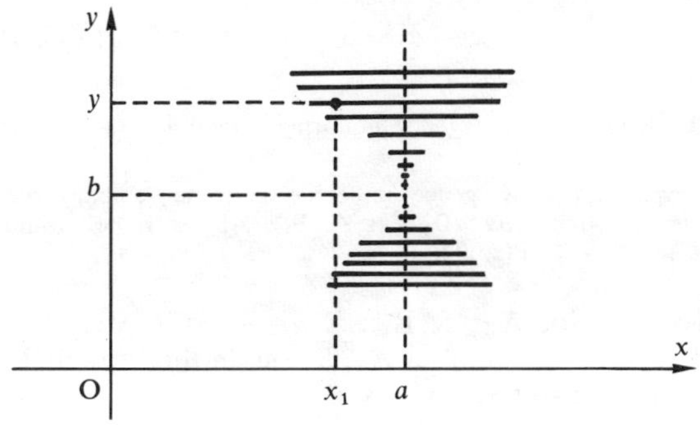

De l'inégalité triangulaire itérée :

$$|F(x_1, y_1) - F(x_2, y_2)| \leqslant |F(x_1, y_1) - L(y_1)| + |L(y_1) - L(y_2)| + |L(y_2) - F(x_2, y_2)|$$

on déduit alors :

$$|F(x_1, y_1) - F(x_2, y_2)| < \varepsilon$$

pour (x_1, y_1) et (x_2, y_2) pris dans l'ensemble

$$\{(x, y) \in \mathbb{R}^2 \mid y \in]b - \beta, b + \beta[\text{ et } x \subset I_y\} = S.$$

Mais dans ce cas S n'a pas la forme d'un rectangle et en général il n'existe aucun rectangle de centre (a, b) inclus dans S.
De même de l'existence de $\lim\limits_{y\to b} F(x, y) = M(x)$ et $\lim\limits_{x\to a} M(x)$ se traduira par l'existence d'un sous-ensemble T de la forme

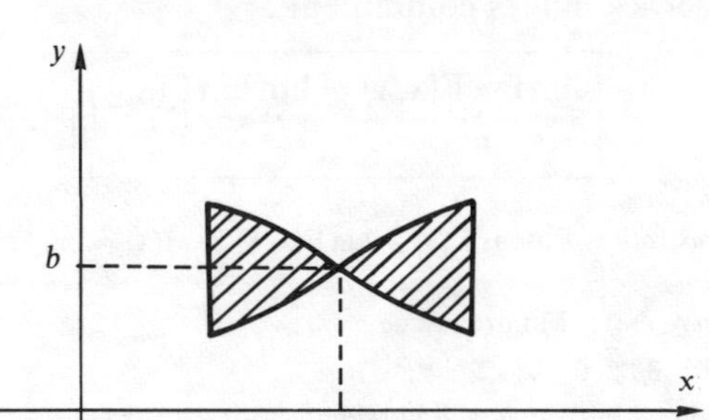

tel que pour (x_1, y_1) et (x_2, y_2) éléments de T les images par F diffèrent de moins de ε.

On comprend que ce qui empêche la commutativité des limites est le fait que I_y dépende de y et en particulier que la longueur de I_y puisse tendre vers 0 quand y tend vers b. On devine que s'il est possible de trouver un intervalle ouvert I inclus dans tous les I_y (ou en d'autres termes si on peut faire un choix des I_y indépendant de y, c'est-à-dire un choix *uniforme*) alors on pourra en déduire la commutativité des limites. Quand c'est le cas, on dit que la convergence est uniforme. De façon précise :

Définition. Soit Y un ensemble, $A \subset \mathbb{R}$, $a \in \mathbb{R}$, $\Delta \subset \mathbb{R} \times Y$, $F : \Delta \longrightarrow \mathbb{R}$, $L : Y \longrightarrow \mathbb{R}$, tels que $A \times Y \subset \Delta$ et a est adhérent à A. On dit que $F(x, y)$ *converge (simplement)* vers $L(y)$ quand x tend vers a en restant dans A ssi

$$\forall \varepsilon > 0 \quad \forall y \in Y \quad \exists \alpha > 0 \quad \forall x \in A$$
$$|x - a| < \alpha \Longrightarrow |F(x, y) - L(y)| < \varepsilon.$$

On dit que $F(x, y)$ *converge uniformément* vers $L(y)$ quand x tend vers a en restant dans A ssi

$$\forall \varepsilon > 0 \quad \exists \alpha > 0 \quad \forall y \in Y \quad \forall x \in A$$
$$|x - a| = \alpha \Longrightarrow |F(x, y) - L(y)| < \varepsilon.$$

C 23. Définir la convergence uniforme quand $a = +\infty$, quand $a = -\infty$.

Remarque. La convergence uniforme entraîne la convergence simple puisque $[\exists \alpha > 0 \quad \forall y \in Y \quad P(\alpha, Y)]$ entraîne toujours $[\forall y \in Y \quad \exists \alpha > 0 \quad P(\alpha, y)]$.

Théorème. Soit $A \subset \mathbb{R}$, $B \subset \mathbb{R}$, $a \in \mathbb{R}$, $b \in \mathbb{R}$, $\Delta \subset \mathbb{R}^2$, tels que a est adhérent à A, b est adhérent à B et $A \times B \subset \Delta$; soit $F : \Delta \longrightarrow \mathbb{R}$. Si :

1. $F(x, y)$ converge **uniformément** sur B quand x tend vers a en restant dans A;

2. $F(x, y)$ converge simplement sur A quand y tend vers b en restant dans B;

Alors :

3. $\lim\limits_{\substack{y \to b \\ y \in B}} \lim\limits_{\substack{x \to a \\ x \in A}} F(x, y)$ existe,

4. $\lim\limits_{\substack{x \to a \\ x \in A}} \lim\limits_{\substack{y \to b \\ y \in B}} F(x, y)$ existe,

5. $\lim\limits_{\substack{(x,y) \to (a,b) \\ (x,y) \in A \times B}} F(x, y)$ existe,

6. les trois limites précédentes sont égales; en particulier les limites commutent :

$$\boxed{\lim_{\substack{x \to a \\ x \in A}} \lim_{\substack{y \to b \\ y \in B}} F(x, y) = \lim_{\substack{y \to b \\ y \in B}} \lim_{\substack{x \to a \\ x \in A}} F(x, y)}$$

Démonstration. Posons $L(y) = \lim\limits_{\substack{x \to a \\ x \in A}} F(x, y)$ et $M(x) = \lim\limits_{\substack{y \to b \\ y \in B}} F(x, y)$.

Première étape. Montrons que :

$$\forall \varepsilon > 0 \quad \exists \beta > 0 \quad \forall y \in B \quad \forall y' \in B$$
$$|y - b| < \beta \text{ et } |y' - b| < \beta) \Longrightarrow |L(y) - L(y')| < \upsilon.$$

En effet, d'après l'inégalité triangulaire :

$$|L(y) - L(y')| \leqslant |L(y) - F(x, y)|$$
$$+ |F(x, y) - M(x)| + |M(x) - F(x, y')| + |F(x, y') - L(y')|.$$

Soit $\varepsilon > 0$; comme F converge uniformément vers L quand x tend vers a et que a est adhérent à A, il existe un nombre x tel que $|L(y) - F(x, y)| < \varepsilon/4$ et $|F(x, y') - L(y')| < \varepsilon/4$. Comme $F(x, y) \longrightarrow M(x)$ quand $y \longrightarrow b$, il existe β_1 tel que si $|y - b| < \beta_1$, alors $|F(x, y) - M(x)| < \varepsilon/4$, de même il existe β_2 tel que si $|y' - b| < \beta_2$ alors $|M(x) - F(x, y')| < \varepsilon/4$. Choisissons $\beta = \inf\{\beta_1, \beta_2\}$, si $|y - b| < \beta$ et $|y' - b| < \beta$, alors

$$|L(y) - L(y')| < \varepsilon/4 + \varepsilon/4 + \varepsilon/4 + \varepsilon/4 = \varepsilon.$$

Deuxième étape. Description explicite de $\mathfrak{L}$.

Comme b est adhérent à B, il existe une suite de nombres réels $(y_n)_{n \in \mathbb{N}}$ convergeant vers b (par exemple $|y_n - b| < 1/n$). La suite $(L(y_n))_{n \in \mathbb{N}}$ est alors une suite de Cauchy : en effet, soit $\varepsilon > 0$; d'après la première étape il existe β tel que si $|y_p - b| < \beta$ et $|y_q - b| < \beta$, alors

$$|L(y_p) - L(y_q)| = \varepsilon.$$

L'inégalité sera vérifiée pour $p \geqslant n$ et $q \geqslant n$, si nous choisissons n tel que : $\forall k \geqslant n \quad |y_k - b| < \beta$, ce qui est possible puisque la suite $(y_n)_{n \in \mathbb{N}}$ converge vers b. La suite $(L(y_n))_{n \in \mathbb{N}}$ est donc convergente. Soit $\mathfrak{L}$ sa limite : $\mathfrak{L} = \lim\limits_{\substack{n \to \infty \\ n \in \mathbb{N}}} L(y_n)$.

Troisième étape. Démonstration de $\lim\limits_{\substack{y \to b \\ y \in B}} L(y) = \mathfrak{L}$.

On a :

$$|L(y) - \mathfrak{L}| \leqslant |L(y) - L(y_n)| + |L(y_n) - \mathfrak{L}|.$$

Soit $\varepsilon > 0$. Choisissons n_1 suffisamment grand pour que $n \geqslant n_1$ entraîne $|L(y_n) - \mathfrak{L}| < \varepsilon/2$. Soit $\beta > 0$ tel que $|y - b| < \beta$ et $|y_n - b| < \beta$ entraînent $|L(y) - L(y_n)| < \varepsilon/2$. Choisissons n_2 suffisamment grand pour que $n \geqslant n_2$ entraîne $|y_n - b| < \beta$. Alors pour $|y - b| < \beta$, on aura, en choisissant $n = \sup\{n_1, n_2\}$:

$$|L(y) - \mathfrak{L}| < \varepsilon/2 + \varepsilon/2 = \varepsilon.$$

Quatrième étape. Démonstration de $\lim\limits_{\substack{x \to a \\ x \in A}} M(x) = \mathfrak{L}$.

On a :

$$|M(x) - \mathfrak{L}| \leqslant |M(x) - F(x, y)| + |F(x, y) - L(y)| + |L(y) - \mathfrak{L}|.$$

Soit $\varepsilon > 0$. Choisissons $\alpha > 0$ tel que pour tout y, on ait pour tout x : $|x - a| < \alpha$ entraîne $|F(x, y) - L(y)| < \varepsilon/3$. Pour x fixé il existe β_1 tel que : $|y - b| < \beta_1$ entraîne $|M(x) - F(x, y)| < \varepsilon/3$, et il existe β_2 tel que : $|y - b| < \beta_2$ entraîne $|L(y) - \mathfrak{L}| < \varepsilon/3$. Pour chaque

$$x \in]a - \alpha, a + \alpha[,$$

on pourra donc choisir y tel que $|y - b| < \inf\{\beta_1, \beta_2\}$ et on aura :

$$|M(x) - \mathfrak{L}| < \varepsilon/3 + \varepsilon/3 + \varepsilon/3 = \varepsilon.$$

Cinquième étape. Démonstration de $\lim\limits_{\substack{(x,y) \to (a,b) \\ (x,y) \in A \times B}} F(x, y) = \mathfrak{L}$.

On a :

$$|F(x, y) - \mathfrak{L}| \leqslant |F(x, y) - L(y)| + |L(y) - \mathfrak{L}|.$$

Soit $\varepsilon > 0$. Choisissons $\alpha > 0$ tel que pour tout choix de y on ait $|x - a| < \alpha$ entraîne $|F(x, y) - L(y)| < \varepsilon/2$. Choisissons β tel que : $|y - b| < \beta$ entraîne $|L(y) - \mathfrak{L}| < \varepsilon/2$. On aura alors : $(|x - a| = \alpha$ **et** $|y - b| < \beta)$ entraîne $|F(x, y) - \mathfrak{L}| < \varepsilon/2 + \varepsilon/2 = \varepsilon$. □

C 24. Énoncer et démontrer les théorèmes correspondant aux cas $a = \pm\infty$ et $b = \pm\infty$.

5.3. Convergence uniforme d'une suite de fonctions

Définition. Soit $D \subset \mathbb{R}$, $(f_n)_{n \in \mathbb{N}}$ une suite de fonctions réelles de variable réelle définies sur D, ℓ une fonction définie sur D. On dit que la suite de fonctions $(f_n)_{n \in \mathbb{N}}$ *converge uniformément* sur D vers ℓ ssi :

$$\forall \varepsilon > 0 \quad \exists N \in \mathbb{N} \quad \forall x \in D \quad \forall n \in \mathbb{N} \quad [n \geqslant N \Longrightarrow |f_n(x) - \ell(x)| < \varepsilon].$$

On dit aussi que ℓ est la *limite uniforme* de la suite $(f_n)_{n \in \mathbb{N}}$.

Proposition. La limite uniforme d'une suite de fonctions continues est continue.

Démonstration. Comme la convergence $\ell(x) = \lim\limits_{\substack{n \to \infty \\ n \in \mathbb{N}}} f_n(x)$ est uniforme et que $\lim\limits_{\substack{x \to x_0 \\ x \in D}} f_n(x)$ existe. il en résulte que $\lim\limits_{\substack{x \to x_0 \\ x \in D}} \ell(x)$ existe. □

Exercice 17. Montrer que la fonction f de l'exemple 2 du § 1.3 est continue.

Proposition. La fonction exp est continue.

Démonstration. La convergence $\exp x = \lim\limits_{\substack{n \to \infty \\ n \in \mathbb{N}}} \sum\limits_{k=0}^{\infty} x^k/k!$ est uniforme sur tout intervalle $[-X, X]$ puisque

$$\left| \exp x - \sum_{k=0}^{n} x^k/k! \right| \leqslant \sum_{k=n+1}^{\infty} X^k/k!;$$

le second membre tend vers 0 quand n tend vers l'infini. □

5.4. Continuité uniforme

Définition. Soit $A \subset D \subset \mathbb{R}$, $f : D \longrightarrow \mathbb{R}$. On dit que f est *uniformément continue* sur A ssi :

$$\forall \varepsilon > 0 \quad \exists \alpha > 0 \quad \forall x \in A \quad \forall x' \in A$$
$$[|x - x'| < \alpha \Longrightarrow |f(x) - f(x')| < \varepsilon].$$

Remarque. La continuité uniforme entraîne la continuité (simple). La réciproque est en général fausse sauf si A est *compact* c'est-à-dire tel que de toute suite on puisse extraire une suite convergente (on démontre que cela équivaut au fait que A est borné et fermé : $\exists m \in \mathbb{R}$ $\exists M \in \mathbb{R}$ $A \subset [m, M]$ et $A = \bar{A}$). En particulier la réciproque est vraie si A est un intervalle fermé borné :

Théorème. Toute fonction continue sur un intervalle fermé borné y est uniformément continue.

Démonstration. Soit $f : [a, b] \longrightarrow \mathbb{R}$. On suppose f continue. Montrons que f est uniformément continue, en montrant que l'hypothèse contraire conduit à une impossibilité. En effet, f non uniformément continue signifie que :

$$\exists \varepsilon > 0 \quad \forall \alpha > 0 \quad \exists x \in [a, b] \quad \exists x' \in [a, b]$$
$$[|x - x'| < \alpha \textbf{ et } |f(x) - f(x')| > \varepsilon].$$

Choisissons $\alpha_1 = 1$, $\alpha_2 = 1/2$, $\alpha_3 = 1/3$, ..., $\alpha_2 = 1/n$, ... Pour chaque n il existe deux nombres réels u_n et u'_n tels que $|u_n - u'_n| < 1/n$ et $|f(u_n) - f(u'_n)| > \varepsilon$. Il existe donc deux suites u et u' d'éléments de $[a, b]$ telles que pour tout $n > 0$ on ait :

$$|u_n - u'_n| < 1/n \quad \textbf{et} \quad |f(u_n) - f(u'_n)| > \varepsilon.$$

Comme la suite u est bornée, elle admet une suite extraite $(u_{g(n)})$ convergente. La suite $(u'_{g(n)})$ extraite de u' est elle aussi bornée; elle admet donc une suite extraite $(u'_{g \circ h(n)})$ convergente. La suite $(u_{g \circ h(n)})$ est elle aussi convergente, puisque extraite de $(u_{g(n)})$ qui est convergente. Comme g et h sont strictement croissantes, on a pour tout $n > 0$:

$$|u_{g \circ h(n)} - u'_{g \circ h(n)}| < \frac{1}{g \circ h(n)} \leqslant \frac{1}{h(n)} \leqslant \frac{1}{n}.$$

Soit $\ell = \lim\limits_{n \to \infty} u_{g \circ h(n)}$ et $\ell' = \lim\limits_{n \to \infty} u'_{g \circ h(n)}$; on a donc pour tout $n \in \mathbb{N}^*$, $|\ell - \ell'| = 1/n$ d'où $\ell = \ell'$. Comme f est continue on a $\lim\limits_{n} f(u_{g \circ h(n)}) = f(\ell)$ et $\lim\limits_{n} f(u'_{g \circ h(n)}) = f(\ell)$. D'où $\lim\limits_{n \to \infty} |f(u_{g \circ h(n)}) - f(u'_{g \circ h(n)})| = 0$, ce qui est incompatible avec le fait que pour tout n, $|f(u_{g \circ h(n)}) - f(u'_{g \circ h(n)})| > \varepsilon$. □

Exercice 18. Dans quelle démonstration a-t-on utilisé la continuité uniforme?

§ 6. RÉPONSES OU INDICATIONS

C 1. Pour tout $(x, x') \in D^2$:

$$x \leqslant x' \Longrightarrow f(x) \leqslant f(x'),\ x < x' \Longrightarrow f(x) < f(x'),$$
$$x \leqslant x' \Longrightarrow f(x) \geqslant f(x'),\ x < x' \Longrightarrow f(x) > f(x'),$$

croissante **ou** décroissante, strictement croissante **ou** strictement décroissante,

$\forall (x, x) \in D^2$ $\forall \lambda \in [0, 1]$ $f(\lambda x + (1 - \lambda)x') \leqslant \lambda f(x) + (1 - \lambda) f(x')$,
$\forall (x, x') \in D^2$ $\forall \lambda \in]0, 1[$ $f(\lambda x + (1 - \lambda)x') < \lambda f(x) + (1 - \lambda) f(x')$,
$\exists M \in \mathbb{R}$ $\forall x \in D$ $f(x) \leqslant M$, $\exists m \in \mathbb{R}$ $\forall x \in D$ $m \leqslant f(x)$, majorée et minorée, $\forall x \in D$ $(x + T \in D$ **et** $x - T \in D$ **et** $f(x + T) = f(x))$, $\forall x \in D$ $(-x \in D$ **et** $f(-x) = f(x))$, $\forall x \in D$ $(-x \in D$ **et** $f(-x) = -f(x))$.

1. $\forall x \in B$ $f|_B(x) = f|_A|_B(x)$.

2. $\forall (i, j) \in I^2$ $g_i|_{A_i \cap A_j} = g_j|_{A_i \cap A_j}$.

3. Soit $M \in \mathbb{R}$, $x \in \mathbb{R}$, $x' \in \mathbb{R}$, tels que $x < x'$. Choisissons $n > \sup\left\{M, \dfrac{2}{x' - x}\right\}$, il existe $k \in \mathbb{Z}$ tel que

$$x < k/n < (k + 1)/n < x';$$

les entiers $kn + 1$ et n^2 sont premiers entre eux. Choisissons $r = k/n + 1/n^2 = (kn + 1)/n^2$, on a $x < k/n < r < (k + 1)/n < x'$ et $f(r) = n^2 \geqslant n > M$. Donc $\exists r \in]x, x'[$ $f(r) > M$.

4. Non, non, non, non, non, non, non, non, non, non, oui, oui, oui, oui.

5. Oui.

6. $f \in I$ et $g \in \mathbb{R}^D$: si $x \in A$ $(gf)(x) = g(x) f(x) = 0$. Isomorphisme : si $g \in \mathbb{R}^D$, (classe de g) $\longmapsto g|_A$.

C 3. Vérifier que $\sup\limits_{i \in I} f_i$ majore chaque f_i et que toute fonction qui majore tous les f_i majore aussi $\sup\limits_{i \in I} f_i$. $\forall x \in D$ $(\inf\limits_{i \in I} f)(x) = \inf\limits_{i \in I} f(x)$.

7. Si $x \leqslant x'$ alors $[x, +\infty[\cap D \supset [x', +\infty[\cap D$ et

$$s(x) = \sup f([x, +\infty[\cap D) \geqslant \sup f([x', +\infty[\cap D) = s(x'),$$

donc s est décroissante; $s(x) \geqslant f(x)$ puisque

$$f(x) \in \{f(y);\ y \in D \text{ et } y \geqslant x\},$$

donc s majore f; si $\varphi \geqslant f$ et φ décroissante, alors si $x \leqslant y'$, $\varphi(x) \geqslant \varphi(y) \geqslant f(y)$ d'où $\varphi(x) \geqslant \{f(y);\ y \in D$ et $y \geqslant x\}$ d'où $\varphi \geqslant s$.

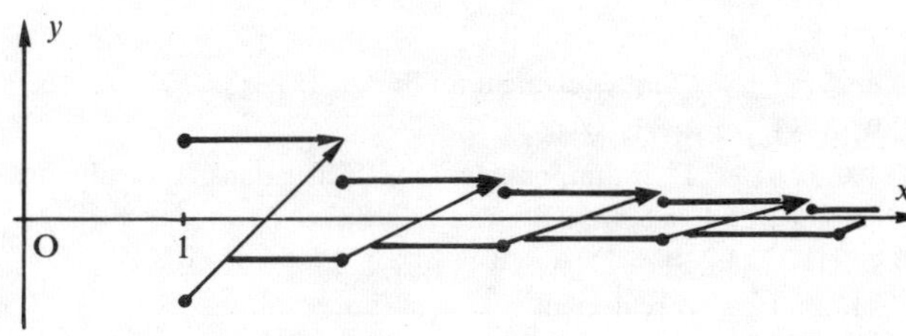

C 4. Si $x \in A \cap B$, $\mathbf{1}_{A \cap B}(x) = 1 = 1 \cdot 1 = \mathbf{1}_A(x) \cdot \mathbf{1}_B(x)$; si $x \notin A \cap B$, alors $x \notin A$ **ou** $x \notin B$ et $\mathbf{1}_A(x) \mathbf{1}_B(x) = 0 = \mathbf{1}_{A \cap B}(x)$, d'où $\mathbf{1}_{A \cap B} = \mathbf{1}_A \cdot \mathbf{1}_B$, etc.

8. Considérer $x \geqslant 0$ puis $x \leqslant 0$.

C 5. Soit $\varepsilon > 0$. Choisissons $N \in \mathbb{N}$ tel que $N > |x|$. Soit $n \in \mathbb{N}$, $p \in \mathbb{N}$, $q \in \mathbb{N}$, tels que $N \leqslant n \leqslant p \leqslant q$, on a :

$$P_q(x) - P_p(x) = \frac{x^{p+1}}{(p+1)!}\left[1 + \frac{x}{p+2} + \dots + \frac{x^{q-p-1}}{(p+2)\dots q}\right],$$

d'où

$$|P_q(x) - P_p(x)| \leqslant \frac{|x|^{p+1}}{(p+1)!}\left[1 + \frac{|x|}{N} + \dots + \left(\frac{|x|}{N}\right)^{q-p-1}\right]$$

$$= \frac{|x|^{p+1}}{(p+1)!}\,\frac{1-\left(\frac{|x|}{N}\right)^{q-p}}{1-\frac{|x|}{N}} \leqslant (1-|x|/N)^{-1}[|x|^N/(N!)]\cdot[|x|/N]^{n-N} < \varepsilon$$

pour n suffisamment grand, puisque $(|x|/N)^{n-N} \longrightarrow 0$ quand $n \longrightarrow \infty$.

C 6. $|\exp(x+y) - \exp x \exp y|$

$$= \left| \lim_{n\to\infty} \sum_{K=n+1}^{2n} \sum_{k=K-n}^{n} \frac{x^k}{k!}\,\frac{y^{K-k}}{(K-k)!} \right|$$

$$\leqslant \lim_{n\to\infty} \sum_{K=n+1}^{2n} \frac{(|x|+|y|)^K}{K!} = 0.$$

C 7. Tout intervalle contient un point d'abscisse $2h4^{-k}$, où $h\in\mathbb{Z}$ et $k\in\mathbb{N}$. Ce point est un minimum local : il suffit de voir que $f(x) \geqslant f_{2k+1}(x)$ et considérer f_{2k+1} sur l'intervalle

$$[2h4^{-k} - 2\cdot 4^{-2k-1},\ 2h4^{-k} + 2\cdot 4^{-2k-1}].$$

9.

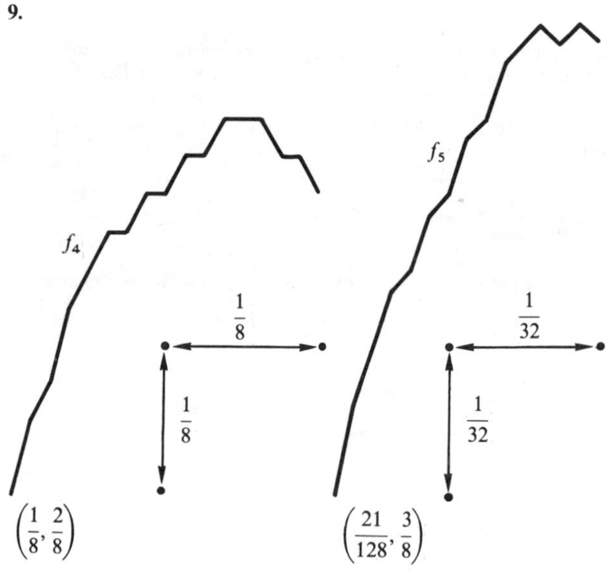

C 8. $A \cap I_{a,\varepsilon} \neq \varnothing$ est équivalent à : $\exists x \in A \quad x \in I_{a,\varepsilon}$.

C 9. $B \cap I_{a,\varepsilon} \supset A \cap I_{a,\varepsilon} \neq \varnothing$.

C 10. $\exists x \in \varnothing \cap I_{a,\varepsilon}$ est impossible; $\mathbb{Q}$ est dense dans $\mathbb{R}$; résulte des exemples 1 et 4; si $a \in \overline{A \cup B}$ et $a \notin \overline{B}$, alors $a \in \overline{A}$; ; $A = [0, 1[$, $B =]1, 2]$, $\overline{A} \cap B = \varnothing$, $\overline{A} \cap \overline{B} = \{1\}$.

C 11. $x \in I_{a,\alpha}$ si et seulement si $|x - a| < \alpha$.

C 12. $A' \subset A$ donc

$$A' \cap I_{a,\alpha} \subset A \cap I_{a,\alpha}$$

donc $f(A' \cap I_{a,\alpha}) \subset f(A \cap I_{a,\alpha})$;

$$f((A_1 \cup A_2) \cap I_{a,\alpha}) = f(A_1 \cap I_{a,\alpha}) \cup f(A_2 \cap I_{a,\alpha}).$$

C 13. Résulte de la proposition 2.

10. $x_0 = 0$; car $\lim\limits_{\substack{x\to x_0\\ x\in\mathbb{Q}}} f(x) = x_0$ et $\lim\limits_{\substack{x\to x_0\\ x\in\mathbb{R}-\mathbb{Q}}} f(x) = 0$.

C 14. Comme pour les suites.

C 15. *1.* Si $\forall m \in \mathbb{R}\ \exists x \in A\ x < m$.

2. $\exists \ell \in \mathbb{R}\ \forall \varepsilon > 0\ \exists m \in \mathbb{R}\ \forall x \in A\ (x < m \Longrightarrow |f(x) - \ell| < \varepsilon)$;
$\forall M \in \mathbb{R}\ \exists m \in \mathbb{R}\ \forall x \in A \quad (x < m \Longrightarrow f(x) > M)$;
$\forall m_1 \in \mathbb{R}\ \exists m_2 \in \mathbb{R}\ \forall x \in A\ (x < m_2 \Longrightarrow f(x) < m_1)$.

C 16. Il faut refaire les démonstrations dans chaque cas, ou bien les faire une fois pour toutes dans le cadre de la topologie (voir encadré 2).

11. I fermé borné et J non borné ou borné non fermé.

12. $\exists x_0 \in D\ \exists \varepsilon > 0\ \forall \alpha > 0\ \exists x \in D$

$$(|x - x_0| < \alpha \ \textbf{et}\ |f(x) - f(x_0)| > \varepsilon).$$

Montrer que $\overline{D} \cap \overline{(\mathbb{R} - D)} = \varnothing$ est équivalent à $D = \mathbb{R}$ ou $D = \varnothing$. Choisir $x_0 \in \overline{D} \cap \overline{(\mathbb{R} - D)}$ et $\varepsilon = 1/2$.

13. Utiliser $\exp(x + x') = \exp x \exp x'$ pour se ramener à la démonstration de $\lim\limits_{\substack{h\to 0\\ h\neq 0}} \exp h = 1$.

14. $|f(x) - f(x')| \leqslant |f(x) - f_k(x)| + |f_k(x) - f_k(x')| + |f_k(x') - f(x')|$.

15. $\forall \ell \in \mathbb{R}\ \exists \varepsilon > 0\ \forall \alpha > 0\ \exists x \in D$

$$\left(|x - x_0| < \alpha\ \textbf{et} \left|\frac{f(x) - f(x_0)}{x - x_0} - \ell\right| > \varepsilon\right).$$

16. $x^2\mathbf{1}_{\mathbb{Q}}(x)$.

C 18. $[\exp(x + h) - \exp x]/h$

$$= \exp x\,[\exp h - 1]/h = \exp x[1 + A(h)],$$

$$|A(h)| \leqslant \lim_{n\to\infty} h \sum_{k=0}^{n} \frac{h^k}{(k+2)!} < 2h.$$

17. $y \in \bigcup\limits_{x\in\pi_1(\Delta)} \Delta_x$ si et seulement si $\exists x \in \pi_1(\Delta)\ y \in \Delta_x$ ou encore si et seulement si $\exists x \in \mathbb{R}\ (x, y) \in \Delta$ ou enfin si et seulement si $y \in \pi_2(\Delta)$.

C 21. Si $L \neq L'$ choisir x et y tels que

$$\varepsilon = |L - L'| \leqslant |L - F(x, y)| + |F(x, y) - L'| < \varepsilon/2 + \varepsilon/2 = \varepsilon.$$

C 22. Soit $\varepsilon > 0$. $|\mathcal{L} - L(y)| \leqslant |\mathcal{L} - F(x, y)| + |F(x, y) - L(y)|$; $|\mathcal{L} - F(x, y)| < \varepsilon/2$ pour $|x - a| < \alpha_1$ et $|y - h| < \beta$. Pour y tel que $|y - b| < \beta$, on pourra trouver α_2 tel que pour $|x - a| < \alpha_2$ on ait $|F(x, y) - L(y)| < \varepsilon/2$. Pour $\alpha = \inf\{\alpha_1, \alpha_2\}$, on aura $|\mathcal{L} - L(y)| < \varepsilon/2 + \varepsilon/2 = \varepsilon$.

C 23. $\forall \varepsilon > 0\ \exists M \in \mathbb{R}\ \forall y \in Y\ \forall x \in A\ (x > M \Longrightarrow |F(x, y) - L(y)| < \varepsilon)$;
$\forall \varepsilon > 0 \quad \exists m \in \mathbb{R} \quad \forall y \in Y \quad \forall x \in A \quad (x < m \Longrightarrow |F(x, y) - L(y)| < \varepsilon)$.

C 24. Remplacer $|x - a| < \alpha$ par $x > M$ ou $x < m$ et/ou $|y - b| < \beta$ par $y > M$ ou $y < m$.

18. Pour tout n, f_n somme finie de fonctions continues est continue. La convergence $f_n \longrightarrow f$ est uniforme puisqu'on a la majoration indépendante de x : $|f(x) - f_n(x)| \leqslant \sum\limits_{k=n+1}^{\infty} \frac{1}{4^k} \leqslant \frac{1}{3}\frac{1}{4^n}$.

19. Toute fonction continue sur un intervalle fermé borné est intégrable au sens de Riemann.

Notations ensemblistes

Bien que les notations ensemblistes aient été utilisées dès le début de ce livre, il est utile de les présenter dans un exposé cohérent et indépendant : c'est le but des paragraphes 1, 2 et 3. Dans ce cadre, le paragraphe 4 présente de façon succincte les principaux ensembles de nombres. *Enfin l'objectif du paragraphe 5 est de combattre, à l'aide des concepts explicités dans ce chapitre et dans le chapitre 1 du thème 4 (rudiments de logique), quelques confusions fréquentes concernant les équations.*

§ 1. ENSEMBLES

1.1. Égalité

On écrit $a = b$ si et seulement si a et b désignent le même objet. La négation de $a = b$ se note $a \neq b$. L'énoncé $a = b$ se lit «*a égale b*» ou «a est égal à b» ou «a est *identique* à b» ou «a et b sont égaux», etc.; sa négation $a \neq b$ se lit «a est *différent* de b» ou «a et b sont *distincts*» ou «a et b sont *inégaux*» ou «a n'est pas égal à b», etc.
Si $a = b$, alors dans toute expression où a apparaît on peut remplacer a par b *partout* où a apparaît, ou si l'on préfère seulement *à quelques endroits* où a apparaît. Par exemple : si $k = a^5 - a^4 - a + 2$ et si $a = 2$, alors $k = a^5 - a^4 - 2 + 2$ ou $k = a^5 - 2^4 - 2 + 2$ ou encore $k = 2^5 - 2^4 - 2 + 2$. L'égalité vérifie pour tout choix de a, b et c : $a = a$ *(réflexivité)*; $a = b \Longrightarrow b = a$ *(symétrie)*; $(a = b$ et $b = c) \Longrightarrow a = c$ *(transitivité)*. Ces propriétés ne caractérisent cependant pas l'égalité (voir ci-dessous les relations d'équivalence).

1.2. Ensembles, éléments

Nous supposerons évidentes les notions d'*ensembles* et d'*éléments* d'un ensemble. Soit E un ensemble; l'énoncé $x \in E$ se lit «x est *élément de* E» ou «x *appartient* à E» ou «x est un élément appartenant à E»; sa négation $x \notin E$ se lit «x n'est pas élément de E» ou «x n'appartient pas à E», etc.

Remarque. On représente souvent un ensemble par un ensemble de points du plan, éventuellement une portion de plan entourée par un trait. La relation $x \in E$ pourra être représentée par le schéma :

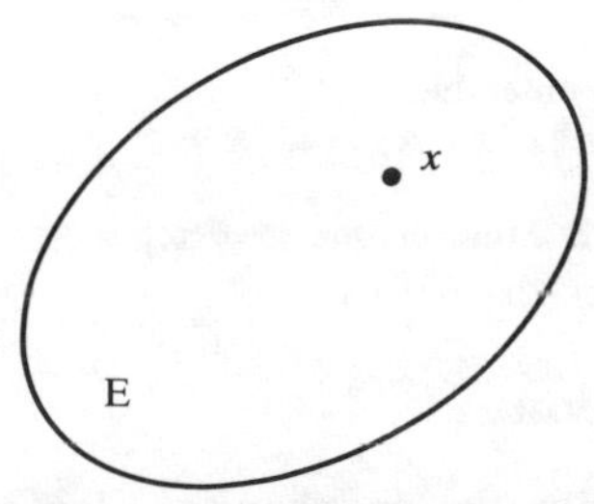

Soit E un ensemble et P une fonction propositionnelle définie sur E : pour tout élément x de E, $P(x)$ est une proposition (soit vraie soit fausse). Nous noterons alors $\{x \in E \mid P(x)\}$ l'ensemble des éléments x de E tels que $P(x)$ soit vrai. L'expression $\{x \in E \| P(x)\}$ se lit «(l')ensemble des x appartenant à E tels que P de x».
On peut aussi considérer des «ensembles» définis par des expressions du type $\{x \mid P(x)\}$, mais on n'obtient pas toujours un véritable ensemble. Ainsi supposer que $\{x \mid x \notin x\}$ est un ensemble conduit à une contradiction.

Exercice 1. Montrer que si $a = \{x \mid x \notin x\}$ est un ensemble, alors $a \in a$ et $a \notin a$.

Nous n'admettrons les définitions d'ensembles par des expressions du type $\{x \mid P(x)\}$ que dans un petit nombre de cas qui seront donnés explicitement dans la suite de ce chapitre; nous énoncerons alors «$\{x \mid P(x)\}$ est un ensemble».

Ensemble vide. L'expression $\{x \mid x \neq x\}$ désigne un ensemble, appelé *ensemble vide* et noté $\varnothing$. Comme pour tout x, $x = x$, on a : $\forall x \quad x \notin \varnothing$.

Remarque. $\{x \mid x = x\}$ n'est pas un ensemble.

Ensemble défini en extension. Supposons que x_1, x_2, ..., x_n soient des objets mathématiques déjà définis (distincts ou non); on pose : $\{x_1, x_2, ..., x_n\} = \{x \mid x = x_1$ **ou** $x = x_2$ **ou** ... **ou** $x = x_n\}$. On dit que l'ensemble a été défini *en extension.*
Le procédé le plus courant est très différent : il consiste à donner une condition nécessaire et suffisante d'appartenance à l'ensemble défini. C'est précisément le sens de la notation $\{x \mid P(x)\}$. On parle alors de définition *en compréhension.*

Remarque. On ne peut jamais avoir $x \in x$; par contre on a bien sûr $x \in \{x\}$. Il faut prendre soin de bien distinguer x et $\{x\}$: $\{x\}$ s'appelle parfois *singleton x.*

Égalité entre ensembles. Soit A et B deux ensembles; A = B signifie que A et B sont le *même* ensemble, c'est-à-dire qu'ils ont *les mêmes éléments,* ou encore :

$$\boxed{A = B \text{ si et seulement si : } \forall x (x \in A \iff x \in B)}$$

C 1. Soit A un ensemble.
Montrer que : $(\forall x \quad x \notin A) \Longrightarrow A = \varnothing$.

Exercice 2. Montrer que $\varnothing \neq \{\varnothing\}$.

1.3. Inclusion

Dans la suite de ce chapitre, les lettres latines majuscules A, B, ..., U, ..., A′, ... désignent des ensembles.

Définition. On dit que A est *inclus* dans B et on note $A \subset B$ ou $B \supset A$ ssi tout élément de A est élément de B :

$$\boxed{A \subset B \text{ si et seulement si : } \forall x (x \in A \Longrightarrow x \in B).}$$

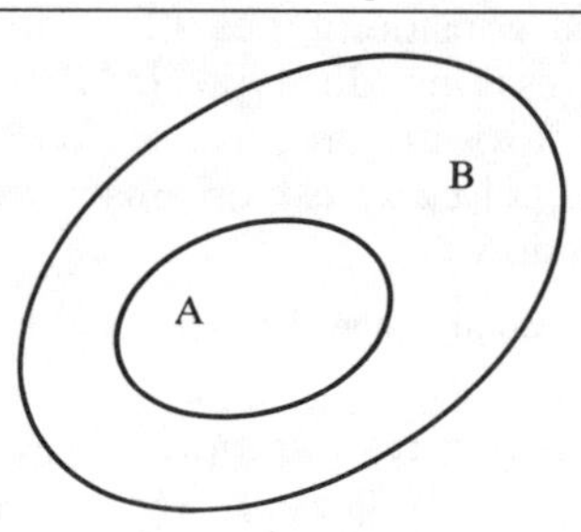

L'énoncé $A \subset B$ (qui se note, dans certains manuels, $A \subseteq B$), se lit aussi «B *contient* A» ou «A est un *sous-ensemble* de B» ou «A est une *partie* de B» ou «B est un *sous-ensemble* de A» etc. L'inclusion de A dans B est dite *stricte* si $A \subset B$ et $A \neq B$. On note parfois : $A \subsetneq B$. Les auteurs qui notent $\subseteq$ l'inclusion (large) notent $\subset$ l'inclusion stricte.

Ensemble des parties. Étant donné un ensemble quelconque E, on définit un nouvel ensemble, noté $\mathcal{P}(E)$ et appelé *ensemble des parties de* E, dont les éléments sont les parties ou sous-ensembles de E :

$$\boxed{\forall A \quad (A \in \mathcal{P}(E) \iff A \subset E)}$$

Une partie de E qui n'est ni $\varnothing$ ni E est appelée *partie propre* de E.
La structure de $\mathcal{P}(E)$ sera étudiée au **§** 3.

Exercice 3. Définir en extension l'ensemble $\mathcal{P}(\mathcal{P}(\mathcal{P}(\varnothing)))$.

Propriétés

$\varnothing \subset A$		
$A \subset A$		*(réflexivité)*
$(A \subset B$ **et** $B \subset C)$	$\Longrightarrow A \subset C$	*(transitivité)*
$(A \subset B$ **et** $B \subset A)$	$\Longrightarrow A = B$	*(antisymétrie)*

Démonstration. Pour tout x la proposition $x \in \varnothing$ est fausse et par suite la proposition $x \in \varnothing \Longrightarrow x \in A$ est vraie, donc $\varnothing \subset A$. La réflexivité résulte de ce que la proposition $x \in A \Longrightarrow x \in A$ est vraie pour tout x. De même la transitivité résulte de la tautologie $((p \Longrightarrow q)$ **et** $(q \Longrightarrow r)) \Longrightarrow (p \Longrightarrow r)$ et l'antisymétrie découle de $((p \Longrightarrow q)$ **et** $(q \Longrightarrow p)) \Longrightarrow (p \iff q)$.

Remarquons que l'on a aussi $A = B \Longrightarrow (A \subset B$ et $B \subset A)$, d'où la proposition suivante :

Proposition. Pour que deux ensembles A et B soient égaux il faut et il suffit que A soit inclus dans B et B inclus dans A.

$$\boxed{A = B \iff (A \subset B \text{ et } B \subset A)}$$

C 2. Montrer que : $A \subset \varnothing \Longrightarrow A = \varnothing$.

Exercice 4. Montrer que $\{a, b\} = \{a\}$ si et seulement si $a = b$.

1.4. Réunions, intersections et différences

Réunion. L'expression $\{x \mid x \in A$ **ou** $x \in B\}$ désigne un ensemble. On le note $A \cup B$ (lire «A union B») et on l'appelle la *réunion* de A et de B.

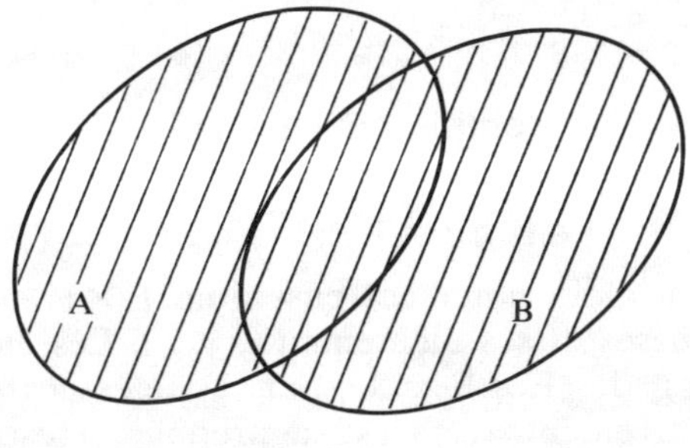

$A \cup B = \{x \mid x \in A$ **ou** $x \in B\}$

Propriétés

$A \cup A = A$	(idempotence)
$(A \cup B) \cup C = A \cup (B \cup C)$	(associativité)
$A \cup B = B \cup A$	(commutativité)
$A \cup \varnothing = \varnothing \cup A = A$	(élément neutre)

Démonstration. Les trois premières propriétés découlent des tautologies suivantes : $(p$ **ou** $p) \Longleftrightarrow p$; $((p$ **ou** $q)$ **ou** $r) \Longleftrightarrow (p$ **ou** $(q$ **ou** $r))$; $(p$ **ou** $q) \Longleftrightarrow (q$ **ou** $p)$. La dernière résulte de ce que pour tout x, $x \in \varnothing$ est fausse, donc $(x \in \varnothing$ **ou** $x \in A) \Longleftrightarrow x \in A$.

C 3. Vérifier que $A \subset A \cup B$, $B \subset A \cup B$; que $A \cup B = B$ si et seulement si $A \subset B$ et enfin que $A \cup B = \varnothing$ si et seulement si $A = B = \varnothing$.

Intersection. L'expression $\{x \mid x \in A$ **et** $x \in B\}$ désigne un ensemble. On le note $A \cap B$ (lire « A inter B ») et on l'appelle *intersection* de A et de B.

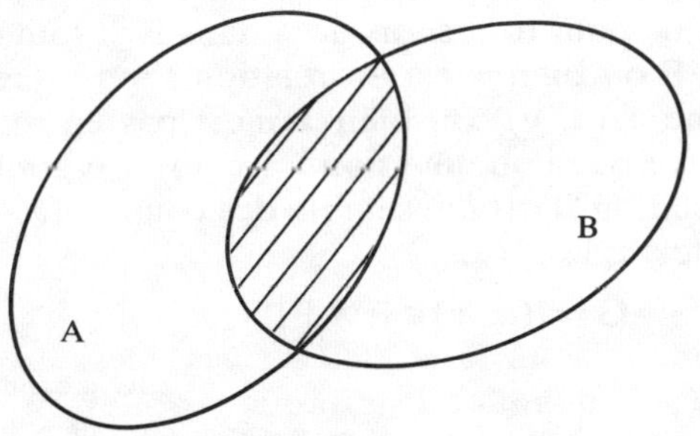

$A \cap B = \{x \mid x \in A$ **et** $x \in B\}$

Propriétés

$A \cap A = A$	(idempotence)
$(A \cap B) \cap C = A \cap (B \cap C)$	(associativité)
$A \cap B = B \cap A$	(commutativité)
$A \cap \varnothing = \varnothing \cap A = \varnothing$	(élément absorbant)
$(A \cap B) \cup C = (A \cup C) \cap (B \cup C)$	(distributivité)
$(A \cup B) \cap C = (A \cap C) \cup (B \cap C)$	(distributivité)

Remarquer que l'intersection est distributive par rapport à la réunion et que la réunion est distributive par rapport à l'intersection.

C 4. Vérifier les propriétés ci-dessus. Vérifier les inclusions $A \cap B \subset A$, $A \cap B \subset B$. Vérifier que : $A \cap B = B \Longleftrightarrow A \supset B$.

Définition. Si $A \cap B = \varnothing$, on dit que les ensembles A et B sont *disjoints*.

Exercice 5. On suppose que A et B ne sont pas disjoints, que B et C ne sont pas disjoints et que C et A ne sont pas disjoints. Peut-on avoir $A \cap B \cap C = \varnothing$?

Remarques. 1. Que $\{x \mid x \in A$ **et** $x \in B\}$ soit un ensemble ne nécessite pas un axiome supplémentaire puisqu'on peut le définir par :
$\{x \in A \cup B \mid x \in A$ **et** $x \in B\}$ ou $\{x \in A \mid x \in B\}$ ou $\{x \in B \mid x \in A\}$.
2. On dit que l'on *transforme les formules par dualité* lorsqu'on remplace $\cup$ par $\cap$, $\cap$ par $\cup$, $\subset$ par $\supset$ et $\supset$ par $\subset$. A partir d'une formule exacte on obtient *presque* toujours une formule exacte, mais pas toujours. Mais si on se restreint aux sous-ensembles d'un ensemble E, cette symétrie entre $\cup$ et $\cap$ devient parfaite comme nous le verrons dans le **§** 3.

Différence. L'ensemble $\{x \in A \mid x \notin B\}$ s'appelle la *différence* des ensembles A et B et se note $A - B$. Si $B \subset A$ on dit aussi le *complémentaire de* B *par rapport à* A et on le note $\complement_A B = A - B$.

Dans certains manuels on note la différence $A \setminus B$.

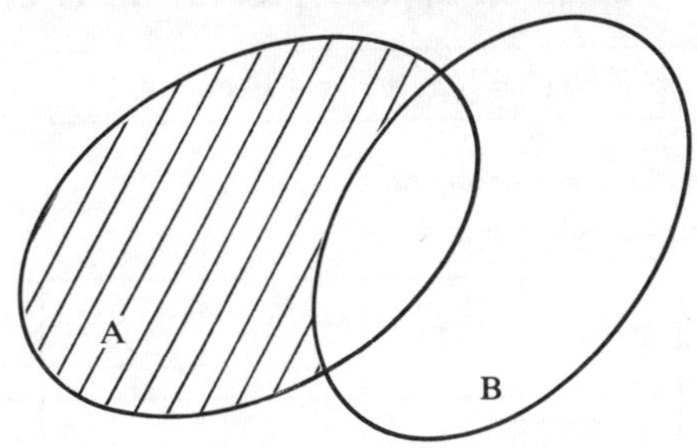

$A - B = \{x \in A \mid x \notin B\}$

C 5. Vérifier que $A - B = A - (A \cap B)$; $(A - B) \cap C = (A \cap C) - (B \cap C)$; $A - (B \cup C) = (A - B) \cap (A - C)$; $A - (B \cap C) = (A - B) \cup (A - C)$.

Différence symétrique. Les expressions suivantes sont égales et notées $A \Delta B$; $A \Delta B$ s'appelle la *différence symétrique* de A et de B.

$$A \Delta B = \begin{cases} \{x \mid \textbf{ou bien } x \in A \textbf{ ou bien } x \in B\} \\ (A - B) \cup (B - A) \\ (A \cup B) - (A \cap B). \end{cases}$$

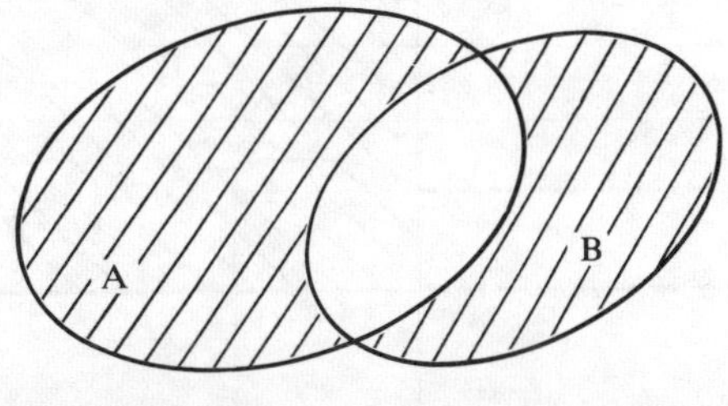

C 6. Vérifier que la différence symétrique est associative et commutative, qu'elle admet un élément neutre, que l'intersection est distributive par rapport à la différence symétrique et enfin que $A \Delta A = \varnothing$.

§ 2. RELATIONS ET APPLICATIONS

Nous supposerons « évidente » la notion de *couple* (ou *paire ordonnée*) : soit x et y deux éléments de deux ensembles quelconques, alors (x, y) désigne le couple dont x est la **première coordonnée** (ou *composante*) et y la *seconde* **coordonnée.** Étant donnés deux couples (x, y) et (x', y') on a :

$(x, y)=(x', y')$ si et seulement si ($x=x'$ **et** $y=y'$)

Attention. Il ne faut pas confondre (x, y) et $\{x, y\}$. Remarquons que $\{x, y\}=\{y, x\}$, alors que $(x, y)\neq(y, x)$ (sauf si $x=y$).

2.1. Produit d'ensembles

Définition. L'expression $\{(x, y) \mid x\in E \text{ et } y\in F\}$ désigne un ensemble qu'on note $E\times F$ (lire « E *croix* F ») et qu'on appelle *produit de* E *et de* F.

$E\times F=\{(x, y) \mid x\in E$ **et** $y\in F\}$

Représentations schématiques.

1. Tableau à double entrée.

E \ F	y_1	y_2	y_3	y_4	y_5
x_1					
x_2				(x_2, y_4)	
x_3					

Chaque case du tableau représente un élément de $E\times F$.

2. Si E et F sont représentés par des segments, $E\times F$ peut être représenté par l'ensemble des points d'un rectangle.

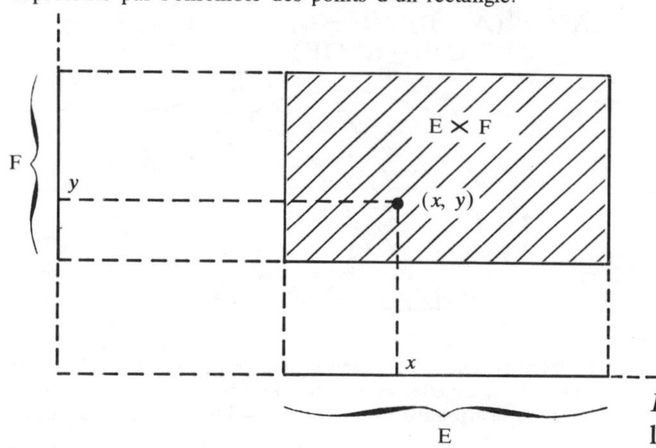

3. Un jeu de 52 cartes :
$\{2, 3, 4, 5, 6, 7, 8, 9, 10, V, D, R, As\}\times\{♠, ♡, ◇, ♣\}$

Triplets. On identifie $(E\times F)\times G$ et $E\times(F\times G)$ en posant :

$$\forall x\in E \ \forall y\in F \ \forall z\in G \quad ((x, y), z)=(x, (y, z)).$$

On peut alors noter cet ensemble $E\times F\times G$ sans parenthèses et ses éléments (x, y, z). Les éléments (x, y, z) de $E\times F\times G$ sont appelés *triplets;* x (respectivement y, z) est la première (respectivement seconde, troisième) coordonnée de (x, y, z).

***n*-uplets.** On définit $E_1\times E_2\times\ldots\times E_n=(E_1\times\ldots\times E_{n-1})\times E_n$, ensemble dont les éléments sont les *n-uplets* $(x_1, x_2, \ldots, x_n)$ où $x_1\in E_1$, $x_2\in E_2$, ..., $x_n\in E_n$.

$E_1\times\ldots\times E_n=\{(x_1, \ldots, x_n) \mid x_1\in E_1$ **et** ... **et** $x_n\in E_n\}$

Dans le cas où $E_1=E_2=\ldots=E_n=E$, on note E^n au lieu de $E\times E\times\ldots\times E$.

Exercice 6. Quel sous-ensemble de E^2 appelle-t-on *la diagonale* de E?

Exercice 7. Que peut-on dire des ensembles $E\times\varnothing$ et $\varnothing\times E$?

2.2. Relations

Une *relation* $\mathcal{R}$ *entre éléments de* E *et éléments de* F est une fonction propositionnelle sur $E\times F$, c'est-à-dire que pour tout choix de x dans E et tout choix y dans F ou bien x est en relation avec y (ce que l'on note $\mathcal{R}(x, y)$) ou bien x n'est pas en relation avec y (ce que l'on note **non** $\mathcal{R}(x, y)$). Le *graphe* G de la relation $\mathcal{R}$ est l'ensemble des couples (x, y) de $E\times F$ tels que $\mathcal{R}(x, y)$:

$$G=\{(x, y)\in E\times F \mid \mathcal{R}(x, y)\}.$$

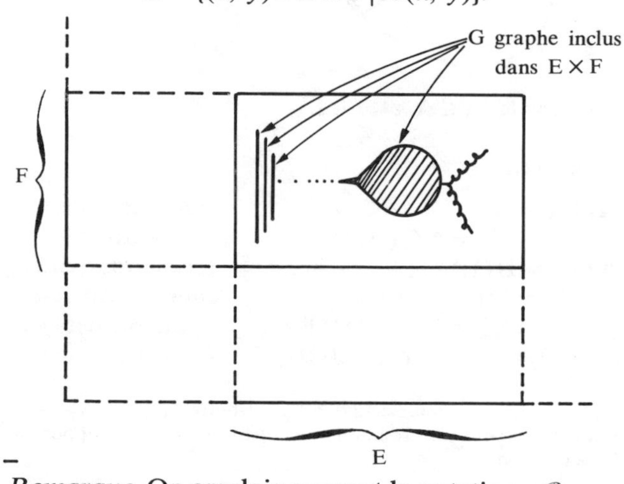

Remarque. On emploie souvent la notation $x\mathcal{R}y$ au lieu de $\mathcal{R}(x, y)$ et $x \not\mathcal{R} y$ au lieu de **non** $\mathcal{R}(x, y)$.

Exercice 8. Montrer que tout sous-ensemble G de $E \times F$ définit une relation.

Exercice 9. Soit $\mathcal{R}$ une relation entre éléments de E et de F, $\mathcal{S}$ une relation entre éléments de F et de H. Définir une relation $\mathcal{S} \circ \mathcal{R}$ entre éléments de E et de H.

Si $E = F$, on dit parfois que la relation $\mathcal{R}$ est *interne* dans E, ou que $\mathcal{R}$ est une relation *sur* E. Le graphe de la relation interne dans E définie par $x = y$ est la *diagonale* dans E^2 (voir exercice 6 ci-dessus).

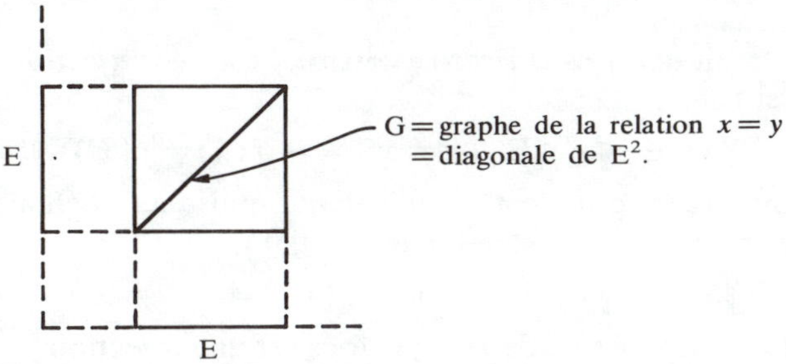

2.3. Applications

Définition. Une relation $\mathcal{R}$ entre éléments de E et éléments de F est appelée *application de* E *dans* F ssi :

$$\forall x \in E \quad \exists ! y \in F \quad \mathcal{R}(x, y)$$

où le symbole $\exists ! y \in F$ signifie « il existe un y unique dans F tel que ». Ainsi, la fonction propositionnelle $\exists ! y \in F \ \mathcal{R}(x, y)$ est égale à :

$$(\exists\, y \in F \ \mathcal{R}(x, y)) \text{ et } \forall y_1 \in F \ \forall y_2 \in F \ [(\mathcal{R}(x, y_1) \text{ et } \mathcal{R}(x, y_2)) \Longrightarrow y_1 = y_2]$$

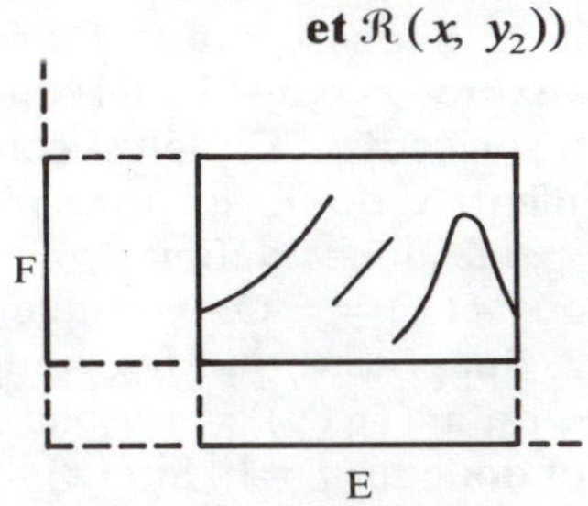

Notation fonctionnelle. Soit $\mathcal{R}$ une application de E dans F. Pour chaque $x \in E$, l'unique y tel que $\mathcal{R}(x, y)$ est entièrement déterminé par la donnée de $\mathcal{R}$ et de x. On traduit ce fait en notant : $y = f_{\mathcal{R}}(x)$. On appelle y l'*image* de x par l'*application* $f_{\mathcal{R}}$. En pratique, l'indice $\mathcal{R}$ disparaît, et la notation :

$$f : E \longrightarrow F$$

indique que f est une application de E dans F. On utilise parfois l'écriture :

$$E \xrightarrow{f} F$$

et, pour donner explicitement la valeur de l'image $f(x)$ d'un point quelconque x, on écrit :

$$x \longmapsto f(x).$$

Cette dernière notation n'a d'intérêt que si elle permet d'apporter de manière condensée une information nouvelle n'apparaissant pas déjà dans $f : E \longrightarrow F$. Ainsi, les échafaudages tels que :

$$\begin{aligned} f : E &\longrightarrow F \\ x &\longmapsto f(x) \end{aligned}$$

sont purement redondants *sauf* si $f(x)$ est remplacé par son expression en termes de quantités connues, par exemple :

$$f : \mathbb{R} \longrightarrow \mathbb{R},\ x \longmapsto x^2 + 1$$

ou encore :

$$f : \mathbb{R} \longrightarrow \mathbb{R}, \begin{cases} x \longmapsto \dfrac{1}{x} \text{ pour } x \neq 0 \\ 0 \longmapsto 0. \end{cases}$$

On dit que E est l'*ensemble de départ* de f ou la *source* de f et que F est l'*ensemble d'arrivée* de f ou le *but* de f.
L'ensemble des applications de E dans F se note F^E.

Application identique. L'application de E dans E qui à x associe x se note id_E et s'appelle l'*application identique dans* (ou *de*) E ou *identité dans* (ou *de*) E :

$$\mathrm{id}_E : E \longrightarrow E,\ x \longmapsto x$$

ou

$$\mathrm{id}_E(x) = x.$$

Composition d'applications. Soit $f : E \longrightarrow F$ et $g : F \longrightarrow G$, on appelle *composée de g et de f* (ou *de g par f*) et on note $g \circ f$ l'application :

$$g \circ f : E \longrightarrow G,\ x \longmapsto g(f(x))$$

ou : $\quad \forall x \in E \ \ g \circ f(x) = g(f(x))$.

Attention! La composition des applications n'est pas commutative. En général, quand $g \circ f$ est définie, $f \circ g$ n'a aucun sens! Et dans les cas où $g \circ f$ et $f \circ g$ sont toutes les deux définies ($E = G$), l'une est une application de E dans E, l'autre une application de F dans F. Et même quand $E = F = G$, il est en général *faux* que pour tout $x \in E$, $f(g(x)) = g(f(x))$.
En revanche, la composition des applications est associative : soit $f : E \longrightarrow F$, $g : F \longrightarrow G$, $h : G \longrightarrow H$; on a $h \circ (g \circ f) = (h \circ g) \circ f$.

Démonstration. Pour tout $x \in E$,

$$\begin{aligned} h \circ (g \circ f)(x) &= h((g \circ f)(x)) = h(g(f(x))) \\ &= (h \circ g)(f(x)) = ((h \circ g) \circ f)(x). \end{aligned}$$

Diagrammes commutatifs. Soit $f: \mathrm{E} \longrightarrow \mathrm{F}$, $g: \mathrm{F} \longrightarrow \mathrm{G}$; posons $k = g \circ f$. On a $k: \mathrm{E} \longrightarrow \mathrm{G}$. Considérons le diagramme :

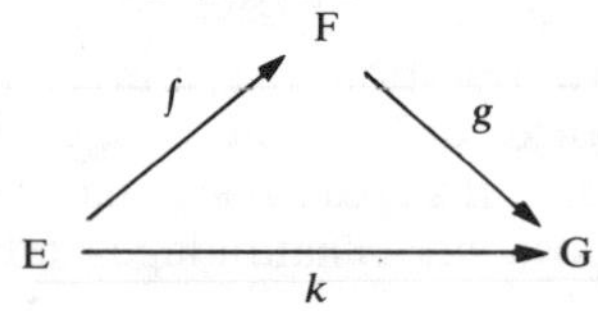

« Partant » de E avec la valeur x, nous pouvons soit « aller » directement en G à l'aide de k, obtenant la valeur $k(x)$, soit « passer » d'abord par F à l'aide de f, obtenant $f(x)$, puis « aller » en G à l'aide de g, obtenant $g(f(x))$. Le fait que $k = g \circ f$ a pour conséquence que le résultat est le même dans les deux cas, il ne dépend pas du « chemin suivi ». On dit, en termes mathématiques, que le diagramme ci-dessus est *commutatif.* Cela n'a absolument rien à voir avec l'idée *fausse* de la commutativité de la composition.
L'associativité de la composition s'exprime par le fait que le diagramme est commutatif.

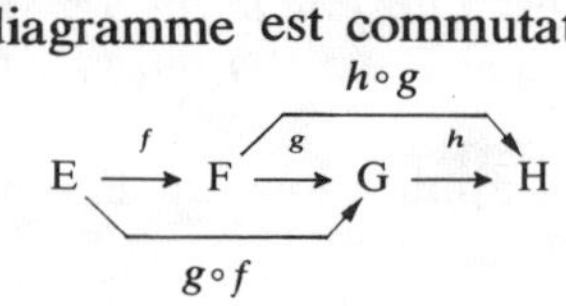

Voici une autre disposition du même diagramme :

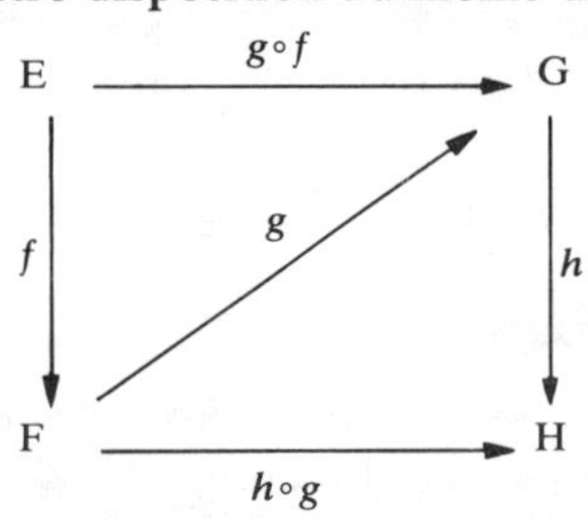

Proposition. Soit $f: \mathrm{E} \longrightarrow \mathrm{F}$.
On a $\mathrm{id}_{\mathrm{F}} \circ f = f \circ \mathrm{id}_{\mathrm{E}} = f$.

Image d'une application. Soit $f: \mathrm{E} \longrightarrow \mathrm{F}$. L'ensemble des images des éléments de E par f est un sous-ensemble de F appelé *image de f* est noté $\mathrm{Im}\, f$ ou $f(\mathrm{E})$.

$$\boxed{\mathrm{Im}\, f = f(\mathrm{E}) = \{y \in \mathrm{F} \mid \exists\, x \in \mathrm{E} \;\; y = f(x)\}}$$

Exercice 10. Montrer que $\mathrm{Im}(g \circ f) \subset \mathrm{Im}\, g$.

2.4. Surjection, injection et bijection

Soit $f: \mathrm{E} \longrightarrow \mathrm{F}$.

Surjection.
On dit que f est *surjective* ou que f est une *surjection* ssi $\mathrm{Im}\, f = \mathrm{F}$, c'est-à-dire :

$$\forall y \in \mathrm{F} \;\; \exists x \in \mathrm{E} \;\; y = f(x).$$

On dit aussi dans ce cas que l'application f est de E *sur* F (au lieu de « dans » F).
La composée de deux surjections est une surjection.

Exercice 11. Montrer que si il existe une application g de F dans E telle que $f \circ g = \mathrm{id}_{\mathrm{F}}$, alors f est surjective.

***__Exercice 12.__ Soit E un ensemble. Montrer qu'il n'existe pas d'application surjective de E sur $\mathcal{P}(\mathrm{E})$.

Injection.
On dit que f est *injective* ou que f est une *injection* ssi :

$$\forall x \in \mathrm{E} \;\; \forall x' \in \mathrm{E} \;\; (x \neq x' \Longrightarrow f(x) \neq f(x'))$$

ou (ce qui est équivalent puisque : (non $p \Longrightarrow$ non q) $\Longleftrightarrow$ ($q \Longrightarrow p$)) :

$$\forall x \in \mathrm{E} \;\; \forall x' \in \mathrm{E} \;\; (f(x) = f(x') \Longrightarrow x = x').$$

La composée de deux injections est une injection.

Exercice 13. Montrer que si il existe une application h de F dans E telle que $h \circ f = \mathrm{id}_{\mathrm{E}}$ alors f est injective.

****__Exercice 14.__ Étudier les réciproques des énoncés montrés dans les exercices 11 et 13.

Bijection.
On dit que f est *bijective* ou que f est une *bijection* ssi f est surjective et injective.

Proposition. L'application f est bijective si et seulement si il existe deux applications g et h de F dans E telles que $f \circ g = \mathrm{id}_{\mathrm{F}}$ et $h \circ f = \mathrm{id}_{\mathrm{E}}$. On a alors $g = h$.

Démonstration. 1. Supposons que f soit bijective. Soit $y \in \mathrm{F}$, il existe x dans E tel que $f(x) = y$ puisque f est surjective. De plus comme f est injective l'élément x de E tel que $f(x) = y$ est unique. On peut donc définir $g: \mathrm{F} \longrightarrow \mathrm{E}$, $y \longmapsto x$ tel que $f(x) = y$. On voit que g et $h = g$ conviennent. 2. Supposons que $f \circ g = \mathrm{id}_{\mathrm{F}}$ et $h \circ f = \mathrm{id}_{\mathrm{E}}$. Soit $y \in \mathrm{F}$, on a $f(g(y)) = y$, donc $x = g(y)$ a pour image y et donc $\mathrm{Im}\, f = \mathrm{F}$. Si $f(x) = f(x')$ on a $h(f(x)) = h(f(x'))$ et donc $x = x'$. Enfin :

$$g = \mathrm{id}_{\mathrm{E}} \circ g = (h \circ f) \circ g = h \circ (f \circ g) = h \circ \mathrm{id}_{\mathrm{F}} = h.$$

Définition. Soit $f: \mathrm{E} \longrightarrow \mathrm{F}$ bijective; l'application unique $g: \mathrm{F} \longrightarrow \mathrm{E}$ telle que $f \circ g = \mathrm{id}_{\mathrm{F}}$ et $g \circ f = \mathrm{id}_{\mathrm{E}}$, s'appelle l'*application inverse* de f (ou *application réciproque* de f), et se note $g = f^{-1}$.

Théorème. Si $f: \mathrm{E} \longrightarrow \mathrm{F}$ et $g: \mathrm{F} \longrightarrow \mathrm{G}$ sont bijectives, alors $g \circ f$ est bijective et

$$\boxed{(g \circ f)^{-1} = f^{-1} \circ g^{-1}.}$$

Attention! L'ordre est inversé.

Démonstration.
On a $g^{-1} : G \longrightarrow F$, $f^{-1} : F \longrightarrow E$.
L'application $f^{-1} \circ g^{-1}$ est une application de G dans E, on peut donc calculer $(f^{-1} \circ g^{-1}) \circ (g \circ f)$ et $(g \circ f) \circ (f^{-1} \circ g^{-1})$. On a :

$$(f^{-1} \circ g^{-1}) \circ (g \circ f) = f^{-1} \circ (g^{-1} \circ g) \circ f = f^{-1} \circ \mathrm{id}_F \circ f = f^{-1} \circ f = \mathrm{id}_E$$

$$(g \circ f) \circ (f^{-1} \circ g^{-1}) = g \circ (f \circ f^{-1}) \circ g^{-1} = g \circ \mathrm{id}_F \circ g^{-1} = g \circ g^{-1} = \mathrm{id}_G.$$

Exercice 15. Montrer que $(\mathrm{id}_E)^{-1} = \mathrm{id}_E$.

Exercice 16. Soit $f : E \longrightarrow F$ et $g : F \longrightarrow G$ deux applications. On suppose que $g \circ f$ est bijective. **a.** Montrer que g est surjective et que f est injective. **b.** Montrer que si g est injective, alors f est bijective et que si f est surjective alors g est bijective. **c.** Donner un exemple où f et g ne sont pas bijectives.

2.5. Opérations

Soit E un ensemble. Une *opération interne* (ou *loi de composition interne*) *sur* E est une application de E×E dans E.
Notation. Soit $\star : E \times E \longrightarrow E$.
On note $x \star x'$ (et non $\star(x, x')$) l'image par $\star$ du couple $(x, x') \in E \times E$.

C 7. Définir les mots *associatif, commutatif, élément neutre, élément neutre à droite, élément neutre à gauche, opposé, distributif.*

Exercice 17. Quelles sont les propriétés de l'opération $\circ$ dans E^E?

Soit E et K deux ensembles. Une *opération externe* $\cdot$ (ou *loi de composition externe*) sur E par K est une application de K×E dans E : $K \times E \longrightarrow E$, $(k, x) \longmapsto k \cdot x$.

2.6. Relations d'équivalence

Soit $\mathcal{R}$ une relation interne définie sur un ensemble E. On dit que $\mathcal{R}$ est une *relation d'équivalence* ssi elle vérifie les trois conditions suivantes :

1. $\mathcal{R}$ est *réflexive*, c'est-à-dire : $\forall x \in E \ \mathcal{R}(x, x)$.
2. $\mathcal{R}$ est *symétrique*, c'est-à-dire :
$\forall x \in E \ \forall y \in E \ (\mathcal{R}(x, y) \Longrightarrow \mathcal{R}(y, x))$.
3. $\mathcal{R}$ est *transitive*, c'est-à-dire :
$\forall x \in E \ \forall y \in E \ \forall z \in E$
$[(\mathcal{R}(x, y) \text{ et } \mathcal{R}(y, z)) \Longrightarrow \mathcal{R}(x, z)]$.

Pour chaque élément x de E, on considère l'ensemble des éléments y de E tels que $\mathcal{R}(x, y)$: c'est la *classe d'équivalence* de x. On la note souvent $\bar{x}$ (ou $\dot{x}$) :

$$\bar{x} = \{y \in E \mid \mathcal{R}(x, y)\}.$$

On voit que pour x et y éléments de E :

$$\bar{x} \cap \bar{y} = \begin{cases} \varnothing \text{ si } \textbf{non } \mathcal{R}(x, y) \\ \bar{x} = \bar{y} \text{ si } \mathcal{R}(x, y). \end{cases}$$

E est égal à la réunion de toutes les classes d'équivalence; de plus elles sont non vides et disjointes : on dit qu'elles constituent une *partition* de E. L'ensemble des classes est noté $E/\mathcal{R}$ et s'appelle le *quotient* de l'ensemble E par la relation d'équivalence $\mathcal{R}$ (ou *ensemble-quotient* de E par $\mathcal{R}$).

Remarque. Une relation d'équivalence est souvent notée par un symbole tel que $\sim$ ou $\equiv$; on note alors $x \sim y$ ou $x \equiv y$ au lieu de $\mathcal{R}(x, y)$.

C 8. Pourquoi la réflexivité n'est-elle pas une conséquence de la symétrie et de la transitivité?

C 9. Montrer que la réunion des classes est bien égale à E.

C 10. Montrer qu'une partition d'un ensemble E définit une relation d'équivalence sur E.

Soit $\mathcal{R}$ une relation d'équivalence sur un ensemble E. L'application de E sur $E/\mathcal{R}$ qui à chaque élément x de E associe sa classe d'équivalence $\bar{x}$ est appelée *surjection canonique* de E sur $E/\mathcal{R}$.

Exercice 18. Soit E un ensemble. Montrer que l'égalité est une relation d'équivalence sur E. Quelles sont les classes d'équivalence, quelle est la surjection canonique?

Exercice 19. Soit $\mathcal{R}_1$ et $\mathcal{R}_2$ deux relations d'équivalence sur E. Est-ce que $\mathcal{R}_1$ **et** $\mathcal{R}_2$ est une relation d'équivalence? Est-ce que $\mathcal{R}_1$ **ou** $\mathcal{R}_2$ est une relation d'équivalence?

Exercice 20. Soit $\mathcal{R}$ une relation d'équivalence sur E, et $\mathcal{S}$ une relation d'équivalence sur $E/\mathcal{R}$. Définir à l'aide de $\mathcal{R}$ et de $\mathcal{S}$ une nouvelle relation d'équivalence $\mathcal{T}$ sur E. Quelle application peut-on définir de $(E/\mathcal{R})/\mathcal{S}$ sur $E/\mathcal{T}$?

Soit $\mathcal{R}$ une relation d'équivalence sur E et $f : E \longrightarrow F$ une application. On dit que f est *compatible* avec la relation $\mathcal{R}$ ssi l'on a :

$$\forall x \in E \ \forall y \in E \ (\mathcal{R}(x, y) \Longrightarrow f(x) = f(y)).$$

On peut alors définir une application $\bar{f}$ de $E/\mathcal{R}$ dans F définie par :

$$\bar{f} : E/\mathcal{R} \longrightarrow F, \ A \longmapsto f(x)$$

où x est un élément quelconque de la classe A. On écrit : $\bar{f}(\bar{x}) = f(x)$. On dit que $\bar{f}$ est définie par *passage au quotient.*

C 11. Soit s la surjection canonique. Montrer que $f = \bar{f} \circ s$.

Soit $\mathcal{R}$ une relation d'équivalence sur E et $\star$ une opération interne dans E. On dit que l'opération $\star$ est *compatible* avec la relation d'équivalence $\mathcal{R}$ ssi l'on a :

$$\forall x \in E \ \forall x' \in E \ \forall y \in E \ \forall y' \in E$$
$$[(x \mathcal{R} x' \text{ et } y \mathcal{R} y') \Longrightarrow (x \star y) \mathcal{R} (x' \star y')].$$

C 12. Montrer que l'on peut alors définir une opération $\bar{\star}$ dans $E/\mathcal{R}$, définie par $\bar{x} \bar{\star} \bar{y} = \overline{(x \star y)}$.

C 13. Soit $\mathcal{R}$ une relation d'équivalence sur E et $\mathcal{S}$ une relation d'équivalence sur F. Montrer que la relation $\mathcal{R} \times \mathcal{S}$ sur $E \times F$ définie par : $(x, y)\ \mathcal{R} \times \mathcal{S}\,(x', y')$ ssi $(x\mathcal{R}x'$ **et** $y\mathcal{S}y')$ est une relation d'équivalence. Soit $\bigstar$ une opération sur E; montrer que l'opération $\bigstar$ est compatible avec la relation $\mathcal{R}$ si et seulement si l'application $\bigstar : E \times E \longrightarrow E$ est compatible avec la relation $\mathcal{R} \times \mathcal{R}$.

Commentaire. Le concept de relation d'équivalence est l'outil le plus utilisé pour définir des notions nouvelles « par abstraction » (c'est-à-dire par oubli volontaire de certains attributs des objets considérés). Considérons les quatre exemples les plus classiques.

Exemple 1. Le parallélisme (au sens large où deux droites confondues sont parallèles) est une relation d'équivalence dans l'ensemble des droites du plan. Les classes d'équivalence « sont » les directions. L'ensemble des classes « est » l'ensemble des directions ou *droite réelle projective* $\tilde{\mathbb{R}} = \mathbb{R} \cup \{\infty\}$.

Exemple 2. La relation $\sim$ dans $\mathbb{N} \times \mathbb{N}$ définie par $(a, b) \sim (a', b')$ ssi $a + b' = a' + b$, est une relation d'équivalence. Les classes d'équivalence « sont » les entiers relatifs et $(\mathbb{N} \times \mathbb{N})/\sim\ = \mathbb{Z}$ (l'ensemble des classes « est » $\mathbb{Z}$).

Exemple 3. La relation $\sim$ dans $\mathbb{Z} \times \mathbb{N}^*$ définie par $(p, q) \sim (p', q')$ ssi $pq' = p'q$, est une relation d'équivalence. Chaque classe d'équivalence « est » un nombre rationnel; $\mathbb{Q}$ « est » l'ensemble des classes d'équivalence.

Exemple 4. La relation dans $\mathbb{Z}$ « avoir même reste dans la division euclidienne par un nombre entier naturel p strictement supérieur à 1 » est une relation d'équivalence dans $\mathbb{Z}$. L'ensemble des classes « est » $\mathbb{Z}/p\mathbb{Z}$, *ensemble des entiers modulo p.* Si $p = 2$ on définit ainsi la parité.

Nous avons mis les mots « sont » et « est » entre guillemets pour rappeler qu'il y a ici une sorte de double jeu, qui frise la malhonnêteté et pose problème au non initié, mais qui est bien commode. En mathématiques ce sont les structures qui sont importantes. Qu'est-ce qu'un nombre rationnel? C'est un élément de $\mathbb{Q}$, où $\mathbb{Q}$ est un ensemble muni de lois internes telles que..., c'est-à-dire muni d'une certaine structure qui caractérise $\mathbb{Q}$. Si on choisit de définir $\mathbb{Q}$ ainsi, deux problèmes se posent : 1. Est-ce qu'une telle structure existe? 2. Y a-t-il unicité? On évite ces deux problèmes en procédant de la façon suivante. Au cours d'un exposé déductif et constructif d'une théorie mathématique, on définit les notions au fur et à mesure qu'on les rencontre. Ainsi la première fois qu'apparaît la structure de $\mathbb{Q}$, par exemple dans l'étude de la relation d'équivalence ci-dessus, on posera : « Par définition l'ensemble des nombres rationnels *est* l'ensemble des classes d'équivalence de... » Quand cette structure réapparaît ultérieurement on énonce : « L'ensemble obtenu muni de telle et telle structure est isomorphe à $\mathbb{Q}$. » Il est clair que dans un autre exposé on aurait une autre définition de $\mathbb{Q}$ et l'ensemble des classes d'équivalence ci-dessus serait isomorphe à $\mathbb{Q}$. En fin de compte on joue sur un double sens du verbe « être ». A l'intérieur d'une théorie on a le droit de choisir le vocabulaire comme on veut : c'est l'arbitraire de la définition. Mais ce jeu de langage n'épuise pas la question de savoir ce qu'est telle chose ou tel concept. Ainsi, dans l'ensemble $\mathbb{R}^*$ la relation $ab > 0$ est une relation d'équivalence. Disons par définition que la classe de $+1$ est *la carotte* et la classe de -1 *le bâton*. Le quotient de $\mathbb{R}^*$ par cette relation est alors l'ensemble {la carotte, le bâton}. Cette démarche n'épuise pourtant pas le problème de l'exercice du pouvoir. En mathématiques, les définitions sont arbitraires, mais pas les concepts : tout se passe un peu comme si les objets mathématiques étaient doués d'une existence indépendante de toute définition particulière qu'on est tenté de leur donner. Mais c'est là une question difficile de la philosophie des mathématiques.

$$f = i \circ b \circ s$$

$$\begin{array}{ccccccc} & & & f & & & \\ E & \xrightarrow{s} & E/\mathcal{R} & \xrightarrow{b} & f(E) & \xrightarrow{i} & F \\ x & \longmapsto & \bar{x} & \longmapsto & f(x) & \longmapsto & f(x) \end{array}$$

$\mathcal{R}$ relation d'équivalence dans E définie par :

$$x\mathcal{R}x' \text{ ssi } f(x) = f(x').$$

$s : E \longrightarrow E/\mathcal{R},\ x \longmapsto s(x) = \bar{x} = \text{classe de } x$
$= \{x' \in E \mid f(x) = f(x')\}$

$i : f(E) \longmapsto F,\ y \longmapsto y$: *injection canonique*

$$\begin{array}{ccc} E & \xrightarrow{\quad f \quad} & F \\ \text{surjective}\ s \downarrow & & \uparrow i\ \text{injective} \\ E/\mathcal{R} & \xrightarrow[\text{bijective}]{\quad b \quad} & f(E) \end{array}$$

1. Décomposition canonique d'une application *f*.

§ 3. ENSEMBLE DES PARTIES

Soit E un ensemble et $\mathcal{P}(E)$ l'ensemble des parties (ou sous-ensembles) de E.

3.1. Opérations dans $\mathcal{P}(E)$

La réunion définit une opération interne $\cup$ sur $\mathcal{P}(E)$. Cette opération est associative et commutative et elle admet l'ensemble vide $\varnothing$ comme élément neutre.

L'application passage au complémentaire : $\mathcal{P}(E) \longrightarrow \mathcal{P}(E)$, $A \longmapsto \complement A = \{x \in E \mid x \notin A\} = E - A$ est *involutive*, c'est-à-dire qu'on a $\complement(\complement A) = A$. Elle est donc bijective. De plus elle transforme la réunion en intersection et l'intersection en réunion :

$\complement(A \cup B) = \complement A \cap \complement B$; $\complement(A \cap B) = \complement A \cup \complement B$.

Il en résulte que l'intersection est associative commutative et admet $E = \complement\varnothing$ comme élément neutre. On dit que les propriétés de l'opération $\cap$ se déduisent de celles de l'opération $\cup$ par *dualité*. L'ensemble de ces propriétés sont rappelées dans le tableau 2. Remarquons enfin que la dualité transforme $\subset$ en $\supset$ et vice-versa.

3.2. Familles d'ensembles

Soit I un ensemble et A une application de I dans $\mathcal{P}(E)$:

$$A : I \longrightarrow \mathcal{P}(E); \quad i \longmapsto A_i.$$

L'image de i est notée A_i au lieu de $A(i)$. Cette notation s'appelle la notation *indicielle*, et on dit alors que I est un ensemble d'indices. L'application A se note en général $(A_i)_{i\in I}$ et s'appelle *famille de sous-ensembles* de E indexée par l'ensemble I.

Remarque. Souvent on omet de préciser que les A_i sont sous-ensembles d'un même ensemble E et on parle alors d'une famille d'ensembles.

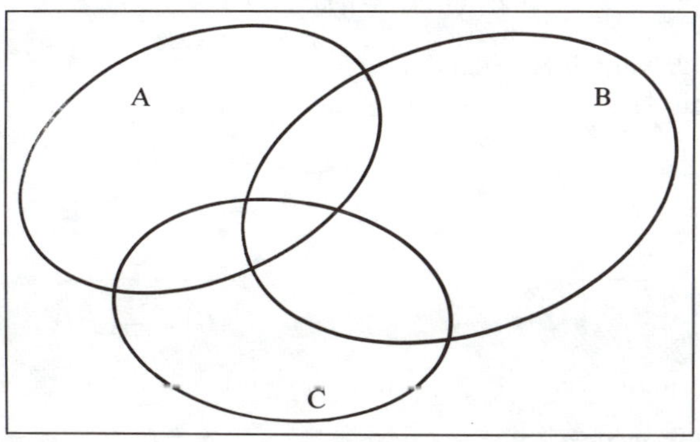

$\complement\complement A = A$

$\complement(A\cup B) = \complement A \cap \complement B$	$\complement(A\cap B) = \complement A \cup \complement B$
$A\cup(B\cup C) = (A\cup B)\cup C$	$A\cap(B\cap C) = (A\cap B)\cap C$
$A\cup B = B\cup A$	$A\cap B = B\cap A$
$A\cup\varnothing = \varnothing\cup A = A$	$A\cap E = E\cap A = A$
$A\cup E = E\cup A = E$	$A\cap\varnothing = \varnothing\cap A = \varnothing$
$A\cap(B\cup C)$ $= (A\cap B)\cup(A\cap C)$	$A\cup(B\cap C)$ $= (A\cup B)\cap(A\cup C)$.

2. Dualité et opérations $\cup$ et $\cap$ dans $\mathcal{P}(E)$.

Étant donnée une famille d'ensembles $(A_i)_{i\in I}$, on définit la *réunion* notée $\bigcup_{i\in I} A_i$ et l'*intersection* notée $\bigcap_{i\in I} A_i$ *de cette famille* par :

$$\bigcup_{i\in I} A_i = \{x \mid \exists i\in I\ x\in A_i\}$$

et $\bigcap_{i\in I} A_i = \{x \mid \forall i\in I\ x\in A_i\}$.

Si $I = \varnothing$, on pose $\bigcup_{i\in\varnothing} A_i = \varnothing$.

Si on a précisé l'ensemble E, $\bigcup_{i\in I} A_i = \{x\in E \mid \exists i\in I\ x\in A_i\}$ et $\bigcap_{i\in I} A_i = \{x\in E \mid \forall i\in I\ x\in A_i\}$;

on a alors $\bigcap_{i\in\varnothing} A_i = E$ et :

$$\complement \bigcap_{i\in I} A_i = \bigcup_{i\in I} \complement A_i \quad \text{et} \quad \complement \bigcup_{i\in I} A_i = \bigcap_{i\in I} \complement A_i.$$

Si l'on se donne en outre un ensemble B, on a les formules de distributivité :

$$B\cap\bigcup_{i\in I} A_i = \bigcup_{i\in I}(B\cap A_i); \quad B\cup\bigcap_{i\in I} A_i = \bigcap_{i\in I}(B\cup A_i).$$

C 14. Vérifier les formules précédentes ainsi que

$$B\cup\bigcup_{i\in I} A_i = \bigcup_{i\in I}(B\cup A_i) \text{ et } B\cap\bigcap_{i\in I} A_i = \bigcap_{i\in I}(B\cap A_i).$$

C 15. Si l'ensemble d'indices est de la forme $I\times J$, la famille est $(A_{i,j})_{(i,j)\in I\times J}$. Pour tout choix de j dans J on peut alors définir la famille $(A_{i,j})_{i\in I}$ et pour tout choix de i dans I on peut définir la famille $(A_{i,j})_{j\in J}$. Si $(A_i)_{i\in I}$ et $(B_j)_{j\in J}$ sont deux familles on pourra définir les familles $(A_i\cap B_j)_{(i,j)\in I\times J}$ et $(A_i\cup B_j)_{(i,j)\in I\times J}$. Vérifier les formules suivantes :

$$\bigcap_{i\in I} A_i \cup \bigcap_{j\in J} B_j = \bigcap_{(i,j)\in I\times J} (A_i\cup B_j)$$

$$\bigcup_{i\in I} A_i \cap \bigcup_{j\in J} B_j = \bigcup_{(i,j)\in I\times J} (A_i\cap B_j)$$

$$\bigcap_{i\in I}\bigcap_{j\in J} A_{ij} \subset \bigcap_{j\in J}\bigcup_{i\in I} A_{ij}.$$

Cas remarquable : la famille est indexée par elle-même. Supposons que I soit un sous-ensemble de $\mathcal{P}(E)$ et considérons l'application $id_I : I \longrightarrow \mathcal{P}(E)$, $A \longmapsto A$; l'image de A est notée A au lieu de $(id_I)_A$ et les formules générales s'écrivent :

$$\bigcup_{A\in I} A = \{x \mid \exists A\in I \quad x\in A\}$$

$$\bigcap_{A\in I} A = \{x \mid \forall A\in I \quad x\in A\}.$$

3.3. Applications associées à une application $f : E \longrightarrow F$

Restriction. Soit $f : E \longrightarrow F$ et A un sous-ensemble de E, on appelle *restriction* de f à A et on note $f|_A$ l'application :

$$f|_A : A \longrightarrow F; \; x \longmapsto f(x).$$

Application dans un sous-ensemble du but. Soit $f : E \longrightarrow F$ et B un sous-ensemble du but F. On suppose que Im $f \subset$ B. On peut alors définir l'application $E \longrightarrow B$, $x \longmapsto f(x)$. Cette application n'a pas encore de nom standard, mais elle peut avoir les propriétés différentes de f. En particulier $E \longrightarrow \operatorname{Im} f$, $x \longmapsto f(x)$ est toujours surjective. *Exemple.* Considérons $f : \mathbb{R} \longrightarrow \mathbb{R}$, $x \longmapsto x^2$. f n'est ni surjective, ni injective, mais $\mathbb{R} \longrightarrow \mathbb{R}^+$, $x \longmapsto x^2$ est surjective, $f_{|\mathbb{R}^+}$ est injective et $\mathbb{R}^+ \longrightarrow \mathbb{R}^+$, $x \longmapsto x^2$ est bijective.

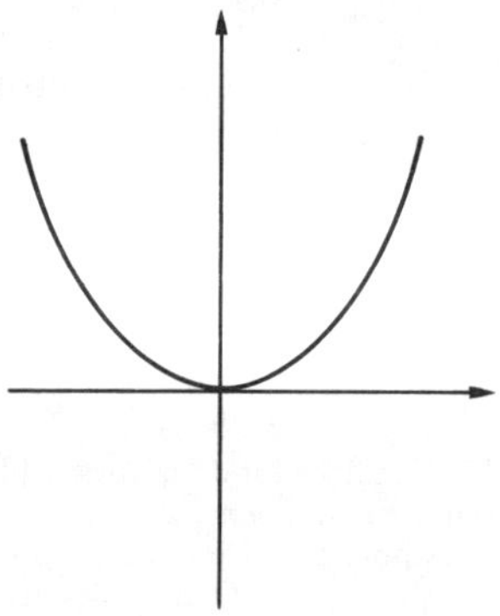

Images directes des sous-ensembles de la source. Soit $f : E \longrightarrow F$ et $A \in \mathcal{P}(E)$. On appelle image directe de A par f l'image de $f|_A$, c'est-à-dire le sous-ensemble de F constitué par l'ensemble des images des éléments de A :

$\{y \in F \mid \exists x \in A \;\; y = f(x)\}$ ou de manière abrégée : $\{f(x);\, x \in A\}$.

On définit ainsi une application f_* de $\mathcal{P}(E)$ dans $\mathcal{P}(F)$:

$f : E \longrightarrow F; \qquad x \longmapsto f(x)$
$f_* : \mathcal{P}(E) \longrightarrow \mathcal{P}(F);$
$A \longmapsto f_*(A) = \{y \in F \mid \exists x \in A \;\; y = f(x)\}.$

Remarques. 1. Au lieu de la notation $f_*(A)$ *on emploie très souvent la notation* $f(A)$. Mais attention aux confusions!

2. $\operatorname{Im} f = f_*(E)$.

C 16. Soit $A \in \mathcal{P}(E)$ et $A' \in \mathcal{P}(E)$. Montrer que $f_*(A \cup A') = f_*(A) \cup f_*(A')$; $f_*(\varnothing) = \varnothing$; $f_*(A \cap A') \subset f_*(A) \cap f_*(A')$. Donner un exemple où cette inclusion est stricte.

C 17. Donner un exemple où $f_*(\complement A) \subset \complement f_*(A)$ strictement et un exemple où $f_*(\complement A) \supset \complement f_*(A)$ strictement.

C 18. Soit $f : E \longrightarrow F$ et $g : F \longrightarrow G$, montrer que $(g \circ f)_* = g_* \circ f_*$.

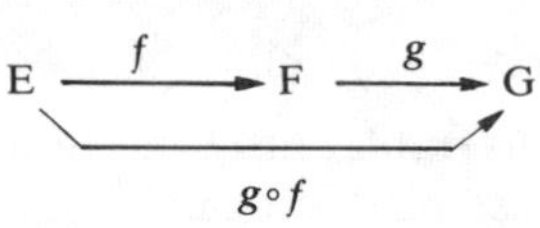

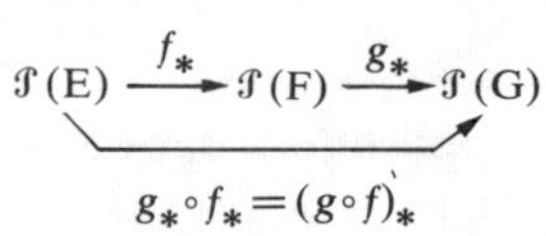

Images réciproques des sous-ensembles du but. Soit $f : E \longrightarrow F$ et $B \in \mathcal{P}(F)$. On appelle *image réciproque* de B par f le sous-ensemble de E dont les éléments ont leurs images dans B, soit $\{x \in E \mid f(x) \in B\}$. On définit ainsi une application f^* de $\mathcal{P}(F)$ dans $\mathcal{P}(E)$:

$f^* : \mathcal{P}(F) \longrightarrow \mathcal{P}(E);$

$$B \longmapsto f^*(B) = \{x \in E \mid f(x) \in B\}.$$

Remarques. 1. Au lieu de la notation $f^*(B)$ on emploie d'habitude la notation $f^{-1}(B)$. Mais attention aux confusions : f^* est toujours définie alors que f^{-1} ne l'est que si F est bijective. Dans ce cas on a $f^* = (f^{-1})_* = (f_*)^{-1}$.

2. L'application f^* conserve toutes les relations ensemblistes; pour B et B′ éléments de $\mathcal{P}(F)$ on a en effet :

$$f^*(B \cup B') = f^*(B) \cup f^*(B')$$
$$f^*(B \cap B') = f^*(B) \cap f^*(B')$$
$$f^*(\varnothing) = \varnothing$$
$$f^*(F) = E$$
$$f^*(\complement B) = \complement f^*(B)$$

C 19. Vérifier ces relations.

C 20. Soit $f : E \longrightarrow F$ et $g : F \longrightarrow G$, montrer que $(g \circ f)^* = f^* \circ g^*$ (attention à l'ordre!).

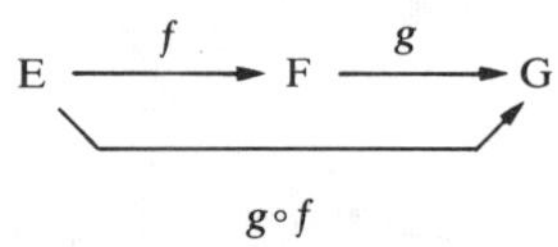

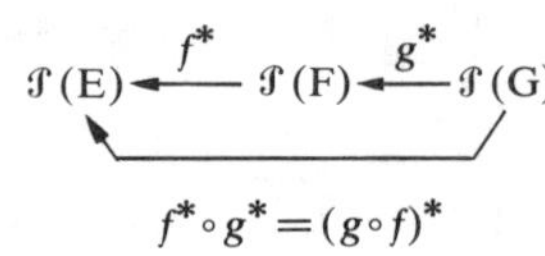

Proposition. Soit $f : E \longrightarrow F$, $A \subset E$ et $B \subset F$. On a :

$$f^*(f_*(A)) \supset A \quad \text{et} \quad f_*(f^*(B)) \subset B.$$

Démonstration. 1. Soit $x \in A$, $f(x) \in f_*(A)$ d'où $x \in f^*(f_*(A))$. 2. Soit $y \in f_*(f^*(B))$; il existe $x \in f^*(B)$ tel que $y = f(x)$; or dire que $x \in f^*(B)$ c'est dire que $f(x) \in B$, d'où $y \in B$.

C 21. Donner un exemple où les inclusions ci-dessus sont strictes.

****Exercice 21.** Soit $f : E \longrightarrow F$. Préciser la source et le but des applications $(f_*)_*$, $(f^*)^*$, $(f_*)^*$ et $(f^*)_*$. Soit $\mathcal{B} \in \mathcal{P}(\mathcal{P}(F))$; montrer que si f est injective, alors $(f_*)^*(\mathcal{B}) \subset (f^*)_*(\mathcal{B})$. Donner un exemple où cette inclusion est stricte. Montrer que si f est surjective, alors $(f_*)^*(\mathcal{B}) \supset (f^*)_*(\mathcal{B})$. Donner un exemple où cette inclusion est stricte. On considère $E = \{x, x'\}$ où $x \neq x'$, $F = \{y, y'\}$ où $y \neq y'$, $f : E \longrightarrow F$ telle que $f(x) = f(x') = y$, et $\mathcal{B} = \{\{y\}, \{y'\}\}$. Calculer $(f_*)^*(\mathcal{B})$ et $(f^*)_*(\mathcal{B})$. Comment s'écrivent ces expressions avec les notations usuelles employées dans le tableau 3?

$f : E \longrightarrow F,\ f : \mathcal{P}(E) \longrightarrow \mathcal{P}(F),\ f^{-1} : \mathcal{P}(F) \longrightarrow \mathcal{P}(E)$

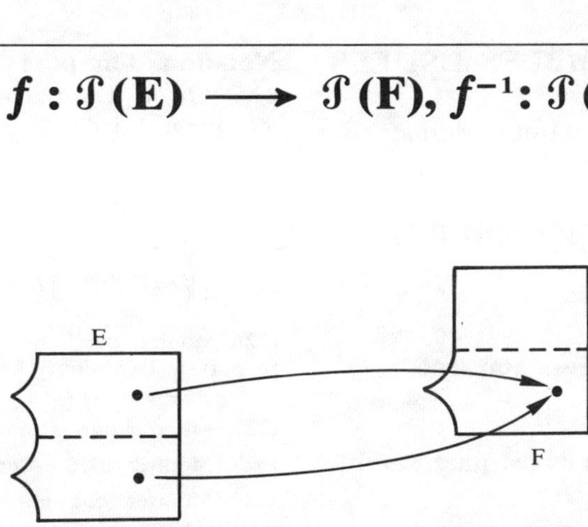

Image directe d'un sous-ensemble de E

$$\begin{array}{rcl}\mathcal{P}(E) & \longrightarrow & \mathcal{P}(F)\\ A & \longmapsto & f(A)\end{array}$$

$$f(A)=\{y\in F \mid \exists\, x\in A\ y=f(x)\}$$

Image réciproque d'un sous-ensemble de F

$$\begin{array}{rcl}\mathcal{P}(E) & \longleftarrow & \mathcal{P}(F)\\ f^{-1}(B) & \longleftarrow & B\end{array}$$

$$\{x\in E \mid f(x)\in B\}=f^{-1}(B)$$

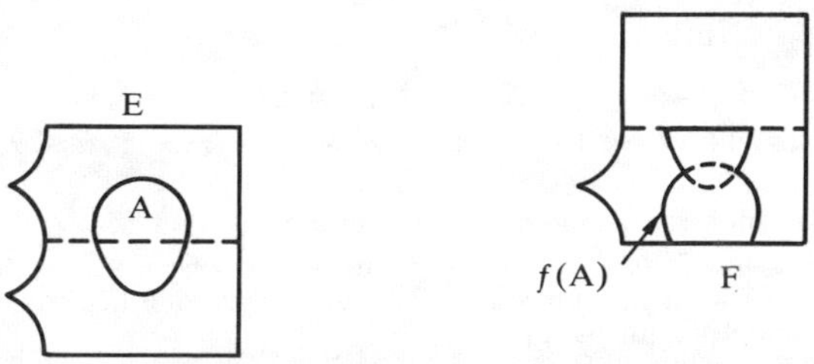

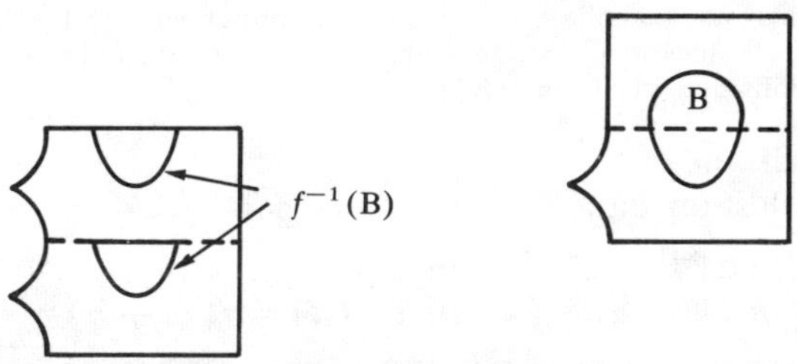

$f(A\cup A')=f(A)\cup f(A')$
$f(\varnothing)=\varnothing$

ATTENTION $f(A\cap A')\subset f(A)\cap f(A')$
$f(E)\subset F$

$f(E-A)$ $F-f(A)$

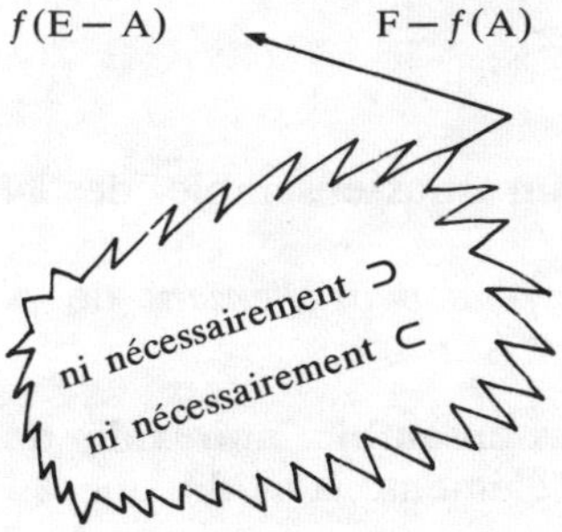

$f^{-1}(B\cup B')=f^{-1}(B)\cup f^{-1}(B')$
$f^{-1}(\varnothing)=\varnothing$

$f^{-1}(B\cap B')=f^{-1}(B)\cap f^{-1}(B')$
$f^{-1}(F)=E$

$f^{-1}(F-B)=E-f^{-1}(B)$

$f(f^{-1}(B))\subset B$
$f^{-1}(f(A))\supset A$

f surjective $\Longleftrightarrow \forall B\in\mathcal{P}(F)\quad f(f^{-1}(B))=B$

$\forall A\in\mathcal{P}(E)\ f^{-1}(f(AA)=A \Longleftrightarrow f$ injective

3. Images directes et réciproques.

§ 4. QUELQUES ENSEMBLES USUELS

Ce paragraphe a un double but : donner des exemples d'applications des concepts généraux présentés dans les paragraphes précédents et organiser en une suite cohérente des rappels de propriétés élémentaires bien connues.

4.1. L'ensemble $\mathbb{N}$ des entiers naturels

Axiome de Peano

Il existe un triplet $(\mathbb{N}, 0, s)$ où $\mathbb{N}$ est un ensemble, $0 \in \mathbb{N}$ et $s : \mathbb{N} \longrightarrow \mathbb{N}$ tels que :

1. $s(\mathbb{N}) = \mathbb{N} - \{0\}$
2. s est injective
3. Pour tout sous-ensemble A de $\mathbb{N}$

$$[0 \in A \text{ et } \forall n \in \mathbb{N} (n \in A \Longrightarrow s(n) \in A)] \Longrightarrow A = \mathbb{N}.$$

$\mathbb{N}$ s'appelle l'*ensemble des entiers naturels.*

Remarque. L'application s peut s'interpréter comme l'application « le suivant de ... ». Quand nous aurons défini l'addition nous verrons que $s(n) = n + 1$.

Addition

L'addition dans $\mathbb{N}$ est définie par :

$$\begin{cases} \forall m \in \mathbb{N} & m + 0 = m \\ \forall m \in \mathbb{N} \quad \forall n \in \mathbb{N} & m + s(n) = s(m+n) \end{cases}$$

Remarque. Cette définition est une *définition par récurrence.* Nous nous fixons *un* entier (quelconque) m et souhaitons définir pour *tout* entier n l'entier $\varphi(n) = m + n$; pour cela nous définissons $\varphi(0) = m$, et si $\varphi(n)$ est défini $\varphi(s(n))$ est défini par $\varphi(s(n)) = s(\varphi(n))$. Par suite $\varphi(n)$ est défini pour tout n dans $\mathbb{N}$ d'après le 3. de l'axiome de Peano.

C 22. Montrer :
1. $\forall m \in \mathbb{N}\ \forall n \in \mathbb{N}\ (m+n)+0 = m+(n+0)$;
2. $\forall m \in \mathbb{N}\ \forall n \in \mathbb{N}\ \forall p \in \mathbb{N}$
$[(m+n)+p = m+(n+p) \Longrightarrow (m+n)+s(p) = m + (n+s(p))]$.

En déduire que l'addition dans $\mathbb{N}$ est associative.
L'associativité est ainsi *démontrée par récurrence sur p.*

C 23. Montrer que 0 est élément neutre de l'addition. [On montrera par récurrence sur m : $\forall m \in \mathbb{N}\ m + 0 = 0 + m = m$.]

C 24. a. Montrer par récurrence sur m : $\forall m \in \mathbb{N}\ m + s(0) = s(0) + m$. **b.** Montrer que l'addition est commutative. [On montrera par récurrence sur n :
$\forall m \in \mathbb{N}\ \forall n \in \mathbb{N}\ m + n = n + m$.]

C 25. a. Montrer :
$\forall m \in \mathbb{N}\ \forall n \in \mathbb{N}\ \forall k \in \mathbb{N} (m + k = n + k \Longleftrightarrow m = n)$.
b. Montrer : $\forall m \in \mathbb{N}\ \forall n \in \mathbb{N} (m + n = 0 \Longrightarrow m = n = 0)$.

Notation. On pose $1 = s(0)$, $2 = s(1)$, $3 = s(2)$, etc. On a en particulier $s(n) = s(n+0) = n + s(0) = n + 1$.

Multiplication

La multiplication dans $\mathbb{N}$ est définie par :

$$\begin{cases} \forall m \in \mathbb{N} & m \cdot 0 = 0 \\ \forall m \in \mathbb{N} \quad \forall n \in \mathbb{N} & m \cdot s(n) = m \cdot n + m. \end{cases}$$

C 26. Montrer que la multiplication est distributive à droite par rapport à l'addition. [On montrera par récurrence sur n : $mn + pn = (m+p)\,n$.]

C 27. Montrer que la multiplication est associative.

C 28. Montrer que 1 est un élément neutre de la multiplication.

C 29. Montrer que la multiplication est commutative. [On montrera par récurrence sur n : $\forall m \in \mathbb{N}\ \forall n \in \mathbb{N}\ mn = nm$.] La multiplication est donc distributive par rapport à l'addition.

C 30. Montrer : $\forall m \in \mathbb{N}\ \ \forall n \in \mathbb{N}\ \ [mn = 0 \Longrightarrow (m = 0$ **ou** $n = 0)]$.

Inégalités

La relation $\leqslant$ (lire « inférieur ou égal à ») est définie par :

$$\forall n \in \mathbb{N}\ \forall m \in \mathbb{N} [n \leqslant m \Longleftrightarrow \exists x \in \mathbb{N}\ n + x = m].$$

On définit aussi $<$, $\geqslant$ et $>$ par :

$$(n < m) \Longleftrightarrow (n \leqslant m \text{ et } n \neq m);$$
$$(n \geqslant m) \Longleftrightarrow (m \leqslant n);\ (n > m) \Longleftrightarrow (m < n).$$

C 31. Montrer que pour tous m, n et p dans $\mathbb{N}$ on a :
1. $n \leqslant n$; 2. $(n \leqslant m$ **et** $m \leqslant n) \Longrightarrow n = m$; 3. $(n \leqslant m$ **et** $m \leqslant p) \Longrightarrow n \leqslant p$. On dit que $\leqslant$ est une *relation d'ordre* sur $\mathbb{N}$ (*cf.* chapitre 3, thème IV).

C 32. Montrer : $\forall m \in \mathbb{N}\ \forall n \in \mathbb{N}$ (**ou bien** $m < n$ **ou bien** $m = n$ **ou bien** $m > n$). On dit que la relation d'ordre est *totale.*

C 33. Montrer que pour tous m, n et k dans $\mathbb{N}$:

$m \leqslant n \Longleftrightarrow m + k \leqslant n + k$;
$m < n \Longleftrightarrow m + k < n + k$;
$m \leqslant n \Longrightarrow mk \leqslant nk$;
si $k \neq 0$, alors $mk \leqslant nk \Longrightarrow m \leqslant n$;
$k \neq 0 \Longrightarrow [m < n \Longleftrightarrow mk < nk]$;
$k \neq 0 \Longrightarrow [mk = nk \Longleftrightarrow m = n]$.

Définition. Soit A un sous-ensemble de $\mathbb{N}$ et $p \in \mathbb{N}$.
On dit que p est le *plus petit élément* de A ssi $p \in A$ et pour tout $a \in A$ $p \leqslant a$.

Théorème. Tout sous-ensemble **non vide** de $\mathbb{N}$ admet un plus petit élément. (On dit que $\mathbb{N}$ est *bien ordonné.*)

Démonstration. Soit A un sous-ensemble non vide de $\mathbb{N}$. Supposons que A n'ait pas de plus petit élément. Soit B le sous-ensemble de $\mathbb{N}$ défini par :

$$B = \{n \in \mathbb{N} \mid \forall a \in A \quad n \leqslant a\}.$$

$0 \in B$, en effet pour tout $a \in A$, $0 + a = a$ et donc $0 \leqslant a$. Soit $n \in \mathbb{N}$ tel que $n \in B$; si $n \in A$, A aurait un plus petit élément; on a donc, pour tout $a \in A$, $n < a$. Or de $n < a$ on déduit $\exists x \in \mathbb{N}$

$x \neq 0$ et $n+x=a$. Comme $x \neq 0$, il existe y tel que $x=y+1$ et $n+1+y=a$ soit $n+1 \leqslant a$, et donc $s(n)=n+1 \in B$. D'après *3.* de l'axiome de Peano $B=\mathbb{N}$, et donc pour tous $n \in \mathbb{N}$ et $a \in A$, $n \leqslant a$.
Or A est non vide, donc il existe m tel que $m \in A$. Écrivons alors la relation ci-dessus pour $n=m+1$ et $a=m$, il vient $m+1 \leqslant m$, donc (voir **C 33.**) $1 \leqslant 0$: il existe $z \in \mathbb{N}$ tel que $1+z=0$ ou $0=s(z)$ ou enfin $0 \in s(\mathbb{N})$, ce qui est contraire au *2.* de l'axiome de Peano.

Corollaire 1 (théorème de Raymond Queneau). Aucun nombre entier naturel n'est inintéressant.
Démonstration. Soit A l'ensemble des entiers naturels inintéressants. Supposons que $A \neq \varnothing$. A admet un plus petit élément p; p est alors le plus petit entier naturel inintéressant... ce qui est fort intéressant donc $p \notin A$, ce qui est contraire à sa définition. Donc $A=\varnothing$.
Ce « théorème » est une variante d'un paradoxe énoncé en 1906 par Berry. Il résulte d'une confusion entre deux sens du mot « inintéressant » : le sens mathématique non précisé (mais supposé connu), et le sens intuitif (utilisé dans la locution « fort intéressant » ci-dessus).

C 34. Montrer qu'il n'existe pas d'entier naturel n tel que $0<n<1$. Soit $k \in \mathbb{N}$; montrer : $\{n \in \mathbb{N} \mid k<n<k+1\}=\varnothing$, et : $(\forall n \in \mathbb{N})\ (n \leqslant k \iff n<k+1)$.

Puissance

On définit les *puissances* de l'entier naturel $m\ (m \neq 0)$ par :

$$\begin{cases} m^0=1 \\ \forall n \in \mathbb{N} \quad m^{s(n)}=m^n m. \end{cases}$$

C 35. Montrer que :
$m^n m^p = m^{n+p}$; $(m^n)^p = m^{np}$; $(mn)^p = m^p n^p$.

Récurrence forte

L'énoncé 3. de l'axiome de Peano est appelé (principe de) *récurrence faible* par opposition à la *récurrence forte* formulée dans le théorème suivant :

Théorème. Soit A un sous-ensemble de $\mathbb{N}$ tel que :
1. $0 \in A$
2. $\forall n \in \mathbb{N}$
$[\forall m \in \mathbb{N}\, (m \leqslant n \implies m \in A) \implies (n+1) \in A]$.
Alors $A=\mathbb{N}$.

Démonstration. Si $A \neq \mathbb{N}$, $\mathbb{N}-A$ est non vide et admet un plus petit élément p; $p=0$ est impossible d'après 1.; d'après le 1. de l'axiome de Peano, il existe k tel que :

$$p=k+1 \text{ et } \forall m \in \mathbb{N}\, (m<p \implies m \notin \mathbb{N}-A)$$

ou encore : $\forall m \in \mathbb{N}\, (m \leqslant k \implies m \in A)$. D'après 2., on a donc $k+1 \in A$, soit $p \notin \mathbb{N}-A$ ce qui est contraire à la définition de p, donc $\mathbb{N}-A=\varnothing$ et $A=\mathbb{N}$.□

Cardinaux finis

Notons $\{1, 2, ..., n\}=\{m \in \mathbb{N} \mid 1 \leqslant m \leqslant n\}$.
On pose Card $\varnothing=0$ et on dit que le cardinal de l'ensemble vide est 0.

On dit qu'un ensemble E est *fini* ssi E est vide ou si il existe un entier naturel n et une bijection de E sur $\{1, 2, ..., n\}$.

***__Exercice 22.__ Soit E un ensemble. Montrer que s'il existe deux entiers naturels n et n' et deux bijections φ et φ' de E sur $\{1, 2, ..., n\}$ et $\{1, 2, ..., n'\}$, alors $n=n'$.

L'énoncé proposé à l'exercice 22 permet de « compter » les objets d'un ensemble fini (s'il était possible de trouver un ensemble fini E en bijection avec $\{1, ..., n\}$ et avec $\{1, ..., n'\}$, n et n' étant différents, on ne pourrait pas compter les éléments de E). On peut poser la définition suivante :

Définition. Soit E un ensemble et φ une bijection de E sur $\{1, 2, ..., n\}$. On dit alors que E a n éléments ou que le *cardinal de* E est n et on note : Card $E=n$.
On vérifie aisément que si E et F sont finis alors $E \cup F$, $E \cap F$, $E \times F$ et E^F sont finis et que :
$\text{Card}\,(E \cup F)+\text{Card}\,(E \cap F)=\text{Card}\,E+\text{Card}\,F$
$\text{Card}\,(E \times F)=\text{Card}\,E\ \text{Card}\,F$
$\text{Card}\,E^F=(\text{Card}\,E)^{\text{Card}\,F}$.

4.2. L'ensemble $\mathbb{Z}$ des entiers relatifs

Soustraction dans $\mathbb{N}$

De la définition de l'inégalité $\leqslant$ dans $\mathbb{N}$, il résulte qu'étant donnés deux entiers naturels m et n, il existe un entier naturel x tel que $m+x=n$ si et seulement si $m \leqslant n$. Cet entier est alors unique (car si $m+x=n=m+x'$ alors $x=x'$) et se note $n-m$. L'application $\{(n, m) \in \mathbb{N} \times \mathbb{N} \mid n \geqslant m\} \longrightarrow \mathbb{N}$, $(n, m) \longmapsto n-m$ s'appelle la *soustraction* dans $\mathbb{N}$. Elle n'est pas définie sur tout $\mathbb{N} \times \mathbb{N}$. L'ensemble $\mathbb{Z}$ est le plus petit ensemble contenant $\mathbb{N}$ (ou un sous-ensemble « isomorphe » à $\mathbb{N}$) dans lequel « la soustraction soit toujours possible ». Pour faire comprendre que ce qui importe c'est la structure de $\mathbb{Z}$, nous allons donner deux constructions *différentes* de $\mathbb{Z}$.

On peut décrire cette structure en utilisant les notions du thème 4 de la façon suivante : $\mathbb{Z}$ est un groupe infini engendré par un seul élément 1, muni d'une multiplication, le produit ab étant défini comme l'image de b dans le morphisme additif $\varphi : \mathbb{Z} \longrightarrow \mathbb{Z}$, tel que $\varphi(1)=a$. Cette structure est unique à un isomorphisme près.

Premier exemple de construction de $\mathbb{Z}$. Soit $\mathbb{N}^*=\mathbb{N}-\{0\}$. Soit Σ une bijection de $\mathbb{N}^*$ sur un ensemble, noté $(-\mathbb{N}^*)$, tel que $(-\mathbb{N}^*) \cap \mathbb{N}=\varnothing$. (On peut prendre par exemple $(-\mathbb{N}^*)=\{0\} \times \mathbb{N}^*$, mais ce choix n'a aucune importance.) L'image de n par Σ est notée $-n$. On pose $\mathbb{Z}=\mathbb{N} \cup (-\mathbb{N}^*)$. On définit l'addition et la multiplication dans $\mathbb{Z}$ de la manière suivante. Soit $n \in \mathbb{N}^*$, $m \in \mathbb{N}^*$.

1. Si $a=n$, $b=m$, $a+b=n+m$ et $ab=nm$.

2. Si $a=-n$, $b=m$, $a+b=m-n$ si $m\geqslant n$, $a+b=-(n-m)$ si $n>m$ et $ab=-(nm)$.

3. Si $a=-n$, $b=-m$, $a+b=-(n+m)$ et $ab=nm$.

4. Si $a=0$ $a+b=b$ et $ab=0$.
Si $b=0$ $a+b=a$ et $ab=0$.

Il suffit de vérifier que les opérations ainsi définies dans $\mathbb{Z}$ ont bien les propriétés voulues, ce qui est un peu long, mais facile.

Deuxième exemple de construction de $\mathbb{Z}$. Dans $\mathbb{N}\times\mathbb{N}$ on définit les opérations $\oplus$ et $\otimes$ par :

$\forall(a, b, c, d)\in\mathbb{N}^4$ $(a, b)\oplus(c, d)=(a+c, b+d)$
$\forall(a, b, c, d)\in\mathbb{N}^4$ $(a, b)\times(c, d)=(ac+bd, ad+bc)$.

$\oplus$ et $\otimes$ sont associatives et commutatives; $\oplus$ admet l'élément neutre (0, 0) et $\otimes$ l'élément neutre (1, 0); enfin $\otimes$ est distributive par rapport à $\oplus$ (vérifier ces assertions).
La relation $\sim$ définie dans $\mathbb{N}\times\mathbb{N}$ par :

$$\forall(a, b, c, d)\in\mathbb{N}^4\ ((a, b)\sim(c, d)\iff a+d=b+c)$$

est une relation d'équivalence (le vérifier); cette relation d'équivalence est compatible avec les opérations $\oplus$ et $\otimes$ (le vérifier). La classe de (a, b) est notée $\overline{(a, b)}$ ou $a-b$. Soit $\mathbb{Z}=\mathbb{N}\times\mathbb{N}/\sim$ l'ensemble des classes d'équivalence. Les opérations $\oplus$ et $\otimes$ passent au quotient, c'est-à-dire que les relations suivantes définissent bien deux opérations dans $\mathbb{Z}$:

$$\overline{(a, b)}+\overline{(c, d)}=\overline{(a+c, b+d)}$$
$$\overline{(a, b)}\times\overline{(c, d)}=\overline{(ad+bc, ac+bd)}$$

de plus ces opérations ont les propriétés démontrées pour $\oplus$ et $\otimes$, l'élément neutre de $+$ étant $\overline{(0, 0)}$ et celui de $\times$ étant $\overline{(1, 0)}$. De plus, tout élément admet un opposé puisque :

$$\overline{(a, b)}+\overline{(b, a)}=\overline{(a+b, a+b)}=\overline{(0, 0)}.$$

Chaque classe $\overline{(a, b)}$ contient un élément unique de $\mathbb{N}\times\mathbb{N}$ de la forme $(n, 0)$ ou $(0, n)$ où $n\in\mathbb{N}$. L'application $i:\mathbb{N}\longrightarrow\mathbb{Z}$, $n\longmapsto\overline{(n, 0)}$ est un isomorphisme de $\mathbb{N}$ sur $i(\mathbb{N})$ en ce sens qu'elle est injective et que $i(n+m)=i(n)+i(m)$ et $i(nm)=i(n)\times i(m)$. On convient alors en général d'identifier $\mathbb{N}$ et $i(\mathbb{N})$.

****Exercice 23.** Sur $\mathbb{N}$ on définit les opérations $\oplus$ et $\otimes$ par : $2p\oplus 2q=2(p+q)$; $(2p-1)\oplus(2q-1)=2(p+q)-1$; $(2p-1)\oplus 2q=2q\oplus(2p-1)=2(q-p)$ si $2q>2p-1$ et $(2p-1)\oplus 2q=2q\oplus(2p-1)=2(p-q)-1$ si $2q<2p-1$; $2p\otimes 2q=2pq$; $(2p-1)\otimes(2q-1)=2pq$; $(2p-1)\otimes 2q=2q\otimes(2p-1)=2pq-1$. Montrer que $\mathbb{N}$ muni de ces deux opérations est isomorphe à $\mathbb{Z}$ (c'est un troisième exemple de construction de $\mathbb{Z}$, où l'ensemble des éléments de $\mathbb{Z}$ est $\mathbb{N}$). Quel est alors le sous-ensemble de $\mathbb{N}$ qui, muni de $\oplus$ et $\otimes$ est isomorphe à $\mathbb{N}$ muni de $+$ et $\cdot$?

Quel que soit le mode de construction de $\mathbb{Z}$ choisi on peut résumer comme suit les propriétés fondamentales de $\mathbb{Z}$.

Propriétés de $\mathbb{Z}$

1. $\mathbb{Z}\supset\mathbb{N}$.

2. Dans $\mathbb{Z}$ est définie une opération $+$, appelée *addition* dans $\mathbb{Z}$ vérifiant :

i) la restriction à $\mathbb{N}\times\mathbb{N}$ est l'addition dans $\mathbb{N}$;

ii) elle est associative, commutative et admet l'élément neutre O;

iii) tout élément a de $\mathbb{Z}$ admet un opposé (unique) noté $-a$ tel que $a+(-a)=(-a)+a=0$;

iv) pour tout élément a de $\mathbb{Z}$ on a $a\in\mathbb{N}$ ou $-a\in\mathbb{N}$.

3. Dans $\mathbb{Z}$ est définie une opération appelée *multiplication* dans $\mathbb{Z}$ vérifiant :

i) la restriction à $\mathbb{N}\times\mathbb{N}$ est la multiplication dans $\mathbb{N}$;

ii) elle est associative, commutative, admet l'élément neutre 1 et est distributive par rapport à l'addition.

Les éléments de $\mathbb{Z}$ sont appelés *nombres entiers*, ou parfois entiers *relatifs* par opposition aux entiers *naturels*, éléments de $\mathbb{N}$.

C 36. Définir : **a.** l'opération externe sur $\mathbb{Z}$ par $\mathbb{N}$ « puissance »; **b.** l'opération interne dans $\mathbb{Z}$ « soustraction »; **c.** la relation $\leqslant$ dans $\mathbb{Z}$; **d.** l'application « valeur absolue » de $\mathbb{Z}$ dans $\mathbb{N}$.

Division euclidienne

Théorème. Soit $a\in\mathbb{Z}$ et $b\in\mathbb{Z}$ tel que $b\neq 0$. Il existe un couple unique (q, r) dans $\mathbb{Z}\times\mathbb{Z}$ tel que $a=bq+r$ et $0\leqslant r<|b|$:

$$\forall a\in\mathbb{Z}\ \forall b\in\mathbb{Z}-\{0\}\ \exists!\ (q, r)\in\mathbb{Z}\times\mathbb{Z}$$
$$a=bq+r \textbf{ et } 0\leqslant r<|b|$$

L'entier q s'appelle le *quotient* et r le *reste* de la division euclidienne de a par b.

Démonstration. 1. *Existence.* Considérons $A=\{a-bq \mid q\in\mathbb{Z}\}\cap\mathbb{N}$; A n'est pas vide. En effet si $a\geqslant 0$, $a-b\,0\in A$; si $a<0$ et $b>0$ alors $a-ba=(-a)(b-1)\in A$ et si $a<0$ et $b<0$ alors $a-b(-a)=(-a)(-b-1)\in A$. Le sous-ensemble A de $\mathbb{N}$ admet donc un plus petit élément r. D'une part $r\in\mathbb{N}$, soit $0\leqslant r$; d'autre part $r<|b|$, car sinon $r'=r-|b|$ appartiendrait à A et r ne serait pas le plus petit élément de A. 2. *Unicité.* Supposons que $a=bq+r$ et $a=bq'+r'$, alors $b(q-q')=r'-r$ d'où $|b||q-q'|=|r-r'|$. De $0\leqslant r<|b|$ et $0\leqslant r'<|b|$ il suit que $|r-r'|<b$ d'où $|b||q-q'|<|b|$ et $|q-q'|<1$, d'où $q-q'=0$: $q'=q$ et donc $r'=r$.

C 37. *Numération.* On pose $1+1=2$, $2+1=3$, $3+1=4$, $4+1=5$, $5+1=6$, $6+1=7$, $7+1=8$, $8+1=9$ et $9+1=b$. b s'appelle « dix ». Montrer :

Montrer : $\forall a\in\mathbb{N}\ \exists n\in\mathbb{N}\ \exists\alpha_0\in\{0, 1, \ldots, 9\}\ \ldots\ \exists\alpha_n\in\{0, 1, \ldots, 9\}$

$$a=\sum_{i=0}^{n}\alpha_i b^i$$

$\forall n \in \mathbb{N}\ \forall m \in \mathbb{N}\ \forall \alpha_0 \in \{0, 1, ..., 9\} ... \forall \beta_m \in \{0, 1, ..., 9\}$:

$$\sum_{i=0}^{n} \alpha_i b^i = \sum_{j=0}^{m} \beta_j b^j \Longrightarrow m = n, \alpha_0 = \beta_0, ..., \alpha_n = \beta_n.$$

On convient d'écrire $a = \alpha_n \alpha_{n-1} ... \alpha_0$. On dit alors que l'on a écrit *a en base dix*. En particulier $b = 10$, $b^2 = 100$, $b^3 = 1\,000$, $7 + 8 = 15$, $7 \cdot 8 = 56$, etc.
Les symboles 0, 1, ..., 9 s'appellent des *chiffres*. Dans la numération de base dix on utilise dix chiffres distincts pour représenter les nombres. Il est préférable d'éviter la confusion, courante dans la langue usuelle, entre le *chiffre* 8 et le *nombre* huit.

Exercice 24. Écrire sept et neuf en base deux, calculer leur somme et leur produit en base deux et revenir à la base dix pour vérifier les résultats. Mêmes exercices en base 3, en base 4, en base (-2).

4.3. L'ensemble $\mathbb{Q}$ des nombres rationnels

Nous supposerons connu l'ensemble des *(nombres) rationnels*, noté $\mathbb{Q}$.

C 38. *Une construction de $\mathbb{Q}$ à partir de $\mathbb{Z}$.* Dans $\mathbb{Z} \times (\mathbb{Z} - \{0\})$ on définit la relation $\sim$ par :

$(a, b) \sim (c, d)$ si et seulement si $ad = bc$.

Vérifier que $\sim$ est une relation d'équivalence; la classe de (a, b) sera notée $\frac{a}{b}$ ou a/b. La relation $(a, b) \sim (c, d)$ s'écrira donc $\frac{a}{b} = \frac{c}{d}$. On définit dans $\mathbb{Z} \times (\mathbb{Z} - \{0\})$ les opérations $\oplus$ et $\otimes$ par :

$$\begin{cases} (a, b) \oplus (c, d) = (ad + bc, bd) \\ (a, b) \otimes (c, d) = (ac, bd). \end{cases}$$

Montrer que ces opérations sont compatibles avec la relation d'équivalence et en déduire que :

$$\frac{a}{b} + \frac{c}{d} = \frac{ad + bc}{bd} \text{ et } \frac{a}{b} \cdot \frac{c}{d} = \frac{ac}{bd}.$$

L'ensemble des classes muni de ces opérations est noté $\mathbb{Q}$.

Vérifier que $i : \mathbb{Z} \longrightarrow \mathbb{Q}$, $n \longmapsto \frac{n}{1}$ est un isomorphisme (c'est-à-dire que i est injective, que $i(n + m) = i(n) + i(m)$, $i(nm) = i(n)\ i(m)$).

Justifier l'identification $\frac{n}{1} = n$ Vérifier les propriétés usuelles de $\mathbb{Q}$.

Remarque. En fait c'est la structure de $\mathbb{Q}$ qui nous intéresse : $\mathbb{Q}$ est le plus petit *corps* « contenant » $\mathbb{N}$ (« contenir » est à prendre au sens fort : les opérations sur $\mathbb{Q}$ prolongent celles sur $\mathbb{N}$). La construction ci-dessus montre simplement que si on admet l'axiome de Peano, c'est-à-dire si on admet l'existence de $\mathbb{N}$, alors il existe un corps $\mathbb{Q}$ tel que tout corps K contenant un sous-ensemble isomorphe à $\mathbb{N}$ contiendra un sous-corps isomorphe à $\mathbb{Q}$.

§ 5. ÉQUATIONS

5.1. Généralités

Définition. Soit E et F deux ensembles, f et g deux applications de E dans F. On dit que l'ensemble $A = \{x \in E \mid f(x) = g(x)\}$ est l'ensemble des *solutions* de l'*équation en x dans* E :

$$f(x) = g(x).$$

La définition ci-dessus mérite quelques commentaires :

1. f et g doivent être définies sur un *même* ensemble E.

2. E et F peuvent être des ensembles-produits; on parle alors de « système-d'équations-à-plusieurs-inconnues ».

3. La définition ci-dessus ne dit pas ce qu'est une équation. On pourrait poser : soit E et F deux ensembles, f et g deux applications de E dans F; la fonction propositionnelle $f(x) = g(x)$ est appelée *équation en x dans* E. Mais cette définition se révèle en général inutile.

• *Résoudre* l'équation en x dans E : $f(x) = g(x)$, c'est décrire l'ensemble A de façon aussi « simple » et « complète » que possible. Selon les cas cette description peut se faire :
— en donnant la liste de ses éléments,
— en décrivant A à l'aide d'ensembles connus,
— en donnant le nombre d'éléments de A.

• En fait, l'énoncé : « Résoudre l'équation $f(x) = g(x)$ » n'a aucun sens défini. Dans le cadre de l'institution scolaire elle demande aux élèves une attitude conforme à certaines conventions qui ne sont jamais explicitées. Suivant l'usage que l'on veut faire de A, telle ou telle description est la plus adaptée. Par contre démontrer que l'équation admet au moins une solution est un « vrai » problème, puisque cela permet de dire si la proposition :

$$\exists x \in E \quad f(x) = g(x)$$

est vraie ou fausse. De même l'unicité de la « solution » constitue un « vrai » problème, celui de savoir si la proposition suivante est vraie ou fausse :

$\forall x \in E\ \forall x' \in E\ [(f(x) = g(x) \text{ et } f(x') = g(x')) \Longrightarrow x = x']$.

5.2. Exemples

1. $f : \mathbb{Z} \longrightarrow \mathbb{R}$, $x \longmapsto x$; $g : \mathbb{Z} \longrightarrow \mathbb{R}$, $x \longmapsto x + 3$.
$\{x \in \mathbb{Z} \mid f(x) = g(x)\} = \varnothing$.

2. $f : \mathbb{Z} \longrightarrow \mathbb{R}$, $x \longmapsto 4x$; $g : \mathbb{Z} \longrightarrow \mathbb{R}$, $x \longmapsto x^2 + 4$.
$\{x \in \mathbb{Z} \mid f(x) = g(x)\} = \{2\}$.

3. $f : E \longrightarrow \mathbb{R}$, $x \longmapsto x$, $g : E \longrightarrow \mathbb{R}$, $x \longmapsto 3x - 1$.
Pour $E = \mathbb{Z}$, $\{x \in \mathbb{Z} \mid f(x) = g(x)\} = \varnothing$;
pour $E = \mathbb{Q}$, $\{x \in \mathbb{Q} \mid f(x) = g(x)\} = \left\{\frac{1}{2}\right\}$.

4. $f : \mathbb{R} \times \mathbb{R} \longrightarrow \mathbb{R} \times \mathbb{R}$, $(x, y) \longmapsto (2x + 2y + 1, x - y - 2)$; $g : \mathbb{R} \times \mathbb{R} \longrightarrow \mathbb{R} \times \mathbb{R}$, $(x, y) \longmapsto (x, 2y)$.
$\{(x, y) \in \mathbb{R} \times \mathbb{R} \mid f(x, y) = g(x, y)\} = \left\{\left(\frac{1}{5}, -\frac{3}{5}\right)\right\}$.

5. $f : \mathbb{R} \times \mathbb{R} \longrightarrow \mathbb{R} \times \mathbb{R}$,
$(x, y) \longmapsto (6x^2 + 11xy - 10y^2 - 5x - 41y - 21, xy + 36x + 11y + 396)$;

$g : \mathbb{R} \times \mathbb{R} \longrightarrow \mathbb{R} \times \mathbb{R}$,
$(x, y) \longmapsto ((2x+5y+3)(3x-2y-7), (x+11)(y+36))$.
$\{(x, y) \in \mathbb{R}^2 \mid f(x, y) = g(x, y)\} = \mathbb{R}^2$.

6. $f : \mathbb{R} \times \mathbb{R} \longrightarrow \mathbb{R} \times \mathbb{R}$,
$(x, y) \longmapsto (x+y+1, x-y-1)$;
$g : \mathbb{R} \times \mathbb{R} \longrightarrow \mathbb{R} \times \mathbb{R}$,
$\{(x, y) \longmapsto (-5x-y+3, -14x-6y-6)$.
$\{(x, y) \in \mathbb{R}^2 \mid f(x, y) = g(x, y)\} = \varnothing$.

7. $f : \mathbb{R} \times \mathbb{R} \longrightarrow \mathbb{R} \times \mathbb{R}$,
$(x, y) \longmapsto (x+y+1, x-y-1)$;
$g : \mathbb{R} \times \mathbb{R} \longrightarrow \mathbb{R} \times \mathbb{R}$,
$(x, y) \longmapsto (-5x-y+3, -14x-6y+4)$.
$\{(x, y) \in \mathbb{R}^2 \mid f(x, y) = g(x, y)\} = \{(x, y) \in \mathbb{R} \times \mathbb{R} \mid y = 1-3x\}$.

8. Soit E l'ensemble des fonctions réelles de variables réelles indéfiniment dérivables définies sur $\mathbb{R}$. $f : \mathrm{E} \longrightarrow \mathrm{E}$, $x \longmapsto x'$; $g : \mathrm{E} \longrightarrow \mathrm{E}$, $x \longmapsto x$. $\{x \in \mathrm{E} \mid f(x) = g(x)\} = \{\mathrm{K} \exp \mid \mathrm{K} \in \mathbb{R}\}$ où $\exp : \mathbb{R} \longrightarrow \mathbb{R}$, $t \longmapsto e^t$.

5.3. Description de deux démarches de résolution d'équations

Considérons deux applications $f : \mathrm{E} \longrightarrow \mathrm{F}$ et $g : \mathrm{E} \longrightarrow \mathrm{F}$ et posons :

$$\mathrm{A} = \{x \in \mathrm{E} \mid f(x) = g(x)\}.$$

Désignons par $\mathrm{P}_0(x)$ la fonction propositionnelle : $f(x) = g(x)$.

1. On « procède par équivalences ».

On détermine une suite de fonctions propositionnelles $\mathrm{P}_1(x)$, $\mathrm{P}_2(x)$ ... $\mathrm{P}_n(x)$ et on montre que :

$$\forall x \in \mathrm{E} \quad (\mathrm{P}_0(x) \Longleftrightarrow \mathrm{P}_1(x))$$
$$\forall x \in \mathrm{E} \quad (\mathrm{P}_1(x) \Longleftrightarrow \mathrm{P}_2(x))$$

....

$$\forall x \in \mathrm{E} \quad (\mathrm{P}_{n-2}(x) \Longleftrightarrow \mathrm{P}_{n-1}(x))$$
$$\forall x \in \mathrm{E} \quad (\mathrm{P}_{n-1}(x) \Longleftrightarrow \mathrm{P}_n(x))$$

Il en résulte : $\forall x \in \mathrm{E} \quad (\mathrm{P}_0(x) \Longleftrightarrow \mathrm{P}_n(x))$

d'où l'ensemble des solutions : $\mathrm{A} = \{x \in \mathrm{E} \mid \mathrm{P}_n(x)\}$.

2. On « procède par implications ».

On détermine une suite $\mathrm{Q}_1(x)$, $\mathrm{Q}_2(x)$, ... $\mathrm{Q}_m(x)$ de fonctions propositionnelles et on montre que :

$$\forall x \in \mathrm{E} \quad (\mathrm{P}_0(x) \Longrightarrow \mathrm{Q}_1(x))$$
$$\forall x \in \mathrm{E} \quad (\mathrm{Q}_1(x) \Longrightarrow \mathrm{Q}_2(x))$$
$$\forall x \in \mathrm{E} \quad (\mathrm{Q}_2(x) \Longrightarrow \mathrm{Q}_3(x))$$

....

$$\forall x \in \mathrm{E} \quad (\mathrm{Q}_{m-1}(x) \Longrightarrow \mathrm{Q}_m(x))$$

d'où il résulte : $\forall x \in \mathrm{E} \quad (\mathrm{P}_0(x) \Longrightarrow \mathrm{Q}_m(x))$,

d'où $\mathrm{A} \subset \{x \in \mathrm{E} \mid \mathrm{Q}_m(x)\}$.

Posons $\mathrm{B} = \{x \in \mathrm{E} \mid \mathrm{Q}_m(\mathrm{E})\}$; on a donc : $\mathrm{A} = \{x \in \mathrm{B} \mid f(x) = g(x)\}$. Si B est un ensemble fini $\mathrm{B} = \{b_1, b_2, ..., b_k\}$ on peut essayer de déterminer A en examinant si les propositions suivantes sont vraies ou fausses :

$$f(b_1) = g(b_1)$$
$$f(b_2) = g(b_2)$$
$$------$$
$$f(b_k) = g(b_k).$$

Cette dernière partie est souvent appelée à tort « vérification ». On pourrait l'appeler « sélection » ou « criblage ». Si on a utilisé la première méthode, cette vérification est superflue pour le raisonnement, cependant elle peut permettre de déceler une erreur de calcul ou de raisonnement et il faudrait être bien sûr de soi pour négliger une possibilité de contrôle même partiel de ses résultats.

Exemple.

Soit

$f : \mathbb{R} \longrightarrow \mathbb{R}$, $x \longmapsto x^2+x+1$, $g : \mathbb{R} \longrightarrow \mathbb{R}$, $x \longmapsto 0$.

On cherche :

$$\mathrm{A} = \{x \in \mathbb{R} \mid x^2+x+1 = 0\}.$$

Les règles de calcul dans $\mathbb{R}$ montrent que :

$\forall x \in \mathbb{R} \quad (x^2+x+1=0 \Longrightarrow x(x+1) = -1)$
$\forall x \in \mathbb{R} \quad (x^2+x+1=0 \Longrightarrow x+1 = -x^2)$
$\forall x \in \mathbb{R} \quad (x^2+x+1=0 \Longrightarrow [x(x+1) = -1$ **et** $x+1 = -x^2])$
$\forall x \in \mathbb{R} \quad ([x(x+1) = -1$ **et** $(x+1) = -x^2] \Longrightarrow x(-x^2) = -$
$\forall x \in \mathbb{R} \quad (x(-x^2) = -1 \Longrightarrow x^3 = 1)$
$\forall x \in \mathbb{R} \quad (x^3 = 1 \Longrightarrow x = 1)$

d'où $\forall x \in \mathbb{R} \quad (x^2+x+1=0 \Longrightarrow x=1)$.

Posons $\mathrm{B} = \{x \in \mathbb{R} \mid x = 1\}$, c'est-à-dire $\mathrm{B} = \{1\}$. On a donc $\mathrm{A} \subset \mathrm{B}$, $\mathrm{A} = \{x \in \{1\} \mid x^2+x+1=0\}$ or « $1^2+1+1=0$ » est une proposition fausse, donc $\mathrm{A} = \varnothing$.

Remarque. Cette méthode se formule habituellement de la façon suivante : « Supposons que x soit une racine de l'équation en x dans E : $f(x) = g(x)$. Alors on a ... D'où finalement : $x \in \mathrm{B}$. Or tels et tels éléments de B sont solutions, les autres ne le sont pas; les solutions de l'équation sont donc ... »

5.4. Équations « mal données »

« Résoudre l'équation en x dans $\mathbb{R}$: $\dfrac{x}{x-1} = \dfrac{x+1}{x^2-1}$. »

L'énoncé ci-dessus n'a pas un sens précis. Un premier travail consiste à le remplacer par un énoncé « correct ». Il nous faut d'abord définir les applications :

$$f : x \longmapsto \frac{x}{x-1} \text{ et } g : x \longmapsto \frac{x+1}{x^2-1}$$

en précisant les ensembles sources et buts de ces applications, par exemple :

$$f : \mathbb{R} - \{1\} \longrightarrow \mathbb{R} \quad g : \mathbb{R} - \{1, -1\} \longrightarrow \mathbb{R}.$$

Mais comme il faut que ces ensembles soient les mêmes on pourra prendre :

$$g \text{ et } f : \mathbb{R} - \{1, -1\} \longrightarrow \mathbb{R}.$$

On aboutit à l'énoncé suivant :

« Résoudre l'équation en x dans $\mathbb{R} - \{1, -1\}$: $\dfrac{x}{x-1} = \dfrac{x+1}{x^2-1}$. »

Ce travail est à effectuer par celui qui pose l'équation et non par celui qui la résoud.

Exercice 25. Comment formuler des demandes de résolution d'équations associées aux formules suivantes : $\dfrac{x}{x-1} = 3$, $\dfrac{x}{x-1} = 1$, $\dfrac{1}{x} + \dfrac{1}{1-x} = 1$; $\sqrt{x} = \dfrac{1}{2}x + 3$?

§ 6. RÉPONSES OU INDICATIONS

1. Si $a \in a$, il résulte de la définition de a que $a \notin a$. Si $a \notin a$, alors **non** $(a \notin a)$, c'est-à-dire $a \in a$.

C 1. Comme $x \in \mathrm{A}$ est fausse pour tout x, $(x \in \mathrm{A} \Longrightarrow x \in \varnothing)$ est vraie. De même $(x \in \varnothing \Longrightarrow x \in \mathrm{A})$ est vraie car $x \in \varnothing$ est fausse. Donc $[\forall x (x \in \mathrm{A} \Longleftrightarrow x \in \varnothing)]$ est vrai.

2. $(\exists x\ x \in \{\varnothing\})$ est vraie, car $\varnothing \in \{\varnothing\}$.

3. $\{\varnothing, \{\varnothing\}, \{\{\varnothing\}\}, \{\varnothing, \{\varnothing\}\}\}$.

C 2. $\varnothing \subset \mathrm{A}$, donc si $\mathrm{A} \subset \varnothing$, alors $\mathrm{A} = \varnothing$.

4. En effet : $(x = b \Longrightarrow x = a)$ si et seulement si $a = b$.

C 3. $x \in \mathrm{A} \Longrightarrow (x \in \mathrm{A}$ **ou** $x \in \mathrm{B})$; $x \in \mathrm{B} \Longrightarrow (x \in \mathrm{A}$ **ou** $x \in \mathrm{B})$; $\mathrm{A} \cup \mathrm{B} = \mathrm{B}$ si et seulement si $\mathrm{A} \cup \mathrm{B} \subset \mathrm{B}$, ou : $(x \in \mathrm{A}$ **ou** $x \in \mathrm{B}) \Longrightarrow x \in \mathrm{B}$ ou : $x \in \mathrm{A} \Longrightarrow x \in \mathrm{B}$; $(x \in \mathrm{A}$ **ou** $x \in \mathrm{B})$ impossible (c'est-à-dire faux pour tout x) si et seulement si $x \in \mathrm{A}$ impossible et $x \in \mathrm{B}$ impossible.

C 4. Soit p la proposition $x \in \mathrm{A}$, q la proposition $x \in \mathrm{B}$ et r la proposition $x \in \mathrm{C}$. Les propriétés résultent respectivement des tautologies suivantes :

$(p$ **et** $p) \Longleftrightarrow p$; $[(p$ **et** $q)$ **et** $r] \Longleftrightarrow [p$ **et** $(q$ **et** $r)]$;
$(p$ **et** $q) \Longleftrightarrow (q$ **et** $p)$; $(p$ **et F**$) \Longleftrightarrow ($**F et** $p)$;
$(p$ **et F** $\Longrightarrow$ **F**$)$; $[(p$ **et** $q)$ **ou** $r] \Longleftrightarrow [(p$ **ou** $r)$ **et** $(q$ **ou** $r)]$;
$[(p$ **ou** $q)$ **et** $r] \Longleftrightarrow [(p$ **et** $r)$ **ou** $(q$ **et** $r)]$;
$(p$ **et** $q) \Longrightarrow p$; $(p$ **et** $q) \Longrightarrow q$; $[(p$ **et** $q) \Longleftrightarrow q]$ $\Longleftrightarrow (q \Longrightarrow p)$.

5. Oui; par exemple : $\mathrm{A} = \{b, c\}$, $\mathrm{B} = \{c, a\}$, $\mathrm{C} = \{a, b\}$, $a \neq b \neq c \neq a$.

C 5. Avec les notations de **C 4** :

$(p$ **et non** $q) \Longleftrightarrow [p$ **et non** $(p$ **et** $q)]$;
$[(p$ **et non** $q)$ **et** $r] \Longleftrightarrow [(p$ **et** $r)$ **et non** $(q$ **et** $r)]$;
$[p$ **et non** $(q$ **ou** $r)] \Longleftrightarrow [(p$ **et non** $q)$ **et** $(p$ **et non** $r)]$;
$[p$ **et non** $(q$ **et** $r)] \Longleftrightarrow [(p$ **et non** $q)$ **ou** $(p$ **et non** $r)]$.

C 6.

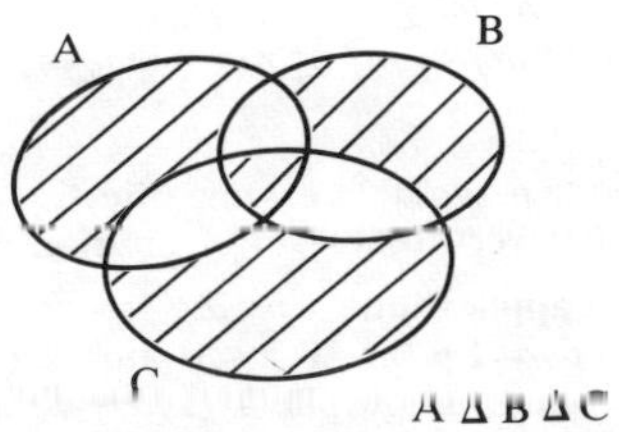

$\mathrm{A} \Delta \mathrm{B} \Delta \mathrm{C}$

6. $\{(x, y) \in \mathrm{E}^2 \mid x = y\}$.

7. $\mathrm{E} \times \varnothing = \varnothing \times \mathrm{E} = \varnothing$.

8. Définir $\mathcal{R}(x, y)$ par $(x, y) \in \mathrm{G}$.

9. $\mathcal{S} \circ \mathcal{R}(x, z)$ si et seulement si : $\exists y \in \mathrm{F}\, (\mathcal{R}(x, y)$ **et** $\mathcal{S}(y, z))$.

10. Soit $z \in \mathrm{Im}\,(g \circ f)$; il existe x dans E tel que $z = (g \circ f)(x) = g(f(x))$. Donc il existe y, à savoir $y = f(x)$, tel que $z = g(y)$, soit $z \in \mathrm{Im}\ g$. D'où : $\forall z \in \mathrm{G}\,(z \in \mathrm{Im}\,(g \circ f) \Longrightarrow z \in \mathrm{Im}\ g)$, c'est-à-dire $\mathrm{Im}\,(g \circ f) \subset \mathrm{Im}\ g$.

11. Soit $y \in \mathrm{F}$, on a $f(g(y)) = (f \circ g)(y) = \mathrm{id}_{\mathrm{F}}(y) = y$, donc il existe x, à savoir $x = g(y)$ tel que $f(x) = y$. Donc $\mathrm{F} \subset \mathrm{Im}\ f$, comme $\mathrm{Im}\ f \subset \mathrm{F}$ on a $\mathrm{Im}\ f = \mathrm{F}$, c'est-à-dire que f est surjective.

12. Soit $f : \mathrm{E} \longrightarrow \mathcal{P}(\mathrm{E})$. Posons $\mathrm{B} = \{x \in \mathrm{E} \mid x \notin f(x)\}$ et montrons que $\mathrm{B} \notin \mathrm{Im}\ f$. Si $\mathrm{B} \in \mathrm{Im}\ f$, il existe $x \in \mathrm{E}$ tel que $\mathrm{B} = f(x)$ et d'une part si $x \notin f(x)$, alors $x \in \mathrm{B}$ et d'autre part si $x \in f(x)$ alors $x \notin \mathrm{B}$, donc $\mathrm{B} \neq f(x)$, ce qui est impossible. (C'est le « raisonnement de Cantor ». Voir l'annexe 2.)

13. Si $f(x) = f(x')$, $h(f(x)) = h(f(x'))$, d'où $x = (h \circ f)(x) = h(f(x)) = h(f(x')) = (h \circ f)(x') = x'$.

14. La réciproque de **13** est facile : choisissons un élément x_0 de E et définissons $h : \mathrm{F} \longrightarrow \mathrm{E}$ par : 1. Si $y \in \mathrm{F} - \mathrm{Im}\ f$, $h(y) = x_0$. 2. Si $y \in \mathrm{Im}\ f$, $h(y)$ est l'unique x tel que $f(x) = y$.
La réciproque de **11** soulève un problème délicat. Pour $y \in \mathrm{F}$, notons $f^{-1}(y)$ le sous-ensemble de E défini par $f^{-1}(y) = \{x \in \mathrm{E} \mid f(x) = y\}$. Dire que f est surjective c'est dire que pour tout $y \in \mathrm{F}$, $f^{-1}(y) \neq \varnothing$. Pour définir une application g telle que $f \circ g = \mathrm{id}_{\mathrm{F}}$, il faut pour chaque y de F choisir un élément x de $f^{-1}(y)$. Si l'ensemble F est infini, il nous faudra faire une infinité de choix. L'énoncé affirmant que cela est possible s'appelle l'*axiome du choix*. Cet axiome a soulevé bien des polémiques et n'a pas été admis par tous les mathématiciens. Ces controverses ont perdu de leur vivacité depuis que l'on a montré que si la théorie des ensembles sans l'axiome de choix est non contradictoire, il en est de même de la théorie des ensembles avec l'axiome de choix.

15. $\mathrm{id}_{\mathrm{E}} \circ \mathrm{id}_{\mathrm{E}} = \mathrm{id}_{\mathrm{E}}$.

16. a. $g \circ f$ est surjective, donc d'après l'exercice **11** g est surjective. **b.** $g \circ f$ est injective, donc d'après l'exercice **13** f est injective. **c.** $\mathrm{E} = \{x\}$, $\mathrm{F} = \{y_1, y_2\}$, $\mathrm{G} = \{z\}$; $f : \mathrm{E} \longrightarrow \mathrm{F}$, $x \longmapsto y_1$; $g : \mathrm{F} \longrightarrow \mathrm{G}$, $y_1 \longmapsto z$, $y_2 \longmapsto z$.

C 7. L'opération $\star$ est dite *associative* ssi $\forall x \in \mathrm{E}\ \forall x' \in \mathrm{E}\ \forall x'' \in \mathrm{E}$ $(x \star x') \star x'' = x \star (x' \star x'')$, *commutative* ssi $\forall x \in \mathrm{E}\ \forall x' \in \mathrm{E}$ $x \star x' = x' \star x$. L'élément $e \in \mathrm{E}$ est *élément neutre* de la loi $\star$ ssi $\forall x \in \mathrm{E}\ x \star e = e \star x = x$, *élément neutre à droite* ssi $\forall x \in \mathrm{E}$ $e \star x = x$, *élément neutre à gauche* ssi $\forall x \in \mathrm{E}\ x \star e = x$. Si e est un élément neutre et $x \in \mathrm{E}$, x' est appelé *opposé* de x relativement à la loi $\star$ ssi $x' \star x = x \star x' = e$. La loi $\star$ est dite *distributive* par rapport à la loi $\square$ ssi $\forall x \in \mathrm{E}\ \forall x' \in \mathrm{E}\ \forall x'' \in \mathrm{E}$
$x \star (x' \square x'') = (x \star x') \square (x \star x'')$
et $(x' \square x'') \star x = (x' \star x) \square (x'' \star x)$.

17. $\circ$ est associative et admet l'élément neutre id_{E}.

C 8. Le raisonnement : « Soit $x \in \mathrm{E}$, choisissons y tel que $\mathcal{R}(x, y)$. On a alors $\mathcal{R}(y, x)$ et donc $\mathcal{R}(x, x)$ » suppose l'existence de y tel que $\mathcal{R}(x, y)$. On oublie les classes qui n'ont qu'un élément.

C 9. Soit $x \in \mathrm{E}$, $x \in \bar{x}$ donc x appartient à la réunion des classes.

C 10. Soit $(\mathrm{A}_i)_{i \in \mathrm{I}}$ une partition de E. La relation $x \equiv y$ définie par : $\exists i \in \mathrm{I}\ (x \in \mathrm{A}_i$ **et** $y \in \mathrm{A}_i)$ est une relation d'équivalence. En effet elle est symétrique par définition. De $\bigcup_{i \in \mathrm{I}} \mathrm{A}_i = \mathrm{E}$ il résulte que $\equiv$ est réflexive. De ce que pour tous i, j différents, $\mathrm{A}_i \cap \mathrm{A}_j = \varnothing$, il suit que $\equiv$ est transitive.

18. Classe de x : $\{x\}$; surjection canonique : $x \longmapsto \{x\}$.

19. Oui; non, on n'a pas la transitivité.

20. $\mathcal{T}(x, y)$ ssi $\mathcal{S}(\bar{x}, \bar{y})$ où $\bar{x}$ et $\bar{y}$ sont les classes de x et de y relativement à la relation $\mathcal{R}$. Soit $\dot{x}$ la classe de $\bar{x}$ relativement à $\mathcal{S}$ et $\tilde{x}$ la classe de x relativement à $\mathcal{T}$; on a la bijection $(\mathrm{E}/\mathcal{R})/\mathcal{S} \longrightarrow \mathrm{E}/\mathcal{T}$, $\dot{x} \longmapsto \tilde{x}$.

C 11. $\forall x \in \mathrm{E}\ f(x) = \bar{f}(\bar{x}) = \bar{f}(s(x)) = \bar{f} \circ s(x)$.

C 12. Soit A et B deux éléments de $\mathrm{E}/\mathcal{R}$. Choisissons x tel que $\bar{x} = \mathrm{A}$ et y tel que $\bar{y} = \mathrm{B}$; on peut calculer $x \star y$, puis $\overline{x \star y}$, mais pour que cela définisse une loi dans $\mathrm{E}/\mathcal{R}$ il faut que $\overline{x \star y}$ soit indépendant du choix de x dans A et de y dans B, c'est-à-dire que la loi soit compatible avec $\mathcal{R}$.

C 13, 14 et **15.** Il suffit de revenir aux définitions.

C 16. $y \in f_\star(\mathrm{A} \cup \mathrm{A}')$ si et seulement si : $\exists x \in \mathrm{A} \cup \mathrm{A}'\ y = f(x)$; $y \in f_\star(\mathrm{A}) \cup f_\star(\mathrm{A}')$ si et seulement si : $(\exists x \in \mathrm{A}\ y = f(x))$ **ou** $(\exists x \in \mathrm{A}'\ y = f(x))$; $y \in f_\star(\varnothing)$ si et seulement si : $\exists x \in \varnothing$ $y = f(x)$, ce qui est faux; $[\exists x \in \mathrm{A} \cap \mathrm{A}'\ y = f(x)] \Longrightarrow [(\exists x \in \mathrm{A}$ $y = f(x)$ **et** $(\exists x \in \mathrm{A}'\ y = f(x)]$, mais la réciproque n'est pas vraie. Contre-exemple : $\mathrm{E} = \{a, b\}$, $\mathrm{F} = \{c\}$, $\mathrm{A} = \{a\}$, $\mathrm{A}' = \{b\}$, $f : \mathrm{E} \longrightarrow \mathrm{F}$, $a \longmapsto c$, $b \longmapsto c$.

C 17. f injective et non surjective; f surjective et non injective.

C 18. Soit $A \subset E$;
$g_\star \circ f_\star(A) = g_\star(f_\star(A)) = \{z \in G \mid \exists\, y \in F\,(y \in f_\star(A)$ **et** $z = g(y))\} = \{z \in G \mid \exists\, y \in F\ \exists\, x \in A\,(y = f(x)$ **et** $z = g(y))\} = \{z \in G \mid \exists\, x \in A\ \exists\, y \in F\,(y = f(x)$ **et** $z = g(y))\} = \{z \in G \mid \exists\, x \in A\ z = g(f(x))\} = (g \circ f)_\star(A)$.

C 19 et **C 20.** Appliquer les définitions.

C 21. a. Prendre une f non injective : soit x, x' différents dans E, de même image; choisir A tel que $x \in A$, $x' \notin A$. **b)** Prendre une f non surjective et choisir B tel que $B - \operatorname{Im} f \neq 0$.

21. $(f_\star)_\star : \mathcal{P}(\mathcal{P}(E)) \longrightarrow \mathcal{P}(\mathcal{P}(F))$;
$(f^\star)^\star : \mathcal{P}(\mathcal{P}(E)) \longrightarrow \mathcal{P}(\mathcal{P}(F))$;
$(f_\star)^\star : \mathcal{P}(\mathcal{P}(F)) \longrightarrow \mathcal{P}(\mathcal{P}(E))$ et
$(f^\star)_\star : \mathcal{P}(\mathcal{P}(F)) \longrightarrow \mathcal{P}(\mathcal{P}(E))$. $A \in (f^\star)_\star(\mathcal{B})$ s'écrit : $\exists\, B \in \mathcal{B}\ A = f^\star(B)$; $A \in (f_\star)^\star(\mathcal{B})$ s'écrit $\exists\, B \in \mathcal{B}\, B = f_\star(A)$. Si f est injective, on a : $(B = f_\star(A) \Longrightarrow f^\star(B) = f^\star(f_\star(A)) = A)$ et $(f_\star)^\star(\mathcal{B}) \subset (f^\star)_\star(\mathcal{B})$. Si f est surjective, on a $(A = f^\star(B) \Longrightarrow f_\star(A) = f_\star(f^\star(B)) = B)$ et $(f^\star)_\star(\mathcal{B}) \subset (f_\star)^\star(\mathcal{B})$. Les inclusions sont strictes pour f non bijective. $(f_\star)^\star(\mathcal{B}) = \{\{x\}, \{x'\}, E\}$ et $(f^\star)_\star(\mathcal{B}) = \{\varnothing, E\}$. Avec les notations usuelles ces deux ensembles sont notés $f^{-1}(\mathcal{B})$.

C 22. $(m+n)+0 = m+n = m+(n+0)$; $(m+n)+s(p) = s[(m+n)+p] = s[m+(n+p)] = m+s(n+p) = m+(n+s(p))$. Soit A l'ensemble des entiers naturels p de $\mathbb{N}$ tels que $(m+n)+p = m+(n+p)$; d'après l'axiome de Peano $A = \mathbb{N}$, d'où le résultat.

C 23. $0+0=0$. Supposons que $0+m = m+0 = m$, on a alors $0+s(m) = s(0+m) = s(m) = s(m)+0$. D'où $\forall m \in \mathbb{N}\ 0+m = m+0 = m$.

C 24. a. $0+s(0) = s(0+0) = s(0) = s(0)+0$; supposons que $m+s(0) = s(0)+m$, on a alors $s(m)+s(0) = s(s(m)+0) = s(s(m)) = s(s(m+0)) = s(m+s(0)) = s(s(0)+m) = s(0)+s(m)$. D'où pour tout $\forall m \in \mathbb{N}\ m+s(0) = s(0)+m$. **b.** Soit $m \in \mathbb{N}$; d'une part $m+0 = 0+m$ d'après **C 23;** d'autre part supposons que $n+m = m+n$; on a alors $s(n)+m = s(n+0)+m = (n+s(0))+m = n+(s(0)+m)$
$= n+(m+s(0)) = (n+m)+s(0) = (m+n)+s(0)$
$= m+(n+s(0)) = m+s(n)$.
D'où pour tous $m \in \mathbb{N}$, $n \in \mathbb{N}$: $n+m = m+n$.

C 25. a. Soit $m \in \mathbb{N}$ et $n \in \mathbb{N}$. D'une part on a : $m+0 = n+0 \Longrightarrow m = n$. D'autre part supposons que l'on ait pour un $k \in \mathbb{N}$: $m+k = n+k \Longrightarrow m = n$; alors si $m+s(k) = n+s(k)$, $s(m+k) = s(n+k)$ et $m+k = n+k$ et $m = n$. D'où le résultat. **b.** Si $n \neq 0$, il existe k tel que $n = s(k)$ et $m+s(k) = 0$ ou $s(m+k) = 0$ et $0 \in s(\mathbb{N})$, ce qui est impossible d'après 1. Donc $n = 0$. De la commutativité il résulte que $m = 0$.

C 26. D'une part $m\,0 + n\,0 = 0+0 = 0 = (m+n)\,0$. D'autre part si on suppose que $mn+pn = (m+p)\,n$, alors $ms(n)+ps(n) = (mn+m)+(pn+p) = (mn+pn)+(m+p) = (m+p)\,n+(m+p) = (m+p)\,s(n)$.

C 27. D'une part $(mn)\,0 = 0 = m\,0 = m\,(n\,0)$; d'autre part si on suppose que $(mn)\,p = m\,(np)$ alors $(mn)\,s(p) = (mn)\,p+mn = m\,(np)+mn = m\,(np+n) = m\,(ns(p))$.

C 28. $m \cdot 1 = ms(0) = m\,0+m = m$. Par récurrence sur m on a $1 \cdot m = m$. En effet $1 \cdot 0 = 0$ et si $1 \cdot m = m$, alors $1 \cdot s(m) = 1 \cdot m+1 = m+1 = s(m)$.

C 29. $m \cdot 0 = 0$ et par récurrence sur m, on a $0 \cdot m = 0$ (en effet $0 \cdot 0 = 0$ et $0 \cdot s(m) = 0 \cdot m+0 = 0 \cdot m = 0$). D'où $m \cdot 0 = 0 \cdot m$. D'autre part si $mn = nm$, on a :
$ms(n) = mn+m = nm+1 \cdot m = (n+1)\,m = s(n)\,m$.

C 30. Si $mn = 0$ et $n \neq 0$, il existe $k \in \mathbb{N}$ tel que $n = s(k)$ et $ms(k) = 0$ ou $mk+m = 0$, d'où $m = 0$.

C 31. 1. $n+0 = n$. 2. Si $n+x = m$ et $m+y = n$, alors $n+x+y = n$ d'où $x+y = 0$ et donc $x = y = 0$. 3. $n+x = m$ et $m+y = p$, d'où $n+(x+y) = p$.

C 32. Les trois énoncés sont deux à deux contradictoires. Il reste à montrer que pour tous $m \in \mathbb{N}$, $n \in \mathbb{N}$, ($m \leqslant n$ **ou** $n \leqslant m$). Montrons cela par récurrence sur x : $0 \leqslant m$ puisque $0+m = m$; d'autre part si on suppose que $n \leqslant m$ ou $m \leqslant n$, alors si $m \leqslant n$, pour un $x \in \mathbb{N}$ $m+x = n$ et $m+(x+1) = n+1$, d'où $m \leqslant n+1$; si $n \leqslant m$, pour un $x \in \mathbb{N}$ $n+x = m$: si $x = 0$, $m \leqslant n \leqslant s(n)$ et si $x \neq 0$, $x = y+1$ et $x+1+y = m$, soit $n+1 \leqslant m$.

C 33. Appliquer les définitions.

C 34. Si il existe $n \in \mathbb{N}$ tel que $0 < n < 1$, on a $n \neq 0$ donc il existe p tel que $p+1 < 1$ d'où $p < 0$ ce qui est impossible puisque $0 \leqslant p$. Si $k < n < k+1$, il existe x tel que $k < k+x < k+1$ d'où $0 < x < 1$.

C 35. Par récurrence sur p : $m^n m^0 = m^n \cdot 1 = m^n = m^{(n+0)}$,
$m^n m^{s(p)} = m^n (m^p m) = (m^n m^p)\, m = m^{n+p} m = m^{n+p+1} = m^{n+s(p)}$;
$(m^n)^0 = 1 = m^0 = m^{n\,0}$,
$(m^n)^{s(p)} = (m^n)^p m^n = m^{np} m^n = m^{np+n} = m^{n(p+1)} = m^{ns(p)}$;
$(mn)^0 = 1 = 1 \cdot 1 = m^0 n^0$,
$(mn)^{s(p)} = (mn)^p (mn) = m^p n^p mn = (m^p m)(n^p n) = m^{s(p)} n^{s(p)}$.

22. Supposons $n' \geqslant n$, $\varphi \circ \varphi'^{-1}$ est une bijection de $\{1, 2, \ldots, n'\}$ sur $\{1, 2, \ldots n\}$. Par récurrence sur n on montre que $n' = n$.

23. Considérer l'application $i : \mathbb{Z} \longrightarrow \mathbb{N}$, définie par : si $p \geqslant 0$ alors $i(p) = 2\,p$, et si $p < 0$ alors $i(p) = -2\,p-1$. $(2\,\mathbb{N}, \oplus, \otimes)$ est alors isomorphe à $(\mathbb{N}, +, \cdot)$.

24. $111 + 1\,001 = 10\,000$; $21+100 = 121$; $13+21 = 100$; $11\,011 + 11\,001 = 10\,000$.

25. Résoudre l'équation en x dans $\mathbb{R} - \{1\}$ (ou dans $\mathbb{C} - \{1\}$, ou dans $\mathbb{N} - \{1\}$, ...) : $\dfrac{x}{x+1} = 3$. Équation dans $\mathbb{R} - \{1\}$. Équation dans $\mathbb{R} - \{0, 1\}$. Équation dans $[0, +\infty[$.

Infini dénombrable et infini non dénombrable

Deux ensembles finis ont même nombre d'éléments, appelé leur nombre cardinal, si et seulement si il existe une bijection de l'un sur l'autre. La généralisation à des ensembles quelconques, éventuellement infinis, permet de définir la notion de cardinal d'un ensemble (§ 1) :

Deux ensembles E et E′ ont même cardinal ssi il existe une bijection de E sur E′.

On pourrait penser que tous les ensembles infinis ont même cardinal. Ce n'est pas le cas. L'intérêt de la notion de cardinal est mise en évidence par le raisonnement de Cantor, qui montre que le cardinal de $\mathcal{P}(\mathbb{N})$*, ensemble des sous-ensembles de* $\mathbb{N}$*, est strictement supérieur au cardinal de* $\mathbb{N}$*, ou de façon générale que pour tout ensemble* E*, on a* Card $\mathcal{P}(E) >$ Card E *(§ 2).*
Le plus petit des cardinaux d'ensembles infinis est le cardinal de $\mathbb{N}$*. Un ensemble fini ou infini de même cardinal que* $\mathbb{N}$ *est dit* dénombrable. *Le paragraphe 3 est consacré aux ensembles dénombrables. Il est à remarquer que* $\mathbb{Z}$ *et* $\mathbb{Q}$ *sont dénombrables.*
Par contre, $\mathbb{R}$ *n'est pas dénombrable; on dit que* $\mathbb{R}$ *a la* puissance du continu. *Dans le paragraphe 4 nous montrerons que* $\mathbb{R}$ *a le même cardinal que* $\mathcal{P}(\mathbb{N})$ *et nous donnerons des exemples d'ensembles ayant la puissance du continu et d'ensembles ayant des cardinaux encore plus grands.*

§ 1. NOTION DE CARDINAL D'UN ENSEMBLE

1.1. Ensembles finis

Notation. Soit $n \in \mathbb{N}^*$; l'ensemble des entiers naturels compris entre 1 et n au sens large est noté $\{1, ..., n\}$, soit :

$$\{1, ..., n\} = \{m \in \mathbb{N} \mid 1 \leqslant m \leqslant n\}.$$

Définition. Un ensemble E est dit *fini* ssi : $E = \varnothing$ ou il existe un entier strictement positif n et une bijection β de E sur $\{1, ..., n\}$.

Remarque. Il semblerait plus naturel, peut-être, de définir un ensemble fini comme un ensemble dont le nombre d'éléments est un entier naturel. Mais ce serait mettre la charrue avant les bœufs! Pour pouvoir parler du nombre d'éléments d'un ensemble fini, il faut commencer par démontrer la proposition qui suit le lemme ci-dessous (voir encadré 1).

Lemme. Soit $n \in \mathbb{N}^*$, $n' \in \mathbb{N}^*$ et $\alpha : \{1, ..., n\} \longrightarrow \{1, ..., n'\}$. Si α est une bijection, alors $n = n'$.

Démonstration. Par récurrence sur n. Si $\alpha : \{1\} \longrightarrow \{1, ..., n'\}$ est bijective, $\{\alpha(1)\} = \{1, ..., n'\}$; comme $1 \in \{1, ..., n'\}$ et $n' \in \{1, ..., n'\}$, on a $1 = \alpha(1) = n'$.

Supposons la propriété vraie pour n. Soit $\alpha : \{1, ..., n+1\} \longrightarrow \{1, ..., n'\}$. Considérons $\alpha' : \{1, ..., n\} \longrightarrow \{1, ..., n'-1\}$,

$$m \longmapsto \alpha'(m) = \begin{cases} \alpha(m) & \text{si} \quad \alpha(m) < \alpha(n+1) \\ \alpha(m) - 1 & \text{si} \quad \alpha(m) > \alpha(n+1). \end{cases}$$

L'application α' est bijective, d'où $n = n' - 1$ ou $n' = n + 1$. □

Proposition. Soit E un ensemble, n et n' deux entiers strictement positifs, $\beta : E \longrightarrow \{1, ..., n\}$ et $\beta' : \longrightarrow \{1, ..., n'\}$. Si β et β' sont des bijections, alors $n = n'$.

Démonstration. $\beta' \circ \beta^{-1}$ est une bijection de $\{1, ..., n\}$ sur $\{1, ..., n'\}$, donc $n = n'$ d'après le lemme précédent. □

Définition. Soit E un ensemble fini. Si $E = \varnothing$ on dit que E a 0 élément. S'il existe un entier strictement positif n et une bijection β de E sur $\{1, ..., n\}$, on dit que E a n élément(s). Le nombre d'éléments de E s'appelle aussi le *nombre cardinal* ou le *cardinal* de E, et se note Card E.

$$\boxed{\text{Card}\,\varnothing \overset{\text{déf.}}{=} 0}$$

$$\boxed{\text{Card}\,E = n \overset{\text{déf.}}{\Longleftrightarrow} \exists \beta : E \longrightarrow \{1, ..., n\} \text{ bijective}}$$

Savez-vous compter?

Question. Combien y a-t-il de lettres écrites dans le dessin ci-dessous à l'intérieur du trait?

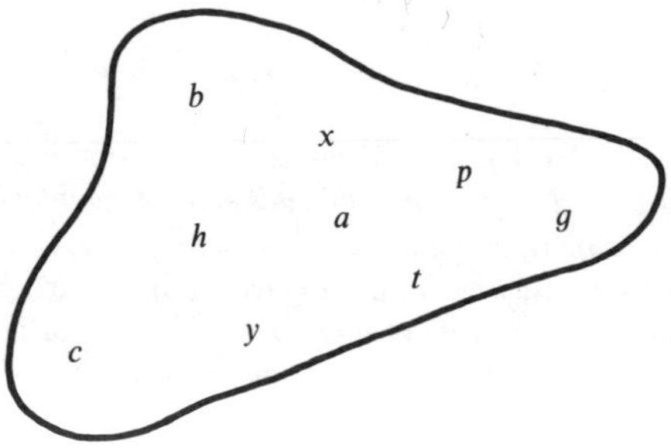

Pour répondre, on dit en pointant (explicitement ou mentalement) chaque lettre **une** fois et **une seule** : « un », « deux », ..., « neuf », c'est-à-dire qu'on établit une bijection explicite de l'ensemble des lettres dessinées à l'intérieur du trait avec $\{1, 2, 3, 4, 5, 6, 7, 8, 9\}$. On a l'habitude d'en déduire qu'il y a 9 lettres.

Est-ce justifié?

Il y a en fait 362 880 manières différentes de procéder (et encore le savons-nous parce que nous savons compter); est-ce que chacune de ces manières conduit au même résultat?

1. Chacun a « appris » dès son plus jeune âge que l'on peut compter les éléments d'un ensemble dans n'importe quel ordre. Pour justifier cela, il faut *n*! vérifications pour un ensemble à *n* éléments, ou la démonstration de la proposition du § 1.1.

Remarque. A partir de $\varnothing$, on peut définir de nombreux ensembles de cardinal non nul, par exemple :

$\text{Card}\{\varnothing\} = 1$

$\text{Card}\{\varnothing, \{\varnothing\}\} = 2$

$\text{Card}\{\varnothing, \{\varnothing\}, \{\varnothing, \{\varnothing\}\}\} = 3$

$\text{Card}\{\varnothing, \{\varnothing\}, \{\varnothing, \{\varnothing\}\}, \{\varnothing, \{\varnothing\}, \{\varnothing, \{\varnothing\}\}\}\} = 4$

On dispose même là d'une méthode permettant de définir les entiers naturels si on suppose ne pas les connaître avant, mais pour obtenir l'*ensemble* $\mathbb{N}$ c'est plus compliqué...

Construction de nouveaux ensembles

Rappelons que si A et B sont des ensembles finis, alors :

1. $\text{Card}(A \cup B) = \text{Card}\,A + \text{Card}\,B - \text{Card}(A \cap B)$

[Si $A \cap B = \varnothing$, $\text{Card}(A \cup B) = \text{Card}\,A + \text{Card}\,B$]

2. $\text{Card}(A \times B) = \text{Card}\,A \cdot \text{Card}\,B$

3. $\text{Card}\,B^A = (\text{Card}\,B)^{\text{Card}\,A}$

4. $\text{Card}\,\mathcal{P}(A) = 2^{\text{Card}\,A}$

où $A \times B$ désigne l'ensemble des couples (a, b) où $a \in A$ et $b \in B$.

B^A désigne l'ensemble des applications de A dans B

$\mathcal{P}(A)$ désigne l'ensemble des sous-ensembles ou parties de A.

Exercice 1. Si on a $\text{Card}\,E = \text{Card}\,E'$, c'est qu'il existe une bijection de E sur E'.

a. De *2* et *3* on déduit

$$\text{Card}(B \times B) = (\text{Card}\,B)^2 = \text{Card}\,B^{\{1,2\}},$$

donc il existe une bijection de $B \times B$ sur $B^{\{1,2\}}$. Donner la définition explicite d'une bijection de $B \times B$ sur $B^{\{1,2\}}$.

b. De même de *3.* et *4.* on déduit $\text{Card}\,\mathcal{P}(A) = \text{Card}\,\{0, 1\}^A$. Construire explicitement une bijection de $\{0, 1\}^A$ sur $\mathcal{P}(A)$.

Exercice 2. Soit $f : E \longrightarrow E'$. Si E et E' sont finis et si

$$\text{Card}\,E = \text{Card}\,E',$$

alors les trois énoncés suivants sont équivalents : f est injective, f est surjective, f est bijective. Quel résultat d'algèbre linéaire cette propriété évoque-t-elle? Y a-t-il un lien logique entre les deux?

1.2. Ensembles infinis

Définition. Un ensemble E est dit *infini* ssi il n'est pas fini.

Remarque 1. Nous supposons $\mathbb{N}$ connu; il résultera de la proposition qui suit que $\mathbb{N}$ est infini, donc il existe (au moins) un ensemble infini. On peut aussi adopter l'axiome : il existe un ensemble infini et en déduire l'existence de $\mathbb{N}$.

Remarque 2. Rappelons qu'un sous-ensemble *propre* d'un ensemble E est un ensemble E' tel que $E' \subset E$ et $E' \neq E$.

Proposition. Soit E un ensemble. Les énoncés suivants sont équivalents :

1. E est infini.

2. Il existe une application injective de $\mathbb{N}$ dans E.

3. Il existe une application injective de E dans un sous-ensemble propre de E.

4. Il existe une bijection de E sur un sous-ensemble propre de E.

Démonstration. 1. $\Longrightarrow$ *2.* Comme E n'est pas fini, $E \neq \varnothing$ et il existe $x_0 \in E$. Si $E = \{x_0\}$, il existerait une bijection de E sur $\{1\}$, donc $E - \{x_0\} \neq \varnothing$ et il existe $x_1 \in E - \{x_0\}$, etc. Par récurrence sur n, on montre ainsi l'existence d'une suite $(x_n)_{n \in \mathbb{N}}$ d'éléments de E tels que :

$$\forall n \in \mathbb{N} \quad x_{n+1} \in E - \{x_0, x_1, ..., x_n\}.$$

L'application $x : \mathbb{N} \longrightarrow E$, $n \longmapsto x_n$ est donc injective.

2. $\Longrightarrow$ *3.* Soit $j : \mathbb{N} \longrightarrow E$ injective. Posons $E' = E - \{j(0)\}$ et définissons $b : E \longrightarrow E'$, $x \longmapsto b(x)$ par

$$b(x) = \begin{cases} x & \text{si} \quad x \in E - j(\mathbb{N}) \\ j(n+1) & \text{si} \quad x = j(n) \quad \text{où} \quad n \in \mathbb{N}. \end{cases}$$

3. $\Longrightarrow$ *4.* Soit $E' \subset E$, $E' \neq E$ et $j : E \longrightarrow E'$ injective. Alors $b : E \longrightarrow j(E)$, $x \longmapsto j(x)$ est bijective et $j(E) \subset E' \subset E$. Comme $E' \neq E$, on a $j(E) \neq E$ et $j(E)$ est un sous-ensemble propre de E.

4. $\Longrightarrow$ *1.* Supposons que $E' \subset E$, $E' \neq E$ et $b : E \longrightarrow E'$ bijective. Comme $E - E' \neq \varnothing$, $E \neq \varnothing$. S'il existait un entier n et une bijection

β de E sur $\{1, ..., n\}$, alors le nombre d'éléments n' de E′ serait strictement inférieur à n et on aurait une bijection de $\{1, ..., n\}$ sur $\{1, ..., n'\}$, ce qui est impossible. L'ensemble E n'est donc pas fini. □

1.3. Cardinaux

Définition. Nous dirons que deux ensembles E et E′ vérifient la relation $\underset{\text{card}}{\approx}$, et nous noterons $E \underset{\text{card}}{\approx} E'$, ssi il existe une bijection de E sur E′.

Remarque. On dit aussi dans ce cas que E et E′ sont *équipotents.*

Proposition. Soit E, E′ et E″ des ensembles. On a :

1. $E \underset{\text{card}}{\approx} E$

2. Si $E \underset{\text{card}}{\approx} E'$ alors $E' \underset{\text{card}}{\approx} E$.

3. Si ($E \underset{\text{card}}{\approx} E'$ **et** $E' \underset{\text{card}}{\approx} E''$), alors $E \underset{\text{card}}{\approx} E''$.

Démonstration. 1. $id_E : E \longrightarrow E$, $x \longmapsto x$ est une bijection. *2.* Si $b : E \longrightarrow E'$ est une bijection, alors $b^{-1} : E' \longrightarrow E$ est une bijection. *3.* Si $b : E \longrightarrow E'$ et $b' : E' \longrightarrow E''$ sont des bijections, alors $b' \circ b : E \longrightarrow E''$ est une bijection. □

Commentaire. A partir de cette proposition, on est tenté de procéder comme suit :

La relation $\underset{\text{card}}{\approx}$ est une relation d'équivalence; divisons par cette relation, c'est-à-dire considérons les classes d'équivalence, et appelons *cardinal* chacune de ces classes. Nous aurons donc :

$$\text{Card}\, E = \text{Card}\, E' \quad \text{ssi} \quad E \underset{\text{card}}{\approx} E',$$

soit : le cardinal de E est égal au cardinal de E′ ssi il existe une bijection de E sur E′.

La difficulté est que la relation $\underset{\text{card}}{\approx}$ est définie sur une collection qui est trop vaste pour être un ensemble à proprement parler : on sait que la notion d'ensemble de tous les ensembles donne lieu à des paradoxes. Il est donc délicat de passer au quotient, et à supposer qu'on puisse le faire de manière cohérente, les éléments du quotient risquent eux-mêmes de ne pas être des ensembles.

Une autre possibilité serait de choisir, dans chaque classe, un élément privilégié, et de le nommer cardinal de tous les autres éléments de la classe. c.-à-d. de tous les ensembles qui lui sont équipotents. C'est très exactement ainsi que l'on procède avec les ensembles finis, les représentants privilégiés étant les éléments de ℕ. La difficulté ici réside dans le choix des représentants pour les ensembles infinis : on a de chaque classe d'équipotence d'ensembles infinis une idée si abstraite qu'il paraît difficile de désigner, de façon mathématiquement précise, un élément particulier en son sein.

En fait, il existe des moyens de surmonter ces difficultés, mais pour les décrire il faudrait aborder un sujet qui n'a pas sa place dans un cours élémentaire, à savoir la théorie axiomatique des ensembles.

À vrai dire cela n'a aucune importance pour nous. Ce qui nous importe, ce n'est pas de définir en général ce qu'est un cardinal, mais de comprendre ce que signifie « Card E = Card E′ ». Or ici il n'y a pas de problème : cela signifie que E et E′ sont équipotents. Dans le cas des ensembles finis, on a la satisfaction supplémentaire d'avoir défini isolément la notion de cardinal.

Définition. Deux ensembles E et E′ ont *même cardinal* ssi $E \underset{\text{card}}{\approx} E'$ (ou encore ssi ils sont équipotents) : on note alors Card E = Card E′. Si l'ensemble E est fini et s'il a n élément(s), on dit que Card E = n.

- E fini : Card E $\overset{\text{déf.}}{=}$ nombre d'élément(s) de E
  $\overset{\text{déf.}}{=}$ entier auquel E est équipotent
- Card E = Card E′ $\Longleftrightarrow \exists b : E \longrightarrow E'$ bijective :
  – définition dans le cas général
  – théorème dans le cas où E est fini.

2. L'égalité des cardinaux se définit en généralisant la propriété suivante des ensembles finis : deux ensembles finis ont même nombre d'éléments si et seulement si il existe une bijection de l'un sur l'autre.

Ordinaux

Nombres ordinaux finis : premier, second ou deuxième, troisième, quatrième, ..., n^e, ...

Bon ordre

Définition. Un ensemble *bien ordonné* est un ensemble totalement ordonné tel que tout sous-ensemble non vide admette un plus petit élément.

Isomorphisme

Un isomorphisme d'ensembles ordonnés entre ensembles bien ordonnés est un isomorphisme d'ensemble bien ordonnés.

Ordinaux

Des ensembles bien ordonnés isomorphes ont même *ordinal.*

$$\text{Ordinal}\,(E, \leqslant) = \text{Ordinal}\,(E', \leqslant') \\ \Updownarrow \\ \text{il existe } f : E \longrightarrow E', \text{ bijective et croissante}$$

Exemples

Ordinal $(\{1, ..., n\}, \leqslant) = n$

Ordinal $\mathbb{N} = \omega$

Ordinal $\mathbb{N} \cup \{x_1\} = \omega + 1$ si $x_1 \notin \mathbb{N}$ et $\forall n \in \mathbb{N}\ \ n < x_1$

Ordinal $\mathbb{N} \cup \{x_1, x_2\} = \omega + 2$ si $x_1 \notin \mathbb{N}$, $x_2 \notin \mathbb{N}$, $x_1 < x_2$ et $\forall n \in \mathbb{N}\ \ n < x$, etc.

3. On peut généraliser aux ensembles infinis la notion de nombre ordinal. Si dans le cas fini, il n'y a pas de différence sensible entre cardinaux et ordinaux, cela n'est pas le cas pour des ensembles infinis, par exemple Card ℕ + 1 = Card ℕ mais Ordinal ℕ + 1 > Ordinal ℕ.

Relation d'ordre

Remarquons que les cardinaux ne forment pas un ensemble (voir le commentaire ci-dessus). La relation d'ordre que nous allons définir n'est donc pas une relation entre éléments d'un ensemble. Mais pour l'essentiel ses propriétés sont semblables à celles d'une relation d'ordre entre éléments d'un ensemble.

Définition. Soit E et E′ deux ensembles. On dira que Card E ⩽ Card E′ ssi il existe une application injective de E dans E′.

Remarque. Cette définition a un sens, car si $E \underset{\text{card}}{\approx} E_1$ et $E' \underset{\text{card}}{\approx} E'_1$, alors si $j : E \longrightarrow E'$ est injective, il existe $j_1 : E_1 \longrightarrow E'_1$ injective, à savoir $j_1 = b' \circ j \circ b^{-1}$, où $b : E \longrightarrow E_1$ et $b' : E' \longrightarrow E'_1$ sont bijectives. D'autre part, si E et E' sont finis, on retrouve la définition usuelle de l'ordre sur $\mathbb{N}$.

Définition. On dira que $\text{Card}\, E < \text{Card}\, E'$ ssi $\text{Card}\, E \leqslant \text{Card}\, E'$ et $\text{Card}\, E \neq \text{Card}\, E'$.

Proposition. Soit E, E' et E'' des ensembles. Si $\text{Card}\, E \leqslant \text{Card}\, E'$ et $\text{Card}\, E' \leqslant \text{Card}\, E''$, alors $\text{Card}\, E \leqslant \text{Card}\, E''$.

Démonstration. Soit $j : E \longrightarrow E'$ et $j' : E' \longrightarrow E''$ injectives; alors $j' \circ j$ est injective. □

Remarque. On peut montrer que ($\text{Card}\, E \leqslant \text{Card}\, E'$ **et** $\text{Card}\, E' \leqslant \text{Card}\, E$) entraîne $\text{Card}\, E = \text{Card}\, E'$ de façon générale. Il résultera de la suite que

$$\text{Card}\, E \leqslant \text{Card}\, \mathbb{N} \leqslant \text{Card}\, E \Longrightarrow \text{Card}\, E = \text{Card}\, \mathbb{N}.$$

§ 2. RAISONNEMENT DE CANTOR

L'intérêt de la notion de cardinal apparaît avec la démonstration de Cantor. On l'appelle parfois démonstration de la diagonale. La raison en apparaîtra clairement dans le premier exposé que nous ferons de cette démonstration. Nous donnerons ensuite le théorème en toute généralité avec un exposé plus formel de la démonstration

2.1. Card $\mathbb{N}$ < Card $\mathcal{P}(\mathbb{N})$

Théorème. Il n'existe pas d'application surjective de $\mathbb{N}$ sur $\mathcal{P}(\mathbb{N})$.

Démonstration. Soit B une application quelconque de $\mathbb{N}$ dans $\mathcal{P}(\mathbb{N})$. Nous noterons $B_0, B_1, ..., B_n, ...$ les images par B de 0, 1, ..., n, ... Soit : $B : \mathbb{N} \longrightarrow \mathcal{P}(\mathbb{N}), n \longmapsto B_n$. Montrons que B n'est pas surjective, c'est-à-dire qu'il existe un sous-ensemble A de $\mathbb{N}$ tel que pour tout $n \in \mathbb{N}$, $B_n \neq A$. Pour cela écrivons les sous-ensembles B_0, B_1, ..., B_n, ... explicitement de la façon suivante : nous écrivons à chaque fois $\mathbb{N}$ en entier et nous rayons les éléments qui n'appartiennent pas au sous-ensemble considéré. Par exemple :

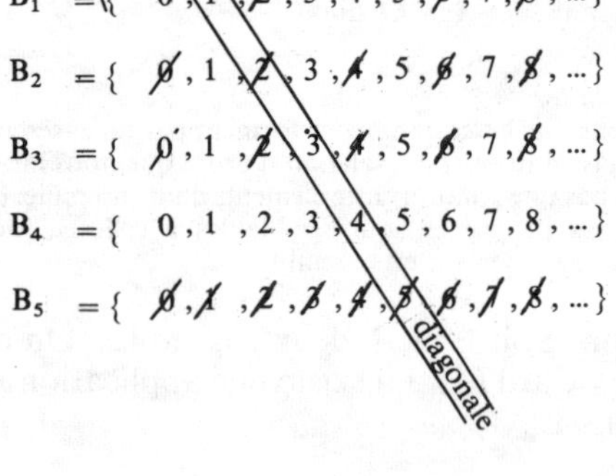

Dans notre exemple, $0 \notin B_0$, $1 \in B_1$, $2 \notin B_2$, $3 \in B_3$, $4 \in B_4$, $5 \notin B_5$, ... Choisissons A de telle sorte que $0 \in A$, $1 \notin A$, $2 \in A$, $3 \notin A$, $4 \notin A$, $5 \in A$... Comme $0 \notin B_0$ et $0 \in A$, on a $B_0 \neq A$. De même $B_1 \neq A$, $B_2 \neq A$, $B_3 \neq A$, $B_4 \neq A$, ... Le sous-ensemble A de $\mathbb{N}$ est donc bien tel que pour tout $n \in \mathbb{N}$, $B_n \neq A$: B n'est pas surjective. □

Corollaire. $\text{Card}\, \mathbb{N} < \text{Card}\, \mathcal{P}(\mathbb{N})$.

Démonstration. L'application $\mathbb{N} \longrightarrow \mathcal{P}(\mathbb{N}), n \longmapsto \{n\}$ est injective, d'où $\text{Card}\, \mathbb{N} \leqslant \text{Card}\, \mathcal{P}(\mathbb{N})$. D'autre part $\text{Card}\, \mathbb{N} = \text{Card}\, \mathcal{P}(\mathbb{N})$ est impossible, car sinon il existerait une bijection B de $\mathbb{N}$ sur $\mathcal{P}(\mathbb{N})$ et donc une application surjective de $\mathbb{N}$ sur $\mathcal{P}(\mathbb{N})$. □

2.2. Cas général

Théorème. Soit E un ensemble; il n'existe pas d'application surjective de E sur $\mathcal{P}(E)$.

Démonstration. Soit $B : E \longrightarrow \mathcal{P}(E)$. Considérons le sous-ensemble A de E défini par $A = \{ x \in E \mid x \notin B(x) \}$. D'une part il résulte de la définition de A que $A \in \mathcal{P}(E)$. D'autre part $A \notin B(E)$. En effet si $A \in B(E)$ il existerait un élément x de E tel que $A = B(x)$ et alors si $x \in A$ on aurait $x \notin B(x)$, soit $x \notin A$ et si $x \notin A$ on aurait $x \in B(x)$, soit $x \in A$; ainsi : $x \in A \Longleftrightarrow x \notin A$, ce qui est impossible. L'ensemble A est donc un élément de $\mathcal{P}(E)$ qui n'appartient pas a B(E). L'application B n'est donc pas surjective. □

Corollaire. Soit E un ensemble, on a

$$\boxed{\text{Card}\, E < \text{Card}\, \mathcal{P}(E)}$$

Démonstration. $E \longrightarrow \mathcal{P}(E), x \longmapsto \{x\}$ est injective et il n'existe pas de bijection de E sur $\mathcal{P}(E)$. □.

Remarque 1. Il existe donc une infinité d'infinis différents (c'est-à-dire une infinité d'ensembles infinis dont pas deux n'ont le même cardinal). En effet, d'après le corollaire ci-dessus, on a :

$$\text{Card}\, \mathbb{N} < \text{Card}\, \mathcal{P}(\mathbb{N}) < \text{Card}\, \mathcal{P}(\mathcal{P}(\mathbb{N})) < \text{Card}\, \mathcal{P}(\mathcal{P}(\mathcal{P}(\mathbb{N}))) < ...$$

Remarque 2. Si E est un ensemble fini à n éléments, alors $\mathcal{P}(E)$ a 2^n éléments. En étendant aux cardinaux quelconques les notations utilisées pour les nombres entiers on peut écrire :

$$\boxed{\text{Card}\, E < 2^{\text{Card}\, E}}$$

§ 3. ENSEMBLES DÉNOMBRABLES

3.1. Le plus petit des cardinaux infinis

Définition. Un ensemble E est dit *dénombrable* ssi $\text{Card}\, E \leqslant \text{Card}\, \mathbb{N}$.

Remarque. On réserve parfois le terme de « dénombrable » aux ensembles équipotents à $\mathbb{N}$ (donc infinis). On dit alors « fini ou dénombrable » plutôt que « dénombrable » (tout court) comme nous faisons ici. En pratique, aucune confusion n'est à craindre.

Proposition. Si $A \subset \mathbb{N}$, ou bien A est fini ou bien Card A = Card $\mathbb{N}$.

Démonstration. On sait que tout sous-ensemble non vide de $\mathbb{N}$ admet un plus petit élément. Si $A = \varnothing$, la proposition est vérifiée. Sinon on pose $u_0 = \inf A$. Ou bien $A - \{u_0\} = \varnothing$ et A est fini, ou bien $A - \{u_0\} \neq \varnothing$ et on pose $u_1 = \inf (A - \{u_0\})$; etc. Ou bien il existe n tel que $A = \{u_0, u_1, ..., u_n\}$ et Card A $= n + 1$, ou bien pour tout $n \in \mathbb{N}$, $A - \{u_0, u_1, ..., u_n\} \neq \varnothing$. La suite $u : \mathbb{N} \longrightarrow A$ est alors une suite strictement croissante. On a alors $u(\mathbb{N}) = A$, sinon il existerait un élément $a \in A$ tel que pour tout $n \in \mathbb{N}$, $u_n < a$. Comme $A \subset \mathbb{N}$, $a \in \mathbb{N}$, donc on aurait $u_a < a$. Comme u est strictement croissante $a \leqslant u_a$, d'où $a < a$, ce qui est impossible. L'application $u : \mathbb{N} \longrightarrow A$ est alors une bijection et Card A = Card $\mathbb{N}$. □

$$\mathbb{Z} \underset{\text{card}}{\approx} \mathbb{N}$$

$\mathbb{Z} \longrightarrow \mathbb{N}$	$\mathbb{N} \longrightarrow \mathbb{Z}$
⋮ ⋮	⋮ ⋮
$-5 \longmapsto 10$	$0 \longmapsto 0$
$-4 \longmapsto 8$	$1 \longmapsto 1$
$-3 \longmapsto 6$	$2 \longmapsto -1$
$-2 \longmapsto 4$	$3 \longmapsto 2$
$-1 \longmapsto 2$	$4 \longmapsto -2$
$0 \longmapsto 0$	$5 \longmapsto 3$
$1 \longmapsto 1$	$6 \longmapsto -3$
$2 \longmapsto 3$	$7 \longmapsto 4$
$3 \longmapsto 5$	$8 \longmapsto -4$
$4 \longmapsto 7$	$9 \longmapsto 5$
$5 \longmapsto 9$	$10 \longmapsto -5$
⋮ ⋮	⋮ ⋮
$z \longmapsto b(z)$	$n \longmapsto b^{-1}(n)$

$$b(z) = \begin{cases} 2z - 1 & \text{si } z > 0 \\ -2z & \text{si } z \leqslant 0 \end{cases}$$

$$= 2|z| - \frac{(z - 1/2) + |z - 1/2|}{2|z - 1/2|}$$

$$b^{-1}(n) = \frac{1}{4} + (-1)^{n+1}\,\frac{1 + 2n}{4}$$

4. $\mathbb{Z}$ **est dénombrable infini. Donc il existe une bijection de** $\mathbb{Z}$ **sur** $\mathbb{N}$**. En voici un exemple explicite.**

Proposition. Un ensemble E est dénombrable si et seulement si ou bien E est fini ou bien il existe une bijection de $\mathbb{N}$ sur E.

Démonstration. 1. Si E est fini, Card E $\leqslant$ Card $\mathbb{N}$, puisqu'il existe alors une application bijective de E sur un sous-ensemble de $\mathbb{N}$. Si il existe une bijection de $\mathbb{N}$ sur E, alors Card E = Card $\mathbb{N}$, donc Card E $\leqslant$ Card $\mathbb{N}$. *2.* Si E est dénombrable, il existe une application injective $j : E \longrightarrow \mathbb{N}$ et donc une bijection de E sur $j(E) \subset \mathbb{N}$. Or ou bien $j(E)$ est fini, ou bien Card $j(E)$ = Card $\mathbb{N}$; donc ou bien E est fini, ou bien Card E = Card $j(E)$ = Card $\mathbb{N}$. □

Corollaire. Tout sous-ensemble d'un ensemble dénombrable est dénombrable.

Exemples. L'ensemble des entiers pairs, $2\mathbb{N}$, est infini dénombrable. L'ensemble $\{p^n;\ n \in \mathbb{N}\}$ où $p \in \mathbb{N} - \{0, 1\}$, est infini dénombrable. L'ensemble des nombres premiers est infini dénombrable.

$$\mathbb{Q}^+ \underset{\text{Card}}{\approx} \mathbb{N}$$

Chaque case du tableau ci-dessous représente un couple (p, q) où $p \in \mathbb{N}$ correspond à la colonne et $q \in \mathbb{N}^*$ correspond à la ligne. On les décrit selon le trajet fléché.

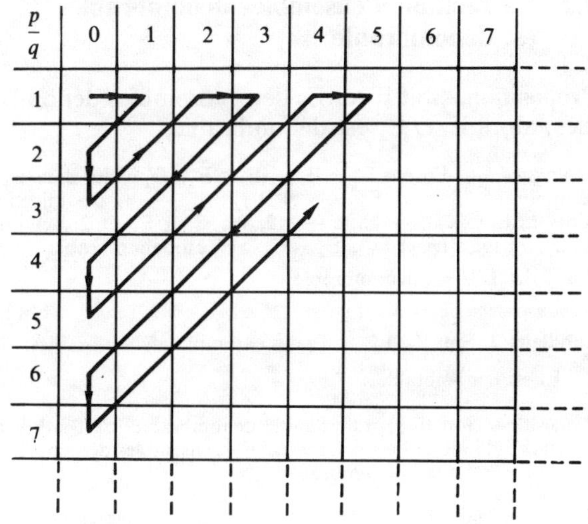

On associe 0 à la fraction $\frac{0}{1}$, puis on progresse le long du chemin fléché. Si la fraction $\frac{p}{q}$ a déjà été rencontrée, on barre la case, sinon on lui associe le nombre entier qui suit le dernier entier déjà attribué.

	0	1	2	3	4	5	6	7
1	$\frac{0}{1} \mapsto 0$	$\frac{1}{1} \mapsto 1$	$\frac{2}{1} \mapsto 3$	$\frac{3}{1} \mapsto 4$	$\frac{4}{1} \mapsto 9$	$\frac{5}{1} \mapsto 10$	$\frac{6}{1} \mapsto 17$	$\frac{7}{1} \mapsto 18$
2	×	$\frac{1}{2} \mapsto 2$	×	$\frac{3}{2} \mapsto 8$	×	$\frac{5}{2} \mapsto 16$	×	$\frac{7}{2} \mapsto 26$
3	×	$\frac{1}{3} \mapsto 5$	$\frac{2}{3} \mapsto 7$	×	$\frac{4}{3} \mapsto 15$	$\frac{5}{3} \mapsto 19$	×	$\frac{7}{3} \mapsto 29$
4	×	$\frac{1}{4} \mapsto 6$	×	$\frac{3}{4} \mapsto 14$	×	$\frac{5}{4} \mapsto 25$	×	$\frac{7}{4} \mapsto 38$
5	×	$\frac{1}{5} \mapsto 11$	$\frac{2}{5} \mapsto 13$	$\frac{3}{5} \mapsto 20$	$\frac{4}{5} \mapsto 24$	×	$\frac{6}{5} \mapsto 37$	$\frac{7}{5} \mapsto 43$
6	×	$\frac{1}{6} \mapsto 12$	×	×	×	$\frac{5}{6} \mapsto 36$	×	$\frac{7}{6} \mapsto 52$
7	×	$\frac{1}{7} \mapsto 21$	$\frac{2}{7} \mapsto 23$	$\frac{3}{7} \mapsto 30$	$\frac{4}{7} \mapsto 35$	$\frac{5}{7} \mapsto 44$	$\frac{6}{7} \mapsto 51$	×

5. $\mathbb{Q}^+$ **est dénombrable. Il existe donc des bijections de** $\mathbb{Q}^+$ **sur** $\mathbb{N}$**; en voici un exemple explicite.**

Proposition. Soit E un ensemble. E est infini si et seulement si Card E $\geqslant$ Card $\mathbb{N}$.

Démonstration. On a vu au § 1.2 que E était infini si et seulement si il existait une application injective de $\mathbb{N}$ dans E, c'est-à-dire si et seulement si Card $\mathbb{N} \leqslant$ Card E. □

Commentaire. Cette proposition peut s'exprimer ainsi : tout ensemble infini admet des sous-ensembles infinis dénombrables.

3.2. La réunion d'ensembles dénombrables est dénombrable

Proposition. Soit E_1 et E_2 deux ensembles dénombrables; alors $E_1 \cup E_2$ est dénombrable.

Démonstration. Posons $E'_2 = E_2 - (E_1 \cap E_2)$; E'_2 inclus dans E_2 est dénombrable. Soit $j_1 : E_1 \longrightarrow \mathbb{N}$ et $j_2 : E'_2 \longrightarrow \mathbb{N}$ des injections. Alors $j : E_1 \cup E'_2 \longrightarrow \mathbb{N}$, $x \longmapsto 2j_1(x)$ si $x \in E_1$ et $2j_2(x) + 1$ si $x \in E'_2$, est injective et $E_1 \cup E_2 = E_1 \cup E'_2$ est dénombrable. □

Corollaire 1. $\mathbb{Z}$ est dénombrable.

Démonstration. $\mathbb{Z} = \mathbb{N} \cup (-\mathbb{N})$. □

Corollaire 2. Soit $E_1, E_2, ..., E_k$ des ensembles dénombrables; alors $\bigcup_{\ell=1}^{k} E_\ell$ est dénombrable.

Proposition. Soit $(E_i)_{i \in I}$ une famille dénombrable (c'est-à-dire que l'ensemble d'indices I est dénombrable) d'ensembles dénombrables; alors $\bigcup_{i \in I} E_i$ est aussi dénombrable.

Démonstration. Choisissons une application j injective de I dans l'ensemble des nombres premiers (ce qui est possible puisqu'il est en bijection avec $\mathbb{N}$). Posons $X = \bigcup_{i \in I} E_i$; si $x \in X$, nous posons $\ell(x) = \inf \{ j(i); x \in E_i \}$. Pour chaque E_i, il existe $k_i : E_i \longrightarrow \mathbb{N}$ injective. Considérons $f : X \longrightarrow \mathbb{N}$, $x \longmapsto [\ell(x)]^{2+k_i(x)}$ où $\ell(x) = j(i)$. f est injective. □

Conclusion :

> Toute réunion dénombrable d'ensembles dénombrables est dénombrable.

3.3. Un produit fini d'ensembles dénombrables est dénombrable

Proposition. Card $\mathbb{N} \times \mathbb{N}$ = Card $\mathbb{N}$.

Démonstration. L'application

$$\mathbb{N} \times \mathbb{N} \longrightarrow \mathbb{N}, (p, q) \longmapsto p + (p + q)(p + q + 1)/2$$

est bijective. En effet, soit $n \in \mathbb{N}$; comme

$$s : \mathbb{N} \longrightarrow \mathbb{N}, x \longmapsto x(x + 1)/2$$

est strictement croissante, il existe un entier x unique tel que

$$s(x) \leqslant n < s(x + 1) \text{ et } p = n - s(x) \text{ et } q = x - p = s(x) + x - n$$

existent, appartiennent à $\mathbb{N}$ et sont uniques. □

Corollaire 1. Si deux ensembles E_1 et E_2 sont dénombrables, alors $E_1 \times E_2$ est dénombrable.

Démonstration. Soit $j_1 : E_1 \longrightarrow \mathbb{N}$ et $j_2 : E_2 \longrightarrow \mathbb{N}$ injectives; alors $j_1 \times j_2 : E_1 \times E_2 \longrightarrow \mathbb{N} \times \mathbb{N}$, $(x_1, x_2) \longmapsto (j_1(x), j_2(x))$ est injective, donc Card $(E_1 \times E_2) \leqslant$ Card $(\mathbb{N} \times \mathbb{N})$ = Card $\mathbb{N}$. □

Corollaire 2. $\mathbb{Q}$ est dénombrable.

Démonstration. Tout nombre rationnel r s'écrit de façon unique sous la forme p/q où $p \in \mathbb{Z}$, $q \in \mathbb{N}^*$ et $p \wedge q = 1$, définissant ainsi une application injective $\mathbb{Q} \longrightarrow \mathbb{Z} \times \mathbb{N}^*$, $r \longmapsto (p, q)$. Comme $\mathbb{Z}$ et $\mathbb{N}^*$ sont dénombrables, $\mathbb{Z} \times \mathbb{N}^*$ est dénombrable, et donc $\mathbb{Q}$ aussi. □

Corollaire 3. $\mathbb{N}^k$, où $k \in \mathbb{N}$, est dénombrable.

Démonstration. Par récurrence sur k, car $\mathbb{N}^{k+1} = \mathbb{N}^k \times \mathbb{N}$. □

Définition. Un nombre *algébrique* est un nombre réel qui est solution d'une équation à coefficients rationnels.

Remarque. On peut toujours supposer les coefficients entiers en multipliant par un multiple commun à tous les dénominateurs des rationnels :

$$a_n x^n + a_{n-1} x^{n-1} + ... + a_1 x + a_0 = 0.$$

Proposition. L'ensemble des nombres algébriques est dénombrable.

Démonstration. Soit E_n l'ensemble des nombres réels solution d'une équation à coefficients entiers de degré inférieur ou égal à n. Le cardinal de l'ensemble de ces équations est celui de $\mathbb{N}^{n+1}$, donc dénombrable. Chacune a au plus n solutions, donc E_n est une réunion dénombrable d'ensembles finis, donc dénombrable. L'ensemble A des nombres algébriques peut s'écrire : $A = \bigcup_{n \in \mathbb{N}} E_n$; comme les E_n sont dénombrables, A est dénombrable. □

§ 4. PUISSANCE DU CONTINU

Définition. Un ensemble E est dit *avoir la puissance du continu* ssi Card E = Card $\mathfrak{P}(\mathbb{N})$.

Remarque. L'expression « puissance du continu » vient de ce que Card $\mathfrak{P}(\mathbb{N})$ = Card $\mathbb{R}$, comme nous le verrons ci-dessous.

4.1. $E^{\mathbb{N}}$, E dénombrable

Premier cas : Card E = 2

Nous prendrons E sous la forme E = $\{0, 1\}$.

Proposition. Card $\{0, 1\}^{\mathbb{N}}$ = Card $\mathfrak{P}(\mathbb{N})$.

Démonstration. Soit b l'application qui à un sous-ensemble de $\mathbb{N}$ associe sa fonction caractéristique; $b : \mathfrak{P}(\mathbb{N}) \longrightarrow \{0, 1\}^{\mathbb{N}}$, $A \longmapsto \mathbf{1}_A$ où $\mathbf{1}_A : \mathbb{N} \longrightarrow \{0, 1\}$, $n \longmapsto 1$ si $n \in A$ et $n \longmapsto 0$ si $n \in \mathbb{N} - A$; b est une bijection. □

> **Exercice 3.** Donner d'autres exemples de bijections de $\mathfrak{P}(\mathbb{N})$ sur $\{0, 1\}^{\mathbb{N}}$.

Deuxième cas : Card E = $k \in \mathbb{N} - \{0, 1, 2\}$

Nous prendrons E sous la forme E = $\{1, 2, ..., k\}$.

Proposition. Card $\{1, 2, ..., k\}^{\mathbb{N}}$ = Card $\mathfrak{P}(\mathbb{N})$.

Démonstration. Soit $e : \mathbb{N} \longrightarrow \{1, 2, ..., k\}$, $n \longmapsto e_n$. Associons à e la suite strictement croissante $u : \mathbb{N} \longrightarrow \mathbb{N}$, $n \longmapsto u_n$ définie par : $\forall n \in \mathbb{N} \quad u_n = \sum_{m=0}^{n} e_m$. Cette application : $\{1, 2, ..., k\}^{\mathbb{N}} \longrightarrow \{u \in \mathbb{N}^{\mathbb{N}} \mid u$ strictement croissante$\}$ est bijective, ainsi que l'application : $\{u \in \mathbb{N}^{\mathbb{N}}\} \mid u$ strictement croissante$\} \longrightarrow \mathfrak{P}(\mathbb{N})$, $u \longmapsto \{u_n; n \in \mathbb{N}\}$. □

Troisième cas : Card E = Card $\mathbb{N}$

Proposition. Card $(\mathbb{N}^*)^{\mathbb{N}}$ = Card $\mathfrak{P}(\mathbb{N})$.

Démonstration. A toute suite e de nombres entiers naturels supérieurs ou égaux à 1, on associe la suite strictement croissante n définie par : $\forall n \in \mathbb{N}\ u_n = \sum_{m=0}^{n} e_m$, et on conclut comme précédemment. □

Corollaire. Si Card E = Card $\mathbb{N}$, alors Card $E^{\mathbb{N}}$ = Card $\mathcal{P}(\mathbb{N})$.

Démonstration. Il existe une bijection $b : E \longrightarrow \mathbb{N}$; donc $b^* : E \longrightarrow \mathbb{N}^*$, $x \longmapsto b(x) + 1$ est aussi une bijection, ainsi que $E^{\mathbb{N}} \longrightarrow (\mathbb{N}^*)^{\mathbb{N}}$, $(e_n)_{n\in\mathbb{N}} \longrightarrow (b^*_{(e_n)})_{n\in\mathbb{N}}$. □

4.2. $\mathbb{N}$ est « négligeable » devant $\mathcal{P}(\mathbb{N})$

Proposition. Soit $N \subset \mathcal{P}(\mathbb{N})$; si Card N = Card $\mathbb{N}$ alors

$$\text{Card}\,(\mathcal{P}(\mathbb{N}) - N) = \text{Card}\,\mathcal{P}(\mathbb{N}).$$

Démonstration. Soit $A_0 = \mathcal{P}(\mathbb{N}) - N$; $A_0 \neq \varnothing$, car sinon il existerait une bijection de N sur $\mathcal{P}(\mathbb{N})$ et donc de $\mathbb{N}$ sur $\mathcal{P}(\mathbb{N})$, ce qui est impossible d'après le raisonnement de Cantor. Soit $x_0 \in A_0$, posons $A_1 = A_0 - \{x_0\}$; comme Card $(N \cup \{x_0\})$ = Card $\mathbb{N}$, il existe $x_1 \in A_1$; par récurrence, on peut donc définir x_n pour tout entier naturel n. Posons $N_1 = \{x_n; n\in\mathbb{N}\}$, $N_1 \underset{\text{Card}}{\approx} \mathbb{N} \underset{\text{Card}}{\approx} N$. Soit $A = \mathcal{P}(\mathbb{N}) - (N \cup N_1)$. Il existe une bijection β de $N \cup N_1$ sur N_1, puisque Card $(N \cup N_1)$ = Card $\mathbb{N}$ = Card N_1. Soit $b : \mathcal{P}(\mathbb{N}) \longrightarrow \mathcal{P}(\mathbb{N}) - N$, $x \longmapsto x$ si $x \in A$ et $x \longmapsto \beta(x)$ si $x \in N \cup N_1$; b est bijective. □

Corollaire. Card $(\mathbb{N} \cup \mathcal{P}(\mathbb{N}))$ = Card $\mathcal{P}(\mathbb{N})$.

Démonstration. $\mathcal{P}(\mathbb{N})$ est infini, donc admet un sous-ensemble N infini dénombrable. Comme Card $\mathcal{P}(\mathbb{N})$ = Card $(\mathcal{P}(\mathbb{N}) - N)$, et comme Card $\mathbb{N}$ = Card N, on a

$$\text{Card}\,(\mathcal{P}(\mathbb{N}) \cup \mathbb{N}) = \text{Card}\,[(\mathcal{P}(\mathbb{N}) - N) \cup N]. \ \square$$

Corollaire. Si R a la puissance du continu et si N est dénombrable, $R \cup N$ et $R - N$ ont la puissance du continu.

4.3. Intervalles

Proposition. Tout intervalle de $\mathbb{R}$, non vide et non réduit à un point, a même cardinal que $\mathbb{R}$.

Démonstration. Soit I un intervalle de $\mathbb{R}$, non vide et non réduit à un point.

a. Si I est ouvert, il existe une bijection de I sur $]0, 1[$. En effet, $]a, b[\longrightarrow]0, 1[$, $x \longmapsto (x - a)/(b - a)$, $]-\infty, b[\longrightarrow]0, 1[$, $x \longmapsto \exp(x - b)$, $]a, +\infty[\longrightarrow]0, 1[$, $x \longmapsto \exp(a - x)$, $\mathbb{R} \longrightarrow]0, 1[$, $x \longmapsto [1 + \exp x]^{-1} \exp x$ sont des bijections.

b. Si I est un intervalle semi-ouvert, semi-fermé, il existe de même une bijection de I sur $]0, 1]$.

c. Si I est un intervalle fermé $[a, b]$, $x \longmapsto (x - a)/(b - a)$ est une bijection de $[a, b]$ sur $[0, 1]$.

d. $[0, 1] \longrightarrow [0, 1[$, $x \longmapsto 1/(n + 1)$ si $x = 1/n$ où $n \in \mathbb{N}^*$ et $x \longmapsto x$ si $x \notin \{1/n; n \in \mathbb{N}^*\}$; d'où $[0, 1] \underset{\text{Card}}{\approx} [0, 1[$. De même $]0, 1] \underset{\text{Card}}{\approx}]0, 1[$.

e. $[0, 1[\longrightarrow]0, 1]$, $x \longmapsto 1 - x$ est bijective.

La proposition résulte de **a, b, c, d** et **e.** □

Commentaire. Il suit de cette proposition que tout problème concernant Card $\mathbb{R}$ se ramène à un problème relatif à Card $[0, 1]$ ou Card $]0, 1[$.

Card $\mathbb{R}$ = Card $]0,1[$ = Card $[0,1]$ = Card $[0,1[$

4.4. Card $\mathbb{R}$

Proposition. Card $\mathbb{R}$ = Card $\mathcal{P}(\mathbb{N})$.

Principe de la démonstration. Nous allons montrer que $[0, 1[$ a même cardinal que $\{0, 1, ..., 9\}^{\mathbb{N}}$, c'est-à-dire est de la forme $E^{\mathbb{N}}$, où Card E = 10 est fini. Écrivons tout nombre x sous forme d'un nombre à virgule en base 10 :

$$x = 0,\, u_0 u_1 u_2 \ldots u_n \ldots$$

Ceci revient à associer à x la suite $u = (u_0, u_1, ..., u_n, ...) = (u_n)_{n\in\mathbb{N}}$ ou encore $u \in E^{\mathbb{N}}$. Comme l'écriture de x sous cette forme est unique, l'application $x \longmapsto u$ est injective. Elle n'est cependant pas surjective car on n'obtient jamais les suites de la forme $0, u_0 u_1 \ldots u_k 999 \ldots 9 \ldots$ Mais le cardinal de l'ensemble de ces suites est dénombrable et donc négligeable. Remarquons enfin que nous utiliserons la base deux au lieu de la base dix pour notre démonstration.

Démonstration. Pour $y \in \mathbb{R}$, nous notons $E(y) = \sup\{n \in \mathbb{Z} \mid n \leqslant y\}$ la partie entière de y. Rappelons que $E(y) \in \mathbb{Z}$; en particulier si $0 \leqslant y < 2$, alors $E(y) = 0$ ou 1.

1. Soit $x \in [0, 1[$; nous définissons la suite u par

$$\begin{cases} u_0 = E(2x) \\ \forall n \in \mathbb{N} \quad u_{n+1} = E(2^{n+2}x - 2^{n+1}u_0 - 2^n u_1 - \ldots - 2u_n). \end{cases}$$

D'une part $0 \leqslant 2x < 2$, donc $u_0 \in \{0, 1\}$, d'autre part pour tout entier naturel n, on a par définition de u_n :

$$0 \leqslant 2^{n+1}x - 2^n u_0 - 2^{n-1}u_1 - \ldots - 2u_{n-1} - u_n < 1,$$

d'où $u_{n+1} \in \{0, 1\}$. La suite u est donc élément de $\{0, 1\}^{\mathbb{N}}$. Soit $\varphi : [0, 1[\longrightarrow \{0, 1\}^{\mathbb{N}}$, $x \longmapsto u$ défini comme ci-dessus. Divisons la relation précédente par 2^{n+1}; il vient

$$\frac{u_0}{2} + \frac{u_1}{2^2} + \ldots + \frac{u_n}{2^{n+1}} \leqslant x < \frac{u_0}{2} + \frac{u_1}{2^2} + \ldots + \frac{u_n}{2^{n+1}} + \frac{1}{2^{n+1}},$$

ce qui montre que $\left(\sum_{k=0}^{n} \frac{u_k}{2^{k+1}}\right)_{n\in\mathbb{N}}$ est une suite convergente, qui converge vers x. On en déduit que φ est injective, car si $x \neq x'$ les suites $u = \varphi(x)$ et $u' = \varphi(x')$ vont converger vers x et vers x', elles ne peuvent donc pas être égales.

2. Définissons A_0 comme l'ensemble ayant un seul élément, à savoir la suite constante dont tous les termes ont la valeur 1. Pour $n \in \mathbb{N}^*$ définissons A_n par :

$$A_n = \{v \in \{0, 1\}^{\mathbb{N}} \mid v_{n-1} = 0 \text{ et } \forall k \in \mathbb{N}\ k \geqslant n \Longrightarrow v_k = 1\},$$

et enfin $A = \bigcup_{n\in\mathbb{N}} A_n$. Comme tous les A_n sont finis, A est dénombrable.

3. $A \subset \{0, 1\}^{\mathbb{N}} - \varphi([0, 1[)$. En effet, soit $v \in A$; considérons la suite $\left(\sum_{k=0}^{n} \frac{v_k}{2^{k+1}}\right)_{n\in\mathbb{N}}$ croissante et majorée par $\left(\sum_{k=0}^{n} \frac{1}{2^{k+1}}\right)_{n\in\mathbb{N}}$ qui converge vers 1. Donc $x = \lim_{n\to\infty} \sum_{k=0}^{n} v_k/2^{k+1}$ existe et $n \leqslant 1$. Si $v \in A_0$, $x = 1 \notin [0, 1[$ d'où $A_0 \subset \{0, 1\}^{\mathbb{N}} - \varphi([0, 1[)$. Soit $n \in \mathbb{N}^*$ tel que $v \in A_n$, $x = \frac{v_0}{2} + \frac{v_1}{2^2} + \ldots + \frac{v_{n-2}}{2^{n-1}} + \frac{1}{2^{n-1}}$; on a donc, si $u = \varphi(x)$, $u_0 = v_0, ..., u_{n-2} = v_{n-2}$, $u_{n-1} = 1 \neq v_{n-1} = 0$ d'où $u \neq v$. Donc $v \notin \varphi([0, 1[)$.

4. $\{0, 1\}^{\mathbb{N}} - \varphi([0, 1[) \subset A$. En effet, soit $v \in \{0, 1\}^{\mathbb{N}}$ tel que $v \notin \varphi([0, 1[)$. Ou bien : $\forall k \in \mathbb{N}$ $v_k = 1$ et $v \in A_0 \subset A$, ou bien : $\exists k_0 \in \mathbb{N}$ $v_{k_0} = 0$. Posons $x = \lim_{n\to\infty} \sum_{k=0}^{n} v_k/2^{k+1}$; on a $0 \leqslant x \leqslant 1 - 1/2^{k_0+1} < 1$, d'où $x \in [0, 1[$. *Soit* $u = \varphi(x)$; comme $v \notin \varphi([0, 1[)$, on a $v \neq u$, c'est-à-dire que $\{k \in \mathbb{N} \mid u_k \neq v_k\} \neq \varnothing$. Soit $h = \inf\{k \in \mathbb{N} \mid u_k \neq v_k\}$; on a $u_0 = v_0$, $u_1 = v_1, ..., u_{h-1} = v_{h-1}$ et $u_h \neq v_h$. La suite $w = u - v$ converge vers $x - x = 0$, d'où

$$\frac{u_h - v_h}{2^{h+1}} + \lim_{n\to\infty} \sum_{k=h+1}^{n} (u_k - v_k)/2^{k+1} = 0.$$

La relation $u_h \neq v_h$ ne peut être réalisée que si $u_h = 1$ et $v_h = 0$ ou $u_h = 0$ et $v_h = 1$. Si $u_h = 1$, il vient

$$1 = \lim_{n\to\infty} \sum_{j=0}^{\infty} \frac{v_{h+j+1} - u_{h+j+1}}{2^{j+1}}.$$

Comme $v_{h+j+1} - u_{h+j+1} \in \{-1, 0, 1\}$, l'égalité ne peut avoir lieu que si pour tout $j \in \mathbb{N}$, $v_{h+j+1} = 1$ et $u_{h+j+1} = 0$, et donc $v \in A_{h+1}$. Si $u_h = 0$, on déduirait $u \in A_{h+1} \subset A$, ce qui est en contradiction avec $u \in \varphi([0, 1[)$.

5. De *3.* et *4.* on déduit que $A = \{0, 1\}^{\mathbb{N}} - \varphi([0, 1[)$, ou encore $\varphi([0, 1[) = \{0, 1\}^{\mathbb{N}} - A$. Comme $\text{Card}\,\{0, 1\}^{\mathbb{N}} = \text{Card}\,\mathcal{P}(\mathbb{N})$ et $\text{Card}\,A = \text{Card}\,\mathbb{N}$, on a $\text{Card}\,\varphi([0, 1[) = \text{Card}\,\mathcal{P}(\mathbb{N})$. Comme φ est injective, $\text{Card}\,[0, 1[= \text{Card}\,\varphi([0, 1[)$, d'où :

$$\text{Card}\,\mathbb{R} = \text{Card}\,[0, 1[= \text{Card}\,\varphi([0, 1[) = \text{Card}\,\mathcal{P}(\mathbb{N}). \quad \square$$

Conclusion.

$\mathbb{R}$ a la puissance du continu.

Proposition. L'ensemble des nombres réels irrationnels a la puissance du continu.

Démonstration. $\mathbb{R}$ a la puissance du continu et $\mathbb{Q}$ est dénombrable, donc $\mathbb{R} - \mathbb{Q}$ a la puissance du continu. □

Commentaire. On voit que $\mathbb{R}$ a beaucoup plus d'éléments que $\mathbb{Q}$. Le choix d'un nombre rationnel suppose le choix d'un nombre fini d'entiers, ce que l'on pourra toujours résumer par le choix d'un entier unique. Par contre le choix d'un nombre réel suppose une infinité de choix de rationnels (limite de suite), ou ce qui revient au même une infinité de choix d'entiers, ce que l'on ne peut d'aucune manière réduire à un nombre fini de choix, sauf exceptions (suites **périodiques** d'entiers, c.-à-d. nombres rationnels).

Exercice 4. Vérifier que les ensembles suivants, ont la puissance du continu : $\mathbb{R}^2$, $\mathbb{C}^n$, $\mathbb{R}^{\mathbb{N}}$, ce qui n'est pas le cas pour $\mathcal{P}(\mathbb{R})$, $\{0, 1\}^{\mathbb{R}}$, $\mathbb{R}^{\mathbb{R}}$.

4.5. Hypothèse du continu

Nous avons vu que $\text{Card}\,\mathbb{N} < \text{Card}\,\mathbb{R} = \text{Card}\,\mathcal{P}(\mathbb{N})$. Il est alors « naturel » de poser la question suivante: Card $\mathbb{R}$ est-il le plus petit des cardinaux strictement supérieurs à Card $\mathbb{N}$, ou bien existe-t-il un ensemble E tel que :

$$\text{Card}\,\mathbb{N} < \text{Card}\,E < \text{Card}\,\mathbb{R}\ ?$$

La réponse est surprenante : c'est comme on veut! Plus précisément, cela signifie ceci : soit $\mathcal{A}$ l'ensemble des axiomes de la théorie des ensembles (nous avons seulement fait allusion à $\mathcal{A}$ dans le commentaire du § 1.3). Sans pouvoir démontrer que $\mathcal{A}$ est non contradictoire, les mathématiciens sont aujourd'hui à peu près d'accord pour penser que $\mathcal{A}$ représente fidèlement leur intuition de ce qu'est un ensemble. Eh bien, on peut ajouter à $\mathcal{A}$ soit l'une, soit l'autre des réponses à la question considérée : les deux théories obtenues resteront non contradictoires, à supposer que $\mathcal{A}$ le soit.

L'hypothèse selon laquelle Card $\mathbb{R}$ est le plus petit des cardinaux strictement supérieur à Card $\mathbb{N}$ s'appelle *l'hypothèse du continu.* Vous pouvez accepter ou rejeter cette hypothèse. Remarquez cependant que vous ne rencontrerez donc jamais d'ensemble E explicitement construit à partir des ensembles usuels tel que $\text{Card}\,\mathbb{N} < \text{Card}\,E < \text{Card}\,\mathbb{R}$, car sinon vous auriez démontré la négation de l'hypothèse du continu.

Classification des ensembles selon leurs cardinaux

							$\aleph_0$	?? ($\aleph_1$)	? ($\aleph_1$)	?		
Cardinal	0	1	2	...	n	...	Card $\mathbb{N}$	......	Card $\mathbb{R}$	...	Card $\mathcal{P}(\mathbb{R})$	...
Exemples d'ensembles	$\varnothing$	$\{\varnothing\}$	$\{\varnothing, \{\varnothing\}\}$		$\{0, 1, ..., n-1\}$		$\mathbb{N}$		$\mathcal{P}(\mathbb{N})$		$\mathcal{P}(\mathcal{P}(\mathbb{N}))$	
		$\{a\}$	$\{a, b\}$		$\{a_1, ..., a_n\}$		$d\mathbb{N}$		$\mathbb{R}$		$\mathcal{P}(\mathbb{R})$	
			$(a \neq b)$		$(a_i \neq a_j$ si $i \neq j)$		$\mathbb{Z}$, $\mathbb{Q}$		$]0, 1[$		$\mathbb{R}^{\mathbb{R}}$	
							$\bigcup_{n\in\mathbb{N}} \mathbb{N}^n$		$]a, b[$		$\mathbb{R}^{D}$	
									$\mathbb{C}$, $\mathbb{C}^n$		(D contenant un intervalle ouvert)	
									$\mathbb{R}^{\mathbb{N}}$, $\mathbb{C}^{\mathbb{N}}$			

ensembles finis (0 à ...)

ensembles dénombrables (0 à Card $\mathbb{N}$)

puissance du continu (Card $\mathbb{R}$)

5. Résumé des résultats de cette annexe. Si $\aleph_1$ désigne le plus petit cardinal strictement supérieur à $\aleph_0 = \text{Card}\,\mathbb{N}$, a-t-on $\aleph_1 = \text{Card}\,\mathbb{R}$ (hypothèse du continu) ou bien $\aleph_1 < \text{Card}\,\mathbb{R}$? Vous avez le choix : c'est comme vous le souhaitez.

Conclusion

§ 1. Comment retrouver les fonctions usuelles?
§ 2. Comment poursuivre?

Le thème 4 (volume 1) et le thème 8, ainsi que les annexes, constituent une base théorique sur laquelle s'articulent les contenus plus pratiques des autres thèmes. Il nous manque cependant encore une pièce à ce puzzle. Il nous faut une définition des fonctions usuelles : exponentielles, logarithmes et fonctions circulaires et les démonstrations de leurs propriétés fondamentales. Faute de quoi ce cours ne serait qu'une coquille vide, tant du point de vue pratique (puisque les exemples et les exercices ont pour la plupart été construits à l'aide de ces fonctions) que du point de vue théorique (puisque la notion d'argument d'un nombre complexe est sous-jacente même dans des domaines où cela se laisse oublier facilement — polynômes, applications linéaires de $\mathbb{C}^n$ dans $\mathbb{C}^m$ —, sans parler de la notion d'angle en géométrie). Le premier paragraphe propose une réponse (parmi d'autres possibles) à la question : comment retrouver les fonctions usuelles?
Au terme de ce cours, nous espérons avoir aidé le lecteur à progresser d'une étape selon le schéma de la page 7 du volume 1. Le dernier paragraphe a pour objectif de donner un aperçu de ce qui se présente à celui qui désire poursuivre l'étude des mathématiques.

§ 1. COMMENT RETROUVER LES FONCTIONS USUELLES?

Objectif : définir e^x, Log x, cos x et sin x pour $x \in \mathbb{R}$, e^z pour $z \in \mathbb{C}$ et module et argument d'un nombre complexe.

1.1. Fonction réciproque de $x \longmapsto x^2$

Définition. La fonction réciproque de $\mathbb{R}_+ \longrightarrow \mathbb{R}_+$, $x \longmapsto x^2$, s'appelle la fonction *racine carrée* et se note

$$\mathbb{R}_+ \longrightarrow \mathbb{R}_+, x \longmapsto \sqrt{x}.$$

Proposition. La fonction $\mathbb{R}_+ \longrightarrow \mathbb{R}_+$, $x \longmapsto \sqrt{x}$ est continue, strictement croissante et dérivable sur $\mathbb{R}_+^*$.

Démonstration. Cela résulte immédiatement des théorèmes généraux sur les fonctions réciproques. □

1.2. Suites de nombres complexes

Définition. Soit $z = a + ib$, où $a \in \mathbb{R}$ et $b \in \mathbb{R}$, un nombre complexe; on appelle *complexe conjugué* et on note $\bar{z}$ le nombre $\bar{z} = a - ib$; a s'appelle la *partie réelle* de z, b la *partie imaginaire*. On pose $a = \mathfrak{Re}\, z$ et $b = \mathfrak{Im}\, z$.

Proposition. Si $z_1 \in \mathbb{C}$, $z_2 \in \mathbb{C}$ alors $\overline{z_1 + z_2} = \bar{z}_1 + \bar{z}_2$, $\overline{z_1 z_2} = \bar{z}_1 \bar{z}_2$, $\bar{\bar{z}}_1 = z_1$.

Proposition. Si $z \in \mathbb{C}$, $z\bar{z} \in \mathbb{R}_+$.

Démonstration. $z\bar{z} = a^2 + b^2 \geqslant 0$. □

Définition. Soit $z \in \mathbb{C}$. On appelle *module* de z et on note $|z|$ le nombre réel positif ou nul : $|z| = \sqrt{z\bar{z}}$.

Remarque. Si z est réel, le module de z est égal à la valeur absolue de z : on peut donc utiliser le même symbole $|z|$.

Proposition. Soit $z \in \mathbb{C}$. On a $|z| = 0$ si et seulement si $z = 0$.

Proposition. $|1| = |i| = |-1| = |-i| = 1$.

Proposition. Soit $z_1 \in \mathbb{C}$ et $z_2 \in \mathbb{C}$. On a

$$|z_1 z_2| = |z_1|\,|z_2| \quad \text{et} \quad |z_1 + z_2| \leqslant |z_1| + |z_2|.$$

Démonstration.
1. $|z_1 z_2|^2 = z_1 z_2 \bar{z}_1 \bar{z}_2 = z_1 \bar{z}_1 z_2 \bar{z}_2 = |z_1|^2 |z_2|^2$.
2. Le complexe conjugué de $z_1 \bar{z}_2$ est $\bar{z}_1 z_2$, donc $z_1 \bar{z}_2 - \bar{z}_1 z_2 \in i\mathbb{R}$ et $(z_1 \bar{z}_2 - \bar{z}_1 z_2)^2 \in -\mathbb{R}_+$, soit $(z_1 \bar{z}_2)^2 + (\bar{z}_1 z_2)^2 - 2 z_1 \bar{z}_1 z_2 \bar{z}_2 \leqslant 0$ ou $(z_1 \bar{z}_2)^2 + (\bar{z}_1 z_2)^2 + 2 z_1 \bar{z}_2 \bar{z}_1 z_2 \leqslant 4 |z_1|^2 |z_2|^2$

ou $$(z_1 \bar{z}_2 + \bar{z}_1 z_2)^2 \leqslant 4 |z_1|^2 |z_2|^2.$$
Remarquons que $z_1 \bar{z}_2 + \bar{z}_1 z_2$ est réel, on a donc

$$z_1 \bar{z}_2 + \bar{z}_1 z_2 \leqslant |z_1 \bar{z}_2 + \bar{z}_1 z_2| \leqslant 2 |z_1|\,|z_2|,$$

ou encore

$$z_1 \bar{z}_1 + z_2 \bar{z}_2 + z_1 \bar{z}_2 + \bar{z}_1 z_2 \leqslant z_1 \bar{z}_1 + z_2 \bar{z}_2 + 2 |z_1|\,|z_2|,$$

soit $$|z_1 + z_2|^2 = (z_1 + z_2)\overline{(z_1 + z_2)} \leqslant (|z_1| + |z_2|)^2,$$
et comme $\sqrt{\ }$ est croissante, $|z_1 + z_2| \leqslant |z_1| + |z_2|$. □

Corollaire. Soit $z_1, z_2, \ldots, z_n$ des nombres complexes; on a :

$$\left| \sum_{k=1}^{n} z_k \right| \leqslant \sum_{k=1}^{n} |z_k|.$$

Proposition. Soit $a \in \mathbb{R}$, $b \in \mathbb{R}$ et $z = a + ib$. On a :

$$|a| \leqslant |z|, \quad |b| \leqslant |z|, \quad \big||a| - |b|\big| \leqslant |z| \quad \text{et} \quad |z| \leqslant |a| + |b|.$$

Démonstration. Comme $b^2 \geqslant 0$, on a $a^2 \leqslant a^2 + b^2$, et comme la fonction $\sqrt{\ }$ est croissante, $|a| = \sqrt{a^2} \leqslant \sqrt{a^2 + b^2} = |z|$. De même $|b| \leqslant |z|$. De $a = z - ib$, on déduit $|a| \leqslant |z| + |-ib| = |z| + |b|$, d'où $|a| - |b| \leqslant |z|$ et de $ib = z - a$, on déduit $|b| - |a| \leqslant |z|$, d'où

$$\big||a| - |b|\big| \leqslant |z|.$$

Enfin de $z = a + ib$, on déduit $|z| \leqslant |a| + |ib| = |a| + |b|$. □

Définition. On appelle *suite de nombres complexes* toute application de $\mathbb{N}$ dans $\mathbb{C}$. On note $\mathbb{C}^{\mathbb{N}}$ l'ensemble de ces suites.

Définition. Soit $w \in \mathbb{C}^{\mathbb{N}}$ et $L \in \mathbb{C}$. On dit que la suite w *converge* vers L ou que L est la *limite* de la suite $(w_n)_{n \in \mathbb{N}}$ quand n tend vers l'infini ssi

$$\forall \varepsilon > 0 \quad \exists N \in \mathbb{N} \quad \forall n \in \mathbb{N} \quad n \geqslant N \Longrightarrow |w_n - L| < \varepsilon.$$

Proposition. La limite, si elle existe, est unique.

Démonstration. Soit L et L′ deux limites distinctes; on a $\varepsilon = |L - L'| > 0$. Il existe donc $n \in \mathbb{N}$ tel que $|w_n - L| < \varepsilon/2$ et $|w_n - L'| < \varepsilon/2$, d'où

$$|L - L'| \leqslant |L - w_n| + |w_n - L'| < \varepsilon = |L - L'|,$$

ce qui est impossible. □

Notation. On écrit $L = \lim_n w_n$ pour dire d'une part que la limite existe et d'autre part que cette limite est égale à L.

Définition. La suite $w \in \mathbb{C}^{\mathbb{N}}$ est dite *de Cauchy* ssi

$$\forall \varepsilon > 0 \quad \exists n \in \mathbb{N} \quad \forall p \in \mathbb{N} \quad \forall q \in \mathbb{N} \ (p \geqslant n \text{ et } q \geqslant n) \Longrightarrow |w_q - w_p| < \varepsilon.$$

Théorème. $\mathbb{C}$ est complet, c'est-à-dire que toute suite de Cauchy de nombres complexes est convergente.

Démonstration. Définissons les suites u et v de nombres réels par $\forall n \in \mathbb{N} \quad [u_n \in \mathbb{R}$ **et** $v_n \in \mathbb{R}$ **et** $w_n = u_n + iv_n]$. On a

$$u_q - u_p = \Re e\,(w_q - w_p), \qquad \text{d'où } |u_q - u_p| \leqslant |w_q - w_p|.$$

Donc u est une suite de Cauchy de nombres réels, elle est donc convergente : soit ℓ sa limite. De même, soit $m = \lim_n v_n$. On a alors pour tout $n \in \mathbb{N}$: $|\ell + im - w_n| \leqslant |\ell - u_n| + |m - v_n|$. Donc w converge vers $\ell + im$. □

1.3. Exponentielle complexe

Proposition. Soit $z \in \mathbb{C}$; on définit la suite w par

$$\forall m \in \mathbb{N} \quad w_m = \sum_{k=0}^{m} z^k/k!$$

Soit $R \in \mathbb{R}_+$, $N \in \mathbb{N}$, $n \in \mathbb{N}$, $p \in \mathbb{N}$, $q \in \mathbb{N}$ tels que :

$$|z| \leqslant R < N \leqslant n \leqslant p \leqslant q$$

(l'inégalité stricte $R < N$ est essentielle pour la suite). On a alors

$$|w_p - w_q| < K(R/N)^n$$

où K ne dépend que de R et de N.

Démonstration. $w_q - w_p = \sum_{k=p+1}^{q} z^k/k!$, d'où

$$|w_q - w_p| \leqslant \sum_{k=p+1}^{q} \frac{|z|^k}{k!} = \frac{|z|^{p+1}}{(p+1)!}\left[1 + \frac{|z|}{p+2} + \dots + \frac{|z|^{q-p-1}}{(p+2)\dots q}\right]$$

$$\leqslant \frac{R^{p+1}}{(p+1)!}\left[1 + \frac{R}{p+2} + \dots + \frac{R^{q-p-1}}{(p+2)\dots q}\right]$$

$$\leqslant \frac{R^N}{N!}\frac{R^{p+1-N}}{N^{p+1-N}}\left[1 + \frac{R}{N} + \dots + \left(\frac{R}{N}\right)^{q-p-1}\right]$$

$$\leqslant \frac{R^N}{N!}\left(\frac{R}{N}\right)^{-N}\left(\frac{R}{N}\right)^{n}\left(\frac{R}{N}\right)^{p+1-n} \frac{1 - \left(\frac{R}{N}\right)^{q-p}}{1 - \frac{R}{N}}$$

$$\leqslant K(R/N)^n \quad \text{où} \quad K = \frac{R^N}{N!}\left(\frac{R}{N}\right)^{-N}\frac{1}{1 - R/N}. \ \square$$

Corollaire. Pour tout $z \in \mathbb{C}$, la suite w est de Cauchy et donc convergente.

Démonstration. En effet comme $R < N$, $(R/N)^n$ tend vers 0 quand n tend vers l'infini. □

Définition et notation. Soit $z \in \mathbb{C}$; on appelle *exponentielle* (complexe) de z et on note $\exp z$ la limite de la suite w définie par $w_n = \sum_{k=0}^{n} z^k/k!$; cette limite se note $\sum_{n=0}^{\infty} z^n/n!$, d'où :

$$\boxed{\exp z = \sum_{n=0}^{\infty} \frac{z^n}{n!}}.$$

Proposition. $\exp 0 = 1$.

Démonstration. Pour tout n on a $w_n = 1$. □

Notation. On pose : $e = \exp 1$.

$$\boxed{e = \lim_{n \to \infty}\left(1 + 1 + \frac{1}{2} + \frac{1}{3!} + \frac{1}{4!} + \dots + \frac{1}{n!}\right)}.$$

Remarque. On vérifiera que :

$$\forall n \in \mathbb{N} \quad \sum_{k=0}^{n} 1/k! < e < (1/n!) + \sum_{k=0}^{n} 1/k!$$

Proposition. Si $z_1 \in \mathbb{C}$ et $z_2 \in \mathbb{C}$, on a :

$$\exp(z_1 + z_2) = (\exp z_1)(\exp z_2).$$

Démonstration. Posons $w_n = \sum_{K=0}^{n} (z_1 + z_2)^K/K!$ et

$$W_n = \sum_{k=0}^{n} (|z_1| + |z_2|)^k/k!$$

On a

$$\exp(z_1 + z_2) - \exp z_1 \cdot \exp z_2 = \lim_{n \to \infty}\left[w_n - \sum_{k=0}^{n}\sum_{h=0}^{n} \frac{z_1^k z_2^h}{k!\,h!}\right]$$

$$= \lim_{n \to \infty}\left[w_n - \sum_{K=0}^{n}\sum_{k=0}^{K} C_K^k \frac{z_1^k z_2^{K-k}}{K!} - \sum_{K=n+1}^{2n}\sum_{k=K-n}^{n} \frac{z_1^k z_2^{K-k}}{k!(K-k)!}\right]$$

$$= \lim_{n \to \infty}\left[-\sum_{K=n+1}^{2n}\frac{1}{K!}\sum_{k=K-n}^{n} C_K^k (z_1)^k (z_2)^{K-k}\right]$$

d'où

$$|\exp(z_1 + z_2) - (\exp z_1)(\exp z_2)|$$

$$\leqslant \lim_{n \to \infty}\left[\sum_{K=n+1}^{2n}\frac{1}{K!}\sum_{k=K-n}^{n} C_K^k |z_1|^k |z_2|^{K-k}\right]$$

$$\leqslant \lim_{n \to \infty} \sum_{K=n+1}^{2n}\frac{1}{K!}\sum_{k=0}^{K} C_K^k |z_1|^k |z_2|^{K-k}$$

$$\leqslant \lim_{n \to \infty} (W_{2n} - W_n) = 0. \ \square$$

Corollaire. Si $z \in \mathbb{C}$, $\exp(-z) \cdot \exp z = 1$, d'où $\exp z \neq 0$ et

$$\exp(-z) = \frac{1}{\exp z}.$$

Démonstration. En effet $-z + z = 0$ et $\exp 0 = 1$. □

Corollaire. Si $n \in \mathbb{Z}$, $\exp n = e^n$.

Corollaire. $\exp(1/2) = \sqrt{e}$.

Commentaire. On voit que exp est un morphisme du groupe $(\mathbb{C}, 0, +)$ sur $(\mathbb{C}^*, 1, .)$. Nous verrons qu'il est surjectif mais pas injectif.

1.4. Exponentielle réelle

Notation. On note aussi exp la restriction de exp à $\mathbb{R}$. Si $x \in \mathbb{R}$:

$$\exp x = \lim_{n\to\infty} w_n(x) \quad \text{où} \quad w_n(x) = \sum_{k=0}^{n} x^k/k!$$

Proposition. $\exp : \mathbb{R} \longrightarrow \mathbb{R}$ est continue.

Démonstration. La convergence est uniforme sur tout intervalle $[-R, R]$ d'après la première proposition du paragraphe précédent 1.3. □

Proposition. Pour tout entier naturel n on a :

$$\lim_{x\to+\infty} x^{-n} \exp x = +\infty \quad \text{et} \quad \lim_{x\to-\infty} x^n \exp x = 0.$$

Démonstration. Si $x > 0$, on a $\exp x > x^{n+1}/(n+1)!$, donc $x^{-n} \exp x > (1/(n+1)!)x$; le second membre tend vers $+\infty$ quand x tend vers $+\infty$. Il en résulte que $\lim\limits_{x\to+\infty} \dfrac{x^n}{\exp x} = 0$, d'où l'autre résultat. □

Proposition. Si $|x| < 1$, alors $1 + x \leqslant \exp x \leqslant \dfrac{1}{1-x}$.

Démonstration. Si $x \geqslant 0$, pour $n \geqslant 1$, $w_n(x) \geqslant 1 + x$ d'où

$$\exp x \geqslant 1 + x; \; w_n(x) \leqslant 1 + x + x^2 + \dots + x^n,$$

et si de plus $x < 1$, on a donc $\exp x \leqslant \lim\limits_n \dfrac{1 - x^{n+1}}{1-x} = \dfrac{1}{1-x}$.

Si $x \leqslant 0$, $\exp(x) = \dfrac{1}{\exp(-x)}$, si $-1 < x \leqslant 0$, on a alors

$$\frac{1}{1+(-x)} \geqslant \frac{1}{\exp(-x)} \geqslant 1\Big/\left(\frac{1}{1-(-x)}\right) \text{ou } 1 + x \leqslant \exp x \leqslant \frac{1}{1-x}. \;\square$$

Proposition. La fonction $\mathbb{R} \longrightarrow \mathbb{R}$, $x \longmapsto \exp x$ est strictement croissante sur $\mathbb{R}$ et $\exp(\mathbb{R}) = \mathbb{R}_+^*$.

Démonstration. Si $x \geqslant 0$, $\exp x \geqslant 1 + x$ donc $\exp x > 0$. Si $x < 0$, $-x > 0$ et $\exp x = 1/\exp(-x) > 0$. Si $x_1 < x_2$, on a

$$\exp x_2 = \exp[x_1 + (x_2 - x_1)] = \exp x_1 \cdot \exp(x_2 - x_1).$$

De $x_2 - x_1 > 0$, on déduit $\exp(x_2 - x_1) \geqslant 1 + (x_2 - x_1) > 1$, d'où $\exp x_2 > \exp x_1$. De $\lim\limits_{x\to+\infty} \exp x = +\infty$ et $\lim\limits_{x\to-\infty} \exp x = 0$, on déduit que $\exp(\mathbb{R}) = \mathbb{R}_+^*$. □

Proposition. La fonction exp est dérivable et $\exp' = \exp$.

Démonstration. Soit $x \in \mathbb{R}$, $h \in \mathbb{R}^*$. On a

$$\frac{\exp(x+h) - \exp x}{h} = \exp x \cdot \frac{\exp h - 1}{h}.$$

Il nous suffit donc de montrer que $\lim\limits_{\substack{h\to 0\\ h\neq 0}} (\exp h - 1)/h = 1$, on peut même supposer de plus $|h| < 1$. On a alors pour $h > 0$:

$$((1+h) - 1)/h \leqslant (\exp h - 1)/h \leqslant \frac{[1/(1-h)] - 1}{h}$$

ou encore :
$$1 \leqslant \frac{\exp h - 1}{h} \leqslant \frac{1}{1-h}.$$

De même pour $h < 0$, on a

$$1 \geqslant \frac{\exp h - 1}{h} \geqslant \frac{1}{1-h}.$$

Or $\lim\limits_{h\to 0} \dfrac{1}{1-h} = 1$. D'où le résultat. □

Remarque. Pour tout n on a donc $\exp^{(n)} = \exp$, d'où le d.l.

$$\exp x = 1 + x + x^2/2 + \dots + x^n/n! + o(x^n).$$

Cette formule ressemble à la définition de exp, mais en fait elle est beaucoup plus faible : elle exprime uniquement que $\lim\limits_{x\to 0} (\exp x - 1 - x - \dots - x^n/n!)/x^n = 0$. Alors que la formule $\exp x = \sum\limits_{k=0}^{\infty} x^k/k!$ décrit une infinité de limites (une pour chaque x). □

Fonction logarithme

Proposition et définition. La fonction $\exp : \mathbb{R} \longrightarrow \mathbb{R}_+^*$ est dérivable et pour tout $x \in \mathbb{R}$ $\exp' x > 0$; la fonction réciproque, appelé *logarithme* (ou *logarithme népérien*) et notée $\text{Log} : \mathbb{R}_+^* \longrightarrow \mathbb{R}$, est donc bijective, continue, strictement croissante, dérivable de dérivée $\dfrac{1}{x}$. De plus $\text{Log}\, 1 = 0$ et $\text{Log}\, e = 1$.

Démonstration. Application directe des théorèmes généraux sur la fonction réciproque :

$$\text{Log}'\, x = \frac{1}{\exp'(\text{Log}\, x)} = \frac{1}{\exp(\exp^{-1} x)} = \frac{1}{x}. \;\square$$

Fonction puissance

Définition. Soit $a \in \mathbb{R}_+^*$ et $b \in \mathbb{R}$. On pose

$$a^b = \exp(b \,\text{Log}\, a).$$

Remarque 1. On vérifiera les propriétés usuelles de a^b. En particulier si $b = n \in \mathbb{N}$,

$$\exp(n \,\text{Log}\, a) = \exp(\text{Log}\, a + \dots + \text{Log}\, a) = (\exp \text{Log}\, a)^n = a^n$$

(au sens usuel $a \times a \times \dots \times a$).

Remarque 2. Cette définition justifie la notation $e^x = \exp x$, que l'on étend aux nombres complexes, soit $e^z = \exp z$; notations que nous utiliserons dans la suite.

1.5. Fonctions cos et sin

Définition. On appelle *cosinus* et *sinus* et on note cos et sin les fonctions réelles de variable réelle définies par :

$$\cos x = \Re e\, e^{ix} \quad \text{et} \quad \sin x = \Im m\, e^{ix}$$

ou
$$\boxed{e^{ix} = \cos x + i \sin x}$$

ou, compte tenu de la définition de e^z :

$$\cos x = 1 - \frac{x^2}{2!} + \frac{x^4}{4!} - \frac{x^6}{6!} + \dots = \sum_{k=0}^{\infty} (-1)^k \frac{x^{2k}}{(2k)!}$$

$$\sin x = x - \frac{x^3}{3!} + \frac{x^5}{5!} - \frac{x^7}{7!} + \dots = \sum_{k=0}^{\infty} (-1)^k \frac{x^{2k+1}}{(2k+1)!}$$

ou enfin

$$\cos x = \frac{e^{ix} + e^{-ix}}{2} \quad \text{et} \quad \sin x = \frac{e^{ix} - e^{-ix}}{2i}.$$

Remarque. Ces formules permettent de définir $\cos z$ et $\sin z$ pour $z \in \mathbb{C}$, mais nous n'étudierons pas ces fonctions.

Proposition. $\cos 0 = 1$ et $\sin 0 = 0$ (puisque $e^{i0} = e^0 = 1$).

Proposition. Si $x \in \mathbb{R}$, $\cos^2 x + \sin^2 x = 1$.

Démonstration. De $e^{ix} = \cos x + i \sin x$ et $e^{-ix} = \cos x - i \sin x$, on déduit $1 = e^{ix} e^{-ix} = \cos^2 x + \sin^2 x$. □

Corollaire. Si $x \in \mathbb{R}$, $-1 \leqslant \cos x \leqslant 1$ et $-1 \leqslant \sin x \leqslant 1$.

Formules d'addition.

Proposition. Si $x \in \mathbb{R}$ et $y \in \mathbb{R}$, on a :

$$\cos(x+y) = \cos x \cos y - \sin x \sin y$$

et
$$\sin(x+y) = \sin x \cos y + \cos x \sin y.$$

Démonstration. Ces formules résultent immédiatement de

$$e^{i(x+y)} = e^{ix} e^{iy}. \square$$

Corollaire. Si $x \in \mathbb{R}$, $\cos 2x = \cos^2 x - \sin^2 x = 2\cos^2 x - 1$.

Dérivées

Proposition. Soit $\alpha \in \mathbb{C}$, $\lim\limits_{\substack{h \to 0 \\ h \in \mathbb{R}_*}} \dfrac{e^{\alpha h} - 1}{h} = \alpha$.

Démonstration. De la définition de $e^{\alpha h}$ il suit que

$$\frac{e^{\alpha h} - 1}{h} = \alpha + \sum_{k=2}^{\infty} \frac{\alpha^k h^{k-1}}{k!}$$
$$= \alpha + \lim_{n \to \infty} \sum_{k=2}^{n} \frac{\alpha^k h^{k-1}}{k!}.$$

Pour $k \geqslant p > |\alpha| \cdot |h|$, on peut majorer les termes de la somme par $K\left(\dfrac{|\alpha h|}{p}\right)^k$, d'où la convergence uniforme et donc

$$\lim_{\substack{h \to 0 \\ h \neq 0}} \frac{e^{\alpha h} - 1}{h} = \lim_{n \to \infty} [\alpha + 0] = \alpha. \square$$

Proposition. Les fonctions cos et sin sont dérivables et $\cos' = -\sin$ et $\sin' = \cos$.

Démonstration. Il faut calculer

$$\lim_{\substack{h \to 0 \\ h \neq 0}} \frac{\cos(x+h) - \cos x}{h} \quad \text{et} \quad \lim_{\substack{h \to 0 \\ h \neq 0}} \frac{\sin(x+h) - \sin x}{h}.$$

Évaluons ces deux limites :

$$\lim_{\substack{h \to 0 \\ h \neq 0}} \frac{\cos(x+h) - \cos x}{h} + i \lim_{\substack{h \to 0 \\ h \neq 0}} \frac{\sin(x+h) - \sin x}{h}$$
$$= \lim_{\substack{h \to 0 \\ h \neq 0}} \frac{e^{i(x+h)} - e^{ix}}{h} = e^{ix} \lim_{\substack{h \to 0 \\ h \neq 0}} \frac{e^{ih} - 1}{h} = ie^{ix}.$$

Cela montre que ces limites existent et que

$$\cos' x + i \sin' x = i(\cos x + i \sin x)$$

d'où le résultat. $\square$

Définition de π. Périodicité

Proposition. Il existe (au moins) un nombre réel x_0 tel que $x_0 > 0$ et $\cos x_0 = 0$.

Démonstration. 1. L'énoncé « $\forall x > 0 \ \cos x \geqslant \sqrt{2}/2$ » est faux. Considérons en effet l'application $x \longmapsto \varphi(x) = \sin x - \dfrac{x}{x_1} \sin x_1$, x_1 étant un paramètre, et appliquons à φ le théorème de Rolle : il existe un nombre $c \in]0, x_1[$ tel que $\cos c - \dfrac{\sin x_1}{x_1} = 0$, ou encore $\sin x_1 = x_1 \cos c$. Si l'énoncé était vrai, on aurait, pour $x_1 > \sqrt{2}$, $\sin x_1 > \sqrt{2} \cdot (\sqrt{2}/2) = 1$, ce qui est impossible puisque $\sin x_1 \leqslant 1$. *2.* L'énoncé « $\forall x > 0 \ \cos x \geqslant 0$ » est faux. En effet, s'il était vrai, compte tenu de *1*, il existerait $d > 0$ tel que $0 \leqslant \cos d < \sqrt{2}/2$. Il en résulterait $\cos 2d = 2\cos^2 d - 1 < 1 - 1 = 0$, donc pour $x = 2d$, $\cos x < 0$, ce qui est en contradiction avec notre hypothèse. *3.* Il existe donc un nombre réel u tel que $u > 0$ et $\cos u < 0$. La fonction cos, étant dérivable, est continue; on sait d'autre part que $\cos 0 = 1$ et $\cos u < 0$: en appliquant le théorème des valeurs intermédiaires à cos sur l'intervalle $[0, u]$, on conclut qu'il existe un nombre x_0 tel que $0 < x_0$ et $\cos x_0 = 0$. $\square$

Définition. On appelle π le nombre réel tel que $\pi/2 = \inf\{x > 0; \cos x = 0\}$.

Proposition. Le nombre π est strictement positif.

Démonstration. Comme cos est continu et que $\cos 0 = 1$, il existe $\varepsilon > 0$ tel que pour tout $x \in]0, \varepsilon[$, $\cos x > 0$: on a donc $\varepsilon \leqslant \pi$. $\square$

Proposition. $e^{i\pi/2} = i$, $e^{i\pi} = -1$, $e^{2i\pi} = 1$. Pour tout $x \in \mathbb{R}$,

$$\cos(x + \pi/2) = -\sin x, \ \sin(x + \pi/2) = \cos x.$$

Les fonctions cos et sin sont périodiques de période 2π.

Démonstration. De $\cos \pi/2 = 0$, on déduit $\sin^2 \pi/2 = 1$; comme pour tout $x \in [0, \pi/2[$, $\cos x > 0$, on a $\sin \pi/2 \geqslant 0$, d'où $\sin \pi/2 = 1$, donc $e^{i\pi/2} = 0 + i1 = i$. D'où $e^{i\pi} = e^{i\pi/2} e^{i\pi/2} = i.\ i = -1$, et de même $e^{2i\pi} = (-1)^2 = 1$. De $e^{i(x+\pi/2)} = e^{ix} e^{i\pi/2} = i e^{ix}$, on déduit $\cos(x + \pi/2) + i \sin(x + \pi/2) = i(\cos x + i \sin x)$. De $e^{i(x+2\pi)} = e^{ix} e^{2i\pi} = e^{ix}$ on déduit $\cos(x + 2\pi) = \cos x$ et $\sin(x + 2\pi) = \sin x$. $\square$

Sens de variation

Proposition. La fonction cos est strictement décroissante sur $[0, \pi]$ et strictement croissante sur $[\pi, 2\pi]$; la fonction sin est strictement croissante sur $[0, \pi/2]$ et $[3\pi/2, 2\pi]$ et strictement décroissante sur $[\pi/2, 3\pi/2]$.

Démonstration. Sur $[0, \pi/2[$, $\cos x > 0$ donc sin est strictement croissante : donc pour tout $x \in [0, \pi/2]$, $\sin x > 0$, si bien que cos, de dérivée $\cos' = -\sin$, est strictement décroissante. Par les formules d'addition de $\pi/2$, on a les variations sur $[\pi/2, \pi]$ sur $[\pi, \pi/2]$ et sur $[3\pi/2, 2\pi]$. $\square$

Argument d'un nombre complexe

Proposition. La relation entre nombres réels x et x', notée $x = x' \ (2\pi)$, définie par

$$x = x' \ (2\pi) \iff \exists n \in \mathbb{Z} \quad x - x' = 2n\pi$$

est une relation d'équivalence compatible avec l'addition dans $\mathbb{R}$.

Définition. Le groupe quotient est noté $\mathbb{R}/2\pi\mathbb{Z}$. Si $\theta \in \mathbb{R}/2\pi\mathbb{Z}$, on pose $e^{i\theta} = e^{ix}$ pour $x \in \theta$.

Proposition. Soit $U = \{z \in \mathbb{C} \mid |z| = 1\}$. L'application

$$\mathbb{R}/2\pi\mathbb{Z} \longrightarrow U, \ \theta \longmapsto e^{i\theta}$$

est bijective.

Démonstration. $\theta \longmapsto e^{i\theta}$ est bien une application dans U, puisque $|e^{i\theta}| = 1$. Soit $z = a + ib \in U$; on a $a^2 + b^2 = 1$, d'où $0 - 1 \leqslant a \leqslant 1$; compte tenu des sens de variations de cos et sin sur $[0, 2\pi[$, il existe une solution x unique telle que $0 \leqslant x < 2\pi$ et $\cos x = a$ et $\sin x = b$. Il existe donc une solution θ unique dans $\mathbb{R}/2\pi\mathbb{Z}$ telle que $e^{i\theta} = z$. $\square$

Définition. Soit $z \in \mathbb{C}^*$; on appelle *argument* de z l'élément θ, unique, de $\mathbb{R}/2\pi\mathbb{Z}$, tel que

$$e^{i\theta} = z/|z|, \quad \text{soit} \quad z = |z| \, e^{i\theta}.$$

Commentaire. Avec ce résultat, nous avons bouclé le cercle. Quel cercle? Nous avons démontré tous les résultats admis ou sous-entendus dans les thèmes 1, 2, 3, 5, 6 et 7, à partir de la théorie des ensembles (annexe 1) et des fondements de l'algèbre (thème 4) et de l'analyse (thème 8), à une exception près : l'explicitation détaillée de la démonstration du théorème de d'Alembert.

§ 2. COMMENT POURSUIVRE?

La réponse à la question « comment poursuivre? » dépend des objectifs du lecteur. Nous nous plaçons du point de vue d'un étudiant désirant poursuivre sa formation mathématique.

2.1. Entraînement

Les exercices proposés dans ce cours peuvent être utilement complétés par des recueils d'exercices corrigés classés ou par des annales. Un travail intéressant consiste à reconstruire l'ensemble des contenus de ce cours (y compris la démonstration du théorème de d'Alembert) à votre façon, en recherchant des suggestions de démonstration dans ce cours ou dans d'autres ouvrages quand vous êtes à court d'idées. Votre exposé devra être complètement déductif et rigoureux et les commentaires y sont, bien sûr, inutiles.

2.2. Développements

A partir des bases théoriques des thèmes 4 et 8 et des annexes, et à partir des connaissances plus pratiques des autres thèmes, il est possible d'aborder de nombreux domaines des mathématiques. Citons-en quelques-uns à titre d'exemples :

1. Fonctions de plusieurs variables.

2. Généralisation de l'intégrale de Riemann sur $[a, b]$: intégrales sur $[a, b[$ ou sur $[a, +\infty[$ (les propriétés peuvent être très différentes), intégrales curvilignes, intégrales de surface et intégrales multiples en général.

3. Séries entières, c'est-à-dire étude de $\sum_{k=0}^{\infty} a_k x^k$ pour $x \in \mathbb{R}$ ou $x \in \mathbb{C}$; étude des fonctions analytiques, c'est-à-dire des fonctions f telles que $\sum_{k=0}^{\infty} f^{(k)}(0) z^k/k!$ converge et est égal à $f(z)$.

4. Séries de Fourier.

5. Transformation de Fourier : à toute fonction f on associe la fonction φ telle que

$$\varphi(t) = (2\pi)^{-1/2} \int_{-\infty}^{+\infty} e^{ixt} f(x)\,\mathrm{d}x.$$

6. Équations différentielles.

7. Équations aux dérivées partielles.

8. Méthodes de calcul numérique.

9. Géométrie projective.

10. Statistiques et probabilités élémentaires.

11. Mécanique rationnelle et/ou analytique élémentaire.

12. Géométrie des courbes et surfaces dans l'espace : courbure, torsion, etc.

Dans chacune de ces théories, on pourra obtenir un grand nombre de résultats variés, mais il apparaîtra rapidement qu'il est difficile de les appréhender dans leur ensemble et qu'une structuration axiomatique sera à nouveau nécessaire.

2.3. Structures fondamentales

La structure des nombres réels est très riche; la grande diversité des propriétés géométriques de la géométrie usuelle nous en donne un aperçu intuitif. Pour « comprendre », il importe de développer des théories beaucoup plus « pauvres », et par là même très générales, théories que l'on recombinera ensuite pour situer les résultats déjà acquis. Outre les structures algébriques, les théories fondamentales sont la topologie générale (qui formalise les notions de voisinages et de continuité) et la théorie de la mesure, qui permet une définition générale et simple de la notion d'intégrale. Ces diverses théories, d'aspect presque simpliste au début, ne laisseront apparaître leur véritable intérêt que lorsqu'elle seront combinées. D'une part elles permettront de situer la variété des résultats déjà acquis, ramenant la plupart d'entre eux à des « évidences », d'autre part elles ouvriront la voie à bien des champs nouveaux, plus vastes et plus beaux, mais où presque tout est inconnu.

2.4. A quoi ça sert, les mathématiques?

Peut-on s'engager à consacrer une grande partie de son temps aux mathématiques sans tenter de répondre à la question : « A quoi ça sert, les mathématiques? »?
Remarquons d'abord que si cette question est si souvent posée, c'est parce qu'elle ne reçoit jamais de réponse pleinement satisfaisante. Je n'ai bien sûr pas la réponse, mais je souhaiterai soumettre au lecteur quelques éléments de réflexion.
Laissons de côté les faux-fuyants : « Ça sert à former l'esprit », « Ça donne du travail aux enseignants de mathématiques », « Vous verrez ça plus tard ». La question mérite plus d'attention, ne serait-ce que parce qu'elle est intimement liée à l'affectivité de chacun : si vous dites à quelqu'un que vous étudiez ou enseignez les mathématiques, il se met aussitôt à parler de lui-même, par exemple de la façon dont il a vécu sa scolarité dans cette discipline.
Les mathématiques sont communément imaginées comme détentrices de vérité; elles confèrent à celui qui est censé en connaître les secrets un pouvoir jadis attribué à la magie (ce qui explique qu'on ait longtemps considéré comme incompatibles féminité et mathématiques, la femme étudiant les mathématiques et acquérant leur pouvoir étant assimilée à la sorcière). Cette valorisation démesurée des mathématiques, amplifiée encore dans le système scolaire français où elles jouent le rôle de matière de sélection, rend d'autant plus grande la déception des élèves face à ce qu'ils apprennent. Malgré tous leurs efforts, les « maths » restent vides pour eux. En effet les mathématiques ne sont pas une science de la nature :

face à une situation, elles n'apportent aucune information, elles ne font que restituer tout ou partie de l'information fournie. Faut-il donc conclure que les mathématiques qui servent se réduisent à savoir compter et en particulier à compter de l'argent? Bien sûr que non, mais cette réponse a du moins le mérite de souligner l'utilité qu'il y a à savoir compter : les mathématiques sont utiles à l'intérieur d'un groupe social dont tous les membres ont en commun certains concepts mathématiques. Non seulement elles permettent à chacun d'éviter d'être exclu du groupe, mais surtout elles permettent de rationaliser les actions à l'intérieur du groupe. En effet, grâce aux mathématiques on peut décrire ce qui se passerait si on faisait telle ou telle chose, sans avoir à les faire (ce qui est simplement commode dans les cas finis, mais nécessaire dans les cas infinis) : logiquement inutiles puisque tautologiques (n'apportant aucune information nouvelle), les mathématiquc̈s permettent dans la pratique d'extraire rapidement les informations pertinentes face à une situation donnée.

S'il est satisfaisant de savoir que les mathématiques sont utiles, la motivation principale de ceux qui consacrent leur vie professionnelle aux mathématiques reste les lancinantes questions qui se posent d'elles-mêmes dans le champ mathématique, et les problèmes dont la résolution est ressentie par eux comme une nécessité.

INDEX

A

B

C

D

E

F

G

H

I

L

M

T

U V W

Y Z

Imprimé en France - TARDY QUERCY S.A. - BOURGES
Dépôt légal : juillet 1990 - N° d'édition : 0852-04 - N° d'imprimeur : 16003